# Rechnen in der Chemie

Von

Dr. techn. Ing. **Walter Wittenberger**
Offenbach/Main (früher Aussig/Elbe und Bofors/Schweden)

Zweiter Teil

Chemisch-technisches und physikalisch-chemisches Rechnen
unter Berücksichtigung der höheren Mathematik

Mit über 700 entwickelten Beispielen
und Übungsaufgaben samt Lösungen und 158 Abbildungen

Zweite, neubearbeitete und wesentlich erweiterte Auflage



Springer-Verlag Wien GmbH 1960

ISBN 978-3-662-37497-9 ISBN 978-3-662-38264-6 (eBook)
DOI 10.1007/978-3-662-38264-6



Ursprünglich erschienen bei Springer-Verlag in Vienna 1960
Softcover reprint of the hardcover 2nd edition 1960

# Vorwort zur zweiten Auflage.

Durch eine Neubearbeitung konnte erreicht werden, daß dieser „Zweite Teil“ einen völlig selbständigen Charakter erhält. Das Buch wendet sich an den Studierenden der Chemie und den jungen Chemiker und soll mithelfen, sie für ihre Berufstätigkeit vorzubereiten. Unterstützt wird dieses Ziel durch die Erweiterung des dargebotenen Stoffes sowie eine erhebliche Vermehrung der in allen Einzelheiten entwickelten Beispiele und der gestellten Übungsaufgaben.

Das ausführliche Sachverzeichnis wird die Auffindung gewünschter Rechnungen rasch ermöglichen. Bei der fast unübersehbaren Fülle des Stoffes kann freilich jeder einzelne Abschnitt nur eine Art Einführung in das betreffende Spezialgebiet sein, aber doch die Grundlagen vermitteln. Neben der Anwendung der höheren Mathematik behandelt das Buch u. a. die Darstellung und Auswertung von Meßergebnissen und bringt eine große Zahl von Rechnungen aus der physikalischen Chemie. Die Abschnitte über chemisch-technische und technische Rechnungen geben einige Beispiele dafür, welche Fragen rechnerischer Art an den Chemiker in der Industrie herantreten und in welcher Weise sie gelöst werden können. Sie sollten damit den Übergang zu den Spezialwerken der Chemie-Ingenieur-Technik erleichtern.

In der Praxis wird immer wieder die Erfahrung gemacht, daß zwischen dem Kennen der verschiedenen Formeln und Gesetzmäßigkeiten der Chemie und Technik und dem praktischen Rechnen mit ihnen für den Ungeübten ein oft recht mühsamer Weg zurückzulegen ist. Was aber der Chemiker in der Praxis braucht, sind ja gerade die Anwendung dieser Gesetzmäßigkeiten und die Auswertung von Meßergebnissen. Der Anfänger lasse sich nicht zu dem Standpunkt verleiten, daß die zahlenmäßige Auswertung einer Formel eine selbstverständliche Sache sei. Nicht immer erhält man Meßgrößen, die sich zum unmittelbaren Einsetzen in eine Formel eignen, nicht immer stimmen die Dimensionen überein (häufige Ursache von Fehlresultaten!). Das Hauptgewicht des Buches liegt daher auf dem praktischen Beispiel, auf dem Weg von der Formel zum zahlenmäßig ausgedrückten Ergebnis. Aus diesem Grunde sind auch die im 14. Abschnitt gebrachten „Lösungen zu den Übungsaufgaben" ausführlich gehalten. Der Studierende muß soviel Selbstdisziplin besitzen und diese Lösungen nur zur Kontrolle des Gedankenganges und Endresultates heranziehen. Nur so wird er sich die notwendige Fertigkeit im chemischen Rechnen aneignen. Alle jene aber, die bereits in der Praxis arbeiten, sind, wie immer wieder festgestellt werden kann, besonders an Beispielen interessiert, die in allen Einzelheiten erläutert sind.

Eine größere Zahl von Beispielen und Aufgaben entstammt der Zeitschriften- und Fachbuchliteratur (s. Zusammenstellung S. 482), wodurch eine Verbindung zwischen Lehr- und Lerntätigkeit einerseits und Forschung sowie praktischer Laboratoriums- und Betriebsarbeit andererseits angestrebt wird. Jedem einzelnen Kapitel sind kurz gefaßte theoretische Erläuterungen vorangestellt. Viele der verwendeten Zahlengrößen sind naturgemäß Tabellenwerken, in erster Linie dem Taschenbuch für Chemiker und Physiker (hier als Chem. Tasch. mit der betreffenden Tabellennummer vermerkt) entnommen.

Der Springer-Verlag in Wien hat durch seine Bereitwilligkeit zur Herausgabe dieses durch die Neubearbeitung sehr umfangreich gewordenen II. Teiles bewiesen, daß er an der Ausbildung unseres Chemienachwuchses außerordentlich interessiert ist. Dafür und auch für die vorbildliche Ausstattung des Buches sei ihm aufrichtig gedankt.

Ich würde mich freuen, wenn es dem Buch gelänge, manchen von der Abneigung dem chemischen Rechnen gegenüber zu bekehren.

Offenbach/Main, im Juni 1960.

**Walter Wittenberger**

# Inhaltsverzeichnis.

# 1. Allgemeines Rechnen. — Funktionen.

## A. Wichtige Formeln aus der Algebra.

### 1. Potenzieren und Radizieren.

$$(x \pm y)^2 = x^2 \pm 2\,xy + y^2 \qquad x^2 - y^2 = (x+y)\cdot(x-y)$$

$$(x \pm y)^3 = x^3 \pm 3\,x^2\,y + 3\,xy^2 \pm y^3$$

$$x^a \cdot x^b = x^{a+b} \qquad x^a \cdot y^a = (xy)^a$$

$$\frac{x^a}{x^b} = x^{a-b} \qquad \frac{x^a}{y^a} = \left(\frac{x}{y}\right)^a$$

$$x^0 = 1\,;\ \frac{1}{0} = \infty \qquad \sqrt[a]{x}\cdot\sqrt[a]{y} = \sqrt[a]{xy}$$

$$x^{-a} = \frac{1}{x^a} \qquad \frac{\sqrt[a]{x}}{\sqrt[a]{y}} = \sqrt[a]{\frac{x}{y}}$$

$$(x^a)^b = x^{ab}$$

$$x^{\frac{a}{b}} = \sqrt[b]{x^a} \qquad \frac{x}{\sqrt{y}} = \frac{x\cdot\sqrt{y}}{y}$$

$$(\sqrt[a]{x})^b = \sqrt[a]{x^b} \qquad \sqrt[a]{\sqrt[b]{x}} = \sqrt[b]{\sqrt[a]{x}} = \sqrt[ab]{x}$$

### 2. Logarithmieren.

$$\lg(xy) = \lg x + \lg y \qquad \lg x^a = a\cdot\lg x$$

$$\lg\frac{x}{y} = \lg x - \lg y \qquad \lg(x^a)^b = \lg x^{ab} = ab\cdot\lg x$$

$$\lg\frac{1}{x} = -\lg x \qquad \lg\sqrt[a]{x} = \frac{\lg x}{a}$$

### 3. Gleichungen.

*Quadratische Gleichungen:*

$$x^2 + ax + b = 0 \ \ldots\ldots\ x_{1,2} = -\frac{a}{2} \pm \sqrt{\left(\frac{a}{2}\right)^2 - b}$$

*Gleichungen höheren Grades:*

Näherungsverfahren s. S. 76.

## 4. Determinanten.

*Determinanten 2. Grades.*

Löst man das Gleichungssystem $\begin{cases} a_1 x + b_1 y = k_1 \\ a_2 x + b_2 y = k_2 \end{cases}$ nach dem Additionsverfahren, so muß man, um $x$ zu erhalten, mit $\begin{cases} b_2 \\ (-b_1) \end{cases}$, um $y$ zu erhalten, mit $\begin{cases} (-a_2) \\ a_1 \end{cases}$ multiplizieren. Es resultieren folgende Gleichungen:

$x = \dfrac{k_1 b_2 - k_2 b_1}{a_1 b_2 - a_2 b_1}$ und $y = \dfrac{a_1 k_2 - a_2 k_1}{a_1 b_2 - a_2 b_1}$. Dabei treten im Zähler und Nenner Differenzen auf, die nach dem gleichen Gesetz gebaut sind und als Determinanten zweiter Ordnung bezeichnet werden. Man schreibt:

$$D(a, b) = \begin{vmatrix} a_1 & b_1 \\ a_2 & b_2 \end{vmatrix}, \quad D(k, b) = \begin{vmatrix} k_1 & b_1 \\ k_2 & b_2 \end{vmatrix}, \quad D(a, k) = \begin{vmatrix} a_1 & k_1 \\ a_2 & k_2 \end{vmatrix}$$

Den Wert einer Determinante zweiter Ordnung erhält man, indem man das Produkt der Glieder in der von links oben nach rechts unten verlaufenden Hauptdiagonale bildet und dieses um das Produkt der Glieder in der von links unten nach rechts oben verlaufenden Nebendiagonale vermindert, also

$$D(a, b) = \begin{vmatrix} a_1 & b_1 \\ a_2 & b_2 \end{vmatrix} = a_1 b_2 - a_2 b_1 .$$

Die gemeinsame Nennerdeterminante wird aus den Koeffizienten von $x$ und $y$ gebildet. Sie muß von Null verschieden sein, wenn das Gleichungssystem lösbar sein soll.

Die Zählerdeterminanten für $x$ und $y$ entstehen dadurch, daß man in der Nennerdeterminante die Koeffizienten der betreffenden Unbekannten durch die von $x$ und $y$ freien Glieder auf der rechten Seite der Gleichung ersetzt, also

$$x = \frac{D(k, b)}{D(a, b)} = \frac{\begin{vmatrix} k_1 & b_1 \\ k_2 & b_2 \end{vmatrix}}{\begin{vmatrix} a_1 & b_1 \\ a_2 & b_2 \end{vmatrix}} \quad \text{und} \quad y = \frac{D(a, k)}{D(a, b)} = \frac{\begin{vmatrix} a_1 & k_1 \\ a_2 & k_2 \end{vmatrix}}{\begin{vmatrix} a_1 & b_1 \\ a_2 & b_2 \end{vmatrix}}$$

Z. B.: $\begin{aligned} 7x + 5y &= 85 \\ 4x - \phantom{5}y &= 37 \end{aligned}$

$$x = \frac{\begin{vmatrix} 85 & 5 \\ 37 & -1 \end{vmatrix}}{\begin{vmatrix} 7 & 5 \\ 4 & -1 \end{vmatrix}} = \frac{-85-(+185)}{-7-(+20)} = +10; \; y = \frac{\begin{vmatrix} 7 & 85 \\ 4 & 37 \end{vmatrix}}{\begin{vmatrix} 7 & 5 \\ 4 & -1 \end{vmatrix}} =$$

$$= \frac{259-(+340)}{-7-(+20)} = +3.$$

*Determinanten 3. Grades.*

Für das Gleichungssystem

$$\begin{aligned} a_1 x + b_1 y + c_1 z &= k_1 \\ a_2 x + b_2 y + c_2 z &= k_2 \\ a_3 x + b_3 y + c_3 z &= k_3 \end{aligned}$$

ergeben sich folgende Determinanten:

$$D\,(a, b, c) = \begin{vmatrix} a_1 & b_1 & c_1 \\ a_2 & b_2 & c_2 \\ a_3 & b_3 & c_3 \end{vmatrix} \neq 0; \; D\,(k, b, c) = \begin{vmatrix} k_1 & b_1 & c_1 \\ k_2 & b_2 & c_2 \\ k_3 & b_3 & c_3 \end{vmatrix};$$

$$D\,(a, k, c) = \begin{vmatrix} a_1 & k_1 & c_1 \\ a_2 & k_2 & c_2 \\ a_3 & k_3 & c_3 \end{vmatrix}; \; D\,(a, b, k) = \begin{vmatrix} a_1 & b_1 & k_1 \\ a_2 & b_2 & k_2 \\ a_3 & b_3 & k_3 \end{vmatrix} \text{ und daraus}$$

$$x = \frac{D(k,b,c)}{D(a,b,c)}, \quad y = \frac{D(a,k,c)}{D(a,b,c)}, \quad z = \frac{D(a,b,k)}{D(a,b,c)}.$$

Die Determinanten können wie folgt gebildet werden:

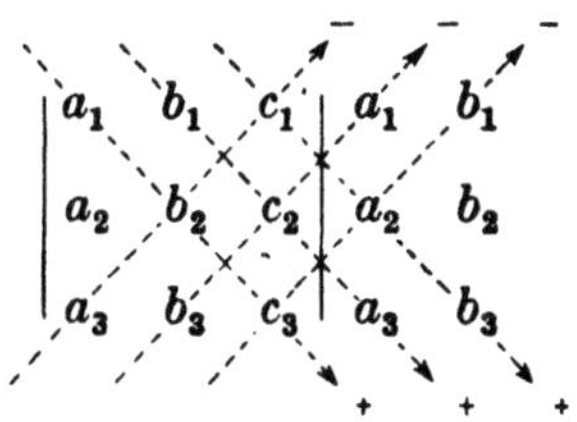


$$= a_1 b_2 c_3 + b_1 c_2 a_3 + c_1 a_2 b_3 - a_3 b_2 c_1 - \\ - b_3 c_2 a_1 - c_3 a_2 b_1,$$

d. h. man setzt die beiden ersten Spalten in der gleichen Reihenfolge neben die letzte und bildet die 6 Produkte der Elemente, die auf einer Diagonale liegen. Die Produkte erhalten je nach der Pfeilrichtung + (↘) oder — (↗) als Vorzeichen.

*Determinanten n-ten Grades.*

Ganz allgemein besteht eine Determinante $n$-ten Grades aus $n^2$ Elementen $a_1, a_2, \ldots a_n$ usw. Sie hat $n$ Zeilen (waagrechte Reihen) und $n$ Spalten (senkrechte Reihen). Sie wird geschrieben:

$$\begin{vmatrix} a_1 & b_1 & c_1 & \dots & p_1 \\ a_2 & b_2 & c_2 & \dots & p_2 \\ \vdots & \vdots & \vdots & & \vdots \\ a_n & b_n & c_n & \dots & p_n \end{vmatrix}$$

Eine Determinante $n$-ten Grades kann mit Hilfe von *Unterdeterminanten* $(n-1)$-ten Grades zerlegt werden:

$$\begin{vmatrix} a_1 & b_1 & c_1 & d_1 \\ a_2 & b_2 & c_2 & d_2 \\ a_3 & b_3 & c_3 & d_3 \\ a_4 & b_4 & c_4 & d_4 \end{vmatrix} = a_1 \begin{vmatrix} b_2 & c_2 & d_2 \\ b_3 & c_3 & d_3 \\ b_4 & c_4 & d_4 \end{vmatrix} - a_2 \begin{vmatrix} b_1 & c_1 & d_1 \\ b_3 & c_3 & d_3 \\ b_4 & c_4 & d_4 \end{vmatrix} + a_3 \begin{vmatrix} b_1 & c_1 & d_1 \\ b_2 & c_2 & d_2 \\ b_4 & c_4 & d_4 \end{vmatrix} - a_4 \begin{vmatrix} b_1 & c_1 & d_1 \\ b_2 & c_2 & d_2 \\ b_3 & c_3 & d_3 \end{vmatrix}.$$

Die Unterdeterminante zu einem Element in der $i$-ten Zeile und der $k$-ten Spalte wird erhalten, indem man die $i$-te Zeile und die $k$-te Spalte der ursprünglichen Determinante durchstreicht und die so entstehende Determinante mit $(-1)^{i+k}$ multipliziert.

In einer Determinante kann man die Zeilen mit den Spalten unter Beibehaltung der Reihenfolge vertauschen:

$$\begin{vmatrix} a_1 & b_1 \\ a_2 & b_2 \end{vmatrix} = \begin{vmatrix} a_1 & a_2 \\ b_1 & b_2 \end{vmatrix}.$$

Werden in der Determinante 2 Zeilen oder 2 Spalten miteinander vertauscht, so ändert die Determinante ihr Vorzeichen.

Sind die entsprechenden Elemente zweier Spalten oder zweier Zeilen verhältnisgleich (also auch einander gleich und gleich Null), so ist die Determinante gleich Null.

$$\begin{vmatrix} a_1 & a_1 & c_1 \\ a_2 & a_2 & c_2 \\ a_3 & a_3 & c_3 \end{vmatrix} = 0; \quad \begin{vmatrix} a_1 & b_1 & c_1 \\ a_1 & b_1 & c_1 \\ a_3 & b_3 & c_3 \end{vmatrix} = 0; \quad \begin{vmatrix} a_1 & a_2 & ka_2 \\ b_1 & b_2 & kb_2 \\ c_1 & c_2 & kc_2 \end{vmatrix} = 0.$$

Sind alle Elemente einer Zeile oder einer Spalte mit der gleichen Zahl multipliziert, so kann der Faktor vor die Determinante gesetzt werden:

$$\begin{vmatrix} ka_1 & b_1 & c_1 \\ ka_2 & b_2 & c_2 \\ ka_3 & b_3 & c_3 \end{vmatrix} = k \begin{vmatrix} a_1 & b_1 & c_1 \\ a_2 & b_2 & c_2 \\ a_3 & b_3 & c_3 \end{vmatrix} = \begin{vmatrix} ka_1 & kb_1 & kc_1 \\ a_2 & b_2 & c_2 \\ a_3 & b_3 & c_3 \end{vmatrix}.$$

Der Wert einer Determinante bleibt unverändert, wenn man zu den Elementen einer Zeile oder Spalte das gleiche Vielfache der entsprechenden Elemente einer anderen Zeile oder Spalte addiert oder subtrahiert:

$$\begin{vmatrix} a_1 & b_1 & c_1 \\ a_2 & b_2 & c_2 \\ a_3 & b_3 & c_3 \end{vmatrix} = \begin{vmatrix} a_1 & b_1 & c_1 + ka_1 \\ a_2 & b_2 & c_2 + ka_2 \\ a_3 & b_3 & c_3 + ka_3 \end{vmatrix}.$$

## B. Allgemeines über Funktionen.

### 1. Der Funktionsbegriff.

Enthält eine Gleichung 2 Unbekannte, $x$ und $y$, so besteht zwischen beiden ein Abhängigkeitsverhältnis. Wird der Größe $x$ ein bestimmter Wert zugrunde gelegt, dann ist dieses beliebig gewählte $x$ die unabhängige Veränderliche (unabhängige Variable), während $y$ die von $x$ abhängige Veränderliche darstellt. $y$ wird als *Funktion* von $x$ bezeichnet und geschrieben $y = f(x)$.

Der Ausdruck $y = f(x)$ besagt nur, daß irgendeine Beziehung zwischen $y$ und $x$ besteht, jedoch nichts über die Art dieser Beziehung. Erst die Erforschung der quantitativen Zusammenhänge führt zu einer mathematischen, durch Zahlen auswertbaren Gleichung.

### 2. Explizite und implizite Funktionen.

Die Funktion $y = f(x)$ nennt man *explizit*. Als Gleichung ausgedrückt, steht auf der linken Seite vom Gleichheitszeichen nur die abhängige Veränderliche, auf der rechten Seite ein mathematischer Ausdruck, der zur Errechnung von $y$ dient. Z. B. gilt für die wahre spezifische Wärme des Wassers nach DIETERICI folgende Gleichung: $c = 0{,}99827 - 0{,}0010368 \cdot t + 0{,}0000020736 \cdot t^2$. Diese Beziehung gilt jedoch nur für einen Temperaturbereich von 25° bis 300° C.

Eine explizite Funktion kann durch Einsetzen verschiedener Werte für $x$ und Berechnung von $y$ leicht als Tabelle oder Kurve dargestellt werden.

Für den Chemiker wird in der Regel — in Abweichung von der rein mathematischen Bedeutung einer Funktion — stets nur ein begrenzter Teil dieser mathematischen Kurve praktische Bedeutung haben (Angabe des Gültigkeitsbereiches!).

Unter einer *impliziten* Funktion $f(x, y) = 0$ versteht man irgendeinen mathematischen Ausdruck, der beide Unbekannten enthält und der für jedes zusammengehörende $x$ und $y$ als Endergebnis Null ergibt. Um eine solche Funktion durch Berechnung von Einzelwerten als Tabelle oder Kurve darzustellen, muß sie nach einer der Veränderlichen aufgelöst werden. Ist die Umformung in eine explizite Funktion nicht durchführbar, dann ist eine tabellarische Darstellung nicht möglich.

Das Beispiel einer impliziten Funktion ist die VAN DER WAALSsche Zustandsgleichung $\left(p + \frac{a}{v^2}\right) \cdot (v - b) = RT$, worin $p$ und $v$ die beiden

Unbekannten sind. Auf die Form $f(x, y) = 0$ gebracht, erhalten wir $\left(p + \frac{a}{v^2}\right) \cdot (v - b) - RT = 0$ und durch Auflösung nach $p$ entsteht die explizite Funktion $p = \frac{RT}{v-b} - \frac{a}{v^2}$. (Bei der Auflösung nach $v$ entstünde eine Gleichung 3. Grades, was Schwierigkeiten bei der weiteren Rechnung zur Folge hätte.)

## C. Darstellung von Funktionen.

### 1. Tabelle.

Diese Form der Darstellung wird in der Regel das unmittelbare Ergebnis einer Meßreihe, welche fast stets nur eine begrenzte Anzahl von Wertpaaren liefert, sein. Zwischenwerte müssen durch Interpolation ermittelt werden. Lediglich automatisch arbeitende Geräte zeichnen unmittelbar Kurven (z. B. Registrierbarometer).

Ein weiterer Nachteil der tabellarischen Darstellung liegt darin, daß sie die speziellen Eigenschaften der betreffenden Funktion nicht auf den ersten Blick erkennen läßt. Andererseits ist die Angabe der einzelnen Zahlenwerte einer Tabelle erheblich genauer als eine graphische Darstellung. Bei der Anfertigung einer Tabelle aus den Versuchsergebnissen darf die Angabe der Dimensionen der enthaltenen Größen nicht vergessen werden!

### 2. Graphische Darstellung im rechtwinkeligen Koordinatensystem.

Die graphische Darstellung einer Meßreihe hat den Vorteil, daß sich die Gesamtheit der zusammengehörigen Werte dem Auge in anschaulicher Weise zu erkennen gibt. Gleichmäßiges Ansteigen der erhaltenen Kurve zeigt die Gleichmäßigkeit des Vorganges an, Knicke geben Unregelmäßigkeiten zu erkennen usw. Aus einer Kurve kann für jeden beliebigen Wert von $x$ die Größe $y$ sofort abgelesen werden (Graphische Interpolation).

Das *rechtwinkelige Koordinatensystem* besteht aus zwei aufeinander senkrechten Achsen, der waagrechten *Abszisse* und der senkrechten *Ordinate*. Der Ursprung des Koordinatensystems ist jener Punkt, dessen beide Koordinaten gleich null sind. Die Abszisse ($x$-Achse) enthält alle Punkte, deren Ordinate den Wert null hat, die Ordinate ($y$-Achse) alle Punkte, deren Abszisse null ist.

Der Abstand eines Punktes $P$ vom Anfangspunkt (Koordinatenursprung) kann mit Hilfe des pythagoreischen Lehrsatzes durch seine Koordinaten $a$ und $b$ ausgedrückt werden (Abb. 1).

Es ist $r = \sqrt{a^2 + b^2}$. Bei bekanntem Winkel $\alpha$ sind

$$\cos\alpha = \frac{a}{r}, \quad \sin\alpha = \frac{b}{r} \quad \text{und} \quad \operatorname{tg}\alpha = \frac{b}{a}.$$

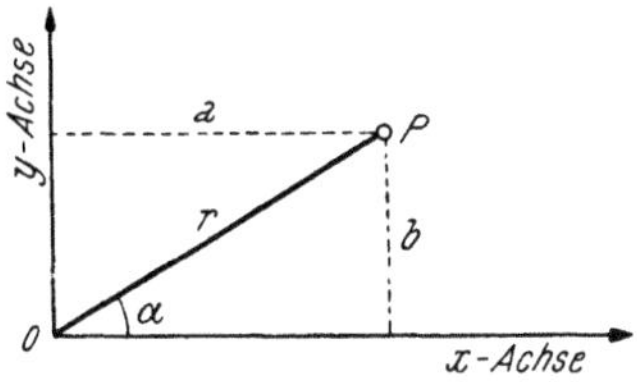

Abb. 1

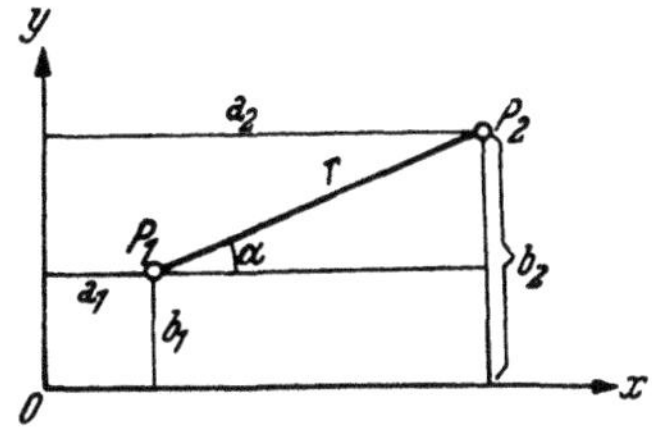

Abb. 2

Der Abstand zweier Punkte ist bestimmt durch die Gleichung $r = \sqrt{(a_2 - a_1)^2 + (b_2 - b_1)^2}$, die Steigung der Geraden $\operatorname{tg}\alpha = \frac{b_2 - b_1}{a_2 - a_1}$ (Abb. 2).

*Koordinatenmaßstäbe.* Es ist stets auf die Maßstäbe von Abszisse und Ordinate zu achten, da diese häufig verschieden gewählt werden, um eine sinnvolle Darstellung der betreffenden Funktion zu erreichen und die Genauigkeit zu erhöhen.

**1. Beispiel.** Das Boyle-Mariottesche Gesetz $p \cdot v =$ *konstant* ist in einem rechtwinkeligen Koordinatensystem darzustellen; beide Achsen haben den gleichen Maßstab.

Wir bestimmen eine Reihe zusammengehöriger Werte, wobei die Konstante vorher festgelegt werden muß (z. B. $= 1$). Es ist also:

| | | | | | |
|---|---|---|---|---|---|
| $v = 0{,}2$ | 0,5 | 1 | 2 | 5 | Liter |
| $p = 5$ | 2 | 1 | 0,5 | 0,2 | Atm. |

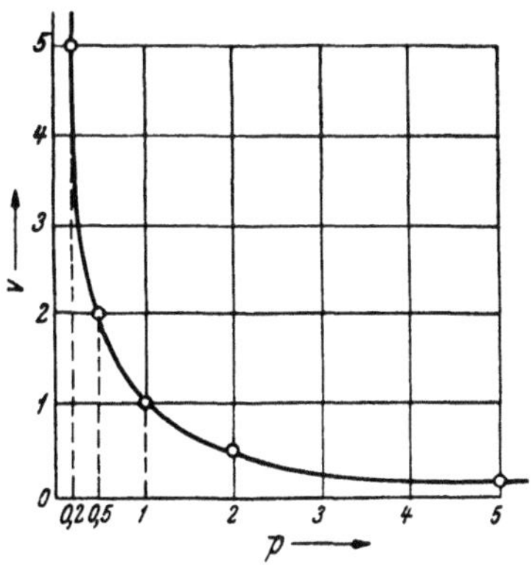

Abb. 3

Die Werte werden in das Koordinatensystem eingezeichnet und die Punkte zu einer Kurve verbunden. Aus ihr ist sofort zu erkennen, daß bei Verkleinerung des Volumens der Druck sehr rasch ansteigt (Abb. 3). ———

## 3. Unterdrückter Nullpunkt.

Aus Genauigkeitsgründen wird es häufig notwendig sein, nur einen bestimmten Teil des Koordinatennetzes zu verwenden und u. U. die Maßstäbe beider Achsen verschieden groß zu wählen.

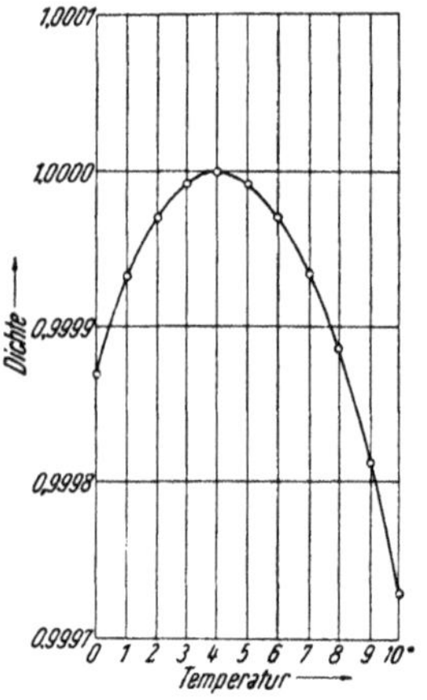


Abb. 4

**2. Beispiel.** Bei der Darstellung der Abhängigkeit der Dichte des Wassers zwischen 0° und 10° C wäre es sinnlos, als Koordinatenursprung die Dichte = 0 und eine Teilung mit den Abständen 0,1—0,2—0,3 usw. zu wählen. Der Unterschied der Dichte zwischen 0° und 10° C wäre nicht mehr zu erkennen, da sich bei dem gewählten Maßstab alle Werte auf 1,00 abrunden und damit praktisch eine Gerade erhalten würde. Wir unterdrücken daher den Anfangspunkt der Teilung und wählen außerdem für die Ordinate einen größeren Maßstab, d. h. wir beginnen im Koordinatenschnittpunkt mit der Dichte 0,9997 und führen die Teilung in größerem Maßstab nur bis etwa 1,0001 fort, da nur dieser Bereich in Betracht kommt. Auf diese Weise lassen sich die einzelnen Tabellenwerte zu einer anschaulichen und brauchbaren Kurve verbinden (Abb. 4). ———

## 4. Mehrdeutige und unstetige Funktionen.

*Mehrdeutige Funktionen.* In besonderen Fällen gehören zu einem Wert von $y$ mehrere Werte von $x$, die Funktion ist mehrdeutig. Ein derartiger Fall ist durch die Abb. 100, S. 207 (Mischbarkeit von Phenol und Wasser) gegeben. Man kann jedoch solche Funktionen auch als eindeutig ansehen, wenn man sich die Kurve aus zwei Teilkurven (Löslichkeitskurven für Wasser in Phenol, bzw. Phenol in Wasser) zusammengesetzt denkt, die im kritischen Punkt ineinander übergehen.

*Unstetige Funktionen.* Die meisten den Chemiker interessierenden Funktionen haben einen stetigen Verlauf (die Kurve kann in einem Zuge gezeichnet werden). Eine Unstetigkeit (Unterbrechung) in der Kurve deutet auf eine Veränderung des untersuchten Körpers. So kann z. B. ein Knickpunkt in der Kurve auftreten (Abb. 76, S. 145: verschiedene Hydratstufen des Zinksulfats) oder die Kurve kann einen Sprung aufweisen.

**3. Beispiel.** Auf S. 246 ist für $SO_2$ die Molwärme $C_p$ in Abhängigkeit von der Temperatur $T$ tabelliert. Die Darstellung in Form einer Kurve ergibt folgendes Bild: Ziemlich gleichmäßiges Ansteigen bis $T = 197{,}64°$ C. Bei dieser Temperatur springt die Kurve plötzlich nach oben, um von dort wieder sehr langsam zu sinken. Der Kurvensprung deutet auf eine eingetretene Veränderung, in diesem Fall das Schmelzen des festen $SO_2$. ——

## 5. Mehrere Kurven in einem Koordinatensystem.

Handelt es sich um die Darstellung ein- und derselben Funktion verschiedener Stoffe, kann es von Vorteil sein, die erhaltenen Kurven in das gleiche Koordinatensystem einzuzeichnen, weil auf diese Weise ein anschaulicher Vergleich zustande kommt (Abb. 5: Zähigkeit der Schmelzen von Sb, Sn und Bi in Abhängigkeit von der Temperatur).

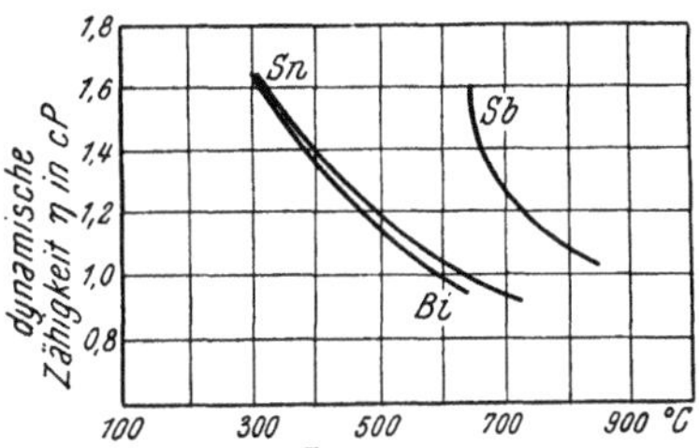


Abb. 5

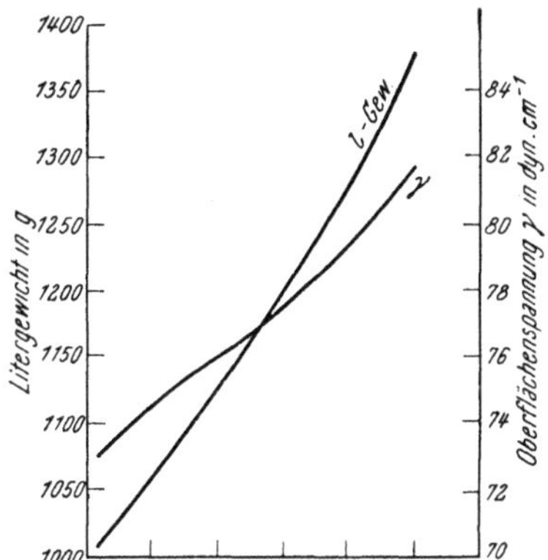


Abb. 6

Auch zwei verschiedene Eigenschaften ein und desselben Stoffes in Abhängigkeit von einer dritten Größe können im gleichen Koordinatensystem dargestellt werden. Dies ist dann nützlich, wenn man feststellen will, ob zwischen den beiden Eigenschaften eine Parallelität herrscht. Die Abb. 6 zeigt als Beispiel die Abhängigkeit des Litergewichtes und der Oberflächenspannung von der Konzentration für $KNO_2$-Lösungen bei 20° C. In dieser Darstellung sind das Litergewicht auf der linken und die Oberflächenspannung auf der rechten Ordinate aufgetragen. Man kann aber auch nur die linke Ordinate zeichnen und als Doppelleiter (s. S. 99) ausführen. Wichtig ist, daß jede Kurve eine deutliche Kennzeichnung trägt, welche Eigenschaften sie darstellt.

## 6. Transformation der Koordinaten.

Die Lage der Koordinaten kann beliebig gewählt werden. Es wird jedoch für jede Kurve eine zweckmäßigste Lage des Koordinatensystems geben, so daß es unter Umständen notwendig wird, eine Transformation der ursprünglich gewählten Koordinaten vorzunehmen.

*a) Parallelverschiebung der Koordinaten* (Abb. 7). Die Koordinaten $x$, $y$ des Punktes $P$ im alten Koordinatensystem sind mit den Koordinaten $X$, $Y$ im neuen System durch folgende Gleichungen verbunden: $X = x - a$ und $Y = y - b$.

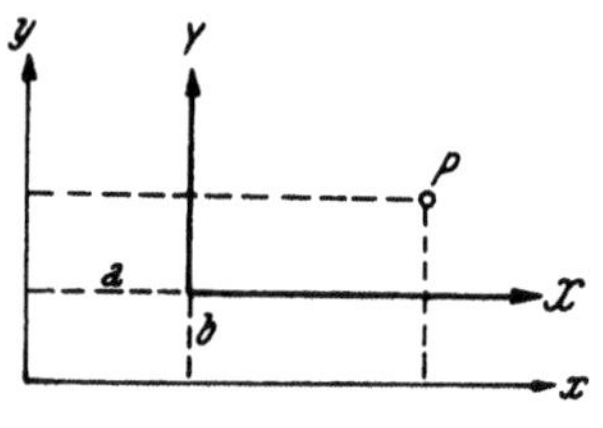


Abb. 7

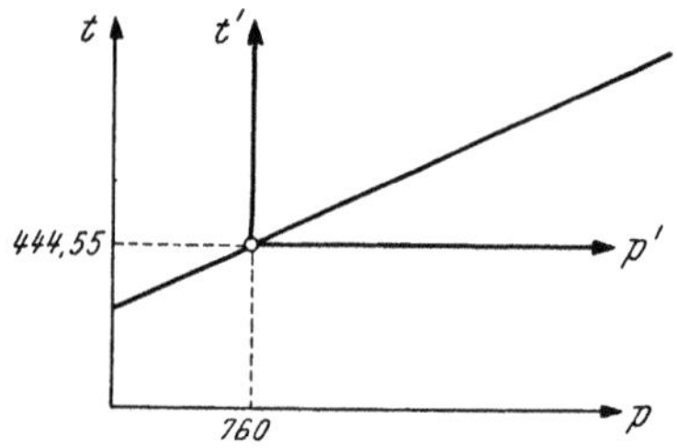


Abb. 8

**4. Beispiel.** Für die Siedetemperatur $t$ des Schwefels in Abhängigkeit vom Sättigungsdruck $p$ gilt in erster Näherung: $t = 444{,}55 + 0{,}0908 \cdot (p - 760)$. Durch Ausrechnung kann die Gleichung auf die Form $t = 375{,}542 + 0{,}0908\,p$ gebracht und als Gerade dargestellt werden. Wir können die Gleichung aber auch in folgender Weise umformen: $t - 444{,}55 = 0{,}0908 \cdot (p - 760)$ und setzen $t - 444{,}55 = t'$ und $p - 760 = p'$ und erhalten $t' = 0{,}0908 \cdot p'$.

Damit ist eine Parallelverschiebung der Koordinaten durchgeführt. In dem neuen System ist $t' = 0{,}0908 \cdot p'$ eine Gerade durch den Koordinatenursprung. Nachdem die Neigung bekannt ist, kann die Gerade sofort gezeichnet werden. Wir wollten jedoch die Funktion als Gerade im ursprünglichen Koordinatensystem darstellen. Da $t' = t - 444{,}55$ und $p' = p - 760$ ist, liegt der Koordinatenursprung des neuen Systems ($t' = 0$ und $p' = 0$) bei $t = 444{,}55$

und $p = 760$. Wir können also das ursprüngliche Koordinatensystem um das neue herumzeichnen (Abb. 8). ———

*b) Drehung des Koordinatensystems um den Ursprung* (Abb. 9). Ein Punkt $P$ habe im alten Koordinatensystem die Koordinaten $x$ und $y$, im neuen $\xi$ und $\eta$.

Von $P$ aus ziehen wir $PC$ senkrecht zur $x$-Achse und $PB$ senkrecht zur $\xi$-Achse, ferner $BA$ senkrecht zur $y$-Achse. In dem erhaltenen Dreieck $ABP$ erscheint wiederum der Winkel $\alpha$, und zwar ist $AB = CD = \eta \cdot \sin\alpha$ und $PA = \eta \cdot \cos\alpha$. Nach der Abb. 9 muß $OD = \xi \cdot \cos\alpha$, daher $OD - CD = OC = x = \xi \cdot \cos\alpha - \eta \cdot \sin\alpha$. Analog $PC = AC + AP = DB + AP = y = \xi \cdot \sin\alpha + \eta \cdot \cos\alpha$.

**5. Beispiel.** Die Gleichung der Hyperbel (Abb. 10) lautet $\frac{x^2}{a^2} - \frac{y^2}{b^2} = 1$. Ist die Hyperbel gleichseitig, d. h. $a = b$, dann wird

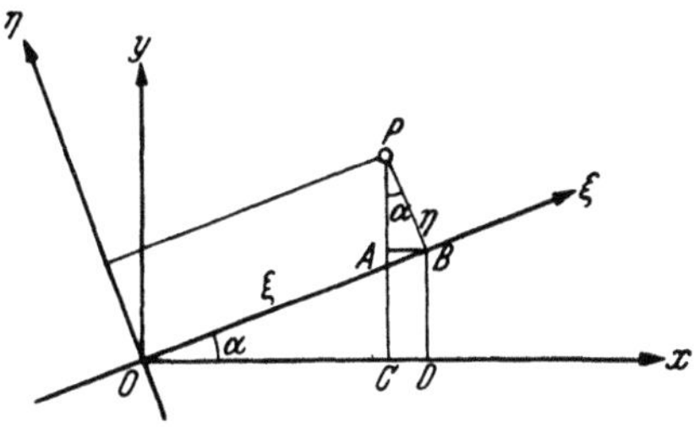


Abb. 9

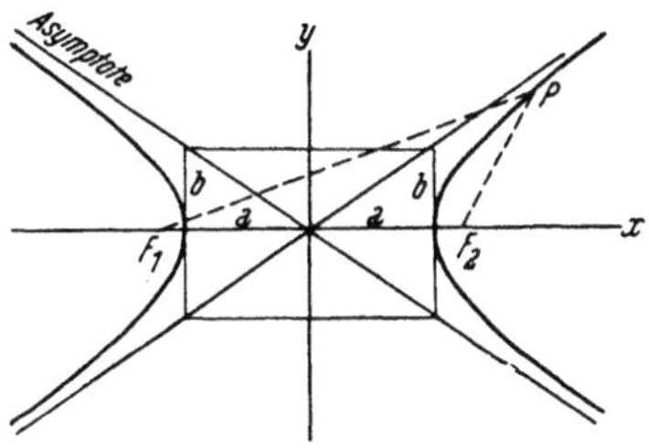


Abb. 10

$\frac{x^2}{a^2} - \frac{y^2}{a^2} = 1$, daraus $x^2 - y^2 = a^2$ und die Asymptoten dieser Hyperbel halbieren den Winkel der Koordinatenachsen.

Welche Gleichung ergibt sich für die Hyperbel, wenn wir die Asymptoten als Koordinatenachsen betrachten? Zu diesem Zweck müssen wir das Koordinatensystem um $-45^\circ \left(= -\frac{\pi}{4}\right)$ drehen. Nach S. 20 ist $\sin\left(-\frac{\pi}{4}\right) = -\frac{\sqrt{2}}{2}$, $\cos\left(-\frac{\pi}{4}\right) = +\frac{\sqrt{2}}{2}$ und es wird $x = \frac{\sqrt{2}}{2}(\xi + \eta)$ und $y = \frac{\sqrt{2}}{2}(\eta - \xi)$.

Eingesetzt in die Gleichung $x^2 - y^2 = a^2$ ergibt, da nach den Regeln der Algebra $x^2 - y^2 = (x + y) \cdot (x - y)$

$$x^2 - y^2 = 2\,\xi\,\eta = a^2 \quad \text{oder} \quad \xi \cdot \eta = \frac{a^2}{2} = \text{konstant.}$$ ———

### 7. Polarkoordinaten.

Die Lage eines Punktes $P$ in der Ebene kann auch durch die Größe $r$ und den Winkel $\alpha$ gekennzeichnet werden (siehe Abb. 1, S. 7). Es sind dies die Polarkoordinaten des Punktes $P$. Die Anwendung der Polarkoordinaten erstreckt sich vor allem auf Größen, die Funktionen eines Winkels sind. Das Polarkoordinatennetz besteht aus konzentrischen Kreisen und aus Strahlen, die vom Zentrum aus die Kreise senkrecht schneiden.

Zwischen den Polarkoordinaten und den rechtwinkeligen Koordinaten besteht folgende Beziehung: $x = r \cdot \cos \alpha$, $y = r \cdot \sin \alpha$, $x^2 + y^2 = r^2$.

### 8. Räumliche Koordinaten.

Die 3 senkrecht aufeinanderstehenden Achsen (Abb. 11) bilden 3 Koordinatenebenen ($xy$-Ebene, $xz$-Ebene und $yz$-Ebene). Legt man durch einen Punkt $P$ Ebenen parallel zu diesen Koordinatenebenen, so schneiden sie auf den Achsen die Koordinaten des Punktes ($x, y, z$) ab. Durch Betrag und Vorzeichen sind die 3 Koordinaten bestimmt.

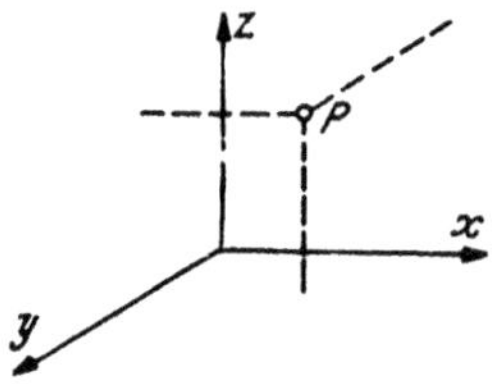


Abb. 11

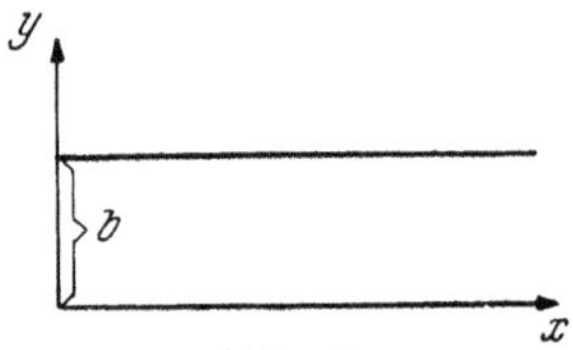


Abb. 12

### 9. Analytische Darstellung.

Die Darstellung einer Funktion durch eine *Gleichung* ist zwar nicht übersichtlich, aber sehr präzis.

## D. Wichtige Funktionstypen.

### 1. Die Konstante.

Die Konstante ist durch die Gleichung $y = b$ gegeben (Abb. 12).

Da jede experimentelle Bestimmung von Werten mit Fehlern behaftet ist, wird auch die so bestimmte Konstante nicht streng mathematisch konstant sein, sondern einen Wert besitzen, der innerhalb einer gewissen Toleranz schwankt.

## 2. Die Proportionalität.

Die Proportionalität wird ausgedrückt durch die Formel $y = ax$. Die graphische Darstellung ergibt eine Gerade, die durch den Koordinatenursprung geht (Abb. 13). Der Proportionalitätsfaktor $a$ ist eine Konstante und gibt die Neigung der Geraden an, denn es ist $a = \frac{y}{x} = \operatorname{tg} \alpha$.

Nachdem die Neigung eine Konstante ist, muß für die verschiedenen Punkte der Geraden gelten: $a = \frac{y_1}{x_1} = \frac{y_2}{x_2} = \ldots$ usw. oder als Proportion geschrieben $y_1 : x_1 = y_2 : x_2 = \ldots$

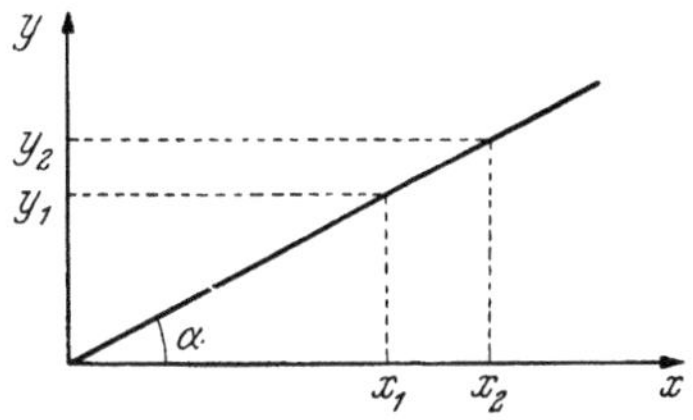

Abb. 13

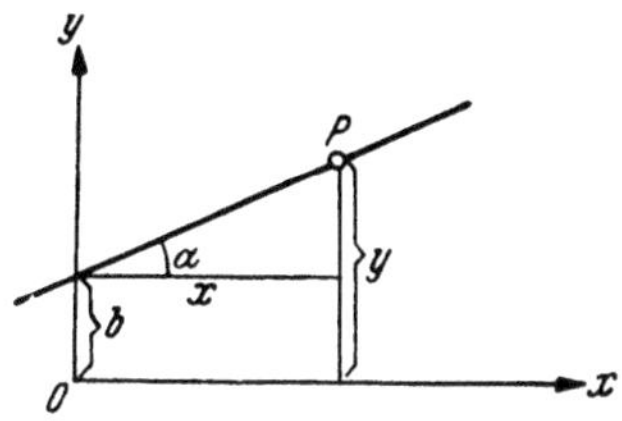

Abb. 14

Die Gerade hat die Eigenschaft, daß die Ordinaten ihrer Punkte um gleich viel zunehmen, wenn auch die Abszissen gleichmäßig wachsen; die Größe $y$ nimmt also der Größe $x$ proportional zu.

## 3. Die lineare Funktion.

Die lineare Funktion wird durch die allgemeine Gleichung der Geraden ausgedrückt: $y = ax + b$.

Für die Gleichung der Geraden ist die Lage zu den Koordinatenachsen maßgebend. Aus dem rechtwinkligen Dreieck (Abb. 14) folgt $\operatorname{tg} \alpha = \frac{y - b}{x}$ und $y = x \cdot \operatorname{tg} \alpha + b$, oder wenn wir $\operatorname{tg} \alpha = a$ setzen $y = ax + b$. Die Gleichung setzt sich also zusammen aus der Proportionalität $ax$ und der Konstanten $b$.

Als Beispiel diene das GAY-LUSSACsche Gesetz $p = p_0 \cdot (1 + 0{,}00367\, t)$. Für $p_0 = 1$ wird $p = 1 + 0{,}00367\, t$ (entsprechend der Gleichung $y = b + ax$); $p$ und $t$ sind die beiden Koordinaten.

Jede Gerade ist durch 2 Punkte bestimmt. Die einfachsten dieser Punkte sind jene, in denen die Gerade die Achsen schneidet. Für den Schnittpunkt mit der $y$-Achse ist $x = 0$, für den Schnittpunkt mit der $x$-Achse ist $y = 0$. Hat also eine Gerade die allgemeine Form $ax+by+c=0$, dann ist für $x=0\ldots y=-\frac{c}{b}$ und für $y=0\ldots x=-\frac{c}{a}$, wodurch die Gerade bestimmt ist.

Bestimmung der Geraden, wenn 2 Punkte gegeben sind: Für einen bestimmten Punkt der Geraden $y=ax+b$ gilt also $y_1=$ $=ax_1+b$, für einen zweiten Punkt $y_2=ax_2+b$. Daraus erhalten wir durch Subtraktion $y-y_1=a\cdot(x-x_1)$, bzw. $y_1-y_2=a\cdot$ $\cdot(x_1-x_2)$ und $\frac{y-y_1}{y_1-y_2}=\frac{x-x_1}{x_1-x_2}$.

**6. Beispiel.** Eine Gerade sei gegeben durch die Punkte $P_1$ $(-1, +2)$ und $P_2$ $(3, 4)$. Es ist nun $\frac{y-2}{2-4}=\frac{x-(-1)}{-1-3}$, daraus $\frac{y-2}{-2}=\frac{x+1}{-4}$, weiter (durch kreuzweise Multiplikation) $-4y+$ $+8=-2x-2$ und die Gleichung der Geraden lautet $2x-$ $-4y+10=0$ oder $y=0{,}5x+2{,}5$. ———

## 4. Die Parabel.

In der Regel handelt es sich um Funktionen, bei denen $y$ proportional ist dem Quadrat von $x$, also $y=x^2$ (Abb. 15) oder allgemein $y=a\cdot x^2$.

Liegt der Scheitel der Parabel außerhalb des Koordinatenursprungs, dann ist $(y-k)=a\cdot(x-h)^2$ oder bei vertauschten Koordinaten (Abb. 16) $(x-h)=a\cdot(y-k)^2$.

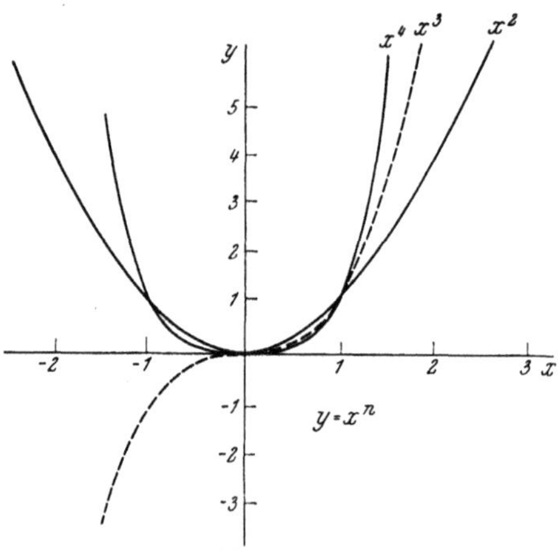

Abb. 15

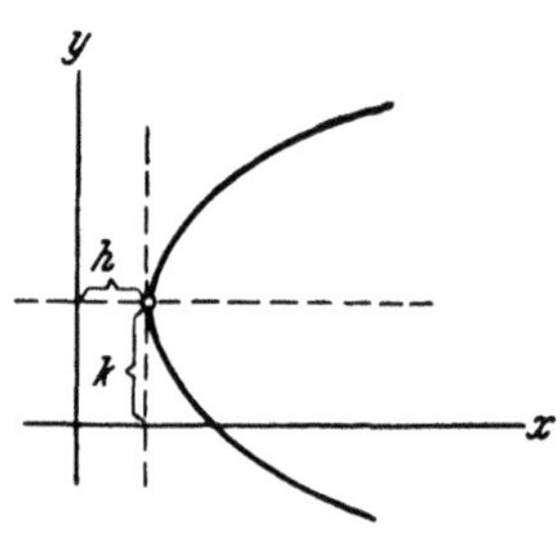

Abb. 16

Außer der quadratischen Proportionalität können auch höhere Potenzen auftreten, von denen einige in der Abb. 15 dargestellt sind: $y=x^n$ bzw. $y=a\cdot x^n$.

Diese Funktion wird beim Auftragen der Werte für $y$ und $x$ auf logarithmisch geteilte Koordinatenachsen zu einer Geraden, denn $\lg y = \lg a + n \cdot \lg x$, wobei die Neigung durch den Faktor $n$ gegeben ist.

Bei der Auswertung von Meßwerten wird man häufig zu einer Kurve kommen, die der erweiterten Parabelgleichung $y = a + bx + cx^2 + \ldots$ entspricht (s. S. 46: Potenzreihe; S. 118: Ausgleichsrechnung). Ist die Krümmung der erhaltenen Kurve nur gering, kann unter Umständen der in Betracht kommende Teil der Kurve als Gerade ($y = a + bx$) mit einem zusätzlichen Korrektionsglied ($cx^2 = k$) aufgefaßt werden.

## 5. Die umgekehrte Proportionalität.

Die Gleichung $y = \frac{a}{x}$ besagt, daß bei einer Verkleinerung von $y$ der Wert für $x$ im gleichen Maße wächst, während das Produkt $x \cdot y = konstant$ bleibt.

Bei der graphischen Darstellung ergibt sich eine *gleichseitige Hyperbel* (siehe Abb. 3, S. 7: BOYLE-MARIOTTEsches Gesetz $p \cdot v = konstant$), die die Koordinatenachsen zu *Asymptoten* hat.

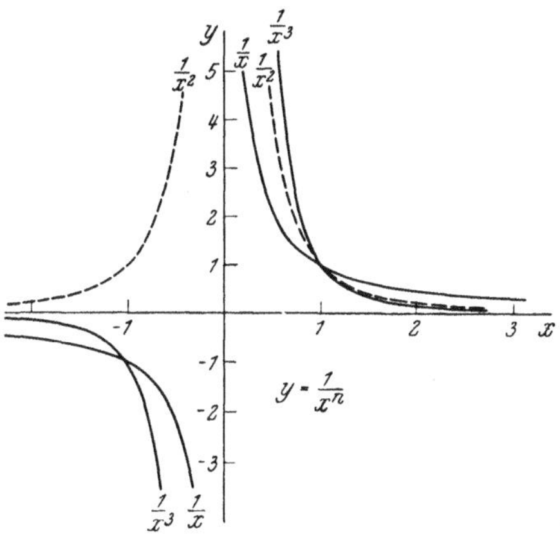


Abb. 17

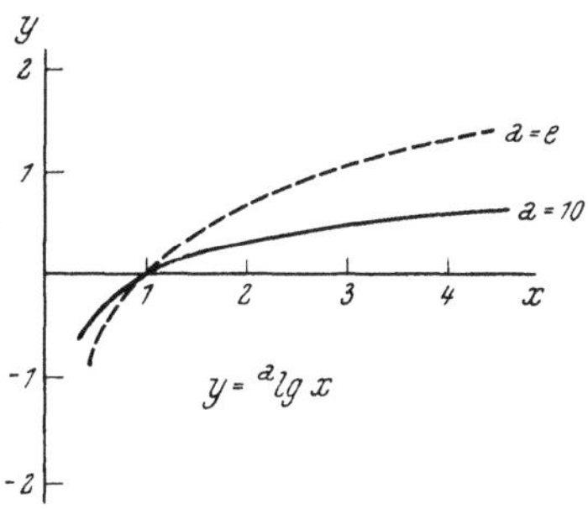


Abb. 18

Die Funktion $y = \frac{a}{x^n}$, für $n > 1$, ist die allgemeine Form der umgekehrten Proportionalität. Mit steigendem Exponenten werden die Hyperbeln steiler (Abb. 17). Die Hyperbeln mit geradem Exponenten liegen im 1. und 2. Quadranten, jene mit ungeradem im 1. und 3. Quadranten (analog wie bei den Parabeln, S. 14).

Ein Beispiel für diesen Funktionstyp ist die Gleichung der Adiabate ($p \cdot v^{\varkappa} = konst.$, daraus $p = \frac{konst.}{v^{\varkappa}}$; s. S. 359).

## 6. Die Logarithmusfunktion.

Der Verlauf der logarithmischen Kurve $y = \lg x$ ist in der Abb. 18 dargestellt. Sie zeigt eine monoton ansteigende Kurve, die die negative $y$-Achse zur Asymptote hat und die $x$-Achse bei 1 schneidet.

Der dekadische Logarithmus hat die Basis 10, es ist also $y = {}^{10}\log x \ldots 10^y = x$ und $y \cdot \log 10 = \log x$. Da $\log 10 = 1$, wird $y = \log x$. Den Logarithmus der Basis 10 (BRIGGscher oder dekadischer Logarithmus) schreibt man üblicherweise lg.

Ist die Basis ganz allgemein $a$, also $y = {}^{a}\log x$, dann ist $a^y = x$ und $y \cdot \log a = \log x$ oder $y = \frac{\log x}{\log a}$. Sämtliche Kurven gehen durch den Punkt $x = 1$, $y = 0$, da log 1 bei jeder Basis den Wert 0 hat. Die Kurven besitzen keine Extremwerte oder Wendepunkte.

In den Naturwissenschaften spielt das *natürliche* oder NAPIERsche *Logarithmensystem* eine wichtige Rolle. Der natürliche Logarithmus (Logarithmus naturalis ln) hat die Basis $e = 2{,}71828$ (erhalten aus der Reihe $1 + \frac{1}{1} + \frac{1}{1 \cdot 2} + \frac{1}{1 \cdot 2 \cdot 3} + \ldots$). Es ist ${}^{e}\log x = \ln x$.

$\ln e = 1$, $\ln e^2 = 2$, $\ln e^x = x$, $\ln \frac{1}{e} = -1$, $\ln \frac{1}{e^2} = -2$ usw. Ist also z. B. $y = e^x$, dann wird $x = \ln y$.

$\ln a - \ln b = \ln \frac{a}{b}$.

(Der natürliche Logarithmus tritt bei der Integration von $\frac{dx}{x}$ auf, weshalb er in verschiedenen Naturgesetzen in Erscheinung tritt; s. S. 49).

*Umrechnung* in die beim Zahlenrechnen gebräuchlichen dekadischen Logarithmen:

$$\ln x = 2{,}303 \cdot \lg x \text{ und}$$
$$\lg x = 0{,}4343 \cdot \ln x.$$

Beispiel für eine Logarithmusfunktion ist die NERNSTsche Gleichung für die Potentialdifferenz $\varepsilon$ (S. 295).

Wird bei der graphischen Darstellung der Logarithmusfunktion der Abszissenachse eine für die Werte $\lg x$ gleichmäßige Teilung gegeben (oder mit anderen Worten, werden auf der Abszissenachse statt der Zahlen ihre Logarithmen aufgetragen), so wird die Kurve zu einer Geraden gestreckt (siehe logarithmische Papiere, S. 92).

### 7. Die Exponentialfunktion $y = a^x$.

Die Funktion $y = a^x$ (im speziellen Fall $y = e^x$) gibt Kurven, die die $y$-Achse bei 1 schneiden. Mit wachsenden $x$-Werten nimmt die Steigung dieser Kurven zu. Für $a = e = 2{,}718$ erhält man eine Kurve, deren Steigung in jedem Punkt zahlenmäßig gleich ist dem jeweiligen Ordinatenwert (dann gilt $\frac{dy}{dx} = y$).

Die Kurve der Funktion $y = e^{-x}$ (oder allgemein $y = a \cdot e^{-bx}$) entsteht aus $y = e^x$ durch Vertauschung der positiven mit den negativen $x$-Werten, die Steigung ist nun dauernd negativ, d. h. die Kurve fällt (Abb. 19).

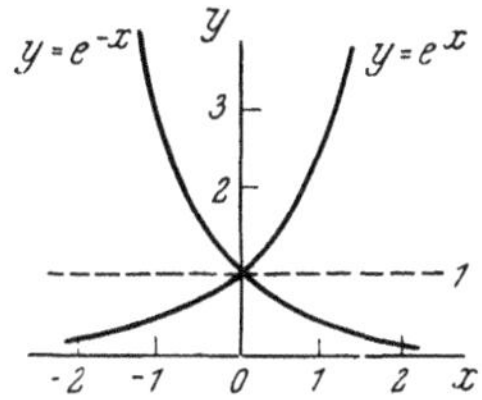

Abb. 19

Nimmt in den Gleichungen $y = e^x$ oder $y = e^{-x}$ der Wert $x$ in arithmetischer Progression zu, so nimmt $y$ in geometrischer Progression zu bzw. ab, es ist also $y = e^x$, $y^2 = e^{x+x} = e^{2x}$, $y^3 = e^{3x}$ und analog $y = e^{-x}$, $y^2 = e^{-2x}$ usw.

Bei der Exponentialfunktion vom Typ $c = c_0 \cdot e^{-kt}$ tritt oft die Frage nach der sog. Halbwertszeit $\tau$, nach welcher $c = \frac{c_0}{2}$ geworden ist, auf. Es soll also $\frac{c_0}{2} = c_0 \cdot e^{-k\tau}$ sein; daraus ist $\frac{1}{2} = e^{-k\tau}$ und $\ln \frac{1}{2} = -\ln 2 = -k\tau$ und schließlich $\tau = \frac{\ln 2}{k}$. Das bedeutet, daß die Halbwertszeit mit der Konstante $k$ zusammenhängt, aber nicht mit der Anfangskonzentration.

Zu diesem wichtigen Funktionstyp gehören ferner das Lampert-Beersche Absorptionsgesetz $I = I_0 \cdot 10^{-\varepsilon c d}$ (s. S. 324), das Nernstsche Auflösungsgesetz $c = c_s \cdot \left(1 - e^{-\frac{DF}{v\vartheta} \cdot t}\right)$ für die zeitliche Auflösung eines Kristalles in einer gut gerührten Flüssigkeit ($c$ = Konzentration der Lösung, in der sich der Stoff auflöst, zur Zeit $t$, $c_s$ = Sättigungskonzentration, $F$ = Kristalloberfläche, $v$ = Lösungsvolumen, $D$ = Diffusionskoeffizient, $\vartheta$ = Dicke einer, dem Kristall anhaftenden Schicht, die auch bei starkem Rühren besteht und in der sich die gelösten Moleküle nur durch Diffusion fortbewegen); das Newtonsche Abkühlungsgesetz $\vartheta = \vartheta_R - (\vartheta_R - \vartheta_0) \cdot e^{-kt}$, nach welchem sich ein Körper abkühlt oder erwärmt ($\vartheta$ = Temperatur des Körpers zur Zeit $t$, $\vartheta_0$ = seine Anfangstemperatur, $\vartheta_R$ = Raumtemperatur).

Die Kurve $y = a \cdot e^{-bx}$ wird zu einer Geraden gestreckt, wenn man auf der gleichmäßig geteilten Ordinate $\lg y$ und auf der Abszisse die $x$-Werte aufträgt. Die erhaltene Gerade hat die Neigung $-\frac{b}{2{,}303}$ bei einem Ordinatenabschnitt $\lg a$, vorausgesetzt, daß die Längeneinheit auf beiden Achsen gleich gewählt wurde. (Über die Anwendung von einfach logarithmischem Papier s. S. 92.)

### 8. Die Funktion $y = a \cdot e^{-\frac{b}{x}}$

Im einfachsten Fall, wenn $a = b = 1$, wird $y = e^{-\frac{1}{x}}$. Diese Funktion ist in der Abb. 20 dargestellt. Sie besitzt nur positive $y$-Werte (Potenzen von $e$ sind stets größer als 0). Für $x \to \infty$ und $x \to -\infty$ nähert sich der Wert für $y \to 1$, und zwar im ersten Fall von unten her, im zweiten Fall von oben. Für $x = 0$ erhält die Kurve 2 verschiedene Werte. Wenn wir uns von positiven $x$-Werten aus bewegen, nähert sich $y$ dem Werte 0. Nähern wir uns dem Punkt $x = 0$ von negativen $x$-Werten aus, dann bewegt sich $y$ nach $\infty$. Diese Eigentümlichkeit der Funktion ist aber für uns bedeutungslos, weil die Kurve nur im ersten Quadranten sinnvoll ist.

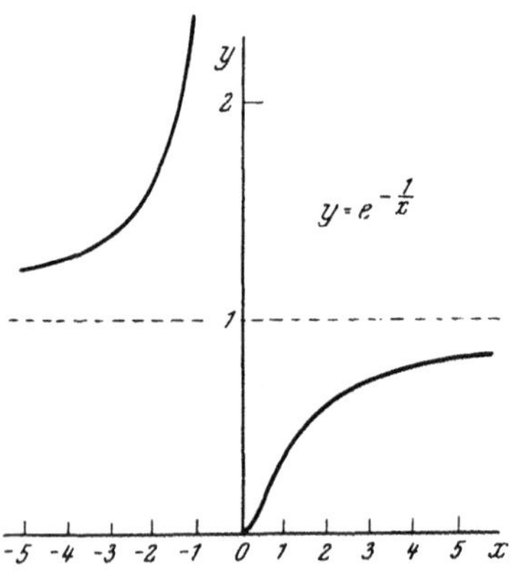


Abb. 20

Bei der allgemeinen Form dieser Funktion $y = a \cdot e^{-\frac{b}{x}}$ nähert sich $y$ für $x \to \infty$ dem Wert $a$.

Die Kurve $y = a \cdot e^{-\frac{1}{x}}$ wird zu einer Geraden gestreckt, wenn man auf der Ordinate $\lg \frac{y}{a}$ und auf der Abszisse $\frac{1}{x}$ aufträgt. Ist die Ordinate logarithmisch geteilt, so kann auf ihr direkt $\frac{y}{a}$ aufgetragen werden. Zur Darstellung der Funktion wird man daher entweder einfach logarithmisches Papier $\left(\frac{y}{a}\right.$ auf der logarithmisch geteilten Ordinate und $\frac{1}{x}$ auf der Abszisse$\left.\right)$ oder logarithmisch-hyperbolisches Papier verwenden. Bei letzterem ist die eine Koordinatenachse logarithmisch, die andere reziprok (hyperbolisch) geteilt. Man trägt also auf ersterer $\frac{y}{a}$, auf letzterer $x$ auf (siehe auch S. 94).

Diesem Funktionstyp gehören z. B. das MAXWELL-BOLTZMANNsche Energieverteilungsgesetz und die Dampfdruckformel $p = C \cdot e^{-\frac{\lambda}{RT}}$ (s. S. 49) an.

## 9. Die Funktion $y = e^{-x^2}$.

Diese Funktion wird veranschaulicht durch die GAUSSsche Glockenkurve (s. S. 132).

## 10. Trigonometrische Funktionen.

*a) Die einfachen Winkelfunktionen.* Nach der Abb. 21 ist:

$$\sin \alpha = \frac{MP}{OP}, \quad \cos \alpha = \frac{OM}{OP}, \quad \operatorname{tg} \alpha = \frac{AT}{OA}, \quad \operatorname{ctg} \alpha = \frac{BS}{OB}.$$

Ist der Kreishalbmesser $= 1$ (also $OP = OA = OB$), so geben die Strecken $MP$, $OM$, $AT$ und $BS$ unmittelbar die Funktionen des Winkels $\alpha$ an.

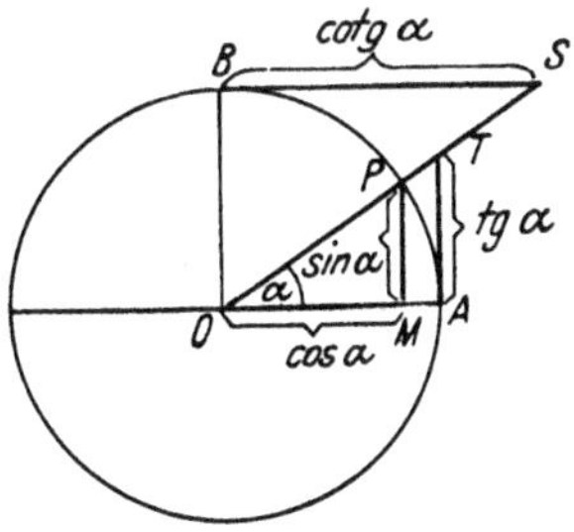

Abb. 21

*b) Kreisfunktionen (zyklometrische Funktionen).* Der Umfang des Kreises ist $2r\pi$. Für den Einheitskreis (Abb. 21) ist $r = 1$, also $U = 2\pi$; die Länge des Viertelkreisbogens daher $\frac{\pi}{2}$.

Ist $x$ die Länge des zum Winkel $\alpha$ gehörenden Bogens (Bogenmaß), dann ist in Graden (Gradmaß) ausgedrückt $\alpha = \frac{360}{2\pi} \cdot x$.

Der zum $\sin \alpha$ gehörende Bogen $AP$ kann als Funktion des $\sin \alpha$ aufgefaßt werden. Der Bogen $y = \operatorname{arc} \sin a$ (Arcus Sinus $a$); $y$ ist also der Bogen, dessen sin gleich $a$ ist, d. h. $\sin y = a$.

In der Abb. 21 sind: Bogen $AP = \operatorname{arc} \sin a$, Bogen $PB = \operatorname{arc} \cos a$, Bogen $AP = \operatorname{arc} \operatorname{tg} a$ und Bogen $PB = \operatorname{arc} \operatorname{ctg} a$.

Daraus ist $\operatorname{arc} \sin a + \operatorname{arc} \cos a = \frac{\pi}{2}$ bzw. $\operatorname{arc} \operatorname{tg} a + \operatorname{arc} \operatorname{ctg} a = \frac{\pi}{2}$.

Ferner ist: $\operatorname{arc} \sin(-a) = -\operatorname{arc} \sin a$; $\operatorname{arc} \cos(-a) = \operatorname{arc} \cos a$;
$\operatorname{arc} \operatorname{tg}(-a) = -\operatorname{arc} \operatorname{tg} a$; $\operatorname{arc} \operatorname{ctg}(-a) = -\operatorname{arc} \operatorname{ctg} a$.

**7. Beispiel.** $\sin\frac{\pi}{2}=1$, daher $\operatorname{arc}\sin 1=\frac{\pi}{2}$;

$\operatorname{arc}\sin 0=0$; $\operatorname{arc}\operatorname{tg}(-1)=-\frac{\pi}{4}$.

*c) Besondere Werte der Winkelfunktionen.*

| Winkel im Gradmaß | 0° | 30° | 45° | 60° | 90° |
|---|---|---|---|---|---|
| im Bogenmaß = | 0 | $\frac{\pi}{6}$ | $\frac{\pi}{4}$ | $\frac{\pi}{3}$ | $\frac{\pi}{2}$ |
| zugehöriger sin = | 0 | $\frac{1}{2}$ | $\frac{\sqrt{2}}{2}$ | $\frac{\sqrt{3}}{2}$ | 1 |
| cos = | 1 | $\frac{\sqrt{3}}{2}$ | $\frac{\sqrt{2}}{2}$ | $\frac{1}{2}$ | 0 |
| tg = | 0 | $\frac{\sqrt{3}}{3}$ | 1 | $\sqrt{3}$ | $\infty$ |
| ctg = | $\infty$ | $\sqrt{3}$ | 1 | $\frac{\sqrt{3}}{3}$ | 0 |

*d) Umwandlung der Winkelfunktionen ineinander.*

| | $\sin\alpha$ | $\cos\alpha$ | $\operatorname{tg}\alpha$ | $\operatorname{ctg}\alpha$ |
|---|---|---|---|---|
| $\sin\alpha=$ | | $\sqrt{1-\cos^2\alpha}$ | $\frac{\operatorname{tg}\alpha}{\sqrt{1+\operatorname{tg}^2\alpha}}$ | $\frac{1}{\sqrt{1+\operatorname{ctg}^2\alpha}}$ |
| $\cos\alpha=$ | $\sqrt{1-\sin^2\alpha}$ | | $\frac{1}{\sqrt{1+\operatorname{tg}^2\alpha}}$ | $\frac{\operatorname{ctg}\alpha}{\sqrt{1+\operatorname{ctg}^2\alpha}}$ |
| $\operatorname{tg}\alpha=$ | $\frac{\sin\alpha}{\sqrt{1-\sin^2\alpha}}$ | $\frac{\sqrt{1-\cos^2\alpha}}{\cos\alpha}$ | | $\frac{1}{\operatorname{ctg}\alpha}$ |
| $\operatorname{ctg}\alpha=$ | $\frac{\sqrt{1-\sin^2\alpha}}{\sin\alpha}$ | $\frac{\cos\alpha}{\sqrt{1-\cos^2\alpha}}$ | $\frac{1}{\operatorname{tg}\alpha}$ | |

Ferner: $\operatorname{tg}\alpha=\frac{\sin\alpha}{\cos\alpha}$

$\sin(-\alpha)=-\sin\alpha$ $\qquad$ $\operatorname{tg}(-\alpha)=-\operatorname{tg}\alpha$

$\cos(-\alpha)=+\cos\alpha$ $\qquad$ $\operatorname{ctg}(-\alpha)=-\operatorname{ctg}\alpha$

*e) Zusammengesetzte Winkel.*

$$\sin(\alpha\pm\beta)=\sin\alpha\cos\beta\pm\cos\alpha\sin\beta$$

$$\cos(\alpha\pm\beta)=\cos\alpha\cos\beta\mp\sin\alpha\sin\beta$$

$$\sin\alpha=2\sin\frac{\alpha}{2}\cos\frac{\alpha}{2} \qquad \cos\alpha=\cos^2\frac{\alpha}{2}-\sin^2\frac{\alpha}{2}$$

$$1 + \cos\alpha = 2\cos^2\frac{\alpha}{2} \qquad 1 - \cos\alpha = 2\sin^2\frac{\alpha}{2}$$

$$\operatorname{tg}(\alpha \pm \beta) = \frac{\operatorname{tg}\alpha \pm \operatorname{tg}\beta}{1 \mp \operatorname{tg}\alpha\operatorname{tg}\beta}$$

$$\sin a + \sin\beta = 2\sin\frac{\alpha+\beta}{2}\cos\frac{\alpha-\beta}{2}\,; \ \sin\alpha - \sin\beta = 2\cos\frac{\alpha+\beta}{2}\sin\frac{\alpha-\beta}{2}\,;$$

$$\cos\alpha + \cos\beta = 2\cos\frac{\alpha+\beta}{2}\cos\frac{\alpha-\beta}{2}\,; \ \cos\alpha - \cos\beta = -2\sin\frac{\alpha+\beta}{2}\sin\frac{\alpha-\beta}{2}\,.$$

*f*) Die *Mittelpunktsgleichung des Kreises* lautet $x^2 + y^2 = r^2$, wobei $x$ und $y$ die Koordinaten irgendeines Punktes des Kreises darstellen.

*g*) Die Gleichung der *Ellipse* lautet $\frac{x^2}{a^2} + \frac{y^2}{b^2} = 1$; $a$ und $b$ sind die beiden Halbachsen der Ellipse, $x$ und $y$ die Koordinaten irgendeines Ellipsenpunktes.

## 2. Differenzieren und Integrieren.

### A. Differentialrechnung.

#### 1. Der Differentialquotient.

Geht in der Funktion $y = f(x)$ die Größe $x$ in $x + \Delta x$ über, so ändert sich auch $y$ um $\Delta y$ (Abb. 22) und es ist $y + \Delta y = f(x + + \Delta x)$. Daraus ist $\Delta y = f(x + \Delta x) - y = f(x + \Delta x) - f(x)$. Nach Division durch $\Delta x$ folgt $\frac{\Delta y}{\Delta x} = \frac{f(x + \Delta x) - f(x)}{\Delta x} = \operatorname{tg}\beta$; man bezeichnet diesen Ausdruck als *ersten Differenzenquotient*. Er liefert das Verhältnis des Zuwachses der abhängigen zum Zuwachs der unabhängigen Veränderlichen.

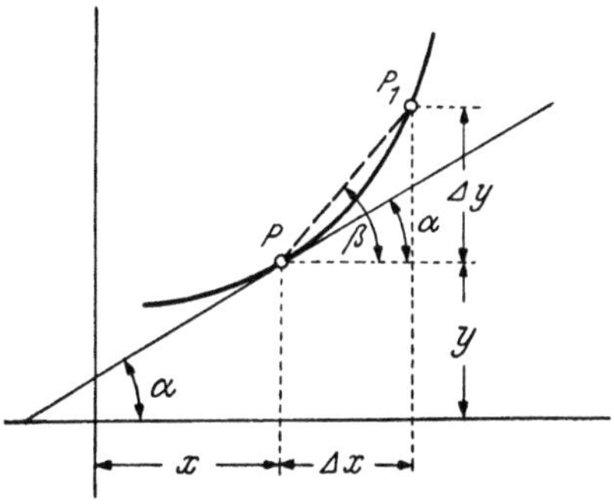

Abb. 22

Die Differenzen $\Delta y$ und $\Delta x$ sind kleine, aber meßbare Größen. Werden diese Differenzen unendlich klein, d. h. nähern sie sich dem Werte Null, so erreicht der Differenzenquotient einen *Grenzwert* (limes; lim), der sich für $\Delta x = 0$ ergibt:

$$\lim_{\Delta x \to 0}\frac{\Delta y}{\Delta x} = \lim_{\Delta x \to 0}\frac{f(x + \Delta x) - f(x)}{\Delta x} = y' = f'(x) = \frac{dy}{dx}\,,$$

der *erste Differentialquotient*. Dieser ist aber auch gleich $\operatorname{tg}\alpha$, denn bei der Annäherung von $\Delta x$ an 0 erreicht $\operatorname{tg}\beta$ den Grenzwert $\operatorname{tg}\alpha$; $\operatorname{tg}\alpha = \lim\limits_{\Delta x \to 0} \operatorname{tg}\beta = \lim\limits_{\Delta x \to 0} \frac{\Delta y}{\Delta x}$. Man bezeichnet $f'(x)$ *oder* $y'$ als die *erste Ableitung* von $f(x)$.

Die im Verschwinden begriffenen Größen $dx$ und $dy$ sind die *Differentiale*, $d$ ist das Differentialzeichen.

$dy = d\,f(x) = f'(x)\,dx$ ist also das Differential der Funktion $y = f(x)$.

Mathematisch gesehen ist das Differenzieren einer Funktion die Ermittlung der Tangentenneigung.

**8. Beispiel.** Für die Funktion $y = \sqrt{x}$ ist die erste Ableitung zu bilden.

$y + \Delta y = \sqrt{x + \Delta x}$. Daraus ist nach oben Gesagtem

$\frac{\Delta y}{\Delta x} = \frac{\sqrt{x+\Delta x} - \sqrt{x}}{\Delta x}$. Durch Multiplikation mit $\sqrt{x+\Delta x} + \sqrt{x}$ erhalten wir $\frac{\Delta y}{\Delta x} = \frac{(\sqrt{x+\Delta x} - \sqrt{x}) \cdot (\sqrt{x+\Delta x} + \sqrt{x})}{\Delta x \cdot (\sqrt{x+\Delta x} + \sqrt{x})} =$

$= \frac{x + \Delta x - x}{\Delta x \cdot (\sqrt{x+\Delta x} + \sqrt{x})} = \frac{1}{\sqrt{x+\Delta x} + \sqrt{x}}$. Für $\Delta x = 0$ ergibt sich der Differentialquotient $\frac{dy}{dx} = \frac{1}{2\sqrt{x}}$. ———

Auf diese Weise erhalten wir die unter 2. angeführten Differentialquotienten.

## 2. Zusammenstellung der Differentialquotienten der einfachen Funktionen.

| | |
|---|---|
| $y = x^n$ | $\frac{dy}{dx} = y' = n \cdot x^{n-1}$ |
| $y = a\,x^n$ | $y' = n \cdot a \cdot x^{n-1}$ |
| $y = \frac{a}{x^n} = a \cdot x^{-n}$ | $y' = \frac{-n \cdot a}{x^{n+1}} = -n \cdot a \cdot x^{-n-1}$ |
| $y = \sqrt{x}$ | $y' = \frac{1}{2\sqrt{x}} = \frac{1}{2} \cdot x^{-\frac{1}{2}}$ |
| $y = \sqrt[3]{x}$ | $y' = \frac{1}{3\sqrt[3]{x^2}} = \frac{1}{3} \cdot x^{-\frac{2}{3}}$ |
| $y = a^x$ | $y' = a^x \ln a$ |
| $y = e^x$ | $y' = e^x$ |
| $y = e^{-x}$ | $y' = -e^{-x}$ |
| $y = \ln x$ | $y' = \frac{1}{x}$ |

$$y = \lg x \qquad y' = 0{,}4343 \cdot \frac{1}{x}$$

$$y = \sin x \qquad y' = \cos x$$

$$y = \cos x \qquad y' = -\sin x$$

$$y = \operatorname{tg} x \qquad y' = \frac{1}{\cos^2 x}$$

$$y = \operatorname{ctg} x \qquad y' = -\frac{1}{\sin^2 x}$$

$$y = \arcsin x \qquad y' = \frac{1}{\sqrt{1 - x^2}}$$

$$y = \arccos x \qquad y' = -\frac{1}{\sqrt{1 - x^2}}$$

$$y = \operatorname{arc\,tg} x \qquad y' = \frac{1}{1 + x^2}$$

$$y = \operatorname{arc\,ctg} x \qquad y' = -\frac{1}{1 + x^2}$$

### 3. Differentiationsregeln.

*a*) Eine *Potenz* (mit rationalem Exponenten) wird differenziert, indem man ihren Koeffizienten mit dem Exponenten multipliziert und diesen selbst um die Einheit vermindert.

**9. Beispiel.** $y = x^n$; $y' = n \cdot x^{n-1}$. ———

*b*) *Konstante Faktoren* bleiben beim Differenzieren erhalten.

**10. Beispiel.** $y = 5\,x^4$, $y' = 5 \cdot 4 \cdot x^{4-1} = 20\,x^3$. ———

*c*) Die *Ableitung einer Konstanten* ist Null.

**11. Beispiel.** Ist $y = f(x) = 1 = x^0$, dann ist $y' = 0$. Folglich wird auch in der Funktion $y = C \cdot f(x) = C$ die erste Ableitung $y' = 0$.

Geometrisch wurde dies bereits auf S. 12 veranschaulicht. Die Gleichung $y = C$ stellt eine Parallele zur $x$-Achse dar; der Winkel, den sie mit der $x$-Achse bildet, ist Null, also ist auch die Tangentenneigung ($y'$) gleich Null. ———

*d*) Der Differentialquotient einer *Summe* von Funktionen der gleichen Veränderlichen ist gleich der Summe aus den Differentialquotienten der einzelnen Funktionen.

$$y = u + v \qquad y' = u' + v'.$$

**12. Beispiel.** $y = 2\,x^4 + x^2 + 3$, $y' = 2 \cdot 4 \cdot x^3 + 2 \cdot x^1 + 0 = 8\,x^3 + 2\,x$. ———

*e*) Analog ist für die *Differenz* $y = u - v \ldots y' = u' - v'$.

*f*) Ein *Produkt* aus 2 Funktionen der gleichen Veränderlichen wird differenziert, indem man den 1. Faktor mit dem Differentialquotienten des 2. Faktors und den 2. Faktor mit dem Differentialquotienten des 1. Faktors multipliziert und die erhaltenen Produkte addiert.

$$y = u \cdot v; \qquad y' = u\,v' + v\,u'.$$

**13. Beispiel.** $y = x^4 \cdot x^2$; $y' = x^4 \cdot 2\,x + 4\,x^3 \cdot x^2 = 2\,x^5 + 4\,x^5 = 6x^5$. (Dieser Wert geht auch aus der direkten Form $x^4 \cdot x^2 = x^6$, also $y' = 6\,x^5$, hervor.) ———

*g*) Der Differentialquotient eines *Bruches* ist gleich dem Differentialquotienten des Zählers multipliziert mit dem Nenner, vermindert um den Differentialquotienten des Nenners, multipliziert mit dem Zähler und das Ganze durch das Quadrat des Nenners dividiert.

$$y = \frac{u}{v}\,;\; y' = \frac{u' \cdot v - u \cdot v'}{v^2}\,.$$

**14. Beispiel.** $y = \frac{x^6}{x^2}$; $y' = \frac{6\,x^5 \cdot x^2 - x^6 \cdot 2\,x}{x^4} = \frac{6\,x^7 - 2\,x^7}{x^4} =$
$= \frac{4\,x^7}{x^4} = 4\,x^3$. ———

*h*) *Funktion einer Funktion.* Ist $y = f(z)$ eine Funktion von $z$ und $z = \varphi(x)$ eine Funktion von $x$, dann ist folglich auch $y$ eine Funktion von $x$.

$\frac{dy}{dz} = f'(z)$ und $\frac{dz}{dx} = \varphi'(x)$. Durch Multiplikation folgt

$$\frac{dy}{dz} \cdot \frac{dz}{dx} = \frac{dy}{dx} = f'(z) \cdot \varphi'(x) = f'\{\varphi(x)\}\,\varphi'(x).$$ „*Kettenregel*".

**15. Beispiel.** $y = (a + b\,x)^n$.

$a + b\,x = z$, also $y = z^n$. Nun ist $\frac{dy}{dz} = n \cdot z^{n-1}$ und $\frac{dz}{dx} = b$, daraus $\frac{dy}{dx} = \frac{dy}{dz} \cdot \frac{dz}{dx} = n \cdot b \cdot z^{n-1} = n \cdot b \cdot (a + b\,x)^{n-1}$. ———

**16. Beispiel.** $y = \frac{a}{x} \cdot \sqrt{a^2 - x^2}$. Wir setzen $\frac{a}{x} = u$, $\sqrt{a^2 - x^2} = v$. Es ist jetzt $y = u\,v$ und $y' = u'\,v + v'\,u$.

$$u' = -\frac{a}{x^2}$$

$$v = \sqrt{a^2 - x^2} = (a^2 - x^2)^{\frac{1}{2}} = z^{\frac{1}{2}}, \text{ wenn } z = a^2 - x^2;$$

$$\frac{dv}{dz} = \frac{1}{2} \cdot z^{-\frac{1}{2}} = \frac{1}{2\sqrt{z}}\,; \quad \frac{dz}{dx} = -2\,x.$$

$$\frac{dv}{dx} = v' = \frac{1 \cdot -2\,x}{2\sqrt{z}} = \frac{-x}{\sqrt{a^2 - x^2}}\,.$$

Nun folgt $y' = \frac{-a \cdot \sqrt{a^2 - x^2}}{x^2} + \frac{-x \cdot a}{\sqrt{a^2 - x^2} \cdot x} = \frac{-a \cdot \sqrt{a^2 - x^2}}{x^2} -$
$- \frac{a}{\sqrt{a^2 - x^2}} = \frac{-a \cdot (a^2 - x^2) - a x^2}{x^2 \cdot \sqrt{a^2 - x^2}} = \frac{-a^3 + a x^2 - a x^2}{x^2 \cdot \sqrt{a^2 - x^2}} =$
$- \frac{a^3}{x^2 \sqrt{a^2 - x^2}}$. ———

*i) Exponential- und logarithmische Funktionen.*

$y = a^x; \quad y' = a^x \cdot \ln a$

$y = e^x; \quad y' = e^x \qquad y = e^{-x}; \quad y' = -e^{-x}$

$y = \ln x; \quad y' = \frac{1}{x} \qquad y = \lg x; \quad y' = 0{,}4343 \cdot \frac{1}{x}.$

*k) Logarithmisches Differenzieren.* Logarithmiert man $y = f(x)$ und differenziert dann nach $x$, so ist es oft möglich, $y'$ leichter zu berechnen. $\ln y$ nach $x$ differenziert ergibt $\frac{y'}{y}$.

**17. Beispiel.** $y = x^n$.

Logarithmiert ........ $\ln y = n \cdot \ln x$

differenziert .......... $\frac{1}{y} \cdot dy = n \cdot \frac{1}{x} \cdot dx$ oder $\frac{y'}{y} = \frac{n}{x}$

daraus ist ........... $y' = y \cdot \frac{n}{x} = n \cdot x^{n-1}$. ———

*l) Partielle Differentiation.* Sind $u$ und $v$ Funktionen von $x$, so ist $y = f(u, v)$ die Funktion zweier Veränderlichen. Das Differenzieren kann entweder nach $u$ vorgenommen werden, wobei $v$ als konstant angesehen wird, oder umgekehrt nach $v$ und $u$ als konstant angenommen werden. Die Differentiation nach einer der beiden Veränderlichen heißt partielle Differentiation und das Ergebnis ist der partielle Differentialquotient nach $u$, bzw. nach $v$.

In der Schreibweise wird dies durch das Zeichen $\partial$ (zum Unterschied vom totalen Differenzieren) gekennzeichnet.

Die Ableitung nach $x$ ist gegeben durch

$$\frac{dy}{dx} = \frac{\partial f\, du}{\partial u\, dx} + \frac{\partial f\, dv}{\partial v\, dx} = \frac{\partial f}{\partial u} u' + \frac{\partial f}{\partial v} v'$$

$\frac{\partial f}{\partial u}$ und $\frac{\partial f}{\partial v}$ sind die partiellen Ableitungen.

**18. Beispiel.** $y = \frac{u^n}{v^n}$

$$\frac{\partial f}{\partial u} = n \cdot \frac{u^{n-1}}{v^n}; \qquad \frac{\partial f}{\partial v} = -n \cdot \frac{u^n}{v^{n+1}}$$

$$y' = n \cdot \frac{u^{n-1}}{v^n} \cdot u' - n \cdot \frac{u^n}{v^{n+1}} \cdot v' = n \cdot \frac{u^{n-1} \cdot u' \cdot v}{v^n \cdot v} - n \cdot \frac{u^n \cdot v' \cdot u}{v^{n+1} \cdot u} =$$

$$= n \cdot \frac{u^{n-1} \cdot u' \cdot v}{v^{n+1}} - n \cdot \frac{u^{n-1} \cdot v' \cdot u}{v^{n+1}} = n \cdot \frac{u^{n-1}}{v^{n+1}} \cdot (u' v - v' u).$$

**19. Beispiel.** Ableitung des Produktes $y = u \cdot v$

$$\frac{\partial y}{\partial u} = v; \qquad \frac{\partial y}{\partial v} = u$$

$$y' = \frac{\partial y}{\partial u} \cdot u' + \frac{\partial y}{\partial v} \cdot v' = v \cdot u' + u \cdot v'. \text{———}$$

Sind die Veränderlichen durch die Gleichung $f(x, y) = 0$ miteinander verbunden, dann ist $\frac{\partial f}{\partial x} dx + \frac{\partial f}{\partial y} dy = 0$ und $\frac{dy}{dx} = -\frac{\partial f}{\partial x} : \frac{\partial f}{\partial y}$.

**20. Beispiel.** $f = x^2 + y^2 - x^3 = 0$.

$$\frac{\partial f}{\partial x} = 2x - 3x^2; \qquad \frac{\partial f}{\partial y} = 2y; \qquad y = \sqrt{x^3 - x^2}$$

$$y' = \frac{-2x + 3x^2}{2y} = \frac{-2x + 3x^2}{2\sqrt{x^3 - x^2}} = \frac{-2x + 3x^2}{2x\sqrt{x - 1}} = \frac{-2 + 3x}{2\sqrt{x-1}}. \text{———}$$

**Aufgaben.** Differenziere:

**1. a)** $y = 3x^{\frac{5}{3}}$; **b)** $y = a \cdot \sqrt{x}$; **c)** $y = \sqrt[4]{x^5}$; **d)** $y = \frac{1}{x^3}$;

**e)** $y = x^{\frac{1}{n}}$; **f)** $y = \sqrt{2ax}$; **g)** $y = \pi r^2$; **h)** $y = \frac{4\pi r^3}{3}$.

**2. a)** $y = x^5 - 3x^3 + x$; **b)** $y = b + 2x$; **c)** $y = \frac{a}{b} \cdot x^4 - (c + b) \cdot x^3$.

**3. a)** $y = x \cdot \sqrt{1 + x}$; **b)** $y = x^2 \cdot \sqrt{a - x}$; **c)** $y = \frac{1 - x}{1 + x}$;

**d)** $y = \frac{1}{3x^2 - 4x + 5}$.

**4. a)** $y = \sqrt[3]{(4x - 2)^4}$; **b)** $y = 3 \cdot (2x - 5)^2$; **c)** $y = \sqrt{\frac{a + bx}{a - bx}}$;

**d)** $y = \frac{x}{\sqrt{1 + x}}$; **e)** $y = a \cdot \sqrt{(2x - 2)^3} + \frac{1}{\sqrt{x}}$.

**5. a)** $y = a^{\sqrt{x}}$ (setze $z = \sqrt{x}$); **b)** $y = \frac{x^v}{e^x}$; **c)** $y = \frac{e^x + 1}{e^x - 1}$;

**d)** $y = e^{ax}$ ; **e)** $y = e^{-ax}$ ; **f)** $y = a \cdot e^{\frac{x}{a}}$ ; **g)** $y = e^{x} \cdot x^{n}$ ; **h)** $y = \frac{e^{x}}{x^{n}}$ .

**6. a)** $y = \ln 2x$ ; **b)** $y = \lg x^2$ ; **c)** $y = \ln \frac{3}{x}$ ; **d)** $y = e^{x^2}$ ;

**e)** $y = e^{\frac{1}{x} - 2}$ ; **f)** $y = e^{x^2 - 1}$ .

**7.** $x$ und $y$ sind Funktionen von $u$: **a)** $x = \frac{a - u}{a + u}$ und $y = \frac{u}{a + u}$ ;

**b)** $x = a \cdot u$ und $y = a \cdot (1 - u)$ .

**8.** $f = \frac{x^2}{a^2} + \frac{y^2}{b^2} - 1 = 0$ .

## 4. Der zweite Differentialquotient oder die 2. Ableitung.

Der 2. Differentialquotient wird erhalten, wenn man den Differentialquotienten der Funktion $y = f(x)$ der gleichen Operation unterwirft.

$$y'' = f''(x) = \frac{d f'(x)}{dx} = \frac{d}{dx}\left(\frac{df}{dx}\right) = \frac{d^2 f}{dx^2} \text{ (zweites } df \text{ nach } dx^2\text{)}.$$

**21. Beispiel.** $y = x^p$ ; $y' = \frac{dy}{dx} = p \cdot x^{p-1}$ ;

$$y'' = \frac{d^2 y}{dx^2} = p \cdot (p - 1) \cdot x^{p-2} .$$

**Aufgaben. 9.** Bestimme den 2. Differentialquotienten von:

**a)** $y = x^3$ ; **b)** $y = \frac{1}{x}$ ; **c)** $y = \sqrt{a^2 - x^2}$ ; **d)** $y = x \cdot \ln x$ .

## 5. Extremwerte und Wendepunkte.

Ist eine Funktion $y = f(x)$ innerhalb des zu betrachtenden Gebietes endlich und stetig veränderlich, dann gilt: Um jene Werte von $x$ zu ermitteln, welche ein *Maximum* oder *Minimum* darstellen, bildet man die 1. Ableitung $f'(x)$ und setzt diese gleich Null. Die Wurzeln dieser Gleichung sind die gesuchten Werte von $x$. Irgendein Wurzelwert $x = a$ dieser Gleichung entspricht dann einem Maximum oder Minimum von $f(x)$, je nachdem $f''(a) < 0$ oder $f''(a) > 0$ bzw. $f''(a)$ negativ oder positiv ist.

Der *Wendepunkt* einer Kurve liegt dort, wo $y''$ sein Vorzeichen wechselt. Man setzt den 2. Differentialquotienten 0 und sucht diejenigen Werte von $x$, die dieser Bedingung genügen.

Die graphische Darstellung der Funktion und ihrer 1. und 2. Ableitung kann das Gesagte veranschaulichen. Aus der Abb. 23 ersieht man, daß die Tangente im Maximum und Minimum parallel zur $x$-Achse verläuft, also die Neigung Null hat ($y' = 0$).

Bei der Abszisse des Wendepunktes einer Kurve besitzt die 1. Ableitung einen Extremwert, daher muß die 2. Ableitung im gleichen Abszissenwert den Wert Null haben. Liegt ein Wendepunkt mit horizontaler Tangente vor, so muß $y' = 0$ sein, gleichzeitig aber $y'$ einen Extremwert besitzen und daher $y'' = 0$.

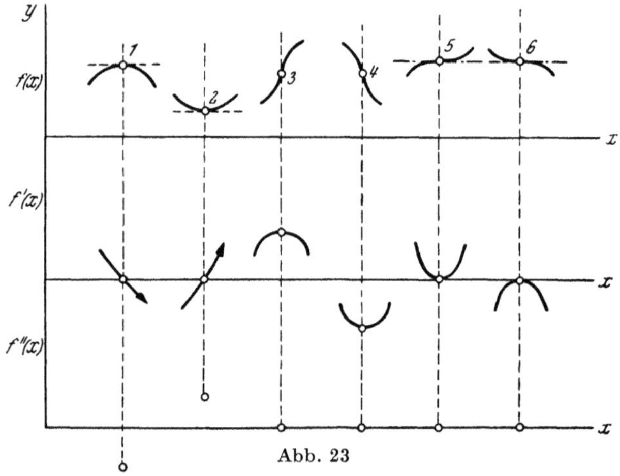


Abb. 23

Ist $y'$ an einer gegebenen Stelle positiv, so steigt in diesem Punkt die Kurve mit wachsendem $x$, ist $y'$ negativ, so fällt die Kurve an dieser Stelle.

Ist $y''$ an einer gegebenen Stelle positiv, so weist die hohle Seite der Kurve nach oben, ist $y''$ negativ, so weist die hohle Seite nach unten.

Nach der Abb. 23 ergibt sich somit folgendes Bild:

| Im Punkt | 1 | 2 | 3 und 4 | 5 und 6 |
|---|---|---|---|---|
| ist $y$ | Maximum | Minimum | Wendepunkt | Wendepunkt mit horizontaler Tangente |
| $y'$ | null Kurve fällt | null Kurve steigt | Extremwert | null und Extremwert |
| $y''$ | negativ | positiv | null | null |

Ist $y$ eine steigende Kurve, so ist $y'$ positiv; ist $y$ eine fallende Kurve, so ist $y'$ negativ.

**22. Beispiel.** $y = x + \frac{1}{x}$ ist auf Extremwerte zu untersuchen.

Setzt man $y' = 1 - \frac{1}{x^2} = 0$, so ist $x = \pm 1$.

$$y'' = \frac{2}{x^3}.$$

Für $x = +1$ ist $y'' = 2$, also $> 0$. Dem $x = 1$ entspricht ein Minimum von $y$.

Für $x = -1$ ist $y'' = -2$, also $< 0$. Dem $x = -1$ entspricht ein Maximum von $y$. ———

**23. Beispiel.** Von der Kurve $y = 2x^3 - 9x^2 + 12x - 1$ ist der Wendepunkt zu bestimmen.

$$y' = 6(x^2 - 3x + 2); \quad y'' = 6(2x - 3).$$

Die Abszisse des Wendepunktes ergibt sich aus der Gleichung

$$2x - 3 = 0.$$

Daher $x = \frac{3}{2}$ und aus der gegebenen Gleichung $y = \frac{7}{2}$, als Koordinaten des Wendepunktes. ———

**24. Beispiel.** In einem Kreis vom Radius $r$ ist ein Rechteck von größtem Flächeninhalt zu beschreiben (Abb. 24).

Fläche $= 2x \cdot 2\sqrt{r^2 - x^2} = 4x \cdot \sqrt{r^2 - x^2} = y$.

Wir differenzieren, multiplizieren mit $\sqrt{r^2 - x^2}$, setzen den erhaltenen Ausdruck $= 0$ und dividieren durch 4, dann wird

$$y' = r^2 - 2x^2 = 0; \text{ daraus } x = \frac{r}{\sqrt{2}}$$

$$y'' = -4x.$$

Für $x = \frac{r}{\sqrt{2}}$ besteht daher ein Maximum.

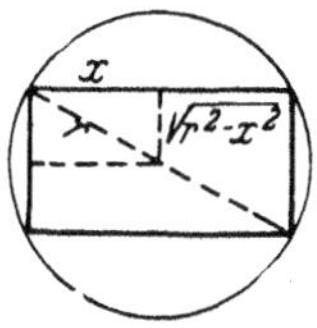

Abb. 24

Wenn wir daraus die Halbseite $\sqrt{r^2 - x^2}$ berechnen, ergibt sich $\frac{r}{\sqrt{2}}$, die gleiche Länge, d. h. die größte eingeschriebene Rechteckfläche ist das Quadrat. ———

**25. Beispiel.** In einem geraden Kreiskegel von der Höhe $h$ und dem Radius $R$ ist ein zur Basis senkrechter Zylinder von größtem Inhalt zu konstruieren. Der Radius des Zylinders sei $r$ (Abb. 25).

Es ist also $V = r^2 \cdot \pi \cdot x$.

Nachdem $h : R = x : (R - r)$

ist

$$x = \frac{h}{R} \cdot (R - r)$$

und

$$V = r^2 \cdot \pi \cdot \frac{h}{R} \cdot (R - r) = y\,.$$

$$y' = -r^2 + \frac{2}{3} r\, R = 0\,. \text{ Maximum für } r = \frac{2}{3} R\,.$$

Bisher wurde ein stetiger Verlauf der Kurve angenommen. Tritt ein Knick auf, der einen Extremwert darstellt, so ist der Differentialquotient nicht gleich null, sondern springt z. B. von einem positiven zu einem negativen Wert (plötzliche Änderung der Neigung in diesem Punkt).

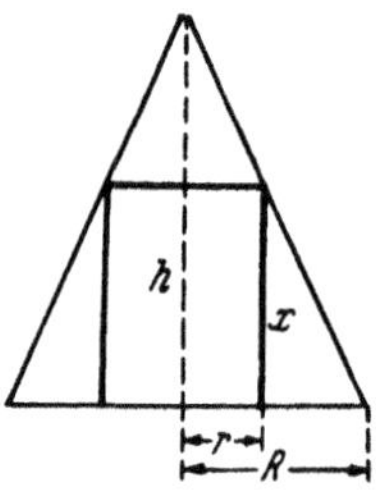

Abb. 25

*Maxima und Minima der Funktionen mit* 2 *unabhängigen Veränderlichen.* Gegeben sei die Funktion $z = f(x, y)$.

Man setzt die beiden ersten Differentialverhältnisse $\frac{\partial z}{\partial x}$ und $\frac{\partial z}{\partial y}$ gleich 0 und bestimmt daraus sämtliche zusammengehörigen Werte von $x$ und $y$. Man führt diese Werte von $x$ und $y$ in die zweiten Differentialverhältnisse $\frac{\partial^2 z}{\partial x^2}$, $\frac{\partial^2 z}{\partial y^2}$, $\frac{\partial^2 z}{\partial x \partial y}$ ein. Wenn hierbei die beiden Größen $\frac{\partial^2 z}{\partial x^2}$ und $\frac{\partial^2 z}{\partial y^2}$ gleiche Zeichen haben und ihr Produkt größer oder gleich ist dem Quadrat von $\frac{\partial^2 z}{\partial x \partial y}$, so entsteht ein ausgezeichneter Wert für $z$, und zwar ein Maximum, wenn das Zeichen von $\frac{\partial^2 z}{\partial x^2}$ oder $\frac{\partial^2 z}{\partial y^2}$ negativ, ein Minimum, wenn dieses Zeichen positiv ist.

**26. Beispiel.** Eine gerade Strecke $a$ ist so in 3 Teile zu teilen, daß das Produkt der Teile ein Maximum wird.

Die Teile seien $x$, $y$ und $a - x - y$, ihr Produkt $z$.

$$z = x \cdot y \cdot (a - x - y) = a x y - x^2 y - x y^2,$$

$$\frac{\partial z}{\partial x} = a y - 2 x y - y^2; \quad \frac{\partial z}{\partial y} = a x - x^2 - 2 x y,$$

$$\frac{\partial^2 z}{\partial x^2} = -2y; \quad \frac{\partial^2 z}{\partial y^2} = -2x; \quad \frac{\partial^2 z}{\partial x \, \partial y} = a - 2x - 2y.$$

Setzt man die ersten Differentialverhältnisse null, so folgt $a - 2x - y = 0$ und $a - x - 2y = 0$. Daraus ist $x = y = \frac{a}{3}$.

Diese Werte in die zweiten Differentialverhältnisse eingeführt:

$$\frac{\partial^2 z}{\partial x^2} = -\frac{2a}{3}; \quad \frac{\partial^2 z}{\partial y^2} = -\frac{2a}{3}; \quad \frac{\partial^2 z}{\partial x \, \partial y} = -\frac{a}{3}.$$

Da die Werte von $\frac{\partial^2 z}{\partial x^2}$ und $\frac{\partial^2 z}{\partial y^2}$ gleiche Zeichen haben und ihr Produkt größer ist als das Quadrat des Wertes von $\frac{\partial^2 z}{\partial x \, \partial y}$, so wird $z$ zu einem ausgezeichneten Wert für $x = y = \frac{a}{3}$, und zwar zu einem Maximum, weil das Zeichen von $\frac{\partial^2 z}{\partial y^2}$ negativ ist. Das Produkt der Teile wird also ein Maximum, wenn diese Teile einander gleich sind. ———

**Aufgaben.**

**10.** Zu bestimmen sind die Extremwerte: **a)** $y = 2x^3 - 9x^2 + 12x$; **b)** $y = \frac{\ln x}{x}$.

**11.** Bestimme die Koordinaten der Extremwerte und Wendepunkte: **a)** $y = -x^3 + x^2 + 5x + 1$; **b)** $y = x^2 \cdot e^{-x}$; **c)** $y = \frac{x^3}{3} - 2x^2 + 3x - \frac{1}{3}$; **d)** $y = \frac{\ln x}{x^2}$.

**12.** Zu bestimmen ist jenes rechtwinklige Prisma, dessen Oberfläche bei gegebenem Inhalt ein Minimum ist.

## 6. Unbestimmte Ausdrücke.

**27. Beispiel.** Setzen wir in der Funktion $y = \frac{x-2}{x^2-4}$ für $x = 2$, dann nimmt die Funktion die Form $\frac{0}{0}$ an. Der Bruch hat also für $x = 2$ keinen bestimmten Wert.

Durch Einsetzen verschiedener Werte für $x$ erhalten wir folgende Tabelle:

| $x$ | $(x-2) : (x^2-4) = y$ |
| --- | --- |
| 1 | $-1 : -3 = 0{,}333$ |
| 1,5 | $-0{,}5 : -1{,}75 = 0{,}285$ |
| 1,8 | $-0{,}2 : -0{,}76 = 0{,}263$ |
| 1,9 | $-0{,}1 : -0{,}39 = 0{,}258$ |
| 2 | $0 : 0 = \frac{0}{0} = ?$ |
| 2,1 | $+0{,}1 : +0{,}41 = 0{,}243$ |
| 2,2 | $+0{,}2 : +0{,}84 = 0{,}238$ |

Man sieht, daß bei Annäherung an $x = 2$ die Funktion dem Wert 0,250 zustrebt. Dies ist in diesem Fall der Wert des unbestimmten Ausdruckes $\frac{0}{0}$.

In unserem speziellen Fall kann der Wert dadurch gefunden werden, daß der Nenner $(x^2 - 4)$ in die Faktoren $(x-2)$ und $(x+2)$ zerlegt wird; dann ist $\frac{x-2}{(x-2)\cdot(x+2)} = \frac{1}{(x+2)}$. Für $x = 2$ nimmt die Funktion nunmehr den Wert $\frac{1}{4} = 0{,}250$ an. ———

Im allgemeinen müssen unbestimmte Ausdrücke mit Hilfe der Differentialrechnung nach folgender Regel gelöst werden: Werden Zähler und Nenner einer Funktion $f(x)$ an der Stelle $x = a$ null, so differenziert man Zähler und Nenner der Funktion für sich, wodurch ein neuer Quotient entsteht. Der Grenzwert der Funktion $f(x)$ für $x = a$ ist dann gleich dem Grenzwert dieses neuen Quotienten an der Stelle $x = a$.

$$\lim_{x\to a} f(x) = \lim_{x\to a} \frac{\varphi(x)}{\psi(x)} = \lim_{x\to a} \frac{\varphi'(x)}{\psi'(x)}.$$

Falls der neue Quotient wieder die unbestimmte Form $\frac{0}{0}$ hat, so wiederholt man dieses Verfahren solange, bis Zähler oder Nenner des neuen Quotienten von null verschieden werden.

Genau so wird der unbestimmte Ausdruck $\frac{\infty}{\infty}$ behandelt.

Über die graphische Ermittlung eines unbestimmten Ausdruckes siehe S. 293.

**28. Beispiel.** $\lim_{x\to\infty} x \cdot e^{-x}$ hat (für $x = \infty$) die unbestimmte Form $\infty \cdot 0$. Wir können die Funktion auch schreiben $\lim_{x\to\infty} \frac{x}{e^x}$, wodurch die Form $\frac{\infty}{\infty}$ entsteht. Nach obiger Regel ist $\lim_{x\to\infty} \frac{x}{e^x} = \frac{1}{\infty} = 0.$

**Aufgaben. 13.** Bestimme die Grenzwerte (unbestimmte Ausdrücke):

**a)** $y = \frac{x^3 - 6x^2 + 11x - 6}{x^3 + 2x^2 - x - 2}$ für $x = 1$; **b)** $\lim\limits_{x \to 1} \frac{1 - x}{\ln x}$; **c)** $\lim\limits_{x \to 0} \frac{\sin 2x}{x}$.

## B. Integralrechnung.

### 1. Das unbestimmte Integral.

Während in der Differentialrechnung der zu einer gegebenen Funktion gehörende Differentialquotient gesucht wird (es ist also ein Maß der Veränderung in jedem Punkt der Funktion zu suchen), ist in der Integralrechnung zu einem Differentialquotienten die entsprechende Funktion zu finden (oder: die Steigungskurve $y'$ ist gegeben, gesucht ist die Kurve $y$ selbst).

Es wird also von der gegebenen Funktion $f(x)$ auf eine Funkion $F(x)$ geschlossen, die so beschaffen sein muß, daß $F'(x) = f(x)$.

Z. B. $f(x) = \frac{1}{x}$, dann ist $F(x) = \ln x + C$, denn der Differentialquotient von $(\ln x + C) = \frac{1}{x}$.

Wenn 2 Funktionen $F_1(x)$ und $F_2(x)$ denselben Differentialquotienten $f(x)$ haben, dann sind sie einander gleich, wenn $F_1(x) - F_2(x) = 0$; ungleich, wenn $F_1(x) - F_2(x) = \psi(x)$, also unterschiedlich von 0.

Nun ist $F_1'(x) = f(x)$ und $F_2'(x) = f(x)$, daraus $F_1'(x) - F_2'(x) = 0$. Die Gleichung $F_1(x) - F_2(x) = \psi(x)$ differenziert gibt $F_1'(x) - F_2'(x) = \psi'(x)$. Es ist daher $\psi'(x) = 0$ und $\psi(x)$ ist eine Konstante, die jeden beliebigen Wert haben kann. Die beiden Funktionen unterscheiden sich nur durch diese unbestimmte Konstante ($C$). Das mit ihr behaftete Integral ist ein unbestimmtes Integral. Das *Integralzeichen* wird wie folgt geschrieben: $\int$.

In Formeln ausgedrückt: Wenn $F'(x) = f(x)$, so ist $F(x) + C = \int f(x)\,dx$.

Alle Funktionen $F(x) + C$ haben den gleichen Differentialquotienten, weil die additive Konstante $C$ beim Differenzieren verschwindet.

Zur Erläuterung soll noch ein einfaches konkretes Beispiel dienen:

Gegeben sei der Differentialquotient $y' = a$, das ist eine Gerade parellel zur $x$-Achse. Zu diesem $a$ gelangen wir durch Differentiation der Funktion $y = ax$. Diese Integralkurve ist ebenfalls eine Gerade mit dem Richtungskoeffizienten (= Neigung der Geraden) $a$. Aber auch die Funktion $y = ax + 1$ gibt durch Differentiation $y' = a$ und ganz allgemein besitzt jede Funktion $y = ax + b$ (wobei $b$ eine von $x$ unabhängige, beliebige Konstante ist) den Differentialquotienten $y' = a$.

Daraus ist ersichtlich, daß zu einer Steigungskurve unendlich viele Integralkurven gehören. Geometrisch werden dieselben durch parallele Gerade, alle mit dem Richtungskoeffizienten $a$, dargestellt. Das Integral von $y' = a$ muß daher geschrieben werden $y = ax + C$.

## 2. Grundintegrale.

$$\int a\,dx = ax + C, \qquad \int a x^n\,dx = \frac{a \cdot x^{n+1}}{n+1} + C,$$

$$\int \frac{dx}{x} = \ln x + C, \qquad \int \frac{dx}{a+x} = \ln(a+x) + C,$$

$$\int \frac{dx}{a-x} = -\ln(a-x) + C = \ln\frac{1}{a-x} + C,$$

$$\int a^x\,dx = \frac{a^x}{\ln a} + C, \qquad \int e^x\,dx = e^x + C,$$

$$\int \frac{dx}{(a-x)\cdot(b-x)} = \frac{1}{b-a}\cdot\ln\frac{b-x}{a-x},$$

$$\int (du \pm dv) = \int du \pm \int dv,$$

$$\int \sin x\,dx = -\cos x + C, \qquad \int \cos x\,dx = \sin x + C,$$

$$\int \frac{dx}{\sin^2 x} = -\operatorname{ctg} x + C, \qquad \int \frac{dx}{\cos^2 x} = \operatorname{tg} x + C,$$

$$\int \frac{dx}{1+x^2} = \operatorname{arc\,tg} x + C = -\operatorname{arc\,ctg} x + C_1,$$

$$\int \frac{dx}{\sqrt{1-x^2}} = \arcsin x + C = -\arccos x + C_1.$$

In der Integralrechnung gibt es keine Regeln, mit Hilfe deren man jedes beliebige Integral berechnen kann. Man muß daher solche Integrale durch Umformung in die Grundintegrale überführen, um eine Lösung zu finden.

## 3. Sätze und Integrationsmethoden.

a) Das $d$ hebt das $\int$ auf und umgekehrt.

$$d\int f(x)\,dx = f(x)\,dx.$$

*b) Konstante Faktoren* unter dem $\int$ dürfen vor dasselbe gesetzt werden.

$$\int a\,f(x)\,dx = a\int f(x)\,dx\,.$$

*c) Das Integral der Formel* $x^n\,dx$ wird erhalten, wenn man $dx$ zu $x$ macht und die entstandene Potenz $x^{n+1}$ durch den neuen Exponenten dividiert.

$$\int x^n\,dx = \frac{x^{n+1}}{n+1} + C\,.$$

**29. Beispiel.** $\int 5x\,dx = 5\int x\,dx = 5\cdot\frac{x^2}{2} + C\,.$ ———

*d) Das Integral einer Summe* von Differentialen ist gleich der Summe der Integrale der einzelnen Differentiale.

$$\int[f(x) + \varphi(x) + \ldots]\,dx = \int f(x)\,dx + \int\varphi(x)\,dx + \ldots\,.$$

**30. Beispiel.** $\int(a^2 - x^2)\,dx = \int a^2\,dx - \int x^2\,dx = a^2 x - \frac{x^3}{3} + C\,.$

**31. Beispiel.** $\int(4x^7 - 3x^3 + 2)\,dx = \int 4x^7\,dx + \int -3x^3 dx +$

$+ \int 2\,dx = 4\int x^7\,dx - 3\int x^3\,dx + 2\int dx = \frac{1}{2}x^8 - \frac{3}{4}x^4 + 2x + C\,.$

*e) Integrieren durch Substitution einer neuen Veränderlichen.*

**32. Beispiel.** $\int(a + bx)^n\,dx\,.$

Wir setzen $a + b\,x = y$, dann ist $\frac{dy}{dx} = b$ und $dx = \frac{dy}{b}$

$$\int(a + bx)^n\,dx = \int y^n\frac{dy}{b} = \frac{1}{b}\int y^n\,dy = \frac{1}{b}\cdot\frac{y^{n+1}}{n+1} + C =$$

$$= \frac{(a + bx)^{n+1}}{(n+1)\cdot b} + C\,.$$ ———

*f)* Ist der Zähler eines *Bruches* gleich der Ableitung des Nenners, so ist das Integral gleich dem Logarithmus des Nenners.

$$\int\frac{f'(x)\,dx}{f(x)} = \int\frac{d\,f(x)}{f(x)} = \ln f(x) + C\,.$$

**33. Beispiel.** $\int\frac{(4x^3 - 14x)\,dx}{x^4 - 7x^2 + 8} = \ln(x^4 - 7x^2 + 8) + C\,.$ ———

*g) Teilweise oder partielle Integration.* Diese beruht auf der Anwendung der Formel $\int u\,dv = uv - \int v\,du$, wobei $u$ und $v$ als Funktionen von $x$ zu betrachten sind.

**34. Beispiel.** $y = \int x^3 e^x\,dx$. Wir setzen $u = x^3$, $v' = e^x$ (dann ist $dv = e^x\,dx$).

$\int x^3 e^x\,dx = x^3 e^x - 3\int x^2 e^x\,dx$; $\int x^2 e^x\,dx = x^2 e^x - 2\int x\,e^x\,dx$;

$\int x\,e^x\,dx = x\,e^x - \int e^x\,dx = x\,e^x - e^x$. Das ganze zusammengestellt und addiert:

$$\begin{aligned}
\int x^3 e^x\,dx &= x^3 e^x - 3\int x^2 e^x\,dx \\
-3\int x^2 e^x\,dx &= -3\cdot x^2 e^x + 2\cdot 3\int x\,e^x\,dx \\
2\cdot 3\int x\,e^x\,dx &= 2\cdot 3\cdot x\,e^x - 1\cdot 2\cdot 3\int e^x\,dx \\
-1\cdot 2\cdot 3\int e^x\,dx &= -1\cdot 2\cdot 3\cdot e^x \\
\hline
\int x^3 e^x\,dx &= e^x\,(x^3 - 3x^2 + 2\cdot 3x - 1\cdot 2\cdot 3)\,.
\end{aligned}$$

*h)* Bei der *wiederholten Integration* wird die Urfunktion aus der zweiten Ableitung gesucht, also:

$$\frac{d^2 y}{dx^2} = f(x); \quad \frac{dy}{dx} = \int f(x)\,dx; \quad y = \int\left[\int f(x)\,dx\right]dx\,.$$

Bei der zweifachen Integration treten zwei Konstanten ($C_1$ und $C_2$) auf.

**35. Beispiel.** Differenziert man, ausgehend von $s = f(t)$, den Weg $s$ nach der Zeit $t$, so erhält man die Geschwindigkeit $v = \frac{ds}{dt}$; wird die Geschwindigkeit wiederum nach der Zeit differenziert, erhält man die Beschleunigung $b = \frac{dv}{dt} = \frac{d}{dt}\left(\frac{ds}{dt}\right)$ oder als zweiter Differentialquotient geschrieben $b = \frac{d^2 s}{dt^2}$.

Ist $b$ als Funktion von $t$ gegeben, so wird $s = \int\left[\int b\,dt\right]dt$. In Anwendung auf den freien Fall wird $b$ eine Konstante ($= g$) und es folgt $s = \int\left[\int g\,dt\right]dt = g\int[t + C_1]\,dt = g\cdot\frac{t^2}{2} + C_1 t + C_2$.

Bedeutung der beiden Integrationskonstanten: $C_1$ = Anfangsgeschwindigkeit des freifallenden Körpers, $C_2$ = der zu Anfang der Zeit bereits zurückgelegte Weg, also die Anfangslage des Körpers. ———

*i) Partialbruchzerlegung.*

**36. Beispiel.** $\int \frac{3x^2 - 2x + 1}{(1-x)\cdot(2-x)\cdot(3-x)}\,dx$. Der Integrand wird als Summe von Einzelbrüchen dargestellt, von denen jeder nur einen der Faktoren des Nenners als Nenner besitzt.

Es ist: $\frac{3x^2 - 2x + 1}{(1-x)\cdot(2-x)\cdot(3-x)} = \frac{a}{1-x} + \frac{b}{2-x} + \frac{c}{3-x}$.

Wir müssen also 3 Zahlen $a$, $b$ und $c$ so bestimmen, daß die vorstehende Gleichung richtig ist; wir bringen auf gleichen Nenner und lassen den Nenner weg.

$3x^2 - 2x + 1 = a\cdot(2-x)\cdot(3-x) + b\cdot(1-x)\cdot(3-x) + c\cdot(1-x)\cdot(2-x)$. Da die Gleichung für jeden Wert von $x$ erfüllt sein muß, gilt sie auch für $x = 1$. Es ergibt sich: $3\cdot 1 - 2\cdot 1 + 1 = a\cdot(2-1)\cdot(3-1)$, daraus $2 = 2\,a$ und $a = 1$. In gleicher Weise finden wir $b$ bzw. $c$ indem wir $x = 2$ bzw. $x = 3$ setzen und erhalten $b = -9$ und $c = 11$.

Nun können wir den Integranden in folgende Brüche zerlegen: $\frac{3x^2 - 2x + 1}{(1-x)\cdot(2-x)\cdot(3-x)} = \frac{1}{1-x} - \frac{9}{2-x} + \frac{11}{3-x}$. Somit kann das Integral in die Summe von 3 Teilintegralen zerlegt werden:

$$\int \frac{3x^2 - 2x + 1}{(1-x)\cdot(2-x)\cdot(3-x)}\,dx = \int \frac{dx}{1-x} - 9\int \frac{dx}{2-x} + 11\int \frac{dx}{3-x} =$$
$$= -\ln(1-x) + 9\ln(2-x) - 11\ln(3-x) + C =$$
$$= \ln \frac{(2-x)^9}{(1-x)\cdot(3-x)^{11}} + C. \text{ ———}$$

**Aufgaben. 14. a)** $\int 6x^7\,dx$; **b)** $\int 7x^4\,dx$; **c)** $\int \sqrt{x}\,dx$; **d)** $\int \frac{1}{\sqrt{x}}\,dx$;

**e)** $\int \sqrt[3]{x^2}\,dx$; **f)** $\int \frac{dx}{\sqrt{a+x}}$.

**15. a)** $\int (x^2 + x + 1)\,dx$; **b)** $\int \left(4x^3 + 5\sqrt{x} - \frac{2}{\sqrt[3]{x}}\right)dx$;

**c)** $\int (x-1)^2 e^x\,dx$; **d)** $\int \frac{dx}{\cos^2 x} + \int x^3\,dx$; **e)** $\int \frac{3x+1}{x-2}\,dx$.

**16.** Nach der Substitutionsmethode sind zu berechnen:

**a)** $\int \frac{x}{\sqrt{x^2+a^2}}\,dx$; **b)** $\int \frac{1}{a+bx}\,dx$; **c)** $\int e^{mx}\,dx$; **d)** $\int \frac{dx}{x^2\cdot\sqrt{x^2+a^2}}$;

**e)** $\int x\cdot\sqrt{x^2+a^2}\,dx$; **f)** $\int \frac{x}{1+x^2}\,dx$.

**17.** Durch partielle Integration sind zu berechnen: **a)** $\int \ln x\,dx$;

**b)** $\int x\cdot\cos x\,dx$; **c)** $\int x\cdot\sin x\,dx$; **d)** $\int x\,e^x\,dx$.

## 4. Bestimmte Integrale.

Aus den unendlich vielen unbestimmten Integralen einer Aufgabe greifen wir ein bestimmtes, zwischen 2 Grenzen liegendes heraus. Unter dem bestimmten Integral der Funktion $f(x) > 0$ zwischen den Grenzen $a$ und $b$ versteht man den Flächeninhalt des ebenen Stückes, das seitlich durch die Ordinaten in $a$ bzw. $b$, unten durch die $x$-Achse und oben durch die Kurve $y = f(x)$ begrenzt ist (Abb. 26).

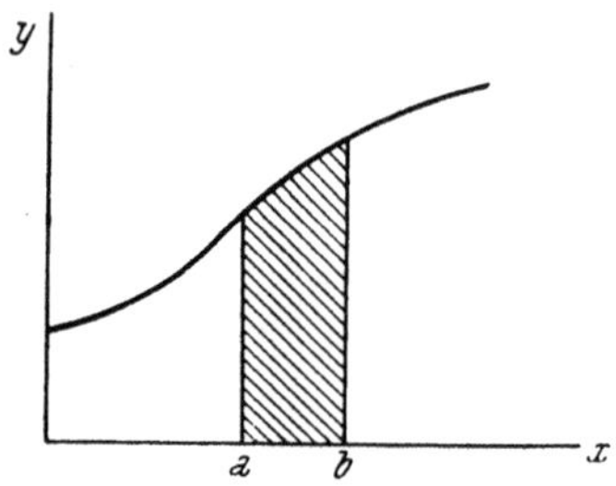

Abb. 26

$\alpha$) Die Auflösung des unbestimmten Integrals $\int f(x)\,dx = F(x) + C$ enthält eine unbestimmte, willkürliche Konstante. Legen wir dem $x$ auf der rechten Seite einen festen Wert $b$ zu und schreiben $F(b)+C$, so können wir das gleiche auf der linken Seite nicht durchführen, da $dx$ nicht in $db$ übergehen kann, weil für eine konstante Größe $b$ der Zuwachs $\Delta b$ stets Null ist. Man müßte also schreiben

$\int^{b} f(x)\,dx = F(b) + C$. Ebenso wird für eine andere Konstante $a$

$\int^{a} f(x)\,dx = F(a) + C$, also innerhalb derselben Rechnung:

$\int^{b} f(x)\,dx - \int^{a} f(x)\,dx = [F(b)+C] - [F(a)+C]$ oder

$$\int_a^b f(x)\,dx = F(b) - F(a).$$

Dieser Ausdruck heißt das bestimmte Integral. Er ist von der Wahl der unbestimmten Integrationskonstanten unabhängig geworden und daher stets gleich der Differenz aus den Werten des unbestimmten Integrals für die obere und für die untere Grenze unter Annahme der gleichen Integrationskonstanten für beide.

Man ermittelt also ohne Rücksicht auf die Konstante $C$ das unbestimmte Integral $F(x)$ und bildet hierauf die Differenz der Werte, welche dasselbe für $x = a$ und $x = b$ annimmt.

**37. Beispiel.** $\int\limits_1^2 x^3\,dx = \frac{x^4}{4}\Big|_1^2 = \frac{16}{4} - \frac{1}{4} = \frac{15}{4}$. ——

**38. Beispiel.** $\int\limits_{\frac{3}{2}}^{6} (\sqrt{2x-3})\,dx$. Wir setzen $(2x-3) = u$, daraus $x = \frac{1}{2}u + \frac{3}{2}$ und $\frac{dx}{du} = \frac{1}{2}$. Den Grenzen entsprechen $\frac{3}{2} \ldots u = 2 \cdot \frac{3}{2} - 3 = 0$ und $6 \ldots u = 2 \cdot 6 - 3 = 9$; somit wird

$$\int\limits_0^9 \sqrt{u} \cdot \frac{1}{2}\,du = \frac{1}{2}\int\limits_0^9 \sqrt{u}\,du = \frac{1}{2}\,\frac{u^{\frac{3}{2}}}{\frac{3}{2}}\Bigg|_0^9 = \frac{1}{2} \cdot \left(\frac{2}{3} \cdot 9^{\frac{3}{2}} - 0\right) = 9\,. \text{——}$$

Ein bestimmtes Integral verschwindet, wenn die Grenzen einander gleich werden:

$$\int\limits_a^a f(x)\,dx = 0\,.$$

*b*) Aus obigen Formeln folgt:

$$\int\limits_a^b = -\int\limits_b^a \text{und} \int\limits_a^c = \int\limits_a^b + \int\limits_b^c \text{ bzw. } \int\limits_a^c - \int\limits_a^b = \int\limits_b^c.$$

D. h., wenn $b$ ein beliebiger Punkt zwischen den Grenzen $a$ und $c$ ist, so ist das Integral von $f(x)$ zwischen den Grenzen $a$ und $c$ gleich der Summe der Integrale von $f(x)$, genommen zwischen den Grenzen $a$ und $b$, und $b$ und $c$.

*c*) Nachdem das bestimmte Integral als Fläche aufgefaßt wird, ist, wenn die Kurve $y = f(x)$ symmetrisch in bezug auf die $y$-Achse ist $f(x) = f(-x)$.

Daher ist

$$\int_{-a}^{0} f(x)\,dx = \int_{0}^{+a} f(x)\,dx = \frac{1}{2}\int_{-a}^{+a} f(x)\,dx \text{ oder } \int_{-a}^{+a} f(x)\,dx = 2\int_{0}^{a} f(x)\,dx .$$

**39. Beispiel.** $\int_{-a}^{+a} x^2\,dx = 2\int_{0}^{a} x^2\,dx = \frac{2a^3}{3}$. ———

**Aufgaben. 18. a)** $\int_{0}^{1} x\,e^x\,dx$; **b)** $\int_{-2}^{+2} x^4\,dx$; **c)** $\int_{a}^{b} x^2\,dx$;

**d)** $\int_{0}^{T} (a + b\,T + c\,T^2 + \ldots)\,dT$; **e)** $\int_{T_1}^{T_2} (a + b\,T)\,dT$.

**19. a)** $\int_{0}^{\lg 2} e^{-5x}\,dx$; **b)** $t = \frac{1}{k}\int_{0}^{x} \frac{dx}{a-x}$.

**20. a)** $\int_{0}^{T} \frac{dT}{T^2}\int_{0}^{T} 0{,}001 \cdot T \cdot dT$; **b)** $\int_{0}^{a}\int_{0}^{b} m \cdot z \cdot dx \cdot dz$.

## 5. Mittelwert einer Funktion.

Unter dem Mittelwert einer Funktion $f(x)$ in dem Intervall $a \ldots b$ versteht man den Wert $\frac{1}{b-a}\int_{a}^{b} f(x)\,dx$.

**40. Beispiel.** Wird die wahre Molwärme ausgedrückt durch die Gleichung $C_p = a + \beta\,T + \gamma\,T^2$, dann ist die mittlere Molwärme zwischen den Grenzen $T_1$ und $T_2 \ldots$ $\overline{C_p} = \frac{1}{T_2 - T_1}\int_{T_1}^{T_2} C_p\,dT =$

$$= \frac{1}{T_2 - T_1}\int_{T_1}^{T_2} (a + \beta\,T + \gamma\,T^2) \cdot dT .$$

Integrieren: $\overline{C_p} = a + \frac{\beta}{2} \cdot \frac{T_2^2 - T_1^2}{T_2 - T_1} + \frac{\gamma}{3} \cdot \frac{T_2^3 - T_1^3}{T_2 - T_1}$ und nach Zerlegung von $T_2^2 - T_1^2 = (T_2 + T_1) \cdot (T_2 - T_1)$ und $T_2^3 - T_1^3 = (T_2^2 + T_1 \cdot T_2 + T_1^2) \cdot (T_2 - T_1)$ ist $\overline{C_p} = a + \frac{\beta}{2}(T_2 + T_1) + \frac{\gamma}{3} \cdot (T_2^2 + T_1 \cdot T_2 + T_1^2)$. ———

**Aufgaben. 21.** Berechne die mittlere Molwärme **a)** des Ammoniaks für den Bereich von 27 bis 127° C, wenn die Abhängigkeit der wahren Molwärme von der Temperatur gegeben ist durch die Gleichung

$C_p = 5{,}92 + 0{,}8963 \cdot 10^{-2} \cdot T - 1{,}764 \cdot 10^{-6} \cdot T^2$; **b)** des Schwefelwasserstoffs für den Temperaturintervall von 400 bis 1000° K aus der Formel $C_p = 8{,}81 - 0{,}0019 \cdot T + 0{,}000\,002\,22 \cdot T^2$.

## 6. Länge ebener Kurven (Rektifikation).

Die Länge $s$ des Bogens (Abb. 27) hängt von der Abszisse ab, ist also eine Funktion von $x$.

Ableitung: Wenn $x$ in $x + \Delta x$ $(= o\,r)$ übergeht, so wird $y$ zu $y + \Delta y$ $(= n\,r)$ und $s$ zu $s + \Delta s$ $(= t\,n)$. Es ist somit $\Delta y = n\,p$, $\Delta s = m\,n$ und $\Delta x = m\,p$.

Legt man eine Sehne durch die Punkte $m$ und $n$, dann ist die Länge dieser Sehne

$$mp = \sqrt{(\Delta x)^2 + (\Delta y)^2} = \Delta x \cdot \sqrt{1 + \left(\frac{\Delta y}{\Delta x}\right)^2}.$$

Das Bogenstück $m\,n$ ist aber länger als die Sehne, daher wird

$$\frac{\Delta s}{\Delta x} \cdot \frac{1}{\sqrt{1 + \left(\frac{\Delta y}{\Delta x}\right)^2}} > 1.$$

Wenn hierin $\Delta x$ ohne Aufhören abnimmt, so nähert sich der Bogen $\Delta s$ der Sehne als einer Grenze und erreicht dieselbe, wenn $\Delta x$ zu $dx$ wird; dann wird $\Delta s$ zu $ds$ und man hat

$$\frac{ds}{dx} \cdot \frac{1}{\sqrt{1 + \left(\frac{dy}{dx}\right)^2}} = 1.$$

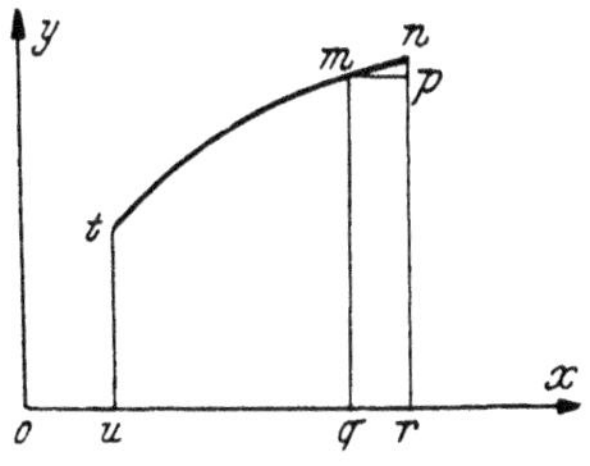

Abb. 27

Diese 3 unendlich kleinen Differentiale $dx$, $dy$ und $ds$ bilden ein rechtwinkliges Dreieck, in welchem

$$ds = \sqrt{dx^2 + dy^2} = dx \cdot \sqrt{1 + \left(\frac{dy}{dx}\right)^2}.$$

Wenn nach dieser Vorstellung die Größe $x$ um $d\,x$ zunimmt, so nimmt auch der Bogen $s$ um $d\,s$ zu.

Die Integration dieses Bogenelementes ergibt

$$s = \int_{x_0}^{x} dx \cdot \sqrt{1 + \left(\frac{dy}{dx}\right)^2}.$$

**41. Beispiel.** Zu berechnen ist die Länge der Kreislinie. Die Mittelpunktsgleichung des Kreises lautet $y^2 + x^2 = a^2$.

Durch Differentiation folgt $y\,dy + x\,dx = 0$; daraus ist

$$\frac{dy}{dx} = -\frac{x}{y} \text{ und } \left(\frac{dy}{dx}\right)^2 = \frac{x^2}{y^2}\text{; daher } 1 + \left(\frac{dy}{dx}\right)^2 = 1 + \frac{x^2}{y^2} =$$

$$= \frac{a^2}{a^2 - x^2} \cdot ds = dx \cdot \sqrt{1 + \left(\frac{dy}{dx}\right)^2} = \frac{a\,dx}{\sqrt{a^2 - x^2}}.$$

Integration: $s = a \int \frac{dx}{\sqrt{a^2 - x^2}} = a \cdot \arcsin \frac{x}{a} + C.$

Für den Viertelkreis ist folglich zwischen den Grenzen 0 und $a$:

$$s = a \cdot \arcsin \frac{x}{a}\Big|_0^a = a \cdot \arcsin 1 = \frac{\pi}{2} a.$$

Der Umfang des Kreises ist demnach $2\pi a$. ——

### 7. Berechnung des Flächeninhaltes (Quadratur).

Wir zerlegen die Fläche (Abb. 28) in unendliche kleine Streifen von der Breite $dx$ und summieren diese Streifen.

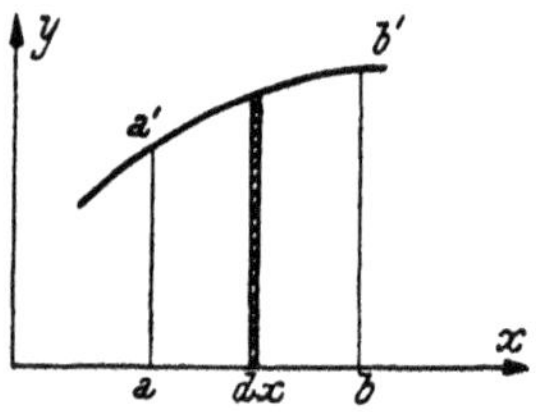


Abb. 28

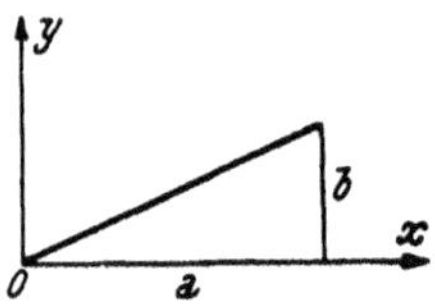


Abb. 29

Ist $y\,dx$ der Flächeninhalt eines Streifens, so ist die Summe sämtlicher Streifen zwischen $a$ und $b \ldots \int_a^b y\,dx$, das entspricht dem Flächeninhalt des Kurvenstückes $a\,b\,b'\,a'$.

**42. Beispiel.** Flächeninhalt eines rechtwinkligen Dreieckes (Abb. 29).

Die Gleichung der Hypothenuse („Kurve“) lautet $y = \frac{b}{a} x$.

$$\text{Flächeninhalt} = \int_0^a \frac{b}{a} x\,dx = \frac{b}{a} \int_0^a x\,dx = \frac{b}{a} \cdot \frac{a^2}{2} = \frac{ab}{2}.$$ ——

**43. Beispiel.** Flächeninhalt der Ellipse. (Halbachsen $a$ und $b$.) Gleichung der Ellipse: $\frac{x^2}{a^2} + \frac{y^2}{b^2} - 1 = 0$.

Daraus ist $y = \pm \frac{b}{a} \sqrt{a^2 - x^2}$.

Die Fläche ist daher $\int y\, dx = \frac{b}{a} \int \sqrt{a^2 - x^2} \cdot dx =$

$$= \frac{b}{a} \left[ \frac{x}{2} \sqrt{a^2 - x^2} + \frac{a^2}{2} \arcsin \frac{x}{a} \right] + C .$$

Für $x = 0$ wird die rechte Seite dieser Gleichung $= C$, da $\arcsin 0$ verschwindet, also $C = 0$.

Mithin ist die Fläche über der Abszisse $x$:

$$\frac{b}{a} \int_0^x \sqrt{a^2 - x^2}\, dx = \frac{b}{a} \left[ \frac{x}{2} \sqrt{a^2 - x^2} + \frac{a^2}{2} \arcsin \frac{x}{a} \right].$$

Um den 4. Teil der Ellipse zu erhalten, muß man $x$ von 0 bis $a$ nehmen. Nun wird die rechte Seite der Gleichung für die obere Grenze $x = a$ zu $\frac{b\,a}{2} \arcsin 1 = \frac{ab}{2} \cdot \frac{\pi}{2}$, für die untere Grenze $x = 0$ zu 0. Die Differenz dieser Werte ist $\frac{b}{a} \int_0^a \sqrt{a^2 - x^2}\, dx =$ $= \frac{\pi}{4}\, a b$ und die ganze Ellipsenfläche $\pi \cdot a \cdot b$. ——

**44. Beispiel.** Inhalt einer gleichseitigen Hyperbel $x y = a^2$ zwischen den Grenzen $x_1 = a$ und $x_2 = x$ (Abb. 30).

$$\text{Fläche} = \int_a^x y\, dx = \int_a^x a^2 \frac{dx}{x} =$$

$$= a^2 \int_a^x \frac{dx}{x} = a^2 \ln x - a^2 \ln a =$$

$$= a^2 (\ln x - \ln a) . \text{ ——}$$

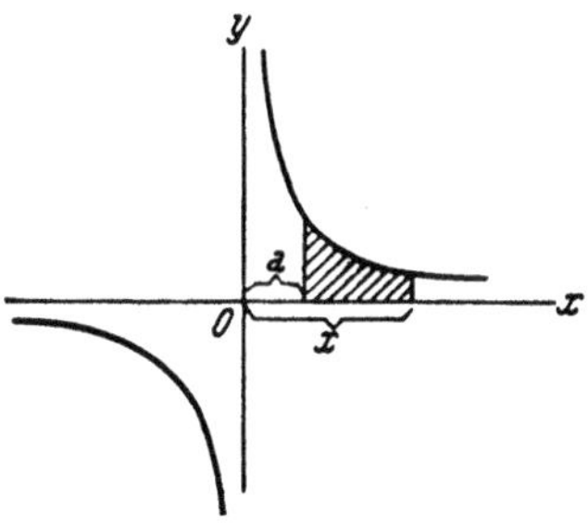

Abb. 30

## 8. Oberfläche von Rotationskörpern (Komplanation).

Die Berechnung erfolgt nach der Gleichung

$$d\, F(x) = 2 \pi\, y\, ds \text{ (Flächenelement).}$$

**45. Beispiel.** Oberfläche der Kugel. Diese entsteht durch Drehung eines Kreises um seinen Durchmesser.

Ist der Halbmesser $r$, so ist $y^2 = r^2 - x^2$ und $dy = -\frac{x}{y} dx$,

$$ds = dx \cdot \sqrt{1 + \left(\frac{dy}{dx}\right)^2} = dx \cdot \frac{\sqrt{x^2 + y^2}}{y} = \frac{r \cdot dx}{y} .$$

Demnach wird das Flächenelement $2\pi y\,ds$ der Kugel $=$ $= 2\pi r\,dx$ und die ganze Oberfläche, indem man von $x = -r$ bis $x = +r$ integriert.

$$2\pi r \int_{-r}^{+r} dx = 4\pi r^2.$$

Schneiden 2 parallele Ebenen eine Kugelzone aus und stehen diese Ebenen vom Mittelpunkt der Kugel nach derselben Seite hin um $h$ und $h'$ ab, so ist der Inhalt dieser Zone

$$2\pi r \int_{h}^{h'} dx = 2\pi r\,(h' - h). \text{ ——}$$

## 9. Inhalt von Rotationskörpern (Kubatur).

Der Differentialquotient des Rotationskörpers ist $\frac{dF(x)}{dx} = \pi y^2$ und das Körperelement $dF(x) = \pi y^2\,dx$.

**46. Beispiel.** Inhalt des geraden Kreiskegels von der Höhe $h$ und dem Halbmesser der Grundfläche $r$.

Legt man in den Abständen $x$ und $x + dx$ von der Kegelspitze ebene Schnitte durch den Körper senkrecht zur Achse und bezeichnet den Halbmesser des ersteren dieser Schnitte mit $y$, so ist

$$x : y = h : r, \text{ daraus } y = \frac{r}{h} \cdot x.$$

Somit ist $\pi y^2\,dx = \pi \frac{r^2}{h^2} x^2\,dx$.

Integration: $\pi \frac{r^2}{h^2} \int_{h'}^{h} x^2\,dx = \pi \frac{r^2}{h^2} \cdot \frac{x^3}{3} + C$.

Folglich ist der Inhalt des ganzen Kegels

$$\pi \frac{r^2}{h^2} \int_0^h x^2\,dx = \frac{1}{3} \pi r^2 h$$

und der Inhalt eines Kegelstumpfes, dessen Flächen um $h$ und $h'$ von der Spitze abstehen.

$$\pi \frac{r^2}{h^2} \int x^2\,dx = \frac{\pi r^2}{3 \cdot h^2} (h^3 - h'^3). \text{ ——}$$

# C. Reihen.

## 1. Allgemeines.

In naturwissenschaftlichen Berechnungen versucht man häufig, den unbekannten Verlauf eines Vorganges durch eine empirische *Näherungsformel* darzustellen.

Wird beispielsweise ein Körper, der bei der Temperatur Null die Länge 1 besitzt, durch Erwärmung ausgedehnt, so kann man in erster Annäherung annehmen, daß die Ausdehnung mit der Temperatur $t$ proportional verläuft, also Länge $l = 1 + \alpha t$ ($\alpha$ ist der lineare Ausdehnungskoeffizient).

Will man eine weitere Annäherung der Formel vornehmen, führt man ein Korrektionsglied ein und die Gleichung erhält die Form

$$l = 1 + \alpha t + \beta t^2.$$

Die Konstanten $\alpha$ und $\beta$ werden dadurch bestimmt, daß man die Formel mit den Beobachtungen vergleicht (siehe auch unter Ausgleichsrechnung, S. 117).

Diese *Reihe* kann man nun unendlich fortsetzen, indem man weitere Korrektionsglieder $\gamma t^3$, $\delta t^4$ usw. anfügt. Man wird jedoch die Reihe dort abbrechen, wo die Größe der Korrektionsglieder bereits einen so kleinen Wert erreicht, daß diese praktisch keinen Einfluß mehr ausüben. Die Formeln sind naturgemäß für die Praxis um so geeigneter, je weniger Glieder man nötig hat. Bedingung für die Anwendung solcher Reihen ist jedoch, daß man sich der zu berechnenden Größe mehr und mehr nähert, je mehr Glieder man berücksichtigt, daß also die Reihe mit wachsender Gliederzahl einem bestimmten, endlichen Wert näherkommt, daß der Rest mit wachsender Gliederzahl unbegrenzt klein wird (gegen Null konvergiert; konvergente Reihe).

Z. B. $0{,}3 = \frac{3}{10} + \frac{3}{10^2} + \frac{3}{10^3} + \frac{3}{10^4} + \ldots = \frac{1}{3}$ als Summe.

## 2. Formeln für die Reihenentwicklung.

*a*) Die *arithmetische Reihe*: $\sum_n = a_1 + \underbrace{(a_1 + d)}_{a_2} + \underbrace{(a_1 + 2d)}_{a_3} +$

$$+ (a_1 + 3d) + \ldots = \frac{a_1 + a_n}{2} \cdot n.$$

Das $n^{te}$ Glied $a_n = a_1 + (n - 1) \cdot d$.

(Bezeichnungen: $a_1$ = Anfangsglied, $n$ = Zeiger, $d$ = Differenz).

*b)* Die *geometrische Reihe*: $\sum_n = a_1 + a_1 \cdot q + a_1 \cdot q^2 + a_1 \cdot q^3 + + \ldots = a_1 \cdot \frac{q^n - 1}{q - 1}$.

Das $n^{te}$ Glied $a_n = a_1 \cdot q^{n-1}$; ($q$ = Quotient.)

Zinseszinsrechnung:

$K_n = K_0 \cdot q^n = K_0 \cdot \left(1 + \frac{p}{100}\right)^n$. Es sind $K_n$ = Endkapital, $K_0$ = = Anfangskapital, $p$ = % Zinsen und $n$ = Anzahl der Jahre.

*c)* Die *Potenzreihe* (MacLaurinsche Reihe). Schreiben wir obige Gleichung in der allgemeinen Form $f(x) = \alpha + \beta x + \gamma x^2 + \delta x^3 + \ldots$ so verfährt man (Konvergenz vorausgesetzt) zur Ermittlung der Konstanten wie folgt:

Man setzt $x = 0$, dann ist

$f(0) = \alpha$ ($\alpha$ ist also der Wert, den die Funktion für $x = 0$ besitzt).

Die obige Gleichung differenziert:

$$f'(x) = \beta + 2\gamma x + 3\delta x^2 + \ldots \text{ und für } x = 0 \text{ gesetzt:}$$

$$f'(0) = \beta; \text{ daraus ist } \beta = \frac{f'(0)}{1}.$$

Die weitere Differentiation ergibt: $f''(x) = 2\gamma + 2 \cdot 3 \cdot \delta x$ und für $x = 0$:

$$f''(0) = 2\gamma; \text{ daraus ist } \gamma = \frac{f''(0)}{1 \cdot 2}.$$

Analog: $f'''(0) = 1 \cdot 2 \cdot 3\delta$ und $\delta = \frac{f'''(0)}{1 \cdot 2 \cdot 3}$.

Für $f(x)$ ergibt sich daher die Reihe

$$f(x) = f(0) + \frac{x}{1} \cdot f'(0) + \frac{x^2}{1 \cdot 2} \cdot f''(0) + \frac{x^3}{1 \cdot 2 \cdot 3} \cdot f'''(0) + \ldots$$

Weitere Potenzreihen:

$$f(x+h) = f(x) + \frac{h}{1} f'(x) + \frac{h^2}{1 \cdot 2} f''(x) + \frac{h^3}{1 \cdot 2 \cdot 3} f'''(x) + \ldots$$

(Taylorsche Reihe)

$$f(x-h) = f(x) - \frac{h}{1} f'(x) + \frac{h^2}{1 \cdot 2} f''(x) - \frac{h^3}{1 \cdot 2 \cdot 3} f'''(x) + \ldots$$

$$f(x) = e^x = 1 + \frac{x}{1} + \frac{x^2}{1 \cdot 2} + \frac{x^3}{1 \cdot 2 \cdot 3} + \ldots$$

$$= 1 + \frac{x}{1} + \frac{x^2}{2!} + \frac{x^3}{3!} + \cdot$$

Die Faktorielle (Fakultät) $n!$ wird definiert durch $n! =$

$= 1 \cdot 2 \cdot 3 \cdot 4 \cdot 5 \cdot 6 \cdot \ldots n$. Es ist also $n! = (n-1)! \cdot n$, z. B. $2! = 1 \cdot 2; 3! = 1 \cdot 2 \cdot 3$ usw.

$$f(x) = e^{-x} = 1 - \frac{x}{1} + \frac{x^2}{2!} - \frac{x^3}{3!} + \frac{x^4}{4!} - \ldots$$

*d*) Die *Sinus-Reihe*:

$$\sin x = \frac{x}{1} - \frac{x^3}{3!} + \frac{x^5}{5!} - \frac{x^7}{7!} + \ldots$$

$$\cos x = 1 - \frac{x^2}{2!} + \frac{x^4}{4!} - \frac{x^6}{6!} + \ldots$$

$$\operatorname{tg} x = \frac{x}{1} + \frac{x^3}{3} + \frac{2x^5}{15} + \ldots$$

*e*) Die *logarithmische Reihe*:

$$\ln(1+x) = \frac{x}{1} - \frac{x^2}{2} + \frac{x^3}{3} - \frac{x^4}{4} \ldots$$

Bricht man diese Reihe beim 2. Glied ab, so wird

$$\ln(1+x) \approx \frac{x}{1} - \frac{x^2}{2} = x\left(1 - \frac{x}{2}\right),$$

eine oft brauchbare Näherungsformel, vorausgesetzt, daß $x$ im Vergleich zu 1 sehr klein ist.

Aus dieser Reihenentwicklung ist die lineare Interpolationsformel abgeleitet.

$$\ln(1-x) = -\frac{x}{1} - \frac{x^2}{2} - \frac{x^3}{3} - \frac{x^4}{4} \ldots$$

*f*) Die *binomische Reihe*:

$$(1+x)^n = 1 + \frac{n}{1}x + \frac{n \cdot (n-1)}{1 \cdot 2}x^2 + \frac{n \cdot (n-1)(n-2)}{1 \cdot 2 \cdot 3}x^3 + \ldots.$$

$$(1-x)^n = 1 - \frac{n}{1}x + \frac{n \cdot (n-1)}{1 \cdot 2}x^2 - \frac{n \cdot (n-1)(n-2)}{1 \cdot 2 \cdot 3}x^3 + \ldots.$$

(Daraus entstandene Näherungsformeln siehe S. 74.)

*g*) *Rechnen mit Reihen.* Nachdem eine konvergierende unendliche Reihe bei Berücksichtigung sämtlicher Glieder gleichwertig an die Stelle der Funktion treten kann, können auch alle Rechenoperationen statt mit der Funktion selbst mit ihrer Reihe durchgeführt werden (Addition, Multiplikation, Differentiation usw.). Daher kann auf einfache Weise z. B. die Reihe für $e^x + e^{-x}$ gebildet werden.

Die Reihe für $e^x = 1 + x + \frac{x^2}{2!} + \frac{x^3}{3!} + \frac{x^4}{4!} + \ldots$ Um die Reihe für $e^{-x}$ zu bilden, braucht man nur in der gleichen Reihe überall $x$ durch $-x$ ersetzen, also $e^{-x} = 1 + (-x) + \frac{(-x)^2}{2!} + \frac{(-x)^3}{3!} + \frac{(-x)^4}{4!} + \ldots = 1 - x + \frac{x^2}{2!} - \frac{x^3}{3!} + \frac{x^4}{4!} - \ldots$

Durch gliedweises Addieren erhalten wir für $e^x + e^{-x} = 2 + 2 \cdot \frac{x^2}{2!} + 2 \cdot \frac{x^4}{4!} + 2 \cdot \frac{x^6}{6!} + \ldots = 2 \cdot \left(1 + \frac{x^2}{2!} + \frac{x^4}{4!} + \frac{x^6}{6!} + \ldots\right)$.

Das Beispiel einer Division siehe Seite 60.

### 3. Integration durch Reihenentwicklung.

Diese Methode der Integration kann vielfach dort angewandt werden, wo andere Methoden nicht zur Verfügung stehen.

Es sei $\int f(x)\,dx$ gegeben. Man entwickelt den Integranden $f(x)$ in einer unendlichen Reihe und integriert diese dann als Summe gliedweise.

$$f(x) = a_0 + a_1 x + a_2 x^2 + \ldots .$$

$$\int f(x)\,dx = \int a_0\,dx + \int a_1 x\,dx + \int a_2 x^2\,dx + \ldots$$

$$= a_0 x + a_1 \frac{x^2}{2} + a_2 \frac{x^3}{3} + \ldots + C$$

$$= x\left(a_0 + a_1 \frac{x}{2} + a_2 \frac{x^2}{3} + \ldots\right) + C .$$

Da diese Reihe $f(x) = a_0 + a_1 x + a_2 x^2$ für alle Werte von $x$ konvergiert, so muß auch der letzte Klammerausdruck konvergieren, da seine Glieder sämtlich kleiner sind als die entsprechenden Glieder der Reihe (Beispiel siehe S. 60).

**Aufgaben. 22.** Integriere durch Reihenentwicklung: $\int \frac{dx}{1+x^2}$.

## D. Anwendung auf physikalisch-chemische Aufgaben.

*Beispiel für den Unterschied zwischen Differenzenquotient und Differentialquotient:*

### 1. Molwärme.

Die Änderung des Wärmeinhaltes $Q$ eines Mols eines festen oder flüssigen Stoffes ist bei höheren Temperaturen diesem angenähert proportional.

Der Differenzenquotient $\frac{Q_2 - Q_1}{T_2 - T_1} = \frac{\Delta Q}{\Delta T}$ ist also von der Temperatur unabhängig.

Bei tieferen Temperaturen ist diese Abhängigkeit nicht mehr proportional und es ist daher nötig, für die Berechnung des Wärmeinhaltes pro Grad (Molwärme $C$) den Differentialquotienten zu nehmen, also $C = \frac{dQ}{dT}$.

*Beispiel für die Differentiation der Funktion einer Funktion:*

### 2. Temperaturabhängigkeit der Suszeptibilität.

Nach dem Gesetz von Curie und Weiss kann die Temperaturabhängigkeit der Suszeptibilität organischer Stoffe von Radikalcharakter durch die Beziehung $\chi = \frac{C}{T - \Theta}$ ausgedrückt werden. ($C$ und $\Theta$ sind Konstanten.)

Zur Bestimmung des Temperaturkoeffizienten $\frac{d\chi}{dT}$ (also der Steigung der Kurve, in diesem Fall einer gleichseitigen Hyperbel) setzen wir $T - \Theta = z$, wodurch die Gleichung die Form $\chi = \frac{C}{z}$ erhält. Nun ist $\frac{d\chi}{dz} = -\frac{C}{z^2}$; daraus $dz = -\frac{z^2}{C}\,d\chi$. Aus $z = T - \Theta$ ist $\frac{dz}{dT} = 1$, es wird also $dz = dT$ und $-\frac{z^2}{C}\,d\chi = dT$, daher $\frac{d\chi}{dT} = -\frac{C}{z^2} = -\frac{C}{(T-\Theta)^2}$.

*Beispiele für logarithmisches Differenzieren:*

### 3. Dampfdruckformel.

Die Dampfdruckformel lautet $p = C \cdot e^{-\frac{\lambda \cdot 1}{R \cdot T}}$. Darin sind $R$ die molare Gaskonstante und $\lambda$ die molare Verdampfungswärme.

Nachdem $p$ von $T$ nicht linear abhängt, muß seine Änderung mit $T$ durch Berechnung von $\frac{dp}{dT}$ ermittelt werden.

Durch logarithmisches Differenzieren erhalten wir

$$\ln p = \ln C - \frac{\lambda \cdot 1}{R \cdot T} \text{ und } \frac{1}{p} \cdot \frac{dp}{dT} = \frac{\lambda \cdot 1}{R \cdot T^2}.$$

### 4. Genauigkeit eines Meßergebnisses.

Da die zu bestimmenden Größen fast stets Funktionen mehrerer Veränderlicher sind, diskutiere man den Einfluß der verschiedenen Beobachtungsfehler (am besten durch logarithmisches Differenzieren).

$x$ sei die beobachtete, $y$ die gesuchte Größe. Wie groß ist nun die relative Änderung von $y$, wenn $x$ um $dx$ falsch gemessen wurde, also der relative Fehler $\frac{dx}{x}$ ist? Gesucht ist demnach der Zusammenhang zwischen $\frac{dy}{y}$ und $\frac{dx}{x}$. ($\frac{dy}{y}$ ist aber das Differential von $\ln y$).

Es soll nun beispielsweise der elektrische Widerstand einer Lösung nach der Wheatstoneschen Methode gemessen werden. Er sei $y$; die Ablesung an einer in 100 Teile geteilten Brücke sei $x$, der Vergleichswiderstand $R$.

Dann ist $y = R \cdot \frac{x}{100 - x}$; also $\ln y = \ln R + \ln x - \ln(100 - x)$;

$$\frac{dy}{y} = \frac{dx}{x} + \frac{dx}{100 - x} = dx\left(\frac{1}{x} + \frac{1}{100 - x}\right) = 100 \cdot \frac{dx}{x \cdot (100 - x)}.$$

$\frac{dy}{y}$ wird am kleinsten, wenn $dx$ Null wird oder wenn der Nenner $x \cdot (100 - x)$ seinen maximalen Wert erreicht. Letzteres ist der Fall, wie eine 2. Differentiation lehrt, wenn $x = 50$, d. h. wenn man die Mitte des Meßdrahtes benutzt. Dann wird $\frac{dy}{y} = 2 \cdot \frac{dx}{x}$, was bedeutet, daß der relative Fehler des Resultates (des Widerstandes) doppelt so groß ist wie der Fehler der Messung (der Brückeneinstellung).

*Beispiel für die partielle Differentiation:*

## 5. Differenz der Molwärmen.

**a)** Für die Differenz der Molwärmen eines idealen Gases gilt $C_p - C_v = T\left(\frac{\partial p}{\partial T}\right)_V \left(\frac{\partial V}{\partial T}\right)_p$. Darin sind $p$ der Druck, $V$ das Molvolumen und $T$ die absolute Temperatur. $\left(\frac{\partial p}{\partial T}\right)_V$ und $\left(\frac{\partial V}{\partial T}\right)_p$ sind aus der Zustandsgleichung des Gases zu berechnen. $p$ ist als Funktion von $V$ und $T$, $V$ als Funktion von $p$ und $T$ gedacht.

Für ein ideales Gas ist $pV = RT$ also $p = \frac{RT}{V}$ und $V = \frac{RT}{p}$, daher $\left(\frac{\partial p}{\partial T}\right)_V = \frac{R}{V}$ und $\left(\frac{\partial V}{\partial T}\right)_p = \frac{R}{p}$ und

$$C_p - C_v = T \cdot \frac{R}{V} \cdot \frac{R}{p} = \frac{R^2 \cdot T}{R \cdot T} = R.$$ (Siehe auch S. 173.)

**b)** Der isobare kubische Ausdehnungskoeffizient (relative Volumänderung eines Körpers pro Grad Temperaturerhöhung bei konstantem Druck, bezogen auf das Volumen bei 0° C) $\alpha = \frac{1}{v_0} \cdot \left(\frac{\partial v}{\partial T}\right)_p$. Die isotherme Kompressibilität (die auf das jeweilige Volumen bezogene Volumänderung pro Atm Druckerhöhung bei konstanter Temperatur) $\varkappa = -\frac{1}{v} \cdot \left(\frac{\partial v}{\partial p}\right)_T$. (—, weil $v$ mit wachsendem $p$ abnimmt, $\varkappa$ aber positiv gezählt wird).

Die Differenz der Molwärmen ist $C_p - C_v = T \left(\frac{\partial p}{\partial T}\right)_v \cdot \left(\frac{\partial v}{\partial T}\right)_p$. Aus der Zustandsgleichung $p = f\,(v, T)$ ergibt sich das totale Differential $dp = \left(\frac{\partial p}{\partial v}\right)_T dv + \left(\frac{\partial p}{\partial T}\right)_v dT$. Bei $p =$ konstant wird $dp = 0$ und man erhält bei gleichzeitiger Division der Gleichung durch $dT \ldots\; 0 = \left(\frac{\partial p}{\partial v}\right)_T \cdot \left(\frac{\partial v}{\partial T}\right)_p + \left(\frac{\partial p}{\partial T}\right)_v$. Nun tritt $\left(\frac{\partial v}{\partial T}\right)_p$ an Stelle von $\frac{dv}{dT}$, da es sich um Änderungen des Volumens und der Temperatur bei konstantem Druck handelt. $\left(\frac{\partial p}{\partial T}\right)_v =$

$$= -\left(\frac{\partial p}{\partial v}\right)_T \cdot \left(\frac{\partial v}{\partial T}\right)_p = -\frac{\left(\frac{\partial v}{\partial T}\right)_p}{\left(\frac{\partial v}{\partial p}\right)_T},$$

als Ausdruck der Abhängigkeit der partiellen Differentialquotienten voneinander. Mit diesem Ausdruck wird $C_p - C_v = -T \cdot \frac{\left(\frac{\partial v}{\partial T}\right)_p^2}{\left(\frac{\partial v}{\partial p}\right)_T}$.

Wenn wir die Definitionsgleichungen für $\alpha$ und $\varkappa$ berücksichtigen, folgt $C_p - C_v = T \cdot \frac{\alpha^2 \cdot v_0^2}{\varkappa \cdot v}$. Bei festen und flüssigen Körpern ist $v$ praktisch gleich $v_0$ und daher $C_p - C_v = T \cdot \frac{\alpha^2 \cdot v_0}{\varkappa}$.

*Beispiele für Maxima und Minima:*

## 6. Größte Dichte des Wassers.

Hallström hatte die Ausdehnung des Wassers bei Temperaturen innerhalb 0,8 und 32,5° C durch 64 Versuche bestimmt und unter Anwendung der Methode der kleinsten Quadrate folgende Formel gefunden:

$$\varrho = 1 + 0{,}000052939\, t - 0{,}0000065322\, t^2 + 0{,}00000001445\, t^3.$$

Darin sind $\varrho$ die Dichte und $t$ die Temperatur des Wassers.

$$\frac{d\varrho}{dt} = 0{,}000052939 - 0{,}0000130644\,t + 0{,}00000004335\,t^2$$

$$\frac{d^2\varrho}{dt^2} = -\,0{,}0000130644 + 0{,}00000008670\,t$$

Aus $\frac{d\varrho}{dt} = 0$ ergibt sich für $t = 4{,}108°$ C.

Für diesen Wert von $t$ wird $\frac{d^2\varrho}{dt^2}$ negativ, also $\varrho$ ein Maximum. Nach diesen Versuchen hätte daher das Wasser bei 4,108° C die größte Dichte.

## 7. Brechungsgesetz.

In der Abb. 31 sei $A$ eine punktförmige Lichtquelle. Die Lichtgeschwindigkeit in $I$ sei $c_1$, in $II$ $c_2$. Es wird angenommen, daß $c_1 > c_2$, d. h. der Lichtstrahl wird beim Übergang von $I$ in $II$ zum Lot $L$ gebrochen. Der Lichtstrahl soll in kürzester Zeit von $A$ nach $B$ gelangen. (Die Geschwindigkeit wird definiert durch den Weg pro Sekunde.)

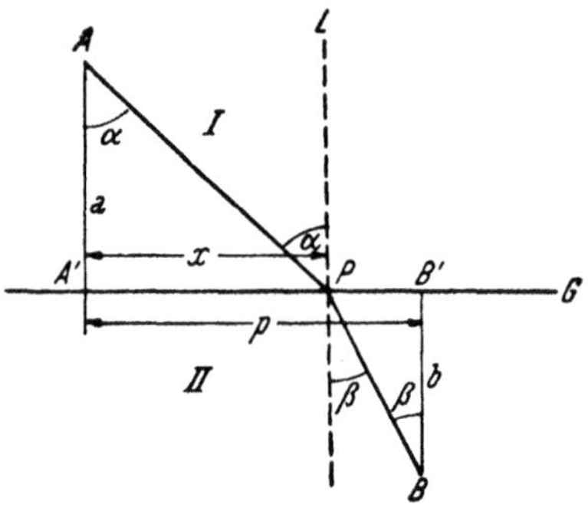

Abb. 31

Die Strecke $AP$ wird in $\frac{AP}{c_1}$ Sekunden zurückgelegt, die Strecke $PB$ in $\frac{BP}{c_2}$ Sekunden.

Die Gesamtzeit $t$, die der Lichtstrahl von $A$ bis $B$ benötigt, ist daher $t = \frac{AP}{c_1} + \frac{BP}{c_2}$.

Nun ist nach der Abbildung $AP = \sqrt{a^2 + x^2}$ und $BP = \sqrt{b^2 + (p - x)^2}$, also $t = \frac{\sqrt{a^2 + x^2}}{c_1} + \frac{\sqrt{b^2 + (p - x)^2}}{c_2}$.

Dieser Ausdruck soll ein Minimum werden. Das heißt, wir müssen differenzieren und das Resultat gleich 0 setzen:

$$\frac{dt}{dx} = \frac{x}{c_1\sqrt{a^2 + x^2}} - \frac{(p - x)}{c_2\sqrt{b^2 + (p - x)^2}} = 0\,.$$

Nun ist $\sin\alpha = \frac{x}{\sqrt{a^2 + x^2}}$ und $\sin\beta = \frac{p - x}{\sqrt{b^2 + (p - x)^2}}$.

Diese Werte eingesetzt:

$$\frac{\sin\alpha}{c_1} - \frac{\sin\beta}{c_2} = 0 \text{ oder } \frac{\sin\alpha}{\sin\beta} = \frac{c_1}{c_2} = n$$

der Berechnungsindex. (Anwendung siehe S. 320.)

## 8. Höchste Umsatzgeschwindigkeit bei der Ammoniaksynthese.

Es ist zu ermitteln, bei welchem Verhältnis $H_2 : N_2$ die Umsatzgeschwindigkeit am höchsten ist, unabhängig von den Bedingungen der Synthese.

$3\,H_2 + N_2 = 2\,NH_3$. Nach dem Massenwirkungsgesetz ist die Geschwindigkeit einer chemischen Reaktion proportional dem Produkt aus den Konzentrationen der reagierenden Stoffe: $v = k \cdot [H_2]^3 \cdot [N_2]$. Ist $x$ die Molkonzentration des Wasserstoffs und $y$ jene des Stickstoffs, dann ist $v = k \cdot x^3 \cdot y$.

Nehmen wir das Gesamtvolumen zu 1 an, so ist $x + y = 1$, daher $v = k \cdot x^3 \cdot (1 - x) = k \cdot (x^3 - x^4)$.

Bildung der Extremwerte: $\frac{dv}{dx} = v' = d\,[k \cdot (x^3 - x^4)] =$

$= 3x^2 - 4x^3$; $3x^2 - 4x^3 = 0$, danach $3 - 4x = 0$ und $x = \frac{3}{4}$;

$v'' = 6x - 12x^2$.

Den obigen Wert für $x$ eingesetzt, ergibt $v'' = -\frac{9}{4}$, daher ist $x = \frac{3}{4}$ ein Maximum. Aus $x + y = 1$ erhält man $y = \frac{1}{4}$.

Die Geschwindigkeit ist also am höchsten, wenn das Gemisch im Verhältnis 3:1 vorliegt.

*Beispiel für die Ermittlung der Wendepunktskoordinaten:*

## 9. Bestimmung der kritischen Daten aus der van der Waalsschen Zustandsgleichung.

Die VAN DER WAALSsche Zustandsgleichung lautet $(v - b) \cdot \left(p + \frac{a}{v^2}\right) = R\,T$. Wir sehen $R\,T$ als Konstante ($= C$) an und lösen nach $p$ auf: $p = \frac{C}{v - b} - \frac{a}{v^2}$. Die Differentiation nach $v$ gibt:

$$\frac{dp}{dv} = -\frac{C}{(v-b)^2} + \frac{2a}{v^3} \text{ und } \frac{d^2p}{dv^2} = \frac{2C}{(v-b)^3} - \frac{6a}{v^4}.$$

Da die kritischen Daten die Wendepunktskoordinaten darstellen (s. S. 177, es ist also dann $v = \varphi_{kr}$, das kritische Volumen), werden die erste und zweite Ableitung Null (es handelt sich um einen Wendepunkt mit horizontaler Tangente, s. S. 28), daher $C \cdot \varphi_{kr}^3 = 2a \cdot (\varphi_{kr} - b)^2$ und $C \cdot \varphi_{kr}^4 = 3a \cdot (\varphi_{kr} - b)^3$. Die Division der Gleichung 2 durch die Gleichung 1 ergibt $\varphi_{kr} = \frac{3}{2} \cdot (\varphi_{kr} - b)$ und daraus $\varphi_{kr} = 3b$.

Die kritische Temperatur $\vartheta_{kr}$ ist aus der zweiten Ableitung zu berechnen: $\frac{2C}{(3b-b)^3} - \frac{6a}{(3b)^4} = 0$, daraus wird $C\,(=RT) = R \cdot \vartheta_{kr} = \frac{8a}{27b}$ und $\vartheta_{kr} = \frac{8a}{27bR}$.

Der kritische Druck $\pi_{kr}$ $(= p)$ ist schließlich $\pi_{kr} = \frac{a}{27b^2}$.

*Beispiele für das unbestimmte Integral:*

## 10. Lambert-Beersches Gesetz.

Tritt Licht von bestimmter Wellenlänge und der Intensität $I$ durch eine Lösung der molaren Konzentration $c$, so nimmt die Intensität um den Betrag $dI$ ab. Diese Abnahme ist proportional der Konzentration $c$, der Intensität $I$ und der Schichtdicke $dx$, die das Licht durchstrahlt. Außerdem ist $dI$ noch abhängig vom Material, ausgedrückt durch die Konstante $\varepsilon$, den molaren, natürlichen Extinktionskoeffizienten. Wir schreiben $dI = -\varepsilon \cdot c \cdot I \cdot dx$; negativ, weil es sich um eine Intensitätsabnahme handelt.

$$\frac{dI}{I} = -\varepsilon \cdot c \cdot dx \text{ und} \int \frac{dI}{I} = -\varepsilon \cdot c \cdot \int dx; \ln I = -\varepsilon \cdot c \cdot x + C.$$

Bei der Schichtdicke $x = 0$ beträgt die Intensität des Lichtes $I_0$ (Anfangsintensität) und es ist $\ln I_0 = 0 + C$. Die so ermittelte Integrationskonstante eingesetzt: $\ln I = -\varepsilon \cdot c \cdot x + \ln I_0$, daraus $\ln \frac{I}{I_0} = -\varepsilon \cdot c \cdot x$ und $\frac{I}{I_0} = e^{-\varepsilon c x}$ bzw. $I = I_0 \cdot e^{-\varepsilon c x}$.

## 11. Radioaktiver Zerfall.

Während einer unendlich kleinen Zeit $dt$ ist die verschwindend kleine Menge $dx$ einer radioaktiven Substanz proportional dieser Zeit und außerdem ist diese in der Zeiteinheit zerfallende Menge proportional der vorhandenen Menge. Es wird also die verschwindende Menge (—, weil verschwindend):

$$-dx = \lambda \cdot x \cdot dt\,.$$

(Darin ist $\lambda$ die für das betreffende radioaktive Element charakteristische Konstante.)

Die Veränderliche $x$ ist auf beiden Seiten der Gleichung enthalten, es muß daher eine Umformung vorgenommen werden, zwar so, daß auf der einen Seite ein Differential einer Funktion von $x$, auf der andern ein solches einer Funktion von $t$ erhalten wird.

$$\frac{dx}{x} = -\lambda\, dt = d\,(-\lambda t) = d\,(-\lambda t + c).$$

(Die unbestimmte Konstante $c$ wird hier bereits unter dem $d$ addiert.)

Integration: $\ln x = -\lambda t + c$

$$x = e^c \cdot e^{-\lambda t} = C \cdot e^{-\lambda t}.$$

$C$ ergibt sich aus der Bedingung, daß für $t = 0$ die vorhandene Menge an radioaktiver Substanz gleich $C$ wird. Ist diese gleich $x_0$, so lautet die Gleichung

$$x = x_0 \cdot e^{-\lambda t}.$$

*Berechnung der Halbwertszeit*: Ist die Hälfte der radioaktiven Substanz zerfallen, ist $x = \frac{x_0}{2}$ und $\frac{x_0}{2} = x_0 \cdot e^{-\lambda t}$. Daraus ist

$$\frac{1}{2} = e^{-\lambda t};\ 2 = e^{\lambda t} \text{ und } t = \frac{\ln 2}{\lambda}.$$

Anwendung siehe S. 313.

*Beispiel für die Einführung einer neuen Veränderlichen:*

## 12. Monomolekulare Reaktion.

Die Differentialgleichung einer monomolekularen Reaktion, z. B. die Inversion des Rohrzuckers, soll näher betrachtet werden:

Zur Zeit $t = 0$ (Beginn der Reaktion) sei die Rohrzuckerkonzentration $= c_A$, zur Zeit $t$ nur noch $c_A - c_x$. Die Reaktionsgeschwindigkeit, das ist die Abnahme der Rohrzuckerkonzentration in der Zeiteinheit ist $\frac{d c_x}{dt}$. Sie hängt von der jeweiligen Rohrzuckerkonzentration ab, und zwar ist sie ihr proportional. Also

$\frac{d c_x}{dt} = k_1 \cdot (c_A - c_x)$, worin $k_1$ einen konstanten Faktor darstellt.

Daraus ist $k_1\, dt = \frac{d c_x}{c_A - c_x}$.

Integration: $k_1 t = \int \frac{d c_x}{c_A - c_x}$. Wir setzen $c_A - c_x = z$, daher

$dc_x = -dz$ und erhalten $\int \frac{dc_x}{c_A - c_x} = -\int \frac{dz}{z} = -\ln z + C =$ $= -\ln(c_A - c_x) + C$.

Statt der Einführung der neuen Veränderlichen $z$ können wir auch folgendermaßen vorgehen:

Multiplikation mit $-1 \ldots -\int \frac{d(-c_x)}{c_A - c_x}$.

Addition der Konstanten $c_A$ unter dem $d$, wodurch der Wert des Differentials unverändert bleibt

$$\ldots -\int \frac{d(c_A - c_x)}{c_A - c_x} = -\ln(c_A - c_x) + C.$$

Die Integrationskonstante $C$ erhalten wir aus der Bedingung $c_x = 0, t = 0$ zu $0 = -\ln c_A + C$. Die Substraktion beider Gleichungen ergibt

$$k_1 t = \ln c_A - \ln(c_A - c_x) = \ln \frac{c_A}{c_A - c_x}$$

und nach $c_x$ aufgelöst: $c_x = c_A \cdot (1 - e^{-k_1 t})$.

Anwendung siehe S. 311.

*Beispiel für die partielle Integration:*

## 13. Zerfall von Distickstoffmonoxyd.

HINSHELWOOD und PRICHARD bestimmten die Reaktionsgeschwindigkeit des katalytischen Zerfalles von $N_2O$ am Platinkontakt und fanden für diese Reaktion, welche durch den sich bildenden Sauerstoff gehemmt wird, folgende Gleichung:

$$\frac{dx}{dt} = \frac{k \cdot (a - x)}{1 + bx}.$$

Es sind $a$ die ursprüngliche $N_2O$-Menge, $x$ die in der Zeit $t$ zerfallende Menge, $k$ und $b$ Konstanten. Zum Studium des zeitlichen Zerfalles muß diese Differentialgleichung integriert werden: $k\,dt = \frac{1 + bx}{a - x}\,dx$ und $kt = \int \frac{1 + bx}{a - x}\,dx + C$. Das Integral kann aufgespalten werden: $\int \frac{1 + bx}{a - x}\,dx = \int \frac{dx}{a - x} + b \int \frac{x\,dx}{a - x}$. Nach der Substitutionsmethode ist $\int \frac{dx}{a - x} = -\int \frac{d(a - x)}{a - x} = -\ln(a - x)$, während das zweite Integral durch partielle Integration gelöst werden kann. Wir setzen $u = x$ und $dv = \frac{dx}{a - x} = d[-\ln(a - x)]$, also $\int \frac{x\,dx}{a - x} = \int x \cdot \frac{dx}{a - x} = \int x \cdot d[-\ln(a - x)] = -x \cdot$

$\cdot \ln(a-x) + \int \ln(a-x)\,dx = -x \cdot \ln(a-x) - \int \ln(a-x) \cdot$ $\cdot\, d(a-x)$. Nun ist $\int \ln(a-x) \cdot d(a-x) = (a-x) \cdot \ln(a-x) -$ $-(a-x)$ (siehe 17. Aufgabe, Seite 38), daher $\int \frac{x\,dx}{a-x} =$ $= -x \cdot \ln(a-x) - (a-x) \cdot \ln(a-x) + (a-x) = a \cdot \ln(a-x) +$ $+ (a-x)$. Es wird demnach $kt = -\ln(a-x) - ab \cdot \ln(a-x) +$ $+ b \cdot (a-x) + C$. Nachdem bei $t = 0$, auch $x = 0$, berechnet sich $C = \ln a + ab \cdot \ln a - ab$. Folglich wird $kt = \ln a - \ln(a-x) + ab \cdot$ $\cdot [\ln a - \ln(a-x)] + ab - bx - ab = \ln \frac{a}{a-x} + ab \cdot \ln \frac{a}{a-x} -$ $- bx = (1+ab) \cdot \ln \frac{a}{a-x} - bx$ und $k = \frac{1+ab}{t} \cdot \ln \frac{a}{a-x} - \frac{bx}{t}$.

*Beispiel für die Partialbruchzerlegung:*

## 14. Bimolekulare Reaktion.

Die Gleichung für die vollständig verlaufende bimolekulare Reaktion lautet:

$\frac{dx}{dt} = k(a-x)(b-x)$. Darin sind $a$ und $b$ die Anfangskonzentrationen, $x$ die Konzentration der entstehenden Molekülart nach der Zeit $t$ und $k$ die Geschwindigkeitskonstante.

$$kt = \int \frac{dx}{(a-x)(b-x)}.$$

Den Bruch $\frac{1}{(a-x)(b-x)}$ zerlegen wir in eine Summe von 2 Partialbrüchen, mit den Nennern $(a-x)$ und $(b-x)$. Die beiden Zähler $z_1$ und $z_2$ werden so gewählt, daß sie frei von $x$ sind.

$$\frac{1}{(a-x)(b-x)} = \frac{z_1}{a-x} + \frac{z_2}{b-x}.$$

Daraus ist $1 = z_1(b-x) + z_2(a-x) = z_1 b + z_2 a - x(z_1 + z_2)$. Damit $z_1$ und $z_2$ frei von $x$ werden, muß $z_1 = -z_2$. Dann ist $1 = -z_2 b + z_2 a = z_2(a-b)$ und $z_2 = \frac{1}{a-b}$, $z_1 = -\frac{1}{a-b}$;

$$\frac{1}{(a-x)(b-x)} = -\frac{1}{(a-x)(a-b)} + \frac{1}{(b-x)(a-b)}.$$

$$kt = \int \frac{dx}{(a-x)(b-x)} = \int \frac{dx}{(b-x)(a-b)} - \int \frac{dx}{(a-x)(a-b)} =$$
$$= \frac{1}{a-b} \int \frac{dx}{b-x} - \frac{1}{a-b} \int \frac{dx}{a-x} = \frac{1}{a-b} \left[ \int \frac{dx}{b-x} - \int \frac{dx}{a-x} \right].$$

Wir setzen $b - x = u$ und $a - x = v$; dann ist $\frac{du}{dx} = -1$ und $dx = -du$, analog $dx = -dv$.

Durch Einsetzen in das gesuchte Integral erhalten wir

$$kt = \frac{1}{a-b}\left[\int\frac{-du}{u} - \int\frac{-dv}{v}\right] = \frac{1}{a-b}\left[\ln v - \ln u\right] + C =$$

$$= \frac{1}{a-b} \cdot \ln\frac{a-x}{b-x} + C.$$

Bestimmung von $C$: Zu Beginn der Reaktion ($t = 0$) ist $x = 0$, woraus folgt:

$$0 = \frac{1}{a-b} \cdot \ln\frac{a}{b} + C.$$

Von der vorhergehenden Gleichung abgezogen:

$$kt = \frac{1}{a-b}\left(\ln\frac{a-x}{b-x} - \ln\frac{a}{b}\right) = \frac{1}{a-b}\ln\frac{b(a-x)}{a(b-x)}.$$

Anwendung siehe S. 312.

*Beispiel für den Differentialquotienten des Logarithmus, bzw. für das bestimmte Integral:*

## 15. Isothermische Gaskompression.

**a)** Wir denken uns Gas in einem Zylinder, in dem sich ein reibungsloser Kolben befindet, eingeschlossen. Beim Hineinschieben des Kolbens wird Arbeit geleistet (Verkleinerung des Volumens $V$ um $V_1$). Diese Arbeit wird durch die Formel Kraft $\times$ Weg ausgedrückt. Die Kraft, die auf den Kolben wirkt, ist das Produkt aus dem Druck $p$ und der Kolbenfläche $q$. Der Weg ist die Höhe des zylindrischen Raumes, welcher vom Kolben durchschritten wird, also $\frac{V_1}{q}$. Die Arbeit ist demnach $p \cdot q \cdot \frac{V_1}{q} = p \cdot V_1$ (Druck $\times$ Volumverkleinerung).

Soll nun in einem Zylinder 1 Mol eines idealen Gases bei konstanter Temperatur (isotherm) vom Volumen $V_0$ auf das Volumen $V$ zusammengedrückt werden, so ändert sich während des Weges des Kolbens die Kraft, die auf den Kolben ausgeübt werden muß, da sich der Druck mit dem Volumen ändert. Wir dürfen deshalb nicht die Arbeit für die ganze Wegstrecke, sondern nur unendlich kleine Arbeitsleistungen, welchen unendlich kleine Volumänderungen entsprechen, berechnen.

Das bei der Volumverkleinerung $-dV$ (—, weil Verkleinerung) geleistete Arbeitsdifferential $dA = -p \cdot dV$; daraus ist $\frac{dA}{dV} = -p$.

Nach der Zustandsgleichung ist $p = \frac{R\,T}{V}$; darin sind $R$, aber auch $T$ (isotherm!) konstant und es wird

$$\frac{dA}{dV} = -\frac{R\,T}{V} = -R\,T \cdot \frac{1}{V} \text{ und } dA = -R\,T\frac{dV}{V}.$$

Integriert: $A = -R\,T \ln V + C$.

Die Konstante $C$ darf nicht vergessen werden. Sie wird durch das Anfangsvolumen festgelegt. Da für dieses $V_0$ die Arbeit 0 ist, folgt

$$0 = -R\,T \ln V_0 + C \text{ und } C = R\,T \ln V_0 .$$

Das ergibt in die Gleichung eingesetzt, für $A = -R\,T \ln V + {} + R\,T \ln V_0 = R\,T\,(\ln V_0 - \ln V) = R\,T \ln \frac{V_0}{V}$.

Anwendung siehe S. 230.

**b)** Das Arbeitsdifferential war

$$dA = -p \cdot dV = -R\,T\frac{dV}{V}.$$

Integrieren wir zwischen den Grenzen $V_0$ und $V$, so ergibt sich

$$A = \int_{V_0}^{V} -R\,T\frac{dV}{V} = R\,T\int_{V}^{V_0}\frac{dV}{V} = R\,T\,(\ln V_0 - \ln V) = R\,T \ln \frac{V_0}{V}.$$

*Beispiel für den Mittelwert einer Funktion:*

## 16. Mittlere Reaktionsgeschwindigkeit.

Bei der Rohrzuckerinversion ist die in der Zeiteinheit invertierte Zuckermenge der in der Flüssigkeit gelösten Zuckermenge direkt proportional. Ist die ursprünglich vorhandene Zuckermenge $a$ und die in der Zeit $t$ invertierte Menge $x$, so ist also zur Zeit $t$ die Menge $a - x$ noch nicht invertiert.

Wird die während des Zeitintervalls von $t$ bis $t + dt$ invertierte Menge $dx$ gesetzt, so ist $dx$ in jedem Zeitpunkt der noch nicht umgewandelten Zuckermenge $a - x$ und dem Zeitintervall $dt$ proportional (Proportionalitätsfaktor $k$).

$$dx = k \cdot (a - x)\,dt, \text{daraus } \frac{dx}{dt} = k \cdot (a - x) = \text{Geschwindigkeit } w.$$

Die mittlere Reaktionsgeschwindigkeit $w_m$ für die Grenzen $x_0$ und $x_1$ ist zu berechnen.

$$w_m = \frac{1}{x_1 - x_0}\int_{x_0}^{x_1} k\cdot(a-x)\,dx = \frac{k}{x_1-x_0}\int_{x_0}^{x_1} a\,dx - x\,dx =$$

$$= \frac{k}{x_1-x_0}\cdot\left(a\,x + \frac{x^2}{2}\right)\Bigg|_{x_0}^{x_1} = \frac{k}{x_1-x_0}\cdot\left[a\cdot(x_1-x_0) - \left(\frac{x_1^2}{2}-\frac{x_0^2}{2}\right)\right] =$$

$$= \frac{k}{x_1-x_0}\cdot\frac{2a\cdot(x_1-x_0)-(x_1-x_0)\cdot(x_1+x_0)}{2} =$$

$$= \frac{k\cdot(2a-x_1-x_0)}{2} = \frac{k\cdot(a-x_1)+k\cdot(a-x_0)}{2}.$$

Nachdem $k\cdot(a-x_1) = w_1$ und $k\cdot(a-x_0) = w_0$, erhält man für $w_m = \frac{w_1+w_0}{2}$.

*Beispiel für die Integration durch Reihenentwicklung:*

## 17. Molwärmen fester Körper.

Nach Debye ist die Molwärme fester Körper (unter Berücksichtigung der Schwingungsenergie) gegeben durch

$C_v = \frac{d}{dT}\left[9\,R\,T\cdot\left(\frac{T}{\Theta}\right)^3\cdot\int_0^{\Theta/T}\frac{x^3\,dx}{e^x-1}\right]$. Darin ist $\Theta$ die sogenannte charakteristische Temperatur.

Wenn wir $C_v$ berechnen wollen, muß zuvor das Integral ausgewertet werden. Dies geschieht durch Reihenentwicklung. Der Nenner $e^x - 1$ wird dargestellt durch die Reihe

$$1 + x + \frac{x^2}{2!} + \frac{x^3}{3!} + \frac{x^4}{4!} + \ldots - 1 = x + \frac{x^2}{2!} + \frac{x^3}{3!} + \frac{x^4}{4!} + \ldots$$

Die Division von $x^3$ durch diese Reihe gibt:

$$x^3 \quad : x + \frac{x^2}{2} + \frac{x^3}{6} + \frac{x^4}{24} = x^2$$

$$\underline{\pm x^3 \pm \frac{x^4}{2} \pm \frac{x^5}{6} \pm \frac{x^6}{24}}$$

$$-\frac{x^4}{2} - \frac{x^5}{6} - \frac{x^6}{24} \qquad\qquad -\frac{x^3}{2}$$

$$\underline{\mp \frac{x^4}{2} \mp \frac{x^5}{4} \mp \frac{x^6}{12}}$$

$$+\frac{x^5}{12} + \frac{x^6}{24} \qquad\qquad +\frac{x^4}{12}$$

$$= x^2 - \frac{x^3}{2} + \frac{x^4}{12} - \ldots$$

Durch Integration folgt nun $\int\limits_0^{\Theta/T}\left(x^2-\frac{x^3}{2}+\frac{x^4}{12}-\ldots\right)dx=$

$$=\left(\frac{x^3}{3}-\frac{x^4}{8}+\frac{x^5}{60}-\ldots\right)\Big|_0^{\Theta/T}=\left(\frac{\Theta}{T}\right)^3\cdot\left[\frac{1}{3}-\frac{\frac{\Theta}{T}}{8}+\frac{\left(\frac{\Theta}{T}\right)^2}{60}-\ldots\right].$$

Einsetzen in die ursprüngliche Gleichung:

$$C_v=\frac{d}{dT}\left\{9\,R\,T\cdot\left(\frac{T}{\Theta}\right)^3\cdot\left(\frac{\Theta}{T}\right)^3\cdot\left[\frac{1}{3}-\frac{\frac{\Theta}{T}}{8}+\frac{\left(\frac{\Theta}{T}\right)^2}{60}-\ldots\right]\right\}=$$

$$=\frac{d}{dT}\left(3\,R\,T-\frac{9}{8}\,R\Theta+\frac{3}{20}\,R\frac{\Theta^2}{T}-\ldots\right)=$$

$$=3\,R-\frac{3}{20}\,\mathrm{R}\left(\frac{\Theta}{T}\right)^2+\ldots$$

Je kleiner die Werte für $x=\frac{\Theta}{T}$ sind (d. h., je höher die Temperaturen sind, für welche die Molwärme berechnet werden soll), desto früher kann die Reihe abgebrochen werden. Für sehr hohe Temperaturen wird demnach $C_v=3\,R$ (DULONG-PETITsche Regel).

Für sehr tiefe Temperaturen gilt $C_v=233{,}8\;R\cdot\left(\frac{T}{\Theta}\right)^3\approx T^3$ (siehe 164. Beispiel, S. 246).

Die für jede Substanz charakteristische DEBYE-Temperatur $\Theta=\frac{h\cdot\nu_g}{k}$. Diese Beziehung enthält das PLANCKsche Wirkungsquantum $h=6{,}624\cdot10^{-27}$ erg · s, die BOLTZMANNsche Konstante $k=\frac{R}{N}=\frac{8{,}314\cdot10^7}{6{,}02\cdot10^{23}}=1{,}38\cdot10^{-16}$ erg · grad$^{-1}$ und die Grenzfrequenz $\nu_g$. Z. B. ist $\Theta$ für Cu = 315° K, für Al = 390° K, Pb = 88° K, Cr = 485° K.

# 3. Das Meßergebnis.

## A. Genauigkeit und Kontrolle des Rechenergebnisses.

### 1. Genauigkeit.

Die Angabe des Meßergebnisses muß in Einklang stehen mit der Genauigkeit der Meßmethode und der Meß- und Ablesegenauigkeit der Meßgeräte. Das Ergebnis soll so viel Dezimalstellen enthalten, daß die vorletzte Ziffer noch als verläßlich anzusehen und nur die letzte mit einer gewissen Unsicherheit behaftet ist. Folglich muß eine an letzter Stelle stehende Null noch geschrieben werden, wenn die vorhergehende Ziffer gesichert ist. In Fällen, wo die mögliche Abweichung von einem Mittelwert festgestellt werden kann, ist es richtiger, diesen Streuungsintervall in die Angabe einzubeziehen, wie dies z. B. bei der Angabe des Atomgewichtes des Schwefels geschieht: $32{,}066 \pm 0{,}003$. Über Fehlerrechnung s. S. 126.

Desgleichen muß die Rechengenauigkeit mit der Genauigkeit der Meßergebnisse in Übereinstimmung gebracht werden, was besonders bei der Heranziehung von Rechenhilfsmitteln zu berücksichtigen ist. Nomogramme und Rechenschieber geben in der Regel nur Näherungsresultate. Letzterer wird vor allem zur Kontrolle des Rechenergebnisses und für die Durchführung von Überschlagsrechnungen dienen.

## 2. Abrunden von Zahlen.

Allgemein wird so verfahren, daß die vorhergehende Ziffer dann um 1 erhöht wird, wenn der abfallende Rest eine halbe Einheit oder mehr beträgt. Wenn der abfallende Rest genau eine halbe Einheit ausmacht, ist es unter Umständen vorteilhafter, die vorhergehende Ziffer nur dann um 1 zu erhöhen, wenn sie ungerade ist, wodurch spätere eventuelle Halbierungen vereinfacht werden.

Es wird also abgerundet:

2,4251 auf 2,43; 2,4249 auf 2,42.

(2,4250 auf 2,42 und 2,4350 auf 2,44. Die beiden letzten Fälle, welche eine nachfolgende glatte 5 enthalten, werden oft auch $2{,}42_5$ und $2{,}43_5$ geschrieben.)

## 3. Kontrolle des Rechenergebnisses.

Rechenergebnisse sollen nach Möglichkeit durch eine überschlägige Kopfrechnung kontrolliert werden, die vor allem Stellenwertfehler erkennen läßt.

**47. Beispiel.** Der Inhalt eines rechteckigen Kastens von der Länge $l = 2{,}8$ m, Breite $b = 1{,}2$ m und Höhe $h = 50$ cm war zu berechnen. Die Rechnung habe 168 Liter ergeben. Zur Kontrolle mittels Kopfrechnung rechnet man mit abgerundeten Zahlen, also $l = 3$ m, $b = 1$ m, $h = 0{,}5$ m. Das ergäbe ein Volumen von $3 \cdot 1 \cdot 0{,}5 = 1{,}5\ \mathrm{m}^3 = 1500$ Liter. Wir haben es daher mit einem Dezimalpunktfehler zu tun und das richtige Resultat kann nur 1680 Liter lauten! Zu dem gleichen Ergebnis, daß ein Dezimalpunktfehler vorliegen muß, gelangt man durch räumliche Vorstellung, welche uns sofort erkennen läßt, daß ein Raum der gegebenen Ausmaße bedeutend mehr als 168 Liter Fassungsraum haben muß. ———

## B. Schreibweise der Zahlen und Formeln; Maßeinheiten.

### 1. Mathematische Zeichen.

$^0/_0$ Prozent, vom Hundert
$^0/_{00}$ Promille, vom Tausend
/ pro, je (m/s = Meter pro 1 Sekunde)
$=$ gleich
$\equiv$ identisch
$\neq$ nicht gleich, ungleich
$\approx$ angenähert, nahezu, rund ($\doteq$)
$\rightarrow$ gegen, nähert sich, konvergiert nach
$<$ kleiner als ($\ll$ sehr klein gegen)
$>$ größer als ($\gg$ sehr groß gegen)
$\leqq$ kleiner oder gleich (höchstens gleich)
$\geqq$ größer oder gleich
$\triangleq$ entspricht (1 mm $\triangleq$ 2 Atm bedeutet 1 mm entspricht 2 Atm)
$\infty$ unendlich

### 2. Schreibweise der Zahlen.

Zur Gruppenteilung bei größeren Zahlen werden weder Beistrich noch Punkt verwendet, sondern Zwischenräume; also nicht 3,420.800 sondern 3 420 800 (Vermeidung der Verwechslung mit Dezimalzahlen!).

In der wissenschaftlichen und technischen Literatur ist man bestrebt, alle *Zahlen* auf die Einheit zurückzuführen, wodurch lange und unübersichtliche Zahlen, wie z. B. 24 500 000 oder 0,00000743 vermieden und auf einfache, sofort die Größenordnung erkennende Formen gebracht werden.

$$24\,500\,000 = 2{,}45 \cdot 10\,000\,000 = 2{,}45 \cdot 10^7 \text{ (denn } 10\,000\,000 = 10^7\text{)};$$
$$0{,}398 = 3{,}98 \cdot 0{,}1 = 3{,}98 \cdot 10^{-1};$$
$$0{,}00054 = 5{,}4 \cdot 0{,}0001 = 5{,}4 \cdot 10^{-4}$$
$$\left(\text{denn } 0{,}0001 = \frac{1}{10\,000} = \frac{1}{10^4} = 10^{-4}\right).$$

Ein Unterschied zwischen 24 500 000 und $2{,}45 \cdot 10^7$ bestünde auch darin, daß bei der ersten Zahl nur die letzte 0 als ungenau betrachtet werden sollte, während die Zahl $2{,}45 \cdot 10^7$ ausdrückt, daß die angegebenen Hunderttausender nicht mehr ganz sicher sind.

Für 0,0000015 findet man auch die Schreibweise $0{,}0_5 15$ (d. h. die Zahl hat: 0 Ganze, 5 Nullen, 15).

### 3. Formelzeichen.

Formelzeichen werden kursiv gedruckt (z. B. Durchmesser *d*), Maßeinheiten in Normalschrift (z. B. Meter m). Dimensionen werden zur Unterscheidung von sonstigen Formelzeichen in den Typen des kräftigen Maschinengrotesk-Alphabets und in eckige Klammern gesetzt, z. B. Länge [**L**].

Formelzeichen:

Länge . . . . . . . . . . . . $l$, $L$
Halbmesser, Radius $r$, $R$
Durchmesser . . . . . . $d$, $D$
Höhe . . . . . . . . . . . . . $h$, $H$
Weglänge, Kurvenlänge . . . . . . . . . . . $s$
Fläche (Querschnitt) $A$, $S$, $F$
Rauminhalt, Volumen . . . . . . . . . . . . $V$
Spezifisches Volumen $v$
Masse . . . . . . . . . . . . $m$
Dichte . . . . . . . . . . . . $\varrho$, $d$
Spezifisches Gewicht (Wichte) . . . . . . . . $\gamma$
Atomgewicht . . . . . . $A$
Molekulargewicht . . $M$
Wertigkeit . . . . . . . . $n$
LOSCHMIDTsche Zahl $N$
Konzentration . . . . . $c$
Zeit (Zeitpunkt oder Zeitdauer) . . . . . . . $t$
Umlaufzeit, Drehzahl . . . . . . . . . . . . $n$
Geschwindigkeit . . . $v$, $u$, $w$
Beschleunigung . . . . $a$, $b$
Fallbeschleunigung . $g$
Kraft . . . . . . . . . . . . . $F$, $P$, $K$
Gewicht . . . . . . . . . . $G$
Druck . . . . . . . . . . . . $p$
Barometerstand . . . . $b$
Dynamische Zähigkeit . . . . . . . . . . . . $\eta$
Kinematische Zähigkeit . . . . . . . . . . . . $\nu$
Oberflächenspannung . . . . . . . . . . . $\sigma$, $\gamma$
Temperatur (von 0° C aus) . . . $t$, $\vartheta$
Temperatur beim Zusammentreffen mit der Zeit . . . . . $\vartheta$
Absolute Temperatur . . . . . . . . . . . . . $T$, $\Theta$
Arbeit . . . . . . . . . . . . $A$, $W$
Energie . . . . . . . . . . . $W$, $E$
Innere Energie . . . . . $U$
Freie Energie . . . . . . $F$
Wärmemenge . . . . . . $Q$, $W$
Latente Wärme . . . $L$
Wärmeinhalt (Enthalpie) . . . . . . $J$, $H$
Freie Enthalpie . . . . $G$
Entropie . . . . . . . . . . $S$
Wärmekapazität . . . $C$
bei konst. Volumen . . . . . . . . . . $C_v$
bei konst. Druck . $C_p$
Spezifische Wärmen $c$, $c_v$, $c_p$
Gaskonstante . . . . . . $R$
Leistung . . . . . . . . . . $P$, $N$
Wirkungsgrad . . . . . $\eta$
Elektr. Spannung . . $U$
Elektromotorische Kraft . . . . . . . . . . . $E$, $U$
Elektrische Stromstärke . . . . . . . . . . $I$
Elektrischer Widerstand . . . . . . . . . . . $R$
Spezifischer elektr. Widerstand . . . . . $\varrho$
Spezifische Leitfähigkeit . . . . . . . . $\varkappa$
Äquivalentleitfähigkeit . . . . . . . . $\Lambda$
Dissoziationsgrad . . $\alpha$
Lichtgeschwindigkeit . . . . . . . . . . . . $c$
Brechungszahl . . . . . $n$, $\mu$
Lichtstärke . . . . . . . . $I$

## 4. Dimensionen und Maßeinheiten.

Im *physikalischen Maßsystem* (CGS-System) werden alle Einheiten auf die Grundeinheiten Länge L in cm, Masse M in g und Zeit T in s zurückgeführt. Die Grundeinheiten des *technischen Maßsystems* sind Länge L in m, Kraft K in kp und Zeit T in s.

Für den Bereich der Thermodynamik kommt als 4. Dimension die Temperatur $\Theta$ in grad C oder grad K hinzu.

Setzt man im physikalischen Maßsystem L = m, M = kg und T = s, so erhält man das sog. MKS-System.

Analog wie bei den Zahlen verwendet man auch hier negative Potenzexponenten. Man schreibt also an Stelle von m/s (Meter pro Sekunde) auch $m \cdot s^{-1}$, oder für $g/cm^3$ (Gramm pro Kubikzentimeter) auch $g \cdot cm^{-3}$.

**48. Beispiel.** Als Zehnerpotenz ist in $cm^3$ auszudrücken:
$420\,l = 420000\,cm^3 = 4{,}2 \cdot 10^5\,cm^3$;
$0{,}000038\,l = 0{,}038\,cm^3 = 3{,}8 \cdot 10^{-2}\,cm^3$ oder
$0{,}000038\,l = 3{,}8 \cdot 10^{-5}\,l = 3{,}8 \cdot 10^{-2}\,cm^3$. ——

Namen einiger *vielgebrauchter Einheiten.*

| | | | |
|---|---|---|---|
| Im CGS-System: | Energie | Erg | $1\,erg = 1\,cm^2 \cdot g \cdot s^{-2}$ |
| | Kraft | Dyn | $1\,dyn = 1\,cm \cdot g \cdot s^{-2}$ |
| | Beschleunigung | Gal | $1\,Gal = 1\,cm \cdot s^{-2}$ |
| | Dynamische Zähigkeit | Poise | $1\,P = 1\,cm^{-1} \cdot g \cdot s^{-1}$ |
| | Kinematische Zähigkeit | Stok | $1\,St = 1\,cm^2 \cdot s^{-1}$ |
| | Fluidität | Rhe | $1\,rhe = 1\,cm \cdot g^{-1} \cdot s$ |
| | Druck | Bar | $1\,bar = 10^6 \cdot cm^{-1} \cdot g \cdot s^{-2}$ |
| Im MKS-System: | Energie | Joule | $1\,J = 1\,m^2 \cdot kg \cdot s^{-2}$ |
| | Kraft | Newton | $1\,N = 1\,m \cdot kg \cdot s^{-2}$ |
| | Leistung | Watt | $1\,W = 1\,m^2 \cdot kg \cdot s^{-3}$ |

*Übersicht über die Dimensionen und Maßeinheiten.*

| | Physikalisches Maßsystem | | Technisches Maßsystem | |
|---|---|---|---|---|
| | Dimension | Maßeinheit | Dimension | Maßeinheit |
| Länge | L | cm | L | m |
| Fläche | $L^2$ | $cm^2$ | $L^2$ | $m^2$ |
| Rauminhalt, Volumen | $L^3$ | $cm^3$ | $L^3$ | $m^3$ |
| Masse | M | g | $L^{-1}\,K\,T^2$ | $kp \cdot s^2 \cdot m^{-1}$ |
| Dichte | $L^{-3}\,M$ | $g \cdot cm^{-3}$ | $L^{-4}\,K\,T^2$ | $kp \cdot s^2 \cdot m^{-4}$ |
| Spezifisches Gewicht (Wichte) | $L^{-2}\,M\,T^{-2}$ | $g \cdot cm^{-2} \cdot s^{-2}$ | $L^{-3}\,K$ | $kp \cdot m^{-3}$ |

| | Physikalisches Maßsystem | | Technisches Maßsystem | |
|---|---|---|---|---|
| | Dimension | Maßeinheit | Dimension | Maßeinheit |
| Zeit | $\mathsf{T}$ | s | $\mathsf{T}$ | s |
| Geschwindigkeit | $\mathsf{L\,T^{-1}}$ | $cm \cdot s^{-1}$ | $\mathsf{L\,T^{-1}}$ | $m \cdot s^{-1}$ |
| Beschleunigung | $\mathsf{L\,T^{-2}}$ | $cm \cdot s^{-2}$ | $\mathsf{L\,T^{-2}}$ | $m \cdot s^{-2}$ |
| Kraft | $\mathsf{L\,M\,T^{-2}}$ | $g \cdot cm \cdot s^{-2}$ | $\mathsf{K}$ | kp |
| Druck | $\mathsf{L^{-1}M\,T^{-2}}$ | $g \cdot cm^{-1} \cdot s^{-2}$ | $\mathsf{L^{-2}K}$ | $kp \cdot m^{-2}$ |
| Oberflächen-spannung | $\mathsf{M\,T^{-2}}$ | $g \cdot s^{-2}$ | $\mathsf{L^{-1}K}$ | $kp \cdot m^{-1}$ |
| Dynamische Zähigkeit | $\mathsf{L^{-1}M\,T^{-1}}$ | $g \cdot cm^{-1} \cdot s^{-1}$ | $\mathsf{L^{-2}K\,T}$ | $kp \cdot s \cdot m^{-2}$ |
| Kinematische Zähigkeit | $\mathsf{L^2\,T^{-1}}$ | $cm^2 \cdot s^{-1}$ | $\mathsf{L^2T^{-1}}$ | $m^2 \cdot s^{-1}$ |
| Temperatur | | grad | | grad |
| Arbeit, Energie, Wärmemenge | $\mathsf{L^2\,M\,T^{-2}}$ | $g \cdot cm^2 \cdot s^{-2}$ | $\mathsf{L\,K}$ | $kp \cdot m$ |
| Leistung | $\mathsf{L^2\,M\,T^{-3}}$ | $g \cdot cm^2 \cdot s^{-3}$ | $\mathsf{L\,K\,T^{-1}}$ | $kp \cdot m \cdot s^{-1}$ |

Die wichtigsten Einheiten im *MKS-System* sind:

| | |
|---|---|
| Länge | m |
| Zeit | s |
| Masse | kg |
| Kraft | Newton $(= m \cdot kg \cdot s^{-2})$ |
| Energie | Joule $(= m^2 \cdot kg \cdot s^{-2})$ |
| Leistung | Watt $(= m^2 \cdot kg \cdot s^{-3})$ |
| Stoffmenge | kg |
| Elektr. Strom | Ampere |
| Temperatur | °K |

Wichtig ist die Aufstellung einer *Dimensionsgleichung*, die ein Kriterium für die Richtigkeit der Gleichung ist. Bei der Ableitung und Aufstellung von Formeln mache man es sich zur Gewohnheit, die Ergebnisse und Zwischenergebnisse durch den Ansatz einer Dimensionsgleichung zu überprüfen.

**49. Beispiel.** Berechne aus der Formel $\lambda = \frac{Q \cdot d}{t \cdot F \cdot \Delta\delta}$ die Maßeinheit der Wärmeleitzahl $\lambda$. Gegeben sind: Wärmemenge $Q$ in kcal, Dicke $d$ in m, Zeit $t$ in h, Fläche $F$ in m², Temperaturdifferenz $\Delta\delta$ in Grad C.

$$[\lambda] = \frac{\text{kcal} \cdot \text{m}}{\text{h} \cdot \text{m}^2 \cdot \text{grad}} = \text{kcal} \cdot \text{h}^{-1} \cdot \text{m}^{-1} \cdot \text{grad}^{-1}.$$

**50. Beispiel.** Berechnung der Dimension der Oberflächenspannung $\gamma$ aus der Formel $\gamma = \frac{g \cdot r \cdot h \cdot \varrho}{2}$.

Die Dimensionen der einzelnen Größen sind

| | im physikal. Maßsystem | im techn. Maßsystem |
|---|---|---|
| Fallbeschleunigung ...... $g$ | $L \cdot T^{-2}$ | $L \cdot T^{-2}$ |
| Radius (= Länge) ....... $r$ | $L$ | $L$ |
| Höhe (= Länge) ......... $h$ | $L$ | $L$ |
| Dichte .................. $\varrho$ | $L^{-3} \cdot M$ | $L^{-4} \cdot K \cdot T^2$ |

Es ist also im physikalischen Maßsystem:

$$[\gamma] = [L \cdot T^{-2} \cdot L \cdot L \cdot L^{-3} \cdot M] = [M \cdot T^{-2}];$$

im technischen Maßsystem:

$$[\gamma] = [L \cdot T^{-2} \cdot L \cdot L \cdot L^{-4} \cdot K \cdot T^2] = [K \cdot L^{-1}].$$

In Maßeinheiten ausgedrückt:

im physikalischen Maßsystem $\gamma$ in $g \cdot s^{-2}$ oder, wenn wir in dyn ausdrücken wollen ($dyn = g \cdot cm \cdot s^{-2}$) ist

$$\gamma = g \cdot s^{-2} = \frac{g \cdot cm \cdot s^{-2}}{cm} = \frac{dyn}{cm} = dyn \cdot cm^{-1};$$

im technischen Maßsystem $\gamma$ in $kp \cdot m^{-1}$. ——

*Definition der Einheiten.*

*Masse und Gewicht.* Der Unterschied zwischen Gewicht und Masse besteht darin, daß Gewicht eine Kraftwirkung ist, die sich daher durch Ortswechsel (z. B. auf einem hohen Berg) ändert, während die Masse gleichbleibt.

$\text{Masse} = \dfrac{\text{Gewicht}}{\text{Fallbeschleunigung}}$; beträgt das Gewicht eines Körpers in 45° Breite 9,81 kp, so ist seine Masse $\dfrac{9{,}81}{9{,}81} = 1$. Eine technische Masseneinheit ist diejenige Masse, die unter der Einwirkung einer Kraft von 1 kp eine Beschleunigung von $1\ m \cdot s^{-2}$ erfährt.

1 kg sollte ursprünglich die Masse von $1\ dm^3$ Wasser bei 4° C und 760 Torr sein. Nach Festlegung des Urkilogramms haben genauere Messungen ergeben, daß diese Wassermenge 0,999972 kg ist. Da 1 Liter als der Raum, den 1 kg luftfreien Wassers bei seiner größten Dichte unter dem Druck von 1 Atm einnimmt, definiert ist, entspricht 1 Liter $= 1{,}000028\ dm^3$. Für die Praxis ist diese Abweichung belanglos.

Normkubikmeter: Wenn physikalischer Normzustand vorliegt (1 Atm, 0° C), dann ist $1\ Nm^3 = 1\ m^3$.

Kilopond: 1 kp ist das Gewicht des Urkilogramms auf der geographischen Breite von 45° und 760 Torr. 1 kp = 1000 p (Pond) = 9,80665 N.

Da mit kg, bzw. g, im physikalischen Maßsystem die Einheit der Masse (Massen-Kilogramm) und im technischen Maßsystem die Einheit der Kraft (Kraft-Kilogramm) bezeichnet wurden, hatte man zur Vermeidung von Verwechslungen für das Kraft-Kilogramm das Wort Kilopond gewählt. Je nach dem Sprachgebrauch ist dafür auch die Bezeichnung kilogramme-force (kgf) in Verwendung.

Besonders bei technischen Rechnungen ist jedoch vielfach die ältere Bezeichnung kg anstelle von kp, bezw. g anstelle von p üblich, desgleichen mkg (Meterkilogramm) anstelle von mkp.

Gamma: $1\,\gamma = 1$ Mikrogramm $= 10^{-6}$ Gramm.

*Kraft.* Kraft = Masse × Beschleunigung. 1 dyn ist jene Kraft, die der Masse 1 g die Beschleunigung $1\,\text{cm}\cdot\text{s}^{-2}$ erteilt. Die Einheit der Kraft im technischen Maßsystem ist 1 kp; 1 kp = 980665 dyn; 1 dyn = 1,02 mg.

*Arbeit.* Arbeit = Kraft × Weg. 1 mkp Arbeit wird geleistet, wenn 1 kp entgegen der Anziehungskraft der Erde unter 45° Breite und 760 Torr 1 m gehoben wird. 1 erg ist jene Arbeit, welche die Kraft 1 dyn bei der Verschiebung ihres Angriffspunktes in ihrer Richtung um die Längeneinheit 1 cm leistet.

*Leistung.* $\text{Leistung} = \dfrac{\text{Arbeit}}{\text{Zeit}}$.

*Geschwindigkeit.* Geschwindigkeit ist der Weg pro Zeiteinheit.

*Beschleunigung.* Beschleunigung ist die Geschwindigkeitsänderung pro Zeiteinheit.

Fallbeschleunigung $g = 980{,}665\,\text{cm}\cdot\text{s}^{-2}$ für Meereshöhe und 45° Breite. Abgerundet $981\,\text{cm}\cdot\text{s}^{-2}$.

*Energie.* Die kinetische Energie (Bewegungsenergie, Wucht) ist gleichwertig mit der Arbeit, aus der sie gewonnen wird. Potentielle Energie (Energie der Lage) ist die Fähigkeit eines Körpers unter dem Einfluß einer Kraft Arbeit zu leisten. (Gewicht × Höhe).

*Dichte und spezifisches Gewicht.* Die Dichte ist die Masse der Raumeinheit eines Körpers, während das spezifische Gewicht (Wichte) das Gewicht der Raumeinheit bedeutet. Was in der Praxis als spezifisches Gewicht bestimmt wird, ist in Wirklichkeit nicht dieses selbst, sondern eine dimensionslose Verhältniszahl, die angibt, wie sich das Gewicht eines Körpers zu dem Gewicht des gleichen Volumens des Vergleichskörpers (Wasser) verhält. Für diese Verhältniszahl ist der Ausdruck Tauchgewichtsverhältnis $\tau$ vorgeschlagen.

Unter Schüttgewicht eines festen Körpers versteht man im Gegensatz zum spezifischen Gewicht ein technisches Raumgewicht, das den wirklichen, praktisch erreichbaren Gewichtswert des geschütteten Stoffes (z. B. in Lagerräumen) darstellt.

*Zähigkeit.* Über dynamische und kinematische Zähigkeit siehe S. 332.

*Druck.* Druck ($p$) ist die auf die Flächeneinheit wirkende Kraft, gemessen in Atmosphären.

1 physikalische Atmosphäre (Atm) ist jener Druck, den eine Quecksilbersäule von 760 mm Höhe bei einer Dichte des Quecksilbers von 13,5951 $g \cdot cm^{-3}$ bei 0° C an einem Ort mit der Fallbeschleunigung 980,665 $cm \cdot s^{-2}$ ausübt. Dieser Druck ist gleich 1013250 $dyn \cdot cm^{-2}$.

1 technische Atmosphäre (at) ist jener Druck, den eine Quecksilbersäule von 735,5 mm Höhe von 0° (= 10000 mm Wassersäule von +4°) an einem Ort mit der Fallbeschleunigung 980,665 $cm \cdot s^{-2}$ ausübt. Die Bezeichnung ata bedeutet at-absolut, atü at-Überdruck.

1 Literatmosphäre (lAtm) ist die Arbeit, die der Verringerung des Volumens um 1 Liter unter dem konstanten Druck von 1 Atm entspricht.

*Wärme.* 1 Kalorie (kcal) ist jene Wärmemenge, die erforderlich ist, um 1 kg Wasser um 1° (genauer von 14,5° auf 15,5°) zu erwärmen. Der tausendste Teil davon ist die Grammkalorie (kleine Kalorie; cal). 1 $cal_{15} = 4{,}1855$ J.

In der Technik wird die internationale Tafelkalorie $kcal_{IT}$ benutzt. 1 $kcal_{IT} = 1{,}00048\ kcal_{15}$.

Über Wärmeleitzahl und Wärmedurchgangszahl siehe S. 376.

Die *absolute Temperatur* (°Kelvin, K) wird vom absoluten Nullpunkt aus gemessen. Letzterer liegt bei —273,16° C (in den meisten Fällen genügt es —273 anzunehmen; °K = °C + 273).

*Molvolumen.* Unter Normalbedingungen (0° C und 1 Atm) ist das Volumen eines Gasmols (Molvolumen) 22,415 Liter, abgerundet 22,4 Liter. (Siehe auch S. 156).

*Elektrische Einheiten.* Stromstärke ($I$) ist die in der Zeiteinheit durch den Querschnitt eines Leiters fließende Elektrizitätsmenge. 1 Ampere (A) hat jener Strom, der in der Sekunde 1,118 mg Silber abscheidet.

Spannung ($E$). 1 Volt (V) ist jene elektromotorische Kraft, welche in dem Widerstand 1 Ohm einen Strom von 1 Ampere erzeugt.

Elektrischer Widerstand ($R$). 1 Ohm ($\Omega$) ist jener Widerstand, den eine Quecksilbersäule von 1,063 m Länge und 14,4521 g Gewicht bei 0° erzeugt. Diese Säule besitzt einen Querschnitt von 1 $mm^2$.

Elektrische Leistung. a) Gleichstrom: $N$ = Stromstärke × × Spannung. 1 Watt (W) = 1 Ampere (A) × 1 Volt (V). 1 Wattstunde (Wh) ist die Leistung eines Stromes von 1 A bei 1 V in 1 h. 1 Kilowattstunde (kWh) = 1000 Wh.

b) Wechselstrom: $N$ = Stromstärke × Spannung × Leistungsfaktor. $W = A \cdot V \cdot \cos\varphi$; $\varphi$ = Phasendifferenz. (Der Leistungsfaktor $\cos\varphi$ ist das Verhältnis der scheinbaren Leistung in Volt-Ampere zur wirklichen Leistung in Watt.)

c) Drehstrom: $W = A \cdot V \cdot \cos\varphi \cdot \sqrt{3}$.

1 Joule (J; Wattsekunde) wird geleistet, wenn der Strom von 1 A im Widerstand 1 $\Omega$ während 1 s fließt. $1\ J \cdot s^{-1} = 1\ W$; $1\ J = 10^7$ erg.

Der kleine Unterschied der Zahlenwerte der Angabe in Joule und erg (siehe Tabelle) ist darauf zurückzuführen, daß sich die international angenommenen Einheiten des Ampere und Ohm nicht genau mit den CGS-Einheiten, aus denen sie ursprünglich abgeleitet wurden, decken, da sich bei späteren Messungen mit verfeinerten Hilfsmitteln Abweichungen ergaben.

1 Coulomb (C) ist 1 Amperesekunde.

*Umrechnung von Maßeinheiten.*

*Physikalische Atmosphäre.* 1 Atm = 760 Torr = 760 mm Quecksilbersäule von 0° = 10,333 m Wassersäule von 4° = $1{,}033\ kp \cdot cm^{-2}$ = 1,033 at; 1 Atm = $1{,}0133 \cdot 10^6\ dyn \cdot cm^{-2}$ = 1013,3 mb (Millibar).

*Technische Atmosphäre.* 1 at = $1\ kp \cdot cm^{-2}$ = 0,9678 Atm = = 735,5 mm Quecksilbersäule von 0° = 10 m Wassersäule von + 4°.

*Torr.* 1 Torr = 1 mm Quecksilbersäule = $\frac{1}{760}$ Atm = $1{,}36 p \cdot cm^{-2}$.

*Bar.* 1 b = 750,06 Torr.

*Pferdekraft.* 1 PS = $75\ kpm \cdot s^{-1}$ = 735,26 Watt.

*Pferdekraftstunde.* 1 PSh = $2{,}647 \cdot 10^6$ Joule = $6{,}324 \cdot 10^5$ cal = = $2{,}700 \cdot 10^5$ kpm = 0,7451 kWh.

*Kilowattstunde.* 1 kWh = $3{,}600 \cdot 10^6$ Joule = $8{,}604 \cdot 10^5$ cal = = $3{,}672 \cdot 10^5$ kpm = 1,360 PSh.

*Watt.* 1 W = 1,986 cal. $grad^{-1}$ = $1{,}3601 \cdot 10^{-3}$ PS = 0,001 kW.

*Faraday.* 1 F = 96500 Coulomb = 26,8 Amperestunden.

*Physikalische Literatmosphäre.* 1 lAtm = 10,333 kpm = = 24,205 cal = 101,28 Joule.

*Technische Literatmosphäre.* 1 lat = 10 kpm = 23,42 cal = = 98,02 Joule.

*Zusammenstellung der wichtigsten Energieäquivalente.*

| | erg | Joule | cal | lAtm | kpm | PS-sek. |
|---|---|---|---|---|---|---|
| erg ....... | 1 | $0{,}9995 \cdot 10^{-7}$ | $2{,}3887 \cdot 10^{-8}$ | $9{,}869 \cdot 10^{-10}$ | $1{,}0198 \cdot 10^{-8}$ | $1{,}3597 \cdot 10^{-10}$ |
| Joule ..... | $1{,}0005 \cdot 10^{7}$ | 1 | $2{,}390 \cdot 10^{-1}$ | $9{,}874 \cdot 10^{-3}$ | $1{,}0203 \cdot 10^{-1}$ | $1{,}3606 \cdot 10^{-3}$ |
| cal ....... | $4{,}186 \cdot 10^{7}$ | 4,184 | 1 | $4{,}131 \cdot 10^{-2}$ | $4{,}2690 \cdot 10^{-1}$ | $5{,}692 \cdot 10^{-3}$ |
| lAtm ..... | $1{,}0133 \cdot 10^{9}$ | $1{,}0128 \cdot 10^{2}$ | $2{,}4205 \cdot 10$ | 1 | $1{,}0333 \cdot 10$ | $1{,}3776 \cdot 10^{-1}$ |
| kpm ...... | $9{,}8067 \cdot 10^{7}$ | 9,802 | 2,342 | $9{,}678 \cdot 10^{-2}$ | 1 | $1{,}3333 \cdot 10^{-2}$ |
| PS-sek.... | $7{,}355 \cdot 10^{9}$ | $7{,}353 \cdot 10^{2}$ | $1{,}757 \cdot 10^{2}$ | 7,259 | $7{,}500 \cdot 10$ | 1 |
| Gas-konstante R/°C..... | $8{,}313 \cdot 10^{7}$ | 8,309 | 1,986 | $8{,}204 \cdot 10^{-2}$ | $8{,}477 \cdot 10^{-1}$ | $1{,}1303 \cdot 10^{-2}$ |

**Aufgaben. 23.** Anzugeben ist die Dimension und Maßeinheit der dynamischen Zähigkeit aus der Formel $\eta = \frac{\pi \cdot p \cdot r^4 \cdot t}{8 \cdot v \cdot l}$ im physikalischen und technischen Maßsystem. Die Dimensionen der enthaltenen Größen sind der Zusammenstellung auf Seite 66 zu entnehmen.

**24.** Berechne aus der allgemeinen Gasgleichung $R = \frac{p \cdot V}{T}$ den Wert der Gaskonstanten $R$ pro Mol **a)** in erg·grad$^{-1}$; **b)** in lAtm·grad$^{-1}$.

**25.** 1 erg ist in cal umzurechnen. Gegeben ist das mechanische Wärmeäquivalent 426,9 kpm/kcal.

**26.** Wieviel at sind 1 Torr? Das spezifische Gewicht des Quecksilbers beträgt 13,5951 g·cm$^{-3}$.

## 5. Einheiten des britischen und amerikanischen Maßsystems.*

*a) Länge.* 1 inches (in.) = 0,0254 m (= 1″)
1 foot (ft.) = 0,3048 m (1 ft. = 12 in.)
1 yard (yd.) = 0,9144 m (1 yd. = 3 ft.)

*b) Fläche.* 1 square inch (sq. in.) = 0,000645 m² } Umrechnungs-
1 square foot (sq. ft.) = 0,0929 m² } faktor 144!
1 square yard (sq. yd.) = 0,8361 m²

---

* Die bei vielen Einheiten auftretenden kleinen Unterschiede zwischen den britischen und amerikanischen Maßen sind zum Teil durch verschiedene Vergleichstemperatur bedingt.

Den britischen und USA-Einheiten liegen 3 Systeme zugrunde: aviordupois (av) für allgemeinen Gebrauch, troy (t) für Edelmetalle und apothecary (ap) für Drogen.

*c) Volumen.* 1 cubic inch (cu. in.) $= 1{,}639 \cdot 10^{-5}$ m³
1 cubic foot (cu. ft.) $= 0{,}0283$ m³
1 cubic yard (cu. yd.) $= 0{,}7645$ m³

Flüssigkeitsvolumen: Brit.: 1 gallon = 4,546 l
USA: 1 gallon (gal.) = 0,1337 cu. ft. = 3,785
1 barrel = 36 gals = 163,5 l

*d) Gewicht.* 1 grain (gr.) = 0,0648 g
1 ounce (oz.) $= {}^1/_{16}$ lb. = 28,35 g
1 pound (lb.) = 0,4536 kg
1 short ton (shtn.) = 2000 lb. = 907,19 kg
1 long ton (ltn.) = 2240 lb. = 1016,05 kg

[Diese Maße sind av-Einheiten; 1 oz. (ap, t) = 31,103 g; 1 lb. (ap) = 0,37324 kg.]

*e) Temperatur.* ° Fahrenheit $°\,\mathrm{F} = \frac{9}{5} \cdot \mathrm{C} + 32$; $°\,\mathrm{C} = \frac{5}{9} \cdot (\mathrm{F} - 32)$.

Wird die Temperaturskala nach Fahrenheit vom absoluten Nullpunkt aus gemessen, erhält man ° Rankine; ° Rank. = ° F + 460.

*f) Dichte und Konzentration.* 1 lb./cu. in. = 27,7 kg/l
1 lb./cu. ft. = 0,0160 kg/l
1 lb.-mol/cu. ft. = 0,0160 kg-mol/l
1 grain/cb. ft. = 2,29 g/m³.

*g) Druck.* 1 lb/sq. in. = 0,0703 kp/cm²
1 lb/sq. ft. = 0,000488 kp/cm²
1 Atm = 1,033 kp/cm² = 14,70 lbs./sq. in. =
= 2117 lbs./sq. ft.
1 lb./sq. in. = 144 lbs./sq. ft. = 51,7 mm Hg-Säule (Torr)
1 Atm = 760 mm Hg = 29,92 in. Hg.

(Gasdruck pflegt man in lbs.-gauge auszudrücken. Dabei gibt die betreffende Zahl den jeweiligen Überdruck an. Nachdem 1 Atm = = 14,70 lbs./sq. in., bedeuten z. B. 30 lbs.-gauge = 44,7 lbs. absolute oder zirka 2 atü = 3 ata.)

*h) Arbeit, Leistung.* 1 ft. lb. = 01383 mkp
1 horsepower (HP) = 550 ft. lbs./sec.

$$1\ \mathrm{HP} = \frac{550 \cdot 0{,}1383}{75} = 1{,}014\ \mathrm{PS}.$$

*i) Wärme.* 1 British Thermal Unit (BTU) = 0,252 kcal. (Jene Wärmemenge, die erforderlich ist, um 1 lb. Wasser um 1° F zu erwärmen.)

1 Centigrade Heat Unit (CHU) = 0,454 kcal. (Jene Wärmemenge, die zur Erwärmung von 1 lb. Wasser um 1° C erforderlich ist.)

Das mechanische Wärmeäquivalent: 1 BTU = 778 ft. lbs.

*k) Verschiedene.* 1 lb.-mol eines Gases hat ein Normalvolumen von 359 cu. ft.

$g = 9{,}81$ m/sec² = 32,18 ft./sec².

Gaskonstante $R = 1{,}986$ kcal/° C · kg-mol = 1,986 CHU/° C · lb.-mol = 1,986 BTU/° F · lb.-mol.

Wärmeleitzahl: 1 BTU/ft. ° F · hr = 1,488 kcal/m · ° C · h.

Wärmeübergangskoeffizient:
1 BTU/sq. ft. · ° F · hr = 4,88 kcal/m² · ° C · h
1 CHU/sq. ft. · ° C · hr = 4,88 kcal/m² · ° C · h

Zähigkeit: 1 lb./ft. sec = 14,882 Poisen.

Reynoldsche Zahl: $Re_{brit.} = 0{,}00129\ Re_{metr.}$.

## 6. Konzentrationsangaben.

*a) Gewichtsbezeichnungen.*

Grammatom (g-atom) = soviel g eines Stoffes wie sein Atomgewicht angibt.

Mol (mol)<br>Grammol (g-mol) } = soviel g eines Stoffes wie sein Molekulargewicht angibt.

Kilomol (kmol) = 1 000 Mol.

Millimol (mmol) = 0,001 Mol.

Val (val) = soviel g eines Stoffes wie sein Äquivalentgewicht angibt.

Millival (mval) = 0,001 Val.

*b) Lösungen.*

Gewichts-% = Gramm Substanz in 100 g Lösung.

Volum-% = Milliliter Substanz in 100 ml Lösung.

Gramm in 1 Liter Lösung.

Mol in 1 Liter Lösung = Molarität (Litermolarität), molare Konzentration. (1 Mol/Liter = 1-molar).

Mol auf 1000 Gramm Lösungsmittel = Molalität (Kilogramm-Molarität). 1 Mol/1000 g Lösungsmittel = 1-molal.

Im Gegensatz zur Molarität ist die Molalität unabhängig von Temperaturschwankungen.

Zu bemerken ist, daß die molare Konzentration vielfach mit dem Buchstaben C bezeichnet wird. Demnach ist eine 0,5-C Lösung = 0,5-molare Lösung (0,5 Mol/Liter) oder eine 20-mC-Lösung = 20-millimolare Lösung (20 mmol/Liter = 0,02 Mol/Liter).

Normalität = Val (= g-Äquivalent) in 1 Liter Lösung.

*Molenbruch* (Molfraktion). Enthält eine Mischung $n_A$ Mole des Stoffes A und $n_B$ Mole des Stoffes B, so hat der Stoff B den Molenbruch $N_B$ (oder $x_B$) $= \frac{n_B}{n_A + n_B}$; sein hundertfacher Wert sind Mol-%.

*Umrechnung von Mol-% in Gew.-%.*

Bezeichnungen: Es sind $A$, $B$, $C$ die Molekulargewichte, $a$, $b$, $c$ die Gewichts-% und $p$, $q$, $r$ die entsprechenden Mol-%.

α) Vorhanden sind 2 Stoffe.

$$p = \frac{a \cdot 100 \cdot A}{a \cdot A + B \cdot (100 - a)} \text{ und } q = 100 - p\,.$$

$$a = \frac{100 \cdot p \cdot B}{p \cdot B + A \cdot (100 - p)} \text{ und } b = 100 - a\,.$$

$\beta$) Vorhanden sind 3 Stoffe.

$$p = \frac{100 \cdot a \cdot A}{\Sigma}\,; \qquad q = \frac{100 \cdot b \cdot B}{\Sigma}\,; \qquad r = \frac{100 \cdot c \cdot C}{\Sigma}\,.$$

$$\Sigma = a \cdot A + b \cdot B + c \cdot C\,.$$

$$a = \frac{100 \cdot p}{A \cdot \Sigma'}\,; \qquad b = \frac{100 \cdot q}{B \cdot \Sigma'}\,; \qquad c = \frac{100 \cdot r}{C \cdot \Sigma'}\,.$$

$$\Sigma' = \frac{p}{A} + \frac{q}{B} + \frac{r}{C}\,.$$

*Atom-%* = Gramm-Atom Bestandteil in 100 Gesamt-Gramm-Atome der Lösung.

c) *Gasmischungen.*

Bei Mischungen idealer Gase gilt (nach S. 157)

$$\textit{Vol-}\% = \textit{Druck-}\% = \textit{Mol-}\%\,.$$

**Aufgaben. 27.** Ein Gemisch enthält 40 Gew.-% Wasser und 60 Gew.-% Äthylalkohol. Berechne die Zusammensetzung in Mol-%.

**28.** Eine 20%ige Natriumcarbonatlösung hat die Dichte 1,2086. Wie groß sind **a)** die Liter-Molarität; **b)** die Kilogramm-Molarität; **c)** der Molenbruch?

## C. Näherungsverfahren.

### 1. Rechenhilfen beim Zahlenrechnen.

*a*) Mit $\pi = 3{,}14159$ multipliziert man, indem man mit 3 multipliziert und das Produkt um $5\%$ vergrößert.

*b*) Sind einzelne Größen gegen andere sehr klein, so läßt sich ein mathematischer Ausdruck oft vereinfachen. Die Anwendung dieser *Näherungsformeln* ist jedoch nur dann statthaft, wenn die Größen $\alpha$ und $\beta$ kleiner als etwa 0,2 sind. Je kleiner $\alpha$ und $\beta$ sind, desto genauer ist das Resultat. (Die Näherungsformeln werden aus den Reihen abgeleitet; siehe S. 45).

Man zerlegt in eine große, ganze Zahl und die sehr kleine Zahl $\alpha$ oder $\beta$.

$$(1 \pm \alpha)^m \cdot (1 \pm \beta)^n \approx 1 \pm m\alpha \pm n\beta$$

$$\frac{1 \pm \alpha}{1 \pm \beta} \approx 1 \pm \alpha \mp \beta$$

$$(1 \pm \alpha)^2 \approx 1 \pm 2\alpha$$

$$\sqrt{1 \pm \alpha} \approx 1 \pm \frac{1}{2}\alpha$$

$$\frac{1}{1 + \alpha} \approx 1 \mp \alpha$$

$$\frac{1}{(1\pm\alpha)^2} \approx 1 \mp 2\alpha$$

$$\frac{1}{\sqrt{1\pm\alpha}} \approx 1 \mp \frac{1}{2}\alpha$$

$$\sqrt{(1+\alpha)(1\pm\beta)} \approx 1 + \frac{\alpha\pm\beta}{2}$$

$$\ln(1\pm\alpha) \approx \pm\alpha$$

$$\frac{(1+\alpha)(1+\gamma)}{(1+\beta)(1+\delta)} \approx 1+\alpha+\gamma-\beta-\delta\,.$$

**51. Beispiel.**

a) $\frac{328{,}7}{295{,}3} \approx \frac{329}{295} \approx \frac{300\cdot(1+10\%)}{300\cdot(1-2\%)} \approx 1+(10\%)-(-2\%) =$
$= 1+12\% = 1{,}12$ (genauer Wert: 1,113).

b) $35{,}8\cdot\frac{237\cdot736}{293\cdot760} \approx 40\cdot(1-10\%)\cdot\frac{273}{273\cdot(1+7\%)}\cdot\frac{760\cdot(1-3\%)}{760} =$
$= 40\cdot(1-10\%-7\%-3\%) = 40\cdot(1-20\%) = 32$ (genauer Wert: 32,3).

c) $(1{,}002)^2 = (1+0{,}002)^2 \approx 1{,}004$ (genauer Wert: 1,004004) ——

*c)* Für kleinere Änderungen der Veränderlichen kann die Beziehung zwischen Differentialen als Näherungsformel verwendet werden.

**52. Beispiel.** Es ist zu berechnen, in welcher Beziehung der kubische Ausdehnungskoeffizient $\gamma$ zum linearen Ausdehnungskoeffizienten $\alpha$ steht.

Das Differential einer Funktion ist nach S. 24 $dy = f'(x)\,dx$. Also ist $dx^3 = 3x^2\,dx$, daraus $\frac{dx^3}{x^3} = \frac{3x^2}{x^3}dx = 3\frac{dx}{x}$. Die relative Volumänderung des Würfels ist somit angenähert gleich der 3fachen Längenausdehnung einer Kante. Fassen wir den kubischen Ausdehnungskoeffizienten als relative Volumänderung und den linearen als relative Längenänderung für eine Temperaturerhöhung um 1 auf, so folgt, daß $\gamma = 3\alpha$. ——

Ein Beispiel über die Fehlerfortpflanzung s. S. 130.

## 2. Rechenhilfen für überschlägige chemische Rechnungen.

*a) Prozentgehalt und Dichte der wichtigsten konzentrierten Säuren.* Der Prozentgehalt von konzentrierter Salzsäure, Schwefelsäure und Salpetersäure ist etwa gleich ihrem Molekulargewicht, ihre Molarität etwa gleich dem Zehnfachen ihrer Dichte.

| | Molekular-gewicht | %-Gehalt | Dichte | Molarität |
|---|---|---|---|---|
| $H_2SO_4$ | 98 | 98,2 | 1,84 | 18,4 |
| $HCl$ | 36,5 | 36,2 | 1,18 | 11,7 |
| $HNO_3$ | 63 | 62,7 | 1,38 | 13,7 |

*b) Prozentgehalt und Dichte von Salzsäure.* Von 2%iger Salzsäure an bis zu den höchsten Konzentrationen ist der Prozentgehalt etwa gleich dem 200fachen Überschuß der Dichte über 1.

$$\% = 200 \cdot (\varrho - 1)$$

| | | |
|---|---|---|
| z. B.: $\varrho = 1{,}030$ | $\% = 6{,}43 \ldots 200 \cdot (\varrho - 1) =$ | 6 |
| 1,190 | 38,3 | 38 |

*c) Prozentgehalt und °Bé von konzentrierter Natron- und Kalilauge.* Die Prozentigkeit von konzentrierter Lauge und die in °Bé ausgedrückte Dichte sind etwa gleich.

| | | |
|---|---|---|
| NaOH ... | %-Gehalt = 50,5 ... | °Bé = 50,0 |
| KOH | 51,6 | 50,0 |
| KOH | 41,6 | 42,0 |

*d) Prozentgehalt und Dichte von Kalilauge.* Der Prozentgehalt von Kalilauge ist annähernd gleich dem 100fachen Überschuß der Dichte über 1.

$$\% = 100 \cdot (\varrho - 1)$$

| | | |
|---|---|---|
| z. B.: $\varrho = 1{,}05$ ... | $\% = 5{,}7$ ... $100 \cdot (\varrho - 1) =$ | 5 |
| 1,34 | 34,9 | 34 |
| 1,43 | 43,0 | 43 |
| 1,52 | 50,8 | 52 |

*e) Beim Mohrschen Salz*, $Fe(NH_4)_2(SO_4)_2 \cdot 6\,H_2O$, ist der Fe-Gehalt fast genau $^1/_7$ des Ganzen.

## 3. Näherungsweise Lösung numerischer Gleichungen.

*a)* Durch *Probieren.* Die Möglichkeit des *Probierens* durch Einsetzen eines angenommenen Wurzelwertes in eine vorliegende Gleichung hat nur dann Erfolgsaussichten, wenn Anhaltspunkte für die Schätzung des Wurzelwertes gegeben sind und keine große Genauigkeit gefordert wird. (Siehe 112. Beispiel, S. 175.)

*b) Graphisch.* Eine einfache Methode, die reellen Wurzeln einer Gleichung in erster Annäherung zu finden, besteht darin, daß man die *Kurve* $y = f(x)$ aus den einzelnen Punkten *konstruiert* ($x$ nacheinander 0, 1, 2, 3, ... setzen und $y$ berechnen) und ihre Schnittpunkte mit der $x$-Achse feststellt. Die so gefundenen Werte sind die Wurzeln der Gleichung, denn es ist für sie $y = f(x) = 0$. Die Genauigkeit hängt von der Genauigkeit der Zeichnung ab (s. 66. Aufgabe, S. 177 und 191. Aufgabe, S. 266).

*c)* Mit Hilfe des *Rechenschiebers.* Bezeichnung der Skalen: Stab: $O_1$ oberhalb der Zunge, $U_1$ unterhalb der Zunge; Zunge: $O_2$ obere Skala (gleiche Teilung wie $O_1$, umfassend 2 log. Einheiten), $U_2$ untere Skala (gleiche Teilung wie $U_1$, umfassend 1 log. Einheit). In der Mitte der Zunge befindet sich die Reziprokskala $R$, das ist eine von rechts nach links laufende normale logarithmische Skala, umfassend 1 log. Einheit).

$\alpha$) Eine quadratische Gleichung wird auf die Form $x^2 - ax + b = 0$ gebracht. Durch $x$ dividiert, erhält man daraus $x + \frac{b}{x} = a$. Man schiebt die 1 oder 10 von $U_2$ auf die Zahl $b$ von $U_1$ und setzt den Läuferstrich auf den Wert $x$ von $U_1$. Dadurch findet man auf $R$ den Ausdruck $\frac{b}{x}$. Nun verschiebt man den Läufer solange, bis die beiden Werte auf der $U_1$- und $R$-Skala die Bedingung erfüllen (Summe $= a$).

**53. Beispiel.** $x^2 - 9x + 15 = 0$; daraus $x + \frac{15}{x} = 9$. Die 1 von $U_2$ über die 15 von $U_1$ stellen und nun mit dem Läufer suchen, in welcher Stellung die Summe von $U_1$ und $R$ gleich ist 9. Das ist der Fall für die Stellung $U_1 = x = 2{,}21$ $\left(\text{dann ist } R = \frac{15}{x} = 6{,}78\right)$ und die Summe $= 8{,}99 \sim 9{,}0$.

Systematisch geht man dabei nach der Einstellung der 1 von $U_2$ über die 15 von $U_1$ wie folgt vor:

| | | | | | |
|---|---|---|---|---|---|
| auf $U_1 = x$ | 2 | 2,5 | 2,25 | 2,20 | 2,21 |
| auf $R = \frac{15}{x}$ | 7,5 | 6 | 6,67 | 6,82 | 6,78 |
| $\sum =$ | 9,5 | 8,5 | 8,92 | 9,02 | $8{,}99 \sim 9{,}0$. |

Die zweite Wurzel findet man analog mit $U_1 = x = 6{,}80$ und $R = \frac{15}{x} = 2{,}205$, also die Summe $\sim 9{,}0$. ———

$\beta$) Eine kubische Gleichung der Form $x^3 + Ax^2 + Bx + C = 0$ wird duch Einsetzen des Ausdruckes $x = y - \frac{A}{3}$ in die Form $y^3 - ay + b = 0$ übergeführt. Nun wird durch $y$ dividiert, wodurch eine Gleichung der Form $y^2 + \frac{b}{y} = a$ erhalten wird. Jetzt wird wie früher die 1 oder 10 von $U_2$ über $b$ von $U_1$ gestellt. Auf der $U_1$-Skala wird mit dem Läufer $y$, auf der $O_1$-Skala $y^2$ und auf der $R$-Skala $\frac{b}{y}$ abgelesen. Der Läufer muß solange verschoben werden, bis die Bedingung erfüllt ist, daß die Summe der Werte auf $O_1$ und $R$ gleich $a$ ist. Besonders rasch führt die Methode zum Zeil, wenn man den ungefähren Wert von $y$ kennt.

**54. Beispiel.** $4x^3 + 12x^2 - 27x - 70 = 0$. Division durch 4 ergibt $x^3 + 3x^2 - 6{,}75x - 17{,}5 = 0$. Durch Einsetzen von $x = y - \frac{A}{3} = y - 1$ erhält man, da $(a - b)^3 = a^3 - 3a^2b + 3ab^2 - b^3$ nun $(y^3 - 3y^2 + 3y - 1) + 3 \cdot (y^2 - 2y + 1) - 6{,}75 \cdot (y - 1) -$

$-17{,}5=0$, ausgerechnet: $y^3-9{,}75y-8{,}75=0$. Nun wird durch $y$ dividiert: $y^2-\frac{8{,}75}{y}=9{,}75$. (Man kann vor Durchführung der Rechnung die Wurzelwerte in grober Annäherung graphisch ermitteln; s. S. 76). Durchführung der Rechnung: Die 10 von $U_2$ über die 8,75 von $U_1$ stellen und den Läufer verschieben, bis seine Ablesungen die Summenbedingung erfüllen. Dies ist bei folgender Stellung der Fall: $O_1$-Skala $=y^2=12{,}25$; $R$-Skala $=\frac{8{,}75}{y}=2{,}50$; die Differenz beider ist tatsächlich 9,75, daraus ist auf der $U_1$-Skala $y=3{,}5$.

Nachdem keine andere positive Zahl die Bedingung zu erfüllen scheint, wird mit negativen Zahlen probiert. Damit werden beide $y$-Glieder positiv, so daß deren Summe 9,75 sein muß. Man findet so auf der $O_1$-Skala $=6{,}25$, auf der $R$-Skala 3,5 und damit auf der $U_1$-Skala $y=-2{,}5$. In gleicher Weise 1, bzw. 8,75 und $y=-1$.

Es war $x=y-1$, folglich sind die Wurzeln der Gleichung $x=2{,}5$; $-3{,}5$ und $-2$ (wobei zu beachten ist, daß negative Wurzeln für die meisten Probleme ohne praktisches Interesse sind).

Besitzt der Rechenschieber keine Reziprokskala, hilft man sich so, daß man die Zunge verkehrt einschiebt, d. h., mit $U_2$ nach oben und $O_2$ nach unten. Dann liest man die Wurzel wie folgt ab: auf $O_1=12{,}25$, auf $U_1=2{,}5$ und auf $U_2=y=3{,}5$.

**55. Beispiel.** Man kann aber auch so verfahren, daß man die Gleichung höheren Grades in eine quadratische mit einfachem $x^2$ verwandelt.

In dem vorhergehenden Beispiel wäre durch $4x$ zu dividieren, wodurch man die Gleichung $x^2+3x-6{,}75-\frac{17{,}5}{x}=0$ erhält. Nun stellt man die 1 von $U_2$ über die 17,5 von $U_1$ und geht wie folgt vor:

Einstellung des Läufers auf $U_1$ und Annahme von

| | | $x=$ 2,6 | 2,4 | 2,5 |
|---|---|---|---|---|
| ablesen auf $O_1$ | $x^2$ | 6,76 | 5,76 | 6,25 |
| berechnen von | $3x$ | 7,8 | 7,2 | 7,5 |
| Summe $\sum_1$ | $=$ | 14,56 | 12,96 | 13,75 |
| ablesen auf $R$ | $-\frac{17{,}5}{x}$ | 6,73 | 7,29 | 7,0 |
| | $\sum=$ | 7,83 | 5,67 | 6,75 |

Mit dem letzten Wert ist die Bedingung erfüllt, folglich ist $x=2{,}5$.

*d*) Die *Newtonsche Näherungsmethode* gestattet, eine Wurzel mit beliebiger Annäherung zu berechnen. Voraussetzung ist, daß die Wurzel zwischen 2 bestimmten Grenzen eingeschlossen ist. Diese Grenzen können nach dem Verfahren a oder b festgestellt werden. Es werden also nach dieser Methode die in erster Näherung gefundenen Werte verbessert.

Ist $a$ ein Wert, welcher der Gleichung $f(x) = 0$ nahezu genügt (Näherungswert) und vom wirklichen Wert $a + h$ nur um die kleine Zahl $h$ verschieden ist, dann ist $f(a + h) = 0$. Die Entwicklung einer Taylorschen Reihe (siehe S. 46) gibt $f(a) + h \cdot f'(a) + \frac{h^2}{2!} \cdot f''(a) + \ldots = 0$. Da nach unserer Annahme $h$ sehr klein ist, können wir die höheren Potenzen von $h$ vernachlässigen und beim 2. Glied abbrechen, also wird $f(a) + h \cdot f'(a) = 0$. Daraus ist $h = -\frac{f(a)}{f'(a)}$.

Wird das so bestimmte $h$ zu $a$ addiert, wird ein Wert erhalten, welcher der Gleichung $f(x) = 0$ bereits besser genügt als $a$. Da aber auch $h$ nur annähernd bestimmt wurde (Vernachlässigung der höheren Potenzen), ist der Wert $a + h = a_1$ ebenfalls nur als verbesserter Näherungswert zu betrachten. Eine weitere Annäherung wird erzielt, wenn mit dem erhaltenen Wert $a_1$ in gleicher Weise verfahren wird usw.

**56. Beispiel.** Für die Gleichung $f(x) = x^3 - 4x - 4 = 0$ wurde durch graphische Darstellung oder auf folgendem Wege ein erster Näherungswert gefunden: $f(x)$ wird für $x = 0 \ldots = -4$, für $x = +1 \ldots = -7$, für $x = +2 \ldots = -4$, für $x = +3 \ldots = +11$. Da der Wert zwischen $+2$ und $+3$ das Vorzeichen wechselt, muß er hier die $x$-Achse schneiden, d. h. eine gesuchte Wurzel muß zwischen 2 und 3 liegen. Aus der Aufstellung geht ferner hervor, daß der Wert näher an 2 liegt. Nehmen wir an, es sei $x = 2{,}3$, dann wird $f(x) = -1{,}033$, für $x = 2{,}4 \ldots + 0{,}224$. Da $x = 2{,}4$ den kleineren Unterschied von 0 ergibt, wählen wir 2,4 als ersten Näherungswert.

Es ist $(f(x) = x^3 - 4x - 4$ und $f'(x) = 3x^2 - 4$. Wir setzen nun den Näherungswert $a = 2{,}4$ an Stelle von $x$ in die Gleichung ein und erhalten $h = -\frac{+0{,}224}{+13{,}28} = -0{,}0169$ und die 2. Näherung $a_1 = 2{,}4 - 0{,}0169 = +2{,}3831$.

Nun wird $a_1 = 2{,}3831$ in die Gleichung eingesetzt und man erhält $h = -\frac{0{,}0012}{12{,}037} = -0{,}0001$. Die 3. Näherung ist damit $a_2 = 2{,}3831 - 0{,}0001 = 2{,}3830$. Da die Änderung von $a_1$ zu $a_2$ nur eine Einheit in der 4. Dezimale beträgt, genügt diese Annäherung und der Wert $2{,}3830 = x$ ist die gesuchte Wurzel. ———

*e*) Beim *Iterationsverfahren* wird keine Differentiation benötigt. Die Annäherung an den gesuchten Wert erfolgt stetig oder in immer geringer werdenden Schwankungen um den wahren Wert. Ist letzteres nicht der Fall, sondern nehmen die Differenzen zwischen den erhaltenen Werten zu statt ab, so „divergiert" das Verfahren und ist für diesen Fall nicht anwendbar. Man achte also bei der Durchführung auf diese Möglichkeit.

Grundlage des Iterationsverfahrens bildet eine Gleichung, bei der die unbekannte gesuchte Größe durch sich selbst ausgedrückt wird, d. h. es muß eine Gleichung der Form $x = f(x)$ vorliegen. Aus ihr berechnet man die Werte von $x$ durch Einsetzen der ersten (auf graphischem Wege oder durch Probieren gefundenen) Annäherung. Der nun erhaltene Wert wird abermals in die Gleichung eingesetzt usw., bis die Differenz zwischen zwei aufeinanderfolgenden Werten hinreichend klein ist (s. auch 79. Aufgabe S. 195).

**57. Beispiel.** Bei Überprüfung der in *d* angenommenen Gleichung $f(x) = x^3 - 4x - 4 = 0$ ergibt sich $x^3 = 4x + 4$ und $x = \sqrt[3]{4x+4}$. Die erste Näherung war $x = 2{,}4$. Man findet für

$$x = 2{,}4 \quad \ldots x = \sqrt[3]{4x+4} = \sqrt[3]{13{,}6} \quad = 2{,}3870$$
$$x = 2{,}3870 \ldots \qquad = \sqrt[3]{13{,}5480} = 2{,}3839$$
$$x = 2{,}3839 \ldots \qquad = \sqrt[3]{13{,}5356} = 2{,}3832$$
$$x = 2{,}3832 \ldots \qquad = \sqrt[3]{13{,}5328} = 2{,}3830$$

Hier kann infolge der Kleinheit der Differenz $(= 0{,}0002)$ die Rechnung abgebrochen werden und $x$ ist, in Übereinstimmung mit dem nach der NEWTONschen Methode bestimmten Wert, gleich 2,3830. ———

## 4. Graphisches Differenzieren.

*a*) Liegt eine Funktion nicht in Form ihrer Gleichung, sondern nur als Kurve vor, so kann ihre Ableitung auch auf graphischem Wege als Kurve ermittelt werden, was u. U. für die Bestimmung von Extrem- und Wendepunkten wichtig sein kann.

Im oberen Teil der Abb. 32 ist die Kurve $y = f(x)$ dargestellt. Man zeichnet nun in den Punkten mit den Abszissen 0, 1, 2, 3 usw. die Tangenten an die Kurve. Bei gleichem Maßstab der $x$- und $y$-Achse entspricht dann die Neigung tg $\alpha$ dem Differentialquotienten $y'$. Sind in den Dreiecken $aa'a''$, $bb'b''$ usw. die Seiten $aa' = bb' = cc' = \ldots 1$, so sind die Differentialquotienten in den Punkten $a$, $b$, $c$ usw. gleich den Seiten $a'a''$, $b'b''$ usw.

Nun konstruiert man im unteren Teil die Kurve wie folgt: man trägt im Abszissenpunkt 0 die Strecke $a' a''$ auf und erhält so den Punkt $a_1$, desgleichen im Abszissenpunkt 1 die Strecke $b' b''$ (= Punkt $b_1$), in 2 die Strecke $c' c''$ usw. Die Verbindung dieser Punkte gibt die Kurve der ersten Ableitung der Funktion, also $f'(x)$. Zu beachten ist, daß die Ordinaten der unteren Kurve auch negativ sein können.

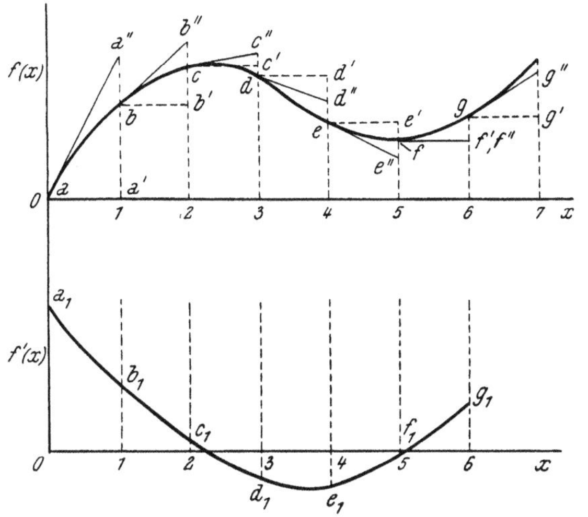


Abb. 32

Das Tangentenziehen wird erleichtert durch Verwendung zweier sich rechtwinklig kreuzenden Linien auf einem durchsichtigen Papier oder Zelluloid. Das Ziehen der Tangente nach Augenmaß ist aber in jedem Fall schwierig, einfacher ist das Zeichnen der zur Tangente senkrecht stehenden Geraden. Ein ausgezeichnetes Hilfsmittel ist das sog. Spiegellineal (ein Lineal mit spiegelnder Kante). Wird dieses in der Richtung der Normalen zur Tangente quer über die Kurve gelegt, so spiegelt sich darin die Kurve. Man verschiebt das Lineal solange, bis das Spiegelbild und die Kurve selbst ohne Knick ineinander übergehen. In dieser Stellung steht das Lineal senkrecht zur Tangente.

*b*) In manchen Fällen (z. B. bei der Bestimmung des Wendepunktes potentiometrischer Titrationskurven) gibt die Ermittlung des Differenzenquotienten an Stelle des Differentialquotienten ein sehr gutes Näherungsresultat. Bei der Abszisse eines Wendepunktes einer Kurve besitzt die erste Ableitung einen Extremwert (s. S. 27). Dies ist in guter Näherung auch für den Differenzenquotienten der Fall.

**58. Beispiel.** Bei der potentiometrischen Titration einer Silbernitratlösung mittels 0,1 m KJ-Lösung wurden die (zur Kompensation gebrauchten, der EMK proportionalen) Ohm notiert und folgende zusammengehörende Werte gefunden:

| $v$ (ml KJ) | $\Delta v$ | $\varepsilon$ (Komp. Ohm) | $\Delta \varepsilon$ | $\frac{\Delta \varepsilon}{\Delta v}$ |
|---|---|---|---|---|
| 19,0 | | —110 | | |
| | 0,2 | | 22 | 110 |
| 19,2 | | — 88 | | |
| | 0,1 | | 59 | 590 |
| 19,3 | | — 29 | | |
| | 0,1 | | 121 | 1210 |
| 19,4 | | + 92 | | |
| | 0,1 | | 47 | 470 |
| 19,5 | | +139 | | |
| | 0,2 | | 20 | 100 |
| 19,7 | | +159 | | |

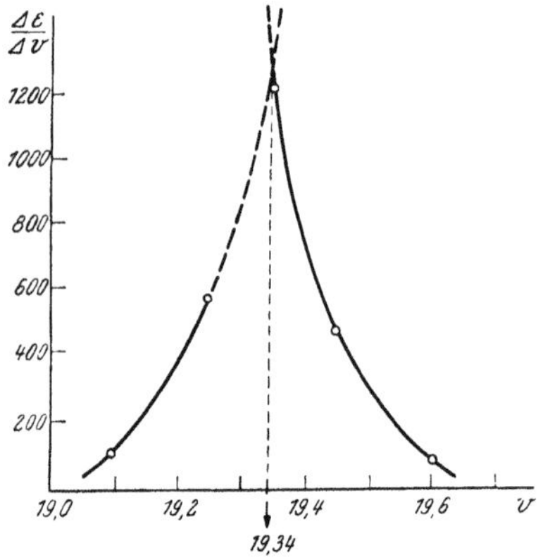

Abb. 33

Über den Verlauf solcher Titrationskurven ($\varepsilon$ gegen $v$) siehe Abb. 113, S. 300. Wird aber der Differenzenquotient $\frac{\Delta \varepsilon}{\Delta v}$ gegen $v$ aufgetragen (oder bei gleichen $\Delta v$ einfach die Potentialschritte $\Delta \varepsilon$ gegen $v$), so wird der Wendepunkt (= Äquivalenzpunkt) zu einem Maximum, dessen Lage durch den Schnittpunkt der beiden verlängerten Kurven bestimmt ist (Abb. 33). ——

## 5. Graphische Integration.

*a) Auszählmethode.* Der Wert eines bestimmten Integrals $\int\limits_{x=x_a}^{x=x_b} f'(x)\, d\, x$ ist durch eine Fläche dargestellt, die begrenzt wird durch die Kurve von $f'(x)$, aufgetragen über $x$, die Ordinaten $x = x_a$ und $x = x_b$ und die $x$-Achse. Jedes bestimmte Integral kann daher zahlenmäßig ermittelt werden, indem man $f'(x)$ über $x$ aufträgt, die 2 Vertikallinien, die den Grenzen entsprechen, einzeichnet und die Fläche ermittelt, die eingeschlossen wird von der Kurve, den Grenzen und der $x$-Achse unter Beachtung des Maßstabes.

Der Flächeninhalt kann bestimmt werden durch Aufteilung in eine Reihe von Rechtecken (bzw. Auszählung der Quadrate auf Millimeterpapier) oder durch Ausmessen mit dem Planimeter.

Diese Methode der graphischen Integration ist auch dann wichtig, wenn die Kurve $f'(x)$ experimentell ermittelt wurde und keine mathematische Formulierung dafür vorliegt.

**59. Beispiel.** Ermittlung des Dampfverbrauches für die Zeit von 8 bis 10 Uhr aus der in der Abb. 34 gezeigten, vom registrierenden Schreibgerät aufgezeichneten Dampfverbrauchskurve.

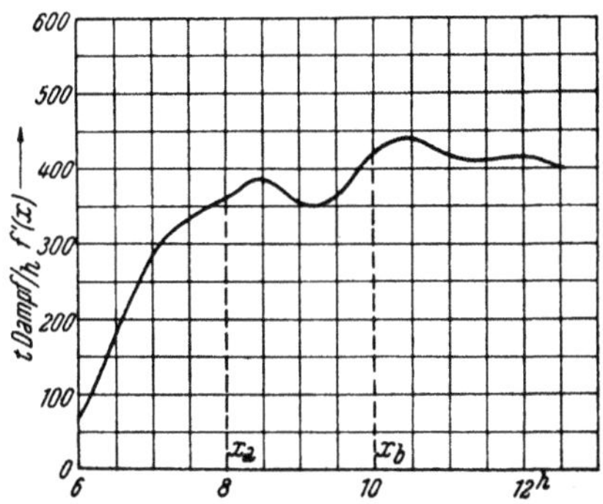


Abb. 34

Die Einheit der $x$-Achse beträgt pro kleines Quadrat 30 Minuten $= 0{,}5$ Stunden. Die Einheit der Ordinate ist für ein kleines Quadrat 50 t Dampf/h. Jedes kleine Quadrat beinhaltet daher $50 \cdot 0{,}5 = 25$ t Dampf·h/h $= 25$ t Dampf.

Ausgezählte Quadrate 29,6, d. h. $29{,}6 \cdot 25 = 740$ t Dampf. — Siehe auch 157. Beispiel, S. 235.

*b) Wägemethode.* Die Fläche kann auch durch die sehr bequeme Methode der Wägung ermittelt werden. Wir zeichnen den Integranden auf Millimeterpapier (wie bei der graphischen Methode) und schneiden nun aus dem Blatt eine rechteckige Fläche, welche etwas größer ist als die zu berechnende (z. B. eine Fläche von 100 der in der Abbildung gezeichneten Quadrate ergaben durch Wägung auf der analytischen Waage 1,1325 g). Nun schneiden wir aus dem Rechteck das durch Kurve und Ordinaten begrenzte Flächenstück aus und bestimmen wiederum das Gewicht ($= 0{,}3350$ g). Vorausgesetzt, daß das Papier überall gleich dick ist, gilt die Proportion $100 : F = 1{,}1325 : 0{,}3350$. Daraus ist $F = 29{,}58$ Quadrate. Nachdem 1 Quadrat 25 t Dampf entspricht, ergibt die Fläche 739,5 t Dampf.

*c) Bestimmung der Stammfunktion.* Die Ermittlung des Verlaufes der Stammfunktion $\eta = F(x)$ einer graphisch gegebenen

Funktion $y = f(x)$ kann auch auf graphischem Wege erfolgen. Zu diesem Zweck schreiben wir $F(x)$ als bestimmtes Integral mit veränderlicher oberer Grenze

$$\eta = F(x) = \int_{x_0}^{x} f(x)\, dx\,.$$

(Durch Änderung der unteren Grenze $x_0$ würde man die willkürliche additive Konstante $C$ in $f(x)$ ändern.)

Die Funktion $f(x)$ ist in der Abb. 35 als Kurve dargestellt. Wir ersetzen den Kurvenzug $P_1$ bis $P_5$ durch die Stufenkurve

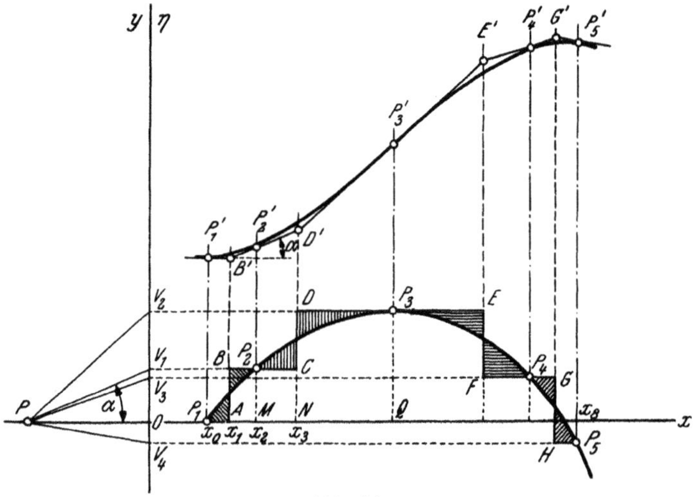


Abb. 35

$P_1\,A\,B\,C\,D\,E\,F\,G\,H\,P_5$. Die Stufen werden so gezeichnet, daß die jeweils gegenüberliegenden (gleichartig schraffierten) Segmente flächengleich sind. Liegt ein Extremwert vor (z. B. $P_3$), so beginnt man an dieser Stelle mit dem Zeichnen der Stufenkurve. Damit wird die Fläche unter der Kurve flächengleich der Stufenkurve und jedes Teilintegral ist flächengleich dem Inhalt zweier Rechtecke,

$$\text{z. B.} \int_{x_2}^{x_4} f(x)\, dx = M\,P_2\,C\,N + N\,D\,P_3\,Q\,.$$

Die Ordinaten der Abschnitte $P_1A$, $BC$, $DE$, $F\,G$, $H\,P_5$ seien $a$, $b$, $c$, $d$ und $e$. Nun wählen wir an beliebiger Stelle auf der Ordinate des Punktes $P_1$ den Punkt $P_1'$ als Ausgangspunkt der Kurve

$\eta = F(x)$. Nachdem die Funktion $y = f(x)$ im Intervall $P_1 A$ den konstanten Wert $a$ hat, ist die Funktion $\eta = F(x)$ in diesem Intervall dasjenige Geradenstück $P_1' B'$, das mit der $x$-Achse einen Winkel mit dem Tangens $a$ einschließt. Analoges gilt für das Intervall $BC$, denn hier ist $\eta = F(x)$ das Geradenstück $B' D'$, das mit der $x$-Achse den Winkel mit dem Tangens $b$ einschließt usw.

Die Tangenswerte der Neigungswinkel werden wie folgt ermittelt: vom Koordinatenursprung wird auf der Abszisse nach links die Einheitsstrecke $OP$ aufgetragen und der Pol $P$ eingezeichnet. Man verlängert nun alle Horizontalen bis zur Ordinate und verbindet jeweils den Schnittpunkt auf der Ordinate mit dem Punkt $P$. Der Tangens des Winkels, den die Strahlen $PV_1$, $PV_2$ usw. mit der $x$-Achse einschließen, ist gleich der Ordinate der Abschnitte $P_1 A$, $BC$ usw. Zur Bestimmung von $B'$, $D'$, $E'$ usw. werden nunmehr Parallele zu den Strahlen gezeichnet.

Im Falle $P_1 A$ fallen Verlängerung und Strahl mit der Abszisse zusammen, $\operatorname{tg} \alpha$ und damit auch $\alpha$ ist Null, d. h., die Tangente $P_1' B'$ an die Kurve $F(x)$ muß parallel zur $x$-Achse verlaufen. Als Parallele zu $PV_1$ entsteht die Tangente $B'D'$, als Parallele zu $PV_2$ die Tangente $D'E'$ usw. Die Ordinaten der Punkte $P_1$, $P_2$, $P_3$ usw. schneiden die gezeichneten Tangenten in den Punkten $P_1'$, $P_2'$, $P_3'$ usw., die Punkte der Integralkurve darstellen.

Wählt man auf der $x$- und $y$-Achse verschiedene Maßstäbe, so muß dies berücksichtigt werden. Seien z. B. $l_x$ die Maßeinheit auf der $x$-Achse und $l_y$ jene auf der $y$-Achse für die Kurve $f(x)$, $p$ der Polabstand $OP$ und $u$ die Maßeinheit für die Ordinate der Integralkurve $F(x)$, dann muß gelten $p = \frac{l_x \cdot l_y}{u}$. (In der Abb. war $l_x = l_y = p = u$).

## 6. Numerische Integration.

Während bei der graphischen Integration das von der Kurve begrenzte Flächenstück ausgemessen wurde, kann diese Fläche (bestimmtes Integral) auch mit Hilfe von Näherungsformeln berechnet werden.

*a) Die Trapezformel.* Man errichtet zwischen $y_0$ und $y_n$ eine ungerade Zahl von Ordinaten, so daß die Fläche in eine gerade Anzahl Streifen zerlegt wird, die man als Trapeze auffassen kann, wenn die Kurvenbegrenzung der entstandenen kleinen Teilflächen als Gerade betrachtet wird. Wenn $h$ den gleichmäßigen Abstand der Ordinaten bedeutet, dann ist die Summe sämtlicher Trapeze, also die gesamte Fläche (Abb. 36)

$$F = h \cdot \left( \frac{y_0}{2} + y_1 + y_2 + y_3 + \cdots + y_{n-2} + y_{n-1} + \frac{y_n}{2} \right).$$

*b*) Noch einen Schritt weiter geht die *Simpsonsche Formel*, bei der die Verbindung dreier Punkte als Parabelstück betrachtet wird. Es muß auch hier wieder eine ungerade Anzahl von Wertpaaren $(x, y)$ vorliegen.

$$F = \frac{h}{3} \cdot (y_0 + 4y_1 + 2y_2 + 4y_3 + 2y_4 + \cdots + 2y_{n-2} + 4y_{n-1} + y_n) .$$

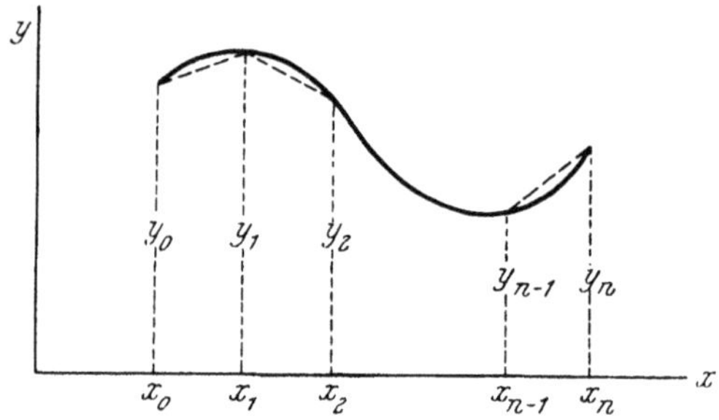


Abb. 36

**60. Beispiel.** $\ln 2 = \int_1^2 \frac{dx}{x}$. Aus dem dekadischen Logarithmus ist $\ln 2 = 2{,}303 \cdot \lg 2 = 0{,}693272$.

Zur angenäherten Berechnung ziehen wir zwischen $y_0 = 1$ und $y_n = \frac{1}{2}$ neun Ordinaten in gleichen Abständen $h$ voneinander, also ist $h = 0{,}1$ und $n = 10$. Daher ist $x_0 = 1$ und $y_0 = \frac{1}{1{,}0}$; $x_1 = 1{,}1$ und $y_1 = \frac{1}{1{,}1}$; $x_2 = 1{,}2$ und $y_2 = \frac{1}{1{,}2}$; ... $x_{10} = 2$ und $y_{10} = \frac{1}{2}$.

Nach der Trapezformel ist daraus $\ln 2 = 0{,}693771$ (Abweichung $=$ $= 0{,}000499$); nach der Simpsonschen Formel ist $\ln 2 = 0{,}693150$ (Abweichung $= 0{,}000122$). ———

Anwendung beider Formeln siehe auch 165. Beispiel, S. 246.

## D. Darstellung von Meßergebnissen.

### 1. Funktionen einer Veränderlichen.

Funktionen einer Veränderlichen werden dargestellt als *Tabelle*, als *Kurve* oder analytisch als *Gleichung*. Über die Vor- und Nachteile der einzelnen Darstellungsarten s. S. 6 und 12.

## 2. Funktionen zweier Veränderlichen als Tabelle.

Sollen z. B. die $pv$-Werte von Argon in Abhängigkeit von Druck und Temperatur tabelliert werden, so muß die Tabelle zweidimensional sein.

| Atm \ °C | −100 | −50 | 0 |
|---|---|---|---|
| 0 | 0,6345 | 0,8178 | 1,0010 |
| 1 | 0,6316 | 0,8161 | 1,0000 |
| 20 | 0,5730 | 0,7843 | 0,9823 |
| 40 | 0,5029 | 0,7518 | 0,9653 |

$pv = 1$ für 0° C und 1 Atm.

Zwischenwerte müssen durch zweimalige Interpolation, z. B. erst in waagrechter Richtung, danach aus der erhaltenen neuen Tabelle in senkrechter Richtung ermittelt werden.

## 3. Funktionen zweier Veränderlichen in graphischer Darstellung.

Funktionen zweier Veränderlichen können geometrisch als Fläche im Raum dargestellt werden. Über räumliche Koordinaten s. S. 12.

Durch Projektion der Linien, welche einen konstanten Wert beinhalten, z. B. Linien gleicher Temperatur auf die Ebene der beiden anderen Faktoren erhält man eine *Netztafel* (Kurventafel). In dieser Kurvenschar ist für jede Kurve eine Größe konstant („Parameter der Kurvenschar"), die Größe ist jedoch von Kurve zu Kurve verschieden.

**61. Beispiel.** Die Werte der folgenden Tabelle, welche den Inhalt (in Litern) einer hölzernen Filterpresse von 800 mm im Quadrat Plattengröße angibt, sollen graphisch dargestellt werden.

| Zahl der | Kuchenstärke in mm | | | |
|---|---|---|---|---|
| Rahmen | 20 | 30 | 40 | 50 |
| 3 | 23 | 34 | 46 | 57 |
| 6 | 46 | 69 | 92 | 115 |
| 12 | 92 | 138 | 184 | 230 |
| 18 | 138 | 207 | 276 | 345 |
| 24 | 184 | 276 | 370 | 461 |
| 30 | 230 | 345 | 460 | 576 |
| 36 | 276 | 415 | 553 | 690 |

*Methode I:* Man zeichnet eine Anzahl Kurven, von denen jede den Zusammenhang zwischen nur 2 Veränderlichen für einen konstanten Wert der 3. Größe darstellt. Jede Kurve wird mit einer Kennziffer bezeichnet, welche den Wert der festgelegten Größe angibt (Abb. 37).

*Methode II:* Man trägt die eine Veränderliche, z. B. die Anzahl der Rahmen, auf der Abszissenachse auf und errichtet in den einzelnen Punkten die zugehörigen Ordinaten, für welche nun die entsprechenden Doppelleitern (siehe diese, S. 99) berechnet und eingezeichnet werden.

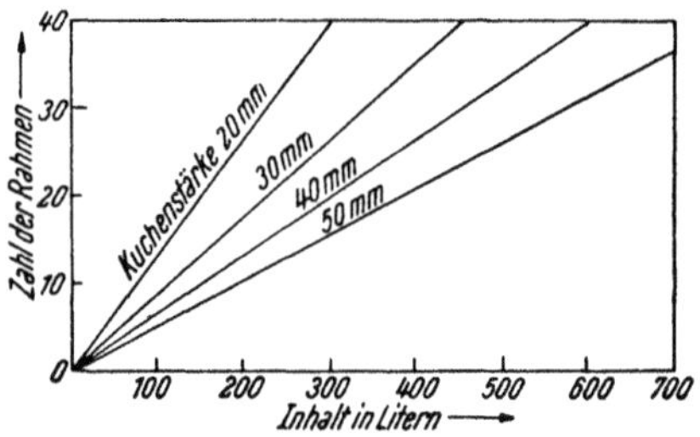


Abb. 37

Jede Doppelleiter erhält links die Angabe über die Kuchenstärke im gleichbleibenden Maßstab; die rechte Seite der Doppelleiter enthält die jeweils zugehörigen Werte für den Inhalt in Litern. (Z. B. Die Ordinate für 20 mm Kuchenstärke mißt 10 cm; zugehöriger Wert für den Inhalt bei der Ordinate 3 Rahmen ist 23 l; 23 l entsprechen 10 cm, daher 50 l = 21,74 cm, 100 l = 43,48 cm.

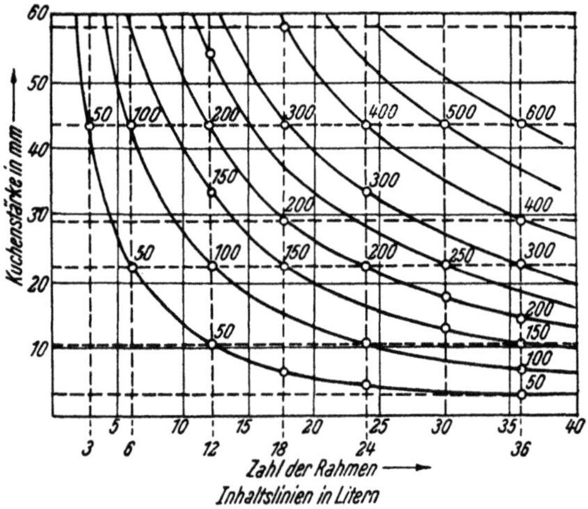


Abb. 38

Ebenso verfährt man bei den anderen Ordinaten. Die rechte Seite der Doppelleiter ist also jeweils verschieden.) Nun werden die Punkte gleicher Literanzahl verbunden und auf diese Weise eine Anzahl Kurven erhalten (Abb. 38).

Bei Interpolation müssen bei beiden Methoden die Zwischenentfernungen geschätzt werden. Die gedrängten Maßstäbe ergeben keine große (jedoch für die Praxis vielfach ausreichende) Genauigkeit.

## 4. Graphische Darstellung binärer Gemische.

Ist die Summe der Bestandteile $A$ und $B$ eines Gemisches konstant, z. B. 100% (z. B. Lösen eines Stoffes in einem anderen), dann erfolgt die Darstellung auf einer Strecke (Abb. 39).

Der linke Punkt stellt den 100%igen Stoff $B$, der rechte den 100%igen Stoff $A$ vor. Die Zwischenpunkte $P$ geben sämtliche mögliche Mischungen an. Es gilt die Gleichung $p = A \cdot x + B \cdot y$ ($x = \%\,A$, $y = \%\,B$, $p = 100$).

Abb. 39

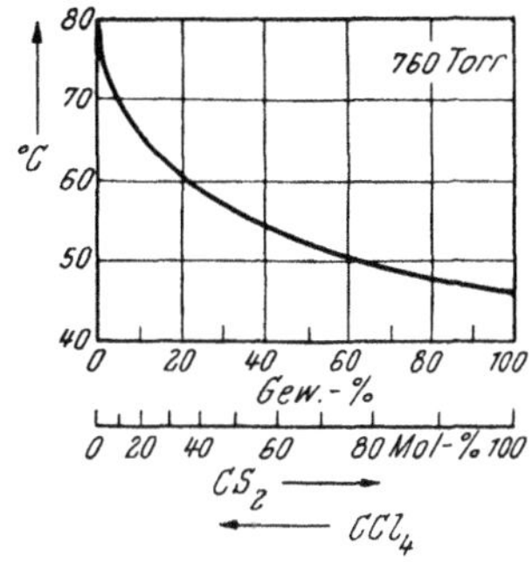

Abb. 40

Kommt eine 3. Größe hinzu, z. B. die Siedetemperatur $t$, so werden die entsprechenden Werte für $t$ als Ordinate über den einzelnen Abszissenwerten aufgetragen und man erhält eine Kurve, in unserem Falle das Siedetemperatur-Schaubild der Mischung $A$ und $B$. In der Abb. 40 ist als Beispiel die Siedetemperatur-Kurve für das Zweistoffsystem $CS_2$—$CCl_4$ gezeigt. Neben der Gew.-%-Skala ist zusätzlich eine Mol-%-Skala eingezeichnet.

Weitere Beispiele (Schmelzdiagramme) s. S. 181.

## 5. Graphische Darstellung ternärer Gemische.

Ternäre Gemische werden graphisch mit Hilfe von *Dreieck-Koordinaten* dargestellt, wenn die Summe der 3 Komponenten konstant (z. B. 100) ist.

Die Anwendung der Dreieck-Koordinaten (GIBBSsches Dreieck) beruht auf folgenden Eigenschaften des gleichseitigen Dreieckes:

a) Die Summe der Senkrechten von einem Punkt $P$ auf die Dreieckseiten ist konstant und gleich der Höhe $h$ des Dreieckes (Abb. 41). $h_1 + h_2 + h_3 = h$.

b) Die Summe der drei Abstände eines Punktes $P$ von den Dreieckseiten, parallel zu den Dreieckseiten gemessen, ist konstant und gleich der Länge einer Dreieckseite. $a + b + c = s$.

Bei Dreistoffgemischen ist die Summe der Mengen-% ebenfalls konstant (= 100). Die Eckpunkte des gleichseitigen Dreieckes entsprechen den reinen Komponenten, der Eckpunkt 100% $A$ also gleichzeitig 0% $B$ und 0% $C$. Die Dreieckseiten beinhalten alle möglichen binären Gemische (auf der Seite $AB$ ist die Konzentration an $C$ gleich Null), die Punkte innerhalb der Dreieckfläche stellen alle möglichen Gemische der 3 Teilnehmer dar.

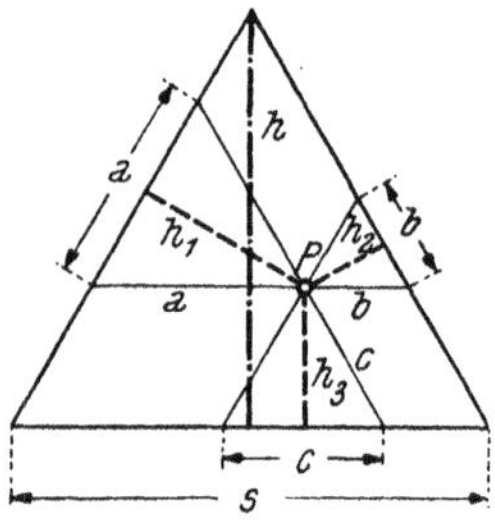

Abb. 41

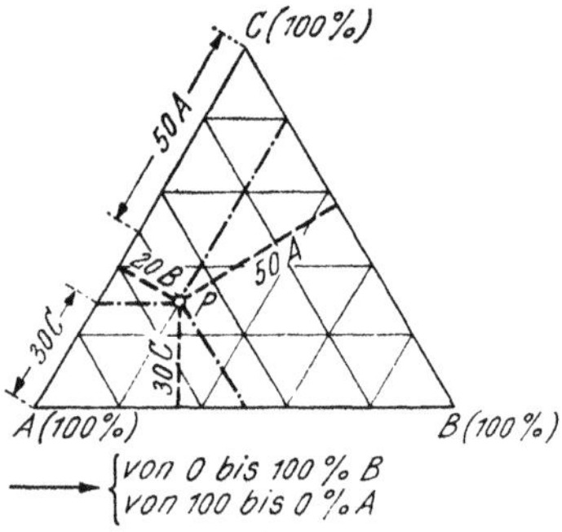

Abb. 42

**62. Beispiel.** Punkt $P$ in der Abb. 42 ist ein Gemisch aus 20% $B$ + 30% $C$ + 50% $A$. Die Bestimmung des Punktes erfolgt entweder aus den gestrichelten Senkrechten oder aus den zu den Dreieckseiten parallelen, strichpunktierten Geraden. ——

Nachdem die %-Summe der 3 Stoffe konstant ist, ist der dritte Bestandteil durch die Angabe der beiden anderen zwangsläufig bestimmt.

c) Alle Gemische der Verbindungslinie einer Dreieckspitze ($C$) mit einem Punkt ($P$) auf der gegenüberliegenden Seite enthalten die Komponenten $A$ und $B$ in einem gleichbleibenden Mischungsverhältnis. Entzieht man also dem Dreistoffgemisch $D$ die Komponente $C$, so bewegt man sich auf der Linie $CDP$ in der Richtung nach $P$ (Abb. 43). Die Längen der Senkrechten $Px$ und $Py$ verhalten sich wie die Abschnitte $PA$ und $PB$.

d) Vereinigt man die Gemische $P_1$ und $P_2$ (Abb. 44) so liegt das gebildete Gemisch $P$ auf der geraden Verbindungslinie $P_1 P_2$ und es besteht umgekehrte Proportionalität $PP_1 : PP_2 = \text{kg}\ P_2 : \text{kg}\ P_1$.

e) Punkte außerhalb des Dreiecks stellen keine möglichen Gemische dar, sie haben jedoch rechnerische Bedeutung als Hilfspunkte (Abb. 45). Entzieht man dem Gemisch $D$ jene Mengen von $A$, $B$ und $C$, die durch das Gemisch $E$ gekennzeichnet sind, so entsteht ein Gemisch $P$, das auf der Verlängerung der Geraden

$DE$ außerhalb des Dreieckes liegt, und es ist kg $D$:kg $E = PE : PD$. Für eine Materialbilanz, bei der $D - E = F - G = H - J$ ist, gilt, daß sich die Verlängerungen der Linien $DE$, $FG$ und $HJ$ alle im Punkt $P$ schneiden. (Derartige Diagramme sind für die Gegenstrom-Extraktion von Flüssigkeiten wichtig.)

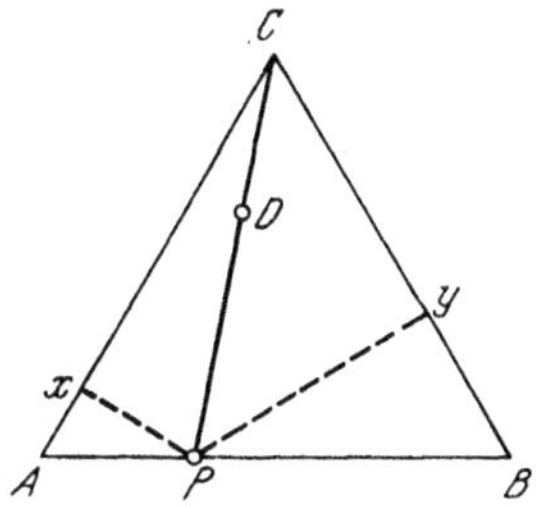


Abb. 43

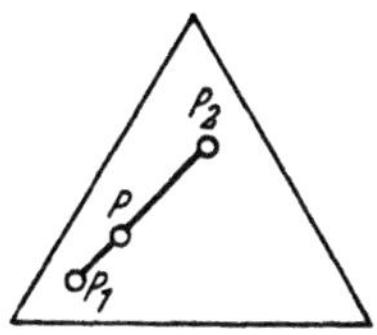


Abb. 44

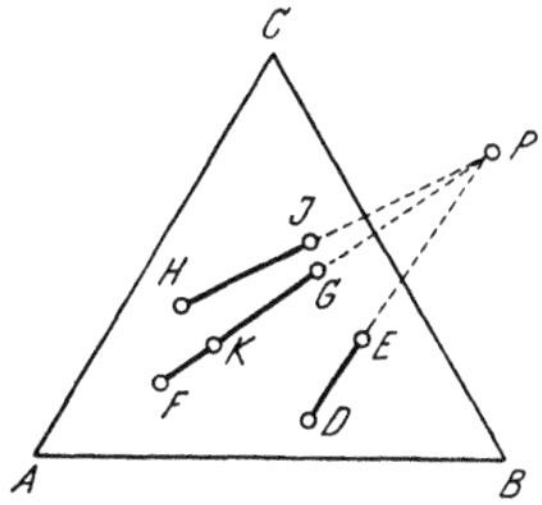


Abb. 45

Ist bei der Darstellung von Dreistoffsystemen eine 4. Größe zu berücksichtigen (z. B. Temperatur, Zähigkeit, Dichte) so muß man über dem Dreieck senkrecht zur Dreiecksebene eine Achse errichten (s. Abb. 89, S. 188). Die Projektion der räumlichen Flächen auf das Grunddreieck liefert das Zustandsbild eines ternären Gemisches (s. Abb. 90, S. 188).

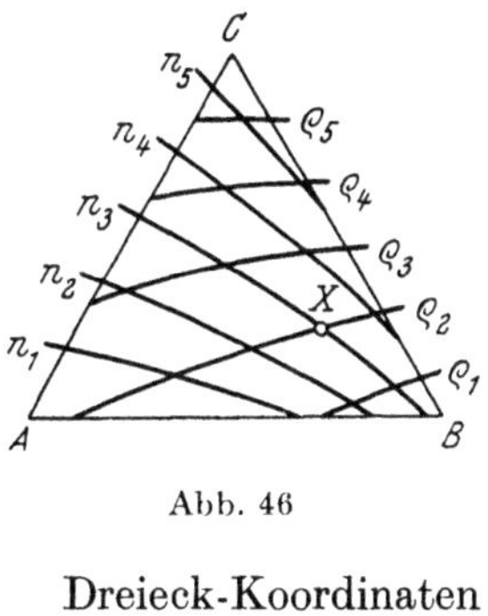


Abb. 46

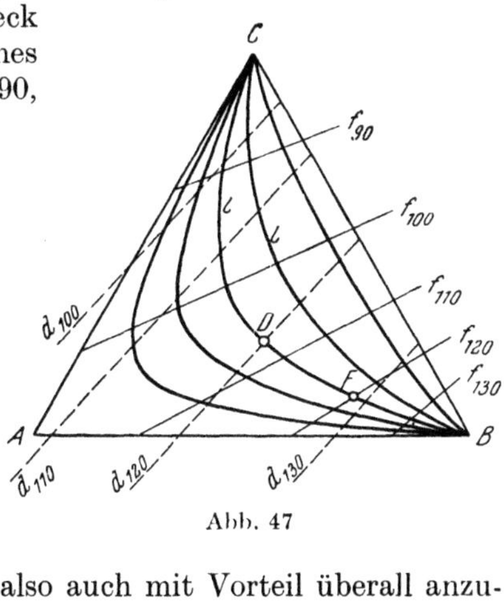


Abb. 47

Dreieck-Koordinaten sind also auch mit Vorteil überall anzuwenden, wenn es sich darum handelt, die Abhängigkeit einer physikalischen Größe von der Zusammensetzung des Dreistoffgemisches zu veranschaulichen. So sind beispielsweise in der Netztafel Abb. 46 alle Punkte, die Gemische der Stoffe $A$, $B$ und $C$ mit gleicher Dichte $\varrho$ darstellen, jweils zu einer Kurve verbunden.

Eine einzige Größe genügt jedoch nicht, um die Zusammensetzung eines Gemisches zu ermitteln, denn es gibt viele Gemische verschiedener Zusammensetzung, die z. B. die gleiche Dichte $\varrho_2$ besitzen. Erst durch die gleichzeitige Angabe einer zweiten physikalischen Größe ist es möglich, eine eindeutige Aussage über die Zusammensetzung zu machen, wie dies in der Abb. 46, die außer den Dichtelinien noch Linien mit gleichem Brechungsexponenten $n_1$, $n_2$ usw. enthält, der Fall ist. In diesem Diagramm gibt es nur mehr einen einzigen Punkt, der z. B. gleichzeitig der Dichte $\varrho_2$ und dem Brechungsexponenten $n_3$ entspricht (Schnittpunkt $X$), womit die Zusammensetzung dieses Gemisches eindeutig festgelegt ist.

Ein weiteres Beispiel für die Anwendung der Dreieck-Koordinaten gibt die Darstellung der Verhältnisse bei der Destillation von Dreistoffgemischen. In der Abb. 47 bedeuten für das ideale Dreistoffgemisch der Stoffe $A$, $B$ und $C$ die Linien $f$ die Flüssigkeitsisothermen für die verschiedenen Temperaturen, $d$ die zugehörigen Dampfisothermen und $l$ die Destillationslinien. Dem eingezeichneten Zustandspunkt $F$ auf der Flüssigkeitsisotherme für 120° C muß die Zusammensetzung des beim Sieden entstehenden Dampfes in Zustandspunkt $D$ entsprechen, da beide auf der durch den Punkt $F$ gehenden Destillationslinie liegen.

## 6. Graphische Papiere.

Graphische Papiere enthalten in farbigem Druck horizontale und vertikale Linien, wodurch ein Liniennetz entsteht.

*Millimeterpapier.* Die Abstände der einzelnen Linien betragen 1 mm, wobei jede fünfte, besonders aber jede zehnte durch stärkeren Druck hervorgehoben wird, wodurch Gebrauch und Übersicht erleichtert werden.

An Stelle von Millimeterpapier sind auch Papiere im Handel, bei denen die Netzlinien nicht ausgezogen sind, sondern die nur die Schnittpunkte dieser Linien als Punktnetz tragen. Der Vorteil besteht darin, daß keine Beirrung durch Linien eintritt und eine genauere Interpolation möglich ist.

*Einfach-Logarithmen-Papier* (halblogarithmisches oder Exponentialpapier). Die $x$-Achse (Abszisse) ist gleichmäßig geteilt wie auf Millimeterpapier, während die $y$-Achse (Ordinate) logarithmisch geteilt ist. Die Teilung kann bei Selbstanfertigung z. B. einem Rechenschieber entnommen werden. Der Anfangspunkt hat die Koordinaten $x = 0$ und $y = 1$.

*Doppelt-Logarithmen-Papier* (ganzlogarithmisches oder Potenzpapier). Bei diesem sind beide Achsen logarithmisch geteilt. Der Anfangspunkt hat die Koordinaten $x = 1$ und $y = 1$.

In der Abb. 48 sind die Gleichungen $y = ax + b$, $y = b \cdot a^x$ und $y = b \cdot x^a$ auf Millimeterpapier, halblogarithmischem und logarithmischem Papier graphisch dargestellt.

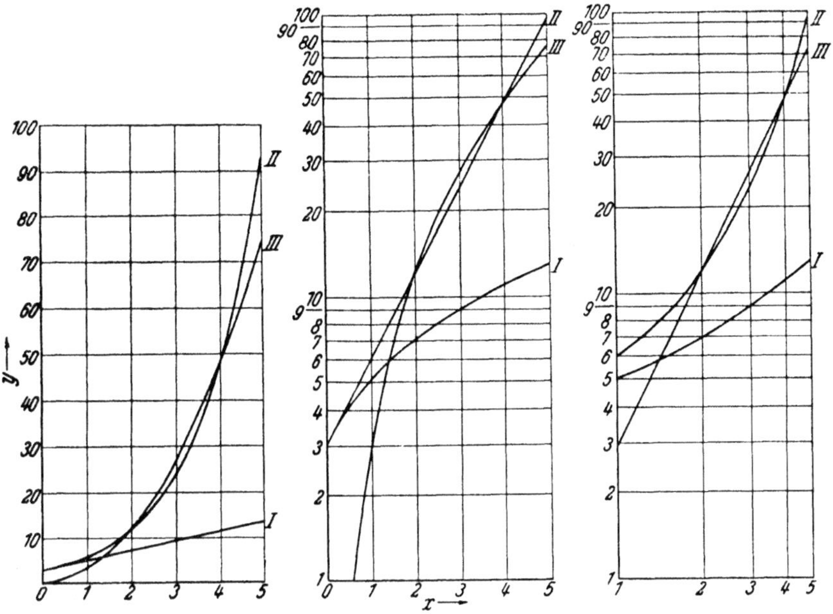


Abb. 48 a – c

Setzen wir z. B. für die Konstanten $a = 2$ und $b = 3$, dann erhalten wir durch Auflösung der Gleichungen nach steigendem $x$ ( $= 1, 2, 3, 4$ usw.) folgende Werte für $y$:

| | $y = ax + b$ (I) | $y = b \cdot a^x$ (II) | $y = b \cdot x^a$ (III) |
|---|---|---|---|
| $x = 0$ | $y = 3$ | $y = 3$ | $y = 0$ |
| 1 | 5 | 6 | 3 |
| 2 | 7 | 12 | 12 |
| 3 | 9 | 24 | 27 |
| 4 | 11 | 48 | 48 |
| 5 | 13 | 96 | 75 |

Durch Einzeichnen der zusammengehörigen Wertpaare in die oben genannten Papiere erkennen wir, daß die Gleichung II auf halblogarithmischem Papier und die Gleichung III auf ganzlogarithmischem Papier zur Geraden wird und auf ihm eine lineare (gleichmäßige) Abhängigkeit darstellt, wodurch die Möglichkeit einer einfachen und genauen Interpolation und Extrapolation entsteht (Abb. 48a bis c).

Logarithmenpapiere verwendet man nicht nur zur Darstellung logarithmischer Zusammenhänge, sondern auch dann, wenn Meßreihen dargestellt werden müssen, bei denen die Zahlenwerte über mehrere Zehnerpotenzen gehen, aber überall gleiche Genauigkeit aufweisen (siehe z. B. Abb. 121, S. 341).

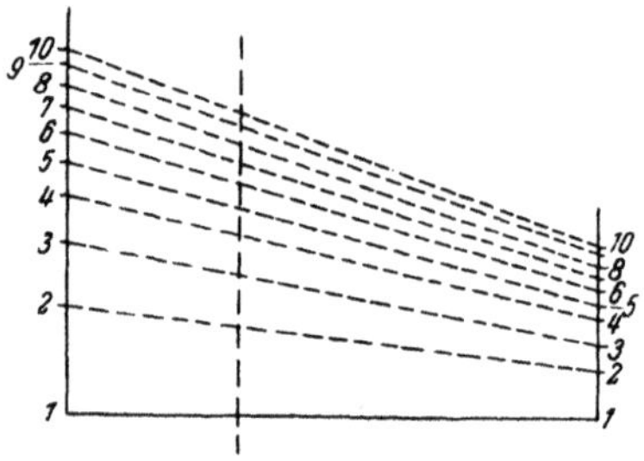
Abb. 49

Benötigt man *Logarithmenteilungen ganz bestimmter Länge*, so hilft man sich in einer der nachstehend angegebenen Arten:

a) Mit Hilfe der Logarithmentafel. Man geht von einer arithmetischen (=gleichförmigen) $x$-Skala aus und zeichnet beim Teilstrich 0,301 (= lg 2) den Wert 2 als Doppelleiter ein, beim Teilstrich 0,447 den Wert 3 usw. Die gleichförmige Skala wird sodann weggelassen, da die Werte 0,301—0,477— usw. nicht abgelesen werden brauchen. Die gleichen Numeri haben gleiche Abstände voneinander (Zeicheneinheit einer logarithmischen Einheit), wodurch das Zeichnen der logarithmischen Skala erleichtert wird.

b) Man überträgt auf ein Zeichenblatt 2 parallele Logarithmenskalen (vom Rechenschieber oder einem Logarithmenpapier). Nun verbindet man alle Teilungspunkte gleicher Bezifferung miteinander. Jede Parallele zu den beiden Logarithmenskalen wird von den Verbindungslinien logarithmisch geteilt (Abb. 49, Logarithmische Harfe).

c) Man zeichnet, wie aus der Abb. 50 ersichtlich, durch den Punkt 1 schräge Strecken, deren Längen die gewünschten Einheiten sind und deren Endpunkte auf der Waagrechten durch den Punkt 10 bestimmt sind. Die Waagrechten des Netzes schneiden diese Strecken in den logarithmischen Teilpunkten. Man kann dazu das käufliche Logarithmenpapier verwenden und auf diesem die schrägen Strecken gewünschter Länge einzeichnen.

In analoger Weise lassen sich auch andere Teilungen durch Projektion verkleinern oder vergrößern.

Beim *hyperbolisch-logarithmischen Netz* trägt die Abszisse eine reziproke Teilung, während die Ordinate logarithmisch geteilt ist. (Konstruktion der Reziprokteilung s. S. 100.)

Die Firma Schleicher & Schüll, Einbeck/Han., erzeugt noch eine Reihe von Spezial-Netzpapieren, von denen für den Chemiker das *Häufigkeitspapier* (s. S. 140), Papiere mit *Wahrscheinlichkeitsnetz*, *Hartmanns Dispersionsnetz* für Untersuchungen im Spektrum, *Körnungsnetz*, ferner *Polarkoordinatenpapier* (s. S. 12) von Interesse sein können.

Für bestimmte, häufig gebrauchte Funktionen kann man sich nach Bedarf graphische Papiere selbst konstruieren, die z. B. eine zusätzliche Funktions-Skala enthalten, wodurch der Anwendungsbereich erweitert wird. Über die Selbstanfertigung eines Diagrammblattes für Dampfdruck- und Löslichkeitskurven auf Grund der Beziehung $\lg P = k/T + C$ siehe S. 225.

*Dreieck-Koordinatenpapier* dient zur Darstellung von ternären Gemischen (s. S. 89).

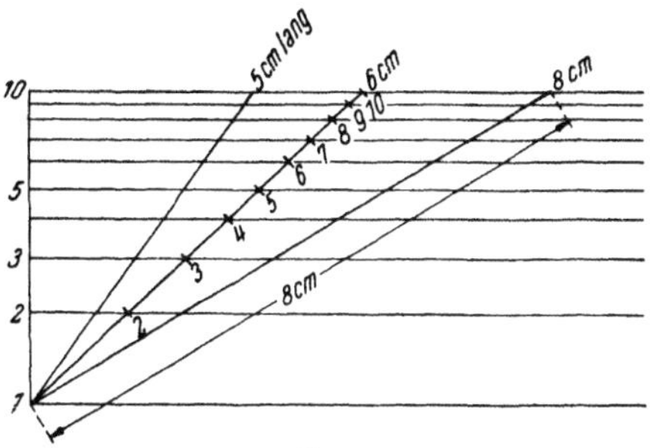

Abb. 50

Der folgende Abschnitt bringt unter *c* eine Übersicht über die Achsenteilungen graphischer Papiere, durch welche verschiedene Funktionen zu geraden Linien werden.

## 7. Streckung von Kurven.

*a) Streckung einer empirischen Kurve.* Die Streckung einer Kurve läßt sich durch Änderung einer Achsenteilung immer erreichen. Bei der in der Abb. 51 gestreckten Kurve ist die lineare

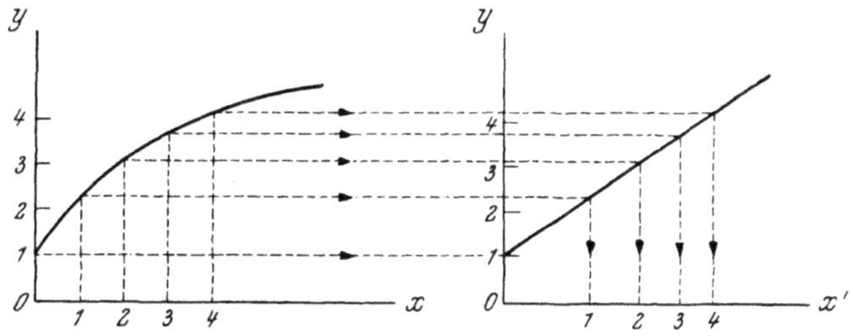

Abb. 51

Teilung der Ordinate beibehalten. Die $x$-Werte werden auf die Gerade herübergeholt und von dort senkrecht nach unten projiziert, wodurch die neue Teilung für $x$ auf der Abszisse festgelegt wird.

*b) Gleichzeitige Streckung zweier Kurven nach* Lafay. Zwei Kurven lassen sich durch gleichzeitige Änderung beider Achsenteilungen strecken (Abb. 52). Das linear geteilte Netz ($x$, $y$) enthält oben rechts die beiden Kurven I und II. Das verzerrte Netz liegt links unten. Zwischen den Kurven I und II zeichnet man einen treppenförmigen Linienzug. Die dadurch festgelegten Punkte $a$ bis

$d$ auf I werden senkrecht nach unten projiziert. Die entsprechenden Punkte $a'$ bis $d'$ haben also mit den Punkten $a$ bis $d$ die Abszisse $x$ gemeinsam. Die Ordinaten $\xi$ der Punkte $a'$ bis $d'$ werden so gewählt, daß sie eine arithmetische Reihe bilden. Man zieht also parallel zur $x$-Achse Linien durch die Punkte $a'$ bis $d'$ mit dem gleichen Abstand $m$. Die Punkte $a'$ bis $d'$ bilden die Verzerrungskurve I'.

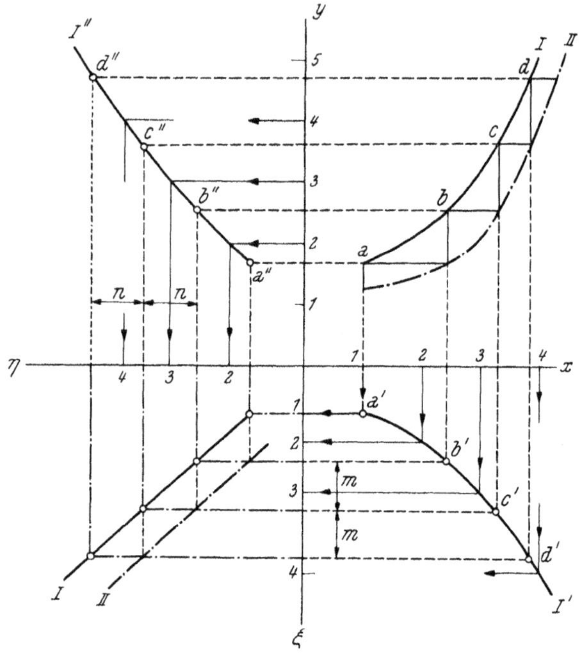


Abb. 52

In gleicher Weise wird die Kurve I'' konstruiert durch waagrechtes projizieren der Punkte $a$ bis $d$. Der gleiche Abstand auf $\eta$ beträgt hier $n$ und wir erhalten die Punkte $a''$ bis $d''$, die zur Kurve I'' verbunden werden. Die Ordinate beträgt $y$ wie bei den Punkten $a$ bis $d$. Nun zieht man die Senkrechten ausgehend von $a''$, $b''$ usw. und die Waagrechten von $a'$, $b'$ usw. und findet die Gerade I. Durch Treppenzug erhält man die Gerade II. Die Teilung findet man durch Projektion der $x$- und $y$-Achse (Pfeile), z. B. die Abschnitte 1, 2, 3 und 4 auf der $\xi$-Achse und die Punkte 2, 3 und 4 auf der $\eta$-Achse.

c) *Achsenteilungen für die Streckung verschiedener Funktionen zu einer Geraden.* Beim Vorliegen einer Gleichung $f(y) = a + b \cdot f(x)$ ist allgemein

$f(y)$ die Ordinatenteilung,
$f(x)$ die Abszissenteilung,
$a$ der Achsenabschnitt und
$b = \dfrac{f(y_2) - f(y_1)}{f(x_2) - f(x_1)}$ der Anstieg.

Für die verschiedenen Funktionen gilt also:

| | Ordincte | Abszisse | Achsenabschnitt | Anstieg |
|---|---|---|---|---|
| $y = a + bx$ | $y$ | $x$ | $a$ | $b = \dfrac{y_2 - y_1}{x_2 - x_1}$ |
| $y = b \cdot x^n$ | $\lg y$ | $\lg x$ | $\lg b$ | $n = \dfrac{\lg y_2 - \lg y_1}{\lg x_2 - \lg x_1}$ |
| $y = a + b \cdot x^n$ | $y$ | $x^n$ | $a$ | $b = \dfrac{y_2 - y_1}{x_2^n - x_1^n}$ |
| $y = a \cdot b^x$ | $\lg y$ | $x$ | $\lg a$ | $\lg b = \dfrac{\lg y_2 - \lg y_1}{x_2 - x_1}$ |
| $y = a + b^x$ | $\lg (y - a)$ | $x$ | $0$ | $\lg b = \dfrac{\lg (y_2 - a) - \lg (y_1 - a)}{x_2 - x_1}$ |
| $y = \dfrac{b}{x}$ | $\lg y$ | $\lg x$ | $\lg b$ | $-1 = \dfrac{\lg y_2 - \lg y_1}{\lg x_2 - \lg x_1}$ |
| $y = \dfrac{b}{x^n}$ | $\lg y$ | $\lg x$ | $\lg b$ | $-n = \dfrac{\lg y_2 - \lg y_1}{\lg x_2 - \lg x_1}$ |
| $y = a + \dfrac{b}{x^n}$ | $\lg (y - a)$ | $\lg x$ | $\lg b$ | $-n = \dfrac{\lg (y_2 - a) - \lg (y_1 - a)}{\lg x_2 - \lg x_1}$ |
| | $y$ | $\dfrac{1}{x^n}$ | $a$ | $b = \dfrac{y_2 - y_1}{\dfrac{1}{x_2^n} - \dfrac{1}{x_1^n}}$ |
| $y = a \cdot x + b \cdot x^n$ | $\lg \left(\dfrac{y}{x} - a\right)$ | $\lg x$ | $\lg b$ | $n - 1 = \dfrac{\lg \left(\dfrac{y_2}{x_2} - a\right) - \lg \left(\dfrac{y_1}{x_1} - a\right)}{\lg x_2 - \lg x_1}$ |
| | $\dfrac{y}{x}$ | $x^{n-1}$ | $a$ | $b = \dfrac{\dfrac{y_2}{x_2} - \dfrac{y_1}{x_1}}{x_2^{n-1} - x_1^{n-1}}$ |
| $y^m = a + b \cdot \dfrac{1}{x^n}$ | $y^m$ | $\dfrac{1}{x^n}$ | $a$ | $b = \dfrac{y_2 - y_1}{\dfrac{1}{x_2^n} - \dfrac{1}{x_1^n}}$ |
| $y = a \cdot e^{-\frac{b}{x}}$ | $\lg y$ | $\dfrac{1}{x}$ | $\lg a$ | $-\dfrac{b}{2{,}303} = \dfrac{\lg y_2 - \lg y_1}{\dfrac{1}{x_2} - \dfrac{1}{x_1}}$ |
| $y = a^{-\left(\frac{x}{b}\right)^n}$ | $\lg\lg \dfrac{1}{y}$ | $\lg \dfrac{x}{b}$ | $\lg\lg a$ | $-n = \dfrac{\lg\lg \dfrac{1}{y_2} - \lg\lg \dfrac{1}{y_1}}{\lg \dfrac{x_2}{b} - \lg \dfrac{x_1}{b}}$ |

Bemerkungen: Für die in den Anstiegswerten enthaltenen Logarithmen gilt, daß nicht die aus der Zeichnung entnommenen Längen, sondern die an der Funktionsskala abgelesenen Werte der Numeri zu verwenden sind.

An Stelle $\lg y$ auf der linear geteilten Ordinate aufzutragen, kann $y$ auf der logarithmisch geteilten Ordinate aufgetragen werden. Analoges gilt für die Abszisse. Diese Vereinfachung ist bei den logarithmischen Papieren verwirklicht.

In bestimmten Fällen wird es möglich sein, die Gleichung so umzuformen, daß eine der oben tabellierten Formen entsteht, z. B. durch Division geeigneter Potenzen von $x$.

So kann man beispielsweise $y = ax + bx^2$ umformen in $\frac{y}{x} = a + bx$. Dann ist $\frac{y}{x}$ auf der Ordinate und $x$ auf der Abszisse aufzutragen.

Oder bei $y = ax^2 + bx^4$ wäre $\frac{y}{x_2}$ als Ordinate und $x^2$ als Abszisse aufzutragen.

**63. Beispiel.** Die Funktion $\lg P = k \cdot \frac{1}{T} + C$ ist als Gerade darzustellen. Man wählt

Ordinate: $\lg P$, Abszisse: $x = \frac{1}{T}$, Achsenabschnitt: $C$ und Anstieg: $k$. ———

## E. Nomogramme.

Die *Nomographie* befaßt sich mit der graphischen Darstellung von gesetzmäßigen Zusammenhängen zwischen verschiedenen veränderlichen Größen derart, daß zusammengehörige Werte bequem abzulesen sind. Sie bietet vor allem dort Vorteile, wo oft wiederkehrende Rechnungen durchzuführen sind, besonders wenn diese langwierig sind und keine allzuhohe Genauigkeit gefordert wird. Solche graphische Rechentafeln nennt man *Nomogramme.*

### 1. Netztafeln.

Netztafeln sind eine geeignete Darstellungsform für die Beziehung zwischen drei Veränderlichen.

Über die Konstruktion und Auswertung von Netztafeln (Kurventafeln) s. S. 87.

Kurventafeln können durch Streckung (s. S. 95) in Fluchtentafeln umgewandelt werden.

## 2. Doppelleitern.

Eine Funktion von 2 Veränderlichen wird durch eine Kurve im rechtwinkeligen Koordinatensystem dargestellt. Aus dieser kann in einfacher Weise eine Doppelleiter konstruiert werden, die das gleiche Schaubild gibt, wie die Kurve, aber den Vorteil besitzt,

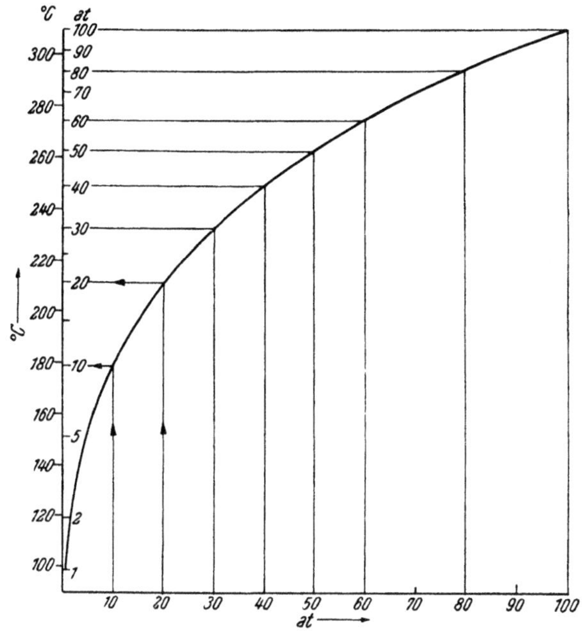


Abb. 53

daß sie einen geringeren Platzbedarf hat. (Die Kurve vermittelt jedoch ein geeigneteres Bild des Zusammenhanges der beiden Veränderlichen.)

Man projiziert die Teilung der Abszissenachse durch parallele Linien in der Richtung der Ordinatenachse auf die Kurve und von dieser durch eine weitere Parallelprojektion in Richtung der Abszissenachse an die Ordinate selbst (und hat damit die Funktionsleiter an die Grundleiter geworfen), wodurch die Doppelleiter gebildet ist.

**64. Beispiel.** Der Zusammenhang zwischen Druck und Siedetemperatur des Wassers soll als Doppelleiter dargestellt werden. Wir legen der Kurve folgende Wertpaare zugrunde:

| | | |
|---|---|---|
| 1 at — 99,1° | 20 at — 211,4° | 60 at — 274,3° |
| 2 at — 119,6° | 30 at — 232,8° | 80 at — 293,6° |
| 5 at — 151,1° | 40 at — 249,2° | 100 at — 309,5° |
| 10 at — 179,0° | 50 at — 262,7° | |

Wir wählen als Abszisse den Druck, als Ordinate die Siedetemperatur und konstruieren die Doppelleiter durch zweimalige Parallelprojektion (Abb. 53). ———

Liegt die Funktion als Formel vor, kann die Doppelleiter auch auf *rechnerischem Wege* ermittelt werden, indem man z. B. die $x$-Leiter festlegt und aus der Formel einige Werte von $y$ berechnet und markiert und Zwischenwerte in dem erhaltenen Maßstab in die Leiter einzeichnet. (Siehe z. B. S. 94, Konstruktion der logarithmischen Skala.)

### 3. Projektive Leitern.

Das Prinzip der projektiven Leiter soll an Hand der Reziprok-Teilung (Kehrwert-Leiter) erläutert werden. Wir wählen die rezi-

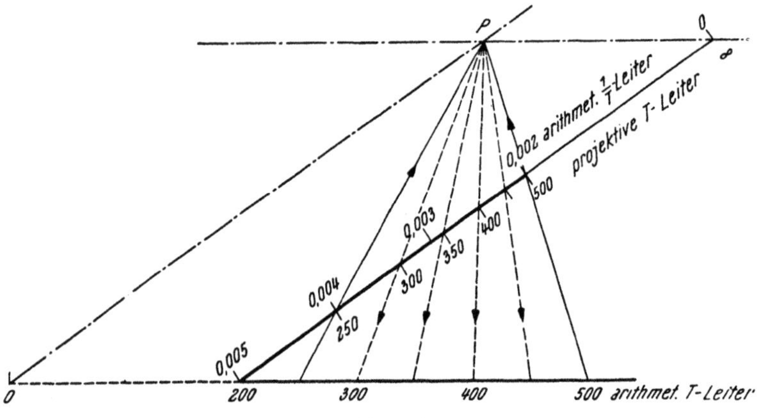


Abb. 54

proke Temperaturskala, welche ein häufiger Bestandteil von Diagramm-Netzen ist (z. B. Dampfdruck-Temperatur-Diagramme, S. 223): $f(T) = y = \frac{1}{T}$.

Man zeichnet, wie in Abb. 54 dargestellt, eine arithmetische (d. h. gleichmäßig geteilte) Leiter z. B. von $T = 200$ bis 500° K sowie in einem beliebigen Winkel vom Punkt 200 die schräge Kehrwert-Leiter der gewünschten Länge. Für $T = 200$ ist $\frac{1}{T} =$

$= 0{,}005$. Nun berechnet man 2 oder 3 Punktpaare, z. B. ist für $T = 250 \ldots \frac{1}{T} = 0{,}004$, für $T = 500 \ldots \frac{1}{T} = 0{,}002$. Die schräge Leiter wird vom angenommenen Anfangswert 0,005 bis zum vorher festgelegten Endpunkt 0,002 $\left(= \frac{1}{500}\right)$ ebenfalls gleichmäßig geteilt. Durch Ziehen der Verbindungsgeraden der zusammengehörenden Punkte und Verlängerung erhält man den Schnittpunkt $P$ (Projektionspol). Von diesem aus werden die Verbindungsgeraden zu den Skalenpunkten der arithmetischen $T$-Skala gezeichnet, welche die schräge Kehrwert-Leiter in den entsprechenden Punkten für $\frac{1}{T}$ schneiden. Man beziffert natürlich nicht mit den Kehrwerten, sondern mit den Werten für $T$ (Projektive $T$-Leiter in der Abb. 54).

Um das Konstruktionsbild zu vervollständigen, verlängern wir die arithmetische $T$-Leiter bis $T = 0$ und die Reziprok-Leiter bis $\frac{1}{T} = 0$. Für $T = 0$ ist $f(T) = y = \infty$, womit eine Gerade resultiert, die parallel zur Reziprok-Leiter verläuft und durch den Punkt $P$ geht. Für $T = \infty$ ist $f(T) = 0$, dargestellt durch eine Parallele zur arithmetischen $T$-Leiter.

Die Reziprokteilung $f(x) = \frac{1}{x}$ ist ein spezieller Fall der projektiven Funktion $f(x) = y = \frac{ax + b}{cx + d}$, die nach dem gleichen Prinzip konstruiert wird. Man zeichnet die arithmetische $x$-Leiter und in beliebigem Winkel die projektive Leiter. Es ist dann nur nötig 2 oder besser 3 Punktpaare zu berechnen und diese zu verbinden, um den Projektionspol zeichnerisch zu finden.

Werden in der allgemeinen Formel $a = 0$, $b = 1$, $c = 1$ und $d = 0$ gesetzt, entsteht die Form $y = \frac{1}{x}$, also die Kehrwert-Leiter.

## 4. Symmetrische Leitertafeln.

Sind die Abstände $p$ und $q$ der senkrechten Funktionsleitern gleich (Abb. 55), dann ist in dem gebildeten Trapez $2c = a + b$ (oder die Mittellinie $c$ ist das arithmetische Mittel aus den beiden Parallelseiten $a$ und $b$). Diese Gleichung nennt man die *Schlüsselgleichung*.

Allgemein schreiben wir eine solche Additionsgleichung $w = u + v$. Wir multiplizieren diese Gleichung mit der Zeicheneinheit $l$ und erhalten $l \cdot w = l \cdot u + l \cdot v$; schreiben wir darunter die Schlüsselgleichung $2c = a + b$ und passen wir die Gleichungen einander an, indem wir setzen: $a = l \cdot u$, $b = l \cdot v$ und $c = \frac{1}{2} l \cdot w$ so ergeben sich für die einzelnen Funktionsleitern die Zeicheneinheiten $l_u = l$, $l_v = l$, $l_w = \frac{1}{2} l$, d. h. die Zeicheneinheiten der beiden Außenleitern sind einander gleich, die der Innenleiter ist halb so groß.

**65. Beispiel.** Zu konstruieren ist eine symmetrische Leitertafel für die Addition.

Wir wählen als Zeicheneinheit für die Außenleitern 1 cm pro Einheit, folglich ist diejenige der Innenleiter 0,5 cm. Der Abstand $p = q$ (welcher beliebig gewählt werden kann und sich nach der geforderten Ablesegenauigkeit richtet). Nun setzen wir den Bereich,

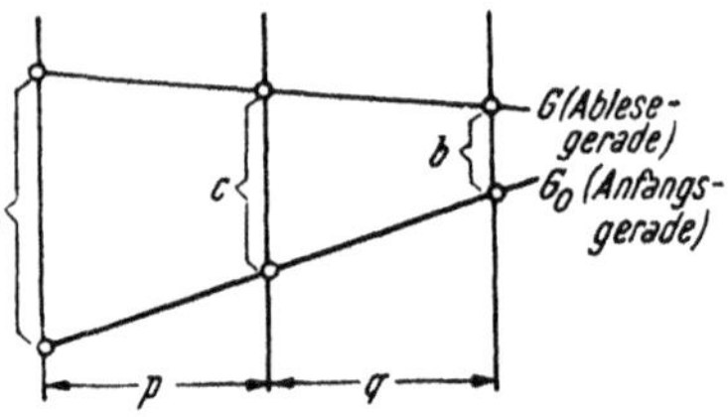

Abb. 55

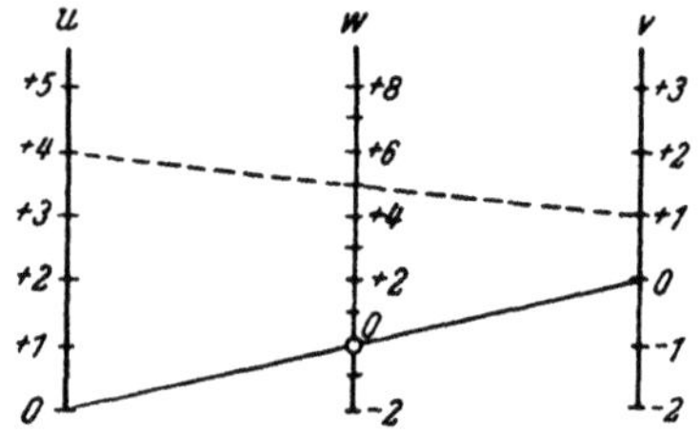

Abb. 56

für welchen die Leitertafel verwendet werden soll, fest, z. B. $u$ von 0 bis $+5$ und $v$ von $-2$ bis $+3$ (dann bewegt sich $w$ in den Grenzen $-2$ bis $+8$).

Die Anfangspunkte der 3 Funktionsleitern $u = 0$, $v = 0$ und $w = 0$, müssen auf der Anfangsgeraden $G_0$ liegen, deren Lage gleichgültig ist. (Ihre Lage kann man oft ausnutzen, um der Leitertafel eine geeignete Form zu geben.) Durch die Verbindung der beiden Anfangspunkte von $u$ und $v$ ist die Lage der $w$-Leiter festgelegt, denn die Verbindungsgerade muß durch den Anfangspunkt der $w$-Leiter gehen. Nun wird die vorher bestimmte Zeicheneinheit auf der $w$-Leiter aufgetragen (Abb. 56). Das gestrichelt eingezeichnete Beispiel $4 + 1$ ergibt nun den Wert 5 auf der $w$-Leiter. ——

Alle Gleichungen, die auf diese einfache Schlüsselgleichung $a + b = 2c$ zurückgeführt werden können, sind auf diese Weise lösbar. Hierher gehören z. B. die Multiplikationen $u \cdot v = w$. Durch Logarithmieren erhalten wir $\lg u + \lg v = \lg w$ und haben wiederum eine Addition vor uns. Die einzelnen Funktionsleitern sind in diesem Fall logarithmisch geteilt. Bei der logarithmischen Leiter umfaßt die Zeicheneinheit den Abstand der Zahlen 1 bis 10. Ein weiteres Beispiel sei die Gleichung $w = \sqrt{u^2 + v^2}$. Durch Quadrieren der Gleichung wird $w^2 = u^2 + v^2$ erhalten, also ebenfalls eine Addition. Die Funktionsleitern sind dann naturgemäß Potenzleitern.

### 5. Unsymmetrische Leitertafeln.

Wir zeichnen die Gerade $G'_0$ (parallel zur Geraden $G_0$ durch den Schnittpunkt von $G$ mit der Mittelleiter) und erhalten die beiden schraffierten ähnlichen Dreiecke, so daß die Beziehung besteht $\frac{a-c}{p} = \frac{c-b}{q}$ (Abb. 57). Durch Umformung ergibt sich daraus $a \cdot q + b \cdot p = c \cdot (p+q)$. (Setzt man $p = q$ und dividiert durch $q$, dann kommt man auf die unter 4 genannte Schlüsselgleichung

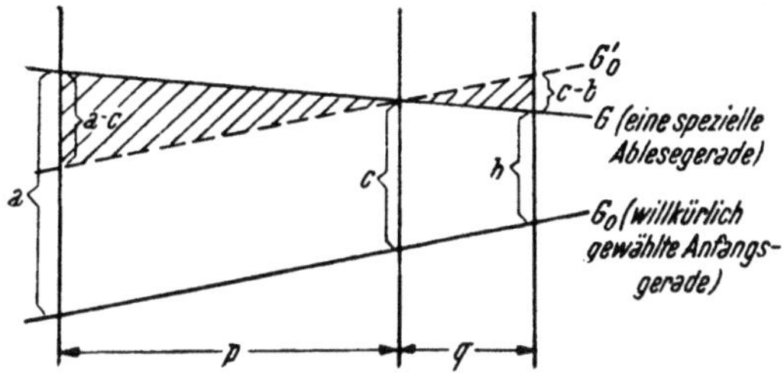


Abb. 57

für den symmetrischen Fall.) Nun nehmen wir wieder die Angleichung an die Additionsgleichung vor:

$$a \cdot q + b \cdot p = c \cdot (p+q)$$
$$l \cdot u + l \cdot v = l \cdot w$$

und setzen $a = \frac{1}{q} \cdot l \cdot u$, $b = \frac{1}{p} \cdot l \cdot v$ und $c = \frac{1}{p+q} \cdot l \cdot w$; daraus ergeben sich für die einzelnen Funktionsleitern die Zeicheneinheiten $l_u = \frac{1}{q} \cdot l$, $l_v = \frac{1}{p} \cdot l$ und $l_w = \frac{1}{p+q} \cdot l$. Zwischen diesen Zeicheneinheiten bestehen folgende Beziehungen: $l_u \cdot q = l_v \cdot p$ oder $l_u = l_v \cdot \frac{p}{q}$ und $l_v = l_u \cdot \frac{q}{p}$, d. h., die Zeicheneinheiten der beiden Außenleitern $u$ und $v$ verhalten sich wie die zugehörigen Abstände $p$ und $q$ von der Mittelleiter.

$l_w = \frac{l_u \cdot q}{p+q} = \frac{l_v \cdot p}{p+q}$; durch Einsetzen erhalten wir

$$= l_w \frac{l_u}{\frac{p}{q}+1} = \frac{l_v \cdot \frac{p}{q}}{\frac{p}{q}+1}; \text{ nachdem } \frac{p}{q} = \frac{l_u}{l_v} \text{ ist}$$

$$l_w = \frac{l_u}{\frac{l_u}{l_v} + 1} = \frac{l_v \cdot \frac{l_u}{l_v}}{\frac{l_u}{l_v} + 1} = \frac{l_v \cdot l_u}{l_u + l_v}$$ woraus ersichtlich ist, daß es nicht auf die absoluten Werte von $p$ und $q$, sondern nur auf das Verhältnis $\frac{p}{q}$ ankommt.

Durch die Wahl der unsymmetrischen Anordnung wird häufig ein günstigeres Dimensionieren der Mittelleiter erreicht.

**66. Beispiel.** Für das Ohmsche Gesetz $I = \frac{U}{R}$ ist eine Leitertafel zu konstruieren.

Durch Logarithmieren erhalten wir $\lg I = \lg U - \lg R$, das entspricht allgemein geschrieben $w = u - v$.

Einführung der Zeicheneinheit: $l_w \cdot w = l_u \cdot u - l_v \cdot v$.

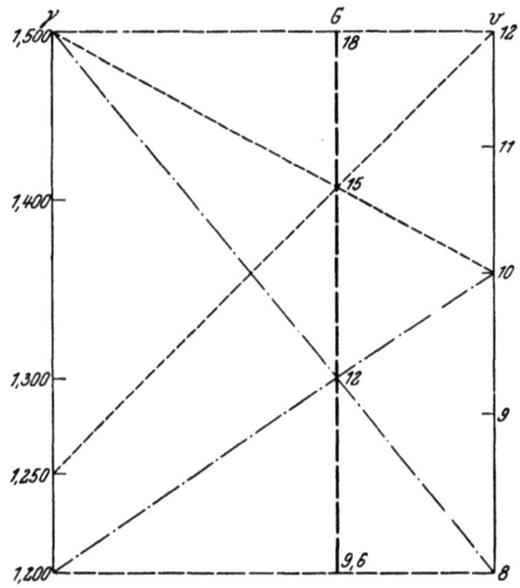


Abb. 58

Soll $R$ für einen Bereich von 1 bis 10 Ohm gelten ( = 1 logarithmische Einheit) und $U$ von 1,5 bis 20 Volt (liegt ebenfalls innerhalb einer logarithmischen Einheit), so können wir $l_u = l_v$ wählen (wodurch die Leitertafel wieder symmetrisch wird). Dann ist $l_w = \frac{l_u \cdot l_v}{l_u + l_v} = \frac{l_u}{2}$. Wenn wir $l_u = l_v = 250\,mm$ in logarithmischer Teilung wählen, dann ist $l_w = 125$ mm in logarithmischer Teilung (die Längen dieser beiden logarithmischen Einheiten können einem normalen Rechenschieber entnommen werden!).

Die Leitern $u$ und $v$ zeichnen wir parallel zueinander und wegen des Minuszeichens mit in entgegengesetztem Sinn wachsender Bezifferung. Der Abstand der Leitern und die Lage ihrer Anfangspunkte ist beliebig. Da das Verhältnis der Abstände $\frac{p}{q} = \frac{l_u}{l_v} = \frac{250}{250} = 1$, so ist die $w$-Leiter mit halb so großem Maßstab ($l_w$) an die Gerade zu legen, die genau in der Mitte der beiden Leitern parallel zu ihnen verläuft. Die Leiter ist gleichsinnig mit der $u$-Leiter. Der Anfangspunkt wird mit Hilfe eines Beispiels bestimmt, etwa $U = 15$ und $R = 1$, dann ist $I = 15$. Diese 3 Punkte müssen auf einer Geraden liegen. ———

*Graphisches Verfahren zur Herstellung einer Leitertafel (Fluchtentafel) mit 3 geraden Leitern.*

Das Verfahren soll an Hand der Gleichung $G = v \cdot \gamma$ gezeigt werden. (Abb. 58.) Nachdem es sich um eine Multiplikation handelt, ist es vorteilhaft, die Leitern logarithmisch zu teilen. Die $\gamma$-Leiter sei für Werte von 1,500 bis 1,200, die $v$-Leiter für 12 bis 8 zu zeichnen. Die Gesamtlänge jeder Leiter betrage 200 mm.

Die logarithmische $\gamma$-Leiter muß also von (lg 1,500 =) 0,1761 bis (lg 1,200 =) 0,0792 reichen. Die Konstruktion der Teilung kann entweder so vorgenommen werden, daß man die entsprechende Logarithmenteilung nach S. 94 (Abb. 49 und 50) zeichnerisch ermittelt oder rechnerisch auf folgende Weise:

lg 1,500 . . . . . 0,1761
— lg 1,200 . . . . . 0,0792
= 0,0969 . . . aufzutragen auf 200 mm Skalenlänge,

daher ist die Zeicheneinheit für 0,0001 . . . $200 : 0{,}0969 = x : 0{,}0001$, daraus $x = 0{,}206$.

Für den Punkt 1,300 ist dann lg 1,300 = 0,1139
— lg 1,200 = 0,0792
= 347, durch

Multiplikation mit 0,206 erhalten wir 71,4 mm, welche von 0 mm aus (oder $\gamma = 1{,}200$) gemessen werden; dieser Punkt wird markiert. Ebenso werden noch weitere Zwischenwerte festgelegt und man erhält so die Teilung der $\gamma$-Skala.

In gleicher Weise verfährt man mit der parallel zur $\gamma$-Leiter gezeichneten, gleichlangen $v$-Leiter, bei der die Zeicheneinheit ermittelt wird zu

lg 12 = 1,0792
— lg 8 = 0,9031
= 0,1761, daraus $200 : 0{,}1761 = x : 0{,}0001$; $x = 0{,}114$.

Nun errechnet man auch hier verschiedene Zwischenwerte, z. B. für $v=9$, 10 und 11 und markiert die erhaltenen Punkte. Die Leiter wird dann jeweils logarithmisch unterteilt.

Damit sind die beiden Leiterteilungen festgelegt und die Lage der $G$-Leiter wird nun graphisch wie folgt ermittelt: Die Verbindung der Grenzwerte ($v=12, \gamma=1{,}500$) und ($v=8, \gamma=1{,}200$) führt nach der Gleichung $G=v\cdot\gamma$ zu den Endwerten der $G$-Skala 30 und 12. Nun wählen wir einen beliebigen Zwischenwert, z. B. $G_1=15$ und 2 Werte für $v$ ($v_1=12$ und $v_2=10$) und berechnen $\gamma$, also $\gamma_1=15:12=1{,}25$ und $\gamma_2=15:10=1{,}50$; nach Markierung der Punkte verbindet man $v_1$ mit $\gamma_1$ und $v_2$ mit $\gamma_2$. Der Schnittpunkt ist der gesuchte Punkt $G_1=15$.

Dasselbe wiederholt man für den zweiten Punkt, z. B. $G_2=12$ und wählt $v_3=10$ und $v_4=8$. Damit ergeben sich $\gamma_3=12:10=1{,}20$ und $\gamma_4=12:8=1{,}50$. Der Schnittpunkt der beiden Verbindungslinien $v_3-\gamma_3$ und $v_4-\gamma_4$ gibt den Punkt $G_2=12$.

Die Gerade durch $G_1$ und $G_2$ bildet die $G$-Skala, von der bereits die Endwerte bekannt sind. Die logarithmische Teilung wird in analoger Weise wie oben beschrieben ermittelt.

### 6. Leitertafeln mit schräger Mittelleiter.

Die Anfangspunkte der parallelen Leitern $U$ und $V$ seien A und B. A sei gleichzeitig der Anfangspunkt für die Leiter $W$ und die unveränderliche Strecke $\mathrm{A\,B}=a$ (Abb. 59). Die Pfeile zeigen die positiven Richtungen an. Die 3 Punkte P, Q und R liegen nur dann auf einer Geraden, wenn $\mathrm{A\,P}:\mathrm{B\,Q}=\mathrm{A\,R}:\mathrm{B\,R}$ oder $u:v=w:(a-w)$. Daraus ist $\frac{w}{a-w}=\frac{u}{v}$. $\Big($Die allgemeine Form dieser Gleichung lautet $w=\frac{u}{v}$.$\Big)$ Die Leitern $U$ und $V$ sind parallel und entgegengesetzt gerichtet in beliebigem Maßstab auf Millimeterpapier zu zeichnen. Die Leiter $W$ ergibt sich durch Konstruktion. (Auf die mathematische Ableitung dieser projektiven Skala soll hier nicht näher eingegangen werden.)

**67. Beispiel.** Die Formel zur Berechnung der Korrektion der Ablesung eines Quecksilberbarometers mit Messingmaßstab lautet $\varepsilon=t\cdot 0{,}00016\,p$. Darin sind $\varepsilon$ die abzuziehende Korrektur in Torr, $p$ der abgelesene Barometerstand in Torr und $t$ die Temperatur in °C.

Die Größe $p$ erscheint auf der $u$-Leiter, $\varepsilon$ auf der $v$-Leiter und $t$ auf der $w$-Leiter. Die Skalen $u$ und $v$ sind in unserem Falle regulär, $w$ ist projektiv. Wir bringen also die Größen $p$ und $\varepsilon$

auf den beiden parallelen Leitern unter, deren Abstand nach Bedarf gewählt werden kann.

Die Leiter $t$ findet man wie folgt: Da der Träger dieser Leiter eine gerade Linie ist, genügt es, 2 Punkte festzulegen. Als einer davon kann der Punkt $\varepsilon = 0$ der $\varepsilon$-Leiter dienen. Denn da nach der Gleichung $\varepsilon = t \cdot 0{,}00016\, p$ bei $t = 0$ für beliebige Werte von $p$ $\varepsilon = 0$ wird, ist der Punkt $\varepsilon = 0$ der $\varepsilon$-Leiter zugleich ein Punkt der $t$-Leiter. Als zweiter Bestimmungspunkt soll z. B. der Schnittpunkt der Verbindungsgeraden $p = 500/\varepsilon = 4$ mit der Geraden $p = 625/\varepsilon = 5$ dienen, denn beide Geraden geben nach der Formel

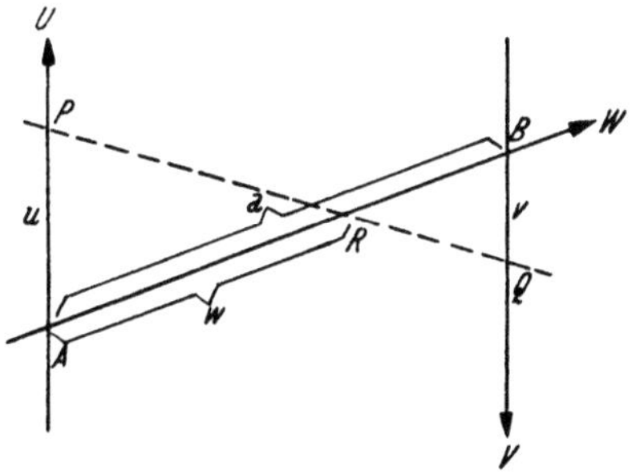

Abb. 59

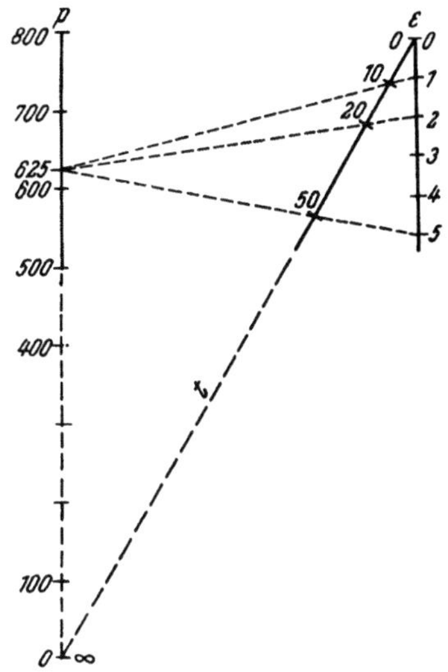

Abb. 60

den gleichen Wert $t = 50$ der $t$-Leiter. (Oder bei $p = 0$ wird $\varepsilon = \infty$, denn $t = \frac{\varepsilon}{0{,}00016\, p}$, daher ist der Punkt $\varepsilon = \infty$ zugleich der Nullpunkt der $p$-Leiter.)

Nun wird der Maßstab für die projektive Teilung ermittelt. Für $p = \frac{10000}{16} = 625$ geht die Formel über in $t = 10 \cdot \varepsilon$. Projiziert man also die $\varepsilon$-Leiter vom Punkt $p = 625$ der $p$-Leiter aus auf den aufgefundenen Träger, so erhält man die Punkte der $t$-Leiter, die mit den zehnfachen Zahlen der entsprechenden Punkte der $\varepsilon$-Leiter zu beziffern sind (Abb. 60).

Da für unser Beispiel nur $p$-Werte von etwa 500 bis 800 Torr gebraucht werden, können im Nomogramm die Werte von 0 bis 500 Torr unterdrückt werden (d. h. die in der Abbildung gestrichelten Linien fallen im endgültigen Nomogramm weg).

## 7. Leitertafeln mit einem krummlinigen Skalenträger.

Die für die Fluchtentafeln mit 3 geradlinigen Leitern aufgestellten Gleichungen (z. B. $w = u + v$) lassen sich auf die allgemeine Schlüsselgleichung $f_1(u) + f_2(v) + f_3(w) = 0$ zurückführen. Die geradlinigen Leitern können dabei auch durch krummlinige Leitern ersetzt werden. Die Parameter für diese drei gerad- oder krummlinigen Leitern sind ganz allgemein:

Leiter $u$ ...... $x_u = f_1(u)$, $y_u = g_1(u)$
Leiter $v$ ...... $x_v = f_2(v)$, $y_v = g_2(v)$
Leiter $w$...... $x_w = f_3(w)$, $y_w = g_3(w)$.

Darin bedeuten $f_1$, $g_1$ und $f_2$ beliebige Funktionen. An Stelle $f_1(u)$ schreiben wir in folgendem der besseren Übersicht halber einfach $f_1$, an Stelle $g_1$ $(u)$ einfach $g_1$ usw.

Bedingung ist nun, daß die 3 Punkte $(x_u, y_u)$, $(x_v, y_v)$ und $(x_w, y_w)$ auf einer Geraden („Flucht") liegen (Abb. 61), also daß

$$\frac{y_w - y_u}{x_w - x_u} = \frac{y_v - y_u}{x_v - x_u}.$$

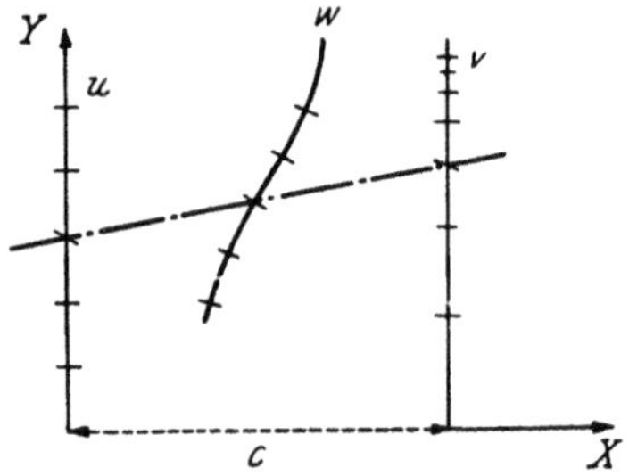


Abb. 61

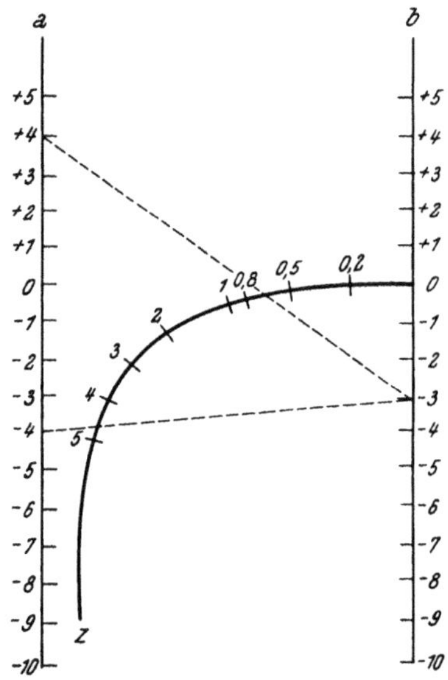


Abb. 62

In diese Gleichung die Parameterwerte eingesetzt, ergibt die Schlüsselgleichung für eine Fluchtentafel aus 3 beliebigen, geraden oder krummen Leitern.

$$\frac{g_3 - g_1}{f_3 - f_1} = \frac{g_2 - g_1}{f_2 - f_1}.$$

Am wichtigsten sind aus dieser Gruppe jene Tafeln mit 2 parallelen, geradlinigen und einer krummen Leiter ($w$); Abb. 61.

Befindet sich die $u$-Leiter $y = g_1(u)$ auf der $Y$-Achse und die $v$-Leiter $y = g_2(v)$ im Abstand $c$ parallel hiezu, so werden $f_1 = 0$ und $f_2 = c$ und die Schlüsselgleichung vereinfacht sich zu

$$\frac{g_3 - g_1}{f_3} = \frac{g_2 - g_1}{c} \text{ oder } g_1(f_3 - c) + g_2(-f_3) + c\, g_3 = 0.$$

**68. Beispiel.** Für die Gleichung $z^2 + a\,z + b = 0$ ist für den Bereich $a = +5$ bis $-10$, $b = +5$ bis $-10$ ein Nomogramm zu zeichnen.

Um eine Gleichung von der Form der Schlüsselgleichung zu bekommen, müssen wir mit $\frac{-c}{1+z}$ multiplizieren:

$$a \cdot \frac{-cz}{1+z} + b \cdot \frac{-c}{1+z} + \frac{-cz^2}{1+z} = 0.$$

Aus dieser Schlüsselgleichung kann man die Funktionen $g_1, g_2, g_3, f_3$ herauslesen und hat sogleich die gesuchten Parameter.

Wählen wir den Abstand $c = 10$, dann sind die Parameter:

$a$-Leiter ...... $x_a = 0, \quad y_a = a,$

$b$-Leiter ...... $x_b = 10, \quad y_b = b,$

$z$-Leiter ...... $x_z = \frac{10}{1+z}, \quad y_z = \frac{-z^2}{1+z}.$

Die Zeicheneinheit sei 1 cm, wodurch sich das Nomogramm der Abb. 62 ergibt.

Das eingezeichnete Beispiel für $a = \pm 4$ und $b = -3$ gibt die Wurzeln $z_1 = \pm 0{,}65$ und $z_2 = \mp 4{,}65$.

Allgemein ist zu sagen, daß die Fluchtenlinie $a\,b$ in den Schnittpunkten mit der $z$-Kurve die positiven Wurzeln $z_1$ und $z_2$ liefert (ebenso wäre der Berührungspunkt eine Wurzel). Wird die $z$-Kurve von der Fluchtenlinie nur in einem Punkt oder nicht geschnitten, so muß noch die Fluchtenlinie $-a\,b$ gebildet werden, welche dann die absoluten Werte der negativen Wurzeln ergibt. Treffen sich die Fluchtenlinien und die Kurve überhaupt nicht, so besitzt die Gleichung keine reellen Wurzeln. ——

## 8. Zusammengesetzte Nomogramme.

Gleichungen mit mehr als 3 Veränderlichen löst man mit Hilfe zusammengesetzter Tafeln. So kann beispielsweise das Nomogramm für eine Gleichung mit 4 Veränderlichen aus 2 Netz-

bzw. 2 Fluchtentafeln oder einer Netz- und einer Fluchtentafel mit je 3 Veränderlichen zusammengesetzt werden. Die Abb. 63 und 64 zeigen ein solches zusammengesetztes Nomogramm für die Berechnung von Rohrgewichten auf Grund der Formel

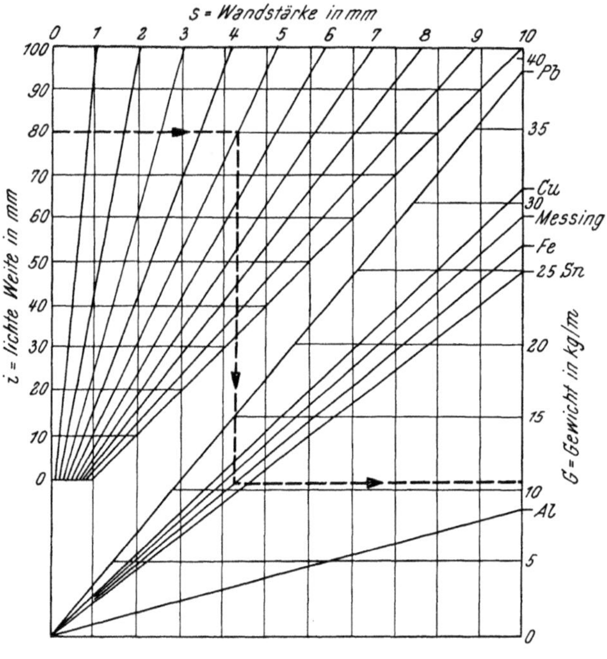


Abb. 63

$G = 0{,}001 \cdot \pi \cdot (is + s^2) \cdot \gamma$. Darin bedeuten $G$ das Gewicht des Rohres in kg/m, $i$ die lichte Weite in mm, $s$ die Wandstärke in mm und $\gamma$ das spez. Gewicht des Werkstoffes.

Nach der Umformung in $\frac{1000 \cdot G}{\pi \cdot \gamma} = i\,s + s^2$ stehen auf jeder Seite nur 2 Veränderliche, so daß wir durch Einführung einer Hilfsveränderlichen in 2 Gleichungen mit je 3 Veränderlichen zerlegen können: $\varphi = \frac{1000 \cdot G}{\pi \cdot \gamma}$ und $\varphi = i\,s + s^2$. Für jede Gleichung wird ein Nomogramm gezeichnet, wobei $\varphi$ in jeder der beiden Tafeln durch dieselbe Linienschar (Abb. 63) oder durch die gemeinsame Zapfenlinie (Abb. 64) dargestellt wird. Das in beiden

Nomogrammen eingezeichnete Beispiel lautet: 1 m Eisenrohr von 80 mm lichter Weite und 5 mm Wandstärke wiegt 10,5 kg.

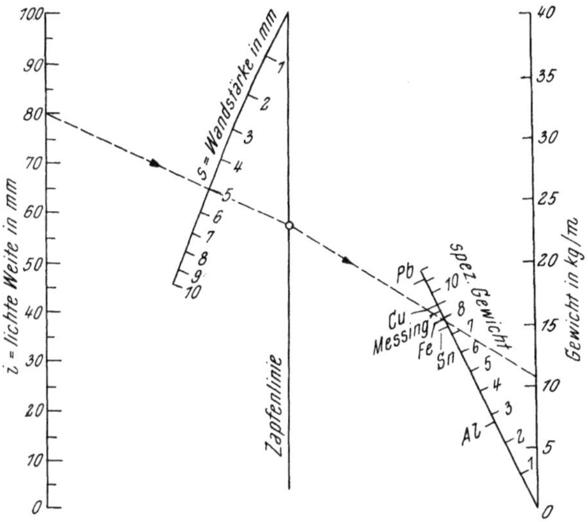


Abb. 64

# F. Aufstellung einer Formel aus den Meßergebnissen.

## 1. Allgemeines und Anhaltspunkte.

*a*) Ist der gesetzmäßige Zusammenhang zwischen abhängiger und unabhängiger Größe bekannt, muß lediglich überprüft werden, ob die erhaltenen Meßwerte der gegebenen Gleichung (innerhalb der Fehlergrenzen) folgen.

*b*) In vielen Fällen wird es sich dabei um die *Berechnung einer Konstanten* (z. B. Gleichgewichtskonstante, Geschwindigkeitskonstante) handeln, die für den Verlauf dieser speziellen Reaktion charakteristisch ist (Beispiele siehe S. 252 und 311).

Über die Berechnung der Konstanten einer Gleichung mit Hilfe der Ausgleichsrechnung siehe S. 117, über ihre Ermittlung auf graphischem Wege S. 115.

*c*) Ist es unmöglich, auf Grund theoretischer Gesichtspunkte einen Zusammenhang zwischen abhängiger und unabhängiger Größe zu finden, muß man versuchen aus den Meßergebnissen eine *empirische Formel* aufzustellen. Allgemeine Regeln hiefür lassen sich nicht geben, es spielen Erfahrung und Übung eine große Rolle.

Oft gibt die *graphische Darstellung* der Meßergebnisse wichtige Anhaltspunkte. Dabei ist leicht festzustellen, ob sich die aufgetragenen und verbundenen Punkte der Meßwerte innerhalb des Fehlerbereiches einer bekannten Kurve eng anschmiegen. Handelt es sich um eine Gerade, so gilt die Gleichung $y = a + b\,x$ (siehe 70. Beispiel, S. 113), für eine Parabel $y = a + b\,x + c\,x^2$ (siehe 72. Beispiel, S. 116). Geraden Linien auf Logarithmenpapier liegen die Gleichungen $y = b \cdot a^x$, bzw. $y = b \cdot x^a$ zugrunde (siehe S. 93 und 71. Beispiel, S. 114).

Man versuche, durch Umformung zu der Gleichung einer Geraden zu kommen (Zusammenstellung der Formeln s. S. 97).

*d*) Häufig geben die für eine Reihe von Wertpaaren angenähert berechneten Werte von $\frac{dy}{dx}$ brauchbare Anhaltspunkte.

| Ist die Änderung von $\frac{dy}{dx}$ proportional | kann der Zusammenhang zwischen $x$ und $y$ ausgedrückt werden durch |
|---|---|
| $y$ ................. | $y = b \cdot e^{ax}$; $y = b \cdot e^{-ax}$ |
| $\frac{x}{y}$ ................. | $y = b \cdot x^a$ |
| $x$ ................. | $y = a + bx^2$ |

*Näherungsformel zur Berechnung von* $\frac{dy}{dx}$ aus den Beobachtungsergebnissen.

Man bilde Differenzen nach folgendem Schema:

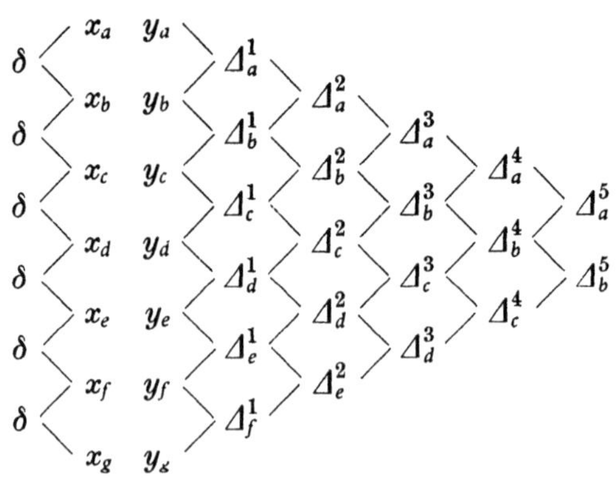

Dann ist z. B. $= \left(\frac{dy}{dx}\right)_{x=x_d} =$

$$= \frac{1}{\delta} \cdot \left( \frac{\Delta_c^1 + \Delta_d^1}{2} - \frac{1^2}{3!} \cdot \frac{\Delta_b^3 + \Delta_c^3}{2} + \frac{1^2 \cdot 2^2}{5!} \cdot \frac{\Delta_a^5 + \Delta_b^5}{2} + \ldots \right)$$

**69. Beipsiel.** Horstman bestimmte den Dissoziationsdruck $p$ von Ammoniumsilberchlorid bei $t = 8°$ C zu $p = 432$ Torr, bei 12° C zu 520 Torr und bei 16° C zu 653 Torr. Zu berechnen ist $\left(\frac{dp}{dt}\right)_{t=12^0}$.

$$\left(\frac{dp}{dt}\right)_{t=12} = \frac{1}{4} \cdot \left(\frac{88 + 133}{2}\right) = 27{,}6 \text{ Torr.}$$ ———

*e*) Zeigt $y$ in seiner Abhängigkeit von $x$ periodische Eigenschaften, können trigonometrische Reihen herangezogen werden.

## 2. Bestimmung der Konstanten einer Gleichung auf graphischem Wege.

*a*) *Gerade Linie auf Millimeterpapier.* Schmiegen sich die aufgetragenen Meßwerte eng an eine Gerade an, so gilt demnach für den Zusammenhang die Gleichung $y = a + bx$. Man bestimmt den Schnittpunkt der Geraden mit der $y$-Achse sowie den $\operatorname{tg} \alpha$ (siehe S. 13).

**70. Beispiel.** Das Potential $\varepsilon$ der Elektrode Cd/0,5 m Cd $SO_4$/Cd-amalgam wurde bei verschiedenen Temperaturen $t$ gemessen zu: 0° C 55,38 mV, 10° C 53,59 mV, 20° C 51,48 mV und 30° C 49,50 mV. Aufzustellen ist die Gleichung, welche für den Zusammenhang zwischen $t$ und $\varepsilon$ zwischen 0° C und 30° C gilt.

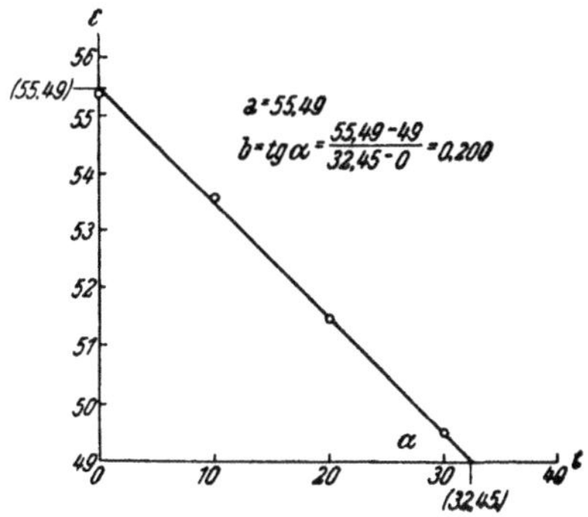

Abb. 65

Die Durchführung ist der Abb. 65 zu entnehmen.

Die erhaltene Gleichung lautet: $\varepsilon = 55{,}49 - 0{,}200\, t$.

Die mit ihr berechneten Werte sind: für 0° C 55,49, 10° C 53,49, 20° C 51,49 und 30° C 49,49. ———

*b*) *Gerade auf halblogarithmischem Papier* (Abb. 66). Wird die Potenzgleichung $y = b \cdot a^x$ logarithmiert, erhalten wir

$$\lg y = \lg b + x \cdot \lg a\,.$$

Führen wir für $\lg y = v$, $\lg b = B$, $x = u$ und $\lg a = A$ ein, dann ergibt sich für die Gleichung folgendes Aussehen: $v = B + u \cdot A$,

d. h. die Gleichung einer Geraden. Aus dem schraffierten Steigungsdreieck ergibt sich für $u = 1$ cm $\ldots v = u \cdot A = 1 \cdot A$ in cm. Nachdem $A = \lg a$, so ist $a$ die gleiche Strecke auf der logarithmischen Teilung; ebenso $B = \lg b$ und $b$ die gleiche Strecke auf der logarithmischen Teilung.

c) *Gerade auf ganzlogarithmischem Papier* (Abb. 67). Für $y = b \cdot x^a$ ist wiederum $\lg y = \lg b + a \cdot \lg x$. Wir setzen für $\lg y = v$,

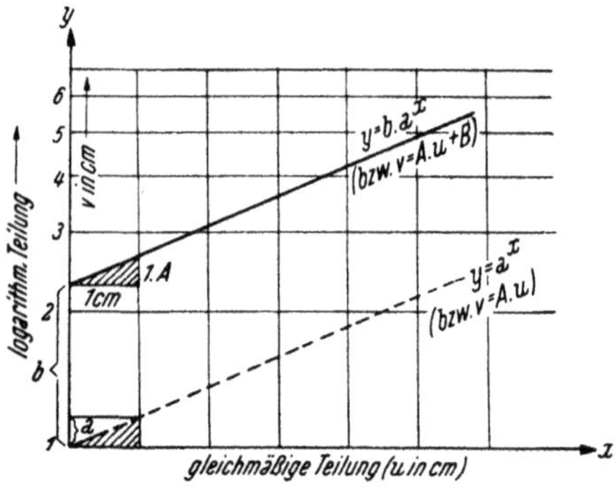


Abb. 66

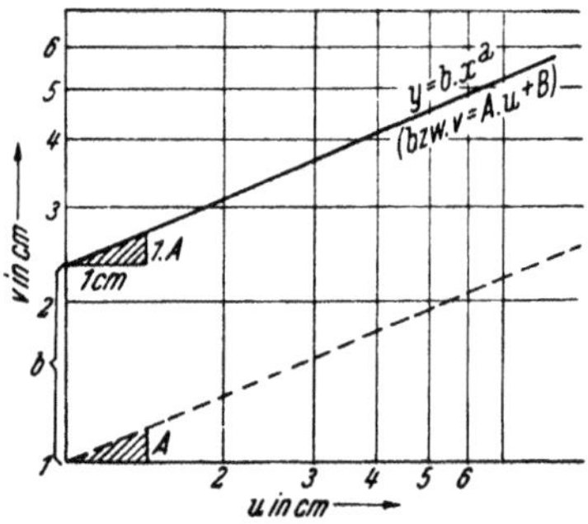


Abb. 67

$\lg b = B$, $a = A$ und $\lg x = u$, dann ist $v = A \cdot u + B$. Aus $u = 1$ cm folgt $v = 1 \cdot A$ cm und nach obigem $a = A$ durch einfache Abmessung in cm.

Sind also die Versuchswerte gegeben und man vermutet ein Exponential- oder Potenzgesetz, so trägt man die Werte in Logarithmenpapier ein, legt eine Ausgleichsgerade, die sich möglichst gut anschmiegt und bestimmt auf zeichnerischem Wege die Konstanten $a$ und $b$.

**71. Beispiel.** Für die Adsorption von Aceton (in Wasser gelöst) an Kohle bei 18° C wurden folgende Werte erhalten:

| $c$ (Mol/Liter) | $a$ (Millimol adsorbiertes Aceton je g Kohle) | $a$ berechnet nach der Formel $a = \alpha \cdot c^{\frac{1}{n}}$ (Adsorptionsisotherme nach Freundlich und Boedeker) |
|---|---|---|
| 0,0147 | 0,618 | 0,570 |
| 0,041 | 1,075 | 0,973 |
| 0,089 | 1,50 | 1,46 |
| 0,178 | 2,08 | 2,09 |
| 0,270 | 2,88 | 2,65 |

Zu bestimmen sind die Konstanten $a$ und $n$, wenn die Adsorption der Formel $a = \alpha \cdot c^{\frac{1}{n}}$ folgt. Die Durchführung der Aufgabe ist der Abb. 68 zu entnehmen.

Die gefundene Gleichung lautet: $a = 5{,}12 \cdot c^{\frac{1}{1{,}92}}$.

Berechnen wir die Werte nach dieser Formel, so ergeben sich die in obiger Tabelle unter „$a$ berechnet" angegebenen Werte, die eine gute Übereinstimmung mit dem Experiment zeigen.

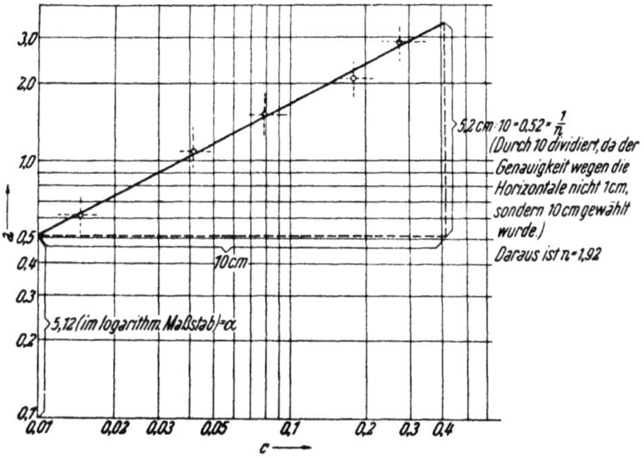


Abb. 68

*d) Parabel auf Millimeterpapier.* Die Meßwerte ergaben in der graphischen Darstellung einen Parabelast. Man zeichnet auf Koordinatenpapier eine Schar von Parabeln nach der Parabelgleichung $y = \gamma \cdot x^2$ (siehe S. 14, $a = \gamma$) mit verschiedenen Werten von $\gamma$ (z. B. 1, 0,5, 0,2, 0,1). Aus den Meßwerten wird eine Kurve auf Pauspapier dargestellt. Nun legt man dieses so auf die Parabelschar, daß die beiden Koordinatensysteme vollkommen parallel sind und verschiebt das Pauspapier so lange parallel zu sich selbst (ohne Drehung!), bis sich die Kurve mit einer der Parabeln möglichst gut deckt. (Gegebenenfalls müssen im fraglichen Bereich eine weitere Reihe von Parabeln eingezeichnet werden.) Endlich wird auf dem Pauspapier die Lage des zugehörigen Parabelscheitelpunktes markiert und auf dem ursprünglichen Koordinatensystem die Abstände $h$ und $k$ abgemessen (Berücksichtigung des Maßstabes!). Oder es kann durch Rechnung $\gamma$ bestimmt und dann aus 2 Punkten der Parabel die Gleichung aufgestellt werden.

Durch Auflösung der Gleichung $(x - h)^2 = \frac{1}{\gamma}(y - k)$ erhält man für $y = \underbrace{k + h^2\gamma}_{a} - \underbrace{2h\gamma}_{b} \cdot x + \underbrace{\gamma}_{c} \cdot x^2$ oder $y = a + b\,x + c\,x^2$.

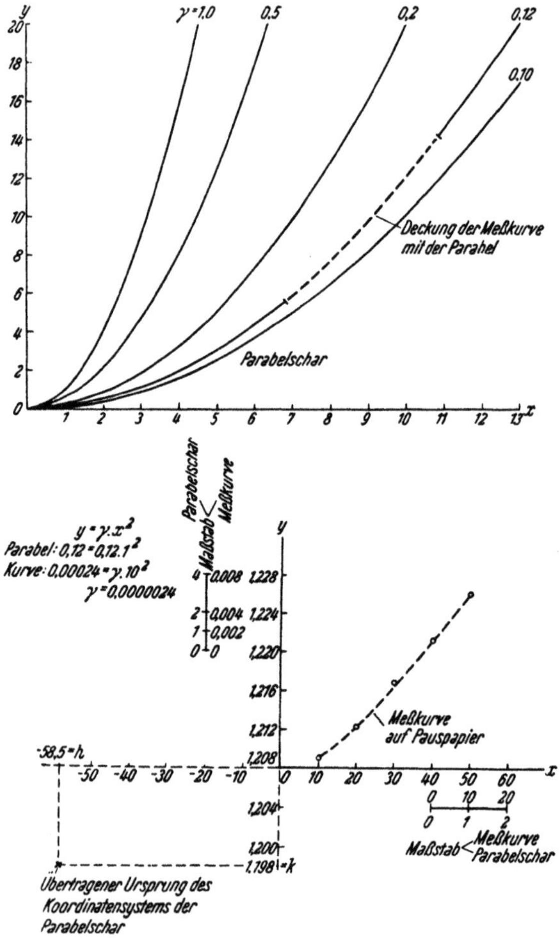


Abb. 69

**72. Beispiel.** Die Bestimmung des spezifischen Volumens einer Flüssigkeit ergab folgende Werte:

bei 10° C 1,2090; 20° C 1,2124; 30° C 1,2166; 40° C 1,2210; 50° C 1,2260.

Man zeichnet nach der Gleichung $y = \gamma \cdot x^2$ eine Parabelschar für verschiedene Werte von $\gamma$ (z. B. ist für $\gamma = 0{,}2 \ldots x = 0$ und $y = 0$; $x = 1$ und $y = 0{,}2$; $x = 2$ und $y = 0{,}8$; $x = 3$ und $y = 1{,}8$ usw.). Siehe oberen Teil der Abb. 69.

Auf einem Pauspapier stellt man die Meßwerte graphisch dar (unterer Teil der Abb. 69) und bringt durch Auflegen des Pauspapiers und Parallelverschiebung die Kurve mit einer der Parabeln zur Deckung. Für unser Beispiel wäre dies die Parabel mit $\gamma = 0{,}12$.

Es muß daher unsere Meßkurve dieselbe Gleichung haben wie die betreffende Parabel. Man zeichnet nun den Koordinatenursprung der Parabelschar auf das Pauspapier ein und bestimmt, unter Berücksichtigung des Maßstabes, $h = -58{,}5$ und $k = 1{,}198$.

Den Wert von $\gamma$ findet man aus dem Maßstabverhältnis: 0,12 Einheiten der $y$-Achse der Parabelschar $=$ 0,00024 Einheiten der $y$-Achse der Kurve; ferner ist 1 Einheit der $x$-Achse der Parabelschar $=$ 10 Einheiten der $x$-Achse der Kurve. Daher ist, nachdem für die Parabel $0{,}12 = 0{,}12 \cdot 1^2$ war, für die Kurve $0{,}00024 = \gamma \cdot 10^2$, daraus $\gamma = 0{,}0000024$.

Man kann $h$ und $k$ auch aus 2 Punkten der Kurve, die allerdings genau auf der entsprechenden Parabel liegen müssen, berechnen. Solche Punkte seien: $y = 1{,}2090$ (für $x = 10$) und $y = 1{,}2260$ (für $x = 50$). Durch Einsetzen in die Gleichung $(x - h)^2 = \frac{1}{\gamma}(y - k)$ erhält man 2 Gleichungen, aus denen man $h$ und $k$ berechnet zu $h = -58{,}54$ und $k = 1{,}1977$.

Mit diesen Werten erhält die Gleichung folgendes Aussehen:

$$y = 1{,}20592 + 0{,}000281\, x + 0{,}0000024\, x^2.$$

Diese Gleichung ist gleichzeitig Interpolationsgleichung für das spezifische Volumen dieser Flüssigkeit zwischen 10 und 50° C.

Die daraus berechneten Werte sind nun:

10° C 1,2090; 20° C 1,2125; 30° C 1,2165; 40° C 1,2210; 50° C 1,2260. ———

### 3. Ausgleichsrechnung.

Soll für eine Reihe von ermittelten Wertpaaren eine Gleichung, die ihren Zusammenhang darstellt, ermittelt werden, ist es erforderlich, daß die aus der aufgestellten Gleichung berechneten Werte und die tatsächlich gefundenen im Mittel möglichst nahe aneinanderliegen. (Bei graphischer Darstellung müßte sich also die Kurve der berechneten Werte den gefundenen Punkten möglichst anschmiegen.) Diesem Zweck dient die Ausgleichsrechnung.

Nach der Annahme von Gauss ist der wahrscheinlichste

Wert richtig, wenn die Summe der Quadrate der scheinbaren Fehler ein Minimum wird (d. h. die Summe der Quadrate der Differenzen zwischen je 2 zusammengehörigen, berechneten und gemessenen Werten muß ein Minimum sein).

*a*) Die Beziehung zwischen $x$ und $y$ ist linear, also gegeben durch die Gleichung $y = a + b\,x$ (Gerade). Es liegen $n$ Beobachtungen vor. Es gelten die Gleichungen:

$$n \cdot a + b \cdot \sum x - \sum y = 0 \text{ und}$$

$$a \cdot \sum x + b \cdot \sum x^2 - \sum x\,y = 0 .$$

Daraus leiten sich folgende Formeln für die Berechnung der Konstanten ab:

$$a = \frac{\Sigma x \cdot \Sigma x y - \Sigma x^2 \cdot \Sigma y}{(\Sigma x)^2 - n \cdot \Sigma x^2} \quad \text{und} \quad b = \frac{\Sigma x \cdot \Sigma y - n \cdot \Sigma x y}{(\Sigma x)^2 - n \cdot \Sigma x^2} .$$

*b*) Die Beziehung ist 2. Grades, gegeben durch die Gleichung $y = a + b\,x + c\,x^2$ (Parabel). Die Konstanten $a$, $b$ und $c$ können aus folgenden 3 Gleichungen berechnet werden. Anzahl der Beobachtungen $= n$.

$$n \cdot a + b \cdot \sum x + c \cdot \sum x^2 - \sum y = 0 ,$$

$$a \cdot \sum x + b \cdot \sum x^2 + c \cdot \sum x^3 - \sum x y = 0 \text{ und}$$

$$a \cdot \sum x^2 + b \cdot \sum x^3 + c \cdot \sum x^4 - \sum x^2\, y = 0 .$$

*c*) Für Gleichungen 3. und höheren Grades können die entsprechenden Bestimmungsgleichungen in gleicher Weise aufgestellt werden.

Zur Erleichterung der Rechnung trachte man, daß die Werte von $x$ ganzzahlig sind.

**73. Beispiel.** Das 72. Beispiel, S. 116, ist mit Hilfe der Ausgleichsrechnung zu lösen für die Gleichung $y = a + b\,x + c\,x^2$.

| | $y$ | $x$ | $x^2$ | $x^3$ | $x^4$ | $x\,y$ | $x^2\,y$ |
|---|---|---|---|---|---|---|---|
| | 1,2090 | 10 | 100 | 1000 | 10000 | 12,090 | 120,90 |
| | 1,2124 | 20 | 400 | 8000 | 160000 | 24,248 | 484,96 |
| | 1,2166 | 30 | 900 | 27000 | 810000 | 36,498 | 1094,94 |
| | 1,2210 | 40 | 1600 | 64000 | 2560000 | 48,840 | 1953,60 |
| | 1,2260 | 50 | 2500 | 125000 | 6250000 | 61,300 | 3065,00 |
| $\sum$ | 6,0850 | 150 | 5500 | 225000 | 9790000 | 182,976 | 6719,40 |

$n = 5$

$6{,}085 = 5\,a + 150\,b + 5500\,c$

$182{,}976 = 150\,a + 5500\,b + 225000\,c$

$6719{,}4 \quad = 5500\,a + 225000\,b + 9790000\,c$

Nun ist Gleichung II — 30 · Gleichung I = Gleichung IV.
Gleichung III — 1100 · Gleichung I = Gleichung V.
Gleichung V — 60 · Gleichung IV ergibt $0{,}34 = 140000\,c$.

Daraus ist dann

$c = +0{,}00000243$; $b = +0{,}0002802$ und $a = +1{,}2059$.

Die Gleichung lautet $y = 1{,}2059 + 0{,}0002802\,x + 0{,}00000243\,x^2$.

Die daraus berechneten Werte sind für: 10° C 1,2089, 20° C 1,2125, 30° C 1,2165, 40° C 1,2210 und 50° C 1,2260. ———

**Aufgaben. 29.** Berechne für die Messungen des 70. Beispiels, S. 113, **a)** die Konstanten $a$ und $b$, wenn der lineare Zusammenhang $y = a + b\,x$ gegeben ist. Berechne nach der gefundenen Gleichung die Werte für $y$; **b)** den Wert $\frac{d\varepsilon}{dt}$ für 20° (das ist der Ausdruck für die Temperaturabhängigkeit) nach der Nährungsformel, S. 112.

**30.** HÜTTIG und TOISCHEL geben als die wahrscheinlichsten Werte für die Molwärme $C_p$ von geglühtem Zinkoxyd die Zahlen: $T = 300°$ ... $C_p = 9{,}66$, für $400° = 10{,}70$, für $500° = 11{,}20$ und für $600° = 11{,}60$. Stelle auf graphischem Wege fest, durch welche Gleichung die Abhängigkeit zwischen $C_p$ und $T$ in diesem Temperaturbereich vermutlich ausgedrückt werden kann und bestimme sodann die Gleichung durch Ausgleichsrechnung.

**31.** GEFECKEN und PRICE prüften die Gültigkeit des MASSON-ROSENFELDschen Quadratwurzelgesetzes für das scheinbare Molvolumen $\varphi = \varphi_0 + k \cdot \sqrt{c}$ (siehe dieses auch 75. Aufgabe, S. 191) an wässrigen Lösungen von Ammoniumnitrat bei 25°; $c$ = g-Äquivalent/Liter. Sie fanden:

| | | | | | | | |
|---|---|---|---|---|---|---|---|
| $c =$ | 0,0387 | 0,0905 | 0,1918 | 0,4384 | 0,6027 | 0,8250 | 1,2207 |
| $\varphi =$ | 47,6 | 47,71 | 47,85 | 48,141 | 48,284 | 48,425 | 48,632. |

Bestimme die Konstanten $\varphi_0$ und $k$ dieser Gleichung **a)** auf graphischem Wege ($\varphi$ als geradlinige Funktion von $\sqrt{c}$); **b)** durch Ausgleichsrechnung.

## 4. Bestimmung der Ausgleichsgeraden auf graphischem Wege.

In der Regel wird man sich begnügen, die Ausgleichsgerade nach Augenmaß zu ziehen.

Das genauere Verfahren nach MEHMKE soll an einem einfachen Zahlenbeispiel erläutert werden.

**74. Beispiel.** Die Messung habe folgende Werte ergeben:

| $x$ | $y_b$ |
|---|---|
| 0,30 | 1 |
| 0,44 | 2 |
| 0,76 | 3 |
| 0,90 | 4 |
| $\sum x = 2{,}40$ | $\sum y_b = 10$ |

Die Ausgleichsgerade muß folgende Bedingungen erfüllen:

1) Die Summe aller Fehler $\sum f = 0$, dabei ist $f = y_b - y$ (beobachteter Wert — tatsächlicher Wert) und

2) $\sum f^2 =$ Minimum.

Die erste Bedingung wird durch eine Gerade erfüllt, die durch den „Schwerpunkt S" des Systems der markierten Punkte hindurchgeht. Die Koordinaten dieses Schwerpunktes sind $x_S = \frac{\Sigma x}{n}$ bzw. $y_S = \frac{\Sigma y_b}{n}$ bei $n$ Beobachtungen.

Für unser Zahlenbeispiel ist also $x_S = \frac{2{,}40}{4} = 0{,}60$ und $y_S = = \frac{10}{4} = 2{,}5$ (s. Abb. 70). Nun werden einige Gerade ($a$, $b$, $c$ und $d$) durch diesen Schwerpunkt gezogen, die in der Nähe der Beobachtungspunkte liegen. Die Abweichungen von den Beobachtungspunkten werden für jede dieser Geraden (eingezeichnet für die Gerade $a$ mit $\alpha$, $\beta$, $\gamma$ und $\vartheta$) z. B. in mm abgemessen, die Quadrate der Abweichungen berechnet (z. B. $\alpha = 4{,}2$, daraus $\alpha^2 = 17{,}64$; $\beta = 4{,}4$, daraus $\beta^2 = 19{,}36$ usw.) und deren Summe gebildet:

| Für Punkt | sind die Quadrate der Abweichungen $f^2$ für die Gerade | | | |
|---|---|---|---|---|
| | $a$ | $b$ | $c$ | $d$ |
| 1 | 17,64 | 0 | 20,50 | 49,00 |
| 2 | 19,36 | 39,69 | 37,21 | 5,76 |
| 3 | 9,00 | 29,16 | 64,00 | 2,56 |
| 4 | 29,16 | 0,09 | 16,00 | 62,41 |
| $\sum f^2 =$ | 76,16 | 68,94 | 137,71 | 119,73 |

Jede dieser Summen wird in einem geeigneten Maßstab ($x'$), ausgehend vom jeweiligen Schnittpunkt der Geraden mit der Ordinatenachse, aufgetragen, wodurch die Punkte $a'$ bis $d'$ erhalten werden. Durch diese Punkte wird eine Kurve gezogen, die das Minimum $m'$ anzeigt. Ausgehend von $m'$ wird nun in umgekehrter Weise verfahren und man kann über den Punkt $m$

die Ausgleichsgerade $M$ zeichnen, die ebenfalls durch den Punkt $S$ gehen muß. Die Gleichung der Geraden kann dann in üblicher Weise ermittelt werden. ———

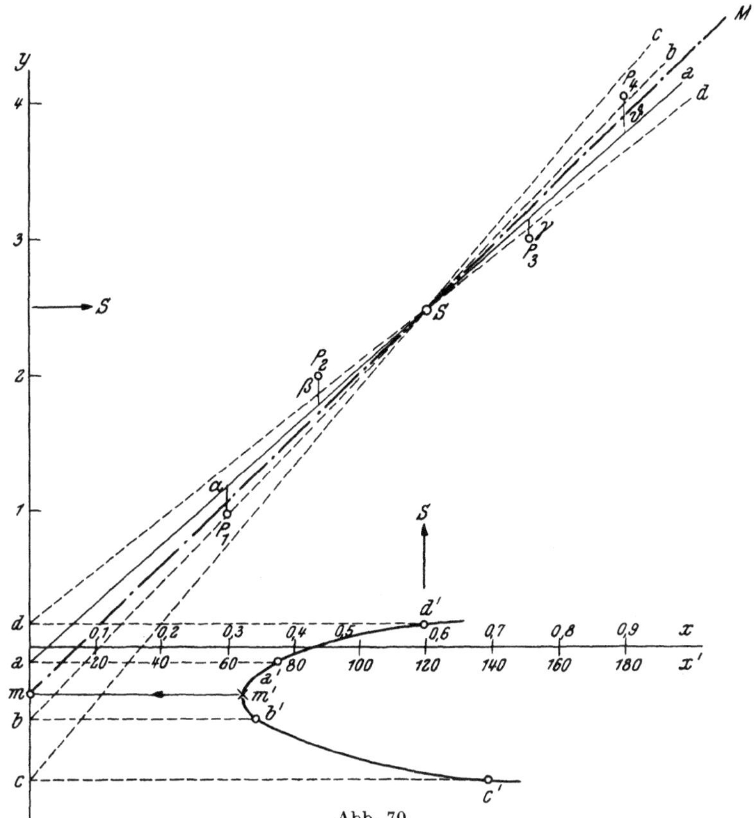

Abb. 70

## 5. Interpolation.

*a) Graphische Interpolation.* Man zeichnet die Kurve und kann daraus jeden beliebigen Wert ablesen. Der Maßstab für die Zeichnung der Kurve soll so gewählt werden, daß die Fehler, welche den Bestimmungen von $x$ und $y$ anhaften, noch sichtbar sind (also mindestens 0,1 mm). Um Raum zu sparen, kann man beispielsweise die Werte für $x$ und $y$ um je einen konstanten Betrag verringern oder man trägt nicht $y$ selbst auf, sondern die Abweichungen der $y$-Werte von einer einfachen Funktion von $x$.

*b*) Liegt der gesuchte Wert auf einer Geraden, gezogen zwischen den beiden Tabellenwerten (oder wird das kleine Kurvenstück zwischen zwei gegebenen Werten in erster Näherung als Gerade angenommen), so führt eine einfache *Interpolationsrechnung* rasch zum Ziel.

**75. Beispiel.** Eine 8%ige Lösung habe die Dichte 1,04, eine 9%ige die Dichte 1,08. Zu berechnen ist die Dichte für eine 8,3%ige Lösung.

| | |
|---|---|
| Gegeben ist 8,0% | Für eine 9,0%ige Lösung ist die Dichte 1,08 |
| gesucht ist 8,3% | für eine 8,0%ige Lösung ist die Dichte 1,04 |
| Differenz 0,3% | Differenz 1,0% .................... 0,04 |

Für 1,0% Differenz ist die Dichtedifferenz 0,04
daher für 0,3% .......................... $=0{,}012$

Also ist für eine Lösung von $8{,}0+0{,}3\%$ die Dichte $=1{,}052$.

Verfahren für die Berechnung von Zwischenwerten, wenn das Verbindungsstück als Kurve angenommen wird:

*c*) Für die meisten Zwecke gut brauchbar ist *Newtons Interpolationsformel.* Bedingung für ihre Anwendung ist jedoch, daß die unabhängige Veränderliche *x* stets um den gleichen Betrag *d* zunimmt, daß also der Abstand zwischen je 2 Meßgrundlagen stets der gleiche ist.

Die kleine Tabelle soll die Bedeutung der einzelnen Buchstaben der Formel klarlegen:

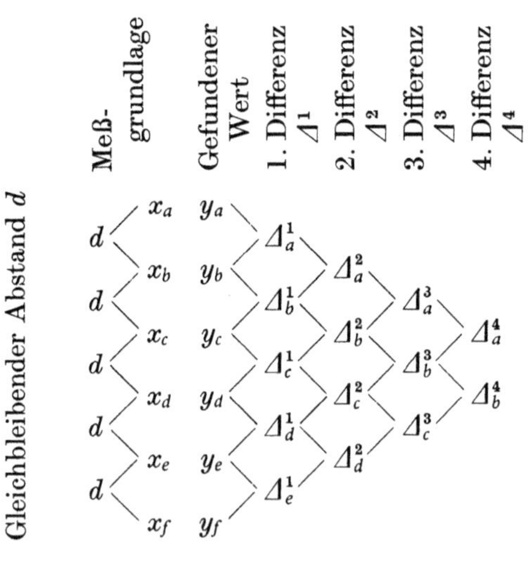

$d = x_b - x_a$; die Differenzen werden wie folgt gebildet:

$$\Delta_a^1 = y_b - y_a,\ \Delta_b^1 = y_c - y_b \text{ usw.},$$
$$\Delta_a^2 = \Delta_b^1 - \Delta_a^1,\ \Delta_b^2 = \Delta_c^1 - \Delta_b^1 \text{ usw.},$$
$$\Delta_a^3 = \Delta_b^2 - \Delta_a^2 \text{ usw.}$$

Bei der Bildung der Differenzen ist auf das Vorzeichen zu achten!

Die Interpolationsformel lautet:

$$y_{a+\xi} = y_a + \frac{\xi}{d} \cdot \frac{\Delta_a^1}{1} + \frac{\xi \cdot (\xi - d)}{d^2} \cdot \frac{\Delta_a^2}{1 \cdot 2} + \\ + \frac{\xi \cdot (\xi - d) \cdot (\xi - 2d)}{d^3} \cdot \frac{\Delta_a^3}{1 \cdot 2 \cdot 3} + \\ + \frac{\xi \cdot (\xi - d) \cdot (\xi - 2d) \cdot (\xi - 3d)}{d^4} \cdot \frac{\Delta_a^4}{1 \cdot 2 \cdot 3 \cdot 4} + \dots$$

Zu bestimmen ist also für die Meßgrundlage $x_{a+\xi}$ ($\xi = x_{a+\xi} - x_a$) der zugehörige Wert $y_{a+\xi}$.

**76. Beispiel.** Die wahre Dichte $\varrho$ des Wassers in der Abhängigkeit von der Temperatur wurde wie folgt ermittelt:

| $t$ °C | $\varrho$ | 1. Differenz | 2. Differenz | 3. Differenz | 4. Differenz |
|---|---|---|---|---|---|
| 10 | 0,99973 | | | | |
| 20 | 0,99823 | | | | |
| 30 | 0,99567 | | | | |
| | | — 0,00343 | | | |
| 40 | 0,99224 | | — 0,00074 | | |
| | | — 0,00417 | | + 0,00008 | |
| 50 | 0,98807 | | — 0,00066 | | — 0,00002 |
| | | — 0,00483 | | + 0,00006 | |
| 60 | 0,98324 | | — 0,00060 | | — 0,00001 |
| | | — 0,00543 | | + 0,00005 | |
| 70 | 0,97781 | | — 0,00055 | | — 0,00001 |
| | | — 0,00598 | | + 0,00004 | |
| 80 | 0,97183 | | — 0,00051 | | 0,00000 |
| | | — 0,00649 | | + 0,00004 | |
| 90 | 0,96534 | | — 0,00047 | | |
| | | — 0,00696 | | | |
| 100 | 0,95838 | | | | |

Zu berechnen ist $\varrho$ für 36° C ($x_{a+\xi} = 36$, gesucht ist das zugehörige $y_{a+\xi} = y_{36}$).

Der zu der nächstniedrigeren Temperatur in der Tabelle ($x_a = 30$) gehörige Wert $y_a = 0{,}99567$; $d = 10$; $\xi = 6$.

$$y_{36} = 0{,}99567 + \frac{6}{10} \cdot \frac{-0{,}00343}{1} + \frac{6 \cdot (6-10)}{100} \cdot \frac{-0{,}00074}{1 \cdot 2} + \\ + \frac{6 \cdot (6-10) \cdot (6-20)}{1000} \cdot \frac{+0{,}00008}{1 \cdot 2 \cdot 3} + \ldots = \\ = 0{,}99567 - 0{,}00206 + 0{,}00009 = 0{,}99370\,.$$

Bei der linearen Interpolation (also unter Annahme des gleichmäßigen Anstieges; das entspricht den beiden ersten Gliedern der Gleichung) würde man für $y_{36} = 0{,}99567 - 0{,}00206 = 0{,}99361$ erhalten. ———

*d*) Differieren die aufeinanderfolgenden Werte der unabhängigen Veränderlichen nicht stets um den gleichen Betrag, interpoliert man nach der *Formel von* LAGRANGE.

Gegeben seien die Werte $x_1$ bis $x_n$ mit den zugehörigen Werten $y_1$ bis $y_n$. Man bilde nach folgendem Schema die Differenzen:

$$d_n \begin{cases} d_4 \begin{cases} d_3 \begin{cases} d_2 \begin{cases} x_1 \ldots y_1 \\ x_2 \ldots y_2 \end{cases} \\ x_3 \ldots y_3 \end{cases} \\ x_4 \ldots y_4 \end{cases} \\ \vdots \\ x_n \ldots y_n \end{cases}$$

$d_1 = 0$

Zu berechnen sei $y_a$ für den Wert $x_a$ (Differenz $d_a$).

$$y_a = \frac{(d_a - d_2) \cdot (d_a - d_3) \ldots \cdot (d_a - d_n)}{(d_1 - d_2) \cdot (d_1 - d_3) \ldots \cdot (d_1 - d_n)} \cdot y_1 + \\ + \frac{(d_a - d_1) \cdot (d_a - d_3) \ldots \cdot (d_a - d_n)}{(d_2 - d_1) \cdot (d_2 - d_3) \ldots \cdot (d_2 - d_n)} \cdot y_2 + \\ + \frac{(d_a - d_1) \cdot (d_a - d_2) \cdot (d_a - d_4) \ldots \cdot (d_a - d_n)}{(d_3 - d_1) \cdot (d_3 - d_2) \cdot (d_3 - d_4) \ldots \cdot (d_3 - d_n)} \cdot y_3 + \ldots .$$

**77. Beispiel.** Die Zähigkeit von Essigsäureäthylester wurde gefunden zu

| | | |
|---|---|---|
| 0,578 cP bei | 0° C | Gesucht ist der Wert für 30° C. |
| 0,473 | 15° C | Die Differenzen sind: |
| 0,448 | 20° C | $d_1 = 0$, $d_2 = 15$, $d_3 = 20$, $d_4 = 40$, |
| 0,360 | 40° C | $d_5 = 50$, $d_a = 30$ |
| 0,326 | 50° C | |

Nach obiger Gleichung ist

$$y_{30} = 0{,}0289 - 0{,}4324 + 0{,}6720 + 0{,}1620 - 0{,}0279 = 0{,}4026$$

(gefundener Wert 0,400; die lineare Interpolation hätte ergeben 0,4040). ———

**Aufgaben 32.** Aus der Wasserdampftafel, S. 479, ist der Wasserdampfdruck für die Temperatur 50, 60, 70, 80, 90 und 100° zu entnehmen und durch Interpolation mit Hilfe der NEWTONschen Formel der Dampfdruck für 55° zu berechnen. (Der erhaltene Wert soll mit dem in der Dampftafel für 55° ebenfalls enthaltenen Wert verglichen werden.)

## 6. Extrapolation.

Unter Extrapolation versteht man die Ermittlung eines Tabellenwertes, welcher außerhalb der gegebenen Werte liegt. Eine Extrapolation kann nur dann vorgenommen werden, wenn anzunehmen ist, daß die betreffende Funktion einen stetigen Verlauf nimmt.

a) *Graphische Extrapolation.* Die gegebene Kurve wird über den letzten gegebenen Wert hinaus verlängert.

b) *Rechnerische Extrapolation.* Die von A. SIPPEL* entwickelte Formel ermöglicht eine rasche Berechnung des auf den letzten Meßwert in gleichem Abstand folgenden Extrapolationswertes für folgende Voraussetzungen (welche in der Praxis meist erfüllt sind): 1. Die unabhängigen Veränderlichen (Meßgrundlagen) folgen in jeweils gleichem Abstand aufeinander und 2. die Zahl der zugehörigen abhängigen Werte ($y$) beträgt mindestens 4, d. h. es müssen 4 Meßwerte vorliegen.

Sind $y_1, y_2, y_3, \ldots y_n$ die bekannten $y$-Werte, dann ist $y_{n+1}$ der nächstfolgende, zu berechnende Wert. Die Gleichung lautet:

$$y_{n+1} = y_2 + (y_n - y_1) \cdot$$
$$\frac{(n-3)\cdot(y_n - y_3) + (n-5)\cdot(y_{n-1} - y_4) + (n-7)\cdot(y_{n-2} - y_5) + \ldots}{(n-3)\cdot(y_{n-1} - y_2) + (n-5)\cdot(y_{n-2} - y_3) + (n-7)\cdot(y_{n-3} - y_4) + \ldots}.$$

Darin sind die beiden offenen Reihen nur so weit zu führen, als die Faktoren $(n-3)$, $(n-5)$ usw. positive Werte haben. Bei $n = 4$ bekannten Wertpaaren vereinfacht sich daher die Formel:

$$y_5 = y_2 + (y_4 - y_1) \cdot \frac{y_4 - y_3}{y_3 - y_2}.$$

**78. Beispiel.** Das spezifische Gewicht $\gamma$ des Wassers für die Temperaturen 5°, 10°, 15° und 20° C sei bekannt (die Voraussetzung des gleichen Abstandes ist erfüllt); gesucht ist $\gamma$ für 25° C.

* Die Chemie, 1942, S. 331.

| Temp. | $\gamma$ |
|---|---|
| 5° C | 0,99999 |
| 10° C | 0,99973 |
| 15° C | 0,99913 |
| 20° C | 0,99823 |

$$y_{25} = 0{,}99973 + (0{,}99823 - 0{,}99999) \cdot \frac{0{,}99823 - 0{,}99913}{0{,}99913 - 0{,}99973} = 0{,}99973 - 0{,}00264 = 0{,}99709.$$

(Die genaue Berechnung des Wertes unseres Beispiels nach der für diesen Fall gültigen Extrapolationsformel $y = a + bx + cx^2 + dx^3 \ldots$, worin $a$, $b$, $c$ und $d$ je eine Konstante und $x$ die unabhängige Veränderliche darstellen, hätte 0,99707 ergeben.) ———

## G. Fehlerrechnung.

### 1. Mittlerer und wahrscheinlicher Fehler.

Die Richtigkeit eines Resultates steht in keiner Beziehung zur Präzision (Schärfe) der Messung. Eine mit noch so großer Präzision ausgeführte Titration kann z. B. unrichtige Resultate liefern, wenn die Titerlösung fehlerhaft ist, oder die vorgeschriebene Temperatur nicht eingehalten wurde. Um die Präzision der Meßmethode zu ermitteln und um Ableseirrtümer zu vermeiden, wird man jede Messung möglichst mehrmals ausführen. Aber auch bei genauer Einhaltung aller Meßregeln werden die Einzelmessungen nicht vollkommen übereinstimmende Werte ergeben, es wird eine Streuung oder ein Fehler zu beobachten sein. Dieser „Fehler" bezieht sich also nicht auf die Abweichung von einer absolut richtigen Größe, sondern ist nur ein Maß für die *Präzision* der Messung.

*a) Die Einzelmessungen sind gleichwertig.* Liegen für eine Größe durch zufällige Fehler etwas voneinander abweichende Messungen vor ($n$-Messungen $m_1, m_2, \ldots m_n$), so ist es üblich, für den unbekannten „wahren Wert" als wahrscheinlichsten Näherungswert den Durchschnitt (arithmetisches Mittel) zu nehmen.

$$\textit{Mittelwert}\ M = \frac{m_1 + m_2 + \ldots m_n}{n}.$$

Die Berechnung des arithmetischen Mittels soll stets an den Meßergebnissen vorgenommen werden und nicht aus den später aus ihnen errechneten Zahlen. Das arithmetische Mittel faßt die Einzelwerte einer Versuchsreihe übersichtlich zusammen, es sagt jedoch nichts darüber aus, wie weit die Einzelwerte von ihm abweichen.

Als Maß für die Gruppierung der Messungen dient der *mittlere Fehler f*. Man bildet die Abweichungen gegen den Durchschnitt und bekommt so die Einzelfehler $f_1 = m_1 - M$, $f_2 = m_2 - M$ usw., welche also teils positiv, teils negativ sein können.

Bei einer genügenden Zahl von Einzelmessungen gibt die Zusammenstellung der Einzelfehler ein Bild von der Präzision der Messung. Die Präzision (oder Empfindlichkeit der Meßmethode) kann damit zahlenmäßig ausgedrückt werden.

Nun quadriert man, wodurch man sich vom Vorzeichen freimacht (da alle Quadrate positiv sind) und erhält die Summe der Fehlerquadrate $\sum(f^2) = f_1^2 + f_2^2 + \ldots f_n^2$.

Der *mittlere Fehler der Einzelmessung* ist dann $f_m = \sqrt{\frac{\Sigma(f^2)}{n-1}}$

und der *mittlere Fehler des Mittelwertes* $F_m = \sqrt{\frac{\Sigma(f^2)}{n \cdot (n-1)}}$.

Man nimmt $(n - 1)$, weil dadurch der Tatsache Rechnung getragen wird, daß bei unbekanntem Wert der zu messenden Größe eine Beobachtung noch keinen Fehler ergibt.

*Der wahrscheinliche Fehler der Einzelmessung*

$$f_w = 0{,}6745 \cdot f_m \approx \frac{2}{3} \cdot f_m .$$

Der *wahrscheinliche Fehler des Mittelwertes*

$$F_w = 0{,}6745 \cdot F_m \approx \frac{2}{3} \cdot F_m .$$

Der wahrscheinliche Fehler sagt aus, daß der Mittelwert nach einer sehr großen Zahl von Messungen mit derselben Wahrscheinlichkeit innerhalb der Grenzen liegt, welche durch den wahrscheinlichen Fehler angegeben sind, wie er außerhalb dieser Grenzen liegt.

Das *Ergebnis* wird nun wie folgt dargestellt: $E_m = M \pm F_m$ ($M$ mit einem mittleren Fehler von $\pm F_m$).

Außer dieser gebräuchlichen Darstellung kann das Endergebnis auch als $E_w = M \pm F_w$ angegeben werden.

Unter dem *relativen Fehler* versteht man das Verhältnis des absoluten Fehlers zur gemessenen Größe (ausgedrückt in %). Dieser Ausdruck sollte aber nur dann verwendet werden, wenn man annehmen kann, daß der Fehler der gemessenen Größe proportional ist, was nicht immer zutrifft.

**79. Beispiel.** Die Dichte eines Körpers wurde in 10 Versuchen ($n = 10$) ermittelt.

| Versuch | Meßergebnis | $f$ | $10^6 \cdot f^2$ |
|---|---|---|---|
| 1 | 9,662 | —0,002 | 4 |
| 2 | 9,673 | +0,009 | 81 |
| 3 | 9,664 | ±0,000 | 0 |
| 4 | 9,659 | —0,005 | 25 |
| 5 | 9,677 | +0,013 | 169 |
| 6 | 9,662 | —0,002 | 4 |
| 7 | 9,663 | —0,001 | 1 |
| 8 | 9,680 | +0,016 | 256 |
| 9 | 9,645 | —0,019 | 361 |
| 10 | 9,654 | —0,010 | 100 |
| | 96,639 | | 1001 |

$$\text{Mittelwert } M = \frac{96{,}639}{10} = 9{,}664\,.$$

$$\text{Mittlerer Fehler der Einzelmessung } f_m = \sqrt{\frac{1001 \cdot 10^{-6}}{9}} = 0{,}0105\,.$$

$$\text{Mittlerer Fehler des Mittelwertes } F_m = \sqrt{\frac{1001 \cdot 10^{-6}}{90}} = 0{,}0033\,.$$

$$\text{Wahrscheinlicher Fehler der Einzelmessung } f_w = \frac{2}{3} \cdot f_m = 0{,}0070.$$

$$\text{Wahrscheinlicher Fehler des Mittelwertes } F_w = \frac{2}{3} \cdot F_m = 0{,}0022\,.$$

Darstellung des Endergebnisses $E$:

$$E_m = 9{,}664 \pm 0{,}0033 \text{ oder } E_w = 9{,}664 \pm 0{,}0022.$$ ——

*b) Die Einzelmessungen haben verschiedenes Gewicht.* Wenn einzelnen Messungen gegenüber den übrigen ein abweichendes, größeres oder kleineres Gewicht beigelegt werden muß (weil ihre Zuverlässigkeit aus triftigen Gründen größer oder geringer erscheint), so ist das betreffende Einzelergebnis bei der Mittelbildung und ebenso bei der Berechnung des Fehlerquadrates mit einem Faktor $p$, der das „Gewicht“ darstellt, multipliziert einzusetzen. Dementsprechend ist dann auch anstatt $n$ die Summe aller Werte $p$, also der Ausdruck $\sum(p) = p_1 + p_2 + \ldots p_n$, einzuführen, wobei für Ergebnisse „normalen Gewichtes“ $p = 1$.

**80. Beispiel.** Wir wählen die Zahlen des vorhergehenden Beispiels, legen jedoch den Einzelmessungen verschiedenes Gewicht bei.

| Versuch | $p$ | $m$ | $p \cdot m$ | $f$ | $10^6 \cdot f^2$ | $10^6 \cdot p \cdot f^2$ |
|---|---|---|---|---|---|---|
| 1 | 1 | 9,662 | 9,662 | —0,002 | 4 | 4 |
| 2 | $\frac{1}{2}$ | 9,673 | 4,837 | +0,009 | 81 | 40,5 |
| 3 | 1 | 9,664 | 9,664 | 0,000 | 0 | 0 |
| 4 | 1 | 9,659 | 9,659 | —0,005 | 25 | 25 |
| 5 | $\frac{1}{4}$ | 9,677 | 2,419 | +0,013 | 169 | 42,3 |
| 6 | 1 | 9,662 | 9,662 | —0,002 | 4 | 4 |
| 7 | 2 | 9,663 | 19,326 | —0,001 | 1 | 2 |
| 8 | 1 | 9,680 | 9,680 | +0,016 | 256 | 256 |
| 9 | $\frac{1}{4}$ | 9,645 | 2,411 | —0,019 | 361 | 90,2 |
| 10 | 1 | 9,654 | 9,654 | —0,010 | 100 | 100 |
| | 9 | | 86,974 | | | 564,0 |
| | $=\sum(p)$ | | $=\sum(p \cdot m)$ | | | $= 10^6 \cdot \sum(p \cdot f^2)$ |

$$M = \frac{\Sigma(p \cdot m)}{\Sigma p} = \frac{86{,}974}{9} = 9{,}664\,.$$

$$f_m = \sqrt{\frac{\Sigma(p \cdot f^2)}{p \cdot (n-1)}} = \sqrt{\frac{564 \cdot 10^{-6}}{1 \cdot (10-1)}} = 0{,}0079\,.$$

$$F_m = \sqrt{\frac{\Sigma(p \cdot f^2)}{\Sigma(p) \cdot (n-1)}} = \sqrt{\frac{564 \cdot 10^{-6}}{9 \cdot (10-1)}} = 0{,}0026\,.$$

$$f_w = \frac{2}{3} \cdot 0{,}0079 = 0{,}0053\,.$$

$$F_w = \frac{2}{3} \cdot 0{,}0026 = 0{,}0017\,.$$

$$E_m = 9{,}664 \pm 0{,}0026 \text{ oder } E_w = 9{,}664 \pm 0{,}0017\,.$$

**Aufgaben. 33.** Im Magnesium sind die Isotopen vom Molekulargewicht 24, 25 und 26 wie 6:1:1 vertreten. Berechne daraus das praktische Molekulargewicht des Magnesiums als Mittelwert.

**34.** Der spezifische Leitungswiderstand einer Aluminiumsorte wurde bestimmt zu: 0,02843 — 0,02852 — 0,02841 — 0,02840 — 0,02850 und 0,02838. Berechne $E_m$, wenn **a)** alle Einzelmessungen das gleiche Gewicht besitzen; **b)** den 6 Einzelmessungen das Gewicht $p = 1, \frac{1}{2}, 3, 1, \frac{1}{2}, 1$ (in der Reihenfolge der angeführten Einzelmessungen) zukommt.

## 2. Fehlerfortpflanzung.

Die Ablesung eines Meßergebnisses gibt meist noch nicht das gesuchte Resultat; oft muß dieses aus mehreren Meßgrößen berechnet werden. Für die Aufstellung eines Meßplanes ist daher die Frage zu klären, welchen Einfluß der Fehler einer Einzelmessung oder eines Einzelmittels auf das Endresultat hat.

Da es sich bei Fehlern um kleine Änderungen der Veränderlichen handelt, kann für die Praxis mit hinreichender Genauigkeit die Differentialrechnung zur Ermittlung der Fehlerfortpflanzung herangezogen werden.

Ist $x$ die beobachtete Größe, die mit dem relativen Fehler $\frac{\Delta x}{x}$ behaftet ist, so ist also der Zusammenhang zwischen $\frac{\Delta y}{y}$ und $\frac{\Delta x}{x}$ gesucht.

Ist allgemein $y = a \cdot x^n$, so wird $dy = a \cdot n \cdot x^{n-1} \cdot dx$ und weiter $\frac{dy}{y} = \frac{a \cdot n \cdot x^{n-1}}{y} \cdot dx = \frac{a \cdot n \cdot x^{n-1}}{a \cdot x^n} \cdot dx = n \cdot \frac{dx}{x} = n \cdot \frac{\Delta x}{x}$ und sehr angenähert $\frac{\Delta y}{y} \approx n \cdot \frac{\Delta x}{x}$, d. h., der Fehler $\frac{\Delta x}{x}$ wird bei der Berechnung von $y$ annähernd $n$-mal größer.

In analoger Weise ist der Fehler eines Resultates, das sich aus den Größen $x$ und $y$ zusammensetzt, durch partielle Differentiation zu berechnen. Ist $z = x \cdot y$, dann wird $dz = \frac{\partial z}{\partial x} dx + \frac{\partial z}{\partial y} dy = y\,dx + x\,dy$, daraus $\frac{dz}{z} = \frac{dx}{x} + \frac{dy}{y}$ oder in guter Näherung $\frac{\Delta z}{z} \approx \frac{\Delta x}{x} + \frac{\Delta y}{y}$.

**81. Beispiel.** Gesucht ist das Dampfgewicht das pro Stunde durch ein Rohr strömt. Es wird nach der Formel $G = 3600 \cdot v \cdot \gamma \cdot r^2 \cdot \pi$ berechnet. Wie wirkt sich ein Meßfehler bei der Bestimmung des Rohrhalbmessers $r$ und der Geschwindigkeit $v$ aus?

$v$ und $r$ sind Veränderliche, alle anderen Größen sind konstant: $G = k \cdot v \cdot r^2$. Es ist $dG = \left(\frac{\partial G}{\partial v}\right) dv + \left(\frac{\partial G}{\partial r}\right) dr = k \cdot r^2 \cdot dv + k \cdot 2 r v \cdot dr$ und $\frac{dG}{G} = \frac{dv}{v} + 2\frac{dr}{r}$ und angenähert $\frac{\Delta G}{G} = \frac{\Delta v}{v} + 2\frac{\Delta r}{r}$. Wären z. B. $v$ und $r$ mit je 1% Fehler behaftet, so ergäbe dies bei $G$ einen Fehler von 3%.

**Aufgaben. 35.** Die Bestimmung des Radius $r$ einer Kapillare erfolgt durch Ausmessen mit Quecksilber. Der zylindrische Quecksilberfaden hat das Volumen $v = r^2 \cdot \pi \cdot l$, seine Masse ist $m = v \cdot \varrho$. Es ist also $m = v \cdot \varrho = r^2 \cdot \pi \cdot l \cdot \varrho$, daraus $r = \sqrt{\frac{m}{\pi \cdot l \cdot \varrho}}$.

Es sind die Fehler abzuschätzen, welche sich ergeben:

**a)** durch Wägung des Quecksilbers, wenn auf 1 mg genau gewogen wird (Beispiel: 400 mg auf $\pm$ 1 mg genau); **b)** durch die Längenmessung, wenn auf 1 mm genau gemessen wird (Beispiel: $l = 80$ mm, auf $\pm$ 1 mm genau). Wegen der Krümmung der Endflächen wird die Quecksilbermenge, die gewogen wird, etwas zu klein sein, falls man die Länge $l$ zwischen den Kuppen der Menisken gemessen hat. Man muß dann für jeden Meniskus den Betrag $\frac{h}{2} - \frac{h^3}{6r^2}$ von $l$ abziehen, wobei $h$ die Kuppenhöhe und $r$ den Radius der Kapillare (für den das Einsetzen eines Näherungswertes genügt) bedeuten. Unter mittleren Verhältnissen wird die Korrektur, die von der zwischen den Kuppen gemessenen Länge $l$ abzuziehen ist, in engen Röhren etwa $0{,}4 \cdot h$ für jeden Meniskus betragen.

**c)** durch die Temperaturabhängigkeit des Quecksilbers, wenn die Änderung der Dichte des Quecksilbers mit der Temperatur gegeben ist durch die Beziehung $\varrho_t = \varrho_0 \cdot (1 - 0{,}00018 \cdot t)$. Dabei ist $\varrho_0 = 13{,}5951$. (Die Dichte bei Zimmertemperatur $\varrho_{20} = 13{,}5457$).

## 3. Das Gaußsche Fehlerverteilungsgesetz.

Im Gaussschen Fehlerverteilungsgesetz liegt eine Regel vor, in welcher Weise sich die Beobachtungsfehler auf verschiedene Messungen ein und derselben Größe verteilen.

Die *Wahrscheinlichkeit eines Meßfehlers* hängt von der Spanne $dx$, innerhalb welcher er liegt, und von seiner Größe $x$ ab. Für unendlich kleine Spannen $dx$ wird diese Wahrscheinlichkeit proportional dem $dx$ sein und für gleich große $dx$ von der Größe des Fehlers abhängen. Es wird daher die Wahrscheinlichkeit, daß ein Meßfehler zwischen $x$ und $x + dx$ liegt

$$dv = f(x)\, dx\,.$$

Ferner kann die Annahme gemacht werden, daß positive und negative Fehler gleichen Betrages gleich wahrscheinlich sind. Außerdem wird sich die Wahrscheinlichkeit eines Fehlers dem Werte 0 nähern, wenn der Fehler $x$ sehr große Werte erreicht (die Wahrscheinlichkeit sehr großer Fehler ist so gut wie Null) und das arithmetische Mittel aus einer Anzahl von Beobachtungen wird dem wahren Wert der Größe um so näher liegen, je größer die Anzahl der Beobachtungen ist. Aus diesen Überlegungen hat Gauss für die Verteilungsfunktion $f(x)$ die Formel

$$f(x) = C \cdot e^{-h^2 x^2} \text{ abgeleitet.}$$

$f(x)$ hat für $x=0$ ein Maximum $C$, woraus folgt, daß für die kleinsten Fehler die größte Wahrscheinlichkeit vorliegt. (Siehe die Glockenkurven der Abb. 71.)

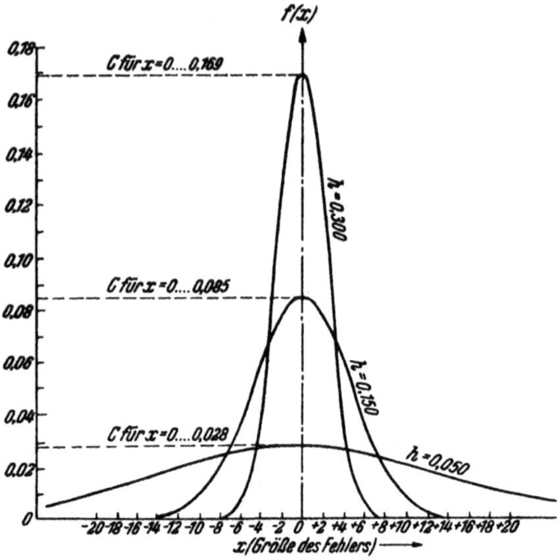


Abb. 71

Da nun theoretisch $x$ alle Werte zwischen $-\infty$ und $+\infty$ annehmen kann, so wird die Wahrscheinlichkeit zur Gewißheit und hat daher den Wert 1.

$$\text{Es ist} \int_{-\infty}^{+\infty} f(x)\,dx = \int_{-\infty}^{+\infty} C \cdot e^{-h^2x^2}\,dx = 1\,.$$

$$\left(\text{Da} \int_{+\infty}^{-\infty} e^{-u^2}\,du = \sqrt{\pi}, \text{ so wird, wenn } u = hx \text{ und } du = h\,dx,\right.$$

$$\int_{-\infty}^{+\infty} e^{-h^2x^2}\,dx = \frac{\sqrt{\pi}}{h} \text{ und:}) \int_{-\infty}^{+\infty} C \cdot e^{-h^2x^2}\,dx = \frac{C\cdot\sqrt{\pi}}{h} = 1\,.$$

Daraus ist $C = \dfrac{h}{\sqrt{\pi}}$ und $f(x) = \dfrac{h}{\sqrt{\pi}} \cdot e^{-h^2x^2}$, das *Gaußsche Fehlergesetz.*

Bestimmung der Werte von $x$, die den Wendepunkten der Wahrscheinlichkeitskurve entsprechen:

$$f'(x) = -\frac{2h^3}{\sqrt{\pi}} \cdot x \cdot e^{-h^2x^2}$$

$$f''(x) = -\frac{2h^3}{\sqrt{\pi}} \cdot [e^{-h^2x^2} - 2 \cdot h^2x^2 \cdot e^{-h^2x^2}] =$$

$$= -\frac{2h^3}{\sqrt{\pi}} \cdot e^{-h^2x^2} \cdot [1 - 2h^2 x^2].$$

$f''(x)$ wird Null, wenn der Klammerausdruck $[1 - 2h^2 x^2] = 0$. Daraus ist $x = \pm \frac{1}{h\sqrt{2}}$.

Die Abszisse der Wendepunkte ist somit durch $h$ bestimmt. $h$ ist demnach ein Maß für die Genauigkeit (*Präzision*) der Beobachtung.

Auch die *mittlere Abweichung* der Fehler kann zur Beurteilung der Zuverlässigkeit von Beobachtungen herangezogen werden. Man bildet den Mittelwert aller Fehlerquadrate ($n$ Beobachtungen) $\sigma^2 = \frac{\sum x^2}{n}$ und daraus die mittlere Abweichung $\sigma = \sqrt{\frac{\sum x^2}{n}}$.

Aus dem Gaussschen Fehlerverteilungsgesetz ergibt sich der Mittelwert der Fehlerquadrate für Fehler zwischen $x$ und $x+dx$ zu $\frac{h}{\sqrt{\pi}} x^2 e^{-h^2x^2} dx$. Zwischen den Grenzen $-\infty$ bis $+\infty$ nach $x$ integriert ist das Quadrat der mittleren Abweichung (Mittelwert aller Fehlerquadrate über alle möglichen Fehler)

$$\sigma^2 = \int_{-\infty}^{+\infty} \frac{h}{\sqrt{\pi}} x^2 e^{-h^2x^2} dx = \frac{h}{\sqrt{\pi}} \cdot 2\int_0^{\infty} x^2 e^{-h^2x^2} dx =$$

$$= \frac{2}{h^2\sqrt{\pi}} \int_{hx=0}^{hx=\infty} (hx)^2 e^{-h^2x^2} d(hx) = \frac{2}{h^2\sqrt{\pi}} \cdot \frac{\sqrt{\pi}}{4} = \frac{1}{2h^2}$$

und die mittlere Abweichung $\sigma = \frac{1}{h\sqrt{2}}$ (siehe Bestimmung der Abszisse der Wendepunkte der Kurve).

Daher wird $C = \frac{h}{\sqrt{\pi}} = \frac{1}{\sigma \cdot \sqrt{2\pi}} = \frac{1}{2{,}51 \cdot \sigma} = \frac{0{,}399}{\sigma} \approx \frac{0{,}4}{\sigma}$ oder $\sigma \approx \frac{0{,}4}{C}$.

Betrachten wir die zusammengehörigen Werte von

| | | | |
|---|---|---|---|
| | $h =$ 0,050 | 0,150 | 0,300 |
| dann ist | $C =$ 0,028 | 0,085 | 0,169 |
| und | $\sigma =$ 14,2 | 4,71 | 2,37 |

so ergeben sich aus ihnen die in der Abb. 71 dargestellten Kurven.

(Für die Kurve $h = 0{,}300$ wird z. B.:
für den Fehler $x = 0$ ... $f(x) = C \cdot e^{-h^2 x^2} = 0{,}169$
$x = \pm 4$ ... $f(x) =$ 0,040 usw.).

Man sieht aus dieser graphischen Darstellung der Verteilungsfunktion, daß die Wahrscheinlichkeit eines Fehlers mit zunehmendem Betrag des Fehlers abnimmt und daß beim Vergleich von 2 Meßreihen jene mit größerem $h$ auch eine größere Häufigkeit der kleinsten Fehler aufweist. (Bei großer Präzision der Messung: Abnahme der Häufigkeit großer Fehler.) Der mittlere Fehler, gegeben durch die Entfernung der Wendepunkte der Kurve von ihrer Achse, wird vermindert.

**82. Beispiel.** Wenn wir mit einer WHEATSTONEschen Brücke von 1000 mm Länge 2 Widerstände vergleichen, welche gleich groß sind, dann müßte das Galvanometer die Anzeige beim 500-mm-Teilstrich der Brücke geben. Wir stellen die Meßfehler für eine sehr große Zahl von Beobachtungen ($n = 500$) fest. Die jeweils erhaltenen Fehler (angegeben in mm) seien in folgender Tabelle zusammengestellt:

| Angezeigter Teilstrich | Fehler $x$ (mm) | Häufigkeit $y$ | $y \cdot x^2$ |
|---|---|---|---|
| 490 | —10 | 0 | 0 |
| 491 | — 9 | 1 | 82 |
| 492 | — 8 | 3 | 191 |
| 493 | — 7 | 8 | 392 |
| 494 | — 6 | 19 | 684 |
| 495 | — 5 | 32 | 800 |
| 496 | — 4 | 37 | 592 |
| 497 | — 3 | 34 | 306 |
| 498 | — 2 | 45 | 180 |
| 499 | — 1 | 48 | 48 |
| 500 | 0 | 50 | 0 |
| 501 | + 1 | 45 | 45 |
| 502 | + 2 | 38 | 152 |
| 503 | + 3 | 38 | 342 |
| 504 | + 4 | 33 | 528 |
| 505 | + 5 | 26 | 650 |
| 506 | + 6 | 21 | 756 |
| 507 | + 7 | 18 | 882 |
| 508 | + 8 | 4 | 256 |
| 509 | + 9 | 0 | 0 |
| 510 | +10 | 0 | 0 |
| $\sum$ ... Anzahl der Beobachtungen | | $n = 500$ | 6886 |

Daraus berechnen wir (für $x = 0$) $C = \frac{50}{500} = 0{,}100/\text{mm}$ (relative Häufigkeit des Nullfehlers).

$$\sigma = \sqrt{\frac{\Sigma y x^2}{n}} = \sqrt{\frac{6886}{500}} = 3{,}71 \text{ mm und } C \cdot \sigma = 0{,}371.$$

Zum ungefähren Vergleich mit der Gaussschen Formel kann der Wert $C \cdot \sigma \approx 0{,}4$ dienen, der dem analogen Wert unserer Versuchsreihe (0,371) tatsächlich nahekommt.

$$h = C \cdot \sqrt{\pi} = 0{,}177/\text{mm} \approx 0{,}18/\text{mm} .$$

Die Verteilungsfunktion ist daher

$$f(x) = \frac{0{,}18}{\sqrt{\pi}} \cdot e^{-(0{,}18\,x)^2} = 0{,}102 \cdot e^{-0{,}0324\,x^2} .$$

Diese Kurve ist in die Abb. 72, welche die wirkliche Fehlerverteilung (relative Häufigkeit) als Stufenkurve enthält, eingezeichnet.

| | |
|---|---|
| Es war für $x = 0$ | $f(x) = 0{,}102$ ($= 10{,}2\,\%/\text{mm}$) |
| $x = \pm\ 2$ | 0,090 |
| $x = \pm\ 4$ | 0,060 |
| $x = \pm\ 6$ | 0,032 |
| $x = \pm\ 8$ | 0,013 |
| $x = \pm\ 10$ | 0,004 |

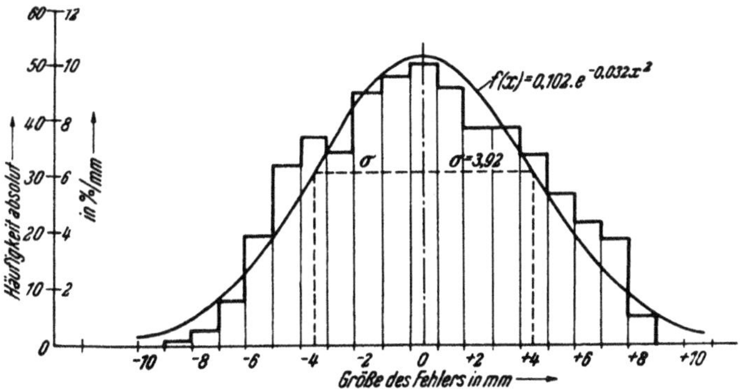


Abb. 72

Falls sich die Kurve der wirklichen Fehlerverteilung nicht genügend anpaßt, also z. B. für die größeren Fehler nicht gut geeignet ist, kann unter Beibehaltung des Wertes für $h$ der Wert für $C$ etwas vermindert werden (Aufstellung einer neuen, besser geeigneten Verteilungsfunktion), wodurch sich eine bessere Übereinstimmung mit der Wirklichkeit ergibt (Angleichung an den wirklichen mittleren Fehler).

In der Abb. 72 ist auch der theoretische Wert des mittleren Fehlers eingezeichnet, berechnet zu $\sigma = \frac{0{,}4}{0{,}102} = 3{,}92$ mm, während der mittlere Fehler direkt ausgerechnet aus den Beobachtungen $\sigma = 3{,}71$ mm beträgt. ——

*Berechnung von Fehlerwahrscheinlichkeiten:*

**83. Beispiel.** Die Wahrscheinlichkeit, daß ein gemachter Fehler zwischen den Grenzen $x_1$ und $x_2$ liegt, ist nach S. 132 gleich

$$v = \int_{x_1}^{x_2} C \cdot e^{-h^2 x^2} \cdot dx = C \cdot \int_{x_1}^{x_2} e^{-h^2 x^2} dx .$$

Nach Einsetzen der Ausdrücke $\sigma^2 = \frac{1}{2h^2}$ (s. S. 133) und $C = \frac{h}{\sqrt{\pi}}$ (S. 133) wird $v = \frac{1}{\sigma \cdot \sqrt{2\pi}} \cdot \int_{x_1}^{x_2} e^{-\frac{x^2}{2\sigma^2}} dx$.

Die Wahrscheinlichkeit $v_1$, daß der gemachte Fehler absolut kleiner ist als die mittlere Abweichung $\sigma$ (also zwischen den Grenzen $+\sigma$ und $-\sigma$ liegt), ist damit $v_1 = \frac{1}{\sigma \cdot \sqrt{2\pi}} \cdot \int_{-\sigma}^{+\sigma} e^{-\frac{x^2}{2\sigma^2}} dx =$

$$= \frac{2}{\sigma \cdot \sqrt{2\pi}} \cdot \int_0^{\sigma} e^{-\frac{x^2}{2\sigma^2}} dx .$$

Setzen wir für $x = t \cdot \sigma$, dann wird $\frac{dx}{dt} = \sigma$ und die beiden neuen Grenzen sind dann für $x = 0 \ldots t_1 = 0$, bzw. $x = \sigma \ldots t_2 = 1$ und damit $v_1 = \frac{2}{\sigma \cdot \sqrt{2\pi}} \cdot \int_0^1 e^{-\frac{t^2}{2}} \cdot \sigma\, dt = \frac{2}{\sqrt{2\pi}} \cdot \int_0^1 e^{-\frac{t^2}{2}} dt$.

Die Funktion $\Phi(x) = \frac{1}{\sqrt{2\pi}} \cdot \int_0^x e^{-\frac{t^2}{2}} dt$ ist aus Tabellenwerken zu entnehmen.* Sie ist für $x = t_2 = 1 \ldots 0{,}3413$, also für die oben

* Chem. Tasch. 813

abgeleitete Funktion $v_1 = 0{,}6826 \approx \frac{2}{3}$, d. h., die Wahrscheinlichkeit ist ca. $\frac{2}{3}$. ——

Nach BERNOULLI müssen in einer Beobachtungsreihe $\frac{2}{3}$ der Fehler absolut kleiner sein als $\sigma$. Im anderen Falle ist die Versuchsreihe nicht einwandfrei (sie entspricht nicht den Gesetzen der mathematischen Wahrscheinlichkeit) und es muß ein äußerer, unbekannter Grund vorliegen, der einen Einfluß ausgeübt hat. (Bei einer Normalverteilung müssen 68,26% der Einzelfehler innerhalb von $M \pm \sigma$ liegen, 95,45% innerhalb von $M \pm 2\sigma$ und 99,73% innerhalb von $M \pm 3\sigma$; $M$ = Mittelwert, $\sigma$ = mittlere Abweichung. Diese Werte gelten nur unter der Voraussetzung einer stetigen Verteilung der verschiedenen Wahrscheinlichkeiten).

Die Wahrscheinlichkeit, daß ein gemachter Fehler absolut kleiner ist als der wahrscheinliche Fehler $w$ einer Versuchsreihe ist $\frac{1}{2}$. Also ist $\frac{1}{2} = \frac{1}{\sigma \cdot \sqrt{2\pi}} \cdot \int\limits_{-w}^{+w} e^{-\frac{x^2}{2\sigma^2}} dx = \frac{1}{\sigma} \cdot \sqrt{\frac{2}{\pi}} \cdot \int\limits_{0}^{w} e^{-\frac{x^2}{2\sigma^2}} dx$.

Hieraus ist angenähert $w = 0{,}6745 \cdot \sigma$ oder rund $\frac{2}{3}$ der mittleren Abweichung.

## 4. Häufigkeitsanalyse.

Die im vorangehenden Abschnitt gezeichneten Häufigkeitskurven bilden die Grundlage der sogenannten Häufigkeitsanalyse. Aus der Veränderung, die die Kurve im Laufe eines gewissen Zeitraums erfährt oder durch Vergleich mehrerer Kurven, können Rückschlüsse auf bestimmte Faktoren gezogen werden. Wichtig ist die Auswertung solcher Kurven für Arbeitsstudien und in der Fehlerbeseitigung. Es lassen sich auf diese Weise z. B. die Zuverlässigkeit von Meßverfahren oder die des Menschen (beispielsweise eines Laboranten) verfolgen.

**84. Beispiel.** (Bearbeitet nach den Angaben im Arch. Eisenhüttenwesen *5*, 477). KORNFELD bestimmte die Häufigkeitskurven für die Abweichungen der durch die karbometrische Schnellbestimmung des Kohlenstoffs (während der Stahlschmelzung) mit dem MALMBERGschen Karbometer von den analytisch bestimmten Werten aus verschiedenen Fabriken. Nach Festlegung eines zulässigen Streuungsbereiches (in der Regel nimmt man als Grenze des Streuungsbereiches das Dreifache der mittleren Abweichung; „$3\sigma$-Regel"), der mit $\pm 0{,}03\%$ C angenommen wurde, erhielt er folgende Zahlen für die absoluten Streuungen, wobei die aus dem zulässigen Streuungsbereich fallenden Werte als Maß für die „Unzuverlässigkeit“ des Verfahrens gelten können:

| Abweichung | Zahl der Werte im Werk | | | | | | |
|---|---|---|---|---|---|---|---|
| | I | II | III | Σ I bis III | IV | V | Σ IV bis V |
| —0,25 | | 1 | | 1 | | | |
| —0,12 | | | | | 1 | | 1 |
| —0,10 | | | | | 1 | 2 | 3 |
| —0,09 | | 1 | | 1 | | 1 | 1 |
| —0,08 | | 1 | | 1 | 2 | 5 | 7 |
| —0,07 | | 1 | | 1 | | 7 | 7 |
| —0,06 | 1 | 1 | 3 | 5 | 5 | 2 | 7 |
| —0,05 | 2 | 2 | 5 | 9 | | 1 | 1 |
| —0,04 | 1 | 4 | 3 | 8 | 3 | 4 | 7 |
| —0,03 | 2 | 4 | 11 | 17 | | 12 | 12 |
| —0,02 | 3 | 4 | 5 | 12 | | 9 | 9 |
| —0,01 | 4 | 13 | 14 | 31 | 4 | 12 | 16 |
| 0 | 8 | 27 | 18 | 53 | 12 | 21 | 33 |
| +0,01 | 9 | 8 | 23 | 40 | 9 | 14 | 23 |
| +0,02 | 3 | 7 | 13 | 23 | 17 | 14 | 31 |
| +0,03 | 1 | 7 | 9 | 17 | 17 | 9 | 26 |
| +0,04 | 1 | 3 | 5 | 9 | 11 | 7 | 18 |
| +0,05 | 2 | 4 | 5 | 11 | 10 | 10 | 20 |
| +0,06 | | 1 | 2 | 3 | 9 | 6 | 15 |
| +0,07 | | 4 | 2 | 6 | 5 | 4 | 9 |
| +0,08 | | | 2 | 2 | 3 | 5 | 8 |
| +0,09 | | 1 | | 1 | 5 | 1 | 6 |
| +0,10 | | | | | 3 | | 3 |
| +0,11 | | | 1 | 1 | 3 | | 3 |
| +0,12 | | | | | 1 | | 1 |
| +0,14 | | 1 | | 1 | | | |
| +0,18 | | | | | 1 | | 1 |
| +0,20 | | | | | 1 | | 1 |
| +0,23 | | 1 | | 1 | | | |
| | 37 | 96 | 121 | 254 | 123 | 146 | 269 |

Graphisch dargestellt ergaben die Gesamtverteilungen für Werk I bis III die ausgezogene, für Werk IV bis V die gestrichelte Kurve der Abb. 73.

Aus dem Zahlenmaterial ließen sich für die einzelnen Werke folgende Unzuverlässigkeiten in % errechnen: Werk I 18,9, Werk II 27,1, Werk III 23,2 oder für die Werke I bis III 24,0; für die Werke IV bis V betrug diese Zahl, da von 269 Proben 119 eine größere Abweichung als $\pm 0{,}03\%$ C aufwiesen 44,2%.

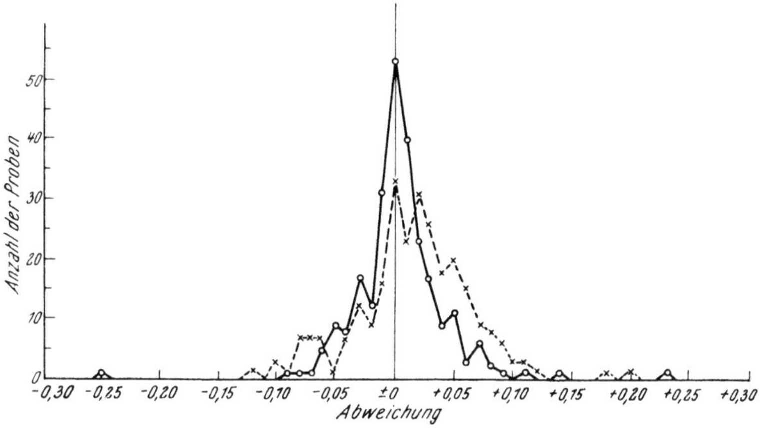


Abb. 73

In gleicher Weise hat Kornfeld die Häufigkeitskurven für jedes einzelne Werk aufgestellt. Da es sich bei den für Werk I bis III genannten Zahlen um durchgeführte Eichversuche handelte, können dieselben als mit besonderer Sorgfalt durchgeführt gelten, während es sich bei Werk IV und V um laufende Betriebsproben handelte. Dies zeigt sich auch beim Vergleich dieser Eichversuchs-Häufigkeitskurven (Werk I bis III) mit den Häufigkeitskurven der Werke IV und V, welche bedeutend größere %-Zahlen für die Unzuverlässigkeit aufweisen. Auch aus der Form der gestrichelten Kurve geht bereits hervor, daß die Abweichungen hier ungünstiger liegen und daß, während die Kurve der Eichwerte ziemlich symmetrisch zur Null-Linie verläuft, die Kurve der Betriebsproben Verschiebungen zu positiven Abweichungen aufweist. Dies kann u. U. auf die Arbeitsweise des die Bestimmung Ausführenden zurückzuführen sein (weshalb es sich empfiehlt, diese Bestimmungen eine Zeitlang von einem anderen ausführen zu lassen und dessen Häufigkeitskurve mit der des ersteren zu vergleichen).

Bei der behandelten Untersuchung wurde die absolute Streuung als Maß für die Unzuverlässigkeit genommen. Da jedoch die absolute Streuung bei verschiedenen C-Gehalten in verschiedenem

Verhältnis zum Gesamt-C steht, ist es für eine genaue Auswertung erforderlich, auch die prozentualen Streuungen in Betracht zu ziehen. Nachdem aber das entwickelte Beispiel nur in großen Umrissen die Auswertung von Häufigkeitskurven veranschaulichen soll, kann von einem weiteren Eingehen in dieses spezielle Beispiel hier abgesehen werden.

Selbstverständlich wurden für die Bewertung solche Proben ausgeschieden, die von vornherein als fehlerhaft erkannt wurden (z. B. schlackenhaltige oder hohle Proben), da die Gesamtarbeit ja der Beurteilung der Zuverlässigkeit des Karbometers dienen sollte.

Die Auswertung des vorliegenden Zahlen- und Kurvenmaterials führt zu dem Ergebnis, daß die Streuungen gegenüber den analytisch ermittelten Werten so groß sind, daß die karbometrische Bestimmung nicht geeignet erscheint, die analytische Methode voll zu ersetzen. ———

Die Häufigkeitsanalyse gehört zur Methode der *Großzahlforschung*. Es wird also eine Zählung von Meßwerten vorgenommen, die angibt, wie oft in einem Kollektiv einzelne Meßwerte einer Eigenschaft oder eines bestimmten Merkmales vertreten sind, d. h., in welcher Art die Einzelwerte verteilt sind.

Unter Kollektiven versteht man artähnlich zusammengefaßte Einflußgrößen. Ein einheitliches Kollektiv ist ein solches, dessen Eigenschaften eine Verteilung nach dem Gaussschen Fehlergesetz aufweisen.

Die in der Natur oder Technik vorkommenden Häufigkeitsverteilungen entsprechen jedoch nicht immer einer Gaussschen Verteilung, sondern sind zusammengesetzt (Mischverteilungen). Bei Anwendung eines entsprechenden Zeichenmaßstabes (Häufigkeitspapier und Wahrscheinlichkeitsnetz) lassen sich solche Mischverteilungen aufgliedern und in Normalverteilungen (Teilkollektive) zerlegen und somit auf die Grundform der Gaussschen Verteilung zurückführen. Beim Wahrscheinlichkeitsnetz ist die Ordinate als Summenprozentteilung nach dem Gaussschen Integral so geteilt, daß eine darin eingetragene Gausssche Normalverteilung als gerade Linie erscheint. (Wird ein

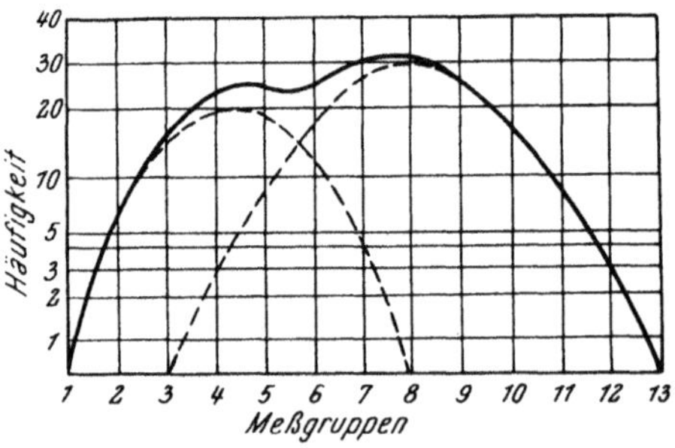


Abb. 74

Meßbereich in eine bestimmte Anzahl von Klassen eingeteilt, so kann für jede Klasse die Häufigkeit der enthaltenen Meßwerte in bezug auf die Gesamtzahl der Meßwerte in %, als sogenannte Prozenthäufigkeit ausgedrückt werden. Wird diese Prozenthäufigkeit fortlaufend, also von Klasse zu Klasse addiert, erhält man die jeweilige Prozent-Summenhäufigkeit). Beim Häufigkeitspapier ist die Ordinate z. B. logarithmisch geteilt.

In der Abb. 74 ist die Zerlegung einer Mischverteilung auf Häufigkeitspapier gezeigt. Durch eine solche Aufgliederung lassen sich oft vermutliche Quellen für die Ausbildung des in Erscheinung tretenden ungünstigen Teilkollektivs feststellen und daraus Maßnahmen für geeignete Arbeitsbedingungen treffen, um dieses unerwünschte Teilkollektiv auszuschalten oder zu verkleinern.

## 5. Korrelation.

Ist man bestrebt, den Zusammenhang zweier Faktoren, zwischen denen keine funktionelle Verbindung besteht, festzustellen, bedient man sich der Korrelationsrechnung („Verbundenheit der Beziehungen"), welche ebenfalls einen Zweig der Großzahlforschung bildet. Das Prinzip soll an nachfolgendem Beispiel erläutert werden.

**85. Beispiel.** (Bearbeitet nach PLAUT, Ber. Fachausschüsse d. Deutsch. Glastechn. Ges., Nr. 19, S. 8). Für die gegenseitige Abhän-

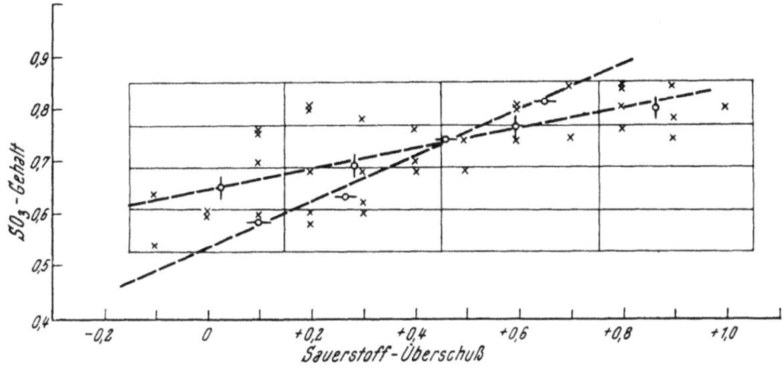


Abb. 75

gigkeit des $SO_3$-Gehaltes des Glases und des Sauerstoffgehaltes in der Ofenatmosphäre wurden folgende Häufigkeitszahlen gefunden (s. Tabelle, S. 142).

Man trägt die Einzelwerte in ein Koordinatensystem ein (Abb. 75). Um Mittelwerte zu gewinnen, wird unter bestimmten Voraussetzungen das Bild in gleich große Felder sowohl nach der waagrechten als auch nach der senkrechten Seite geteilt. In unserer

| $O_2$-Überschuß in % / $SO_3$-Gehalt | −0,1 | 0 | +0,1 | 0,2 | 0,3 | 0,4 | 0,5 | 0,6 | 0,7 | 0,8 | 0,9 | 1,0 | Mittelwerte der waagrechten Teilflächen: |
|---|---|---|---|---|---|---|---|---|---|---|---|---|---|
| 0,54 | 1 | | | | | | | | | | | | |
| 0,56 | | | | | | | | | | | | | |
| 0,58 | | | | 1 | | | | | | | | | +0,100/0,589 |
| 0,60 | | 2 | 1 | 1 | 1 | | | | | | | | |
| 0,62 | | | | | 1 | | | | | | | | |
| 0,64 | 1 | | | | | | | | | | | | |
| 0,66 | | | | | | | | | | | | | 0,267/0,663 |
| 0,68 | | | | 1 | 1 | 1 | 1 | | | | | | |
| 0,70 | | | 1 | | | 1 | | | | | | | |
| 0,72 | | | | | | | | | | | | | |
| 0,74 | | | | | | | 1 | 1 | 1 | | 1 | | 0,460/0,740 |
| 0,76 | | | 2 | | | 1 | | | | 1 | | | |
| 0,78 | | | | | 1 | | | | | | 1 | | |
| 0,80 | | | | 2 | | | | 2 | | 1 | | 1 | 0,650/0,810 |
| 0,82 | | | | | | | | | | | | | |
| 0,84 | | | | | | | | | 1 | 2 | 1 | | |
| Mittelwerte der senkrechten Teilflächen: | 0,025/0,650 | | | 0,283/0,690 | | | 0,600/0,763 | | | 0,863/0,800 | | | |

Abb. sind dies nach jeder Richtung 4 Felder. Für die waagrechten Teilfelder errechneten sich die Mittelwerte -o- (siehe Tabelle), aus den senkrechten ⌽, durch welche je eine möglichst anschmiegende Gerade gezogen wird.

Der Winkel, den die beiden Geraden („lineare Korrelation") einschließen ist natürlich vom angenommenen Maßstab der Koordinaten abhängig. Bei gleichem Maßstab ist dieser Korrelationswinkel, den das Korrelationskreuz bildet, ein ins Auge fallendes Maß für die Verbundenheit der Beziehungen. Würde z. B. der $SO_3$-Gehalt nur vom Sauerstoffüberschuß abhängen, müßten beide Linien zusammenfallen; stehen sie senkrecht aufeinander, so besteht zwischen beiden untersuchten Eigenschaften überhaupt keine Beziehung. Es muß jedoch betont werden, daß die Verbundenheit oder Strenge der Beziehungen zwischen den beiden Eigenschaften nichts über einen formelmäßigen Zusammenhang aussagt. Aus der entwickelten Abb. erkennt man aber, daß der $SO_3$-Gehalt des Glases mit steigendem Sauerstoffüberschuß zunimmt und daß der kleine Winkel, den die beiden Regressionsgeraden einschließen auf einen ziemlich engen Zusammenhang hinweist. Nachdem ein $SO_3$-Gehalt im Glas unerwünscht ist, wird man bestrebt sein müssen, den Sauerstoffüberschuß im Ofen möglichst niedrig zu halten.

Der *Korrelationskoeffizient* ist das rechnerisch ermittelte Maß für die Strenge der Beziehung. Besteht ein funktioneller Zusammenhang, ist er $= 1$ (die beiden Geraden fallen zusammen); fehlt jede Beziehung, ist er $= 0$. Positiv ist er, wenn beide Größen gleichzeitig wachsen, negativ, wenn eine Größe wächst, während die andere gleichzeitig fällt. Sinkt der Wert des Korrelationskoeffizienten unter 0,5, dann ist die Korrelation sehr schwach und es können kaum Schlüsse auf einen Zusammenhang gezogen werden.

**86. Beispiel.** Wir verwenden die Zahlen des vorangegangenen Beispiels und ordnen sie zu folgender Tabelle:

| $x$ | $y$ | $fx$ | $fy$ | $fx\,fy$ | $(fx)^2$ | $(fy)^2$ |
|---|---|---|---|---|---|---|
| — 0,1 | 0,54 | — 0,520 | — 0,181 | + 0,0941 | 0,2704 | 0,0328 |
| — 0,1 | 0,64 | — 0,520 | — 0,081 | + 0,0421 | 0,2704 | 0,0066 |
| 0 | 0,60 | — 0,420 | — 0,121 | + 0,0508 | 0,1764 | 0,0146 |
| 0 | 0,60 | — 0,420 | — 0,121 | + 0,0508 | 0,1764 | 0,0146 |
| + 0,1 | 0,60 | — 0,320 | — 0,121 | + 0,0387 | 0,1024 | 0,0146 |
| ⋮ | ⋮ | ⋮ | ⋮ | ⋮ | ⋮ | ⋮ |
| = + 14,7 | 25,22 | | | + 0,6588 | 3,4760 | 0,2587 |

Mittelwert von $x = +0{,}420$ ($= m_x$), von $y = +0{,}721$ ($= m_y$). Zahl der Beobachtungen $n = 35$; $fx$ ist die Abweichung vom Mittelwert $m_x$, $fy$ jene vom Mittelwert $m_y$.

Der Korrelationskoeffizient $r = \frac{\Sigma(fx\,fy)}{\sqrt{\Sigma(fx)^2 \cdot \Sigma(fy)^2}} = 0{,}694$.

Die Gleichungen der beiden Regressionsgeraden lauten:

$$fy = \frac{r \cdot \sqrt{\Sigma(fy)^2}}{\sqrt{\Sigma(fx)^2}} \cdot fx \text{ bzw. } fx = \frac{r \cdot \sqrt{\Sigma(fx)^2}}{\sqrt{\Sigma(fy)^2}} \cdot fy\,.$$

Für unser Beispiel: $fy = 0{,}1880 \cdot fx$ und $fx = 2{,}5318 \cdot fy$ (aus letzterer ist $fy = 0{,}3950 \cdot fx$). ——

Mit Hilfe des Korrelationskoeffizienten kann auch der wahrscheinliche Wert der einen Größe aus dem gegebenen Wert der anderen Größe berechnet werden:

$$x = m_x + fx \text{ und } y = m_y + r \cdot \sqrt{\frac{\Sigma(fy)^2}{\Sigma(fx)^2}} \cdot fx\,.$$

## 4. Lösungen.

Über die Konzentrationsangaben von Lösungen s. S. 73.
Über Flüssigkeitsgemische siehe auch S. 180 (Mehrstoffsysteme).

### A. Löslichkeitskurven.

Die Löslichkeit eines Stoffes in einem bestimmten Lösungsmittel wird vorteilhaft graphisch dargestellt, da die erhaltenen Kurven sofort ein anschauliches Bild über die Änderung der Löslichkeit mit steigender Temperatur geben und die Löslichkeit für jede beliebige Temperatur abzulesen gestatten. (Graphische Interpolation.)

Die einzelnen Punkte der Löslichkeitskurve (Abb. 76) geben Gewichtsmengen Stoff (g Stoff in 100 g Wasser) für den jeweiligen Sättigungszustand der Lösung an. Wenn also z. B. bei 25° 36,1 g Kochsalz in 100 g Wasser gelöst sind, so ist die Lösung bei dieser Temperatur an Kochsalz gesättigt und überschüssiges Salz bleibt als ungelöster Bodenkörper zurück. Der gelöste Stoff steht daher mit einem bestimmten Bodenkörper im Gleichgewicht.

Die beiden Bodenkörper NaCl und $KNO_3$ sind wasserfreie Salze, die in dem betrachteten Temperaturintervall keinerlei Umwandlungen erfahren. Die Löslichkeitskurve dieser Stoffe zeigt daher einen stetigen Verlauf, da ja alle ihre Punkte auf die gleiche Bodenkörpersubstanz NaCl, bzw. $KNO_3$ bezogen sind.

Andere Bodenkörper, z. B. $ZnSO_4$, existieren jedoch in verschiedenen Modifikationen (mit und ohne Kristallwasser), welche bei bestimmten Temperaturen ineinander übergehen. Die Löslichkeitskurve eines solchen Salzes wird Unstetigkeiten (Knicke und Spitzen) aufweisen, in denen jene Umwandlungen des Bodenkörpers zum Ausdruck kommen. (Siehe auch S. 183: System $CaCl_2$—$H_2O$.)

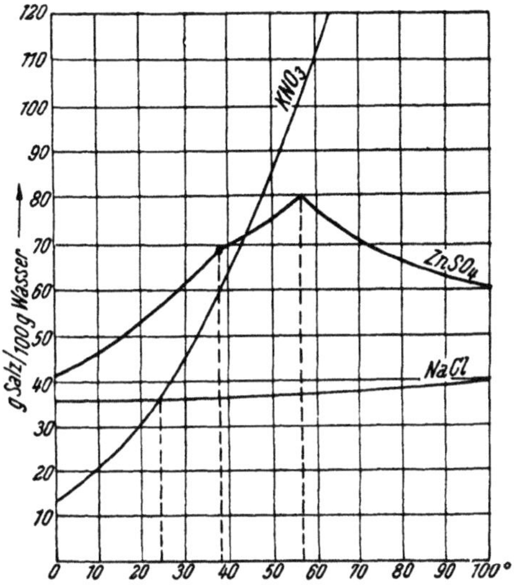


Abb. 76

Die Löslichkeit von $ZnSO_4$ in Wasser ist aus der folgenden Tabelle ersichtlich:

| | | | | | | |
|---|---|---|---|---|---|---|
| | 0° | 10° | 20° | 30° | **38,0°** | |
| g $ZnSO_4$ in 100 g Wasser: | 41,6 | 47,1 | 53,8 | 61,3 | 69,5 | |
| Bodenkörper ist ........ | | | $ZnSO_4 \cdot 7\,H_2O$ | | | |
| | 40° | 50° | **55,5°** | 60° | 80° | 100° |
| g $ZnSO_4$ in 100 g Wasser: | 70,4 | 75,7 | 80,2 | 76,5 | 66,7 | 60,5 |
| Bodenkörper ist ........ | $ZnSO_4 \cdot 6\,H_2O$ | | | $ZnSO_4 \cdot 1\,H_2O$ | | |

Das heißt, $ZnSO_4$ ist unterhalb 38° mit 7 Kristallwasser, zwischen 38° und 55,5° mit 6 Kristallwasser und oberhalb 55,5° mit 1 Kristallwasser beständig.

In Fällen starker Wasserabspaltung äußert sich die Umwandlung durch eine Sptize in der Löslichkeitskurve, so daß jenseits der Umwandlungstemperatur die Löslichkeit des Salzes mit steigender Temperatur abnimmt, statt weiter anzuwachsen.

## B. Mischungsrechnung.

### 1. Mischungsregel und Mischungsgleichung.

Handelt es sich darum, 2 Lösungen desselben Stoffes von gegebenen Konzentrationen oder eine Lösung mit dem reinen Lösungsmittel zu mischen um eine Lösung bestimmter Konzentration herzustellen, bedient man sich zur Berechnung der Mischungsregel oder Mischungsgleichung.

*a*) Die Anwendung der *Mischungsregel* soll an einem Beispiel gezeigt werden:

**87. Beispiel.** Gegeben sind eine 78%ige und eine 48%ige Lösung. Herzustellen ist daraus eine 66%ige Lösung.

Man schreibt die Konzentrationen der Ausgangslösungen links untereinander und rechts davon in der Mitte die gewünschte Konzentration. Dann bildet man in Richtung des Pfeilkreuzes die Differenzen. Diese geben die Gewichtsteile der Ausgangslösungen an, die zu mischen sind, also

```
78%               18 Gewichtsteile
    ↘          ↗
         66%
    ↗          ↘
48%               12 Gewichtsteile
                ___________________
                = 30 Gewichtsteile Mischung.
```

In Worten: 18 Gewichtsteile einer 78%igen Lösung + 12 Gewichtsteile einer 48%igen Lösung = 30 Gewichtsteile einer 66%igen Lösung. ———

Ist die eine Ausgangslösung das reine Lösungsmittel, so setzt man als Konzentration derselben 0%.

Die Mischungsregel kann auch auf das Verstärken von Lösungen durch Lösungsmittelentzug angewendet werden.

Ausführlich wurde die Anwendung der Mischungsregel im Teil 1 behandelt.

*b*) Die *Mischungsgleichung* lautet:

$$a \cdot x + b \cdot y = (a + b) \cdot z,$$

darin bedeuten: $a$ die Menge der Lösung I in g,
$x$ die Konzentration der Lösung I in %,
$b$ die Menge der Lösung II in g,
$y$ die Konzentration der Lösung II in % und
$z$ die Konzentration der erhaltenen Mischung in %.

Sind mehr als 2 Ausgangslösungen vorhanden, z. B. eine Lösung III ($c$ g und $u$ %), so ist die Gleichung sinngemäß zu erweitern. Besteht die eine Lösung aus reinem Lösungsmittel, dann wird ihr Wert für die Konzentration 0 gesetzt.

## 2. Verdünnen von Lösungen nach dem spezifischen Gewicht.

Hierfür ist in der Literatur häufig folgendes Verfahren angegeben: Will man eine Lösung vom spez. Gewicht $\gamma$ auf das spez. Gewicht $\gamma_1$ bringen, so ist die zum Volumen $V$ zuzusetzende Wassermenge

$$W = \frac{V \cdot (\gamma - \gamma_1)}{\gamma_1 - 1}.$$

Soll nicht durch Wasser, sondern eine gleiche Lösung $L$ vom spez. Gewicht $\gamma_2$ verdünnt werden, so ist deren Volumen

$$L = \frac{V \cdot (\gamma - \gamma_1)}{\gamma_1 - \gamma_2}.$$

Diese Formeln sind wegen der auftretenden Volumkontraktion beim Mischen und Verdünnen von Lösungen (siehe auch S. 189) nicht exakt, weshalb sie nur mit Vorsicht verwendet werden dürfen (für hohe Konzentration nicht brauchbar), was an einem Beispiel gezeigt werden soll:

**88. Beispiel.** 200 kg (= 131,6 l) Schwefelsäure vom spez. Gewicht 1,52 (= 62,0 % $H_2SO_4$) sollen mit Wasser auf ein spez. Gewicht 1,23 (= 31,4 % $H_2SO_4$) gebracht werden.

a) Nach obiger Formel wäre $W = \frac{131{,}6 \cdot (152, - 1{,}23)}{1{,}23 - 1} = 165{,}9\,\text{l}$.

b) Nach der Mischungsrechnung ist $200 \cdot 62 + x \cdot 0 = (200 + x) \cdot 31{,}4$; daraus ist $x = 195$ kg Wasser.

Man wähle daher die Mischungsrechnung! ——

## 3. Berechnung des Mischungsverhältnisses aus der Stoffbilanz.

Aufstellung einer Stoffbilanz:

**89. Beispiel.** Der Farbstoff $F$ besteht aus einer Mischung der Farbstoffe $A$, $B$ und $C$. Die Analysen ergaben für den

| | | |
|---|---|---|
| Farbstoff $F$ | 4,38% N und | 1,06% S, |
| Farbstoff $A$ | 8,20% N, | |
| Farbstoff $B$ | | 2,40% S, |
| Farbstoff $C$ | 2,80% N und | 1,00% S. |

Zu berechnen ist das Mischungsverhältnis in Prozenten.

Es ist $A + B + C = 100$.

$$\text{N-Bilanz:}\quad 4{,}38 \cdot 100 = 8{,}20 \cdot A + 2{,}80 \cdot C\,,$$
$$\text{S-Bilanz:}\quad 1{,}06 \cdot 100 = 2{,}40 \cdot B + 1{,}00 \cdot C\,.$$

Aus diesen 3 Gleichungen ist $A = 50\%$, $B = 40$ und $C = 10\%$.

## 4. Herstellung und Wiederbelebung von Mischsäure.

Mischsäure ist eine Mischung von Schwefelsäure und Salpetersäure (und Wasser).

*a) Formeln nach* SELWIG.

$\alpha$) Herstellung von Mischsäure der Zusammensetzung $a$ % $H_2SO_4$ + $b$ % $HNO_3$ + $h$ % $H_2O$, aus folgenden Bestandteilen: $S$ Schwefelsäure mit $s$% $H_2SO_4$, $N$ starker Salpetersäure mit $n$% $HNO_3$ und $N_1$ schwacher Salpetersäure mit $n_1$ % $HNO_3$.

Um 100 Teile Mischsäure herzustellen benötigt man von

$$S = 100 \cdot \frac{a}{s} \text{ Teile,}$$

$$N = 100 \cdot \left[\frac{b - n_1 \cdot \left(1 - \frac{a}{s}\right)}{n - n_1}\right] \text{ Teile und}$$

$$N_1 = 100 \cdot \left[\frac{n \cdot \left(1 - \frac{a}{s}\right) - b}{n - n_1}\right] \text{ Teile.}$$

$\beta$) Wiederbelebung (Verstärkung) gebrauchter Mischsäure. Zusammensetzung der geforderten Mischsäure:

$a$ % $H_2SO_4$ + $b$ % $HNO_3$ + $h$ % $H_2O$ .

Zusammensetzung der gebrauchten Mischsäure:

$a_1$ % $H_2SO_4$ + $b_1$ % $HNO_3$ + $h_1$ % $H_2O$ .

Die Verstärkung soll erfolgen mit:

$S$ Schwefelsäure von $s$ % $H_2SO_4$ und $N$ Salpetersäure mit $n$ % $HNO_3$.

Zu 100 Teilen gebrauchter Säure mischt man von:

$$S = 100 \cdot \left[\frac{a \cdot (n - b_1) - a_1 \cdot (n - b)}{s \cdot (n - b) - a \cdot n}\right] \text{ Teile und}$$

$$N = 100 \cdot \left[\frac{b \cdot (s - a_1) - b_1 \cdot (s - a)}{s \cdot (n - b) - a \cdot n}\right] \text{ Teile und}$$

$$\text{erhält } 100 \cdot \left[\frac{s \cdot (n - b_1) - a_1 \cdot n}{s \cdot (n - b) - a \cdot n}\right] \text{ Teile Mischsäure.}$$

Oder, um 100 Teile gewünschter Mischsäure zu erhalten, mischt man

gebrauchte Mischsäure $U = 100 \cdot \left[\frac{s \cdot (n - b) - a \cdot n}{s \cdot (n - b_1) - a_1 \cdot n}\right]$ Teile mit

$S = 100 \cdot \left[\frac{a \cdot (n - b_1) - a_1 \cdot (n - b)}{s \cdot (n - b_1) - a_1 \cdot n}\right]$ Teile Schwefelsäure von

$s$ % $H_2SO_4$ und $N = 100 \cdot \left[\frac{b \cdot (s - a_1) - b_1 \cdot (s - a)}{s \cdot (n - b_1) - a_1 \cdot n}\right]$ Teile Salpetersäure von $n$ % $HNO_3$.

**90. Beispiel.** Eine Abfallmischsäure hat 50 Gew.-% $H_2SO_4$ ($= a_1$), 20 Gew.-% $HNO_3$ ($= b_1$) und 30 Gew.-% $H_2O$ ($= h_1$). Zur Verstärkung dient eine konzentrierte Schwefelsäure $S$ mit 95% $H_2SO_4$ ($=s$) und eine konzentrierte Salpetersäure $N$ mit 90% $HNO_3$ ($=n$). Es sollen 2000 kg einer Mischsäure von 60 Gew.-% $H_2SO_4$ ($=a$) und 30 Gew.-% $HNO_3$ ($=b$) hergestellt werden.

Es sind zu mischen:

$$U = 2000 \cdot \frac{95 \cdot (90 - 30) - 60 \cdot 90}{95 \cdot (90 - 20) - 50 \cdot 90} = 279{,}1 \text{ kg Abfallsäure,}$$

$$S = 2000 \cdot \frac{60 \cdot (90 - 20) - 50 \cdot (90 - 30)}{95 \cdot (90 - 20) - 50 \cdot 90} = 1115{,}8 \text{ kg Schwefelsäure und}$$

$$N = 2000 \cdot \frac{30 \cdot (95 - 50) - 20 \cdot (95 - 60)}{95 \cdot (90 - 20) - 50 \cdot 90} = 604{,}6 \text{ kg Salpetersäure.}$$

Dieses Beispiel können wir auch nach der Mischungsrechnung lösen:

$U + S + N = 2000$ kg;

Gewichtsbilanz für $H_2SO_4$: $0{,}50 \cdot U + 0{,}95 \cdot S = 0{,}60 \cdot 2000$;

Gewichtsbilanz für $HNO_3$: $0{,}20 \cdot U + 0{,}90 \cdot N = 0{,}30 \cdot 2000$.

Aus diesen 3 Gleichungen mit 3 Unbekannten erhalten wir für $U = 278{,}5$ kg, $S = 1116{,}6$ kg und $N = 604{,}9$ kg.

Zur Kontrolle berechnen wir die Gewichtsbilanz für $H_2O$: $278{,}5 \cdot 0{,}30 + 1116{,}6 \cdot 0{,}05 + 604{,}9 \cdot 0{,}10 = 199{,}9$ kg. Die fertige Mischsäure hat 10% $H_2O$, also 200 kg (also praktisch übereinstimmend). ——

*b*) Mit Hilfe des *Gibbsschen Dreieckes*. (Über Dreiecks-Koordinaten s. S. 89).

**91. Beispiel.** (Entwickelt nach Berl-Lunge, Taschenbuch für die anorganisch-chemische Großindustrie).

Nachdem die gebrauchten Mischsäuren oftmals organische Substanz und Nitrosylschwefelsäure enthalten (die aber bei mäßigem Wassergehalt als Stoffe anzusehen sind, die das Nitrierergebnis nicht beeinflussen), müssen diese Stoffe bei der Berechnung berücksichtigt werden. Das durch Analyse bestimmte Salpetrigsäureanhydrid, ausgedrückt in % $N_2O_3$ wird durch Multiplikation mit 3,34 auf Nitrosylschwefelsäure $SO_5NH$ umgerechnet, wobei für je 1% $N_2O_3$ vom $H_2SO_4$-Gehalt 2,58% abzuziehen und zum $H_2O$-Gehalt 0,24% zuzuzählen sind. Die organische Substanz und der so ermittelte Gehalt an $SO_5NH$ sind von 100 abzuziehen und die verbleibenden Gehalte an $H_2SO_4$, $HNO_3$ und $H_2O$ auf 100 umzurechnen. Die dann erhaltenen Werte werden in das Gibbssche Dreieck eingetragen.

Gegeben sind eine Mischsäure $A$ mit 50% $H_2SO_4$, 10% $HNO_3$ und 40% $H_2O$, eine Salpetersäure $B$ mit 96% $HNO_3$ und 4% $H_2O$ sowie ein 20%iges Oleum $C$, entsprechend einer Schwefelsäure mit 104,5% $H_2SO_4$.

Gesucht ist die Säure $X$ der Zusammensetzung 65% $H_2SO_4$, 13% $HNO_3$ und 22% $H_2O$.

Die Säuren $A$, $B$ und $C$ werden im Darstellungsdreieck Abb. 77 festgelegt, das Oleum auf der Verlängerung der betreffenden Dreieckseite $H_2O$ — $H_2SO_4$ über 100% hinaus, gemäß dem vorliegenden Maßstab eingezeichnet. Nun verbindet man $A$ mit $B$ und $C$ mit $X$ und verlängert bis zum Schnittpunkt $D$ der $AB$-Linie. Aus der Abb. ist $AB:DB = 1{,}7:13{,}3$, d. h., um zur Säure $D$ zu kommen, müßten 13,3 Teile von $A$ mit 1,7 Teilen von $B$ gemischt werden, wodurch 15 Teile $D$ erhalten würden. Um zur Säure $X$ zu kommen, sind entsprechend dem Verhältnis $DX:XC = 3{,}7:7{,}05$ von $D$ 7,05 Teile und von $C$ 3,7 Teile zu mischen; bezogen auf 15 Teile der Zwischensäure $D$ sind dies $7{,}05:3{,}7 = 15:y$, daraus $y = 7{,}87$. Zu mischen sind demnach 13,3 Teile Mischsäure $A$ mit 1,7 Teilen Salpetersäure $B$ und 7,87 Teilen Oleum $C$. —

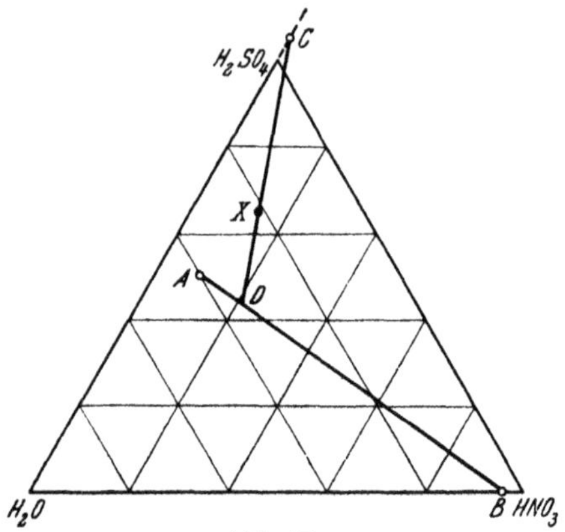


Abb. 77

## C. Lösungen von Salzgemischen.

Die Löslichkeit von Salzgemischen soll an dem Beispiel NaCl — KCl näher untersucht werden*.

Die Löslichkeiten von reinem NaCl und KCl (g Salz in 100 g Wasser) sind:

| | NaCl | KCl |
|---|---|---|
| 20° | 35,85 | 34,35 |
| 60° | 37,05 | 45,6 |
| 100° | 39,2 | 56,2 |

Sind beide Salze gleichzeitig zugegen, so lösen sich bei

| | NaCl | KCl |
|---|---|---|
| 20° | 30,2 | 15,1 |
| 60° | 28,2 | 25,1 |
| 100° | 27,5 | 35,7 |

* Die Löslichkeiten sind den Tabellen 332611 und 332613 des Chem. Tasch. entnommen.

In der Abb. 78 sind die Löslichkeiten für 20, 60 und 100° dargestellt (die Linien werden als Isothermen, das sind Linien gleicher Temperatur, bezeichnet). Auf der Abszisse ist die Löslichkeit des KCl, auf der Ordinate diejenige des NaCl aufgetragen.

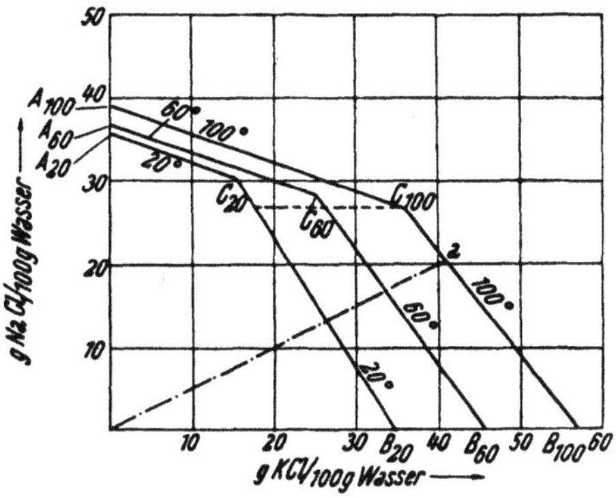


Abb. 78

Während also die Punkte $A$ und $B$ gesättigte Lösungen der Einzelsalze NaCl, bzw. KCl darstellen, haben wir in den Punkten $C$ gleichzeitige Sättigung an NaCl und KCl. Die Linien $AC$ stellen Sättigungsgrenzen für NaCl, die Linien $BC$ Sättigungsgrenzen für KCl vor.

**92. Beispiel.** Wird eine Lösung der Zusammensetzung $C$ mit 27,5 g NaCl und 35,7 g KCl in 100 g Wasser auf 20° abgekühlt, so fällt nur KCl aus und die Lösung wird an NaCl untersättigt. Die Mutterlauge hat die Zusammensetzung 27,5 g NaCl und 16,9 g KCl in 100 g Wasser, es haben sich demnach 18,8 g KCl ausgeschieden. ———

**93. Beispiel.** Wird eine ungesättigte Lösung, welche 10 g NaCl und 20 g KCl in 100 g Wasser enthält, bei 100° abgedampft (dieses Verhältnis wird durch die —·—·—-Linie gekennzeichnet), so erkennen wir, daß die Kristallisation bei der Konzentration im Punkt $a$ (20,5 g NaCl und 41 g KCl; = gleiches Verhältnis wie zu Beginn) beginnt und es kristallisiert reines KCl aus (entlang der Linie $a$ — $C_{100}$), bis der Punkt $C_{100}$ (Konzentration: 27,5 g NaCl und 35,7 g KCl) erreicht ist. Von da an kristallisieren NaCl und KCl gleichzeitig.

Berechnung der Ausbeute an KCl aus 100 kg dieser Lösung: Unverändert ist die Menge NaCl, das sind 7,7 kg, die in der

Lösung bleibt. Die ausgeschiedene Menge KCl sei $x$. Zu Beginn entfällt auf 7,7 kg NaCl 15,4 kg KCl. Zu Beginn der Kristallisation beider Salze enthält die Lösung die Salze im Verhältnis 27,5:35,7, das sind auf 7,7 kg NaCl 10 kg KCl. Auskristallisiert sind daher 15,4 — 10 = 5,4 kg KCl. ———

**94. Beispiel.** Wieviel kg KCl können in 100 kg einer 13 %igen NaCl-Lösung bei 100° gelöst werden?

Der %-Gehalt der Endlösung an NaCl sei $A$, an KCl $B$. Löslichkeiten KCl — NaCl bei 100°: 35,7 g (= 21,9 %) KCl und 27,5 g (= 16,8 %) NaCl. Die Löslichkeit des reinen KCl ist 56,2 g (= 36,0 %).

Es besteht nun folgendes Verhältnis: $B = 36 - \frac{36 - 21,9}{16,8} \cdot A$.

Die gelöste Menge KCl ist $x$ kg, daher sind die %-Gehalte $A = \frac{100 \cdot 13}{100 + x}$ und $B = \frac{100 \cdot x}{100 + x}$. Daraus ist $x = 39,2$ kg.

Die Zusammensetzung der gesättigten Lösung ist dann $B =$ = 28,1 % KCl und $A = 9,3$ % NaCl, das sind 44,9 g KCl und 14,9 g NaCl in 100 g Wasser. Dieser Punkt muß auf der 100°-Isotherme unserer Abbildung liegen. (Aus dem Diagramm hätten wir daher diesen Wert sofort ablesen können: 13 % NaCl = = 14,9 g NaCl in 100 g Wasser; dieser Punkt entspricht auf der 100°-Isotherme einer KCl-Löslichkeit von 44,9 g.) ———

## D. Normallösungen.

Normallösungen werden in der Regel durch Lösen der genau eingewogenen, dem Äquivalentgewicht entsprechenden Menge des reinen Stoffes und Auffüllen auf 1 Liter hergestellt oder nach Ermittlung des Normalfaktors einer Lösung von ungefährer Normalität durch Zugabe der fehlenden Menge Titersubstanz oder Wasser auf die genaue Normalität eingestellt.

Bei diesem Verfahren ist es Bedingung, daß das Volumen der einzustellenden Lösung genau bekannt ist. Diese Voraussetzung ist in der Praxis oft nicht genügend erfüllt, da die Herstellung der Lösungen meist in großen Standflaschen erfolgt.

P. FUCHS hat ein Verfahren beschrieben, bei dem die gelöste Menge Titersubstanz als Berechnungsgrundlage dient.*

a) Die Lösung ist etwas zu schwach. Dann ist die Menge der noch hinzuzufügenden festen Titersubstanz

$$z = \frac{N_2 - N_1}{N_1} \cdot S.$$

* Die Chemie, 1944, S. 156.

Darin sind $N_2$ die bei der Titration verbrauchten ml der einzustellenden Lösung,

$N_1$ die Anzahl ml, die bei der Titration theoretisch hätten verbraucht werden müssen, und

$S$ die in dem annähernd bekannten Volumen gelöste Menge Titersubstanz. (Gültig für jede beliebige feste Substanz, ohne Berücksichtigung des Reinheitsgrades. $S$ ist die Menge, die nach der Vornahme der Titration noch in der Lösung enthalten ist!).

Bedingung ist, daß durch den Zusatz der fehlenden Titersubstanz das Volumen der Gesamtlösung nicht merklich zunimmt (feste Titersubstanz).

**95. Beispiel.** In einer Standflasche sollen zirka 8 Liter genau $\frac{n}{10}$ $KMnO_4$-Lösung hergestellt werden. Da theoretisch $8 \cdot 3{,}1608 = 25{,}286$ g $KMnO_4$ nötig sind, wurden 25,11 g eines etwa 99 %igen Präparates auf einige mg genau abgewogen. 0,2683 g $Na_2C_2O_4$ verbrauchten 40,61 ml ($= N_2$) dieser Lösung. Der theoretische Verbrauch für eine genaue $\frac{n}{10}$ Lösung wäre 40,05 ml ($= N_1$). Bei der Titration gingen verloren $40{,}05 \cdot 0{,}00316 = 0{,}1266$ g $KMnO_4$, d. h. genügend genau 0,13 g. Daraus ist $S = 25{,}11 - 0{,}13 = 24{,}98$ g. $z = \frac{40{,}61 - 40{,}05}{40{,}05} \cdot 24{,}98 = 0{,}3493$ g des verwendeten Kaliumpermanganats, die also zur Gesamtlösung zuzusetzen sind. Eine erneute Titration von 0,2709 g $Na_2C_2O_4$ mit der korrigierten Lösung ergab 40,44 ml anstatt der theoretischen 40,43 ml. —

Liegt die Titersubstanz in Form einer Lösung vor, so ändert sich durch die Zugabe das Volumen der Gesamtlösung merklich. Für diesen Fall gilt die Formel

$$z = \frac{N_2 - N_1}{N_1} \cdot S \cdot \left[1 + \frac{a}{\varrho \cdot P} + \left(\frac{a}{\varrho \cdot P}\right)^2\right] \text{Gramm.}$$

Die neueingeführten Bezeichnungen bedeuten

$a$ = Gewichtsmenge des reinen wirksamen Stoffes (z. B. HCl in einer Salzsäure), die in 100 ml der gewünschten Lösung enthalten ist,

$P$ = % reiner Stoff in der Titersubstanz und

$\varrho$ = Dichte der Titersubstanz.

b) Die einzustellende Lösung ist zu stark. Die noch zuzusetzende Wassermenge in ml beträgt

$$w = \frac{N_1 - N_2}{N_1} \cdot S \cdot \frac{P}{a}.$$

$a$ = die in 100 ml der gewünschten Lösung enthaltene Menge Titersubstanz,
$P$ = Prozentigkeit der Titersubstanz, und.
$S$ = nach der Titration in der Lösung verbliebene Titersubstanz.

**96. Beispiel.** Herzustellen waren zirka 8 Liter einer genauen $\frac{n}{2}$ Salzsäure. Abgewogen wurden 587,7 g Salzsäure von 25,1 % statt der theoretisch nötigen Menge von 581,1 g. Die Titration von 1,060 g $Na_2CO_3$ als Urtitersubstanz ergab einen Verbrauch von 39,44 ml anstatt 40,00 ml. Diese 40,00 ml entsprechen 2,9 g Salzsäure von 25,1 %. In der Lösung waren demnach verblieben $S = 584{,}8$ g Salzsäure von 25,1 %. Der Wert $a = 1{,}823$ (g HCl).

$$w = \frac{40{,}00 - 39{,}44}{40{,}00} \cdot 584{,}8 \cdot \frac{25{,}1}{1{,}823} = 112{,}7 \text{ ml.}$$

Nach Zusatz dieser Menge ergab eine Kontrolltitration von 1,060 g $Na_2CO_3$ 40,01 ml der eingestellten Säure anstatt der theoretisch nötigen 40,00 ml. ———

# 5. Gasvolumina.

## A. Gasgesetze.

### 1. Die Zustandsgleichung der Gase.

BOYLE-MARIOTTE*sches Gesetz*: Bei konstanter Temperatur ist das Volumen $v$ einer Gasmenge umgekehrt proportional dem Druck $p$, unter dem sich das Gas befindet.

$$p \cdot v = \text{konstant}$$

oder $p_1 \cdot v_1 = p_2 \cdot v_2 = p_3 \cdot v_3 = \ldots$

Nach dem GAY-LUSSAC*schen Gesetz* ist

$$v = v_0 \cdot (1 + \alpha t) \text{ bei konstantem Druck.}$$

$\alpha$ ist der Ausdehnungskoeffizient der Gase, welcher besagt, daß sich 1 Liter eines Gases bei der Erwärmung um 1° um $\alpha = \frac{1}{273} = 0{,}00367$ seines Volumens bei 0° C ausdehnt.

Man kann also auch schreiben: $v = v_0 \cdot (1 + 0{,}00367 \cdot t) = v_0 \cdot \left(1 + \frac{t}{273}\right) = v_0 \cdot \frac{273 + t}{273} = v_0 \cdot \frac{T}{273}$.

Analog gilt bei konstantem Volumen:

$$p = p_0 \cdot (1 + at) = p_0 \cdot \frac{T}{273}.$$

Werden alle 3 Faktoren, $v$, $p$ und $t$ gleichzeitig geändert, erhält man die *allgemeine Zustandsgleichung der idealen Gase*:

$$p \cdot v = p_0 \cdot v_0 \cdot (1 + at) = p_0 \cdot v_0 \cdot \frac{T}{273}.$$

Setzen wir für $T_0 = 273$, dann erhält die Gleichung die Form

$$p \cdot v = p_0 \cdot v_0 \cdot \frac{T}{T_0} \text{ oder } \frac{p \cdot v}{T} = \frac{p_0 \cdot v_0}{T_0}.$$

## 2. Normzustand.

Die Zusammenstellung 0° und 1 Atm. heißt *physikalischer Normzustand*, 20° und 1 at *technischer Normzustand*.

Die bei 0° und 1 Atm. in 1 m³ enthaltene Gasmenge heißt *Normkubikmeter* (Nm³).

*Normalsiedepunkt.* Crafts und Young haben eine Formel für den Korrektionsbetrag $k$ pro 10 Torr Druckdifferenz entwickelt, die nach der Vereinfachung von Smith und Menzies innerhalb der normalen Luftdruckschwankungen gilt, und zwar für assoziierte Flüssigkeiten (Wasser, Säuren, Alkohole, Phenole) $k = \frac{T}{1020}$ und für nicht assoziierte Flüssigkeiten $k = \frac{T}{850}$. Die Korrektur ist für Drucke unterhalb 760 Torr positiv, oberhalb 760 Torr negativ.

**97. Beispiel.** Der Siedepunkt des Hexans wurde bei 747 Torr zu 68,4° C bestimmt.

$T = 68{,}4 + 273 = 341{,}4$; $k = 341{,}4 : 850 = 0{,}40$ für 10 Torr.

Druckabweichung $= 760 - 747 = 13$ Torr, also 0,52° Abweichung.

Korrigierter Siedepunkt $= 68{,}4 + 0{,}5 = 68{,}9°$ C. ———

Nach Lorenz und Herz besteht zwischen absoluter Erstarrungstemperatur $T_F$ und absoluter Siedetemperatur $T_K$ folgende Beziehung: $\frac{T_F}{T_K}$ ist im Mittel bei Elementen 0,56, bei anorganischen Verbindungen 0,72, bei aliphatischen Verbindungen 0,56 und bei aromatischen Verbindungen 0,61.

## 3. Korrektur der Barometerstandablesung.

Infolge der Temperaturabhängigkeit der Dichte des Quecksilbers und der Länge der Skala muß für genaue Messungen der bei $t°$ abgelesene Barometerstand $b$ auf den Barometerstand bei 0° $b_0$ reduziert werden. Dies geschieht mit Hilfe der Formel

$b_0 = \frac{1+\beta t}{1+\gamma t} \cdot b$. Darin sind $\gamma$ der kubische Ausdehnungskoeffizient des Quecksilbers $= 0{,}000182$ und $\beta$ der lineare Ausdehnungskoeffizient der Skala für Glas $= 0{,}000008$, für Messing $= 0{,}000019$.

Infolge der *Adhäsionsspannung* zwischen Quecksilber und Glas ist eine Korrektion an der Barometerstandablesung anzubringen, die von der Rohrweite und von der Reinheit der Oberfläche abhängt. Mit der Beschaffenheit der Oberfläche ändert sich die Kuppenhöhe. Die Korrektur kann Tabellen* entnommen werden, welche die dem abgelesenen Barometerstand hinzuzuzählenden Größen in Torr in Abhängigkeit von Rohrweite und Kuppenhöhe angeben. Die Korrektion wächst mit abnehmender Rohrweite (Rohre von 15 mm Weite schalten diese Unsicherheit praktisch aus).

*Barometrische Höhenformel.* (Gültig in mittlerer geographischer Breite, vernachlässigt wird die Luftfeuchtigkeit):

$h_2 - h_1 = (18{,}4 + 0{,}067 \cdot \vartheta_m) \cdot \lg \frac{p_1}{p_2}$ in km. Darin ist $\vartheta_m$ die mittlere Temperatur der Luftsäule. Mit Hilfe dieser Formel kann der Luftdruck in größeren Höhen (hochgelegene Orte) annähernd berechnet werden.

## 4. Avogadrosches Gesetz.

Gleiche Volumina aller Gase enthalten bei gleichem Druck und gleicher Temperatur die gleiche Anzahl von Molekülen. Unter Normalverhältnissen (0° C und 760 Torr) beträgt das Molvolumen eines idealen Gases 22,415 Liter (abgerundet 22,4 Liter).

Die Abweichungen der „permanenten" Gase gegenüber dem idealen Gas sind minimal, z. B. beträgt das Molvolumen für He = 22,415 Liter, $H_2$ = 22,428 Liter, $O_2$ = 22,393 Liter, $N_2$ = 22,404 Liter, $CO_2$ = 22,262 Liter.

Beziehen wir die allgemeine Zustandsgleichung auf 1 Mol eines beliebigen Gases, so ist die Größe $\frac{v_0 \cdot p_0}{273} = R$ für alle Gase eine gleichbleibende Größe, die als *universelle Gaskonstante* bezeichnet wird.

Es ist dann $p \cdot v = R \cdot T$ und für $n$ Mole eines Gases $p \cdot v = n \cdot R \cdot T$. Über die Zahlenwerte von $R$ in den verschiedenen Maßeinheiten s. S. 71.

Haben $n$ Moleküle eines Gases vom Molekulargewicht $M$ ein Gewicht von $a$ Gramm, dann ist $n = \frac{a}{M}$ und $p \cdot v = \frac{a}{M} \cdot R \cdot T$.

**98. Beispiel.** Zu berechnen ist das Molekulargewicht des Heliums aus der Dichte, welche bei 0° C und 1 Atm $0{,}0001785\ g \cdot cm^{-3}$ beträgt.

---

* Chem. Tasch. 61212 (Kapillardepression des Hg in Torr von 7 bis 19 mm Rohrdurchmesser und 0,2 bis 1,8 mm Kuppenhöhe).

Molgewicht = Molvolumen × Dichte. Das Molvolumen bei 0° C und 1 Atm = 22,415 Liter = 22415 $cm^3 \cdot mol^{-1}$; Molgewicht = = 22415 · 0,0001785 = 4,001. ———

## 5. Daltonsches Gesetz.

Liegt ein Gasgemisch vor, dessen Komponenten nicht miteinander reagieren, dann ist der Gesamtdruck $P$ des Gemisches gleich der Summe der Partialdrucke (Teildrucke) $p_1$, $p_2$ usw. der Komponenten.

Unter dem *Partialdruck* einer Komponente versteht man den Druck, den die betreffende Komponente ausüben würde, wenn sie allein den Raum $V$ einnähme, den das ganze Gemisch einnimmt.

$$P = p_1 + p_2 + p_3 + \ldots$$

Nachdem $p_1 V = n_1 RT$, $p_2 V = n_2 RT$ usw., muß $P \cdot V = (p_1 + p_2 + \ldots) \cdot V = (n_1 + n_2 + \ldots) \cdot RT$.

Ferner ist aus obiger Gleichungsfolge

$$\frac{p_1}{n_1} = \frac{p_2}{n_2} = \ldots = \frac{p_1 + p_2 + \ldots}{n_1 + n_2 + \ldots} = \frac{P}{n_1 + n_2 + \ldots}.$$

Ebenso ist $V = v_1 + v_2 + \ldots$ und

$$\frac{v_1}{n_1} = \frac{v_2}{n_2} = \frac{v_1 + v_2 + \ldots}{n_1 + n_2 + \ldots} = \frac{V}{n_1 + n_2 + \ldots}.$$

Somit wird $\dfrac{p_1}{p_1 + p_2 + \ldots} = \dfrac{n_1}{n_1 + n_2 + \ldots} = \dfrac{v_1}{v_1 + v_2 + \ldots}$,

und $\dfrac{p_2}{p_1 + p_2 + \ldots} = \dfrac{n_2}{n_1 + n_2 + \ldots} = \dfrac{v_2}{v_1 + v_2 + \ldots}$

oder in Worten: *Druck*-% = *Mol*-% = *Vol*.-%.

Aus dieser Beziehung ist z. B. $p_1 = v_1 \cdot P$ (für $V = 1$).

**99. Beispiel.** In ein luftgefülltes Bombenrohr von $V = 120$ ml wird Äther bei einer Temperatur von 10° C und einem Barometerstand von 748 Torr eingefüllt. Nach dem Zuschmelzen wird auf 300° C erhitzt. Wieviel g Äther dürfen eingefüllt werden, damit der Druck im Bombenrohr 50 Atm nicht überschreitet?

Bei 300° C ist aller Äther verdampft. Der Gesamtdruck $P$ setzt sich zusammen aus dem Partialdruck des Äthers und der im Rohr enthaltenen Luft. $P = p_{Ä} + p_L = 50$ Atm. $p_{Ä} = n \cdot \dfrac{R \cdot T}{V} = \dfrac{a}{M} \cdot \dfrac{R \cdot T_2}{V}$; $T_2 = 573°$; $p_L = \dfrac{748}{760} \cdot \dfrac{573}{283}$;

$$P = 50 = \frac{a \cdot 82 \cdot 573}{74{,}1 \cdot 120} + \frac{748 \cdot 573}{760 \cdot 283} = a \cdot 5{,}28 + 1{,}99 \text{ und } a = \frac{48{,}01}{5{,}28} = 9{,}1 \text{ ml.}$$ ———

**100. Beispiel.** Eine Anlage zur Rückgewinnung von Lösungsmitteln liefert ein mit Benzol gesättigtes Gas, welches außer Benzol noch Kohlendioxyd, Sauerstoff und Stickstoff enthält. Die Temperatur sei 22°, der Druck 750 Torr. Das Gas wird auf 5 Atm komprimiert und nach der Kondensation auf 22° zurückgekühlt. Wieviel kg Benzol werden dabei aus 1000 m³ eingehendes Gasgemisch kondensiert? Der Dampfdruck des Benzols bei 22° ist 75 Torr.

Nach dem DALTONschen Gesetz sind Vol-% = Druck-%; das Volumen des indifferenten Gases beträgt daher $1000 \cdot \frac{750-75}{75} =$ $= 900$ m³.

Aus $p_0 \cdot v_0 = R \cdot T_0$ und $p_1 \cdot v_1 = n \cdot R \cdot T_1$ erhält man $n = \frac{p_1 \cdot v_1 \cdot T_0}{p_0 \cdot v_0 \cdot T_1} = \frac{750 \cdot 900 \cdot 273}{760 \cdot 22{,}4 \cdot 295} = 36{,}7$ Mol indiff. Gas. Das Verhältnis der Mole Benzoldampf zu Molen indiff. Gas ist

$$\text{vor der Kompression: } \frac{75}{750-75} = 0{,}1111,$$

$$\text{nach der Kompression: } \frac{75}{760 \cdot 5 - 75} = 0{,}0201.$$

Daraus ergibt sich, daß $0{,}111 - 0{,}0201 = 0{,}091$ Mol Benzol pro 1 Mol indiff. Gases kondensiert sein müssen.

Gewicht des kondensierten Benzols $= 0{,}091 \cdot 36{,}7 \cdot 78 = 259$ kg.

**101. Beispiel.** In einem Gasbehälter befindet sich Leuchtgas von der Temperatur 27° C ($= T_1 = 300°$), gesättigt mit Wasserdampf. Welche Menge Wasser scheidet sich aus 1 m³ Gas aus, wenn die Temperatur im Gasbehälter auf 2° ($= T_2 = 275°$) sinkt? Der Gesamtdruck des Gases bleibt unverändert 760 Torr ($= P$). Der Druck des Wasserdampfes bei 27° $p_1 = 26{,}74$ Torr, bei 2° $p_2 =$ $= 5{,}29$ Torr.

Allgemeine Lösung: 1 m³ feuchten Gases von der Temperatur $T_1$ und dem Gesamtdruck $P$ beinhaltet $\frac{p_1}{P}$ m³ Wasserdampf und $\frac{P - p_1}{P}$ m³ trockenen Gases. Diese Gasvolumina kühlen wir auf die Temperatur $T_2$ ab, wobei sich $x$ m³ Wasserdampf der Temperatur $T_1$ niederschlagen.

Bringen wir das abgekühlte Gas von neuem auf $T_1$, so sind wiederum $\frac{P - p_1}{P}$ m³ trockenen Gases, aber nur $\frac{p_1}{P} - x$ m³ Wasserdampf vorhanden. Das Verhältnis der Wasserdampfvolumina zu den Volumina des trockenen Gases ist gegeben durch ihre Partialdrucke bei der Temperatur $T_1$; daher ist

$\left(\frac{p_1}{P} - x\right) : \frac{P - p_1}{P} = p_2 : (P - p_2)$. Daraus ist

$x = \frac{1}{P} \cdot \left[p_1 - \frac{p_2 \cdot (P - p_1)}{P - p_2}\right]$. Nach dem Einsetzen der Zahlenwerte erhalten wir $x = 0{,}0284\ m^3$ bei $T_1 = 300°$ K, das sind umgerechnet, auf $T = 273°$ ($= 0°$ C), 0,0259 $m^3$.

Gewicht des Wassers: $0{,}0259 \cdot \frac{18{,}02}{22{,}4} = 0{,}0208$ kg. ——

**Aufgaben. 36.** In einem Kessel von 3,2 l Inhalt befindet sich $CO_2$ unter einem Druck von 230 Torr. Wie groß wird der Totaldruck, wenn dazu 2,4 l $N_2$ vom Druck 730 Torr und 5,8 l $H_2$ vom Druck 510 Torr gedrückt werden?

**37.** Welchen Totaldruck zeigt eine Mischung von je 100 g Benzol und Toluol (als ideale Lösung angenommen) bei 30°, wenn bei dieser Temperatur die Dampfdrucke für Benzol 120,2 Torr und für Toluol 36,7 Torr betragen?

**38.** In einem Gefäß von 2 Liter Inhalt befinden sich 5,1 g Stickstoff und 8 g Sauerstoff. Welcher Druck herrscht in dem Gefäß bei 25° C?

**39.** In ein evakuiertes Gefäß von 5 Liter Inhalt wurden je 1 g Wasser und Hexan ($C_6H_{14}$) eingefüllt und durch Erwärmen auf 250° C verdampft. Welcher Druck herrscht in dem Gefäß?

**40.** Bei 20° C hat Benzol einen Dampfdruck von 75 Torr, Toluol 22 Torr. Aus wieviel Vol-% Benzol und Toluol ist der Dampf über einem Flüssigkeitsgemisch aus 60 Mol-% Benzol und 40 Mol-% Toluol zusammengesetzt?

**41.** Trockene Luft enthält 21 Vol-% Sauerstoff. Berechne den Partialdruck des Sauerstoffes in wasserdampfgesättigter Luft bei 750 Torr und 17° C. Wasserdampfdruck = 14,53 Torr.

**42.** Natriumbicarbonat wurde in einem geschlossenen, luftleeren Gefäß von 1 Liter Inhalt auf 100° C erhitzt, wobei sich $CO_2$ und Wasserdampf entwickelten und ein Gleichgewichtsdruck von 730 Torr einstellte. Wieviel Gramm Soda wurden gebildet?

## 6. Sättigung eines Gases mit Feuchtigkeit.

Soll das Volumen eines trockenen Gases auf das Volumen $V$ umgerechnet werden, das es in feuchtigkeitsgesättigtem Zustand einnimmt, so ist, wenn das trockene Gas unter einem Druck $P$ steht, nach der Sättigung mit Wasserdampf (bei gleichbleibendem Druck) der Druck des Gemisches ebenfalls $P$, der des Gases allein $P - e$, wobei $e$ den Sättigungsdruck (Tension) des Wasserdampfes bedeutet.

Ist das Volumen des trockenen Gases $v$, dann ist nach dem Boyle-Mariotteschen Gesetz $v : V = (P - e) : P$; daraus $V = \frac{v \cdot P}{P - e}$.

**102. Beispiel.** Ein mit Gas gefüllter Behälter von Volumen $v_1 = 50$ cm³ und einer Temperatur von $t_1 = 20°$ C wird erhitzt. Dabei tritt ein Teil des Gases aus und wird in einem Gefäß über Wasser bei einer Temperatur von $t_2 = 17{,}5°$ C aufgefangen. Es nimmt ein Volumen $v_2 = 30$ cm³ ein. Der Barometerstand beträgt während des Versuches konstant $p_1 = 730$ Torr. Wie groß ist die Endtemperatur des erhitzten Behälters (die Behälterauskleidung bleibt unberücksichtigt)? Der Partialdruck $e$ des Wasserdampfes beträgt bei 17,5° C = 15 Torr.

Es waren ursprünglich im Behälter $n_1$ Mol Gas, ausgetreten sind $n_2$ Mol, zurück bleiben also $n_3 = n_1 - n_2$.

$$n_1 = \frac{p_1 \cdot v_1}{R \cdot T_1} \; (p_1 = 730 \text{ Torr}, \; v_1 = 50 \text{ cm}^3 \text{ und } T_1 = 273 + 20 = 293°).$$

$$n_2 = \frac{(p_1 - e) \cdot v_2}{R \cdot T_2} \; (e = 15 \text{ Torr}, \; v_2 = 30 \text{ cm}^3 \text{ und } T_2 = 290{,}5°).$$

$n_3 = \frac{p_1 \cdot v_1}{R \cdot T_3}$ ($T_3$ = gesuchte Temperatur). Durch Einsetzen erhält man $\frac{p_1 \cdot v_1}{R \cdot T_3} = \frac{p_1 \cdot v_1}{R \cdot T_1} - \frac{(p_1 - e) \cdot v_2}{R \cdot T_2}$.

$$\frac{1}{T_3} = \frac{1}{T_1} - \frac{(p_1 - e) \cdot v_2}{p_1 \cdot v_1 \cdot T_2} = \frac{1}{293} - \frac{715 \cdot 30}{730 \cdot 50 \cdot 290{,}5}; \text{ daraus}$$

$T_3 = 717{,}9$ und $t_3 = 544{,}9 \sim 545°$ C. ——

Für die *Reduktion feuchter Gasvolumina auf Normalverhältnisse* gilt:

$$v_0 = \frac{v \cdot (b - e)}{760 \cdot (1 + \alpha t)} = \frac{v \cdot (b - e) \cdot 273}{760 \cdot (273 + t)}. \text{ Darin sind}$$

- $v_0$ das auf Normalverhältnisse reduzierte Volumen des trockenen Gases,
- $v$ das abgelesene Volumen,
- $b$ der abgelesene Barometerstand bei $t°$ (der für genaue Messungen auf 0° reduziert werden muß. Siehe S. 155),
- $e$ der Sättigungsdruck des Wasserdampfes bei $t°$ und
- $t$ die herrschende Temperatur.

## 7. Teilweise Sättigung eines Gases mit Feuchtigkeit.

Der Feuchtigkeitsgehalt nur teilweise gesättigter Gase wird entweder als *absolute Feuchtigkeit* (d. h. in g Wasserdampf pro m³) oder als *relative Feuchtigkeit* (d. i. das Verhältnis der vorhandenen zur maximal möglichen Feuchtigkeit, also zu der Dampfmenge, welche das Gas bei der betreffenden Temperatur überhaupt aufzunehmen vermag) angegeben. Bezeichnet $f$ die tatsächlich vorhandene, $F$ die maximal mögliche Feuchtigkeit, dann ist $f:F$ die relative Feuchtigkeit. Sie wird in % der Maximalfeuchtigkeit ausgedrückt als *Feuchtigkeitsgrad* $100 \cdot \frac{f}{F}$.

Bei Rechnungen mit nur teilweise mit Feuchtigkeit gesättigten Gasen muß zunächst der Dampfdruck aus der gegebenen relativen Feuchtigkeit bei der gemessenen Temperatur bestimmt werden.

**103. Beispiel.** Beträgt die Temperatur 17°, die relative Feuchtigkeit des Gases 30% (d. h. es sind nur 30% des bei 17° aufnehmbaren Wasserdampfes in ihm enthalten), dann gilt, da die Maximalspannung des Wasserdampfes bei 17° 14,53 Torr beträgt, die Proportion $100:30 = 14{,}53:x$. Daraus ist der Dampfdruck der relativen Feuchtigkeit $x = 4{,}36$ Torr.

Der Druck des trockenen Gases ergibt sich aus der Differenz dieser Zahl und dem Gesamtdruck (beobachteter Barometerstand). ——

**104. Beispiel.** Welchen Raum nehmen 500 m³ Leuchtgas von 21°, 765 Torr und 80% Feuchtigkeit unter Normalbedingungen ein?

Bei 21° ist der Sättigungsdruck des Wasserdampfes 18,65 Torr *. Daraus ist der Druck bei einem Feuchtigkeitsgehalt von 80% = $= \frac{80 \cdot 18{,}65}{100} = 14{,}92$ Torr.

$$v = \frac{500 \cdot (765 - 14{,}92)}{760 \cdot (1 + 0{,}00367 \cdot 21)} = 458{,}2\ \text{m}^3 . \text{——}$$

*Taupunkt* nennt man jene Temperatur, auf welche Luft und Wasserdampf bei konstant bleibender Feuchtigkeit abgekühlt werden müssen, um gesättigt zu werden, d. h. um in Gleichgewicht mit flüssigem Wasser von der Temperatur des Taupunktes zu kommen. Die Unterschreitung des Taupunktes hat Wasserniederschlag zur Folge.

**Aufgaben. 43.** Wie groß ist die relative Feuchtigkeit und welches ist der Taupunkt, wenn die absolute Feuchtigkeit 11,3 g bei 16° Lufttemperatur beträgt?

**44.** Wie groß ist das Volumen von 4000 m³ Kohlensäure, gemessen bei 17° und 741 Torr, bei 20° und 750 Torr? Der Feuchtigkeitsgehalt betrug 61,7%.

* Chem. Tasch. 331 121.

## B. Spezifisches Gewicht der Gase.

### 1. Gasdichte (Dampfdichte).

Unter der Dichte eines Gases versteht man seine in $g/cm^3$ angegebene Masse, welche druck- und temperaturabhängig ist. Demgegenüber stellt die Gas- oder Dampfdichte eine relative Größe dar, und zwar die Zahl, die das Gewichtsverhältnis zweier Gase bei gleichem Druck und gleicher Temperatur im gleichen Volumen angibt. Als Bezugsgröße wählt man Wasserstoff oder Luft.

$$\text{Gasdichte } D = \frac{\textit{Gewicht des Gases}}{\textit{Gewicht des Bezugsgases}}.$$

Die beiden Gase $A$ und $B$ haben die Molekulargewichte $M_A$ und $M_B$. Unter gleichen Bedingungen enthalten gleiche Volumina der Gase die gleichen Molverhältnisse und die Gasdichte $D = \frac{n \cdot M_A}{n \cdot M_B} = \frac{M_A}{M_B}$.

Wird Wasserstoff als Bezugsgas gewählt, dann ist $D_H = \frac{M}{2{,}02}$, wird Luft (mit dem durchschnittlichen Molekulargewicht 28,95) gewählt, dann ist $D_L = \frac{M}{28{,}95}$.

Beispiele und Aufgaben über die Dampfdichte siehe auch S. 166 unter Dissoziation von Gasen.

*Bestimmung der Dampfdichte.* a) Nach DUMAS (Wägung eines bestimmten Volumens). Man taucht die Spitze eines gewogenen erwärmten Glaskölbchens in die zu untersuchende Flüssigkeit, wodurch etwas von letzterer angesaugt wird, erhitzt zum Sieden (Ausströmen des Dampfes, Verdrängung der Luft), bis alles verdampft ist, schmilzt die Spitze zu und wägt nach dem Erkalten. Das Volumen wird durch Auswägen mit Wasser bestimmt.

$$D = \frac{1 + a \cdot t'}{1 + a \cdot t} \cdot \left(\frac{G' - G}{v \cdot \varrho} + 1\right) \cdot \frac{b'}{b}.$$

$G$ = Gewicht des Kölbchens mit Luft gefüllt, bei $t°$ und $b$ Torr,
$G'$ = Gewicht des Kölbchens mit Dampf gefüllt, bei $t°$ und $b$ Torr,
$v$ = Volumen des Kölbchens,
$t'$ und $b'$ = Temperatur und Barometerstand im Augenblick des Zuschmelzens,
$\varrho$ = Dichte der Luft, bezogen auf Wasser.

b) Nach V. MEYER (Verdrängungsmethode). Das Verfahren beruht auf der Vergasung einer gewogenen Menge Substanz in einem geeigneten Apparat und Messung der durch den Dampf aus dem Apparat verdrängten Luftmenge (Auffangen über Wasser).

$$D = \frac{\textit{Gewicht der Substanz } S}{\textit{Gewicht der Luft } L}\ ; \ L = v \cdot \frac{b - e}{760} \cdot \frac{0{,}001293}{1 + a \cdot t}.$$

$v$ = abgelesenes Luftvolumen,
$b$ = Barometerstand,
$t$ = Temperatur des Wassers,
$e$ = Tension des Wasserdampfes bei $t°$.

**Aufgaben. 45.** Die Dampfdichte des Schwefels im Verhältnis zur Luft beträgt bei 500° 6,55, bei 1040° 2,23. Wieviel atomig ist der Schwefeldampf bei diesen Temperaturen?

**46.** Aus nachstehenden Versuchsdaten (Methode Dumas) ist die Dampfdichte des Äthers zu berechnen: Ein Glaskölbchen von 236,3 cm³ Inhalt wiegt mit Luft gefüllt 42,589 g, mit Ätherdampf (gefüllt bei 50°) 42,975 g. Die Temperatur während der Wägung betrug 15°, der Barometerstand bei der Verdampfung und Wägung 748 Torr.

## 2. Abhängigkeit des spezifischen Gewichtes von Druck und Temperatur.

Sind $\gamma_1$ das spezifische Gewicht eines Gases und $v_1$ das Volumen beim Druck $p_1$, ferner $\gamma_2$ das spezifische Gewicht und $v_2$ das Volumen beim Druck $p_2$, dann ist $\gamma_1 : \gamma_2 = p_1 : p_2$ und $\gamma_1 : \gamma_2 = v_2 : v_1$.

Wird die Abhängigkeit nach dem Gay-Lussacschen Gesetz berücksichtigt, so ist $\gamma = \frac{\gamma_0 \cdot p}{p_0 \cdot (1 + at)}$, worin $\gamma$ das spezifische Gewicht bei $t°$ und $\gamma_0$ das spezifische Gewicht bei 0° bedeuten.

## 3. Theoretische Berechnung des spezifischen Gewichtes eines einheitlichen Dampfes.

Die allgemeine Zustandsgleichung, bezogen auf 1 Mol ($= M$ g) lautet $p \cdot v = R \cdot T$. Wird $p$ in Atm und $v$ in cm³ ausgedrückt, dann ist die Gaskonstante $R = 82$ ($= 0{,}082$ lAtm). Unter Normalbedingungen ist $p = 1$ Atm und $T = 273°$.

Beziehen wir die Zustandsgleichung auf 1 g, dann ist $p \cdot v = \frac{R \cdot T}{M} = \frac{82 \cdot 273}{M}$, worin nun $v$ das spezifische Volumen, das ist das Volumen von 1 g, bedeutet. Daher ist $\frac{1}{v}$ das Gewicht von 1 cm³, also das spezifische Gewicht $\gamma_0$. Nachdem $p = 1$ Atm, ist $\gamma_0 = \frac{M}{82 \cdot 273}$.

Die Druck- und Temperaturabhängigkeit ist ausgedrückt durch die Formel $\gamma = \frac{\gamma_0 \cdot p}{p_0 \cdot (1 + at)}$ oder anders geschrieben $\gamma = \frac{\gamma_0 \cdot p \cdot 273}{p_0 \cdot T}$.

Durch Einsetzen des obigen Wertes erhalten wir

$$\gamma = \frac{M \cdot p \cdot 273}{82 \cdot 273 \cdot p_0 \cdot T} = \frac{M \cdot p}{82 \cdot p_0 \cdot T}.$$

Wenn wir für $p_0 = 760$ Torr setzen, ist $\gamma = \frac{M \cdot p}{62320 \cdot T} =$
$= \frac{M \cdot p}{T} \cdot 0{,}00001605\ \mathrm{g/cm^3}$ oder $\frac{M \cdot p}{T} \cdot 0{,}01605\ \mathrm{kg/m^3}$.

Anwendungsbeispiel siehe S. 211.

## C. Löslichkeit der Gase.

Für Lösungen von Gasen in Flüssigkeiten gilt das *Henry-Daltonsche Absorptionsgesetz*, welches besagt, daß die Löslichkeit eines Gases in einer Flüssigkeit proportional ist dem Partialdruck des Gases über der Lösung. Ist der Partialdruck des Gases $p$ und sind $n$ Mole des Gases in der Lösung vorhanden, dann ist $\frac{p}{n} = H$. $H$ ist die *Henrysche Konstante*, deren Wert abhängig ist von den Eigenschaften des Gases, seiner Löslichkeit und der Temperatur. Gültig für verdünnte Lösungen.

Die Löslichkeit von Gasen in festen Stoffen und Flüssigkeiten wird in folgenden Größen ausgedrückt:

Der *Bunsensche Absorptionskoeffizient* $\alpha$ ist das von der Volumeneinheit des Lösungsmittels bei der betreffenden Temperatur aufgenommene Volumen eines Gases (von Normalbedingungen), wenn der Teildruck des Gases 760 Torr beträgt.

Der Koeffizient $l$ hat dieselbe Bedeutung wie $\alpha$, nur daß nicht der Teildruck des Gases, sondern der Gesamtdruck 760 Torr beträgt. (Die Größe wird dort angegeben, wo wegen der Nichtgültigkeit des HENRY-DALTONschen Gesetzes $\alpha$ nicht berechnet werden kann.)

Der *Kuenensche Absorptionskoeffizient* $\beta$ ist das Volumen des Gases in cm$^3$ (Normalverhältnisse), welches bei der betreffenden Temperatur von 1 Gramm des Lösungsmittels aufgenommen wird, wenn der Teildruck des Gases 760 Torr beträgt.

Die Zahl $q$ sind Gramm Gas, welche von 100 g des reinen Lösungsmittels bei der betreffenden Temperatur aufgenommen werden, wenn der Gesamtdruck (also Partialdruck + Sättigungsdruck der Flüssigkeit bei der Absorptionstemperatur) 760 Torr beträgt.

Der *Raoultsche Absorptionskoeffizient* $\gamma$ ist das Gewicht des Gases in Gramm, welches bei der betreffenden Temperatur von 100 ml des Lösungsmittels aufgenommen wird, wenn der Teildruck des Gases 760 Torr beträgt.

Die *Ostwaldsche Löslichkeit* $\alpha'$ ist das Verhältnis der Konzentration des Gases in der Flüssigkeit zu der in der Gasphase; diese Größe ist bei Gültigkeit des HENRY-DALTONschen Gesetzes für eine gegebene Temperatur unabhängig vom Teildruck des Gases.

Oftmals erfolgt die Angabe der Löslichkeit eines Gases in Mol/Liter.

**105. Beispiel.** Der BUNSENsche Absorptionskoeffizient $\alpha$ für $H_2S$ bei 0° C beträgt 4,670*. Für den Partialdruck 760 Torr sind zu berechnen: $H$, $\beta$ und $\gamma$ bei 0° C.

$H = \frac{p}{n}$; $p = 760$ Torr. $\alpha = 4{,}670$, d. h. 1 ml Wasser löst 4,670 cm³ $H_2S$. In 1 Mol Wasser (= 18,02 g = 18,02 ml) sind daher $4{,}670 \cdot 18{,}02 = 84{,}15$ cm³ $H_2S$ gelöst, das sind $\frac{84{,}15}{22400} =$ $= 0{,}003757$ Mol. Die Lösung besteht also aus 1,003757 Mol; in 1 Mol sind daher 0,003744 Mol $H_2S$ enthalten.

$$H = \frac{760}{0{,}003744} = 2{,}03 \cdot 10^5 .$$

Wird nicht auf 760 Torr, sondern auf 1 Atm bezogen, dann ist $H = \frac{1}{0{,}003744} = 2{,}67 \cdot 10^2$.

Nachdem 1 g Lösungsmittel ein Volumen von 1 ml hat (Wasser), ist $\beta = 4{,}670$ cm³/g.

1 cm³ $H_2S$ (Normalbedingungen) wiegt 0,0015292 g.

$\gamma = 4{,}670 \cdot 0{,}0015292 \cdot 100 = 0{,}714$ g/100 ml. ———

**106. Beispiel.** Wieviel Sauerstoff und Stickstoff können von 1 l Wasser aufgenommen (bzw. aus ihm ausgekocht) werden? Die Sättigung erfolgt mit Luft bei 20° C und 760 Torr. $\alpha_{O_2} =$ $= 0{,}03103$, $\alpha_{N_2} = 0{,}01545$. Luft besteht aus 21 Vol.-% $O_2$ und 79 Vol.-% $N_2$.

In 1 ml sind gelöst: $0{,}03103 \cdot 0{,}21 = 0{,}00652$ cm³ $O_2$ und $0{,}01545 \cdot 0{,}79 = 0{,}01221$ cm³ $N_2$; aus 1 l erhält man daher 6,52 cm³ $O_2$ und 12,21 cm³ $N_2$. ———

**Aufgaben. 47.** Berechne die HENRYsche Konstante (bezogen auf 760 Torr) für die Lösung von Acetylen in Wasser bei **a)** 0°, **b)** 30°. Der BUNSENsche Absorptionskoeffizient $\alpha$ ist bei 0° 1,73, bei 30° 0,84.

**48.** Der Dampfdruck von $NH_3$ über einer wäßrigen Ammoniaklösung mit 1,95% $NH_4OH$ beträgt 7,6 Torr. Zu berechnen ist der Dampfdruck einer Lösung mit 1,0% $NH_4OH$ unter der Voraussetzung der Gültigkeit des Henryschen Gesetzes für diesen Bereich.

**49.** In ein Gefäß wurden bei 14° C 1 Liter Wasser und 4 Liter $CO_2$ eingefüllt. Der $CO_2$-Druck beträgt $p^0 = 709$ Torr. Nun wurde geschüttelt bis zur Einstellung des Sättigungsgleichgewichtes. Für $CO_2$ ist

* Chem. Tasch. 332632/A 7.

der Bunsensche Absorptionskoeffizient $\alpha$ bei 14° C = 1,050. **a)** Wie groß ist der Gleichgewichtsdruck $p$ von $CO_2$ und **b)** wie groß ist das Volumen $v$ des im Wasser gelösten $CO_2$ (unter Normalbedingungen)?

**50.** Bei 0° C beträgt die Löslichkeit von Luftstickstoff in Wasser 23,54 cm³ im Liter, jene von Luftsauerstoff 48,89 cm³ im Liter. Luft besteht aus 79 Vol-% Stickstoff und 21 Vol-% Sauerstoff. Welche Zusammensetzung hat die in Wasser gelöste Luft?

**51.** Von 100 g Wasser wurden aus einer Gasmischung 0,0000431 g $H_2$ bei 20° gelöst. Welchen Teildruck hatte der Wasserstoff? Die Löslichkeit von $H_2$ bei 20° und 760 Torr Partialdruck ist ausgedrückt durch $\alpha = 0{,}01819$.

**52.** Zu berechnen ist das Volumen $Cl_2$ bei 1 Atm und 20°, welches sich maximal in 5 kg Wasser gleicher Temperatur löst. $q = 0{,}7293$ g $Cl_2$ in 100 g Wasser bei 20°.

**53.** In Wasser von 0° wird bei einem Druck von 760 Torr Luft, bestehend aus 20,8 Vol.-% $O_2$, 79,0 Vol.-% $N_2$ und 0,2 Vol.-% $CO_2$ bis zur Sättigung eingeleitet. Welche Zusammensetzung hat das beim Kochen erhaltene, trockene Gasgemisch, wenn die Löslichkeit dieser Gase in Wasser bei 100° mit Null angenommen wird? $\alpha_{O_2} = 0{,}04889$, $\alpha_{N_2} = 0{,}02354$, $\alpha_{CO_2} = 1{,}713$.

## D. Dissoziation von Gasen.

Beim Erhitzen eines Gases oder Dampfes zerfallen die Moleküle in Teilmoleküle (das können ein oder mehrere Stoffe sein) oder Atome, die sich beim Abkühlen wieder zu den ursprünglichen Molekülen vereinigen. Diesen durch Temperaturerhöhung bedingten Zerfall, welcher umkehrbar (reversibel) ist, nennt man *thermische Dissoziation*. Der Anteil der zerfallenen Moleküle wird durch den Dissoziationsgrad $\alpha$ ausgedrückt.

Ist die ursprüngliche Anzahl der Mole $n$, dann sind $\alpha \cdot n$ Mole dissoziiert und $n - \alpha \cdot n = n \cdot (1 - \alpha)$ Mole undissoziiert. Besteht das Molekül aus $\nu$ Teilmolekülen oder Atomen (Spaltstücke), dann enthält der dissoziierte Anteil $\alpha \cdot n \cdot \nu$ Spaltstücke. Nach der Dissoziation sind also insgesamt

$$n_\alpha = n \cdot (1 - \alpha) + \alpha \cdot n \cdot \nu = n \cdot [1 - \alpha \cdot (1 - \nu)]$$

Spaltstücke vorhanden.

Ist $a$ das Gewicht der Gasmasse in g und $M$ das Molekulargewicht des undissoziierten Stoffes mit der Dampfdichte $D$ (siehe auch S. 162), dann ist $n = \frac{a}{M}$ und $M = \frac{a}{n}$.

Ebenso ist das „scheinbare" Molekulargewicht nach der Dissoziation $M_\alpha = \frac{a}{n_\alpha}$. Daraus leiten wir ab:

$$\frac{M}{M_\alpha} = \frac{n_\alpha}{n} = \frac{n \cdot [1 - \alpha \cdot (1 - \nu)]}{n} = 1 - \alpha \cdot (1 - \nu).$$

Besteht das Molekül aus 2 Teilmolekülen oder Atomen, dann ist $\nu = 2$ und $n_a = n \cdot (1 + \alpha)$, also $\frac{M}{M_a} = 1 + \alpha$; daraus ist der Dissoziationsgrad $\alpha = \frac{M}{M_a} - 1$.

An Stelle der Molekulargewichte können die entsprechenden Dampfdichten gesetzt werden, denn $D = M : 28{,}95$ und die Dampfdichte des Gases nach der Dissoziation $D_a = M_a : 28{,}95$. Es ist also auch $\frac{D}{D_a} = 1 + \alpha$.

**107. Beispiel.** Die Dampfdichte des Jods, bezogen auf Luft = 1, beträgt bei 600° C 8,72, bei 1030° C 6,83 und bei 1500° C 4,5. Wieviel atomig ist das Jodmolekül bei diesen Temperaturen und wieviel Prozent der Jodmoleküle sind bei diesen Temperaturen dissoziiert?

$M_{600} = 8{,}72 \cdot 28{,}95 = 252{,}4$; $252{,}4 : 126{,}9 = 1{,}99$, also praktisch zweiatomig.

$M_{1030} = 6{,}83 \cdot 28{,}95 = 197{,}7$; $197{,}7 : 126{,}9 = 1{,}56$.

$M_{1500} = 4{,}5 \cdot 28{,}95 = 130{,}3$; $130{,}3 : 126{,}9 = 1{,}03$, also praktisch einatomig.

Da das Jodmolekül bei Zimmertemperatur aus $\nu = 2$ Atomen besteht, ist $\alpha = \frac{M}{M_a} - 1$.

$\alpha_{600} = \frac{2 \cdot 126{,}9}{252{,}4} - 1 = 0{,}005$ oder 0,5% (also praktisch nicht dissoziiert).

$$\alpha_{1030} = \frac{2 \cdot 126{,}9}{197{,}7} - 1 = 0{,}284 \text{ oder } 28{,}4\,\%.$$

$$\alpha_{1500} = \frac{2 \cdot 126{,}9}{130{,}3} - 1 = 0{,}946 \text{ oder } 94{,}6\,\%.$$

**108. Beispiel.** Phosphorpentachlorid zerfällt beim Erhitzen nach der Gleichung $PCl_5 \rightleftarrows PCl_3 + Cl_2$.

Zu berechnen ist der Partialdruck der drei Stoffe, wenn das $PCl_5$ bei 200° C und 1 Atm Druck zu 49% dissoziiert ist.

Nach dem DALTONschen Gesetz ist $p = \frac{P \cdot v}{V}$. Es muß also nach der Reaktionsgleichung $p_{PCl_3} = p_{Cl_2} = \frac{P \cdot v_{PCl_3}}{V}$ sein.

Von den ursprünglichen $n$ Mol sind $n \cdot \alpha$ Mole dissoziiert, welche im Volumen $v_{PCl_3}$ enthalten sind. 1 Mol nimmt den Raum von 22,4 Liter ein, folglich ist $v_{PCl_3} = n \cdot \alpha \cdot 22{,}4$. Das Gesamtvolumen $V$ enthält $n_a$ Mol. Da $PCl_5$ in 2 Teilmoleküle zerfällt, ist $\nu = 2$ und $n_a = n \cdot (1 + \alpha)$; daher ist $V = n \cdot (1 + \alpha) \cdot 22{,}4$.

$$p_{PCl_3} = p_{Cl_2} = \frac{P \cdot n \cdot \alpha \cdot 22{,}4}{n \cdot (1 + \alpha) \cdot 22{,}4} = \frac{P \cdot \alpha}{1 + \alpha} = \frac{1 \cdot 0{,}49}{1{,}49} = 0{,}329 \text{ Atm.}$$

Der Gesamtdruck ist gleich der Summe der Teildrucke, $P = p_{PCl_5} + p_{PCl_3} + p_{Cl_2}$. Daraus ist $p_{PCl_5} = P - (p_{PCl_3} + p_{Cl_2}) = 1 - 0{,}658 = 0{,}342$ Atm.

$$\text{Oder: } p_{PCl_5} = \frac{1 \cdot (n - \alpha \cdot n)}{n \cdot (1 + \alpha)} = \frac{1 \cdot (1 - \alpha)}{1 + \alpha} = \frac{0.51}{1{,}49} = 0{,}342 \text{ Atm.}$$

**109. Beispiel.** 5 g Ammoniumcarbamat $NH_4CO_2NH_2$ werden bei 200° C vollständig verdampft. Der Dampf nimmt ein Volumen von 7,65 l unter einem Druck von 740 Torr ein. Zu berechnen ist der Dissoziationsgrad. $NH_4CO_2NH_2 = 2\,NH_3 + CO_2$.

Von 1 Molekül $NH_4CO_2NH_2$ ist der Bruchteil $\alpha$ dissoziiert, folglich $1 - \alpha$ nicht dissoziierter Anteil vorhanden. Der dissoziierte Anteil zerfällt in $2\,\alpha$ Moleküle $NH_3$ und $\alpha$ Moleküle $CO_2$. Beim Gleichgewicht sind also vorhanden: $1 - \alpha + 2\,\alpha + \alpha = 1 + 2\,\alpha$.

5 g $NH_4CO_2NH_2$ sind $5 : 78{,}09 = 0{,}064$ Mol; $p = 740$ Torr $= 0{,}9737$ Atm.

$$p \cdot v = n \cdot (1 + 2\,\alpha) \cdot R \cdot T, \text{ daraus ist } \alpha = \frac{p \cdot v}{2 \cdot n \cdot R \cdot T} - \frac{1}{2} =$$

$$= \frac{0{,}9737 \cdot 7{,}65}{2 \cdot 0{,}064 \cdot 0{,}082 \cdot 473} - \frac{1}{2} = 1{,}000. \text{ (Also vollständig dissoziiert.)}$$

Über die *Gleichgewichtskonstante* des Zerfalles von Gasmolekülen siehe S. 254.

**Aufgaben. 54.** Phosphorpentachlorid zerfällt nach der Gleichung $PCl_5 \rightleftarrows PCl_3 + Cl_2$. Die Dampfdichte, bezogen auf Wasserstoff $= 1$, beträgt bei 300° und 1 Atm 51,55. Berechne den Dissoziationsgrad.

**55.** Berechne den Dissoziationsgrad des Stickstofftetroxydes bei 70° und 1 Atm, wenn bei dieser Temperatur der Partialdruck des $N_2O_4$ 0,21 Atm beträgt. $N_2O_4 \rightleftarrows 2\,NO_2$.

**56.** Welcher Druck entsteht beim Erhitzen von 10 g Phosphoniumjodid $H_4PJ$ in einem geschlossenen Gefäß von 2 Liter Inhalt auf 100°, wenn vollständige Dissoziation in HJ und $PH_3$ angenommen wird?

**57.** Bei 66° und 1 Atm ist $N_2O_4$ zu 59% dissoziiert zu $NO_2$. Wie groß ist der Partialdruck beider Oxyde in der Mischung?

**58.** Bei 1127° C und 1 Atm Druck sind 37,5% der Jodmoleküle thermisch gespalten. Berechne den Partialdruck der dissoziierten und der undissoziierten Anteile. $J_2 \rightleftarrows 2\,J$.

**59.** Wieviel ml reiner Salpetersäure vom spezifischen Gewicht 1,51 darf man maximal in ein Bombenrohr von $V = 100$ ml (zwecks Oxydation einer organischen Substanz) einfüllen, damit der entstehende Druck beim Erhitzen auf 300° C 40 Atm nicht überschreitet? $2\,HNO_3 \rightarrow H_2O + N_2 + 5\,O$. Der Partialdruck der Luft im Rohr kann vernachlässigt werden.

**60.** Die Gasdichte $D$ des Broms beträgt bei 1500° C 3,7 (bezogen auf Luft). Wieviel % der Brom-Moleküle sind thermisch gespalten?

# E. Die kinetische Gastheorie.

## 1. Loschmidtsche Zahl.

Die Anzahl der Moleküle in 1 cm$^3$ eines idealen Gases im Normzustand $L = 2{,}69 \cdot 10^{19}$ (LOSCHMIDTsche Zahl).

Die Anzahl Moleküle in 1 Mol $N = 6{,}02 \cdot 10^{23}$ (AVOGADROsche Konstante).

## 2. Stoßzahl und freie Weglänge.

Denkt man sich den Raum $V$, in dem ein Gas eingeschlossen ist, als Würfel und nimmt man den einfachen Fall an, daß sich die Moleküle nur nach den drei Richtungen des Raumes bewegen, so wird jede Wandfläche nur von den Molekülen getroffen, die sich senkrecht zu ihr bewegen; und zwar wird auf jede die gleich große Zahl von Molekülen kommen. Sind $N$ Moleküle vorhanden, so kommen auf jede der drei Richtungen $\frac{N}{3}$ Moleküle. Jedes dieser Moleküle wird mit einer bestimmten Geschwindigkeit an die Wand stoßen und dort elastisch reflektiert. Ist die Masse eines Einzelteilchens $m$ und die Geschwindigkeit $w$, so ist ihre Bewegungsgröße, d. h. das Produkt aus der Masse mit der Geschwindigkeit $m \cdot w$. Um sie aufzuhalten ist daher eine Kraft $m \cdot w$, um sie mit der gleichen Geschwindigkeit zurückzuwerfen, eine Kraft $2 \cdot m \cdot w$ nötig. Der Druck, den somit ein Molekül beim Auftreffen auf die Wand ausübt, ist $2\,mw$.

Der Druck ist definiert durch die pro Sekunde auf den cm$^2$ der Wand übertragene Bewegungsgröße. Denkt man sich 1 cm$^2$ der Wand abgegrenzt, werden alle diejenigen Teilchen diese Fläche in der nächsten Sekunde treffen, die von ihr nicht weiter entfernt sind als $w$ cm, denn $w$ ist ja der pro Sekunde zurückgelegte Weg. Da in der Volumeneinheit $\frac{N}{V}$ Teilchen enthalten sind, treffen in der nächsten Sekunde $\frac{N}{V} \cdot w$ auf den abgegrenzten Quadratzentimeter der Wand. Jedes Teilchen überträgt die Bewegungsgröße (Impuls $i$) $2\,mw$, daher ist der pro Sekunde auf die Flächeneinheit übertragene Impuls $I = \frac{2 \cdot N \cdot m \cdot w^2}{V}$.

Da nun nicht alle Teilchen in der gleichen Richtung fliegen, sondern die Geschwindigkeit der Moleküle sechs verschiedene Richtungen (Annahme des Würfels) haben können, wird sich der Gesamtdruck auf die einzelnen Flächen so verteilen, daß auf ein an einer bestimmten Wandstelle herausgegriffenes Flächenstück nur ein Impuls von $\frac{I}{6} = \frac{2 \cdot N \cdot m \cdot w^2}{6 \cdot V}$ entfällt. Der Gasdruck ist also $p = \frac{N \cdot m \cdot w^2}{3 \cdot V}$.

In Verbindung mit der Zustandsgleichung $p \cdot V = R \cdot T$ erhalten wir $R \cdot T = \frac{N \cdot m \cdot w^2}{3} = \frac{2}{3} N \cdot \frac{m}{2} \cdot w^2$. Das Produkt $R \cdot T$ umfaßt somit die mittlere kinetische Energie aller bewegten Teilchen. (Sie ist von der spezifischen Natur des Gases und von dem Volumen unabhängig und direkt proportional der absoluten Temperatur. Proportionalitätsfaktor ist die Gaskonstante $R$.)

Nach obiger Formel ist in der Raumeinheit ($V = 1$) der Druck $p = \frac{1}{3} \cdot N \cdot m \cdot w^2$. Vergleichen wir nun zwei verschiedene Gase ($N_1$, $m_1$, $w_1$, bzw. $N_2$, $m_2$, $w_2$) bei gleichem Druck und gleicher Temperatur. Der gemeinschaftliche Druck wird in beiden Gasen $p = \frac{1}{3} N_1 \cdot m_1 \cdot w_1{}^2 = \frac{1}{3} N_2 \cdot m_2 \cdot w_2{}^2$ betragen. Nachdem beim Vermischen zweier Gase unter diesen Bedingungen keine Temperatur- oder Druckänderung eintritt, muß auch nach der Vermischung die mittlere kinetische Energie der fortschreitenden Bewegung eines einzelnen Moleküls $\frac{m_1 \cdot w_1{}^2}{2}$, bzw. $\frac{w_2 \cdot m_2{}^2}{2}$ sein; beide müssen gleich sein, da sich die Gase im Wärmegleichgewicht befinden. Aus beiden Gleichungen folgt $N_1 = N_2$ (d. h. bei gleicher Temperatur und gleichem Druck ist die in der Raumeinheit enthaltene Anzahl der Moleküle verschiedener Gase gleich groß; AVOGADROsche Regel).

Die Moleküle eines Gases stoßen infolge der ungeordneten Bewegung, die sie ausführen, nicht nur an die Wand, sondern auch gegeneinander. Bei Betrachtung einer großen Menge einzelner Moleküle läßt sich daher eine mittlere Stoßzahl und eine mittlere freie Weglänge definieren. Legt man die bereits bekannte mittlere Geschwindigkeit $w$ und den aus anderen Berechnungen zur Verfügung stehenden Molekülradius $r$ zugrunde, dann erhält man die *Zahl Z der Stöße*, die ein Molekül pro Sekunde erleidet, zu $Z = \sqrt{2} \cdot \pi \cdot n \cdot r^2 \cdot w$. Darin ist $n$ die Anzahl Moleküle pro $cm^3$.

Die *Gesamtzahl aller Stöße* pro Sekunde und $cm^3$ ist

$$Z' = \frac{Z \cdot n}{2} = \frac{\pi}{\sqrt{2}} \cdot n^2 \cdot r^2 \cdot w\,.$$

(Dividiert durch 2, da stets 2 Moleküle zu einem Stoß gehören.)

**110. Beispiel.** Wie oft stößt ein He-Molekül mit anderen zusammen, wenn 2 mg dieses Gases bei 20° C in einer Kapillare von 0,8 cm³ eingeschlossen sind? Der Molekülradius $r$ wird mit $0{,}5 \cdot 10^{-8}$ cm angenommen.

$$R \cdot T = \frac{N \cdot m \cdot w^2}{3}\text{; daraus ist } w = \sqrt{\frac{3 \cdot R \cdot T}{N \cdot m}}.$$

Nachdem $N \cdot m = M$ und $R$ als Energie im absoluten Maßsystem anzugeben ist, also $R = 8{,}313 \cdot 10^7$ erg pro Grad (pro Mol), ist $w = \sqrt{\frac{3 \cdot 8{,}313 \cdot 10^7 \cdot 293}{4}} = 135160$ cm/s.

0,8 cm³ enthalten 0,002 g, folglich 1 cm³ 0,0025 g He, das sind $\frac{0{,}0025}{4} = 0{,}000625$ Mol.

In 1 Mol sind $6{,}02 \cdot 10^{23}$ Moleküle enthalten, in 0,000625 Mol, daher $3{,}76 \cdot 10^{20}$ Moleküle.

$Z = 1{,}41 \cdot 3{,}14 \cdot 3{,}76 \cdot 10^{20} \cdot (0{,}5 \cdot 10^{-8})^2 \cdot 135160 = 5{,}63 \cdot 10^9$ Stöße pro Sekunde.

Die *mittlere freie Weglänge*, das ist die durchschnittliche Weglänge zwischen zwei Zusammenstößen, ergibt sich direkt aus dem Verhältnis von Geschwindigkeit und Stoßzahl $\lambda = \frac{w}{Z} = $

$$= \frac{1}{\sqrt{2} \cdot \pi \cdot n \cdot r^2}\,.$$

**111. Beispiel.** Welchen Weg legt im Mittel ein Hg-Atom innerhalb des Dampfes einer Quecksilbervakuumpumpe zurück? Druck 4 Torr; $r = 1{,}55 \cdot 10^{-8}$ cm.

Anzahl der Mole $n'$ pro cm³ ist aus $p \cdot v = n \cdot R \cdot T$ zu berechnen.

$R \cdot T = 22400$ cm³·Atm. (Molvolumen); $p = \frac{4}{760} =$
$= 0{,}00526$ Atm.

$$n' = \frac{0{,}00526 \cdot 1}{22400} = 0{,}00000235 = 2{,}35 \cdot 10^{-6} \text{ Mol.}$$

Diese enthalten $2{,}35 \cdot 10^{-6} \cdot 6{,}02 \cdot 10^{23} = 1{,}42 \cdot 10^{17}$ Moleküle.

$$\lambda = \frac{1}{\sqrt{2} \cdot \pi \cdot 1{,}42 \cdot 10^{17} \cdot (1{,}55 \cdot 10^{-8})^2} = 6{,}60 \cdot 10^{-3} \text{ cm.}$$

## 3. Molwärme.

Wenn wir 1 Mol eines idealen Gases um 1° C erwärmen, ändert sich sowohl der vom Gas ausgeübte Druck als auch das Volumen. Je nach der Art der Änderung dieser beiden Größen werden auch die zu einer bestimmten Temperaturerhöhung erforderlichen

Wärmemengen verschieden sein. Dabei treten zwei Grenzfälle auf: a) Wir führen 1 Mol des Gases die Wärmemenge $C_p$ zu, welche seine Temperatur um 1° erhöht, während der Druck konstant bleibt und b) wir führen die Wärmemenge $C_v$ zu, welche seine Temperatur um 1° erhöht, während das Volumen konstant bleibt. Diese Wärmemengen werden als Molwärmen bei konstantem Druck ($C_p$) und bei konstantem Volumen ($C_v$) bezeichnet. Wird durch das Molekulargewicht des betreffenden Gases dividiert, erhält man die entsprechenden spezifischen Wärmen $c_p$ und $c_v$.

Man kann die spezifischen Wärmen auch als *Wärmekapazität* der Masseneinheit eines homogenen Stoffes definieren. Auf 1 Mol als Masseneinheit bezogen erhalten wir $C_v$. Besteht das System aus $n$ Molen eines Stoffes, so ist seine Wärmekapazität $n \cdot C_v$. (Allgemein versteht man unter Wärmekapazität jene Wärmezufuhr, die erforderlich ist, um die Temperatur eines Systems um 1° zu erhöhen.)

Erwärmen wir das System nicht um 1°, sondern um $\Delta T°$ (bei konstantem Volumen), so ist die Wärmeaufnahme $Q = \Delta U = n \cdot C_v \cdot \cdot \Delta T$. ($\Delta U$ ist die Energieänderung; siehe S. 229.) Nachdem $C_v$ im allgemeinen temperaturabhängig ist, kann diese Gleichung nur für nicht zu große Temperaturintervalle Verwendung finden. Für größere Temperaturänderungen müssen wir schreiben

$$\Delta U = n \cdot \int_{T_1}^{T_2} C_v \, dT; \text{ (analog: } \Delta J = n \cdot \int_{T_1}^{T_2} C_p \, dT)$$

und als zugehörigen Differentialausdruck $\left(\frac{\partial U}{\partial T}\right)_v = n \cdot C_v$, bzw. $\left(\frac{\partial J}{\partial T}\right)_p = n \cdot C_p$.

Der Zusammenhang der beiden Molwärmen ergibt sich aus folgender Betrachtung: Zur Erwärmung von 1 Mol (mit dem Volumen $V$) um 1° bei konstantem Druck ist eine Wärmezufuhr von $C_p$ cal nötig. Nun dehnt sich aber das Gas während der Erwärmung aus und muß den konstant auf ihm lastenden Druck $p$ überwinden, so daß gleichzeitig äußere Arbeit geleistet wird, die durch das Produkt aus Druck $p$ und Volumzunahme $\Delta V$ gegeben ist.

Wenn man hingegen Gas bei konstantem Volumen erwärmt, findet keine äußere Arbeitsleistung statt; die Wärmezufuhr beträgt in diesem Falle $C_v$ cal. Nach dem Gesetz von der Erhaltung der Energie (Summe der Arbeits- und Wärmeumsätze ist bei beiden Vorgängen gleich groß) ist nun $C_p - p \cdot \Delta V = C_v$. Die Größe $\Delta V$ (Volumzunahme bei 1° Temperaturerhöhung) kann für ideale Gase aus der Zustandsgleichung abgeleitet werden. Bei konstantem Druck muß nach dieser auch $\frac{V}{T} =$ konstant sein.

Das Volumen $V$ wächst bei der Erwärmung von $T$ auf $T+1$ um $\Delta V$ auf $V+\Delta V$ und es gilt $\frac{V}{T} = \frac{V+\Delta V}{T+1}$. Daraus ist $\Delta V = \frac{V}{T}$; ferner $p \cdot \frac{V}{T} = R$. In die obige Gleichung eingesetzt, ist

$$C_p - \frac{p \cdot V}{T} = C_p - R = C_v \text{ oder } C_p - C_v = R\,;$$

$$R = 1{,}986 \approx 2 \text{ cal} \cdot \text{grad}^{-1} \cdot \text{mol}^{-1}.$$

Der Energiegehalt eines einatomigen Gases von $N$ Molekülen mit der mittleren Geschwindigkeit $w$ ist bestimmt durch $E = N \cdot \frac{m}{2} \cdot w^2$.

Nachdem $R \cdot T = \frac{2}{3} \cdot N \cdot \frac{m}{2} \cdot w^2$, ist $E = \frac{3}{2} \cdot R \cdot T$.

Nun schließen wir auf die Molwärme $C_v$ (bei konstantem Volumen) bei einatomigen Gasen. Unter der Annahme, daß das Gas beim absoluten Nullpunkt keine Wärmeenergie besitzt, brauchen wir nur den Wärmeinhalt $E$ in $T$-Stufen teilen; jede einzelne Stufe stellt $C_v$ dar.

Exakt als Differentialquotient formuliert ist

$$C_v = \frac{dE}{dT} = \frac{3}{2} \cdot R.$$

Man erhält daher für alle einatomigen Gase die gleiche Molwärme von 2,98 cal. grad$^{-1}$.

Ferner ist $C_p = R + C_v = 4{,}97$ cal. grad$^{-1}$ und $\frac{C_p}{C_v} \approx \frac{5}{3} = 1{,}67$.

Für zweiatomige Gase ist $C_v = \frac{5}{2} \cdot R$ und $\frac{C_p}{C_v} \approx \frac{7}{5} = 1{,}40$.

Der gleiche Wert gilt für dreiatomige Gase bei gestreckter Anordnung. Für dreiatomige Gase bei gewinkelter Anordnung ist $C_v = \frac{6}{2} \cdot R$ und daraus $C_p = \frac{8}{2} \cdot R$. Vorausgesetzt wird stets idealer Gaszustand.

*Bestimmung von* $\frac{C_p}{C_v}$. a) *Methode* CLEMENT und DESORMES. Wird ein Gasvolumen so rasch expandiert oder komprimiert, daß der Wärmeausgleich mit der Umgebung während der Zustandsänderung vernachlässigt werden kann, ist es möglich, aus den eingetretenen Druckänderungen $\varkappa$ zu berechnen. Ist $p_1$ der Druck zu Beginn des Versuches, $p_2$ der Druck nach der Expansion und $p_3$ der Druck, den das Gas bei unverändertem Endvolumen nach dem Wärmeaustausch mit dem Temperaturbad zeigt, so ist aus der Gleichung der Adiabate

$p_1 v_1^\varkappa = p_2 v_2^\varkappa$ (siehe S. 360) nach entsprechender Umformung (welche infolge der kleinen Druckänderungen vorgenommen werden kann) $\varkappa = \frac{C_p}{C_v} = \frac{c_p}{c_v} = \frac{p_1 - p_2}{p_1 - p_3}$.

b) *Methode* KUNDT. Die Schallgeschwindigkeit in einem Gas ist gegeben durch $v = \sqrt{\frac{p}{\varrho} \cdot \varkappa}$, vorausgesetzt, daß der Vorgang adiabatisch verläuft. Ist $v$ in $\mathrm{cm \cdot s^{-1}}$ anzugeben, muß der Druck $p$ in $\mathrm{dyn \cdot cm^{-2}}$ und die Dichte $\varrho$ in $\mathrm{g \cdot cm^{-3}}$ gegeben sein.

Die Bestimmung des Verhältnisses der Schallgeschwindigkeiten zweier Gase führt zu einer Möglichkeit der Molekulargewichtsbestimmung, denn bei gleichem Druck wird $v_1 : v_2 = \sqrt{\varkappa_1 \cdot \varrho_2} : \sqrt{\varkappa_2 \cdot \varrho_1}$ oder, wenn wir die Dichten der Gase durch die ihnen bei gleicher Temperatur proportionalen Molekulargewichte ersetzen $v_1 : v_2 = \sqrt{\varkappa_1 \cdot M_2} : \sqrt{\varkappa_2 \cdot M_1}$.

**Aufgaben. 61.** Ein Gas, welches unter einem Druck von 1,017 at steht, wird adiabatisch auf einen Druck von 1 at expandiert. Nachdem das Gas die ursprüngliche Temperatur wieder angenommen hatte, war der Druck 1,005 at. Berechne $\varkappa$.

**62.** Berechne $\varkappa$ für Wasserstoff aus folgenden Daten: Die Schallgeschwindigkeit in $H_2$ bei Normalbedingungen beträgt 1260 m/s, die Dichte des Wasserstoffs 0,08987 kg/Nm³, die Dichte des Quecksilbers 13,595 g/cm³.

**63.** Vergleiche, inwieweit die Gleichung $C_p = R + C_v = \frac{7}{2} \cdot R$ mit der aus den Werten für Stickstoff für $T = 300$, 600 und 900° K der Tabelle 2, S. 480, berechneten Temperaturabhängigkeitsbeziehung von $C_p$ (wenn lineare Abhängigkeit angenommen wird) übereinstimmt.

## F. Die kritischen Daten.

### 1. Die Zustandsgleichung nach van der Waals.

Die Zustandsgleichung $p \cdot v = R \cdot T$ ist nur in bestimmten Grenzen gültig. Jene Gase, welche ihr genügen, werden als *ideale* Gase bezeichnet. Im Gegensatz dazu nennt man ein Gas, das sich im Zustande so hoher Kompression befindet, daß es dieser Gleichung nicht mehr genügt, ein *reales* Gas. Für diese Gase wurden verschiedene Zustandsgleichungen aufgestellt, von denen die nach VAN DER WAALS die bekannteste ist. Sie berücksichtigt das Eigenvolumen und die gegenseitige Anziehung der Moleküle.

In der Zustandsgleichung wird mit $v$ das einem Mol des Gases tatsächlich zur Verfügung stehende Volumen bezeichnet. Es ist bei idealen Gasen gleich dem Gefäßvolumen. Wenn aber die Moleküle eines Gases selbst eine bestimmte Volumenbeanspruchung $(= b)$ zeigen, dann ist das freie Volumen nicht mehr $v$, sondern kleiner. $v_{frei} = v - b$.

Aus der Erfahrung hat sich ferner ergeben, daß ein reales Gas bei zunehmendem Druck sein Volumen stärker verkleinert, als es die Zustandsgleichung verlangt. Es scheint also unter einem Druck zu stehen, der höher ist als der von außen wirkende. Dieser Binnendruck läßt sich auf die gegenseitige Anziehung der Moleküle zurückführen und ist angenähert $p_i = \frac{a}{v^2}$.

Mit diesen beiden Konstanten erhält die VAN DER WAALSsche Zustandsgleichung die Form

$$(v - b) \cdot \left(p + \frac{a}{v^2}\right) = R \cdot T, \text{ bezogen auf 1 Mol.}$$

Sind $n$ Mol vorhanden, dann ist

$$(v - n \cdot b) \cdot \left(p + \frac{n^2 \cdot a}{v^2}\right) = n \cdot R \cdot T.$$

Die Konstanten $a$ und $b$ sind für die meisten Gase bestimmt und in Tabellen zusammengefaßt*.

**112. Beispiel.** Zu berechnen ist das Gewicht von $CO_2$ in einer Flasche von 10 l Inhalt, wenn das Gas bei 20° einen Druck von 50 Atm hat. $a = 0{,}00716 \cdot 5{,}03 \cdot 10^8 = 3{,}6 \cdot 10^6$; $b = 0{,}001905 \cdot 2{,}24 \cdot \cdot 10^4 = 42{,}7$.

Die gefundene Menge sei $n$ Mol.

$$\left(50 + \frac{n^2 \cdot 3{,}6 \cdot 10^6}{10000^2}\right) \cdot (10000 - n \cdot 42{,}7) = n \cdot 82{,}1 \cdot 293\,.$$

Das ergibt für die Auflösung nach $n$ eine Gleichung 3. Grades: $(50 + 0{,}036 \cdot n^2) \cdot (10000 - 42{,}7 \cdot n) - 24055 \cdot n = 0$. Zur Auflösung berechnen wir $n$ aus der idealen Gasgleichung $p \cdot v = n \cdot R \cdot T$, also $50 \cdot 10000 = n \cdot 82{,}1 \cdot 293$; daraus ist $n = 20{,}8$ Mol. Die in der Flasche enthaltene $CO_2$-Menge ist sicher höher. Nehmen wir 30 Mol an und berechnen nach der VAN DER WAALSschen Gleichung $(50 + 32{,}4) \cdot \cdot (10000 - 1281) - 721650 = -3194$, so müßte bei dem richtigen Wert von $n$ die Gleichung 0 ergeben. Der Wert 30 Mol ist also schon etwas zu hoch gewählt. Für $n = 29$ würden wir $+5984$ erhalten (also ist 29 zu niedrig). Wir nehmen nun 29,7 Mol an.

Gewicht des $CO_2 = 29{,}7 \cdot 44 = 1307$ g.

Die Kontrolle nach der VAN DER WAALSschen Gleichung ergibt für $n = 29{,}7$ einen Druck von 50,07 Atm. ——

* Chem. Tasch. 32361. Die dort angegebenen Zahlen beziehen sich auf 1 cm³. Bei Rechnungen mit 1 Mol ($V = 22415$ cm³) muß $a$ mit $5{,}03 \cdot 10^8$ und $b$ mit $2{,}24 \cdot 10^4$ multipliziert werden.

**113. Beispiel.** In einem Autoklav von 10,2 l Inhalt werden 0,2 kg Wasser von 0° verdampft und auf die Endtemperatur 200° gebracht. Zu berechnen ist der Enddruck.

Enddruck = Druck der Luft + Druck des Wasserdampfes. Druck der Luft: Die Luft hatte vor dem Erwärmen eine Temperatur von $T_1 = 273°$, $v_1 = 10200 - 200$ cm³ Wasser $= 10000$ cm³, der Druck $p_1 = 1$ Atm. Die Endtemperatur $T_2 = 473°$ und $v_2 = 10200$ cm³. Aus der idealen Gasgleichung berechnet sich

$$p_2 = \frac{p_1 \cdot v_1}{v_2} \cdot \frac{T_2}{T_1} = \frac{1 \cdot 10000 \cdot 473}{10200 \cdot 273} = 1{,}7 \text{ Atm.}$$

Druck $P$ des Wasserdampfes: 0,2 kg $H_2O = 11{,}1$ Mol. Die Konstanten der VAN DER WAALSschen Gleichung sind $a = 0{,}01089 \cdot$ $\cdot\, 5{,}03 \cdot 10^8 = 5{,}48 \cdot 10^6$ und $b = 0{,}001362 \cdot 2{,}24 \cdot 10^4 = 30{,}5$.

$$\left(P + \frac{11{,}1^2 \cdot 5{,}48 \cdot 10^6}{10200^2}\right) \cdot (10200 - 11{,}1 \cdot 30{,}5) = 11{,}1 \cdot 82{,}1 \cdot 473;$$

daraus ist $P = 37{,}2$ Atm.

Der Gesamtdruck ist dann $37{,}2 + 1{,}7 = 38{,}9$ Atm. ——

*Joule-Thomson-Effekt.* Im Gegensatz zu den idealen Gasen tritt bei der adiabatischen Expansion nicht idealer Gase eine Temperaturänderung auf (es ist also in diesem Falle $\left(\frac{\partial U}{\partial V}\right)_T$ nicht gleich 0).

Diese Temperatur kann man unter Zuhilfenahme der VAN DER WAALSschen Gleichung errechnen: $T_1 - T_2 = \left(\frac{2a}{RT_1} - b\right) \cdot \frac{p_1 - p_2}{C_p}$.

Nimmt $T_1$ den Wert $\frac{2a}{Rb}$ an, wird die Temperaturdifferenz 0 („Inversionstemperatur"). Oberhalb dieser Temperatur wird Erwärmung, unterhalb Abkühlung beobachtet. Die Größe des Effektes ist erst bei tiefen Temperaturen bedeutend. Überschlägig gilt, daß bei Gültigkeit der VAN DER WAALSschen Gleichung die Inversionstemperatur gleich der doppelten BOYLE-Temperatur sein soll. Letztere ist jene Temperatur des betreffenden Gases, bei welcher das BOYLE-MARIOTTEsche Gesetz bis zu verhältnismäßig hohen Drucken gilt. Annähernd kann angenommen werden, daß bei der halben BOYLE-Temperatur auf 1 Atm Entspannung 1° Abkühlung eintritt. Der Effekt findet technisch Anwendung bei der Luftverflüssigung nach LINDE.

$$T_{Boyle} = \frac{a}{b \cdot R}.$$

**Aufgaben. 64.** Berechne die Temperatur, bei der 1 Mol $CO_2$ unter einem Druck von 40 Atm ein Volumen von 750 cm³ hat. $a = 3{,}6 \cdot 10^6$; $b = 42{,}7$.

**65.** In einem Gefäß von 10 Liter Inhalt befinden sich 416,6 g Acetylen bei 27° C. Berechne den Druck des Acetylens auf die Gefäßwandungen. $a = 0{,}00875$ und $b = 0{,}002293$ (pro 1 Ncm³, $p$ in Atm). Ncm³ = Normkubikzentimeter.

**66.** In einen 4-Liter-Autoklaven soll für einen Hydrierungsversuch bei 650° K Benzol eingefüllt werden. Der erreichte Partialdruck des Benzols soll 40 Atm betragen. Wieviel g Benzol müssen eingefüllt werden? Für 1 $Ncm^3$ ($p$ in Atm) sind $a = 0{,}03588$ und $b = 0{,}005150$; $R = 82{,}1$

**67.** Zu berechnen ist die BOYLE-Temperatur für Acetylen. $a = 4{,}401 \cdot 10^6$; $b = 51{,}36$ und $R = 82{,}1\ cm^3 \cdot Atm \cdot grad^{-1}$.

**68.** Gesucht ist der JOULE-THOMSON-Effekt für 1 Atm Druckerniedrigung bei 0° C für Sauerstoff. $C_p = 6{,}93\ cal \cdot grad^{-1}$. Die Konstanten der VAN DER WAALSschen Gleichung sind $a = 1{,}363 \cdot 10^6$ und $b = 31{,}83$ bei Angabe in $cm^3$ und Atm pro Mol.

## 2. Die kritischen Daten.

Die Isothermen (Verbindungslinien gleicher Temperatur) der idealen Gasgleichung sind gleichseitige Hyperbeln, diejenigen der VAN DER WAALSschen Zustandsgleichung nehmen den in der Abb. 79 gezeigten Verlauf. (Die Kurven beziehen sich auf $CO_2$.) An ihnen wird für tiefe Temperaturen ein charakteristisches Maximum und Minimum beobachtet. In diesem S-förmigen Verlauf der $pv$-Kurven kommt der Verflüssigungsvorgang des realen Gases zum Ausdruck. Wenn man z. B. $CO_2$ bei 0° auf etwa 47 Atm komprimiert, so daß ein Molvolumen von etwa 300 $cm^3$ erreicht wird (Punkt $A$), dann gelingt es zunächst nicht, den Gasdruck weiter zu erhöhen. Vielmehr verläuft die tatsächliche $pv$-Kurve bei weiterer Verkleinerung des Volumens jetzt der $v$-Achse parallel

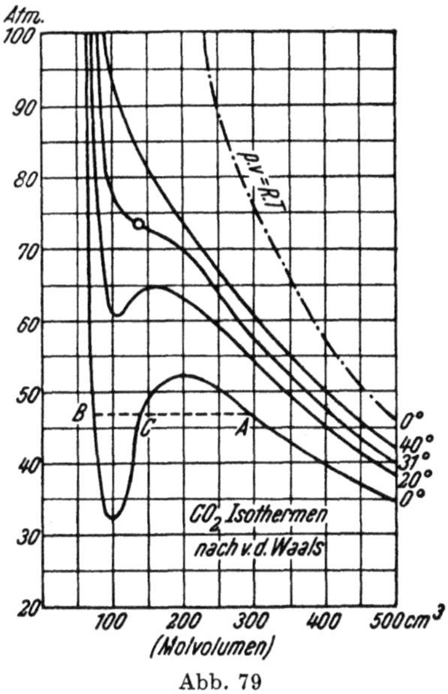


Abb. 79

(in der Abbildung gestrichelt gezeichnet), wodurch der Verflüssigungsvorgang bildlich ausgedrückt wird. Dieser Prozeß ist erst vollendet, wenn man ein Molvolumen von 75 $cm^3$ erreicht hat (Punkt $B$). In diesem Augenblick ist das Gas verflüssigt, und eine weitere Volumenverkleinerung wird von einer außerordentlich starken Druckzunahme begleitet, weil das flüssige $CO_2$ (wie alle Flüssigkeiten) praktisch nicht zusammendrückbar ist.

Die Knickstellen $A$ und $B$ sind aber nicht die Enden des flüssigen oder gasförmigen Zustandes, sondern lassen sich durch vorsichtiges Arbeiten „überschreiten" (z. B. kann man eine Flüssigkeit über ihren Siedepunkt erwärmen, ohne daß sie dampfförmig wird; Siedeverzug). Man kann sich also die Linie weitergeführt denken (ausgezogener Teil $B$—$C$—$A$ der Kurve), in dem hier die Flüssigkeit als labiles Gebilde noch fortexistiert; ebenso kann das Gas bis unter den Kondensationspunkt gasförmig gehalten werden, so daß die Linie über $A$ hinaus fortgesetzt wird. (Der Punkt $C$ ist das rechnerisch ermittelte und von der Theorie geforderte dritte Volumen.)

Bei genügend hoher Temperatur fehlt der den Kondensationsprozeß beinhaltende S-förmige Teil der Isotherme. In diesem Gebiet ist das Gas nicht zu verflüssigen.

Ordnet man die VAN DER WAALSsche Gleichung nach $v$, so erhalten wir $v^3 + \frac{b + RT}{p} \cdot v^2 + \frac{a}{p} \cdot v - \frac{a \cdot b}{p} = 0$. Sie ist also 3. Grades und liefert daher für bestimmte Zahlenwerte des Druckes und der Temperatur im allgemeinen drei Volumenwerte. Diese können alle drei reell sein (wie dies bei der 0°-Isotherme der Fall ist) oder es können zwei imaginär und nur einer reell sein oder es können die drei $v$-Werte in einem Punkt zusammenfallen, wie dies bei der Isotherme 31° der Fall ist, die in ihrem Verlauf einen Wendepunkt aufweist (*kritischer Punkt*).

Oberhalb des kritischen Punktes ist also nur noch ein Wert reell, die beiden anderen sind imaginär und damit physikalisch bedeutungslos. Hier findet somit keine Verflüssigung mehr statt; wir befinden uns in einem Gebiet, in dem nur noch das Gas existenzfähig ist.

Bezeichnen wir seine Lage mit $v = \varphi_{kr}$, $p = \pi_{kr}$ und $T = \vartheta_{kr}$, ergeben sich die kritischen Daten aus obiger Gleichung: *Kritisches Volumen* $\varphi_{kr} = 3 \cdot b$; *kritischer Druck* $\pi_{kr} = \frac{a}{27 \cdot b^2}$; *kritische Temperatur* $\vartheta_{kr} = \frac{8 \cdot a}{27 \cdot b \cdot R}$.

Physikalisch bedeutet dies, daß bei diesen Zustandsgrößen eine Überführung der Substanz aus dem gasförmigen in den flüssigen Zustand ohne Auftreten einer Verflüssigungszone durchführbar ist. Der kritische Punkt bezeichnet somit jene Grenztemperatur, oberhalb welcher auch bei Anwendung hoher Drucke der Flüssigkeitszustand nicht erzwungen werden kann.

Aus den kritischen Daten können die Konstanten $a$ und $b$ der VAN DER WAALSschen Gleichung sowie $R$ berechnet werden.

Es ist $a = 3 \cdot \pi_{kr} \cdot \varphi_{kr}^2$, $b = \frac{\varphi_{kr}}{3}$ und $R = \frac{8}{3} \cdot \frac{\pi_{kr} \cdot \varphi_{kr}}{\vartheta_{kr}}$.

**114. Beispiel.** $SO_2$ hat die kritischen Daten $\vartheta_{kr} = 157{,}3°$ C ($= 430{,}3°$ K) und $\pi_{kr} = 77{,}8$ Atm.* Zu berechnen ist der Wert der Konstanten $a$ und $b$.

$$\varphi_{kr} = \frac{3 \cdot R \cdot \vartheta_{kr}}{8 \cdot \pi_{kr}}\,; \quad b = \frac{\varphi_{kr}}{3} = \frac{R \cdot \vartheta_{kr}}{8 \cdot \pi_{kr}} = \frac{82{,}04 \cdot 430{,}3}{8 \cdot 77{,}8} = 56{,}72\,.$$

$$a = 27 \cdot b^2 \cdot \pi_{kr} = 27 \cdot 56{,}72^2 \cdot 77{,}8 = 6{,}76 \cdot 10^6\,.$$

Wenn wir die oben berechneten Werte für $a$, $b$, und $R$ in die VAN DER WAALSsche Gleichung einsetzen (und die entstehende Gleichung zur Vereinfachung mit $\frac{3}{\pi_{kr} \cdot \varphi_{kr}}$ multiplizieren), erhalten wir $\left(\frac{p}{\pi_{kr}} + \frac{3 \cdot \varphi_{kr}^2}{v^2}\right) \cdot \left(3 \cdot \frac{v}{\varphi_{kr}} - 1\right) = 8 \cdot \frac{T}{\vartheta_{kr}}$. Setzen wir für die Ausdrücke $\frac{p}{\pi_{kr}} = \pi$, $\frac{v}{\varphi_{kr}} = \varphi$ und $\frac{T}{\vartheta_{kr}} = \vartheta$, so vereinfacht sich die Gleichung zu $\left(\pi + \frac{3}{\varphi^2}\right) \cdot (3\varphi - 1) = 8\,\vartheta$. Diese Gleichung ist dimensionslos ($\pi = \frac{1}{2}$ bedeutet z. B. denjenigen Druck, der gleich ist dem halben kritischen Druck) und ist der Ausdruck für das „*Theorem der übereinstimmenden Zustände*". Es besagt: Wenn man Druck, Volumen und Temperatur eines realen Gases im Vielfachen seiner kritischen Daten mißt, dann findet man, daß alle Substanzen dieser gemeinsamen Beziehung genügen.

Somit kann das spezifische Volumen (das von 1 g eingenommene Volumen in $cm^3$) einer Flüssigkeit bei allen Temperaturen errechnet werden, wenn ihre kritische Temperatur und ihr spezifisches Volumen bei einer einzigen Temperatur bekannt sind und der Vergleich mit einer zweiten, gut untersuchten Flüssigkeit möglich ist.

**115. Beispiel.** Das spezifische Volumen des Äthers bei 10° C beträgt 1,3726 ml/g. Seine kritische Temperatur ist 466,8° K. Gesucht ist der Wert des spezifischen Volumens des flüssigen Äthers bei 34,6° C. Als Vergleichsflüssigkeit dient Difluordichlormethan $CF_2Cl_2$, dessen kritische Temperatur ($= 111{,}5°$ C) und spezifische Volumina bekannt sind.**

Aus der Beziehung $\vartheta = \frac{T}{\vartheta_{kr}}$ ergibt sich für die beiden Temperaturen $\vartheta_1 = \frac{273 + 10}{466{,}8} = 0{,}6062$ und $\vartheta_2 = \frac{273 + 34{,}6}{466{,}8} = 0{,}6590$. Diese Werte müssen nun auch für Difluordichlormethan gelten („übereinstimmende Zustände") und es ist $T_1 = (273 + 111{,}5) \cdot 0{,}6062 = 233{,}1°$ K ($= -39{,}9°$ C), ferner $T_2 = (273 + 111{,}5) \cdot 0{,}6590 = 253{,}3°$ K ($= -19{,}7°$ C).

Laut Tabelle betragen die spezifischen Volumina der Vergleichsflüssigkeit bei $-39{,}9°$ C $= 0{,}6601$, bei $-19{,}7°$ C $= 0{,}6868$.

* Chem. Tasch. 3231.
** Chem. Tasch. 362328.

Die Volumzunahme des Difluordichlormethans durch die Temperatursteigerung von —39,9 auf —19,7° beträgt also $\frac{(0{,}6868 - 0{,}6601) \cdot 100}{0{,}6601} = 4{,}05\%$. Dies muß wiederum die gesuchte Volumzunahme des Äthers sein, wodurch sich sein spezifisches Volumen bei 34,6° C zu $1{,}3726 + 1{,}3726 \cdot 0{,}0405 = 1{,}4282$, errechnet. (Die experimentelle Bestimmung ergab 1,4275.)

(Die Rechnung beinhaltet eine Ungenauigkeit, da der kritische Druck des Difluordichlormethans größer ist als der des Äthers und man müßte für Difluordichlormethan die bei einem Druck von etwa 1,1 Atm gemessenen spezifischen Volumina einsetzen. Infolge der geringen Kompressibilität der Flüssigkeiten ist diese Vernachlässigung praktisch bedeutungslos.) ———

Aus diesem Theorem können einige Beziehungen abgeleitet werden, welche in der Praxis häufig gute Dienste leisten, wenn sie auch keine exakten Naturgesetze darstellen und für einige Stoffe Abweichungen aufweisen:

α) *Die Dampfdruckformel nach van der Waals.*

$\ln \pi = a \cdot \left(1 - \frac{1}{\vartheta}\right)$. Die Konstante $a$ besitzt in der Regel Werte von annähernd 6,9.

β) *Die Regel nach Guldberg-Guye,* welche besagt, daß für die meisten Stoffe das Verhältnis aus ihrer absoluten Siedetemperatur ($T_S$) und ihrer absoluten kritischen Temperatur ($\vartheta_{kr}$) konstant ist und etwa 0,64 beträgt (reduzierte Siedetemperatur $\vartheta_S$). Mit anderen Worten: Der Siedepunkt unter Atmosphärendruck in absoluter Zählung beträgt etwa $\frac{3}{2}$ der kritischen Temperatur, ebenfalls in absoluter Zählung.

γ) Nach W. Herz läßt sich die Verdampfungswärme aus den kritischen Daten wie folgt berechnen: $\Delta J_K = \frac{\pi_{kr} \cdot T_K}{\vartheta_{kr} \cdot \varrho_{kr}}$.

δ) Über die *Regel von Eötvös* siehe S. 329.

# 6. Mehrstoffsysteme.

## A. Phasenregel.

### 1. Gibbssche Phasenregel.

Ein allgemeines Gesetz für die Gleichgewichtszustände stellt die *Gibbssche Phasenregel* dar, welche besagt, daß die Anzahl der Phasen $P$ eines Systems mit $K$ Komponenten zusammen mit der Anzahl $F$ der frei verfügbaren Versuchsbedingungen (Freiheitsgrade) gleich sein muß der um zwei vermehrten Anzahl $K$ der beteiligten Molekülarten. Mathematisch formuliert: $P + F = K + 2$.

Unter Phasen versteht man homogene, physikalisch verschiedene und mechanisch trennbare Anteile. Sie sind von den anderen Anteilen durch Grenzflächen getrennt.

So besteht z. B. das aus zwei Komponenten ($K = 2$) gebildete System Wasser-Benzol aus drei Phasen ($P = 3$), nämlich zwei flüssigen und einer dampfförmigen, so daß eine Freiheit ($F = 1$) übrigbleiben muß. Wird also der Druck geändert, so ist dadurch die Temperatur und die Zusammensetzung des Dampfes festgelegt und die Zusammensetzung der Flüssigkeit ist daher bei allen Drucken ohne Einfluß auf Temperatur und Dampfzusammensetzung.

Sind die beiden Bestandteile löslich, dann ist $P = 2$, folglich $F = 2$.

## 2. Diagramme binärer Gemische.

Der Phasenzustand eines Zwei- oder Mehrkomponentensystems ist bestimmt durch die Konzentration der Komponenten, durch den Druck und die Temperatur. Für die graphische Darstellung wird eine Komponente (in der Regel der Druck) konstant gehalten.

Von besonderer Bedeutung sind die Zweistoffsysteme in bezug auf ihr Verhalten bei einer Temperaturänderung. Wird die Summe der Bestandteile eines Gemisches konstant (z. B. = 100%) angenommen, so erfolgt die Darstellung auf einer Strecke (s. S. 89), die dritte Größe, z. B. die Schmelztemperatur wird auf der Ordinate aufgetragen (s. unten). Man erhält dann ein Schmelztemperatur-Schaubild der Mischung von $A$ mit $B$ (Thermische Analyse).

**116. Beispiel.** In der Abb. 80 ist das Zustandsdiagramm des Substanzpaares Blei—Antimon dargestellt. Denken wir uns nun eine Legierung, bestehend aus 40% Pb und 60% Sb, bei 700° geschmolzen und abgekühlt, so beginnt bei zirka 520° die Ausscheidung von Sb. Bei weiterer Abkühlung wird weiter Sb ausgeschieden bis die an Pb angereicherte Schmelze (entlang der Kurve) auch mit diesem Metall gesättigt ist. Im eutektischen Punkt $E$ kristallisieren beide gleichzeitig aus. (Dabei wird die Abkühlungsgeschwindigkeit null, ähnlich wie beim Erstarren eines reinen Stoffes, bis alles erstarrt ist: Eutektischer Haltepunkt.)

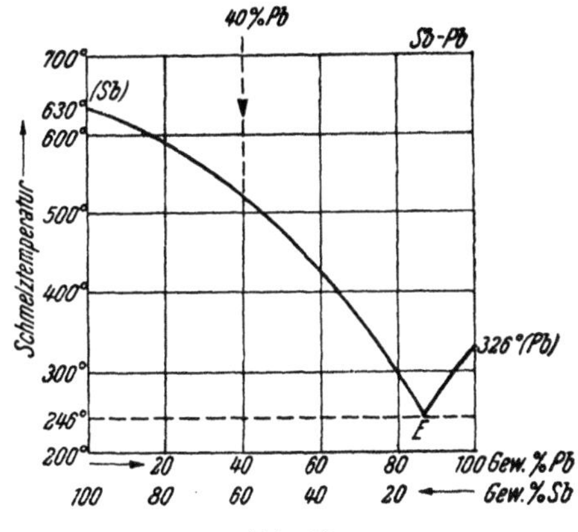

Abb. 80

Viele Substanzpaare bilden jedoch Mischkristalle, so daß sich nicht ein grobkristallinisches Gemenge der reinen festen Komponenten, sondern ein Gemenge von Mischkristallen bestimmter Zusammensetzung bildet.

**117. Beispiel.** Die Metalle Gold und Silber lösen sich in geschmolzenem Zustand vollständig ineinander und bilden eine lückenlose Reihe von Mischkristallen (Abb. 81). Die obere Kurve gibt die Zusammensetzung der Schmelze (Liquiduskurve), die untere die Zusammensetzung des mit ihr bei gleicher Temperatur im Gleichgewicht befindlichen Bodenkörpers an (Soliduskurve). Kühlt man z. B. eine Schmelze mit 30% Au ab, so scheiden sich bei 1000° Mischkristalle mit 45% Au ab. Dadurch verarmt die Schmelze an Gold, so daß sich bei weiterer Abkühlung ihre Zusammensetzung längs der Liquiduskurve ändert. Bei den jeweils durchlaufenen Temperaturen scheiden sich ständig Mischkristalle wechselnder Zusammensetzung (auf der Soliduskurve bestimmbar) ab. Bei 987° enthält die Schmelze nur noch 15% Au. Bei dieser Temperatur erstarrt die Schmelze vollständig. ———

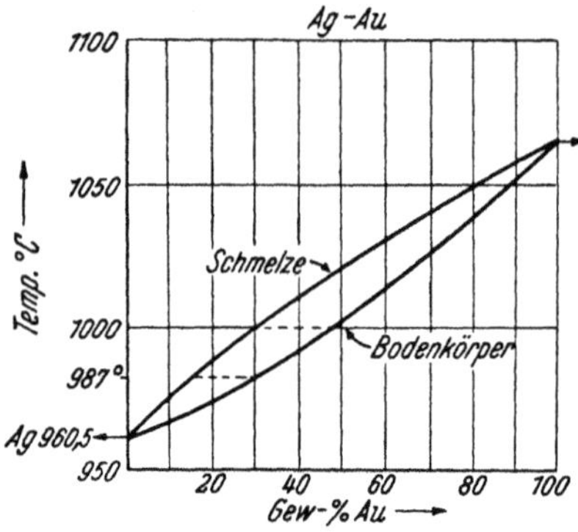


Abb. 81

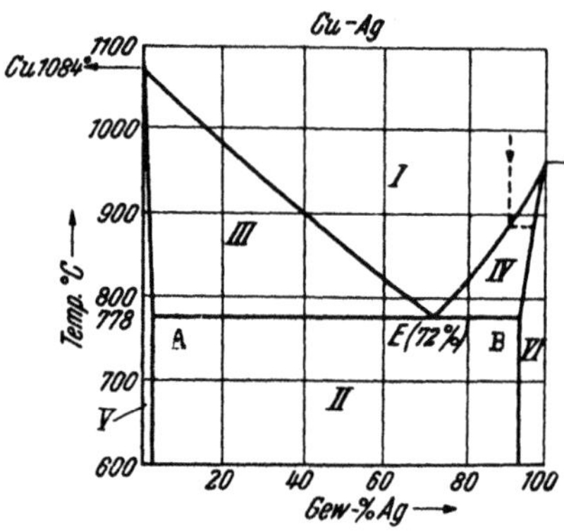


Abb. 82

**118. Beispiel.** Das Substanzpaar Kupfer—Silber (Abb. 82) vermag nur in beschränktem Maß Mischkristalle zu bilden. Bei 72% Ag tritt ein Eutektikum auf (778°), das aus einem Gemenge von Mischkristallen mit den beiden Zusammensetzungen A und B besteht.

Die einzelnen Zustandsgebiete sind wie folgt zusammengesetzt: I molekular gemischte Schmelze des Metallpaares, II eutektisches Mischkristallgemenge, III und IV Cu-, bzw. Ag-reiche Mischkristalle und Schmelze im Gleichgewicht, V und VI Mischkristalle mit vorwiegendem Cu-, bzw. Ag-Gehalt.

Wird z. B. eine Schmelze mit 90% Ag abgekühlt, so beginnt bei 880° die Ausscheidung von Mischkristallen mit 97%' Ag-Gehalt. Bei weiterer Abkühlung auf 778° durchläuft die Schmelze die Kurve AgE, während die sich neu bildenden Mischkristalle mit größer werdendem Cu-Gehalt der Kurve AgB folgen. Die restliche Schmelze erstarrt bei 778° als Eutektikum aus Mischkristallen von der Zusammensetzung A und B. ——

**119. Beispiel.** Die Komponenten Zink und Magnesium (Diagramm, Abb. 83) gehen eine stabile Verbindung Mg $Zn_2$ ein, die einen Schmelzpunkt von 595° hat. (Diese Verbindung zerlegt das ganze Diagramm in 2 Teile vom Typus Pb—Sb, siehe Abb. 80, S. 181.) Man beobachtet 2 eutektische Gemische Zn—Mg $Zn_2$ und Mg $Zn_2$—Mg. ——

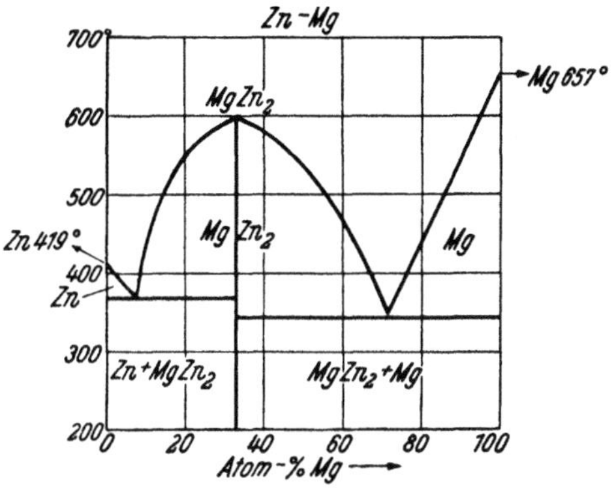

Abb. 83

**120. Beispiel.** Die Abb. 84 enthält das Zustandsdiagramm einer unter Zersetzung schmelzenden Verbindung (System $CaCl_2$—$H_2O$). Die Kristalle des 4-Hydrates zerfallen bei 45,3° (A) in eine Schmelze der Zusammensetzung B und Kristalle der Zusammensetzung C (2-Hydrat). Eine flüssige Phase der Zusammensetzung $CaCl_2 \cdot 4\,H_2O$ ist erst bei 92° existenzfähig. Wenn wir eine Lösung der Zusammensetzung D (1 $CaCl_2$—3 $H_2O$) abkühlen, so scheiden sich bei zirka 150° (E) Kristalle des 2-Hydrates (F) aus. Die Lösung verarmt dadurch an Salz. Wird sie weiter abgekühlt, so würde sich im Punkt B die Lösung mit einem Teil des abgeschiedenen 2-Hydrates zu Kristallen des 4-Hydrates umsetzen und bei noch tieferen Temperaturen wird das System nur noch aus diesen beiden festen Phasen bestehen. In die Abbildung ist ferner noch die Kurve der Gefrierpunktserniedrigung des Wassers eingezeichnet, die mit der

Löslichkeitskurve des $CaCl_2 \cdot 6\,H_2O$ bei $-55°$ in einem eutektischen („kryohydratischen") Punkt zusammenstrifft. Diese Temperatur würde sich bei der Mischung von Eis und 6-Hydrat von selbst einstellen. ——

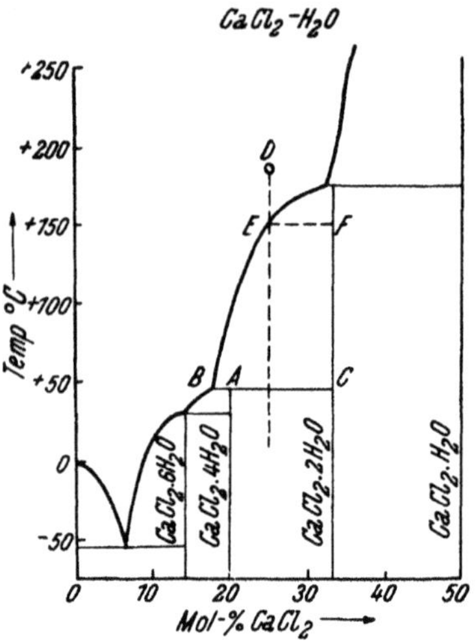


Abb. 84

Über Siedediagramme siehe S. 203.

*Konstruktion von Schmelzdiagrammen.* Die Konstruktion erfolgt mit Hilfe von Abkühlungskurven. Man kühlt Schmelzen verschiedener Zusammensetzung langsam ab (so daß die in der Zeiteinheit abgeführte Wärme als konstant anzusehen ist). Die wichtigsten Typen solcher Abkühlungskurven sind:

*a*) Bei der Abkühlung der Schmelze der reinen Substanz *A* zeigt die Temperatur eine gleichmäßige abnehmende Neigung bis

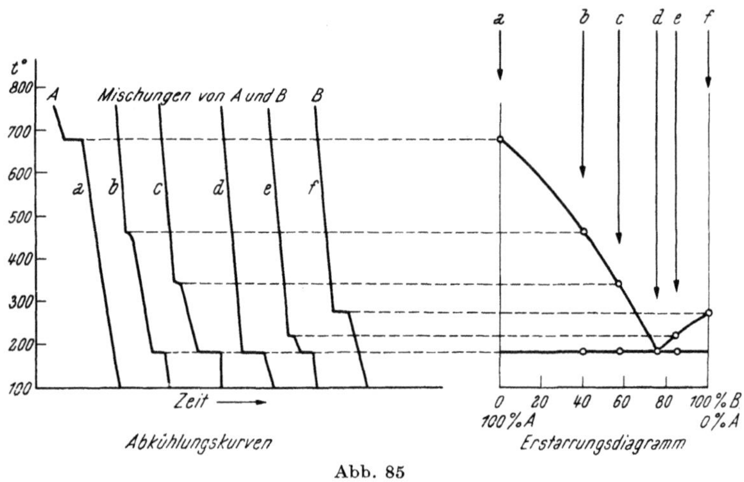


Abb. 85

zum Schmelzpunkt, besitzt dort einen ausgesprochenen Haltepunkt (Freiwerden der Schmelzwärme) und sinkt dann wieder mit anderer Neigung (Unterschied in der spezifischen Wärme zwischen flüssig und fest). Siehe Abb. 85, Kurve a für die Substanz *A*, Kurve f für *B*.

*b*) Bei der Abkühlung einer Mischschmelze kann es zum Auskristallisieren einer reinen Komponente kommen, so daß ein Übergang von einem Einphasen- zu einem Zweiphasengebiet eintritt (Abb. 85, Kurven b, c und e). Da hierbei nicht nur die dem Temperaturunterschied entsprechende Wärmemenge, sondern auch die freiwerdende Schmelzwärme für die auskristallisierende Phase abgeführt wird, verringert sich die Neigung der Abkühlungskurve. Bei Beginn der Kristallisation zeigt die Kurve also einen Knick (Grenze zwischen einem Einphasen- und einem Zweiphasengebiet). Im eutektischen Punkt erstarrt der gesamte Rest der an der niedriger schmelzenden Komponente angereicherten Schmelze und die Temperatur bleibt eine Zeitlang konstant.

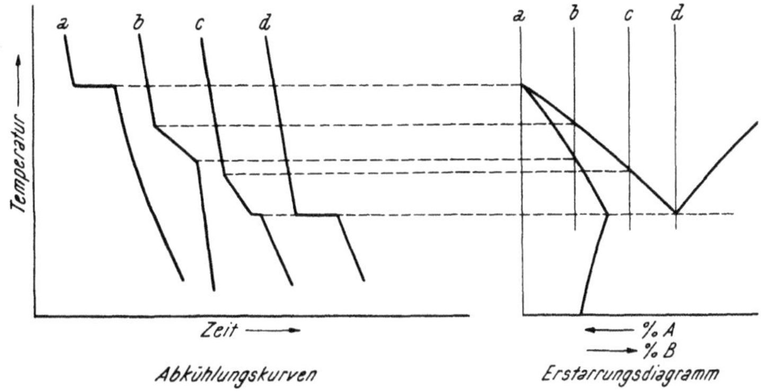


Abb. 86

*c*) Bei der Abkühlung einer eutektischen Mischung erstarrt die gesamte Schmelze bei einer bestimmten Temperatur, wodurch ein ausgeprägter Haltepunkt auftritt (Abb. 85, Kurve d).

*d*) Bei der Abkühlung der Schmelze, aus der sich Mischkristalle ausscheiden, werden Beginn und Ende dieser Kristallisation durch einen Knick angezeigt. Zwischen den beiden Knicken beginnt die Erstarrung innerhalb eines bestimmten Temperaturbereiches (Abb. 86, Kurve b).

*e*) Bei einer Dreiphasenlinie wird die Temperatur während einer gewissen Zeit konstant bleiben, bis eine der Phasen (z. B. die Schmelze) ganz verschwunden ist. Die Abkühlungskurve verläuft also eine Zeitlang waagrecht.

**121. Beispiel.** G. Grube bestimmte für das System Mg—Zn die Abkühlungskurven verschiedener Mischungen (siehe Tabelle) für die absoluten Temperaturen $T$. Es sollen das Phasendiagramm gezeichnet und die auftretenden Verbindungen und Eutektika festgestellt werden.

| | | | | | | | |
|---|---|---|---|---|---|---|---|
| Gew.-% Zn in der Mischung: | 0 | 10 | 20 | 30 | 40 | 50 | 60 |
| Knick: | — | 623 | 586 | 530 | 453 | 356 | 437 |
| Waagrechte: | 651 | 344 | 337 | 347 | 344 | 346 | 346 |
| während Sekunden: | 125 | 15 | 45 | 75 | 100 | 140 | 115 |
| (= Punkt der Abb. 87): | a | b | c | d | e | f | g |

| | | | | | | | |
|---|---|---|---|---|---|---|---|
| Gew.-% Zn in der Mischung: | 70 | 80 | 84,3 | 90 | 95 | 97,5 | 100 |
| Knick: | 517 | 577 | — | 557 | 456 | 379 | — |
| Waagrechte: | 347 | 342 | 595 | 368 | 367 | 368 | 419 |
| während Sekunden: | 70 | 20 | 185 | 85 | 145 | 145 | 160 |
| (= Punkt der Abb. 87): | h | i | j | k | l | m | n |

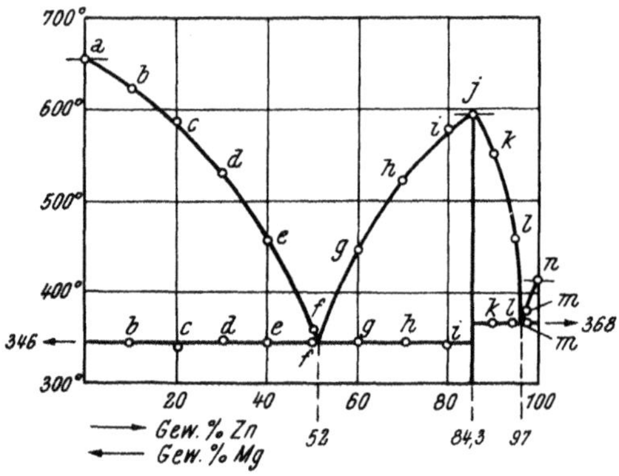


Abb. 87

Aus dem mit Hilfe der Punkte a bis n konstruierten Diagramm lesen wir ab: Maximum bei 595° und 84,3 Gew.-% Zn. Das entspricht umgerechnet 66,6 Atom-% Zn. Zu 100 fehlen 33,4 Atom-% Mg, also resultiert ein Atomverhältnis Zn:Mg = 2:1, entsprechend einer Verbindung $MgZn_2$.

Es ergeben sich 2 Eutektika, und zwar bei 344° (52 Gew.-% Zn) und 368° (97 Gew.-% Zn); keine Mischkristalle. ———

**Aufgaben. 69.** H. Lettré und Mitarbeiter bestimmten die Schmelzpunkts-Auftaudiagramme für die nachstehend angeführten Zweistoffsysteme I—II. Zeichne aus den Analysendaten die Zustandsdiagramme und bestimme, ob die betreffenden binären Gemische Eutektikas, Molekülverbindungen oder Mischkristalle bilden.

**a)** I = o-Methylbenzoesäure, II = o-Oxybenzoesäure.

| | | | | | | | | | | | |
|---|---|---|---|---|---|---|---|---|---|---|---|
| % I | 0 | 10 | 20 | 30 | 40 | 50 | 60 | 70 | 80 | 90 | 100 |
| Auftaupunkt | 157 | 94 | 94 | 92 | 91 | 92 | 92 | 91 | 92 | 92 | 104 |
| Schmelzpunkt | 157 | 154 | 149 | 143 | 135 | 124 | 112 | 97 | 95 | 101 | 105 |

**b)** I = p-Chlorbenzoesäure, II = p-Methylbenzoesäure.

| | | | | | | | | | | | |
|---|---|---|---|---|---|---|---|---|---|---|---|
| % I | 0 | 10 | 20 | 30 | 40 | 50 | 60 | 70 | 80 | 90 | 100 |
| Auftaupunkt | 177 | 178 | 180 | 182 | 185 | 190 | 194 | 202 | 212 | 224 | 239 |
| Schmelzpunkt | 179 | 183 | 187 | 193 | 202 | 212 | 220 | 227 | 233 | 239 | 241 |

**c)** I = m-Nitrobenzoesäure, II = o-Methylbenzoesäure.

| | | | | | | | | | | | |
|---|---|---|---|---|---|---|---|---|---|---|---|
| Mol-% I | 0 | 10 | 20 | 30 | 40 | 50 | 60 | 70 | 80 | 90 | 100 |
| Auftaupunkt | | 98 | 98 | 98 | 98 | | 121 | 121 | 121 | 121 | |
| Schmelzpunkt | 104 | 115 | 122 | 128 | 131 | 133 | 131 | 127 | 127 | 135 | 139 |

**70.** H. Rheinboldt und E. Giesbrecht fanden für das Zweistoffsystem Diphenyltelluroxyd (= I) — Diphenylselenon (= II) folgende experimentelle Daten:

| | | | | | |
|---|---|---|---|---|---|
| Gew.-% I | 0 | 5,4 | 14,3 | 20,9 | 31,0 |
| Auftaupunkt | 153,8 | 150,2 | 146,8 | 146,0 | 147,9 |
| Schmelzpunkt | 154,9 | 154,2 | 148,5 | 147,5 | 151,4 |
| Gew.-% I | 44,3 | 59,4 | 75,0 | 89,5 | 100 |
| Auftaupunkt | 151,5 | 159,0 | 169,1 | 180,4 | 190,1 |
| Schmelzpunkt | 160,8 | 170,6 | 179,2 | 187,1 | 191,1 |

Das Diagramm ist zu zeichnen und zu charakterisieren.

**71.** Vogel bestimmte bei dem Zweistoffsystem Sb-Au für die Abkühlungskurven verschiedener Mischungen folgende Knicke bezw. Waagrechte bei den angegebenen absoluten Temperaturen $T$:

| | | | | | | | | |
|---|---|---|---|---|---|---|---|---|
| Atom-% Sb | 0 | 10 | 20 | 25 | 30 | 40 | 45 | 45 |
| Knick | | 728 | 472 | — | 396 | 443 | — | — |
| Waagrechte | 1064 | 360 | 360 | 357 | 360 | 360 | 455 | 360 |
| während Sekunden | 110 | 160 | 310 | 310 | 230 | 80 | 80 | 40 |
| Atom-% Sb | 50 | 50 | 55 | 60 | 70 | 80 | 90 | 100 |
| Knick | — | — | — | 494 | 543 | 580 | 608 | |
| Waagrechte | 458 | 350 | 460 | 460 | 458 | 460 | 450 | 631 |
| während Sekunden | 260 | 10 | 380 | 280 | 180 | 60 | 25 | 300 |

Es sollen das Phasendiagramm gezeichnet und die auftretenden Verbindungen und Eutektika festgestellt werden.

## 3. Ternäre Gemische.

Die graphische Darstellung ternärer Gemische erfolgt mit Hilfe von *Dreieck-Koordinaten* (s. S. 89).

**122. Beispiel.** Das Eutektikum der Mischung Pb—Bi—Sn ist durch Dreieck-Koordinaten darzustellen. In der Abb. 88 entspricht die eutektische Mischung, enthaltend 15,5% Sn, 33% Pb und 51,5% Bi, dem Punkt $E$. ——

Bei gleichzeitiger Angabe einer 4. Größe, z. B. der Schmelztemperatur, wird über dem Dreieck (senkrecht zur Dreiecksebene) die Temperatur-Achse errichtet, wie dies die Abb. 89 zeigt.

Durch die Projektion der räumlichen Flächen innerhalb des Prismas auf das Grunddreieck entsteht das *Zustandsbild eines ternären Gemisches.*

**123. Beispiel.** In der Abb. 90 sind die senkrecht stehenden binären Zustandsdiagramme in die Zeichenebene geklappt. Aus ihnen ist das Zustandsdiagramm für das System Pb—Sn—Bi konstruiert. Die 3 eutektischen Linien der binären Systeme schnei-

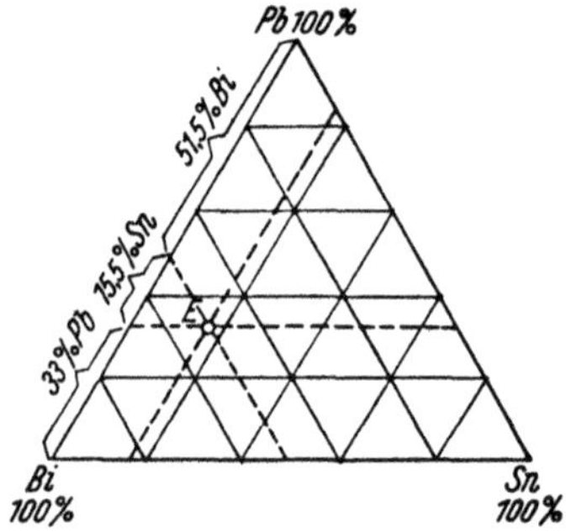


Abb. 88

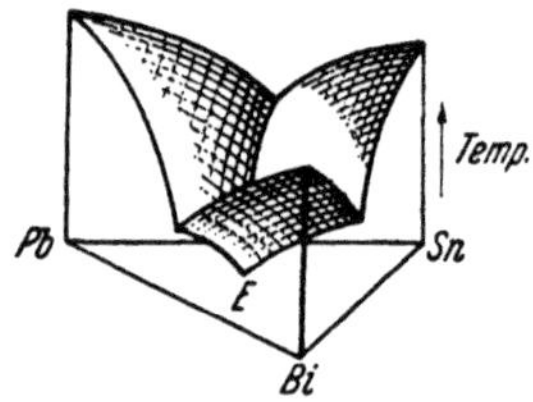


Abb. 89

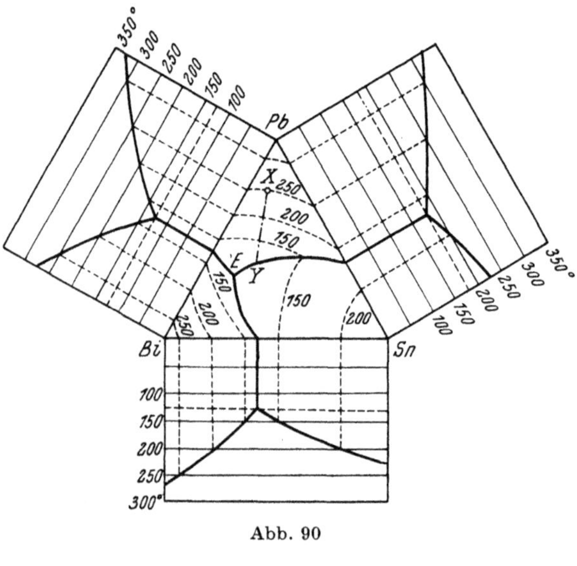


Abb. 90

den sich in dem ternären Eutektikum *E*. Durch sie wird das Grunddreieck in 3 Felder zerlegt. Läßt man z. B. eine Schmelze der Zusammensetzung *X* abkühlen, so scheidet sich Pb aus. Dadurch ändert sich die Zusammensetzung der Schmelze entlang der

Geraden $XY$, sie wird ärmer an Pb (bei gleichbleibendem Verhältnis von Bi:Sn), bis sie den Punkt $Y$ auf der eutektischen Linie des Systems Pb-Sn erreicht hat. Bei weiterer Abkühlung scheiden sich daher entlang dieser eutektischen Linie Pb und Sn aus. Erst bei Erreichung der eutektischen Temperatur von 96° C erstarrt der Rest der Schmelze bei konstanter Temperatur als ternäres Eutektikum $E$. ———

Nur verhältnismäßig selten wird jedoch ein Dreistoffgemisch mit einfachem Eutektikum vorliegen, in der Regel treten Mischkristallbildungen, Molekülverbindungen, Modifikationsumwandlungen u. a. in Erscheinung.

**124. Beispiel.** Jänecke und Rahlfs ermittelten das Schmelzdiagramm des Systems Ammoniak-Dicyandiamid-Harnstoff (abgekürzt mit $A$, $D$ und $H$ bezeichnet). In der Abb. 91 sind, um die Anschaulichkeit zu erhöhen, die Temperaturlinien weggelassen. Aus der Abb. erkennt man, in welcher Weise sich das Dreieck auf die Ausscheidungsfelder der einzelnen Verbindungen und Doppelverbindungen ($H.A$ und $D.A$) zerlegt. Von den 3 Dreisalzpunkten sind 2 Übergangspunkte ($Ü_1$ und $Ü_2$) und der dritte mit den beiden Doppelverbindungen und dem festen Ammoniak als Bodenkörper ein ternäres Eutektikum ($E$). Diese Punkte entsprechen den Mischungen in Gew.-%: $E = 4\,H + 23\,D + 73\,A$ (—90° C), $Ü_1 = 20\,H + 46\,D + 34\,A$ (18° C) und $Ü_2 = 50\,H + 27\,D + 23\,A$ (38° C).

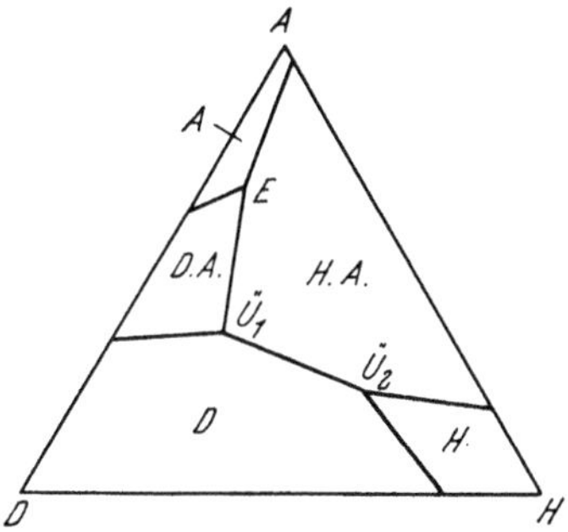


Abb. 91

## B. Partialvolumina.

### 1. Rechnerische Ermittlung der Partialvolumina.

Das Volumen einer Mischung ist nur im Idealfall gleich der Summe der Volumina der reinen Komponenten:

$$\varphi_m = p_1 \cdot \varphi_1{}^0 + p_2 \cdot \varphi_2{}^0 ,$$

wenn $\varphi_m$ das spezifische Volumen der Mischung und $\varphi_1{}^0$ bezw. $\varphi_2{}^0$ die spezifischen Volumina der reinen Komponenten darstellen. $p_1$ und $p_2$ sind Gewichtsteile der Komponenten ($p_1 + p_2 = 1$).

Werden an Stelle von Gewichtsteilen Molmengen eingesetzt ($n_1$ Mol des reinen Stoffes 1 mit dem Molvolumen $v_1^0$, bzw. $n_2$ Mol des reinen Stoffes 2 mit dem Molvolumen $v_2^0$), dann ist

$$v_m = n_1 \cdot v_1^0 + n_2 \cdot v_2^0 .$$

Tatsächlich wird in den meisten Fällen das Volumen der Mischung kleiner sein, d. h. es wird eine Volumenkontraktion eintreten und es wird

$$\varphi_m = p_1 \cdot \varphi_1 + p_2 \cdot \varphi_2$$

(worin $\varphi_1$ und $\varphi_2$ die *partiellen spezifischen Volumina* der Stoffe 1 und 2 bedeuten), oder $v_m = n_1 \cdot v_1 + n_2 \cdot v_2$ (wenn $v_1$ und $v_2$ die *partiellen Molvolumina* darstellen).*

Nachdem $p_1 + p_2 = 1$, ist die durch die Differentiale ausgedrückte kleinste Änderung von $p_1$ und $p_2 \ldots dp_1 + dp_2 = 0$ und daraus $dp_1 = - dp_2$.

Die Änderung des spezifischen Volumens ist $d\varphi_m = \varphi_1 \cdot dp_1 + \varphi_2 \cdot dp_2 = (\varphi_2 - \varphi_1) \cdot dp_2$ (bei konstantem Druck und konstanter Temperatur).

Aus diesen Gleichungen erhält man für die Partialvolumina

$$\varphi_1 = \varphi_m - p_2 \cdot \frac{d\varphi_m}{dp_2} \text{ und } \varphi_2 = \varphi_m + p_1 \cdot \frac{d\varphi_m}{dp_2} .$$

In vielen Fällen ist das Volumen einer Salzlösung kleiner als das Volumen des in ihr enthaltenen Wassers. Dann wird, mathematisch gesehen, das Partialvolumen des Salzes negativ. Dies kann so erklärt werden, daß das Eigenvolumen der vorhandenen Ionen kleiner ist als die durch den Hydratationsvorgang bewirkte Volumenabnahme des Lösungsmittels.

Bei verdünnten Lösungen kann man auch die Annahme machen, daß das Molvolumen des einen Stoffes, in der Regel des Lösungsmittels, unverändert bleibt ($v_1^0 = v_1$) und sich nur das Molvolumen des anderen Stoffes ändert, dem somit in der Mischung ein *scheinbares Molvolumen* $\Phi$ zuzuschreiben wäre. Dann ist

$$v_m = n_1 \cdot v_1^0 + n_2 \cdot \Phi_2 .$$

**125. Beispiel.** Zu berechnen sind die partiellen spezifischen Volumina der Komponenten eines 80%igen Methylalkohols. Gegeben sind die Dichten des Methylalkohols bei 15° C.**

---

* Der Begriff der partiellen Molvolumina wurde von LEWIS eingeführt.

** Chem. Tasch. 322211

| % $CH_3OH$ | $\varrho$ | daraus das spez. Vol. $\varphi_m = \frac{1}{\varrho}$ | $d\varphi_m$ | |
|---|---|---|---|---|
| 0,0 | 0,99913 | 1,00087 | | |
| 79,0 | 0,85300 | 1,17233 | > 0,00348 | |
| 80,0 | 0,85048 | 1,17581 | | im Mittel 0,00350 |
| 81,0 | 0,84794 | 1,17933 | > 0,00352 | |
| 100,0 | 0,79577 | 1,25664 | | |

$$\varphi_W = 1{,}17581 - 0{,}8 \cdot \frac{0{,}00350}{0{,}01} = 0{,}89581\,;$$

$$\varphi_A = 1{,}17581 + 0{,}2 \cdot \frac{0{,}00350}{0{,}01} = 1{,}24581\,.$$

Die partiellen spezifischen Volumina sind hier beide kleiner als die Volumina der reinen Stoffe. ——

**Aufgaben. 72.** Die Dichte von Toluol sei zu $\varrho_1 = 0{,}867$, jene von Tetrachlorkohlenstoff zu $\varrho_2 = 1{,}594$ bestimmt worden. Wieviel Gew.-% Toluol muß eine „ideale" Mischung beider Komponenten enthalten, damit deren Dichte bei der gleichen Temperatur $\varrho = 1{,}500$ beträgt?

**73.** Wiebe und Tremearne bestimmten die Dichten einer Lösung von Wasserstoff (Stoff 2) in flüssigem Ammoniak (Stoff 1) bei 100° C und berechneten daraus die Volumina $v_m$ von 1 Mol Lösung. Es waren bei 800 Atm für den Molenbruch

| | |
|---|---|
| $N_1 = 1{,}0000$ . . . | $v_m = 29{,}419$ ml |
| 0,8529 | 31,779 |
| 0,8083 | 32,701 |

Zu berechnen sind die partiellen Molvolumina $v_1$ und $v_2$ bei 800 Atm für die Molenbrüche $N_1 = 1{,}0000$ und 0,8529.

**74.** 1000 Liter eines 96,0 gew.-%igen Äthylalkohols sollen mit Wasser zu einem 56,0 gew.-%igen Alkohol verdünnt werden. Die Dichte des Wassers bei 15° C beträgt 0,9991 $g \cdot ml^{-1}$. Die partiellen Molvolumina für Wasser und Äthylalkohol sind 14,61 und 58,01 ml im 96%igen Alkohol, bezw. 17,11 und 56,58 ml im 56%igen Alkohol. Zu berechnen sind die Volumina der zuzusetzenden Menge Wasser und der nach dem Vermischen erhaltenen Menge des 56%igen Alkohols.

**75.** Nach Scott folgt das scheinbare Molvolumen für NaCl in verdünnten wäßrigen Lösungen bei 25° C der Formel $\Phi_2 = 17{,}25 + 1{,}90 \cdot \sqrt{c}$, worin $c$ die Konzentration in g-Äquivalenten bedeutet. Die Dichte des Wassers bei 25° C ist 0,99707. Zu berechnen ist die Dichte $\varrho$ für eine einmolare NaCl-Lösung bei 25° C.

## 2. Graphische Ermittlung der partiellen Molvolumina.

Die aus Dichtemessungen verschiedener Mischungen der beiden Komponenten 1 und 2 berechneten Werte für das Molvolumen $v_m$

werden als Funktion des Molenbruches $N$ aufgetragen. Im Werte des gewünschten Molenbruches wird die Tangente gezeichnet, die auf den Linien $N_1 = 0$ und $N_2 = 0$ die Strecken $v_1$ und $v_2$ abschneidet (Abb. 92).

Beweis: $N_1 + N_2 = 1$, daher $dN_1 + dN_2 = 0$ und $dN_1 = -dN_2$.

Das Molvolumen für 1 Mol Mischung ist $v_m = N_1 \cdot v_1 + N_2 \cdot v_2$ und die Änderung des Molvolumens: $dv_m = v_1 \cdot dN_1 + v_2 \cdot dN_2 = (v_2 - v_1) \cdot dN_2$. Daher ist $\operatorname{tg} \alpha = \frac{dv_m}{dN_2} = v_2 - v_1$.

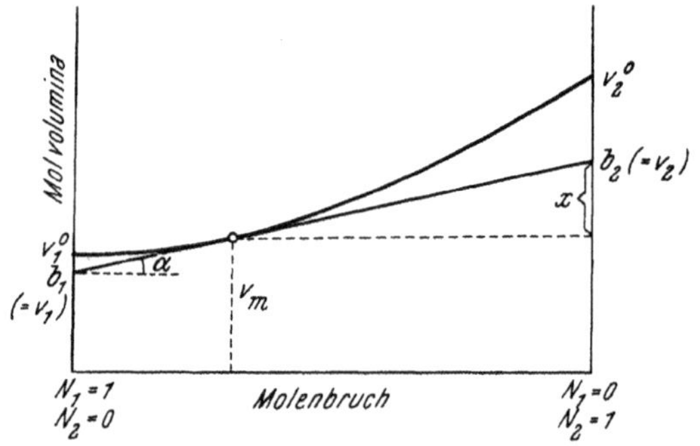


Abb. 92

Aus der Abb. ist ersichtlich, daß $b_2 = v_m + x = v_m + N_1 \cdot \operatorname{tg} \alpha = v_1 \cdot N_1 + v_2 \cdot N_2 + N_1 \cdot (v_2 - v_1) = v_2 \cdot (N_2 + N_1) = v_2$.

In analoger Weise: $b_1 = v_m - N_2 \cdot \operatorname{tg} \alpha = v_1$.

## 3. Angenäherte Berechnung des Molvolumens.

Das *Molvolumen einer Flüssigkeit* beim Siedepunkt läßt sich nach Kopp aus der Zusammensetzung annähernd berechnen.

*Molvolumen* $= 11{,}0\, m + 12{,}2\, n_1 + 7{,}8\, n_2 + 5{,}5\, o + 22{,}8\, p + 27{,}8\, q + 37{,}5\, r + 22{,}6\, s$.

1 Molekül der Verbindung enthält $m$ Atome C; $n_1$ Atome Karbonyl-O (C = O); $n_2$ Atome O, der mit seinen beiden Valenzen an 2 C oder andere Elemente gebunden ist (— O —); $o$ Atome H; $p$ Atome Cl; $q$ Atome Br; $r$ Atome J; $s$ Atome S.

**126. Beispiel.** Für Aceton, $CH_3$-CO-$CH_3$, ergab die Messung des Molvolumens beim Siedepunkt 77,5; die Rechnung $11{,}0 \cdot 3 + 12{,}2 \cdot 1 + 5{,}5 \cdot 6 = 78{,}2$. ———

Nach der Formel Molvolumen $= \frac{\text{Molekulargewicht}}{\text{Dichte}}$ läßt sich aus dem berechneten Molvolumen die *Dichte* $\varrho$ der Flüssigkeit ebenfalls annähernd berechnen.

## C. Aktivität in Lösungen.

Das Verhalten nicht idealer Lösungen zeigt Abweichungen von den Gesetzen, die für die idealen Lösungen gelten. Damit sie jedoch auch für nicht ideale Lösungen ihre Gültigkeit behalten, muß ein Faktor, der *Aktivitätsfaktor* $f_a$, eingeführt werden. Es besteht die Beziehung

$$a = f_a \cdot c\,, \text{ bzw. } a = f_a \cdot N\,, \text{ bzw. } a = f_a \cdot p\,.$$

Darin bedeuten $a$ die Aktivität (eingeführt von LEWIS), $c$, $N$ und $p$ Konzentration, Molenbruch und Teildruck.

In einer idealen Lösung ist $f$ stets gleich 1 (also z. B. Aktivität = = Konzentration).

*Berechnung der Aktivität des einen Bestandteiles einer Mischung aus der des anderen:*

Wenn sich die Zusammensetzung einer Mischung bei konstanter Temperatur und konstantem Druck ändert, so ist nach dem Gesetz von GIBBS und DUHEM der Zusammenhang der beiden Aktivitäten gegeben durch

$$\sum N_i \cdot d \ln a_i = 0 = N_1 \cdot d \ln a_1 + N_2 \cdot d \ln a_2\,.$$

(Index $i$ bedeutet allgemein Stoff $i$).

Man kann auch an Stelle der Aktivitäten mit den Aktivitätsfaktoren ($a = f \cdot N$) rechnen: $d \ln \frac{a_1}{N_1} = -\frac{N_2}{N_1} \cdot d \ln \frac{a_2}{N_2}$ oder $d \ln f_1 = = -\frac{N_2}{N_1} \cdot d \ln f_2$.

Nach Einsetzen der dekadischen Logarithmen und Integration: $\lg f_1 - \lg f_1' = -\int\limits_{N_2'}^{N_2} \frac{N_2}{N_1} \cdot d \lg f_2$. Da bei unendlicher Verdünnung $a_1' = N_1'$, wird $\lg f_1' = 0$ und $\lg f_1 = -\int\limits_0^{N_2} \frac{N_2}{N_1} \cdot d \lg f_2$. Dieses Integral kann auf graphischem Wege einfach gelöst werden. Man zeichnet aus den zusammengehörigen Werten von $\frac{N_2}{N_1}$ (Ordinate) und $\lg f_2$ (Abszisse) eine Kurve und bestimmt die Fläche unter der Kurve, welche dem $-\lg f_1$ entspricht.

**Aufgaben. 76.** PEARCE und EVERSOLE haben die Aktivität von Zink im Amalgam bei 25° C bestimmt und aus ihren Messungen für kleine $N_2$ die Formel $f_2 = 1 - 3{,}92 \cdot N_2$ aufgestellt. Gesucht sind $f_1$ und $a_1$ für $N_2 = 0{,}04$.

## D. Verteilungssatz von Nernst.

Das Henry-Daltonsche Absorptionsgesetz (S. 164) besagt: Die Löslichkeit eines Gases in einer Flüssigkeit ist dem Partialdruck des Gases proportional. Mit dem Molenbruch $N$ als Konzentrationsmaß gilt mithin für den gelösten Stoff $N = k' \cdot p$.

Steht ein Gas vom Partialdruck $p$ gleichzeitig mit zwei Phasen (z. B. zwei nicht mischbaren Flüssigkeiten; Index $_1$ und $_2$) im Gleichgewicht, so ist, wenn große Verdünnung angenommen wird, $N_1 = k_1 \cdot p$ und $N_2 = k_2 \cdot p$ und daraus $\frac{N_1}{N_2} = \frac{k_1}{k_2} = k$. Diese Beziehung ist auch gültig, wenn keine Gasphase vorhanden ist (oder der Dampfdruck der gelösten Substanz verschwindend klein ist). Dieses als Verteilungssatz bekannte Gesetz besagt also, daß sich eine Molekülart (für die die Zustandsgleichung $p \cdot v = R \cdot T$ gilt) in zwei nicht mischbaren Flüssigkeiten unter Beibehaltung ihrer Molekülgröße so verteilt, daß das Verhältnis aus den beiden Konzentrationen bei gegebener Temperatur unverändert bleibt, unabhängig von der Gesamtmenge der drei anwesenden Stoffe.

Setzen wir statt der Molenbrüche die Konzentrationen $c_1$ und $c_2$, dann ist der *Verteilungskoeffizient* $k = \frac{c_1}{c_2}$.

**127. Beispiel.** Der Verteilungskoeffizient von Jod zwischen Wasser und Schwefelkohlenstoff beträgt 588 pro Volumeneinheit beider Flüssigkeiten. Wieviel Jod ist im Wasser enthalten, wenn eine Lösung, die im Liter Wasser 2 g Jod enthält, **a)** mit 50 ml Schwefelkohlenstoff und **b)** zweimal mit je 25 ml Schwefelkohlenstoff ausgeschüttelt wird?

Nach der ersten Ausschüttelung seien noch $x$ g Jod, nach der zweiten noch $y$ g Jod in 1 l Wasser enthalten.

a) Der Schwefelkohlenstoff enthält $(2 - x)$ g Jod in 50 ml, das entspricht $(2 - x) \cdot 20$ g in 1 Liter.

Nun ist $k = \frac{c_1}{c_2} = \frac{(2 - x) \cdot 20}{x}$; daraus $x = \frac{40}{k + 20} = 0{,}0658$ g Jod/l.

b) Nach der ersten Ausschüttelung sind im Schwefelkohlenstoff enthalten: $(2 - x)$ g Jod in 25 ml, also $(2 - x) \cdot 40$ g in 1 Liter.

$k = \frac{(2 - x) \cdot 40}{x}$ und $x = 0{,}1274$ g Jod/l.

Nach der zweiten Ausschüttelung: $(0{,}1274 - y)$, also in 1 Liter $(0{,}1274 - y) \cdot 40$.

$k = \frac{(0{,}1274 - y) \cdot 40}{y}$ und $y = 0{,}0081$ g Jod in 1 Liter Wasser.

(Der Ausschüttelungseffekt ist also bei zweimaliger Ausschüttelung mit kleineren Mengen größer!) ——

Das Verhältnis $\frac{c_1}{c_2}$ ist nur dann konstant zu erwarten, wenn der gelöste Körper in beiden Phasen das gleiche Molekulargewicht besitzt. Sind jedoch die Einzelmoleküle $E$ in der einen Phase assoziiert, sind also z. B. Doppelmoleküle $D$ gebildet, dann ist $2E \rightleftarrows D$ und nach dem Massenwirkungsgesetz $E^2 = K \cdot D$. Daraus ist $E = \sqrt{K \cdot D}$, wenn $E$ und $D$ gleichzeitig die Konzentrationen bedeuten.

Der Verteilungssatz verlangt aber Konstanz für das Verhältnis der Konzentrationen gleichartiger Moleküle in beiden Schichten, also hier $\frac{c_1}{\sqrt{c_2}} = k$, oder allgemein, wenn $n$ Moleküle assoziiert sind, $\frac{c_1}{\sqrt[n]{c_2}} = k$.

**128. Beispiel.** Bei der Verteilung von Essigsäure zwischen Wasser und $CCl_4$ wurden folgende Konzentrationen (in g-Mol) der beiden Phasen gefunden.*

| $H_2O$ | $CCl_4$ |
|---|---|
| $c_1 = 1{,}691$ | $c_2 = 0{,}0450$ |
| $c_1' = 9{,}346$ | $c_2' = 1{,}0461$ |

Welches Molekulargewicht hat die Essigsäure in $CCl_4$? Das Molekulargewicht in der wäßrigen Lösung ist normal ($M = 60$).

$k = \frac{c_1}{\sqrt[n]{c_2}} = \frac{c_1'}{\sqrt[n]{c_2'}}$; $\left(\frac{c_1}{c_1'}\right)^n = \frac{c_2}{c_2'}$. Daraus ist $n \cdot \lg \frac{c_1}{c_1'} = \lg \frac{c_2}{c_2'}$ und für unser Beispiel $n \approx 2$, also Doppelmoleküle; $M \approx 120$.

**Aufgaben. 77.** Bei 25° steht eine Lösung von 0,0516 g J pro Liter Wasser im Gleichgewicht mit einer Lösung von 4,412 g J pro Liter $CCl_4$. Die Löslichkeit von J in Wasser bei 25° ist 0,340 g/l. Wie groß ist die Löslichkeit in $CCl_4$?

**78.** 1 Liter einer wäßrigen Lösung von 3 g Bernsteinsäure wird mit 3 l Äther geschüttelt. Der Verteilungskoeffizient der Bernsteinsäure zwischen Wasser und Äther beträgt 6. Wieviel g Bersteinsäure sind in je 1 Liter der beiden Phasen vorhanden?

**79.** Bei 25° C hat der Verteilungskoeffizient von Jod zwischen Wasser und Schwefelkohlenstoff den Wert $k_1 = 0{,}0017$, zwischen Wasser und Chloroform den Wert $k_2 = 0{,}0077$. Gegeben sei 1 Liter einer wäßrigen Jodlösung. Durch Schütteln mit 100 ml Schwefelkohlenstoff wird ein Teil des gelösten Jods extrahiert. Verwendet man als

* Chem. Tasch. 332 622.

Extraktionsmittel jedoch 100 ml Chloroform, so ergibt sich die Frage, in wieviel gleiche Teilmengen diese Chloroformmenge aufgeteilt und die wäßrige Jodlösung damit geschüttelt werden muß, um ihr die gleiche Jodmenge zu entziehen.

## E. Dampfdruckerniedrigung; Siedepunktserhöhung und Gefrierpunktserniedrigung.

### 1. Dampfdruckerniedrigung.

Durch Auflösen eines Stoffes in einer Flüssigkeit sinkt der Dampfdruck der letzteren. Der Zusammenhang zwischen Dampfdruckerniedrigung und Konzentration der Lösung wird durch das RAOULT*sche Gesetz*, welches für verdünnte Lösungen gilt, ausgedrückt durch die Formel

$$\frac{p_1}{p^0} = \frac{N}{N+n} \text{ bzw. } \frac{p^0 - p_1}{p^0} = \frac{\varepsilon}{p^0} = \frac{n}{N+n}.$$

Darin ist $p^0$ der Dampfdruck des reinen Lösungsmittels,
$p_1$ derjenige der Lösung *(was gleichbedeutend ist mit dem Dampfdruck des Lösungsmittels in der Lösung, falls der darin gelöste Stoff keinen merklichen Dampfdruck besitzt und vernachlässigt werden kann)*,
$\varepsilon$ ist die beobachtete Dampfdruckerniedrigung,
$N$ die Anzahl Mole Lösungsmittel und
$n$ die Anzahl Mole des gelösten Stoffes.

Es ist also $\frac{n}{N+n}$ der Molenbruch des gelösten Stoffes und $\frac{N}{N+n}$ jener des reinen Lösungsmittels.

Durch Umformung erhält man die gebräuchliche Form $\frac{\varepsilon}{p^0 - \varepsilon} = \frac{n}{N}$.

Die nach Umformung obiger Gleichung erhaltene Form

$$p_1 = \frac{N}{N+n} \cdot p^0$$

darf nicht verwechselt werden mit der Partialdruckformel nach DALTON $p_1 = N_1 \cdot P$, wobei $P$ den Gesamtdruck in der Gasphase und $N_1$ den Molenbruch des Stoffes 1, $p_1$ den Partialdruck des Stoffes 1 bezeichnen.

**129. Beispiel.** Wieviel % Glycerin enthält eine wäßrige Lösung, wenn bei 22,5° C ein Dampfdruck von 19,92 Torr ($= p_1$) gemessen wurde? Der Wasserdampfdruck beträgt bei dieser Temperatur 20,44 Torr ($=p^0$).

Es ist $\frac{20{,}44-19{,}92}{20{,}44}=0{,}02544=\frac{n}{N+n}$, das sind also 2,544 Mol-% oder umgerechnet auf Gew.-% $=11{,}77$. ——

**130. Beispiel.** Der Dampfdruck einer Lösung von 6,69 g $Ca(NO_3)_2$ in 100 g Wasser ist 746,9 Torr bei 100° C. Welches ist der Dissoziationsgrad des Salzes?

$Ca(NO_3)_2$ ist dissoziiert in drei Ionen. Von 1 Molekül ist der Bruchteil $\alpha$ dissoziiert, es entstehen somit $\alpha$ $Ca^{\cdot\cdot}$ und $2\alpha$ $NO_3'$; undissoziiert sind $1-\alpha$. Die Gesamtzahl der aus 1 Molekül entstandenen Teile ist daher $1-\alpha+3\alpha=1+2\alpha$ und $n=\frac{6{,}69}{164{,}1}\cdot$ $\cdot(1+2\alpha)$.

Der Dampfdruck des Wassers bei 100° ist 760 Torr; $N=\frac{100}{18{,}02}$.

Es ist nun $\frac{13{,}1}{746{,}9}=\frac{6{,}69\cdot(1+2\alpha)\cdot 18{,}02}{164{,}1\cdot 100}$; daraus $\alpha=0{,}694$. ——

Führen wir die Molekulargewichte in die Formel ein, und zwar $M$ als Molekulargewicht des gelösten Stoffes ($a$ Gramm) und $m$ dasjenige des Lösungsmittels ($b$ Gramm), dann ist $n=\frac{a}{M}$ und $N=\frac{b}{m}$, und man erhält für $M=\frac{m\cdot a\cdot(p^0-\varepsilon)}{b\cdot\varepsilon}$, wodurch eine Formel für die Bestimmung des Molekulargewichtes aus der Dampfdruckerniedrigung gegeben ist.

**Aufgaben. 80.** Ein Schmieröl enthält 0,05 Gew.-% Propan. Kann dieser Propangehalt zu explosiven Propan-Luft-Gemischen in den Schmieröltanks führen? Die Explosionsgrenzen von Propan betragen 2,37 bis 9,50 Vol-% Propan* in der Luft. Gegeben sind das Molekulargewicht des Propans ($=44$), der Dampfdruck bei 24° C mit 10 Atm**. Das Molekulargewicht des Schmieröls ist mit 300 anzunehmen, sein Dampfdruck kann vernachlässigt werden.

**81.** Wasser hat bei 100° C einen Dampfdruck von 760 Torr. Welchen Dampfdruck besitzt eine zehnprozentige Rohrzuckerlösung bei der gleichen Temperatur? Molekulargewicht des Rohrzuckers $=$ $=342{,}29$.

**82.** Ein trockener Luftstrom wird langsam durch eine Flasche mit einer Lösung von 8,05 g Nitrobenzol in 100 g Äther geleitet und danach durch eine zweite Flasche mit reinem Äther. Vorausgesetzt wird konstante Temperatur. Der Gewichtsverlust in der ersten Flasche betrug 1,542 g, in der zweiten 0,0751 g. Berechne das Molekulargewicht des Nitrobenzols.

---

* Chem. Tasch. 3733

** Chem. Tasch. 331131

**83.** Bei 20° und 1 Atm Gesamtdruck lösen sich 0,286 g HCl in 100 g $CS_2$. Die Dampfdrucke der reinen Stoffe sind bei 20° für HCl 41,6 Atm, für $CS_2$ 298 Torr. Wieviel Mol-% HCl lösen sich bei 760 Torr HCl-Partialdruck?

## 2. Aktivität und Dampfdruck.

Für die Komponente A ist der Dampfteildruck $p_A = N_A \cdot p_A^0$, wobei $p_A^0$ der Dampfdruck der reinen Komponente ist. Nach LEWIS müssen für nicht ideale Lösungen auch hier die Aktivitäten gesetzt werden; es ist

$$p_A = a_A \cdot p_A^0 \text{ und nach S. 193 ist } a_A = f_A \cdot N_A .$$

**Aufgaben. 84.** FRICKE bestimmte bei 15° den Dampfdruck einer Lösung von 1 Mol NaOH in 4,559 Mol Wasser zu 4,474 Torr. Reines Wasser hat bei 15° den Dampfdruck 12,788 Torr. Wie groß ist die Aktivität des Wassers in der Lösung?

**85.** LEWIS und STORCH bestimmten über einer Lösung von Br in $CCl_4$ mit dem Molenbruch $N_{Br_2} = 0,00394$ den Teildruck $p_{Br_2}$ bei 25° C zu 1,52 Torr. Zu bestimmen ist die Aktivität des Broms, wenn als Grundzustand angenommen wird: **a)** flüssiges Brom, **b)** Bromgas mit dem Druck 1 Torr, **c)** Bromgas mit dem Druck 760 Torr. **d)** Wie groß ist der Aktivitätsfaktor des reinen flüssigen Broms in der gleichen Lösung? Reines Brom hat den Dampfdruck 213 Torr.

**86.** OLSEN und WASHBURN bestimmten den Teildruck (in Torr) von Isopropylalkohol ($p_1$) und den Gesamtdruck ($P$) über einer Mischung von Isopropylalkohol und Benzol bei verschiedenen Gehalten des erstgenannten Stoffes (Molenbruch $N_1$) bei 25° C zu

| | | | | | | | | | |
|---|---|---|---|---|---|---|---|---|---|
| $N_1 =$ | 0 | 0,059 | 0,146 | 0,362 | 0,521 | 0,700 | 0,836 | 0,924 | 1,000 |
| $p_1 =$ | 0 | 12,9 | 22,4 | 27,6 | 30,5 | 36,4 | 39,5 | 42,2 | 44,0 |
| $P =$ | 94,4 | 104,5 | 109,0 | 108,4 | 105,8 | 99,8 | 84,0 | 66,4 | 44,0 |

Zu berechnen sind die Aktivitätsfaktoren $f_1$ und $f_2$ für $N_1 = 0,60$.

## 3. Siedepunktserhöhung und Gefrierpunktserniedrigung.

Nach dem der Dampfdruck eines Lösungsmittels durch Auflösen eines Stoffes herabgesetzt wird, bedarf die Lösung einer erhöhten Wärmezufuhr (und damit einer höheren Temperatur), damit der Dampfdruck dem Atmosphärendruck wieder gleichkommt. Das heißt mit anderen Worten, daß der Siedepunkt eines Lösungsmittels durch Auflösen eines Stoffes erhöht wird, und zwar ist die Erhöhung proportional der Menge des gelösten Stoffes und abhängig von der Art des Lösungsmittels.

In analoger Weise wird der Gefrierpunkt eines Lösungsmittels durch einen darin gelösten Stoff erniedrigt.

Aus der beobachteten Siedepunktserhöhung bzw. Gefrierpunktserniedrigung errechnet sich das Molekulargewicht des gelösten Stoffes nach der Formel

$$M = \frac{1000 \cdot a \cdot k}{b \cdot \Delta}.$$

Darin bedeuten: $a$ die Menge des gelösten Stoffes in g,
$b$ die Menge des Lösungsmittels in g,
$\Delta$ die Erhöhung des Siedepunktes bzw. die Erniedrigung des Gefrierpunktes und
$k$ die molekulare Siedepunktserhöhung (ebullioskopische Konstante) bzw. die molekulare Gefrierpunktserniedrigung (kryoskopische Konstante) des Lösungsmittels.

**131. Beispiel.** Welches Molekulargewicht besitzt Rohrzucker, wenn 3,554 g in 50 g Wasser gelöst, eine Gefrierpunktserniedrigung von 0,386° C ergeben? Die molekulare Gefrierpunktserniedrigung von Wasser beträgt 1,86°.

$$M = \frac{1000 \cdot 3{,}554 \cdot 1{,}86}{50 \cdot 0{,}386} = 342{,}5.$$

Zu obiger Formel sei ergänzend bemerkt:

Die Formel $M = \frac{1000 \cdot a \cdot k}{b \cdot \Delta}$ ist nur für sehr verdünnte Lösungen gültig und ergibt bei steigender Konzentration fehlerhafte Werte. Sie stellt nur das erste Glied einer Reihenentwicklung dar. Broser, welcher ein weiteres Glied der Reihe hinzunimmt, gelangt zu folgender Formel, welche auch für größere Konzentrationen geeignet ist.*
$M = \frac{a \cdot k}{b} \cdot \frac{10000}{\Delta \cdot (1 + \Delta \cdot d)}$. Darin ist die Korrektionsgröße $d = \frac{1}{T_F} + \frac{M_L}{2 \cdot 1000 \cdot k}$; $M_L$ = Molekulargewicht des Lösungsmittels, $T_F$ = absolute Schmelztemperatur des reinen Lösungsmittels.

**132. Beispiel.** Beckmann bestimmte die Gefrierpunkterniedrigung von Phenetol in Benzol und erhielt folgende Werte:

a) 2,589 g Phenetol in 100 g Benzol ... Gefrierpunkterniedrigung 1,065°,
b) 16,55 g Phenetol in 100 g Benzol ... Gefrierpunkterniedrigung 6,465°.

Das Molekulargewicht des Phenetols (theoretisch = 122,16) wird daraus nach beiden Formeln berechnet. Für Benzol ist $k = 5{,}07$** $M = 78{,}11$ und $T_F = 278{,}5$.

* „Die Chemie“, **56**, 288 (1943).
** Chem. Tasch. 33241.

a) $M$ = nach ersterer Formel 123,3, nach der BROSERschen Formel 121,9.

b) $M$ = nach ersterer Formel 129,8, nach der BROSERschen Formel 121,0. ———

*Berechnung der kryoskopischen Konstanten.*

Beim Gefrierpunkt steht eine Lösung im Gleichgewicht mit dem festen Lösungsmittel. Wir können die auf Seite 252 aufgestellte Gleichung auch für diesen Fall anwenden und es ist $\frac{d \ln x}{d T} = \frac{\Delta J_F}{R T^2}$ und $d T = d \ln x \cdot \frac{R T^2}{\Delta J_F} \cdot$ ($\Delta J_F$ ist die molare Schmelzwärme.)

Für die Lösung eines Stoffes 2 im Lösungsmittel 1 (Molenbruch des Lösungsmittels $= x_1$) ist $-\ln x_1 = -\ln(1 - x_2) = \frac{\Delta J_F \cdot (T_1 - T)}{R \cdot T_1 \cdot T}$. (Mit $T_1$ ist der Gefrierpunkt des Lösungsmittels, mit $T$ der Gefrierpunkt der Lösung bezeichnet.)

Aus der MACLAURINschen Reihe $-\ln(1 - x_2) = x_2 + \frac{1}{2} x_2^2 + {} + \frac{1}{3} x_2^3 + \ldots$ sehen wir, daß für verdünnte Lösungen $-\ln(1 - {} - x_2) \approx x_2$ gesetzt werden kann (z. B. ist für $x_2 = 0{,}01$ die Reihe: $0{,}01 + 0{,}00005 + \ldots \approx 0{,}01$). Daher wird $x_2 = \frac{\Delta J_F \cdot (T_1 - T)}{R \cdot T_1 \cdot T} = {} = \frac{\Delta J_F \cdot \Delta T}{R \cdot T_1 \cdot T}$. Ferner ist $x_2 = \frac{n_2}{n_1 + n_2} \approx \frac{n_2}{n_1}$. Ist der Temperaturunterschied gering, wird $T_1 \cdot T \approx T_1^2$, daher $\frac{n_2}{n_1} = \frac{\Delta J_F \cdot \Delta T}{R \cdot T_1^2}$ und $\Delta T = \frac{R \cdot T_1^2}{\Delta J_F \cdot n_1} \cdot n_2 = k_f \cdot n_2$.

Die molare Gefrierpunktserniedrigung $k_f = \frac{R \cdot T_1^2}{\Delta J_F \cdot n_1} = {} = \frac{R \cdot T_1^2}{M_1 \cdot \Delta i_F \cdot \frac{1000}{M_1}} = \frac{R \cdot T_1^2}{\Delta i_F \cdot 1000}$. (Bezogen auf 1000 g Lösungsmittel; $\Delta i_F$ = Schmelzwärme pro g.)

**133. Beispiel.** Benzol hat eine Schmelzwärme von 30,1 cal. $g^{-1}$ und eine Schmelztemperatur von 278,5° K.

Daraus ist $k = \frac{1{,}986 \cdot 278{,}5^2}{1000 \cdot 30{,}1} = 5{,}1$. ———

In analoger Weise wird die molare Siedepunktserhöhung berechnet.

**Aufgaben. 87.** Zu berechnen ist die molare Siedepunktserhöhung für Benzol. Seine Verdampfungswärme ist 7,364 kcal · $mol^{-1}$, seine Siedetemperatur 80,1° C.

**88.** Zu berechnen ist die kryoskopische Konstante des Wassers (bezogen auf 1000 g). Schmelzwärme = 79,8 cal · $g^{-1}$.

**89.** Eine Lösung von 1,1 g $CH_3J$ in 100 g Benzol hatte einen Gefrierpunkt von 5,005° C. Derjenige des reinen Benzols liegt bei 5,4° C. Zu berechnen ist die latente Schmelzwärme des Benzols.

**90.** Wasserhaltiger Eisessig gefriert bei + 15,2° C. Berechne den Wassergehalt, wenn reiner Eisessig bei 17,5° C gefriert und seine molekulare Gefrierpunktserniedrigung 3,9° C beträgt.

**91.** Wieviel $cm^3$ Sauerstoff von Normalbedingungen bilden sich beim Zerfall von 100 g einer Wasserstoffperoxyd-Lösung, welche bei — 1° C gefriert? Die molekulare Gefrierpunktserniedrigung des Wassers ist 1,86°.

**92.** Die Schmelzwärme des Naphtalins beträgt 4,49 kcal/Mol, der Schmelzpunkt ist 80,4° C. Wie groß ist der Molenbruch des Naphtalins in einer gesättigten Benzollösung bei 60° C, wenn das System Naphtalin-Benzol als ideale Mischung angenommen wird?

**93.** Eine Lösung von 0,563 g Schwefel in 40 g Schwefelkohlenstoff ergab eine Siedepunktserhöhung von 0,133°. Wieviel atomig ist das Schwefelmolekül? Molekulare Siedepunktserhöhung von Schwefelkohlenstoff = 2,4°.

**94.** In je 100 g Eisessig werden 0,50 g, 1,90 g und 5,20 g $H_3PO_3$ gelöst und die Gefrierpunktserniedrigungen 0,223°, 0,750° und 1,645° beobachtet. **a)** Wie groß ist das Molekulargewicht der $H_3PO_3$ bei diesen Konzentrationen? **b)** Bestimme auf graphischem Wege jenen Grenzwert, dem sich das Molekulargewicht nähert, wenn die Konzentration $c$ gegen Null absinkt. Die molekulare Gefrierpunktserniedrigung des Eisessigs beträgt 3,9°.

## 4. Aktivität aus der Gefrierpunktserniedrigung.

Nach S. 200 ist nach Einsetzen der Aktivität an Stelle der Konzentration $-\ln a_1 = \frac{\Delta J_F \cdot \Delta T}{R \cdot T_1 \cdot T} = \frac{\Delta J_F \cdot \Delta T}{R \cdot T_1^2}$ (da $T$ bei großer Verdünnung gleich $T_1$ gesetzt werden kann).

Nachdem (S. 193) $d \ln a_2 = -\frac{N_1}{N_2} \cdot d \ln a_1$, wird $d \ln a_2 = \frac{N_1}{N_2} \cdot \frac{\Delta J_F}{R \cdot T_1^2} \cdot d(\Delta T)$.

Beziehen wir auf 1000 g Lösungsmittel (Molalität $m$) und setzen für $N_1 = \frac{1000}{M_1}$ und $N_2 = m$, dann ist $d \ln a_2 = \frac{1000 \cdot \Delta J_F}{R \cdot T_1^2 \cdot M_1} \cdot \frac{d(\Delta T)}{m} = \frac{1000 \cdot \Delta i_F}{R \cdot T_1^2} \cdot \frac{d(\Delta T)}{m} = \frac{d(\Delta T)}{k_f \cdot m}$. (Darin ist $\Delta i_F$ die Schmelzwärme pro g).

*Mittlere Aktivität.* Ist $a_+$ die Aktivität des positiven Ions, $a_-$ jene des negativen Ions und $a_2$ die des ungespaltenen Moleküls, dann wird $a_2 = a_+ \cdot a_-$ und die mittlere Aktivität $a_\pm = \sqrt{a_+ \cdot a_-} = \sqrt{a_2}$; oder allgemein, wenn der Elektrolyt in $\nu$ Ionen dissoziiert ist $a_\pm = \sqrt[\nu]{a_2}$.

Damit wird nun $\ln a_2 = \nu \cdot \ln a_\pm$, weiter $d \ln a_2 = \nu \cdot d \ln a_\pm$.

Bevor wir in die Gleichung $d \ln a_2 = \frac{d(\Delta T)}{k_f \cdot m}$ einsetzen, führen wir als Hilfsfunktion $j = 1 - \frac{\Delta T}{\nu \cdot k_f \cdot m}$ ein. Die Differentiation ergibt $\frac{d(\Delta T)}{\nu \cdot k_f \cdot m} = (1 - j) \cdot \frac{dm}{m} - dj = d \ln a_\pm$.

Subtrahieren wir $d \ln m$ von beiden Seiten, so wird $d \ln \frac{a_\pm}{m} = d \ln f_\pm = -j \cdot \frac{dm}{m} - dj$. Wir integrieren von $m = 0$ bis $m$. Bei $m = 0$ (ideal verdünnte Lösung) ist $j = 0$, $\ln f = \ln 1 = 0$, so daß

$$\ln f_\pm = -j - \int_0^m \frac{j}{m} \cdot dm = -j - 2 \int_0^{\sqrt{m}} \frac{j}{\sqrt{m}} \cdot d\sqrt{m}$$ (darin ist $f_\pm$ der mittlere Aktivitätsfaktor).

LEWIS und LINHART haben für verdünnte Elektrolytlösungen eine Näherungsformel aufgestellt, welche bis ca. 0,01 molare, wäßrige Lösungen gilt:

$$j = \beta \cdot m^\alpha .$$

$\beta$ und $\alpha$ sind Konstanten, welche man bestimmen kann, indem man $\lg j$ gegen $\lg m$ aufträgt. Für 1-1-wertige Elektrolyte in Wasser ist $\alpha \approx 0{,}5$ und es wird $\ln f_\pm = -\frac{\beta}{\alpha} \cdot m^\alpha - \beta \cdot m^\alpha = -j \cdot \left(\frac{1}{\alpha} + 1\right)$.

**Aufgaben. 95.** SCATCHARD, PRENTISS und JONES fanden, daß eine wäßrige $KNO_3$-Lösung bis $m = 0{,}05$ annähernd der Formel $j = \frac{0{,}3738 \cdot \sqrt{m}}{1 + \sqrt{m}} - 0{,}1245 \cdot m$ folgt. Zu berechnen ist der Mittelaktivitätsfaktor für $KNO_3$ in einer 0,1molaren wäßrigen Lösung.

**96.** RANDALL und SCOTT interpolierten aus gefundenen Versuchsdaten folgende Werte auf graphischem Wege für eine wäßrige Lösung von Bariumnitrat:

| | | | | | | | |
|---|---|---|---|---|---|---|---|
| $m =$ | 0,0005 | 0,001 | 0,002 | 0,005 | 0,01 | 0,02 | 0,05 |
| $\Delta T =$ | 0,00271 | 0,00535 | 0,01053 | 0,02556 | 0,04955 | 0,09532 | 0,22274 |

($m$ ist die Molalität, $\Delta T$ die Gefrierpunktserniedrigung). Gesucht ist der Mittelaktivitätsfaktor der Ionen in einer 0,01 m Bariumnitratlösung; $k = 1{,}858$.

## F. Siedediagramme.

### 1. Gemische gegenseitig vollkommen löslicher Flüssigkeiten.

Für die Darstellung der beim Verdampfen sich abspielenden Vorgänge kommt es in erster Linie auf die Kenntnis des jeweiligen Unterschiedes zwischen Flüssigkeits- und Dampfzusammensetzung an, welcher gegeben ist durch die Gleichgewichtskurve.

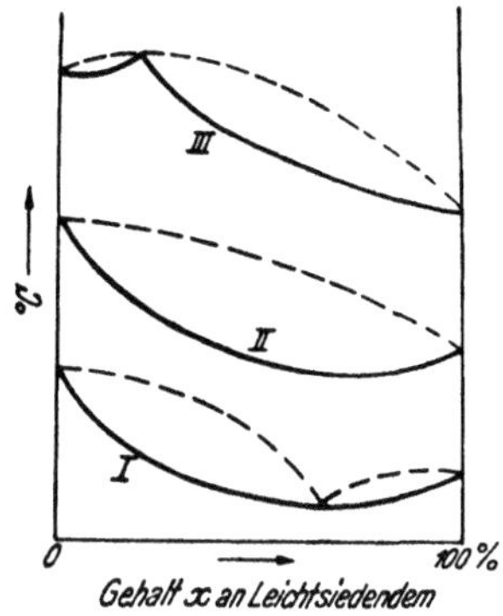


Abb. 93

Betrachten wir die Temperaturkurve für unveränderlichen Druck (Isobare) von gegenseitig vollkommen löslichen Flüssigkeiten, welche die Zusammensetzung der Flüssigkeit (ausgezogene Kurven der Abb. 93) und des Dampfes (gestrichelte Kurven der Abb. 93) wiedergibt, so müssen wir drei Fälle unterscheiden*.

In der Gruppe I tritt ein Minimumsiedepunkt für einen gegebenen Druck auf, der niedriger ist als der Siedepunkt der leichter siedenden Komponente. In diesem „*ausgezeichneten Punkt*" ist die Flüssigkeitszusammensetzung gleich der Dampfzusammensetzung, so daß die Flüssigkeit beim Destillieren wie ein einheitlicher Stoff verdampft, daher eine Trennung durch Destillation über diesen

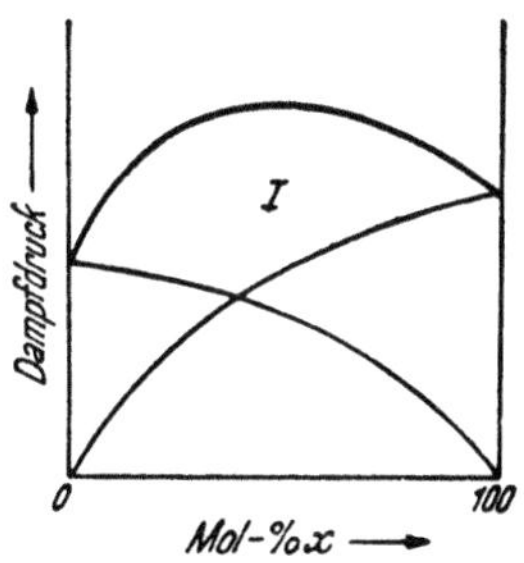


Abb. 94

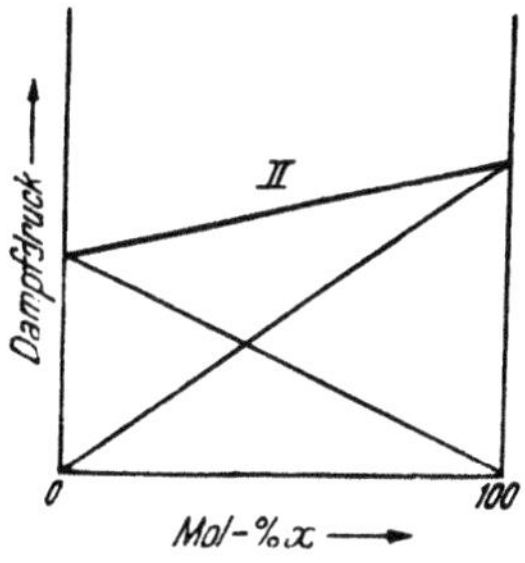


Abb. 95

Punkt hinaus unmöglich ist. Beispiele: $C_6H_6/C_2H_5OH$, $CH_3OH/CCl_4$, $C_2H_5OH/H_2O$ (*Azeotrope*).

Die Kurven der Teildampfdrucke (bei unveränderlicher Tem-

* Verschiedene solcher Diagramme von Mischsystemen siehe Chem. Tasch. 332222.

peratur; Isothermen) sind nach oben gekrümmt und der Gesamtdampfdruck (Summe der Teildampfdrucke) erreicht für eine bestimmte Zusammensetzung einen Höchstwert (Abb. 94).

In der Gruppe II liegen bei gleicher Siedetemperatur die Dampfdrucke zwischen den Drucken der reinen Komponenten (Abb. 95). Sie besitzen keinen ausgezeichneten Punkt (siehe II in Abb. 93) und können daher durch Destillation vollständig getrennt werden.

Sind die Dampfteildrucke der beiden Komponenten A und B bei gegebener Temperatur $p_A$ und $p_B$, die Dampfdrucke der reinen Komponenten bei der gleichen Temperatur $p_A{}^0$ und $p_B{}^0$ („*Grundzustand*", Index $^0$), $x$ die Mol-% an leichter siedender Komponente in der Flüssigkeit, dann ist $p_A = \frac{x \cdot p_A{}^0}{100}$ und $p_B = \frac{(100 - x) \cdot p_B{}^0}{100}$ (bzw. wenn statt Mol-% die Molenbrüche gesetzt werden: $p_A = N_A \cdot p_A{}^0$ und $p_B = N_B \cdot p_B{}^0$).

Da der Gesamtdampfdruck $p = p_A + p_B$, so ist

$$p = \frac{x \cdot p_A{}^0 + (100 - x) \cdot p_B{}^0}{100} \text{ und } x = \frac{100 \cdot (p - p_B{}^0)}{p_A{}^0 - p_B{}^0}.$$

(Diese Gesetzmäßigkeiten gelten streng nur für ideale Lösungen. Für nicht ideale Lösungen müssen nach Lewis auch hier an Stelle der Konzentrationen die *Aktivitäten* gesetzt werden. Nach S. 193 ist $a = f \cdot c$, bzw. $f \cdot N$, folglich $p_A = a_A \cdot p_A{}^0$ usw.).

Für die Dampfphase gilt:

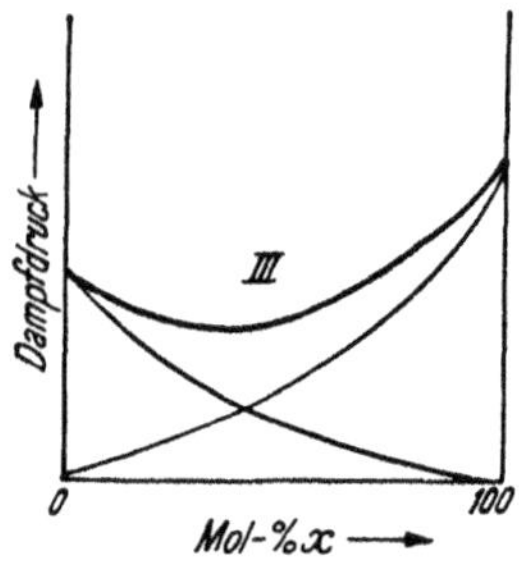


Abb. 96

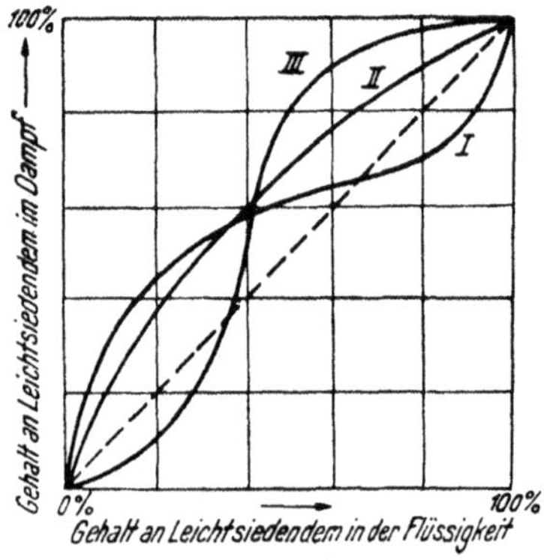


Abb. 97

Mol-% verhalten sich wie die Partialdrucke. Sind also im Dampf $y$ Mol-% der leichter siedenden Komponente A, dann ist $y : (100 - y) = p_A : p_B$ und daraus $y = \frac{100 \cdot p_A}{p_A + p_B} = \frac{100 \cdot p_A}{p} = \frac{x \cdot p_A{}^0}{p}$.

Beispiele für Gemische der Gruppe II sind $CCl_4/C_6H_6$, $C_6H_6/$ $/C_6H_5CH_3$, $CS_2/CCl_4$, $NH_3/H_2O$.

In der Gruppe III bilden die beiden Komponenten einen Maximumsiedepunkt (III, der Abb. 93) und die Dampfdruckkurve läßt ein Minimum erkennen (Abb. 96). Bei der Destillation einer solchen Lösung bleibt das ausgezeichnete Gemisch im Rückstand. Beispiele: $C_6H_5OH/NH_3$, $C_6H_5OH/C_2H_5OH$, $CHCl_3/CH_3\,CO\,CH_3$.

Die *Gleichgewichtskurve* ist jene Linie, die, wie bereits gesagt, die Beziehung zwischen der Zusammensetzung des Dampfes und der Flüssigkeit, die sich im Gleichgewicht befinden, veranschaulicht. Zu ihrer Konstruktion werden die berechneten Mol-% der Zusammensetzung von Flüssigkeit und Dampf in ein rechtwinkeliges Koordinatensystem eingetragen.

Die zu den drei Fällen gehörigen Gleichgewichtskurven sind in der Abb. 97 dargestellt. Die Kurven I und III schneiden im ausgezeichneten Punkt die Diagonale des Schaubildes.

**134. Beispiel.** Zu zeichnen ist das Siedepunktsdiagramm für das System Benzol/m-Xylol für einen Gesamtdruck von 760 Torr. Gegeben sind die Dampfdrucke von Benzol und m-Xylol in Torr.

| Temp. | Benzol | m-Xylol | Temp. | Benzol | m-Xylol |
|---|---|---|---|---|---|
| 80° | 748 | 109 | 120° | 2230 | 438 |
| 90° | 1013 | 161 | 130° | 2821 | 590 |
| 100° | 1335 | 229 | 140° | 3520 | 785 |
| 110° | 1739 | 323 | | | |

Der Siedepunkt von Benzol ist 80,5°, von m-Xylol 139° bei 760 Torr.

Für die flüssige Phase ist der Gehalt an Benzol (leichter siedend) in Mol-%

$$\text{für } 90° \ldots.\ x = \frac{100 \cdot (760-161)}{1013-161} = 70{,}3$$

$$100° \ldots\ldots\ldots\ldots\ldots\ldots\ldots\ldots 48{,}0$$
$$110° \ldots\ldots\ldots\ldots\ldots\ldots\ldots\ldots 30{,}8$$
$$120° \ldots\ldots\ldots\ldots\ldots\ldots\ldots\ldots 17{,}9$$
$$130° \ldots\ldots\ldots\ldots\ldots\ldots\ldots\ldots\ 7{,}6$$

Die Siedekurve der Flüssigkeit (Kurve der $x$-Werte) wird voll ausgezogen in das Koordinatensystem (Abszisse: Mol-% Benzol, Ordinate: Temp.) eingezeichnet. Die Endpunkte der Kurve sind die Siedetemperaturen der 100%igen Komponenten.

Für die Dampfphase ist der Inhalt an Benzol in Mol-%

$$\text{für } 90^\circ \ldots\ldots\ldots\; y = \frac{1013 \cdot 70{,}3}{760} = 93{,}7$$

$100^\circ$ . . . . . . . . . . . . . . . . . . . . . . . . 84,3
$110^\circ$ . . . . . . . . . . . . . . . . . . . . . . . . 70,4
$120^\circ$ . . . . . . . . . . . . . . . . . . . . . . . . 52,5
$130^\circ$ . . . . . . . . . . . . . . . . . . . . . . . . 28,2

Die Kondensationskurve des Dampfes (Kurve der $y$-Werte) wird gestrichelt eingezeichnet und wir erhalten das Diagramm der Abb. 98. ———

**135. Beispiel.** Zu bestimmen ist auf Grund der Angaben des vorhergehenden Beispiels die Gleichgewichtskurve für das System Benzol/m-Xylol. Abszissen des Koordinatensystems sind Mol-% Benzol in der Flüssigkeit, Ordinaten Mol-% Benzol im Dampf.

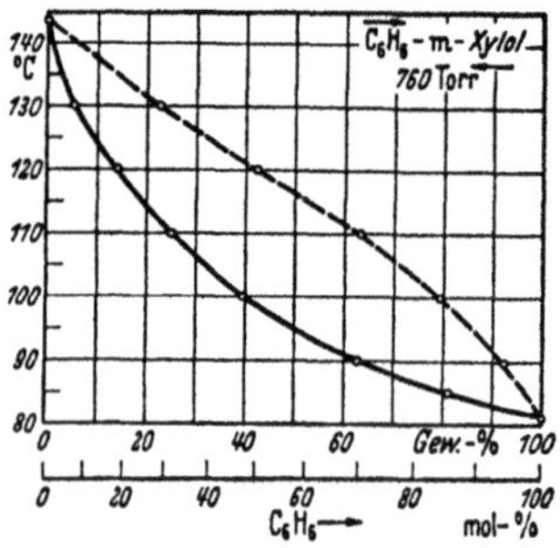


Abb. 98

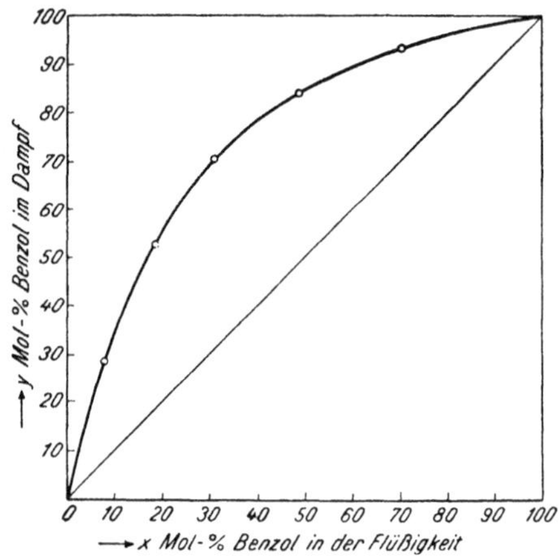


Abb. 99

Für $90^\circ$ sind also die zusammengehörigen Werte $x = 70{,}3$ und $y = 93{,}7$. Wir erhalten die Kurve der Abb. 99. ———

**Aufgaben. 97.** Nach Leslie und Carr ist bei $100^\circ$ C der Dampfdruck für Hexan 1836 Torr, für Oktan 354 Torr. Eine bestimmte Mischung dieser beiden (welche als ideal angenommen werden kann) siedet bei $100^\circ$ und 1 Atm. Zu berechnen ist der Molenbruch $N_1$ von Hexan **a)** in dieser Mischung, **b)** im Dampf.

## 2. Gemische von teilweise ineinander löslichen Flüssigkeiten.

Während sich z. B. Phenol und Wasser bei $68{,}8^\circ$ in allen Verhältnissen miteinander mischen lassen, tritt beim Abkühlen eines Systems von 36 Gew.-% Phenol und 64 Gew.-% Wasser unter diese Temperatur Entmischung ein. Diesen Zustand veranschaulicht die Abb. 100. Alle von der Kurve umschlossenen Gemische sind unbeständig und zerfallen in eine wasserreiche und eine phenolreiche Schicht. Bei 40° gibt es z. B. Lösungen von Wasser und Phenol mit maximal 33% Wasser und anderseits Lösungen mit maximal 10% Phenol. Da sich die beiden Komponenten nicht in allen Verhältnissen mischen, spricht man von einer Mischungslücke (der von Kurve umschlossene Teil mit dem kritischen Entmischungspunkt K).

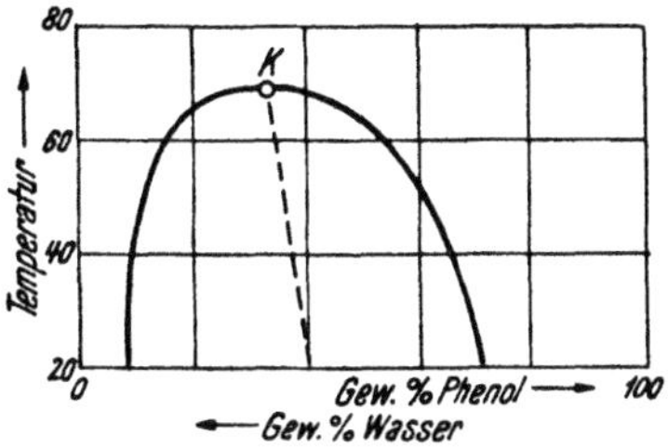


Abb. 100

Die äußere Ähnlichkeit des kritischen Entmischungspunktes zweier Flüssigkeiten mit den kritischen Erscheinungen *einer* Substanz bei ihrer Verflüssigung drückt die *Regel von Cailletet-Mathias* aus, welche besagt: Die Mittelwerte der Abszissenabschnitte innerhalb der Kurve liegen auf einer Geraden, die durch den kritischen Punkt läuft. Diese Beziehung gilt auch für die Dichten von Flüssigkeit und Dampf bei Einstoffsystemen. Infolge der starken Zunahme des Dampfdruckes wächst auch die Dichte des gesättigten Dampfes mit steigender Temperatur. Diejenige der mit dem Dampf im Gleichgewicht befindlichen Flüssigkeit nimmt dagegen mit steigender Temperatur ab; im kritischen Punkt müssen Flüssigkeit und Dampf die gleiche Dichte besitzen. Werden daher in einem rechtwinkligen Koordinatensystem auf der Abszissenachse die Temperaturen aufgetragen und auf der Ordinatenachse die Dichten eines Stoffes im flüssigen Zustand und als gesättigter Dampf, so gehören zu jeder Temperatur zwei Punkte, die um so näher rücken, je höher die Temperaturen sind und die bei der kritischen Temperatur zusammenfallen. Die Mitten zwischen den beiden Dichten bilden eine gerade Linie. Die Regel kann daher zur Bestimmung des kritischen Volumens bei der kritischen Temperatur dienen.

**Aufgaben 98.** Rothmund bestimmte den Schwefelkohlenstoffgehalt der beiden Phasen des Systems Schwefelkohlenstoff-Methylalkohol und fand bei 25° 53,80 und 96,78%, bei 30° 57,88 und 95,62%, bei 35° 63,86 und 93,28%. Zu berechnen ist die gegenseitige Löslichkeit von Schwefelkohlenstoff und Methylalkohol bei der oberen kritischen Lösungstemperatur 40,5° mit Hilfe der Cailletet-Mathiasschen Regel.

**99.** Bestimme auf graphischem Wege nach der Cailletet-Mathiasschen Regel die Dichte von Normalpentan bei der kritischen Temperatur 197° C aus folgenden Dichtewerten ($\varrho_{fl}$ und $\varrho_g$): bei 110° 0,5248 und 0,0203, bei 130° 0,4957 und 0,0310, bei 150° 0,4604 und 0,0476, bei 180° 0,3867 und 0,0935, bei 190° 0,3445 und 0,1269.

### 3. Gemische von ineinander unlöslichen Flüssigkeiten.

In diesem Fall verhalten sich die Flüssigkeiten und die aus ihnen entstehenden Dämpfe so als ob jeder allein für sich unbeeinflußt vom anderen bei gleicher Temperatur vorhanden wäre. Nach dem Daltonschen Gesetz muß der Gesamtdruck gleich sein der Summe der Teildampfdrucke, die jeder Bestandteil bei gleicher

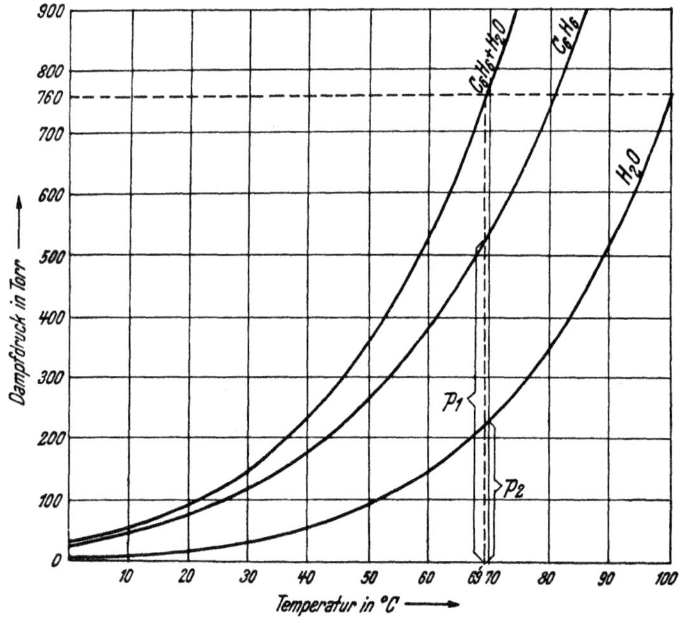


Abb. 101

Temperatur und gleichem Volumen für sich allein haben würde ($P = p_1 + p_2$).

Ein derartiges System Benzol/Wasser ist in der Abb. 101 dargestellt. (Siehe auch unter *Wasserdampfdestillation*, S. 211.)

**136. Beispiel.** Zu bestimmen ist die Siedetemperatur eines Gemisches von Benzol und Wasser bei 760 Torr (Wasserdampfdestillation).

Wir entnehmen aus Dampfdrucktabellen* die Werte für den Dampfdruck des Benzols bei verschiedenen Temperaturen (z. B.

---

* Chem. Tasch. 551.

$20^\circ = 75$ Torr, $40^\circ = 182$ Torr, $80^\circ = 760$ Torr) und zeichnen eine Siedekurve sowie eine analoge Kurve für Wasser. Aus den Summen der jeweiligen Dampfdrucke bei einer bestimmten Temperatur ergibt sich eine dritte Kurve für das Gemisch Benzol + Wasser (Abb. 101).

Soll die Destillation bei einem Druck von 760 Torr erfolgen, so ist aus dem Diagramm ersichtlich, daß dies bei 69° (Siedetemperatur des Gemisches) der Fall sein wird. Bei dieser Temperatur sind die Teildrucke für Benzol $p_1 = 536$ Torr, für Wasser $p_2 = 224$ Torr (also zusammen 760 Torr).

Berechnung der Dampfzusammensetzung: Nachdem sich (da mit hinreichender Genauigkeit die Gültigkeit der Zustandsgleichung angenommen werden kann) die Druck-% wie die Dampfvolumen-% und somit wie die Mol-% verhalten, ist, wenn $x$ Mol-% Benzol vorhanden sind,

$$x:(100 - x) = p_1 : p_2;\text{ daraus ist } x = \frac{100 \cdot p_1}{p_1 + p_2} = \frac{100 \cdot p_1}{P}.$$

Für unser Beispiel ist demnach $x = 70{,}5$ Mol-% Benzol (und 29,5 Mol-% Wasser), das sind 91,1 Gew.-% Benzol (und 8,9 Gew.-% Wasser).

Nun wollen wir noch berechnen, wieviel g Wasserdampf unter diesen Bedingungen notwendig sind, um 100 g Benzol überzutreiben.

Für 91,1 g Benzol werden 8,9 g Wasser benötigt, daher für 100 g Benzol 9,8 g Wasser. ———

**Aufgaben. 100.** Aus der Abb. 101, S. 208, sind für das System Benzol-Wasser die Siedetemperatur und der Gehalt an Benzol in Mol-% bei 100 Torr zu ermitteln.

**101.** Chlorbenzol hat folgende Dampfdrucke in Torr: bei $80^\circ = 147{,}1$, $90^\circ = 210{,}2$, $100^\circ = 295{,}2$; Wasser: bei $80^\circ = 355{,}1$, $90^\circ = 525{,}8$, $100^\circ = 760{,}0$. Zeichne die Dampfdruckkurve und bestimme die Siedetemperatur dieses Mischsystems bei 760 Torr sowie die Mol-% Chlorbenzol.

## 4. Mittleres Molekulargewicht und Verdampfungswärme von Mischsystemen.

*a) Mittleres Molekulargewicht von Mischsystemen.* Sind die Molekulargewichte der Komponenten $M_1$, $M_2$, $M_3$ ... und die zugehörigen Gew.-% $p_1$, $p_2$, $p_3$ ..., dann ist das mittlere Molekulargewicht

$$M_m = \frac{100}{\frac{p_1}{M_1} + \frac{p_2}{M_2} + \frac{p_3}{M_3}}.$$

Oder aus den Zahlenwerten für die Gehalte in Mol-% $q_1, q_2, q_3$:

$$M_m = \frac{q_1 \cdot M_1 + q_2 \cdot M_2 + q_3 \cdot M_3}{100}.$$

**137. Beispiel.** Ein Gemisch besteht aus 69 Mol-% (=56,76 Gew.-%) Äthylalkohol $C_2H_5OH$ und 31 Mol-% (=43,24 Gew.-%) Benzol $C_6H_6$.

Mittleres Molekulargewicht der Mischung ist

$$M_m = \frac{100}{\frac{56,76}{46,08} + \frac{43,24}{78,12}} = 56.0 \text{ oder}$$

$$M_m = \frac{69 \cdot 46,08 + 31 \cdot 78,12}{100} = 56,0$$

*b) Verdampfungswärme von Gemischen.* $\alpha$) Bei unlöslichen Gemischen verdampft jeder Stoff bei einer Temperatur, welche die Siedetemperatur zu dem Dampfteildruck des betreffenden Stoffes darstellt. Ist $\Delta J_1$ die Verdampfungswärme des Leichtersiedenden in kcal/kg, $\Delta J_2$ des Schwerersiedenden, ferner $x_F$ Gew.-% des Leichtersiedenden in der Flüssigkeit und $x_D$ desgleichen im Dampf, dann ist die Verdampfungswärme

$$\Delta J = \frac{x_D}{100} \cdot \Delta J_1 + \frac{(100 - x_D)}{100} \cdot \Delta J_2 .$$

(Bei der Kondensationswärme wird $x_F$ eingesetzt.)

$\beta$) Bei löslichen Gemischen ist der Dampf jedes Stoffes im Gemisch überhitzt. Versuche haben jedoch ergeben, daß die obige Gleichung angewendet werden kann, wobei jetzt $\Delta J_1$ und $\Delta J_2$ die Verdampfungswärmen der Einzelstoffe bei dem vorliegenden Gesamtdestillationsdruck (nicht Teildruck) und bei der diesem Gesamtdruck zugeordneten Siedetemperatur des einzelnen Stoffes darstellen. (Die auftretende Lösungswärme ist so gering, daß sie vernachlässigt werden kann.)

**138. Beispiel.** Zu berechnen ist die Verdampfungswärme eines Gemisches aus 40 Gew.-% Äthylalkohol und 60 Gew.-% Benzol bei 760 Torr. Die Verdampfungswärme des Benzols bei 760 Torr ist 93 kcal/kg, die des Alkohols 205 kcal/kg.

$\Delta J = \frac{40}{100} \cdot 205 + \frac{60}{100} \cdot 93 = 137,8$ kcal/kg. (Experimentell wurde 137,4 gefunden.)

### 5. Wasserdampfdestillation.

Eine Flüssigkeit siedet, wenn ihr Dampfdruck den äußeren Druck, dem die siedende Flüssigkeit ausgesetzt ist, erreicht hat. Es muß daher auch das Gemisch zweier Flüssigkeiten zu sieden beginnen, sobald ihr Summendruck gleich ist der Höhe des äußeren Druckes. Daraus folgt, daß ein solches Gemenge bei einer niedrigeren Temperatur als jeder der beiden Gemischbestandteile siedet, wenn er für sich allein erhitzt würde. Die Destillationstemperatur liegt also sogar unter der des flüchtigeren Bestandteiles.

Die Berechnung der Dampfzusammensetzung und Siedetemperatur kann auf rechnerischem oder graphischem Wege erfolgen.

a) *Rechnerische Ermittlung.*

**139. Beispiel.** Bei der Destillation eines Gemenges gegenseitig unlöslicher Flüssigkeiten ist das Dampfgemisch nach dem Verhältnis der spezifischen Gewichte der gesättigten Dampfkomponenten zusammengesetzt.

$g_1 : g_2 = \gamma_1 : \gamma_2$. Darin bedeuten $g_1$ und $g_2$ Gew.-% der beiden Komponenten und $\gamma_1$ und $\gamma_2$ deren spezifische Gewichte.

Wenn wir ein Gemenge von Wasser und Benzol bei 760 Torr destillieren, dann ist die Dampftemperatur 69,2°. Bei dieser Temperatur ist der Wasserdampfdruck 225 Torr, der Teildruck des Benzols daher 760 — 225 = 535 Torr.

Das spezifische Gewicht des gesättigten Benzoldampfes von 535 Torr berechnet sich zu $\frac{535}{342,2} \cdot 78,1 \cdot 0,01605 = 1,9597$ (siehe S. 163), das spezifische Gewicht des gesättigten Wasserdampfes von 225 Torr ist aus der Wasserdampftafel 0,1911.

Demnach enthalten 1,9597 + 0,1911 = 2,1508 kg Dampfgemisch, 91,1% Benzol und 8,9% Wasser.

(Während für Wasserdampf genaue Beobachtungen und somit Tabellen für Dampfdruck, spezifisches Gewicht usw. existieren, müssen diese Daten für die übrigen Stoffe, von denen nur wenige Beobachtungen vorliegen, theoretisch berechnet werden. Für Drucke bis etwa 1 Atm sind diese theoretischen Werte jedoch für die Praxis hinreichend genau.) ———

**140. Beispiel.** Zu berechnen ist das System Nitrobenzol—Wasser.

| Temperatur | Dampfdruck von Nitrobenzol | Dampfdruck von Wasser |
|---|---|---|
| 90° | 12,85 Torr | 525,76 Torr |
| 100° | 20,5 | 760,0 |
| = 10° Differenz | 7,65 | 234,24 |
| 1° Differenz | 0,765 Torr | 23,424 Torr |

Wenn wir also Wasser mit Nitrobenzol destillieren, so entwickelt das Dampfgemisch, Unlöslichkeit der Komponenten vorausgesetzt,

bei 90° ... $12{,}85 + 525{,}76 = 538{,}61$ Torr
bei 100° ... $20{,}5 + 760{,}0 = 780{,}50$ Torr.

Der gemeinsame Dampfdruck soll aber 760 Torr sein, d. h. um $760 - 538{,}61 = 221{,}39$ Torr höher als 538,61 Torr.

Da nun 1° Temperaturdifferenz zwischen den Destillationstemperaturen 100 und 90° einem Totaldruck von $0{,}765 + 23{,}424 = 24{,}189$ Torr entspricht, so sind 221,39 Torr gleich 9,152° Temperaturdifferenz. Die wahre Destillationstemperatur von Wasser mit Nitrobenzol bei einem Druck von 760 Torr wird also zwischen 99 und 100° liegen. Nun ist der Dampfdruck des Nitrobenzols

bei 100° ... 20,5
bei 99° ... $12{,}85 + 9 \cdot 0{,}765 = 19{,}74$ Torr,

der des Wassers

bei 100° ... 760 Torr,
bei 99° ... 733,24 Torr

Das Gemisch entwickelt also

bei 100° ... $20{,}50 + 760 = 780{,}5$ Torr,
bei 99° ... $19{,}74 + 733{,}24 = 752{,}98$ Torr,
für 1° Temperaturdifferenz $= 27{,}52$ Torr.

Der gemeinsame Dampfdruck ist 760 Torr, also um 7,02 Torr höher als 752,98 Torr; diese entsprechen einer Temperaturdifferenz von $7{,}02 : 27{,}52 = 0{,}26°$. Demnach destilliert ein Gemisch von Wasser und Nitrobenzol unter einem Druck von 760 Torr bei 99,26°.

Das Wasser entwickelt bei dieser Temperatur einen Druck von 740,0 Torr (aus der Wasserdampftafel), das Nitrobenzol einen Druck von $19{,}74 + 0{,}26 \cdot 0{,}765 = 19{,}94$ (zusammen also $\approx 760$ Torr).

1 m$^3$ gesättigter Wasserdampf wiegt nach der Wasserdampftafel 0,5839 kg, 1 m$^3$ Nitrobenzoldampf nach der Formel

$$\frac{19{,}94 \cdot 0{,}01605 \cdot 123{,}1}{273 + 99{,}26} = 0{,}1058 \text{ kg}.$$

Es ergeben sich somit aus 0,6897 kg Gemenge 15,3 Gew.-% Nitrobenzol = 2,58 Mol-%.

*b) Bestimmung auf graphischem Wege.* Siehe S. 208, 136. Beispiel.

## G. Osmotischer Druck.

Für verdünnte Lösungen gelten die gleichen Gesetze wie für Gase, an Stelle des Gasdruckes tritt nun der osmotische Druck. Er ist gegeben durch die Gleichung $\pi = \frac{n \cdot R \cdot T}{v}$.

Wählt man für $\frac{n}{v}$ die molare Konzentration $c$, dann ist $\pi = c \cdot R \cdot T$.

Diese Gesetzmäßigkeit kann zur Bestimmung des Molekulargewichtes $M$ dienen, und zwar ist, wenn $a$ Gramm eines nicht dissoziierten Stoffes in 1 Liter Lösung enthalten sind $\pi = \frac{a}{M} \cdot R \cdot T$.

Zwischen dem RAOULTschen Gesetz und dem osmotischen Druck besteht die Beziehung: $\pi = \frac{1000 \cdot \varrho \cdot R \cdot T}{M_0} \cdot \frac{\varepsilon}{p}$, worin $\varrho$ die Dichte der Lösung, $M_0$ das Molekulargewicht des Lösungsmittels, $\varepsilon$ die Dampfdruckerniedrigung und $p$ den Dampfdruck der Lösung bedeuten.

Bei dissoziierten Stoffen wird 1 Mol in $\nu$ Ionen gespalten. Bei einem Dissoziationsgrad $\alpha$ sind $1 \cdot \alpha$ Moleküle dissoziiert, welche $1 \cdot \alpha \cdot \nu$ Ionen bilden. Der undissoziierte Anteil ist $(1 - \alpha)$, so daß die Gesamtzahl der vorhandenen Bruchstücke aus 1 Molekül $= 1 \cdot \alpha \cdot \nu + (1 - \alpha) = 1 + (\nu - 1) \cdot \alpha = i$ (van't HOFFscher Koeffizient).

Ist die Gesamtzahl der Mole vor der Dissoziation $n_0$, die Gesamtzahl der Mole nach der Dissoziation $n$ und $\nu$ die Anzahl der Bruchstücke in die 1 Mol zerfällt, dann gilt, da $n = n_0 \cdot i$, für $\pi = n \cdot \frac{R \cdot T}{v} = n_0 \cdot \frac{R \cdot T}{v} \cdot i$.

*Osmotischer Faktor.* Osmotische Messungen sind konzentrationsabhängig und stets kleiner als der theoretisch berechnete Wert, da keine vollständige Dissoziation des Elektrolyten eintritt.

Nach Einführung eines entsprechenden konzentrationsabhängigen Korrekturfaktors $f_0 = \frac{i}{\nu}$ ist $\pi = n_0 \cdot \frac{R \cdot T}{v} f_0 \cdot \nu = \pi_0 \cdot f_0 \cdot \nu$.

Tritt keine Dissoziation ein, dann ist $\pi = \pi_0$, bei vollständiger Dissoziation ist $\pi = \pi_0 \cdot \nu$ (und $f_0 = 1$).

Nachdem der osmotische Druck in sehr verdünnten Lösungen proportional ist der Dampfdruckerniedrigung, so ist $i = \frac{\pi}{\pi_0} = \frac{\varepsilon}{\varepsilon_0} = \frac{\Delta T}{\Delta T_0}$. Darin sind $\pi$ der osmotische Druck, $\varepsilon$ die Dampfdruckerniedrigung und $\Delta T$ die Gefrierpunktserniedrigung bzw. Siedepunktserhöhung. Der Index $_0$ gibt an, daß es sich um die theoretischen (berechneten) Werte handelt, bezogen auf den undissoziierten Stoff.

**141. Beispiel.** Bei der Auflösung von 0,90 g NaCl in 100 g Wasser tritt eine Gefrierpunktserniedrigung von 0,550° ein. Die molekulare Gefrierpunktserniedrigung des Wassers beträgt 1,86°. Es wird vollständige Dissoziation angenommen. Zu berechnen ist der osmotische Faktor.

Die nach S. 199 berechnete Gefrierpunktserniedrigung beträgt $\Delta T_0 = 0{,}287$; $i = \Delta T : \Delta T_0 = 0{,}550 : 0{,}287 = 1{,}92$ und $f_0 = 1{,}92 : 2 = 0{,}96$. ———

**Aufgaben. 102.** Bei 18° C ist eine 0,5 n Natriumchloridlösung zu 74,3% elektrolytisch dissoziiert. Berechne den osmotischen Druck dieser Lösung.

**103.** Zur Bestimmung des Molekulargewichtes von Hämoglobin wurde von einer, in einer Pergamentmembran eingeschlossenen Lösung von 4,80 g Hämoglobin aus Pferdeblut in 100 ml bei 10° C der osmotische Druck zu 53,59 Torr ermittelt. Berechne das Molekulargewicht.

**104.** Eine 0,2 molare Lösung von Magnesiumsulfat hat den Dampfdruck 23,660 Torr bei 25° C, reines Wasser 23,756 Torr. Das spezifische Gewicht der Lösung ist 1,024. Zu berechnen ist **a)** der osmotische Faktor $f$, **b)** der osmotische Druck bei 25° C und **c)** $\Delta T_F$ und $\Delta T_K$.

## H. Adsorption.

*a)* Da die Adsorption in der Ausbildung einer Oberflächenschicht besteht, kann das Adsorptionsgleichgewicht von gelösten Stoffen oder Gasen nicht durch den NERNSTschen Verteilungssatz oder das HENRYsche Gesetz ausgedrückt werden, sondern durch die empirisch gefundene *Adsorptionsisotherme nach Freundlich-Boedeker-Ostwald*, welche für mittlere Drucke und konstante Temperatur gilt. Bezeichnen wir mit $a$ die von 1 g Adsorbens adsorbierte Menge, mit $c$ die Endkonzentration des Stoffes, bzw. mit $p$ den Partialdruck des Gases im Gleichgewichtszustand, dann ist $a = \alpha \cdot c^{\frac{1}{n}}$ bzw. $a = \alpha \cdot p^{\frac{1}{n}}$. Darin sind $\alpha$ und $\frac{1}{n}$ Konstanten. Durch Logarithmieren ergibt sich die Gleichung einer Geraden: $\lg a = \lg \alpha + \frac{1}{n} \cdot \lg c$. (Bestimmung der Konstanten auf graphischem Wege siehe S. 114, 71. Beispiel).

*b)* Der Mangel dieser Gleichung liegt in der Ungültigkeit für sehr niedrige und hohe Drucke. Hier leistet die von *Langmuir* auf Grund kinetischer Überlegungen abgeleitete Gleichung bessere Dienste: $a = a_\infty \cdot \frac{p}{p + k}$. Darin sind $a_\infty$ und $k$ Konstanten ($a_\infty$ die maximal aufnehmbare Menge im Sättigungszustand).

**Aufgaben. 105.** McBain und Britton erhielten für die Adsorption von Stickstoff an aktivierter Zuckerkohle bei —77° C folgende Werte:

| | | | | | |
|---|---|---|---|---|---|
| $p$ Atm. | = 3,5 | 10,0 | 16,7 | 39,2 | 48,6 |
| $a$ g$N_2$ pro g Kohle | = 0,126 | 0,170 | 0,192 | 0,207 | 0,211. |

Es ist zu untersuchen, durch welche Adsorptionsisotherme (Langmuir oder Freundlich) dieser Vorgang besser beschrieben wird.

**106.** Lottermoser und Maffia bestimmten die Adsorption von Cl′ (verwendet wurde $NH_4Cl$) durch Eisenoxydsol. Sie ermittelten zu diesem Zweck den Gehalt der verschiedenen Hydrosole an Fe und Cl und wiederholten diese Bestimmung nach der Filtration im Filtrat. Der Fe-Gehalt des letzteren war so gering, daß er vernachlässigt werden konnte. Es ergaben sich für $m$ ( = g $Fe_2O_3$ in 100 ml Hydrosol vor der Filtration), $c$ ( = Konzentration des Filtrates an Cl in Millimol/ml) und $x$ ( = adsorbierte Menge Cl in Millimol, bezogen auf 100 ml Hydrosol) folgende Werte:

| | | | | | | | | |
|---|---|---|---|---|---|---|---|---|
| $m$ | = 1,2960 | 0,8640 | 0,6483 | 0,5190 | 0,4321 | 0,3245 | 0,2595 | 0,2162 |
| $c$ | = 0,00257 | 0,00194 | 0,00169 | 0,00144 | 0,00127 | 0,00110 | 0,00093 | 0,00079 |
| $x$ | = 1,371 | 0,891 | 0,646 | 0,508 | 0,417 | 0,299 | 0,234 | 0,191 |

Es sind die Konstanten der Freundlichschen Adsorptionsisotherme $\frac{x}{m} = a \cdot c^{\frac{1}{n}}$ zu ermitteln und die Übereinstimmung der beobachteten und berechneten Werte von $\frac{x}{m}$ zu prüfen.

**107.** Titoff bestimmte die Aufnahme von Stickstoff ($a$ cm³, umgerechnet auf Normalbedingungen) durch 1 g Aktivkohle bei 0° bei verschiedenen Gasdrucken ($p$ Atm) und fand:

| | | | | | | |
|---|---|---|---|---|---|---|
| $p$ | = 0,43 | 12,98 | 22,94 | 34,01 | 56,23 | 77,46 |
| $a$ | = 0,111 | 3,043 | 5,082 | 7,047 | 10,310 | 13,053. |

Zu bestimmen ist die Formel für die Adsorptionsisotherme nach Langmuir.

# 7. Chemische Thermodynamik.

## A. Thermochemie.

### 1. Thermochemische Reaktionsgleichungen.

Gemäß der hier getroffenen Vorzeichenfestsetzung ist jene *Wärmemenge als positiv* zu betrachten, die dem System *von außen zugeführt wird* (Wärmebedarf; endotherme Reaktion).

Die Thermochemie mißt die Differenz der chemischen Energien, ausgedrückt in kcal. Rechnerisch setzt man die innere Energie der Elemente gleich Null.

Das *Gesetz von Heß über die konstante Wärmesumme* besagt, daß die Wärmetönung unabhängig von dem Weg oder den Stufen ist, in denen man die Reaktion vor sich gehen läßt. (Das Gesetz ist ein Spezialfall des Gesetzes von der Erhaltung der Energie).

Es kann mit Vorteil dort angewendet werden, wo eine Wärmetönung nicht direkt bestimmt werden kann.

**142. Beispiel.** Für die Bildung von Ammoniumchloridlösung aus $NH_3$, HCl und Wasser gibt es zwei Wege:

a) $NH_3 + HCl = NH_4Cl - 42{,}06$ kcal
$NH_4Cl + aq = NH_4Cl \cdot aq + 3{,}84$ kcal
$NH_3 + HCl + aq = NH_4Cl \cdot aq - 38{,}22$ kcal

b) $NH_3 + aq = NH_3 \cdot aq - 8{,}34$ kcal
$HCl + aq = HCl \cdot aq - 17{,}56$ kcal
$NH_3 \cdot aq + HCl \cdot aq = NH_4Cl \cdot aq - 12{,}27$ kcal
$NH_3 + HCl + aq = NH_4Cl \cdot aq - 38{,}17$ kcal. ——

Bei der Benutzung von Tabellenwerten ist zu beachten, ob sich die Bildungswärmen (Bildungsenthalpien) auf den gasförmigen, flüssigen oder festen Zustand der betreffenden Stoffe beziehen. Die Kennzeichnung erfolgt mitunter durch Anwendung verschiedener Klammern: (), {} und []. Insbesondere ist darauf zu achten, ob bei der Berechnung der Bildungswärmen der Kohlenstoffverbindungen aus den Elementen Graphit oder Diamant als Bezugssubstanz gilt.

*Näherungsformeln für die Berechnung thermochemischer Daten.*

a) Für feste organische Verbindungen, die sich ohne Reaktion (Solvatation) lösen, ist $\Delta J_L = -\Delta J_F$ ($\Delta J_L$ = molare Lösungswärme, $\Delta J_F$ = molare Schmelzwärme).

b) Die *Bildungswärme von Kohlenwasserstoffen* $\Delta J_B = \Sigma\, \Delta\, i$ (worin $\Delta i$ die Bindungswärmen bedeuten).

$\Delta\, i$ ist für die Bindung C — H aliphatisch = 93, aromatisch = 102
C — C aliphatisch = 71, aromatisch = 96
C = C 125
C ≡ C 164.

c) Die *Verbrennungswärme* organischer Verbindungen mit normalen Bindungsverhältnissen $\Delta J_V = 52{,}2 \cdot n$ kcal, worin $n$ die Zahl der zur Verbrennung nötigen O-Atome angibt.

d) Nach Herz gilt für die *Verdampfungswärme:* $\frac{\varrho}{\Delta\, i_K} \sim$ *konstant.*

Zur Berechnung des Eigenschaftswertes bei einer beliebigen Temperatur $t_2$ sind daher notwendig: Kenntnis des Wertes bei einer gegebenen Temperatur $t_1$ und die Dichte bei $t_1$ und $t_2$.

**Aufgaben. 108.** Berechne die Bildungswärme des Diamants aus amorphem Kohlenstoff aus folgenden Daten: Die Verbrennung von 12 g amorphem Kohlenstoff liefert 97800 cal, jene von 12 g Diamant 94480 cal.

**109.** Berechne die Bildungswärme von KOH aus folgenden Daten:

I ............ $K + aq = KOH \cdot aq + \frac{1}{2} H_2$ ........ — 48,0 kcal,

II ............ $H_2 + \frac{1}{2} O_2 = H_2O$ ................ — 68,3 kcal,

III ...........$KOH + aq = KOH \cdot aq$ ............. — 13,3 kcal.

**110.** Berechne die Bildungswärme der Ameisensäure aus den Elementen. Gegeben sind folgende thermochemische Gleichungen (Verbrennungswärmen):

$$(C) + (O_2) = (CO_2) - 94 \text{ kcal},$$

$$(H_2) + \frac{1}{2}(O_2) = (H_2O \text{ flüssig}) - 68{,}3 \text{ kcal},$$

$$(HCOOH) + \frac{1}{2}(O_2) = (CO_2) + (H_2O) - 62{,}9 \text{ kcal}.$$

**111.** Wie groß ist die Wärmetönung der Polymerisation von Acetylen zu Benzol bei konstantem Druck? Die Bildungswärme von gasförmigem Acetylen aus Acetylenruß und Wasserstoff ist + 54 500 cal, diejenige von gasförmigem Benzol aus den Elementen unter gleichen Versuchsbedingungen + 19 500 cal.

**112.** Zu berechnen ist die Bildungswärme der Benzoesäure $C_6H_5COOH$ aus folgenden Daten: Bildungswärme von $CO_2 = -94{,}08$, von $H_2O = -68{,}313$ kcal · mol$^{-1}$. Die Verbrennungswärme von Benzoesäure bei konstantem Druck = — 772,2 kcal · mol$^{-1}$.

**113.** Für die Bildung von $Mn_3O_4$ aus Mn und $O_2$ soll $\Delta J$ aus folgenden von Shomate bestimmten Daten, welche für 1 at und 25° C gelten, berechnet werden: a) Wenn Mn in verdünnter Schwefelsäure, wozu KJ gesetzt wurde, gelöst wird, werden 53 930 cal/Mol Mn entwickelt. Hierbei wird $Mn^{\cdot\cdot}$ und Wasserstoff gebildet, welcher als mit Wasserdampf (Teildruck 23,0 Torr) gesättigt angesehen werden kann. (Die Verdampfungswärme des Wassers beträgt 10 500 cal/Mol.) b) Wenn zu dieser Lösung festes Jod gesetzt wird, nimmt sie 1136 cal/Mol $J_2$ auf. c) Wenn $Mn_3O_4$ gelöst wird in verdünnter Schwefelsäure, wozu KJ gesetzt wurde, werden 78 243 cal/Mol $Mn_3O_4$ entwickelt. Es wird $Mn^{\cdot\cdot}$ gebildet. Es wurde so gearbeitet, daß die Zusammensetzung der Lösung nach dem Versuch die gleiche war wie nach a)—b). d) Bei der Bildung von 1 Mol Wasser aus den Elementen werden 68 318 cal frei. e) Wenn HJ vom selben Gehalt gebildet wird als in a)—b) aus $H_2$, J und $H_2O$, werden 12 510 cal/Mol HJ frei.

## 2. Temperaturabhängigkeit des Dampfdruckes.

*a*) Der Zusammenhang zwischen Verdampfungswärme mit dem Temperaturkoeffizienten des Dampfdruckes ist gegeben durch die *Clausius-Clapeyronsche Gleichung*

$$\Delta J_K = T \cdot \frac{dp}{dT} \cdot (v_{gas} - v_{fl}).$$

Darin sind $\Delta J_K$ die molare Verdampfungswärme, $T$ die absolute Temperatur, $dp$ eine minimale Druckänderung bei der minimalen Temperaturänderung $dT$, $v_{gas} - v_{fl}$ die Differenz der Volumina von gesättigtem Dampf und Flüssigkeit.

**143. Beispiel.** Berechnung der Verdampfungswärme des Wassers aus der Verdampfungstemperatur.

Für $dT$ wählen wir eine kleine Temperaturdifferenz um den Siedepunkt des Wassers, und zwar $T_1 = 100{,}1°$ und $T_2 = 99{,}9°$; dann ist $dT = 0{,}2°$.

Die zu diesen Temperaturen gehörenden Dampfdrucke sind $p_1 = 762{,}72$ Torr und $p_2 = 757{,}29$ Torr, folglich ist die Differenz $dp = 5{,}43$ Torr.

$$\frac{dp}{dT} = \frac{5{,}43}{0{,}2} = 27{,}15 \text{ Torr} = 0{,}03572 \text{ Atm.}$$

Das Volumen von 1 Mol Wasserdampf $v_{gas}$ bei 100° ist $1{,}673 \cdot 18{,}02 = 30{,}147$ l*, von 1 Mol Wasser $v_{fl}$ bei 100° $0{,}0010435 \cdot 18{,}02 = 0{,}018$ l*. Die mittlere Verdampfungstemperatur ist 100° = 373° K.

$\varDelta J_K = 373 \cdot 0\,03572 \cdot (30{,}147 - 0{,}018) = 401{,}4$ Atm = 9716 cal. (Laut Wasserdampftafel, S. 479, ist die molare Verdampfungswärme $538{,}9 \cdot 18{,}02 = 9711$ cal.) ——

**144. Beispiel.** Anwendung der Clausius-Clapeyronschen Gleichung auf den Schmelzvorgang des Eises.

Eis schmilzt unter Atmosphärendruck bei 0° = 273° K. 1 g Eis von 0° hat ein Volumen von 1,091 cm³, 1 g Wasser von 0° 1,000 cm³. Folglich beträgt die Volumenänderung beim Übergang von 1 g Eis in flüssiges Wasser $1{,}000 - 1{,}091 = -0{,}091$ cm³.

Da die Schmelzwärme 79,7 cal/g = 3292,4 cm³ Atm beträgt, ist $\frac{dT}{dp} = \frac{273 \cdot -0{,}091}{3292{,}4} = 0{,}00754$ Grad/Atm, wobei $p$ in erster Annäherung zu 0 Atm angenommen wurde. Bei 100 Atm würde daher in erster Annäherung das Eis bei $-0{,}75°$ C schmelzen. ——

Vernachlässigen wir beim Verdampfungsvorgang für Näherungsrechnungen das sehr kleine Volumen der flüssigen Phase, was in einem Bereich, der genügend weit von der kritischen Temperatur entfernt ist, zulässig erscheint, so ist die Volumenänderung $= v_{gas}$, und nach dem idealen Gasgesetz $v_{gas} = \frac{R \cdot T}{p}$.

Dieser Wert in die Clausius-Clapeyronsche Gleichung eingesetzt, ergibt für $\varDelta J_K = T \cdot \frac{dp}{dT} \cdot \frac{R \cdot T}{p}$. Daraus ist $\frac{dp}{p} = d \ln p = \frac{\varDelta J_K \cdot dT}{R \cdot T^2}$ und $\frac{d \ln p}{dT} = \frac{\varDelta J_K}{R \cdot T^2}$. Durch Integration erhalten wir (wenn wir $\varDelta J_K$ in erster Näherung als konstant ansehen): $\ln p = \frac{-\varDelta J_K}{R \cdot T} + C$. Daher ist $\lg p = \frac{-\varDelta J_K}{2{,}303 \cdot R \cdot T} + C = \frac{-\varDelta J_K}{4{,}574 \cdot T} + C$. Die Konstante $C$ bestimmt man aus $p_0 = 760$ Torr, den normalen Siedepunkt $T_0$ und $\varDelta J_K$ bei der Siedetemperatur.

* Chem. Tasch. 36231.

Für ein kleines Temperaturintervall $T_2 - T_1$ mit den Dampfdrucken $p_2$ und $p_1$ ist $\Delta J_K = R \cdot \frac{T_1 \cdot T_2}{T_2 - T_1} \cdot \ln \frac{p_2}{p_1} = 4{,}574 \cdot \frac{T_1 \cdot T_2}{T_2 - T_1} \cdot \lg \frac{p_2}{p_1}$ oder $\lg p_2 - \lg p_1 = \frac{\Delta J_K}{4{,}574} \cdot \left(\frac{1}{T_1} - \frac{1}{T_2}\right)$.

Die Formel wird häufig auch wie folgt geschrieben:

$$\lg p = -\frac{A}{T} + B \text{ oder } \lg p = \frac{k}{t + 273} + Konst.$$

(Es ist dann $A = \frac{\Delta J_K}{4{,}574}$ und $B = \lg p_0 + \frac{\Delta J_K}{4{,}574 \cdot T_0}$, wenn wir $p$ und $T$ an Stelle von $p_2$ und $T_2$ sowie $p_0$ und $T_0$ an Stelle von $p_1$ und $T_1$ schreiben).

Zwischenwerte können in guter Näherung durch lineare Interpolation ermittelt werden.

In größeren Intervallen und wenn größere Genauigkeit verlangt wird, kann man zwischen 2 bekannten Wertpaaren ($p_1$, $T_1$ und $p_2$, $T_2$) interpolieren nach der Formel:

$\lg p = -\frac{A'}{T} + B' \cdot \lg T + C'$. Darin sind $B' = \frac{C_{p(D)} - C_{p(F)}}{1{,}986}$; $C_{p(D)}$ und $C_{p(F)}$ sind die mittleren Molwärmen im Dampf- und kondensierten Zustand bei konstantem Druck.

$$A' = \left(\lg \frac{p_1}{p_2} - B' \cdot \lg \frac{T_1}{T_2}\right) \cdot \frac{T_1 \cdot T_2}{T_1 - T_2} \text{ und}$$

$$C' = \lg p_1 + \frac{A'}{T_1} - B' \cdot \lg T_1.$$

Bei unbekannten Molwärmen kann die Interpolationsgleichung bei der Kenntnis von 3 Wertpaaren verwendet werden.

**145. Beispiel.** Für Benzol ist bei $T_1 = 273 + 20°$ der Dampfdruck $p_1 = 75$ Torr, bei $T_2 = 273 + 30°$ $p_2 = 118$ Torr.

Daraus ist nach obiger Formel $\Delta J_K = 7990$ cal. (Der experimentell bestimmte Wert für die mittlere Temperatur $273 + 25°$ ist 8040 cal.) ———

**146. Beispiel.** Bei der Reduktion von Zinkoxyd nach der Gleichung $ZnO + C = Zn + CO$ entsteht eine Mischung aus 50% Zn-Dampf und 50% CO. Bei welcher Temperatur beginnt bei Atmosphärendruck die Kondensation des Zinkdampfes? Die molare Verdampfungswärme des Zinks ist 27430 cal, der Siedepunkt 906°*.

$\lg 760 = \frac{-27\,430}{4{,}574 \cdot 1179} + C$; daraus ist $C = 7{,}97$.

---

* Chem. Tasch. 3114.

Der Teildruck des Zinkdampfes ist $\frac{760}{2} = 380$ Torr (Vol-% = = Druck-%).

$$T = \frac{-\Delta J_K}{(\lg p - C) \cdot 4{,}574} = \frac{-27430}{-5{,}39 \cdot 4{,}574} = 1112{,}8^\circ \text{ K} = 839{,}8^\circ \text{ C}.$$

Zu der gleichen Dampfdruckformel gelangen wir aus der auf S. 253 abgeleiteten Gleichung $\frac{d \ln K_p}{dT} = \frac{\Delta J}{R \cdot T^2}$. Auf den Verdampfungsvorgang angewendet, können wir schreiben $\frac{d \ln p}{dT} = \frac{\Delta J_K}{R \cdot T^2}$. Darin sind $p$ der Dampfdruck und $\Delta J_K$ die molare Verdampfungswärme bei 1 Atm. In erster Annäherung ist wiederum

$$\lg p = \frac{-\Delta J_{K,1}}{4{,}574 \cdot T} + \frac{\Delta S_1}{4{,}574}$$

(der Index 1 bedeutet Zimmertemperatur, 25°), oder

$\Delta J_K = 4{,}574 \cdot \frac{T_1 \cdot T_2}{T_2 - T_1} \cdot \lg \frac{p_2}{p_1}$ für kleine Temperaturbereiche ($\Delta J_K$ und $S$ als temperaturunabhängig betrachtet).

Für größere Temperaturbereiche ist analog S. 255

$$\lg p = -\frac{\Delta J_{K,1}}{4{,}574 \cdot T} + \frac{\Delta S_1}{4{,}574} + \frac{\Sigma \nu C_p}{4{,}574} \cdot \left(\ln \frac{T}{298} + \frac{298}{T} - 1\right).$$

*b)* Trouton fand für die Beziehung zwischen molarer Verdampfungswärme und absoluter Siedetemperatur folgende *Regel*:

$$\frac{\Delta J_K}{T_K} = 21 \text{ (zwischen 200 und 500° C)}.$$

Außer dieser wurden u. a. noch folgende Formeln aufgestellt:

$\frac{\Delta J_K}{T_K} = 9{,}5 \cdot \lg T_K - 0{,}007 \cdot T_K$ (zwischen 20 und 700°)

$= 7{,}4 \cdot \lg T_K + 2$ (zwischen 600 und 2400°)

$= 10{,}1 \cdot \lg T_K - 1{,}5 - 0{,}009 \cdot T_K + 0{,}0000026 \cdot T_K^2$ (zwischen 4 und 2000°).

Die wirklichen Werte liegen für Verbindungen, die im Dampf assoziieren (z. B. Fettsäuren) niedriger, für Verbindungen, die in der flüssigen Phase assoziieren (z. B. Wasser, Alkohol) höher als die nach obigen Formeln berechneten.

Nach de Forcard ist $\frac{\Delta J_F + \Delta J_K}{T_K} = 30$. ($\Delta J_F$ = molare Schmelzwärme, $\Delta J_K$ = molare Verdampfungswärme.)

*c)* Die *Regel nach Ramsay-Young* gestattet die Berechnung des Dampfdruckes oder Siedepunktes durch Vergleich mit den entsprechenden Werten eines anderen in seiner Verdampfung untersuchten Stoffes.

Sind $T_1'$ und $T_2'$ die absoluten Siedetemperaturen unter einem gegebenen Druck, $T_1$ und $T_2$ jene bei einem anderen Druck, dann ist $\frac{T_1'}{T_2'} = \frac{T_1}{T_2} + C \cdot (t' - t)$. Es sind $t'$ und $t$ die Siedetemperaturen eines der beiden Stoffe bei den beiden Drucken. $C$ ist eine Konstante.

**147. Beispiel.** Der Siedepunkt von Äthylalkohol unter einem Druck von 400 Torr ist durch Vergleich mit Wasser zu berechnen. Bekannt seien der Normalsiedepunkt und der Siedepunkt bei 30 Torr des Alkohols.

Gegeben sind also:

Wasser 373° (= 100° C) bei 760 Torr und 301,97° bei 30 Torr, $C_2H_5OH$ 351,3° bei 760 Torr und 287,3° bei 30 Torr. Nun ist $\frac{373}{351{,}3} = \frac{301{,}97}{287{,}3} + C \cdot (373 - 301{,}97)$; daraus ist $C = 0{,}000152$. Nachdem der Siedepunkt des Wassers bei 400 Torr 355,95° K beträgt, so ist $\frac{373}{351{,}3} = \frac{355{,}95}{x} + 0{,}000152 \cdot (373 - 355{,}95)$ und $x = 336{,}06°$ K = 63,06° C. (Experimentell 62,90°.) ———

**148. Beispiel.** Zu berechnen ist der Dampfdruck von Äthylalkohol bei 62,9° C (= 335,9° K).

$\frac{373}{351{,}3} = \frac{x}{335{,}9} + 0{,}000152 \cdot (351{,}3 - 335{,}9)$ und $x = 355{,}8°$ K = = 82,8° C.

Das ist der Siedepunkt des Wassers, dessen Dampfdruck ebenso groß ist wie der des Alkohols bei 335,9°. Gesättigter Wasserdampf von 82,8° hat nach den Tabellen einen Druck von 399 Torr.

*d*) Nach der *Dühringschen Regel*, welche lautet: Von den Siedepunkten beliebiger Stoffe, gerechnet bei einem für alle gemeinsamen Druck als Ausgangspunkt bis zu den Siedepunkten für einen anderen gemeinsamen Druck, sind die Temperaturabstände sich gleichbleibende Vielfache voneinander.

Sind $t_1$ und $t_2$ die Siedetemperaturen eines Stoffes bei den Drucken $p_1$ und $p_2$ bzw. $\vartheta_1$ und $\vartheta_2$ die den gleichen Drucken entsprechenden Siedetemperaturen eines anderen Stoffes, so ist

$$\frac{t_1 - t_2}{\vartheta_1 - \vartheta_2} = k.$$

**149. Beispiel.**

| Dampfdruck in Torr | Siedepunkt von Cumarin | Siedepunkt von n-Hexan |
|---|---|---|
| 750,18 | 301,1 | + 68,61 |
| 20 | 170,37 | — 14,2 |
| 10 | 153,9 | — 24,75 |
| 5 | 138,5 | — 34,41 |

Wir wählen die Siedepunkte beim Dampfdruck 750,18 und 10 Torr als Berechnungsgrundlage.

$k = \frac{301{,}1 - 153{,}9}{68{,}61 + 24{,}75} = 1{,}5767^\circ$, d. h. 1° Siedepunktsänderung von n-Hexan entspricht 1,5767° von Cumarin.

Nun berechnet sich z. B. der Normalsiedepunkt von Cumarin, wenn der des n-Hexans 69,0° ist zu $x - 301{,}1 = 1{,}5767 \cdot (69{,}0 - - 68{,}61)$ und $x = 301{,}7^\circ$.

**Aufgaben. 114.** Für Methylalkohol ist die Änderung des Dampfdruckes bei der Änderung der Temperatur um 1° $\left(\text{also } \frac{dp}{dT}\right)$ mit Hilfe der CLAUSIUS-CLAPEYRONschen Gleichung zu berechnen **a)** beim Siedepunkt 64,7°; **b)** bei 20° C. Die molare Verdampfungswärme beträgt bei 64,7° 8430 cal, bei 20° 9190 cal*. Bei 20° ist der Dampfdruck 96 Torr**.

**115.** Äther siedet unter einem Druck von $p_1 = 760$ Torr bei $t_1 = 34{,}6^\circ$ C. Die molare Verdampfungswärme beträgt 6580 cal. Wie groß ist der Dampfdruck $p_2$ bei $t_2 = 30^\circ$ C?

**116.** Berechne die vorhergehende Aufgabe, wenn die Verdampfungswärme unbekannt wäre. TROUTONsche Konstante = 21.

**117.** Nach POHLAND und MEHL ist der Dampfdruck von Äthylamin bei $T = 259{,}3^\circ$ K 183,0 Torr, 267,6° 281,8 Torr, 279,0° 481,3 Torr, 289,4° 750,5 Torr. Welche Verdampfungswärme ergibt sich aus diesen Daten im Mittel für 1 g Äthylamin für diesen Temperaturbereich?

**118.** JOHNSTON und MARSHALL bestimmten den Dampfdruck für Nickel bei $T_1 = 1387^\circ$ K zu $5{,}70 \cdot 10^{-9}$ Atm, bei $T_2 = 1415^\circ$ K zu $1{,}09 \cdot 10^{-8}$ Atm. Wie groß ist die Sublimationswärme des Nickels in diesem Temperaturbereich?

**119.** Eine Legierung, welche 10 Gew.-% Pb und 90% Sb enthält, schmilzt bei 609° ($= t_2$). Der Schmelzpunkt des reinen Sb ist 630° C ($= t_1$). Berechne daraus die Schmelzwärme des Sb.

**120.** Tetrachloräthylen $C_2Cl_4$ hat einen normalen Siedepunkt von 120,8° C und die Verdampfungswärme 50,04 cal $\cdot$ $g^{-1}$. Wann siedet die Flüssigkeit bei 750 Torr?

**121.** Nach BILTZ beinhaltet $As_2O_3$-Dampf hauptsächlich $As_4O_6$-Moleküle bis 700° C. Nach RUSHTON und DANIELS ist in der Nähe des Schmelzpunktes der Dampfdruck (in Torr) über dem festen $As_2O_3$ $\lg p = \frac{-6670}{T} + 13{,}728$, über der Schmelze $\lg p = \frac{-2722}{T} + 6{,}513$. Berechne **a)** die Schmelztemperatur und **b)** die Schmelzwärme für 1 g $As_2O_3$.

**122.** Für Anilin gilt für den Dampfdruck (in Torr): $\lg p = \frac{-2407}{T} + + 8{,}13$. Berechne **a)** die Siedetemperatur und **b)** die Änderung des Dampfdruckes bei einer Temperaturänderung um 1°.

* Chem. Tasch. 3126.

** Chem. Tasch. 551.

**123.** SCHNEIDER und SCHUPP bestimmten den Dampfdruck des Tellurs zwischen 600 und 750° C und erhielten folgende Werte:

| | | | | | | | | | | |
|---|---|---|---|---|---|---|---|---|---|---|
| $t$ (°C) | = 668 | 685 | 670 | 667 | 667,5 | 667 | 668 | 668 | 679 | 751 |
| $p$ (Torr) | = 25,4 | 29,15 | 26,9 | 20,8 | 22,2 | 21,3 | 22,0 | 22,2 | 24,3 | 63,3 |

| | | | | | | | | | |
|---|---|---|---|---|---|---|---|---|---|
| $t$ = 757,5 | 752,5 | 732,5 | 712 | 721 | 697 | 635 | 598 | 623 | 650,5 |
| $p$ = 67,2 | 66,7 | 48,4 | 40,5 | 43,8 | 31,8 | 14,45 | 8,15 | 11,4 | 17,9 |

Bestimme auf graphischem Wege die Formel für die Abhängigkeit zwischen $p$ und der absoluten Temperatur $T$ zwischen 600 und 750° C.

**124.** RODEBUSH und EWART leiteten einen langsamen Luftstrom bei 24,85° C und 742,9 Torr zuerst durch eine Lösung von 0,67 Gew.-% HCl in Eisessig, dann durch Natronlauge, worauf er in einer Glocke gesammelt wurde. Der Versuch wurde beendet, als 1 l feuchte Luft von 740,8 Torr und 297,2° K aufgefangen waren. In der Lauge wurden gefunden 0,002920 Mol Cl′ und 0,001698 Mol Ac′. Gesucht ist der Teildruck von HCl über der Lösung im ersten Gefäß bei 24,85° C. Essigsäuredämpfe, welche teilweise $H_2Ac_2$ bildeten, haben den Teildruck 15,6 Torr, der Wasserdampf bei 297,2° K 22,0 Torr.

**125.** Für Difluordichlormethan sind 3 Wertpaare für den Dampfdruck gegeben: $p_1 = 0{,}399$ at bei — 50° C, $p_2 = 1{,}540$ at bei — 20° C und $p_3 = 5{,}785$ at bei + 20° C. Berechne die Interpolationskurve und ermittle aus ihr den Dampfdruck bei 0° C (der laut Tabelle 3,149 at betragen soll).*

## 3. Diagramme zur Clausius-Clapeyronschen Gleichung.

*a*) Ein einfaches, in der Praxis bewährtes Diagrammblatt, welchem die Gleichung $\lg P = k \cdot \frac{1}{273 + t} + Konst.$ zugrunde liegt, haben H. FISCHER und A. BERGHOLM entworfen. Durch diese Gleichung kann die Temperaturabhängigkeit vieler Eigenschaften verschiedener Stoffe ausgedrückt werden, und man erhält bei der graphischen Darstellung gerade Linien, wenn man $\lg P$ und $\frac{1}{273 + t}$ als Koordinatenskalen wählt. In der Abb. 102 bedeuten $t$ die Temperatur in °C und $P$ entweder den Dampfdruck, oder aber die Löslichkeit, Geschwindigkeitskonstante, Gleichgewichtskonstante oder Viskosität in zweckmäßigen Einheiten ausgedrückt.

*Anwendung:* α) *Dampfdruck.* Das Diagrammblatt ist geeignet für den Dampfdruck über einer reinen Flüssigkeit oder einem festen Stoff und für den Partialdruck über einer Flüssigkeitsmischung oder Lösung. Als Einheit wählt man Torr; für höhere Drücke können die Ziffern auf der $P$-Skala Zehntel- oder ganze Atmosphären angeben. Eine vielseitige Anwendung kann das Diagramm bei Vakuumdestillationen, Wasserdampf-Destillationen und Sublimationen gewinnen. Nachdem zumeist mindestens zwei Punkte gegeben sind (davon einer z. B. der Dampfdruck bei 1 Atm), kann die Gerade gezeichnet werden. Allerdings ist vor einer bedenkenlosen Anwendung der „geraden Linie" zu warnen.

---

* Chem. Tasch. **362328**

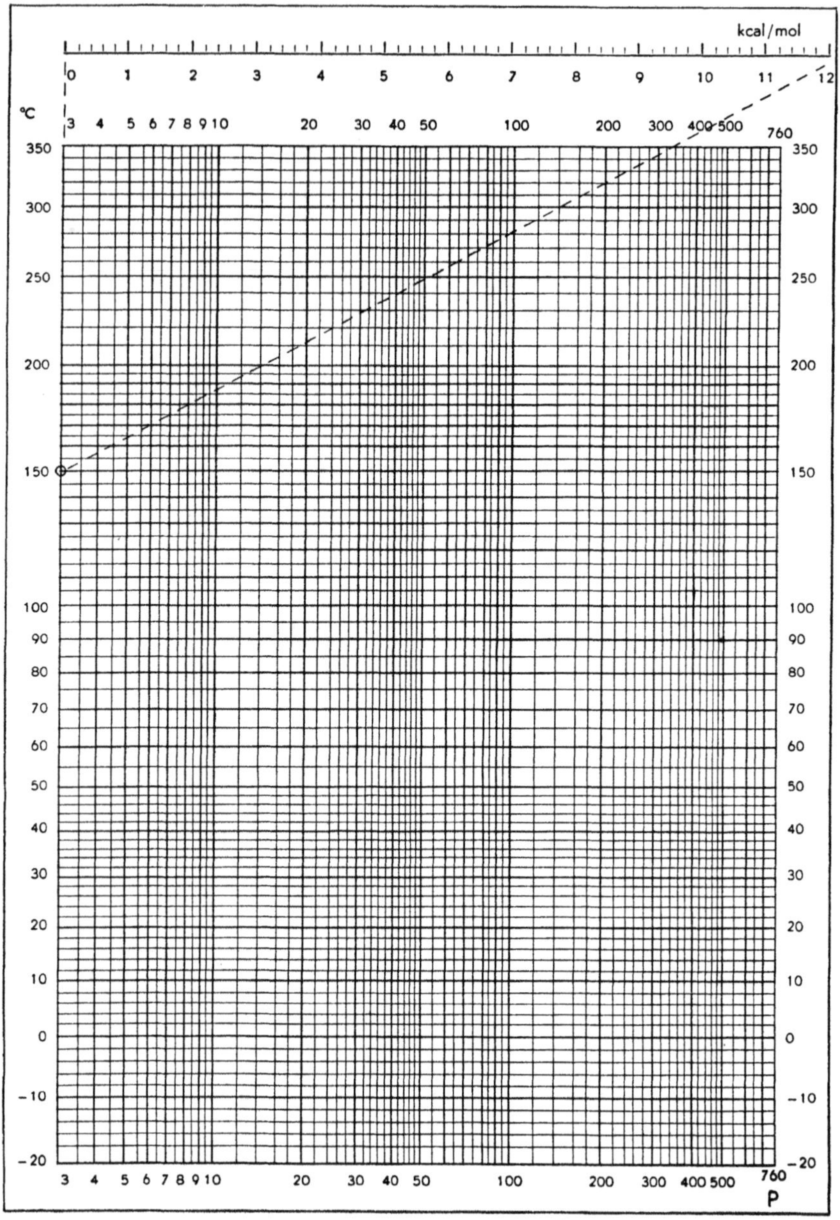


Abb. 102. lg $P$ als Funktion von $\frac{1}{273 + t}$.

Die Neigung der Linie bildet ein Maß für die Verdampfungswärme (Sublimationswärme). Wird die Dampfdruckgerade parallel verschoben und durch den markierten Punkt (in der Abb. bei 150°) gelegt, so kann auf der oberhalb des Diagrammes gelegenen horizontalen kcal-Skala die Verdampfungswärme abgelesen werden. Umgekehrt kann daher aus der bekannten Verdampfungswärme und einem Dampfdruckwert, z. B. dem Siedepunkt, die Dampfdruckgerade konstruiert werden. Stoffe mit ungefähr gleichem Siedepunkt haben im allgemeinen Verdampfungswärmen gleicher Größenordnung, und die Linien im Diagramm werden in diesem Fall nahezu parallel (TRAUTONsche Regel).

Nachdem sich die Verdampfungswärme fast stets mit der Temperatur etwas ändert, ist die Dampfdruckkurve nicht immer exakt eine gerade Linie. Rechnet man, daß die Verdampfungswärme bei einer Temperaturerhöhung um 100° um rund 1 kcal/Mol steigt, so wird die Dampfdruckkurve schwach nach unten gekrümmt sein. Bei höheren Drucken kann die Abweichung vom Gasgesetz eine schwache Krümmung in entgegengesetzter Richtung verursachen.

$\beta$) *Löslichkeit.* Bezeichnet man die Löslichkeit einer festen Substanz in einer Flüssigkeit mit $P$ (%, g/l, Molenbruch), so ergibt sich bei Anwendung des abgebildeten Diagrammblattes in vielen Fällen eine gerade Linie. Exakt gilt dies allerdings nur für ideale Lösungen. Für den praktischen Gebrauch können Lösungen unter 25 Mol-% wie ideale Lösungen behandelt werden. Ausgenommen sind natürlich Stoffe, welche dissoziieren oder auf andere Weise vom Lösungsmittel beeinflußt werden.

Die Lösungswärme kann auf die gleiche Weise, wie unter $\alpha$ beschrieben, auf der oberen kcal-Skala ermittelt werden. Zu bemerken ist außerdem, daß die Lösungswärme für eine bestimmte Substanz in verschiedenen Lösungsmitteln approximativ gleich und von derselben Größenordnung ist wie die Schmelzwärme.

$\gamma$) *Geschwindigkeitskonstante.* Die Neigung des linearen Zusammenhanges zwischen Geschwindigkeitskonstante und Temperatur bildet ein Maß für die Aktivierungsenergie. Diese ist im allgemeinen so hoch, daß die obere Skala nicht ausreicht. Man wählt dann z. B. 350° C als Ausgangspunkt für die Parallelverschiebung. Der Wert auf der Skala muß dann mit 4,5 multipliziert werden.

$\delta$) *Gleichgewichtskonstante.* Die Neigung der Geraden aus Gleichgewichtskonstante und Temperatur ist ein Maß für die Reaktionswärme.

$\varepsilon$) *Viskosität.* Auch die Temperaturabhängigkeit der Viskosität kann für viele Stoffe in unserem Diagrammblatt als gerade Linie veranschaulicht werden.

*Konstruktion des Diagrammblattes.* Nach Feststellung des benötigten Meßbereiches (im gezeichneten Fall 3 bis 760 Torr, bzw. — 20 bis 350° C) werden die Skalen in die Koordinaten eingezeichnet. Abszisse: $P$ im logarithmischen Maßstab auftragen. Ordinate: Auftragen der Werte $\frac{1}{273+t}$. Entspricht z. B. im Diagramm die Strecke — 20 bis + 350° C, bzw. $\frac{1}{273-20} = 0{,}0039535$ und $\frac{1}{273+350} = 0{,}0016051$ (Differenz $= 0{,}0023484$) einem Abstand von 220,0 mm, so hat der Punkt 0° C, also $\frac{1}{273+0} = 0{,}0036630$ vom Koordinatenursprung (— 20° C) eine Differenz von 0,0002905, das sind auf die gesamte Strecke bezogen ein Abstand von 27,21 mm. Auf die gleiche Weise können alle übrigen Punkte der Ordinate berechnet und eingezeichnet werden, welche jedoch aus praktischen Gründen mit den zugehörigen °C zu bezeichnen sind. Durch Ausziehen der Linien entsteht das Diagrammnetz.

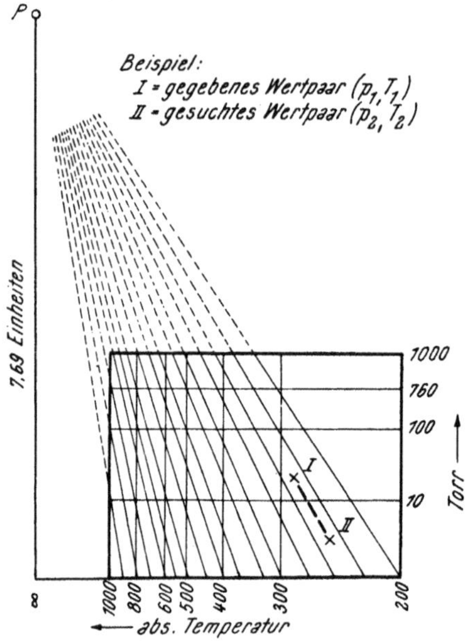

Abb. 103

Da gleichzeitig der Zusammenhang mit der Verdampfungswärme (Lösungswärme usw.) ausgedrückt werden soll, ist noch die kcal-Skala zu konstruieren. Nachdem die Neigung der geraden „Dampfdruckkurven" das Maß für die Verdampfungswärme $\Delta J$ darstellt, ist eine Parallelverschiebung der Geraden ohne Einfluß. Dadurch wird es möglich, die kcal-Skala in übersichtlicher Form und vorteilhaftem Ablesebereich oberhalb des eigentlichen Diagrammnetzes anzuordnen. Zur Konstruktion der kcal-Skala greifen wir eine Dampfdruckkurve heraus, welche, da sie als Gerade erscheint, durch zwei Punkte gegeben ist, z. B. $p_1 =$ $= 3$ Torr bei $t_1 = 150°$ C ($T_1 =$ $= 273 + 150$) und $p_2 = 20$ Torr bei $t_2 = 230°$ C ($T_2 = 273 + 230$). Damit wird gleichzeitig der „Ausgangspunkt", bis zu welchem die Parallelverschiebung beim Gebrauch erfolgen muß, festgelegt (geringelt markiert). Nach der Gleichung $\Delta J = \frac{T_1 \cdot T_2}{T_2 - T_1} \cdot \frac{2{,}303 \cdot R}{1000} \cdot \lg \frac{p_2}{p_1}$ (siehe S. 219) errechnet sich die Verdampfungswärme für das gewählte Beispiel zu 10,0 kcal/Mol. Dieser Wert bildet einen Punkt der kcal-Skala. Ihr Nullpunkt muß auf der Ordinate liegen. Nun wird der Abstand der kcal-Skala vom Diagrammnetz so gewählt, daß ihr Geltungsbereich wiederum dem Bedarf entspricht (bis etwa 12 kcal). Nachdem durch die Gleichung $\lg P = \frac{\Delta J}{4{,}574 \cdot T} + C \left(\text{oder } \frac{k}{T} + C\right)$ der lineare Zusammenhang ausgedrückt wird, muß die kcal-Skala eine gleichmäßige Teilung besitzen, welche nun von 0 bis 10,0 und darüber hinaus eingezeichnet wird.

Die in der Abbildung dargestellte schräge, gestrichelte Gerade ist lediglich eine Hilfslinie, um die Übersichtlichkeit zu erhöhen. Sie gibt den Anwendungsbereich dieses Diagrammblattes an, d. h. es können in unserem Falle alle jene $\Delta J$-Werte ermittelt werden, die zwischen 0 und etwa 12 kcal/Mol liegen. Fällt die durch den

Ausgangspunkt gezogene Parallele zur Funktionsgeraden rechts der strichlierten Grenzlinie, so wählt man einen anderen Ausgangspunkt, z. B. 350° C und multipliziert die erhaltenen Werte der oberen Skala mit 4,5, denn es verhalten sich die Abstände 150 bis Nullpunkt der kcal-Skala zu 350 bis Nullpunkt der kcal-Skala = 9 : 2.

*b*) Bei dem Diagrammblatt nach G.-M. Schwab ist lediglich die Kenntnis des Siedepunktes des betreffenden Stoffes erforderlich. Die für die Festlegung der Geraden notwendige 2. Größe ist durch die Troutonsche Regel ($\Delta J \approx 22 \cdot T_K$) gegeben (Abb. 103). Das bekannte Wertpaar Siedepunkt/Druck ($= I$) wird eingezeichnet. Es liegt auf einer oder zwischen 2 der gezogenen Linien. Auf der gleichen Leitlinie liegt nun das gesuchte Wertpaar ($= II$), von welchem entweder der Druck oder die Temperatur gesucht ist.

Die Konstuktion erfolgt nach der Gleichung $\lg 760 = \frac{-22}{4{,}574} + C$. Daraus ist $C = 7{,}69$. Das entspräche einem Grenzdampfdruck bei $T = \infty$ von $4{,}9 \cdot 10^7$ Torr, unabhängig vom Stoff selbst. Der Punkt $P$ ist somit allen Dampfdruckgeraden gemeinsam. Assoziierende Stoffe (Säuren, Alkohole) geben unbefriedigende Resultate, da ihre Verdampfungswärmen abnorm hoch sind.

## 4. Lösungswärme.

Unter der Lösungswärme oder Lösungsenthalpie eines festen Stoffes in einem Lösungsmittel versteht man die Differenz zwischen dem Wärmeinhalt der Lösung und der Summe der Wärmeinhalte des festen Stoffes und der $n$ Mole reinen Lösungsmittels. Die Lösungswärme ist konzentrationsabhängig. Sie hat erst von einer starken Verdünnung an einen konstanten Wert; bei höherer Konzentration der Lösung unterscheidet sich die Wärmemenge von dem Endwert um die Verdünnungswärme.

Als *differentiale Lösungswärme* $\Lambda_c$ bezeichnet man jene Wärmemenge, die nötig ist, um 1 Mol des festen Stoffes in einer so großen Menge seiner Lösung von der Konzentration $c$ aufzulösen, daß dabei praktisch keine Änderung der Konzentration eintritt. Die *integrale Lösungswärme* $L_c$ ist jene Wärmemenge, die nötig ist, um 1 Mol des festen Stoffes in so viel Lösungsmittel aufzulösen, daß eine Lösung der Konzentration $c$ entsteht. Ein spezieller Wert dieser integralen Lösungswärme ist die „ganze Lösungswärme“ $L_s$, das ist jene Wärmemenge, die erforderlich ist, um 1 Mol des festen Stoffes in so viel Lösungsmittel aufzulösen, daß gerade eine gesättigte Lösung entsteht. ($c_s$ = Sättigungskonzentration.) Es bestehen die Beziehungen $L_c = \frac{1}{c} \int\limits_0^c \Lambda_c \, dc$, bzw. $L_s = \frac{1}{c_s} \int\limits_0^{c_s} \Lambda_c \, dc$.

**150. Beispiel.** Aus folgenden Angaben nach Lange und Eichler für die differentialen Lösungswärmen $\Lambda_c$ (kcal/Mol KF) in Zusammenhang mit der Konzentration $c$ (Mol KF/100 Mol $H_2O$) ist die „ganze“ Lösungswärme zu ermitteln.

| | | | | | | | | | | | | |
|---|---|---|---|---|---|---|---|---|---|---|---|---|
| $c =$ | 0 | 0,1 | 0,3 | 0,5 | 1,0 | 4 | 10 | 16 | 20 | 24 | 26 | 28 |
| $-\Lambda_c =$ | 4,24 | 4,12 | 4,08 | 4,06 | 4,05 | 3,97 | 3,48 | 2,46 | 1,65 | 0,94 | 0,66 | 0,43 |
| $c =$ | 30 | 30,49 ($= c_s$) | | | | | | | | | | |
| $-\Lambda_c =$ | 0,23 | 0,19 | | | | | | | | | | |

Die Bestimmung des Integrals $L_s = \frac{1}{c_s} \int\limits_0^{c_s} \Lambda_c \, dc$ erfolgt graphisch. Auf Millimeterpapier wird die Kurve $-\Lambda_c = f(c)$ gezeichnet. Als Maßstab wählt man beispielsweise auf der Abszisse 0,5 cm $= \frac{1 \text{ Mol KF}}{100 \text{ Mol } H_2O}$, auf der Ordinate 4 cm $= \frac{1 \text{ kcal}}{1 \text{ Mol KF}}$. Bestimmung der Kurvenfläche durch Auszählung der Quadrate; erhalten werden 147 cm². Nach unserem Maßstab ist 1 cm² $= \frac{0{,}5 \text{ kcal}}{100 \text{ Mol } H_2O}$, daher

$$L_s = -\frac{1}{30{,}49} \cdot 147 \cdot 0{,}5 = -2{,}41 \text{ kcal/Mol KF.}$$

Die *Temperaturabhängigkeit des Lösungsgleichgewichtes* einer idealen Lösung ist gegeben durch die Gleichung $\frac{d \ln c}{dT} = \frac{\Delta J}{RT^2}$ und daraus $\lg \frac{c_2}{c_1} = \frac{\Delta J}{2{,}303 \cdot R} \cdot \frac{T_2 - T_1}{T_2 \cdot T_1}$, worin $c_1$ und $c_2$ die Löslichkeiten darstellen.

(Ableitung der Gefrierpunktserniedrigung aus dieser Gleichung siehe S. 200, Diagrammblatt für Löslichkeitskurven S. 225.)

**151. Beispiel.** Die Löslichkeit von $HgCl_2$ beträgt bei 0° C 4,29 g in 100 g Wasser, bei 20° C 6,6 g in 100 g Wasser.* $HgCl_2$ ist in wäßriger Lösung praktisch nicht dissoziiert. Zu berechnen ist die molare Lösungswärme von $HgCl_2$.

$$\Delta J = \frac{(\lg c_2 - \lg c_1) \cdot 2{,}303 \cdot 1{,}986 \cdot T_2 \cdot T_1}{T_2 - T_1} = 3422 \text{ cal.}$$

**Aufgaben. 126.** Die Lösungswärme von $NaNO_3$ beträgt + 4,97 kcal/Mol. Auf welche Temperatur wird 1 Liter Wasser von 18° C abgekühlt, wenn 10 g dieses Salzes darin gelöst werden? Der Wärmeinhalt der Lösung soll gleich dem des darin befindlichen Wassers gesetzt werden.

**127.** Zur Bestimmung der Lösungswärme von HCl wurde HCl-Gas in ein Kalorimeter geleitet, dessen Wasserwert 860 g betrug. Die Temperatur stieg dabei um 0,850°. Die eingeleitete Gasmenge wurde durch Titration der Lösung mit n-Natronlauge ermittelt. Verbrauch 42 ml. Zu berechnen ist die molare Lösungswärme von HCl.

* Chem. Tasch. 332611

**128.** 1 Liter Wasser löst bei 10° 5,173, bei 20° 3,930 g $H_2S$. Berechne die molare Lösungswärme.

**129.** LANGE und EICHLER bestimmten die integralen Lösungswärmen $L_c$ (in kcal/Mol Salz) bei der Herstellung von KF-Lösungen der Konzentration $c$ (in Mol KF/100 Mol $H_2O$) wie folgt:

| | | | | |
|---|---|---|---|---|
| $c =$ | 10 | 12 | 14 | 16 |
| $-L_c =$ | 3,878 | 3,788 | 3,682 | 3,554 |

Zu berechnen ist die differentiale Lösungswärme $\Lambda_c$ für $c = 14$.

**130.** Nach THOMSEN kann für das Mischen von $H_2SO_4$ ($A$ Mol) und Wasser ($B$ Mol) folgende Näherungsformel für die Berechnung der Mischungswärme verwendet werden: $\Delta J = \frac{17860 \cdot A \cdot B}{B + 1{,}798 \cdot A}$ cal. Wie groß ist die frei werdende Wärmemenge **a)** beim Mischen von 10 kg $H_2SO_4$ mit 10 kg Wasser und **b)** beim Zumischen von 5 kg $H_2O$ zu der unter a) erhaltenen Mischung?

**131.** Berechne aus der Temperaturabhängigkeit der Löslichkeit die molare Lösungswärme von Thalliumchlorid. Die Löslichkeit von TlCl in Wasser beträgt bei 0° C 0,17 g in 100 g Wasser, bei 20° C 0,32 g in 100 g Wasser. TlCl ist schwer löslich, jedoch in wäßriger Lösung praktisch völlig dissoziiert (Löslichkeitsprodukt $L = c_{Tl^{\cdot}} \cdot c_{Cl'}$ und da $c_{Tl^{\cdot}} = c_{Cl'} = c_{TlCl}$ wird $L = c_{TlCl}^2$ (s. auch S. 286).

**132.** Die Lösungswärme von Essigsäure in Wasser beträgt $-4180$ cal, in Chloroform $-8778$ cal. Bei 20° ist der Verteilungskoeffizient $k = \frac{c_{H_2O}}{c_{CH\,Cl_3}} = 14{,}05$. Zu berechnen ist der Verteilungskoeffizient bei 30°.

## B. Der erste Hauptsatz.

### 1. Der erste Hauptsatz.

Das Prinzip von der Erhaltung der Energie besagt, daß an Energie nichts gewonnen werden und nichts verlorengehen kann. Ein geschlossenes System beinhaltet also seine gesamte Energie unverändert, gleichgültig, welche Veränderungen die einzelnen Energiekomponenten des Systems erleiden.

Wir können jede beliebige Energieart in den Maßeinheiten einer anderen Energieart ausdrücken; siehe S. 71.

Die mathematische Formulierung des ersten Hauptsatzes lautet $\Delta U = U_2 - U_1 = A + Q$.

$U$ ist die innere Energie (Energieinhalt; $U_1$ im Anfangs-, $U_2$ im Endzustand) des betrachteten Systems, $\Delta U$ daher die Änderung der inneren Energie im Verlaufe des Vorganges; ihre Zunahme ist positiv, ihre Abnahme negativ gerechnet. $A$ ist die Arbeit (eine dem System von außen zugeführte Arbeit ist positiv), $Q$ die Wärme, die während des Vorganges zwischen dem System und seiner Umgebung umgesetzt wird (positiv, wenn sie dem System von außen zugeführt wurde; endothermer Vorgang).

Bei der adiabatischen Volumenänderung (d. h. ohne Wärmezu- oder -abfuhr) ist $Q=0$, daher $\Delta U = A$.

Bei der für die chemischen Vorgänge wichtigeren isothermen Volumenänderung (die Wärmezu- und -abfuhr ist so geregelt, daß die Temperatur konstant bleibt) ist keine Änderung der inneren Energie möglich (2. Gay-Lussacsches Gesetz: Die innere Energie ist vom Volumen unabhängig; $\left(\frac{\partial U}{\partial v}\right)_T = 0$). Es ist somit $A = -Q$.

Wird der Stempel eines Kolbens (Querschnitt $q$) eines mit Gas gefüllten Zylinders durch den Druck $p$ um die unendlich kleine Strecke $dh$ verschoben, so leistet das Gas die Arbeit $dA = -p \cdot q \cdot dh$. Nachdem $q \cdot dh = dv$ (Volumenänderung), ist $dA = -p \cdot dv$ (das Arbeitsdifferential).

Die Gesamtarbeit zwischen den Volumina $v_1$ und $v_2$ ist dann $A = -\int_{v_1}^{v_2} p \cdot dv = -\int_{v_1}^{v_2} \frac{n \cdot R \cdot T}{v} \cdot dv$. Nachdem $n$ und $T$ konstant sind, ist $A = -nRT \int_{v_1}^{v_2} \frac{dv}{v} = -nRT \ln \frac{v_2}{v_1} = -nRT \ln \frac{p_1}{p_2}$ $(= -nRT \ln K_p)$.

**152. Beispiel.** Welche Wärmemenge wird bei der isothermen reversiblen Kompression von 5 l eines idealen Gases bei 20° und 1 Atm auf 1 l entwickelt?

Aus $p \cdot v = n \cdot R \cdot T$ ist $n = \frac{1 \cdot 5}{0{,}082 \cdot 293} = 0{,}208$ Mol.

$Q = -A = 0{,}208 \cdot 1{,}986 \cdot 293 \cdot \ln \frac{1}{5} = -194{,}8$ cal. ——

**153. Beispiel.** 1 kg $CO_2$ soll isotherm bei 40° vom Druck 50 auf 100 Atm verdichtet werden. Wie groß ist die benötigte Arbeit, wenn sich das Gas **a)** ideal verhält; **b)** nach der VAN DER WAALSschen Gleichung verhält?

**a)** 1 kg $CO_2 = 22{,}7$ Mol.

$$A = -22{,}7 \cdot 1{,}986 \cdot 313 \cdot \ln \frac{50}{100} = 9780 \text{ cal.}$$

**b)** In der Abb. 79, S. 177, zählen wir zwischen den Grenzen 50 und 100 Atm die Quadrate ab; wir erhalten 39,6. Die Einheit eines Quadrates ist $5 \cdot 50 = 250$ cm³ Atm. Daher ist $A = 39{,}6 \cdot 250 = 9900$ cm³ Atm $= 239{,}7$ cal/Mol $= 5440$ cal/kg. ——

**154. Beispiel.** Welche theoretische Arbeit erfordert die Entmischung von 1 kg Luft von 20° C und 1 Atm in ihre Bestandteile (79 Vol-% $N_2$ und 21 Vol.-% $O_2$), wenn diese nachher denselben Druck und dieselbe Temperatur haben?

$A = -Q = -nRT \cdot \ln \frac{v_2}{v_1} = -p \cdot v_1 \cdot \ln \frac{v_2}{v_1}$. Für die Mischung zweier Gase gilt $A = A_1 + A_2 = -p \cdot V \cdot \left(\frac{v_1}{V} \cdot \ln \frac{V}{v_1} + \frac{v_2}{V} \cdot \ln \frac{V}{v_2}\right)$.

1 kg Luft = 34,5 Mol. $A = -34{,}5 \cdot 1{,}986 \cdot 293 \cdot \left(0{,}79 \cdot \ln \frac{1}{0{,}79} + \right.$ $\left. + 0{,}21 \cdot \ln \frac{1}{0{,}21}\right) = -10320$ kcal/kg. ——

**155. Beispiel.** Beim Lösen von Zink in Schwefelsäure bei Zimmertemperatur und konstantem Druck wurde im Kalorimeter eine Reaktionswärme von 34200 cal ($= -Q$) gemessen. Bei der Gasentwicklung wird Arbeit geleistet. Auf 1 Mol Zn entsteht 1 Mol $H_2$ oder 22,4 l unter Normalverhältnissen = 23,9 l bei 18° C und 1 Atm; das entspricht einer Arbeit von 23,9 lAtm = = 579 cal.

(Zu dieser Arbeitsleistung gelangt man auch auf folgendem Weg: $p \cdot v = R \cdot T$; $R = 8{,}313 \cdot 10^7$ erg, $T = 291$, also $p \cdot v = 2{,}419 \cdot 10^{10}$ erg. 1 erg $= 2{,}3887 \cdot 10^{-8}$ cal, folglich $p \cdot v = 578$ cal.)

Die Energieänderung des Systems $\Delta U = -579 - 34200 = -34779$ cal. (Die Energie nimmt also um diesen Betrag ab.)

Wenn wir die kalorimetrisch meßbare Wärmetönung einer Reaktion als Wärmetönung bei konstantem Druck $U_p$ und als Wärmetönung bei konstantem Volumen $U_v$ unterscheiden, dann ist für unser Beispiel $U_p = -34200$ cal (identisch mit $Q$) und $U_v = U_p + A = -34779$ cal (identisch mit $\Delta U$). In allen offenen Gefäßen wird $U_p$ gemessen. ——

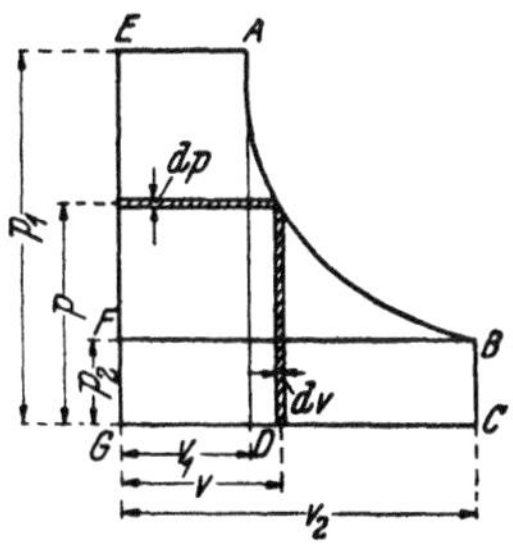

Abb. 104

*Wärmeinhalt* (*Enthalpie*). Bei einer beliebigen Zustandsänderung $AB$ (Abb. 104) von 1 kg Gas unter konstantem Druck wird die Arbeit, dargestellt durch die Fläche $ABCD$ geleistet. Berechnung dieser Fläche $ABCD = BCGF + ABFE - ADGE$. Die einzelnen Flächen sind gegeben durch die Gleichungen:

$$BCGF = p_2 \cdot v_2;\quad ADGE = p_1 \cdot v_1 \text{ und } ABFE = -\int_{p_1}^{p_2} v \cdot dp.$$

Die geleistete Arbeit ist somit $-A = p_2 v_2 - \int_{p_1}^{p_2} v\,dp - p_1 v_1$.

Nach dem ersten Hauptsatz war $Q = \Delta U - A$, also ist $Q = U_2 - U_1 + p_2 \cdot v_2 - \int_{p_1}^{p_2} v \cdot dp - p_1 \cdot v_1$. Setzt man für $J_1 = U_1 + p_1 v_1$ und $J_2 = U_2 + p_2 v_2$ (die Wärmeinhalte im Zustand I und II), dann ist $Q = J_2 - J_1 - \int_{p_1}^{p_2} v \cdot dp$ und $J_2 - J_1 = \Delta J = Q + \int_{p_1}^{p_2} v\,dp$.

Findet eine Zustandsänderung bei konstantem Druck statt, so wird $d\,p = 0$, folglich $Q = \Delta J$ und $\Delta J = \Delta U - A = \Delta U + n\,R\,T$. ($n$ sind also die neu gebildeten bzw. verschwundenen Gasmoleküle.)

$\Delta U = U_2 - U_1$ ist die Wärmetönung bei konstantem Volumen ($U_v$),

$\Delta J = J_2 - J_1$ diejenige bei konstantem Druck ($U_p$).

Nach S. 172 war $\Delta U = U_2 - U_1 = n \int_{T_1}^{T_2} C_v\,d\,T$ und analog

$$\Delta J = J_2 - J_1 = n \cdot \int_{T_1}^{T_2} C_p\,d\,T.$$

Macht ein Körper bei der Erwärmung *Umwandlungen* durch (z. B. fest→flüssig), so ist die Änderung des Wärmeinhaltes gegeben durch die Summe $\Delta J = \int_{T_1}^{T_u} C_p\,d\,T + Q_u + \int_{T_u}^{T_2} C_p\,d\,T$.

(Der Index $u$ bezieht sich auf den Umwandlungspunkt.)

*Partielle Molenthalpie.* Mischt man $n_1$ Mol des reinen Stoffes 1 mit $n_2$ Mol des reinen Stoffes 2, so ist die Änderung von $J$ durch die Gleichung $\Delta J = n_1 \cdot i_1 + n_2 \cdot i_2 - (n_1 \cdot i_1^0 + n_2 \cdot i_2^0)$ gegeben. Darin sind $i_1$ und $i_2$ die partiellen Molenthalpien in der Mischung und $i_1^0$ und $i_2^0$ die Molenthalpien der reinen Stoffe. Da jedoch nur der Unterschied $i_1 - i_1^0 = \Delta i_1$ usw. gemessen werden kann, setzen wir $\Delta J = n_1 \cdot \Delta i_1 + n_2 \cdot \Delta i_2 = (n_1 + n_2) \cdot \Delta i$.

*Mittlere Molwärme.* Nach S. 40 ist die mittlere Molwärme $\overline{C_p}$ zwischen den Grenzen $T_1$ und $T_2$ gegeben durch:

$$\overline{C_p} \cdot (T_2 - T_1) = \int_{T_1}^{T_2} C_p \cdot d\,T = \Delta J.$$

*Temperaturabhängigkeit der Molwärme.* Empirisch wurde folgende Beziehung festgestellt:

$$C_p = \alpha + \beta \cdot T + \gamma \cdot T^2 + \ldots .$$

Setzen wir diesen Ausdruck in die obige Formel für die Berechnung der mittleren Molwärme ein, so erhalten wir

$$\overline{C_p} = \frac{1}{T_2 - T_1} \cdot \int_{T_1}^{T_2} (\alpha + \beta T + \gamma T^2)\, d\,T .$$

Nach der Integration ist $\overline{C_p} = \alpha + \frac{\beta}{2} \cdot \frac{T_2{}^2 - T_1{}^2}{T_2 - T_1} + \frac{\gamma}{3} \cdot \frac{T_2{}^3 - T_1{}^3}{T_2 - T_1}$ und nach Zerlegung von $(T_2{}^2 - T_1{}^2) = (T_2 + T_1) \cdot (T_2 - T_1)$ und $(T_2{}^3 - T_1{}^3) = (T_2{}^2 + T_1 \cdot T_2 + T_1{}^2) \cdot (T_2 - T_1)$ wird

$$\overline{C_p} = \alpha + \frac{\beta}{2} \cdot (T_2 + T_1) + \frac{\gamma}{3} \cdot (T_2{}^2 + T_1 \cdot T_2 + T_1{}^2) .$$

*Näherungswerte für die Wärmekapazität.*

Die spezifische Wärme von reinen Flüssigkeiten ist im allgemeinen nur wenig verschieden von jener fester Stoffe (siehe S. 51), besonders $C_v$ der festen und flüssigen Phase beim Schmelzpunkte sind nahezu gleich.

Bei verdünnten Lösungen kann man ohne großen Fehler die spezifische Wärme gleich der des darin enthaltenen Wassers setzen oder gleich der spezifischen Wärme eines gleichen Volumens Wasser. Bis zu Konzentrationen von 1 Mol Substanz je 100 Mol Wasser gibt in vielen Fällen folgende Regel gute Näherungswerte: Spezifische Wärme $c = 1{,}985 - \varrho$ ($\varrho$ = Dichte).

Die mittlere Molwärme von Gasen $\overline{C_p}$ zwischen den Temperaturen $T_1$ und $T_2$ ist annähernd gleich der mittleren Molwärme zwischen 0° C und der Summe aus $T_1 + T_2$, also

$$[C_p]_{T_1}^{T_2} \sim [C_p]_0^{T_1 + T_2} .$$

Diese Beziehung gilt um so mehr, je weniger $T_1$ von 0° C verschieden ist.

**Aufgaben. 133.** Zu berechnen ist $\varDelta\, U$ für die Verdampfung von 1 Mol Wasser. Die benötigten Werte sind der Wasserdampftafel, S. 479, zu entnehmen.

**134.** Die Verbrennungswärme des Propans bei konstantem Druck und 25° C ist $-530{,}5$ kcal·mol$^{-1}$, die Bildungswärme für Wasser $-68{,}3$ und für $CO_2$ $-94{,}1$ kcal·mol$^{-1}$. Zu berechnen ist die Bildungswärme des Propans bei 25°

**a)** bei konstantem Druck und **b)** bei konstantem Volumen. $C_3H_8 + 5\, O_2 \rightarrow 3\, CO_2 + 4\, H_2O$.

**135.** $\varDelta\, U$ ist bei 18° C für die Verbrennung von Acetylen $-312{,}4$, von Benzol $-782{,}2$ kcal·mol$^{-1}$. Gesucht sind $\varDelta\, U$ und $\varDelta J$ bei 18° für die Bildung von 1 Mol flüssigem Benzol aus Acetylen.

**136.** Durch Verbrennung in der Bombe wurde die molare Verbrennungswärme von Oxalsäure bei konstantem Volumen zu — 61050 cal bei 25° C bestimmt. Wie groß ist die Verbrennungswärme bei konstantem Druck bei 25° C? $(COOH)_2 + \frac{1}{2} O_2 = 2\,CO_2 + H_2O$.

**137.** 1 Mol fester Malonsäure $CH_2\,(COOH)_2$ wurde mit Sauerstoff in der Kalorimeterbombe verbrannt, wobei 207,1 kcal bei 25° C entwickelt wurden. Zu berechnen ist die molare Verbrennungswärme für Malonsäure bei konstantem Druck.

**138.** Brönsted fand die entwickelte Wärmemenge beim Mischen von 1 Mol $H_2SO_4$ (Stoff 1) mit so viel Wasser (Stoff 2), daß der Molenbruch der $H_2SO_4$ $N_1$ wird, zu:

| | | | |
|---|---|---|---|
| $U'$ cal = | 7680 | 6730 | 5810 |
| bei $N_1$ = | 0,45 | 0,50 | 0,55. |

Welche Wärmemenge wird frei, wenn **a)** 1 Mol Schwefelsäure und **b)** 1 Mol Wasser zu einer sehr großen Menge einer $H_2SO_4$-$H_2O$-Mischung vom Molenbruch 0,5 zugesetzt werden?

**139.** Zu berechnen ist eine Näherungsformel für die Temperaturabhängigkeit der Molwärme des Stickstoffes aus folgenden Angaben:

| | | | |
|---|---|---|---|
| $T$ = | 273° | 773° | 1273° |
| $C_p$ = | 6,95 | 7,48 | 8,13 |

unter der Annahme, daß die Temperaturfunktion einer Potenzreihe $C_p = \alpha + \beta \cdot T + \gamma \cdot T^2$ folgt.

**140.** Ein Kaolin besitzt folgende mittlere spezifische Wärmen $\bar{c}$ (bei konstantem Druck): Zwischen 0 — 100°... 0,201 cal·g$^{-1}$·grad$^{-1}$, 0 — 200° ... 0,203, 0 — 300° ... 0,213, 0 — 400° ... 0,226, 0 — — 500° ... 0,249. $\bar{c}$ ist durch die Gleichung $\bar{c} = \alpha + \beta\, t_1 + \gamma\, t_1^2$ (Ausgleichsrechnung) auszudrücken und darauf die spezifische Wärme als Funktion der Temperatur zu berechnen.

**141.** Berechne den Wärmeinhalt von 1 kg flüssigen Aluminiums bei 800° C, wenn folgende Daten gegeben sind: Latente Schmelzwärme des Aluminiums = 86,1 kcal/kg, spezifische Wärmekapazität des flüssigen Aluminiums = 0,243 kcal/kg, Schmelztemperatur = 658° C und die wahre spezifische Wärmekapazität des festen Aluminiums = 0,212 + + 0,0001 · $t$.

## 2. Temperaturabhängigkeit der Wärmetönung.

Nach der *Kirchhoffschen Gleichung* ist die Änderung der Reaktionswärme pro Grad Temperatursteigerung gleich der Änderung der Wärmekapazität im Verlauf der Reaktion (oder: der Temperaturkoeffizient der Wärmetönung ist gleich der Differenz der Molwärmen der Reaktionsteilnehmer).

$$C_p = \left(\frac{\partial J}{\partial T}\right)_p \text{ und } C_v = \left(\frac{\partial U}{\partial T}\right)_v \text{ oder}$$

$$\frac{d\Delta J}{dT} = \Delta C_p\ (p = \text{konst.}) \text{ und } \frac{d\Delta U}{dT} = \Delta C_v\ (v = \text{konst.}).$$

Daraus ist $\Delta J_2 - \Delta J_1 = \int_{T_1}^{T_2} \Delta C_p \cdot dT =$

$= (C_{p2} - C_{p1}) \cdot (T_2 - T_1) = \sum \nu C_p \cdot (T_2 - T_1)$.

**156. Beispiel.** Zu berechnen ist die Wärmetönung der Reaktion $3\,H_2 + N_2 = 2\,NH_3$ für $T = 1000°$. Die Wärmetönung für $T = 273°$ ist —21900 cal.

Die algebraische Summe der Molwärmen $\sum \nu C_p =$

$= 2 \cdot C_{p,NH_3} - (3 \cdot C_{p,H_2} + C_{p,N_2})$.

$C_p$ von $H_2$ und $N_2$ sind fast gleich und ändern sich mit der Temperatur sehr wenig, weshalb als mittlerer Wert zwischen 273 und 1000° K 6,96 cal·grad$^{-1}$ angenommen werden kann. Die mittlere Molwärme von $NH_3$ zwischen diesen Temperaturen beträgt 10,75 cal·grad$^{-1}$.

$\Delta J_{1000} - \Delta J_{273} = \sum \nu C_p \cdot (T_2 - T_1)$; $\Delta J_{1000} = -21900 + + (2 \cdot 10{,}75 - 3 \cdot 6{,}96 - 1 \cdot 6{,}96) \cdot (1000 - 273) = -26500$ cal. ———

*Berücksichtigung der Temperaturabhängigkeit der Molwärme.*

Ist für die einzelnen Stoffe $C_p = \alpha + \beta \cdot T + \gamma \cdot T^2 + \ldots$, dann ist für die Reaktion: $\Delta C_p = \Delta \alpha + \Delta \beta \cdot T + \Delta \gamma \cdot T^2 + \ldots$. Damit wird $\Delta J_2 - \Delta J_1 = \int_{T_1}^{T_2} \Delta C_p \cdot dT = \Delta \alpha \cdot (T_2 - T_1) + \frac{1}{2} \cdot \Delta \beta \cdot (T_2^2 - T_1^2) + \frac{1}{3} \cdot \Delta \gamma \cdot (T_2^3 - T_1^3) + \ldots$ und zwischen den Grenzen 0 und $T$ ist $\Delta J_T - \Delta J_0 = \Delta \alpha \cdot T + \frac{1}{2} \cdot \Delta \beta \cdot T^2 + \frac{1}{3} \cdot \Delta \gamma \cdot T^3 + \ldots$.

**157. Beispiel.** Zu berechnen ist die Reaktionsenthalpie der Reaktion $2\,CH_4 + \frac{3}{2}\,O_2 = C_2H_2 + 3\,H_2O$ (gas) bei 900° C.

Gegeben sind: Bildungsenthalpien bei 25° C für $CH_4 = -17{,}87$ kcal, $H_2O = -68{,}35$ kcal, $C_2H_2 = +53{,}9$ kcal. Die Verdampfungsenthalpie pro kg $H_2O$ bei 25° C = 583,2 kcal, also pro Mol = = +10,51 kcal. Die Molwärmen (in cal/grad·Mol) betragen für: $CH_4 \ldots C_p = 5{,}34 + 1\,15 \cdot 10^{-2} \cdot T$ zwischen 300 und 1200° K, $O_2 \ldots C_p = 7{,}0 + 0{,}105 \cdot 10^{-2}$. $T$ zwischen 300 und 2000° K und $H_2O$ (gas) $\ldots C_p = 7{,}42 + 0{,}24 \cdot 10^{-2} \cdot T$ zwischen 300 und 2000° K. Die Molwärmen (in cal/grad·Mol) von $C_2H_2$ sind wie folgt gegeben:

273° K = 10,13, 298° K = 10,60, 373° K = 11,77, 573° K = 13,70, 773° K = 15,00, 973° K = 16,04, 1173° K = 16,90 und 1273° K = = 17,26.*

$\varDelta J_{298} = 53{,}9 + 3 \cdot (-68{,}35 + 10{,}51) - 2 \cdot (-17{,}87) = -83{,}88$ kcal. Die Temperaturabhängigkeit der Reaktionsenthalpie ist nach dem KIRCHHOFFschen Gesetz $\varDelta J_{1173} = \varDelta J_{298} + \int\limits_{298}^{1173} \Big[3\, C_{p(H_2O)} -$

$$- 2\, C_{p(CH_4)} - \frac{3}{2}\, C_{p(O_2)}\Big]\, dT + \int\limits_{298}^{1173} [C_{p(C_2H_2)}]\, dT\,.$$

Das erste Integral kann berechnet werden: $\int\limits_{298}^{1173} [(3 \cdot 7{,}42 -$

$-2 \cdot 5{,}34 - 1{,}5 \cdot 7{,}0) + (3 \cdot 0{,}24 - 2 \cdot 1{,}15 - 1{,}5 \cdot 0{,}105) \cdot 10^{-2} \cdot T]\, dT =$

$= \int\limits_{298}^{1173} (1{,}08 - 1{,}7375 \cdot 10^{-2} \cdot T)\, dT = 1{,}08 \cdot (1173 - 298) - \frac{1{,}7375 \cdot 10^{-2}}{2} \cdot$

$\cdot (1173^2 - 298^2) = 945 - 11180 = -10235$ cal $= = 10{,}24$ kcal.

Das zweite Integral kann graphisch gelöst werden. Man überträgt die Angaben der Tabelle für $C_{p(C_2H_2)}$ als Funktion von $T$ auf Millimeterpapier, und zwar z. B. 1 cm = 100°, bzw. 2 cm = 1 cal//Mol, also entspricht 1 mm 10° bzw. 0,05 cal, mithin eine Fläche von 1 mm² = 0,5 cal/grad · Mol. Die Grenzen auf der Abszisse sind 273 und 1173° K. Auf der Ordinate beginnt man mit 10,00 cal und zeichnet nun die Wertpaare ein, die man zu einer Kurve verbindet. Die Fläche unter der Kurve wird ausgezählt, man erhält 7800 mm² (Kontrolle durch Umfahren mit dem Planimeter ergab 7850 mm²). Dazu kommt der nicht gezeichnete Teil von 0 bis 10 cal, dessen Inhalt leicht gerechnet werden kann: 200 · 87,3 = 17460 mm². Insgesamt ist die Fläche daher 25260 mm². Das ergibt 25260 · 0,5 = = 12630 cal = 12,63 kcal.

Somit wird $\varDelta J_{1173} = -83{,}88 - 10{,}24 + 12{,}63 = -81{,}49$ kcal.

**Aufgaben 142.** Die Wärmetönung der Reaktion $2\,H_2 + O_2 \rightarrow$ $\rightarrow 2\,H_2O$ (Dampf) bei 0° C ist — 115580 cal. Wie groß ist die Wärmetönung dieser Reaktion bei 1000° C? Die mittleren Molwärmen zwischen 0 und 1000° sind für $H_2 = 7{,}15$, $O_2 = 7{,}30$ und $H_2O = 8{,}83$.

**143.** Bei 20° C und 1 Atm ist die Verbrennungswärme für C = = — 94,45, für $H_2$ = — 68,35 und für $CH_4$ = — 212,79 kcal · mol⁻¹. Für die Molwärmen gelten die Gleichungen: C: $C_p = 1{,}10 + 0{,}0048 \cdot$ $\cdot T - 0{,}0000012 \cdot T^2$; $H_2$ : $C_p = 6{,}50 + 0{,}0009 \cdot T$; $CH_4$ : $C_p = 5{,}34 +$ $+ 0{,}0115 \cdot T$ cal · grad$^{-1}$ · mol$^{-1}$. Zu berechnen ist $\varDelta J$ für die Bildung von $CH_4$ aus den Elementen bei 500° C und 1 Atm.

---

* Berechnet aus Chem. Tasch. 3622

**144.** Nach LIPSETT, JOHNSON und MAAS ist die Lösungsenthalpie beim Auflösen von 1 Mol NaCl in 67 Molen Wasser bei 20° C 1043,2 cal · mol$^{-1}$, bei 25° C 928,1 cal · mol$^{-1}$. Die spezifische Wärme des Wassers ist bei 22,5° 0,9993, diejenige des festen NaCl 0,208 cal · grad$^{-1}$ · g$^{-1}$. Zu berechnen ist die spezifische Wärme der Lösung bei 22,5° C.

**145.** Bei der Bildung von 1 Mol CO aus den Elementen bei 25° und 1 Atm werden nach CHIPMAN 26649 cal frei. Für die Molwärmen gelten folgende Gleichungen: C: $C_p = 1{,}20 + 0{,}005 \cdot T - 1{,}2 \cdot 10^{-6} \cdot T^2$; $O_2$ und CO: $C_p = 6{,}50 + 0{,}001 \cdot T$. Berechne $\Delta J$ für die Bildung von CO als Funktion von $T$.

**146.** Berechne die molare Bildungsenthalpie bei 100° **a**) für flüssiges Wasser, **b**) für Wasserdampf aus folgenden Daten: Molare Bildungsenthalpie für flüssiges Wasser bei 20° = — 68400 cal; die Temperaturabhängigkeit der Molwärmen ist gegeben durch die Formeln: $O_2 \ldots C_p = 6{,}50 + 0{,}0010 . T$ cal und $H_2 \ldots C_p = 6{,}50 + 0{,}0009 . T$ cal. Für flüssiges Wasser soll $C_p$ zu 18 cal angenommen werden. Verdampfungswärme = 539 cal/g.

**147.** Berechne $\Delta J_{800}$ der Reaktion $C_{graph.} + 2\,H_2$ (g) = $CH_4$ (g). Gegeben sind $\Delta J_{298} = - 18062$ cal und die Molwärmen $C_p$ (cal). Letztere sind für $H_2 = 6{,}85 + 0{,}00028 \cdot T + 0{,}00000022 \cdot T^2$, $C_{graph.} = 1{,}22 + 0{,}00489 \cdot T - 0{,}00000111 \cdot T^2$ und $CH_4 = 4{,}38 + 0{,}01417 \cdot T$.

**148.** HABER und TAMURA stellten fest, daß für den katalytischen Zerfall von 1 Mol $NH_3$ in seine Grundstoffe bei 600° C und 1 Atm 13000 cal zugeführt werden müssen, um die Temperatur zu halten. Die Molwärmen (cal) sind gegeben durch die Gleichungen: für $NH_3$ ist $C_p = 8{,}04 + 0{,}0007 \cdot T + 0{,}0000051 \cdot T^2$, für $H_2 = 6{,}50 + 0{,}0009 \cdot T$ und für $N_2 = 6{,}50 + 0{,}0010 \cdot T$. Aufzustellen ist die Formel für $\Delta J$ als Funktion von $T$.

**149.** Nach NEUMANN und VÖLKER gilt für den Dampfdruck des Quecksilbers in Torr zwischen 15 und 75° C folgende Beziehung: $\lg p = \frac{-3328}{T} - 0{,}848 \cdot \lg T + 10{,}53$. Zu berechnen ist die Verdampfungswärme für 1 Mol Hg bei 300° K. ($\Delta C_p$ soll innerhalb des betrachteten Gebietes als konstant angesehen werden).

**150.** Methanol hat bei 0° den kubischen Ausdehnungskoeffizienten $\alpha \cdot 10^5 = 118{,}7$ Atm$^{-1}$, die Kompressibilität $\varkappa \cdot 10^6 = 109{,}5$ grad$^{-1}$, die Dichte $\varrho = 0{,}821$ g · cm$^{-3}$ und die Molwärme $C_p = 18{,}0$ cal · mol$^{-1}$ · grad$^{-1}$. Zu berechnen ist $C_v$ (siehe S. 51).

## C. Der zweite Hauptsatz.

### 1. Die Reaktionsarbeit.

Die praktisch geleistete Arbeit ist kleiner als die Reaktionsarbeit $\Delta A$ (maximale Arbeit). Liegt der Grenzfall der Umkehrbarkeit eines Vorganges vor (reversibler Verlauf), dann ist $A_{rev} = \Delta A$. Die reversible Arbeit isothermer Zustandsänderungen $A_{rev} = F_1 - F_2 = \Delta F$, die Änderung der freien Energie. $F$ muß also eine Zustandsfunktion sein, d. h. sie muß in jedem Zustand einen eindeutigen Wert haben.

Für einen Vorgang bei konstantem Druck und konstanter Temperatur ist die Arbeitsleistung $A_{rev} = \Delta F = \Delta A - p \cdot \Delta v$. Bei konstantem Volumen wird $A_{rev} = \Delta F = \Delta A$.

Bei Kenntnis der $\Delta A$-Werte sämtlicher Reaktionen, die in einem System möglich sind, in ihrer Abhängigkeit von Temperatur, Druck und Zusammensetzung kann vorausgesagt werden, welche Vorgänge bei Aufhebung der Hemmungen und wie weit sie ablaufen werden.

Das genannte Prinzip der maximalen Arbeit besagt also, daß nur jene Reaktionen freiwillig ablaufen, deren Reaktionsarbeit negativ ist (d. h. Arbeitsabgabe!). Vorgänge mit positiven $\Delta A$-Werten können nur durch äußere Arbeitsleistung erzwungen werden. $\Delta A = 0$ ist die Bedingung für das chemische Gleichgewicht.

Die bei einer Reaktion maximal zu gewinnende Arbeit, abzüglich der bei etwa auftretenden Volumänderungen nach außen geleisteten Arbeit, wird also als Maß für die „*Affinität der Reaktion*“ angesehen.

Ganz allgemein kann man sich für die Gasreaktion $a\mathrm{A} + b\mathrm{B} \rightleftarrows y\mathrm{Y} + z\mathrm{Z}$ die Druckverhältnisse folgendermaßen schematisch dargestellt denken:

Gleichgewicht

$$\begin{array}{c|cc|c} P_A \rightarrow & p_A & p_Y & \rightarrow P_Y \\ P_B \rightarrow & p_B & p_Z & \rightarrow P_Z \end{array}$$

(Mit $p$ sind also die Gleichgewichtspartialdrucke, mit $P$ die Partialdrucke der in Reaktion befindlichen Gase bezeichnet.)

Werden $a$ Mol des Gases A reversibel isotherm komprimiert vom Druck $P_A$ zu $p_A$, dann ist $\Delta A_1 = \Delta F_1 = -aRT\ln\frac{P_A}{p_A} = -RT\ln\frac{P_A^a}{p_A^a}$; analog ist $\Delta A_2 = -RT\ln\frac{P_B^b}{p_B^b}$. Weiter ist $\Delta A_3 = -yRT\ln\frac{p_Y}{P_Y} = -RT\ln\frac{p_Y^y}{P_Y^y}$ und $\Delta A_4 = -RT\ln\frac{p_Z^z}{P_Z^z}$.

Total ist $\Delta A = \Delta A_1 + \Delta A_2 + \Delta A_3 + \Delta A_4 =$

$$= -RT\ln\frac{P_A^a \cdot P_B^b \cdot p_Y^y \cdot p_Z^z}{p_A^a \cdot p_B^b \cdot P_Y^y \cdot P_Z^z} = -RT\ln\frac{p_Y^y \cdot p_Z^z}{p_A^a \cdot p_B^b} +$$

$$+ RT\ln\frac{P_Y^y \cdot P_Z^z}{P_A^a \cdot P_B^b} = -RT\ln K_p + RT\ln K_P \text{ (Reaktionsisotherme).}$$

Mit Hilfe dieser Reaktionsisotherme kann aus der Gleichgewichtskonstanten $K_p$ einer Reaktion und den Partial-Reaktionsdrucken der Reaktionsteilnehmer (enthalten in $K_P$), die je Formelumsatz maximal leistbare Reaktionsarbeit $\Delta A$ (freie Energie $\Delta F$) errechnet werden.

Werden die Drucke der Ausgangsstoffe (bzw. der in Reaktion befindlichen Stoffe) auf die Druckeinheit bezogen (im allgemeinen mit 1 Atm festgesetzt; „Grundzustand"), so liegt eine *Grundreaktion* vor (Index $^0$), in unserem Fall also die Grundreaktionsarbeit $\Delta A^0$. Beziehen wir gleichzeitig auf die „Normaltemperatur" von 25° C („Normalzustand"), so spricht man von der Normalreaktionsarbeit oder „*Normalaffinität*" $\Delta A^{0(25)}$ (allgemein „Normalreaktion"). In dieser Form sind die entsprechenden Rechengrößen, z. B. die Normal-Reaktionswärme $\Delta J^{0(25)}$, tabelliert.

Nachdem bei der Grundreaktion $K_P = 1$ ($\lg K_P = 0$), wird

$$\Delta A = -RT \cdot \ln K_p + RT \cdot \ln K_P = -RT \ln K_p = \Delta A^0.$$

Voraussetzung ist, daß sich die Partialdrucke der Reaktionsteilnehmer während des Molumsatzes nicht merklich ändern, d. h. es müssen die zu Anfang der Reaktion vorhandenen Molmengen an Ausgangs- und Endstoffen so groß sein, daß deren Partialdrucke durch den relativ kleinen Reaktionsumsatz kaum verändert werden oder es müssen die während der Reaktion verbrauchten und gebildeten Stoffe stetig ergänzt bzw. abgeführt werden.

Diese Gleichung gilt in derselben Form auch für verdünnte Lösungen; Grundzustand: einmolare Konzentration.

Für 25° C ist $-RT \ln = -1{,}986 \cdot 298 \cdot 2{,}303 \cdot \lg = -1363 \cdot \lg$ und daher $\Delta A^{0(25)} = -1363 \cdot \lg K_p$.

Allgemein ist $\Delta A = \Delta A^0 + RT \ln K_P$, wodurch es möglich wird, die Grundreaktionsarbeit von den Einheiten des Druckes (oder der Konzentration) auf andere Reaktionsbedingungen umzurechnen.

Ebenso wie die Wärmetönung einer Reaktion unabhängig ist vom Weg der chemischen Umsetzung (HESSsches Gesetz, S. 215), kann auch die Reaktionsarbeit aus der Summe der einzelnen Reaktionsstufen berechnet werden (BORN-HABERscher Satz). Man ist daher dazu übergegangen, die Normal-Bildungsarbeiten der einzelnen Stoffe zu tabellieren.*

*Reaktionsarbeit = Summe der molaren Bildungsarbeiten der entstehenden Stoffe — Summe der molaren Bildungsarbeiten der verschwindenden Stoffe.*

* Siehe E. WIBERG, Die chemische Affinität.

Unter Bildungsarbeit wird die bei der Synthese aus den Elementen je Mol umgesetzte Reaktionsarbeit verstanden (— gewinnbare, + aufzuwendende reversible Arbeit in kcal; die „Normal-Bildungsarbeit“ bezieht sich auf 25° C und Atm-Druck).

**158. Beispiel.** Für die Wassergas-Reaktion $CO_2 + H_2 = CO + {} + H_2O$ ist die Normal-Reaktionsarbeit zu berechnen. Gegeben sind die tabellierten Werte der Normal-Bildungsarbeiten: für $CO_2$ (gas) = = — 94,1, für CO (gas) = — 32,74, für $H_2O$ (gas) = — 54,64 und für $H_2$ (gas) = 0 kcal ($H_2$ ist Element, daher 0).

$-32{,}74 + (-54{,}64) - (-94{,}1) = +6{,}72$ kcal. ———

**159. Beispiel.** Die Normal-Bildungsarbeiten sind für: CaO (f) = = — 145300, $CO_2$ (g) = — 94100, $CaCO_3$ (f) = — 270430 cal.

Daraus ergibt sich für die Normal-Reaktionsarbeit der Reaktion $CaCO_3 = CaO + CO_2$ der Wert $\Delta A^{0(25)} = +31030$ cal. (Könnte auch berechnet werden aus $\Delta J = \Delta A + T \cdot \Delta S$; s. S. 249).

Die Reaktion verläuft unter diesen Bedingungen nur in der umgekehrten Richtung (←) freiwillig.

Bei der Erniedrigung des $CO_2$-Druckes um je eine Zehnerpotenz verringert sich der Wert $\Delta A$ wie folgt: $\Delta A^{0(25)} = 31030 + {} + 1363 \cdot \lg p_{CO_2}$, also um $1363 \cdot \lg 10 = 1363$ cal. Daher kann der Vorgang der $CaCO_3$-Spaltung bei 25° C erst unterhalb eines $CO_2$-Druckes von $10^{-\frac{31030}{1363}} = 10^{-23}$ Atm $\sim 10^{-20}$ mm freiwillig vor sich gehen, da erst hier ein Wechsel des Vorzeichens der Reaktionsarbeit eintritt. ———

**Aufgaben. 151.** Berechne die „freie Energie“ für die Bildung von 1 Mol HCl-Gas aus den Elementen bei 25°. Gegeben sind die $\Delta A$-Werte für folgende Reaktionen:

I $H_2O$ (fl) = $H_2O$ (g) ... + 2053 cal

II $H_2$ (g) + $\frac{1}{2} O_2$ (g) = $H_2O$ (fl) ... — 56560 cal

III $H_2O$ (g) + $Cl_2$ (g) = 2 HCl (g) + $\frac{1}{2} O_2$ (g) ... + 9120 cal.

**152.** Berechne $K_p$ der Reaktion $\frac{1}{2} Cl_2 + HBr \rightleftarrows \frac{1}{2} Br_2 + HCl$, wenn $\Delta A^0 = -10152$ cal (25°) beträgt.

**153.** Für die Reaktion $J_2 \rightleftarrows 2J$ ist $\ln K_p = -2{,}48$ (bei 1200° K). $K_p = \frac{(p_J)^2}{p_{J_2}}$. In welcher Richtung verläuft die Reaktion, wenn **a)** $p_J = p_{J_2} = 1$ Atm (Normalaffinität $\Delta A^0$); **b)** $p_J = 1$ Atm, $p_{J_2} = 0{,}1$ Atm; **c)** $p_J = \frac{1}{4}$ Atm, $p_{J_2} = \frac{3}{4}$ Atm; **d)** $p_J = 0{,}1$ Atm, $p_{J_2} = 1$ Atm?

**154.** Berechne die Normalreaktionsarbeiten für die Reaktionen: **a)** $H_2O$ (g) + $Cl_2$ (g) → 2 HCl (g) + $\frac{1}{2}$ $O_2$ (g) und **b)** $H_2O$ (fl) → $H_2O$ (g). Die Normal-Bildungsarbeiten sind für $H_2O$ (g) = — 54,42, für HCl (g) = — 22,74 und für $H_2O$ (fl) = — 56,69 kcal.

**155.** Berechne den HBr-Druck, der über einer einmolaren Bromwasserstoffsäure herrscht. HBr (g) → HBr (aq. diss). Die Normal-Bildungsarbeiten sind für HBr (g) = — 12,86, für HBr (aq. diss) = = — 24,58 kcal.

**156.** Zu berechnen ist die Dissoziationskonstante des Ammoniaks. Gegeben sind die Normal-Bildungsarbeiten für $NH_3$ (aq) = — 6,33, $NH_4^{\cdot}$ (aq) = — 18,96, $H_2O$ (fl) = — 56,69 und $OH'$ (aq) = — 37,59. Reaktion: $NH_3 + H_2O \rightarrow NH_4^{\cdot} + OH'$.

## 2. Das chemische Reaktionspotential.

Analog zur elektromotorischen Kraft (S. 295) kann nach WIBERG von einer chemomotorischen Kraft oder einem chemischen Reaktionspotential $M$ gesprochen werden. In kcal/Val ausgedrückt ist $M = \frac{\Delta A}{n}$, die Reaktionsarbeit je Val Umsatz in kcal. Die Maßeinheit 1 kcal/Val wird als 1 Gibbs bezeichnet.

Das Reaktionspotential einer Reaktion setzt sich aus den Einzelpotentialen $\mu_1$, $\mu_2$ usw. zusammen und es ist (nach S. 239)*.

$$M = \frac{\Delta A}{n} = -\frac{RT}{n} \cdot \ln K_p + \frac{RT}{n} \cdot \ln K_P = M^0 + \frac{RT}{n} \cdot \ln K_P .$$

$M^0$ ist das chemische Grund-Reaktionspotential, das bei Bezug auf 25° C in das chemische Normal-Reaktionspotential übergeht.

$M$ ist, wie die Reaktionsarbeit, ein Maß für die chemische Affinität, hat jedoch den Vorteil, daß es (nachdem es auf 1 Val Umsatz bezogen ist) bei gegebenen Reaktionsdrucken unabhängig von den umgesetzten Stoffmengen der Reaktionsteilnehmer ist. Während sich also bei einem doppelt so großen Formelumsatz die Reaktionsarbeit verdoppelt, bleibt die Potentialdifferenz $M$ einer Reaktion gleich, da sich auch $n$ verdoppelt.

Für zusammengesetzte Reaktionen ist nach oben Gesagtem die Potentialdifferenz $M = \mu_1 - \mu_2$. Für das Einzelpotential gilt $\mu^0 = -\frac{RT}{n} \cdot \ln K_p$ und $\mu = \mu^0 + \frac{RT}{n} \cdot \ln K_P$. Bei Bezug auf 25° C erhalten wir

$$\mu^{(25)} = \mu^{0(25)} + \frac{0{,}001986 \cdot 298 \cdot 2{,}303}{n} \cdot \lg K_P = \mu^{0(25)} + \frac{1{,}363}{n} \cdot \lg K_P^{0(25)} ,$$

je 1 Val Gasumsatz. Nach dieser Definition ist das chemische Normalpotential ein logarithmisches Maß für den Gasgleichgewichtsdruck eines Systems.

---

* Das chemische und elektrochemische Reaktionspotential sind durch die Beziehung chemisches Reaktionspotential = 23064 × × Elektrochemisches Reaktionspotential verknüpft.

*Berechnung von chemischen Normalpotentialen.*

**160. Beispiel.** Aus der sauerstoff-umsetzenden Reaktion $2\,FeO \rightleftarrows 2\,Fe + O_2$ berechnet sich das chemische Normalpotential $\mu^0$ nach der Formel $\mu_{O_2}^{(T)} = -\frac{RT}{4} \cdot \ln p_{O_2}^{(T)}$, weil hier $n = 4$ (es werden 4 Grammäquivalente = 4 Val Sauerstoff umgesetzt).

**161. Beispiel.** Die Normal-Bildungsarbeit für HCl (g) beträgt — 22,74 kcal. Daher ist für die wasserstoff-umsetzende Reaktion

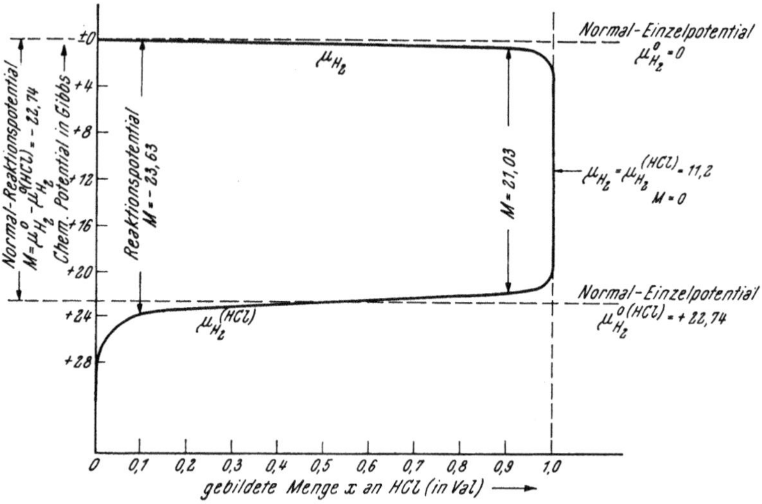


Abb. 105

$2\,HCl \rightleftarrows Cl_2 + H_2$ die freie Energie $\Delta A^{0(25)}$ der HCl-Bildung $= -(2 \cdot \cdot -22{,}74) = +45{,}48$ kcal. Folglich $\mu^{0(25)} = \frac{\Delta A^{0(25)}}{n} = \frac{45{,}48}{2} = +22{,}74$ Gibbs; $n = 2$, da 2 Wasserstoffäquivalente im Formelumsatz.

$\mu^0 = +22{,}74$ bedeutet, daß die Reaktion von rechts nach links verläuft.

Durch die Änderung der Partialdrucke (Konzentrationen) ändern sich auch die Einzelpotentiale. Für das Beispiel der HCl-Synthese ist der Wasserstoffdruck zu Beginn der Reaktion (Anfangsdruck) $p_{H_2} = 1$, nach Einstellung des Gleichgewichtes ist $K_{HCl} = \frac{p_{H_2} \cdot p_{Cl_2}}{p_{HCl}^2}$. Um anzudeuten, daß es sich hier um einen anderen Partialdruck des $H_2$ handelt als zu Beginn der Reaktion, schreiben wir $p_{H_2}^{(HCl)}$ (also H-Druck im Gleichgewicht) und es ist $p_{H_2}^{(HCl)} = \frac{K_{HCl} \cdot p_{HCl}^2}{p_{Cl_2}}$.

Für $x$ Mol und den Ausgangspartialdrucken $p_{H_2} = p_{Cl_2} = 1$ wird

$$\mu_{H_2} = \pm 0 - \frac{1{,}363}{2} \cdot \lg (1 - x) \text{ und } \mu_{H_2}^{(HCl)} =$$
$$= + 22{,}74 + \frac{1{,}363}{2} \cdot \lg \frac{1 - x}{(2x)^2}.$$

Tragen wir die chemischen Einzelpotentiale gegen die gebildete Menge an HCl ($x$) auf, so erhalten wir die Potentialkurve der Abb. 105.

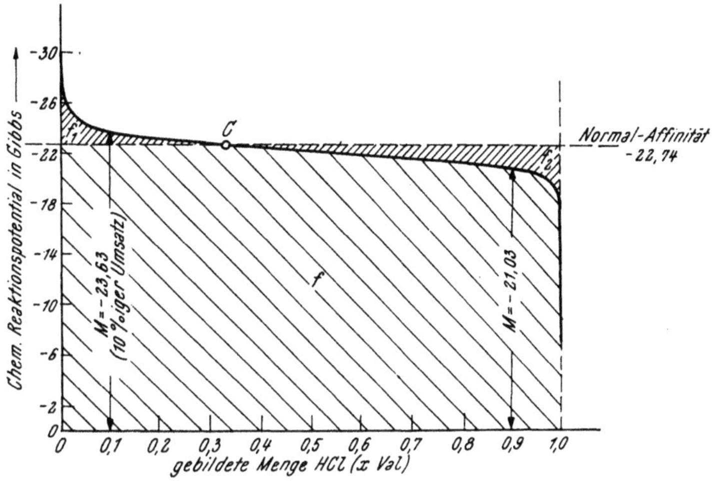


Abb. 106

Aus dieser ist ersichtlich, daß während der Reaktion der Wasserstoffreaktionsdruck ($\mu_{H_2}$) abnimmt, der Wasserstoffgleichgewichtsdruck ($\mu_{H_2}^{(HCl)}$) zunimmt. Stillstand tritt ein, wenn $\mu_{H_2} = \mu_{H_2}^{(HCl)}$, d. h., wenn der Abstand der beiden Kurven ($M = \mu_{H_2} - \mu_{H_2}^{(HCl)}$) gleic hNull ist. Dies ist der Fall bei $\mu_{H_2} = 11{,}2$ (also quantitativer Umsatz; $1 - x \approx \approx 10^{-16}$).

Das Reaktionspotential $M$ ergibt sich aus der Abb. durch den Abstand der beiden Kurven, d. h. aus $\mu_{H_2} - \mu_{H_2}^{(HCl)}$.

Man kann diese Zahlen auch rechnerisch erhalten: $M = \mu_{H_2} - \mu_{H_2}^{(HCl)} = - 22{,}74 + 0{,}682 \cdot \lg \frac{(2x)^2}{(1-x)^2}$. Daraus ist für $x = 0{,}1$ .... $M = - 23{,}63$, für $x = 0{,}5$ .... $M = - 22{,}33$ und für $x = 0{,}9$ .... $M = - 21{,}03$ Gibbs.

Tragen wir $M$ als Funktion des Reaktionsumsatzes auf, so entsteht die Abb. 106 und wir sehen, daß die anfangs unendlich große Affinität gleich nach Beginn der Reaktion endliche Werte annimmt und gegen Ende der Reaktion rasch auf Null absinkt.

Die gewinnbare maximale Reaktionsarbeit in kcal ist gegeben durch $f + f_1$ (s. Abb.). Sie ist etwas kleiner als die bei konstant gehaltenem Partialdruck 1 von $H_2$, $Cl_2$ und HCl je Mol HCl gewinnbare Normal-Reaktionsarbeit $\Delta A^0$ (Fläche $f + f_2 = 22{,}74$). Im Punkt $C$ (33%iger Umsatz) ist die Reaktionsaffinität $M$ gleich der Normal-Reaktionsaffinität $M^0$, denn hier ist $p_{H_2} = p_{Cl_2} = p_{HCl}$ und daher $K_{HCl} = 1$. ———

**162. Beispiel.** Das Wassergasgleichgewicht $CO_2 + H_2 \rightleftarrows H_2O + CO$ kann in die zwei Teilreaktionen I .... $CO_2 \rightarrow CO + \frac{1}{2}\ O_2$ und II ... $\frac{1}{2}\ O_2 + H_2 \rightarrow H_2O$ zerlegt werden. Wir setzen die Normal-Bildungsarbeiten ein.

Für die Reaktion I ist $\mu^{0(25)} = \frac{\Delta A^{0(25)}}{n} = \frac{-32{,}7 - (-94\ 1)}{2} =$ $= +30{,}7$ Gibbs, für die umgekehrte Reaktion II .... $+28{,}3$ Gibbs. Für die Gesamtreaktion ist damit $M^0 = \mu_1{}^0 - \mu_2{}^0 = +2{,}4$ Gibbs. Bei Zimmertemperatur wird also die Reaktion von rechts nach links verlaufen. ———

**163. Beispiel.** In Bezug auf die Bildung der Stickstoffoxyde aus $N_2$ und $O_2$ erkennen wir, daß alle Normalpotentiale $\mu^0$ der Stickstoffoxyde negativer sind als das Sauerstoffpotential. Es sind:

| | Chem. Normalpotential der Sauerstoffspannungsreihe |
|---|---|
| $O_2$ von 1 Atm Druck $\mu^0 =$ | $\pm$ 0,00 |
| $2\ N_2O \rightleftarrows 2\ N_2 + O_2$ | $-$ 12,39 |
| $2\ NO \rightleftarrows N_2 + O_2$ | $-$ 10,70 |
| $2\ N_2O_3 \rightleftarrows 2\ N_2 + 3\ O_2$ | $-$ 5,72 |
| $2\ NO_2 \rightleftarrows N_2 + 2\ O_2$ | $-$ 3,12 |
| $2\ N_2O_5 \rightleftarrows 2\ N_2 + 5\ O_2$ | $-$ 2,71 |

Die Stickstoffoxyde haben also das Bestreben in die Elemente zu zerfallen (wenn auch die Zerfallsgeschwindigkeit sehr gering ist). Demgegenüber können einige Stickstoffoxyde durch $O_2$ leicht in höhere Oxyde übergeführt werden.

Aus den Normal-Reaktionsarbeiten für NO (g) $= +21{,}39$ und $NO_2$ (g) $= +12{,}49$ errechnet sich für die Reaktion $NO_2 \rightleftarrows NO + \frac{1}{2}\ O_2$ .... $M^0 = \frac{21{,}39 - 12{,}49}{2} = +4{,}45$ Gibbs. Das chemische Potential ist also positiver als das Sauerstoffpotential ($= 0{,}0$), die Reaktion verläuft bereits bei Zimmertemperatur in der Richtung der $NO_2$-Bildung.

In gleicher Weise ergibt sich für die Reaktion $N_2O_3 \rightleftarrows NO + NO_2$ aus den Potentialen der Teilreaktionen (die wiederum aus den Normal-Reaktionsarbeiten berechnet werden):

$$\frac{1}{2}\ N_2O_3 \rightarrow NO + \frac{1}{4}\ O_2 \ \ldots\ldots\ \mu_1{}^0 = +4{,}23 \text{ Gibbs}$$

$$\frac{1}{4}\ O_2 + \frac{1}{2}\ N_2O_3 \rightarrow NO_2 \ \ldots\ldots\ \mu_2{}^0 = +4{,}67 \text{ Gibbs}$$

$$N_2O_3 \rightarrow NO + NO_2 \ \ldots\ldots\ M^0 = \mu_1{}^0 - \mu_2{}^0 = -0{,}44 \text{ Gibbs,}$$

d. h., $N_2O_3$ wird in $NO + NO_2$ zerfallen.

Die Gleichgewichtskonstante $K = \frac{p_{NO} \cdot p_{NO_2}}{p_{N_2O_3}}$ kann aus der Gleichung $M^{0(25)} = -\frac{RT}{n} \ln K^{(T)} = -\frac{1,363}{n} \cdot \lg K^{(25)}$ berechnet werden.

Für unseren Fall ist $n = 1$, da je Formelumsatz 1 Val Sauerstoff $\left(\frac{1}{4} O_2\right)$ ausgetauscht wird. $\lg K = 1 \cdot \frac{0,44}{1,363} = 0,3$ und damit $K = 2$. Es wäre dann bei einem Gesamtdruck von 1 Atm aus der Gleichung $K = \frac{a^2 \cdot P}{1 - a^2}$ (s. S. 264) $a \approx 0,8$, d. h., bei 25° C sind 80% in $NO + NO_2$ zerfallen. ———

## D. Entropie.

Nach dem ersten Hauptsatz ist $\Delta U = A_{rev} + Q_{rev}$ und es gilt für alle chemischen Reaktionen $\frac{Q_{rev}}{T} = \Delta S = S_2 - S_1$, die Entropieänderung oder Reaktionsentropie.

Es ist also $\Delta S = \Sigma S_{End} - \Sigma S_{Anf} = \Sigma \nu \cdot s$, worin $\nu$ der Zahlenfaktor (— für die verschwindenden, + für die entstehenden) und $s$ die Einzelentropien sind.

Die Entropie (die als Maß für die Unordnung aufgefaßt werden kann) muß sich für reine, kristallisierte („geordnete") Körper beim absoluten Nullpunkt dem Werte Null weitgehend nähern (3. Hauptsatz; Nernst-Planckscher Wärmesatz).

Erwärmt man einen Körper um 1°, so erhöht sich seine molare Entropie um $\frac{C_v}{T}$ (bei konstantem Volumen), bzw. $\frac{C_p}{T}$ (bei konstantem Druck). Es ist somit die Entropie $S_T$ eines Körpers, der bei $T = 0$ die Entropie 0 besitzt, bei $T$° K gleich $S_T = \int_0^T \frac{C_v}{T} \, dT$.

Verläuft ein Vorgang zwischen den Temperaturen $T_1$ und $T_2$ und nehmen wir $C$ = konstant (was für viele praktische Berechnungen zutrifft), dann ist nach Integration $\Delta S = C \cdot \ln \frac{T_2}{T_1}$.

Treten während des Erwärmens *Umwandlungen* ein (Index $u$ bezieht sich auf den Umwandlungspunkt), so wird

$$S_T = \int_0^{Tu} \frac{C_p}{T} \, dT + \frac{Q_u}{T_u} + \int_{Tu}^{T} \frac{C_p}{T} \, dT.$$

Die Dimension der Entropie ist cal · grad$^{-1}$, ihre Einheit 1 Clausius (Cl). Die Änderung der Entropie beim Übergang eines

Systems aus dem Zustand I in den Zustand II ist unabhängig vom Wege der Zustandsänderung. (Längs jeder Adiabate ist die Differenz der Wärmemenge 0, daher $S$ konstant.)

Unter *Normalentropie* versteht man die molare Entropie bei 25° C und 1 Atm. ($Cl \cdot mol^{-1}$).

**164. Beispiel.** Zu berechnen ist die Bildungsentropie (Reaktionsentropie) für die Bildung von HCl aus der Reaktion $H_2 + Cl_2 = 2\,HCl$. Die Normalentropien* sind für $H_2 = 31{,}23$, $Cl_2 = 53{,}32$, $HCl = 44{,}66$.

$$\Delta S = \frac{2 \cdot 44{,}66 - (31{,}23 + 53{,}32)}{2} = +\,2{,}38\,.$$

In der Nähe des absoluten Nullpunktes ist $C_p$ annähernd proportional $T^3$ (also $C_p = k \cdot T^3$) und es ist in diesem kleinen Bereich $\int\limits_0^T \frac{C_p}{T}\,dT = \int\limits_0^T \frac{k\,T^3}{T}\,dT = \frac{k\,T^3}{3} = \frac{C_p}{3}$. Die Berechnung der $S$-Werte im übrigen Temperaturbereich erfolgt durch graphische Integration $\left(\text{z. B. } \frac{C_p}{T} \text{ als Funktion von } T \text{ in Millimeterpapier auftragen}\right)$ oder Näherungsformeln (Trapez- bzw. Simpsonsche Formel, siehe S. 85).

**165. Beispiel.** Zu berechnen ist die Molentropie für $SO_2$-Gas beim Kochpunkt und 1 Atm Druck. Gegeben ist nach Bestimmungen von Giauque und Stephenson die Molwärme $C_p$ für verschiedene Temperaturen.

| $T°$ K | $C_p$ | $T°$ K | $C_p$ |
|---|---|---|---|
| 15,20 | 0,860 | 120,37 | 12,42 |
| 19,73 | 1,621 | 140,92 | 13,92 |
| 22,59 | 2,211 | 162,03 | 14,46 |
| 28,96 | 3,570 | 182,82 | 15,64 |
| 39,25 | 5,672 | 192,82 | 16,16 |
| 51,28 | 7,535 | 197,64 | F.P. |
| 60,85 | 8,727 | 201,74 | 20,97 |
| 71,68 | 9,687 | 222,97 | 20,85 |
| 83,08 | 10,540 | 240,09 | 20,79 |
| 98,30 | 11,360 | 260,86 | 20,69 |
| | | 263,08 | K.P. |

Die Schmelzwärme beträgt 1769,1 $cal \cdot mol^{-1}$, die Verdampfungswärme 5960 $cal \cdot mol^{-1}$.

---

* Chem. Tasch. 3114.

Durch graphische Interpolation der Werte von $C_p$ (Abszisse $T°$ K, Ordinate $C_p$) erhalten wir für:

| $T$ | $C_p$ | $\frac{C_p}{T}$ | $T$ | $C_p$ | $\frac{C_p}{T}$ |
|---|---|---|---|---|---|
| 15,20° | 0,860 | 0,0566 | 160 | 14,33 | 0,0896 |
| 20 | 1,72 | 0,0860 | 170 | 14,90 | 0,0876 |
| 30 | 3,80 | 0,1267 | 180 | 15,47 | 0,0859 |
| 40 | 5,80 | 0,1450 | 190 | 16,02 | 0,0843 |
| 50 | 7,42 | 0,1484 | 197,64 | 16,40 | 0,0830 (fest) |
| 60 | 8,67 | 0,1445 | 197,64 | 21,00 | 0,1063 (flüssig) |
| 70 | 9,56 | 0,1366 | 200 | 20,98 | 0,1049 |
| 80 | 10,30 | 0,1288 | 210 | 20,91 | 0,0996 |
| 90 | 10,94 | 0,1216 | 220 | 20,86 | 0,0948 |
| 100 | 11,45 | 0,1145 | 230 | 20,83 | 0,0906 |
| 110 | 11,93 | 0,1085 | 240 | 20,79 | 0,0866 |
| 120 | 12,41 | 0,1034 | 250 | 20,75 | 0,0830 |
| 130 | 12,90 | 0,0992 | 260 | 20,69 | 0,0796 |
| 140 | 13,26 | 0,0947 | 263,08 | 20,68 | 0,0786 |
| 150 | 13,76 | 0,0917 | | | |

Berechnung von $S$ in Stufen:

Zwischen 0° und 15,20° K $S_I = \frac{C_p}{3} = \frac{0{,}860}{3} = 0{,}29$.

Zwischen 15,20 und 20° K nach der Trapezformel

$$S_{II} = (20 - 15{,}20) \cdot \left(\frac{0{,}0566}{2} + \frac{0{,}0860}{2}\right) = 0{,}34.$$

Zwischen 20 und 180° K mit Hilfe der Simpsonschen Formel

$$S_{III} = \frac{10}{3} \cdot (0{,}0860 + 4 \cdot 0{,}1267 + 2 \cdot 0{,}1450 + \ldots) = 18{,}31.$$

Zwischen 180 und 197,64° K nach der Trapezformel

$$S_{IV} = 17{,}64 \cdot \left(\frac{0{,}0859}{2} + \frac{0{,}0830}{2}\right) = 1{,}48.$$

Schmelzentropie $S_V = \frac{1769{,}1}{197{,}64} = 8{,}96$.

Zwischen 197,64 und 263,08° K kann man ebenfalls graphisch integrieren oder kombiniert nach der Trapez- und Simpsonschen Formel rechnen. Da jedoch $C_p$ ziemlich linear und nur wenig abnimmt, ist es zulässig, mit einem Mittelwert ($= 20{,}38$) zu rechnen.

$$S_{VI} = C_p \cdot \ln \frac{T_2}{T_1} = 20{,}83 \cdot \ln \frac{263{,}08}{197{,}64} = 5{,}97.$$

Verdampfungsentropie $S_{VII} = \frac{5960}{263{,}08} = 22{,}65$.

$S = S_I + S_{II} + S_{III} + S_{IV} + S_V + S_{VI} + S_{VII} = 58{,}0$ cal·grad$^{-1}$. ——

*Näherungsformel für die Berechnung der Entropie.*

Nach EASTMAN kann die Entropie $s$ pro Grammatom bei $T = 298°$ nach der Formel

$s = \frac{3}{2} \cdot R \cdot \ln A + R \cdot \ln V - \frac{3}{2} \cdot R \cdot \ln \cdot T_e + k$ berechnet werden.

$A$ = Atomgewicht, $V$ = Atomvolumen, $T_e$ = absolute Erstarrungstemperatur, $k$ ist für Elemente und anorganische Verbindungen $12{,}5 \pm 2$ und für organische 11. Für Verbindungen muß das mittlere Atomgewicht $\left(= \frac{\text{Molekulargewicht}}{\text{Anzahl der Atome in der Verbindung}}\right)$ und das mittlere Atomvolumen $\left(= \frac{\text{Molvolumen}}{\text{Anzahl der Atome in der Verbindung}}\right)$ eingesetzt werden.

*Entropieänderung bei Gasen.* Nach dem 1. Hauptsatz ist $dQ = dU - dA = C_v\, dT + p\,dv$ und $dS = \frac{C_v\, dT}{T} + \frac{p\,dv}{T} = \frac{C_v\, dT}{T} + \frac{R\,T\,dv}{v\,T} = C_v \frac{dT}{T} + R\frac{dv}{v}$. Die Integration dieser Gleichung liefert: $S_2 - S_1 = C_v \cdot \ln\frac{T_2}{T_1} + R \cdot \ln\frac{v_2}{v_1}$, bzw., wenn $p$ eingesetzt wird, $S_2 - S_1 = C_p \cdot \ln\frac{T_2}{T_1} - R \cdot \ln\frac{p_2}{p_1}$ und $S_2 - S_1 = C_p \cdot \ln\frac{v_2}{v_1} + C_v \ln\frac{p_2}{p_1}$.

**166. Beispiel.** Wie groß ist die Entropieänderung von 1 kg Luft vom Anfangszustand 15 Atm und 100 l auf den Endzustand 1 Atm und 1500 l?

1 kg Luft $= \frac{1000}{28{,}95} = 34{,}5$ Mol. Die Molwärme $C_v = 5{,}0$ cal, $C_p = C_v + 1{,}986 = 6{,}986$.

Pro 1 Mol ist $\Delta S = 5 \cdot \ln\frac{1}{15} + 6{,}986 \cdot \ln\frac{1500}{100} = 5{,}378$; für 34,5 Mol also 185,54 cal. grad$^{-1}$.

Wollen wir noch die Anfangs- und Endtemperatur der Luft berechnen, so ist, wenn $T_1 = T_2$, aus der Gleichung $p \cdot v = n \cdot R \cdot T$

$T = \frac{15 \cdot 100 \cdot 24{,}205}{34{,}5 \cdot 1{,}986} = 529{,}9°$ K (1 Atm = 24,205 cal). ———

**167. Beispiel.** Zu berechnen ist die Entropie des Benzoldampfes bei 25°. Die Entropie des flüssigen Benzols ist 41,5*. Die Verdampfungswärme sei 7900 cal·mol$^{-1}$.

Dem Übergang Benzol (flüssig) → Benzol (dampf) entspricht eine Entropiezunahme von $\frac{7900}{298} = 26{,}51$ cal·grad$^{-1}$.

* Chem. Tasch. 3126.

Betrachten wir nun noch die Entropiezunahme des hypothetischen Benzoldampfes von 1 Atm und idealem Gasverhalten bei 25° C, dann ist noch das Glied $R \cdot \ln \frac{p_2}{p_1}$ zu berücksichtigen. Der Sättigungsdruck von Benzoldampf bei 25° ist 94,5 Torr.

Der genannte Ausdruck ergibt $R \cdot \ln \frac{94{,}5}{760} = -4{,}13$.

Die Entropie des idealen Benzoldampfes bei 1 Atm und 25° ist also $S = 41{,}5 + 26{,}51 - 4{,}13 = 63{,}88$ cal·grad$^{-1}$.

(Ein gleiches Resultat erhält man, wenn man die Verdampfungswärme beim normalen Siedepunkt [80,2°] einsetzt. Diese ist 7364 cal. und $\Delta S = \frac{7364}{353{,}2} = 20{,}85$ und $S = 41{,}5 + 20{,}85 = 62{,}35$ cal·grad$^{-1}$). ——

Nachdem $A_{rev} = \Delta F$ und $Q_{rev} = T \cdot \Delta S$, ist bei konstanter Temperatur $\Delta U = \Delta F + T \cdot \Delta S$.

Es ist also $\Delta U_v = \Delta A + T \cdot \Delta S_v$ ($T$ und $v$ konstant; $\Delta S_v =$ = Reaktionsentropie bei konstantem Volumen) und $\Delta U_p = + \Delta A - p \cdot \Delta v + T \cdot \Delta S_p$ ($T$ und $p$ konstant; $\Delta S_p$ Reaktionsentropie bei konstantem Druck), da in diesem Fall Volumenarbeit geleistet wird.

Daraus ist die Reaktionswärme (bei $p =$ konstant) $\Delta J = \Delta A + T \cdot \Delta S_p$ (nach S. 232 ist $\Delta U_p = \Delta J - p \cdot \Delta v$) und, nachdem die Reaktionswärmen bei konstantem Druck und konstantem Volumen nur wenig differieren, kann man vereinfacht schreiben $\Delta A = \Delta J - T \cdot \Delta S$.

Die *chemische Affinität* ist also thermodynamisch erfaßt durch die bei der Reaktion eintretende *Änderung der freien Energie F* bzw. der *freien Enthalpie G* (auch als Gibbssches thermodynamisches Potential bezeichnet), je nachdem die Reaktion bei konstantem Volumen oder konstantem Druck abläuft.

Mit der freien inneren Energie und damit der freien Energie (so bezeichnet von Helmholtz; Arbeitsinhalt) für das chemische Gleichgewicht darf man daher nur operieren, wenn bei konstantem Volumen gearbeitet wird ($\Delta F = \Delta A$, siehe Seite 238). Es ist dann $A = F = U - T \cdot S$. Beim Arbeiten unter konstantem Druck wird zusätzlich gewöhnlich bei der Reaktion eine Volumarbeit geleistet, die man zu der bei der Reaktion eintretenden Änderung der inneren Energie hinzufügen muß. Bequemer arbeitet man dann gleich mit der Enthalpie $J = U + p \cdot v$ anstelle der inneren Energie. Es ist für diesen Fall $G = J - T \cdot S = U - T \cdot S + p \cdot v = F + p \cdot v$.

$G$ steht zu $F$ im gleichen Verhältnis wie die Wärmefunktion $J$ (Wärmeinhalt) zur inneren Energie $U$. Im Schrifttum wird mitunter $G$ als „freie Energie“ bezeichnet (nach Lewis).

**168. Beispiel.** Wie groß ist die Änderung von $U$, $J$, $S$, $A$ und $G$, wenn 1 l reiner Stickstoff und 4 l reiner Sauerstoff bei 0° C und 1 Atm gemischt werden?

$$\Delta U = \Delta J = 0$$

$$\Delta S = n_{N_2} \cdot R \cdot \ln \frac{5}{1} + n_{O_2} \cdot R \cdot \ln \frac{5}{4} = \frac{1}{22{,}4} \cdot 1{,}986 \cdot 2{,}303 \cdot$$

$$\cdot\, 0{,}6990 + \frac{4}{22{,}4} \cdot 1{,}986 \cdot 2{,}303 \cdot 0{,}0969 = 0{,}2212 \text{ cal} \cdot \text{grad}^{-1}.$$

$$\Delta A = \Delta G = -T \cdot \Delta S = -273 \cdot 0{,}2212 = -60{,}38 \text{ cal.}$$

**169. Beispiel.** Feuchtes $Ag_2CO_3$ soll im Luftstrom bei 110° getrocknet werden. Wie groß muß der $CO_2$-Druck in der Luft sein, damit das Carbonat nicht in $Ag_2O$ und $CO_2$ zerfällt?

Die Normalentropien (25° C, 1 Atm) sind für $Ag_2CO_3 = 40{,}0$, für $Ag_2O = 29{,}7$, für $CO_2 = 51{,}1$ cal·grad$^{-1}$·mol$^{-1}$; die molaren Bildungswärmen bei 25° C und 1 Atm für $Ag_2CO_3 = -119{,}9$, $Ag_2O = -6{,}95$, $CO_2 = -94{,}08$ kcal; die Molwärmen für $Ag_2CO_3 = 26{,}2$, $Ag_2O = 16{,}4$, $CO_2 = 9{,}6$ cal·grad$^{-1}$.

Für den Verlauf $Ag_2CO_3 \rightarrow Ag_2O + CO_2$ ist

$$\Delta S_{298} = 29{,}7 + 51{,}1 - 40{,}0 = 40{,}8$$
$$\Delta J_{298} = -6{,}95 - 94{,}08 - (-119{,}9) = 18{,}87 \text{ kcal} = 18870 \text{ cal}$$
$$\Delta C_p = 16{,}4 + 9{,}6 - 26{,}2 = -0{,}2$$
$$\Delta J_{383} = \Delta J_{298} + \Delta C_p \cdot (383 - 298) = 18853 \text{ (siehe S. 235)}$$
$$\Delta S_{383} = \Delta S_{298} + \Delta C_p \cdot \ln \frac{383}{298} = 40{,}75.$$
$$\Delta G_{383} = \Delta J_{383} - T \cdot \Delta S_{383} = 3246 \text{ cal} = -R\,T \ln p_{CO_2}.$$

$$\lg p_{CO_2} = \frac{-3246}{1{,}986 \cdot 383 \cdot 2{,}303} = -1{,}853 \text{ und}$$
$$p_{CO_2} = 0{,}0140 \text{ Atm} = 10{,}6 \text{ Torr.}$$

**Aufgaben. 157.** Berechne die Bildungsentropie der Reaktion **a)** $C + O_2 = CO_2$; **b)** $2\,C + 2\,H_2 = C_2H_4$; **c)** $\frac{1}{2} N_2 + \frac{3}{2} H_2 = NH_3$. Die Normalentropien sind $C = 1{,}36$, $CO_2 = 51{,}08$, $C_2H_4 = 52{,}47$, $O_2 = 49{,}03$, $H_2 = 31{,}23$, $N_2 = 45{,}8$, $NH_3 = 45{,}9$.

**158.** In einer Umgebung von $t_1 = +10°$ C schmilzt 1 kg Eis von $-5°$ zu Wasser von $+10°$. Die Schmelzwärme des Eises ist 79,7 kcal · kg$^{-1}$, seine spezifische Wärme $c = 0{,}485$ kcal · kg$^{-1}$ · grad$^{-1}$. Wie groß ist bei diesem nicht umkehrbaren Prozeß die Entropiezunahme?

**159.** Wie groß ist die Änderung von $U$, $J$, $S$, $A$ und $G$, wenn sich 5 Mol Sauerstoff bei 25° von 100 l auf 1000 l ausdehnen?

**160.** Wie groß ist die Änderung von $U$, $J$, $S$, $A$ und $G$, wenn 10 Mol Sauerstoff von 1 Atm auf 5 Atm zusammengedrückt werden?

**161.** Gesucht ist die Änderung von $S$ und $J$, wenn 1 g Eis von $-10°$ bei 1 Atm in 1 g Wasser von 20° überführt werden. Die mittlere spezifische Wärme des Eises ist 0,49, des Wassers 1,00. Die Schmelzwärme bei 0° 79,7 cal · $g^{-1}$.

**162.** Berechne die Gleichgewichtskonstante $K$ bei 873° K für die Reaktion $C_{graph.} + 2\,H_2$ (g) $= CH_4$ (g), wenn $\varDelta J_{873} = -21\,046$ cal und die Molentropien bei 873° K für $C_{graph.} = 4{,}8$, für $H_2 = 38{,}9$ und für $CH_4 = 56{,}6$ betragen.

**163.** Wäre eine Bildung von Äthylalkohol nach der Reaktion $C_2H_4 + H_2O = C_2H_5OH$ bei 25° C oder 75° C möglich? Gegeben sind:

| | | |
|---|---|---|
| $C_2H_4$ .................... | Bildungsenthalpie | + 12,56 kcal · $mol^{-1}$ |
| $C_2H_5OH$ ................ | | — 66,52 |
| $H_2O$ (fl) ................ | | — 68,35 |
| $C_2H_4$ .................... | Normalentropie | 52,47 Cl · $mol^{-1}$ |
| $C_2H_5OH$ ................ | | 38 |
| $H_2O$ (fl) ................ | | 16,9 |

**164.** Ist n-Butan oder i-Butan bei 25° C und bei 200° C stabiler? Gegeben sind die Bildungsenthalpien in kcal · $mol^{-1}$ für n-Butan = = — 29,76 und für i-Butan = — 31,38 sowie die Normalentropien in Cl · $mol^{-1}$ für n-Butan = 74,2, für i-Butan = 70,5.

## E. Temperaturabhängigkeit der Gleichgewichtslage.

### 1. Temperaturabhängigkeit der Reaktionsarbeit.

Die Reaktionsarbeit ist gegeben durch die Gleichung $\varDelta A = \varDelta J - T \cdot \varDelta S$ (siehe S. 249), daher ist ihre Temperaturabhängigkeit $\frac{\partial \varDelta A}{\partial T} = \frac{\partial \varDelta J}{\partial T} - \varDelta S - T \cdot \frac{\partial \varDelta S}{\partial T}$.

Die Temperaturabhängigkeit von $\varDelta J$ und $\varDelta S$ wiederum ist gegeben durch die Änderung der Wärmekapazität $C_p$ infolge der Reaktion. Es ist $\varDelta J = J_2 - J_1 = \sum \nu i$, ferner $\varDelta S = S_2 - S_1 = \sum \nu s$ und

$$\frac{\partial \varDelta J}{\partial T} = \frac{\partial J_2}{\partial T} - \frac{\partial J_1}{\partial T} = \sum \nu \frac{\partial i}{\partial T}.$$

Nach dem Kirchhoffschen Satz (S. 234) ist aber $\frac{\partial \varDelta J}{\partial T} = \sum \nu C_p$, ferner ist $\frac{\partial \varDelta S}{\partial T} = \frac{\Sigma \nu C_p}{T}$ und es wird schließlich $\frac{\partial \varDelta A}{\partial T} = -\varDelta S$. Um mit dieser Formel rechnen zu können, muß integriert werden (siehe unter 3).

Die *Druckabhängigkeit der Reaktionsarbeit* ist gegeben durch Gleichung $\frac{\partial \varDelta A}{\partial p} = \varDelta v$ ($\varDelta v$ = Änderung des Reaktionsvolumens).

*Gleichgewichtskonstante und Reaktionsarbeit* sind verknüpft durch die Gleichung (s. S. 230):

$$\Delta A = -R T \ln K_p = \Delta J - T \cdot \Delta S .$$

Daraus ist die Gleichgewichtskonstante

$$\ln K_p = -\frac{\Delta J}{R \cdot T} + \frac{\Delta S}{R} \text{ und } \lg K_p = -\frac{\Delta J}{4{,}574 \cdot T} + \frac{\Delta S}{4{,}574} .$$

Bei Verwendung dieser Näherungsformel wird $\Delta J$ aus den Normal-Bildungswärmen und $\Delta S$ aus den Normalentropien berechnet (siehe auch unter 3: Näherungsverfahren nach ULICH, erste Näherung).

**Aufgaben. 165.** DE WITT und SELTZ bestimmten den Schmelzpunkt von $Zn_4Sb_3$ zu 836° K. Dabei wird teils $Zn_3Sb_2$, teils eine Schmelze gebildet. Bei der genannten Temperatur sind die Aktivitäten für Zn = 0,410, für Sb = 0,233. Gesucht ist $\Delta G^0$ ($^0$ bedeutet Grundzustand; reines schmelzendes Metall) für die Bildung von festen $Zn_4Sb_3$ nach der Gleichung $4\,Zn + 3\,Sb = Zn_4Sb_3$.

**166.** Zu berechnen ist die Formel für $\lg K_p$ der Reaktion $\frac{1}{2}\,N_2 + \frac{3}{2}\,H_2 \rightleftarrows NH_3$. Die Bildungswärme von $NH_3$ ist — 11000 cal. Die Normalentropien betragen für $NH_3 = 45{,}9$, $N_2 = 45{,}8$ und $H_2 = 31{,}23$ Cl.

**167.** Zu berechnen ist die Gleichgewichtskonstante der Reaktion $C_2H_4$ (Gas) + $H_2O$ (Gas) $\rightleftarrows$ $C_2H_5OH$ (Gas) aus folgenden thermochemischen Daten:

| | $S_{298}$ | $\Delta J_{B298}$ (Bildungswärme) |
|---|---|---|
| $C_2H_4$ (g) | 52,47 | + 12,56 kcal · mol$^{-1}$ |
| $H_2O$ (g) | 45,13 | —57,84 |
| $C_2H_5OH$ (g) | 66,4 | —56,19 |

[Der Wert für $H_2O$ (g) könnte auch berechnet werden aus $\Delta J_B\,H_2O$(fl.) + molare Verdampfungswärme bei 25°, also — 68,35 + + 0,5832 · 18,02 = — 57,85; ebenso für $C_2H_5OH$ (g) aus $C_2H_5OH$ (fl), — 66,52 + 10,33 = — 56,19.]

## 2. Die Gibbs-Helmholtzsche Gleichung.

Schreiben wir die Gleichung $\frac{\partial \Delta A}{\partial T} = -\Delta S = \frac{\Delta A - \Delta J}{T}$ in folgender Form: $\frac{\partial \frac{\Delta A}{T}}{\partial T} = \frac{1}{T} \cdot \frac{\partial \Delta A}{\partial T} - \frac{\Delta A}{T^2} = -\frac{1}{T} \cdot \Delta S - \frac{\Delta A}{T^2} = -(T \cdot \Delta S + \Delta A) \cdot \frac{1}{T^2} = -\frac{\Delta J}{T^2}$, so ist $\frac{\partial (R \ln K_x)}{\partial T} = \frac{\Delta J}{T^2}$ und $\frac{\partial \ln K_x}{\partial T} = \frac{\Delta J}{R T^2}$.

Aus $K_x = K_p^{-\Sigma p}$, bzw. $\lg K_x = \lg K_p - \sum \nu \lg p$ ist, nachdem das $\lg p$-Glied temperaturabhängig ist, auch

$$\frac{\partial \ln K_p}{\partial T} = \frac{\Delta J}{R T^2}.$$

Durch Integration und Einsetzen der Zahlenwerte und des BRIGGschen Logarithmus und unter Annahme, daß die Wärmetönung für kleine Temperaturintervalle als konstant angesehen werden kann, ist $\lg \frac{K_2}{K_1} = \frac{\Delta J}{4{,}574} \cdot \frac{T_2 - T_1}{T_1 \cdot T_2} = \frac{\Delta J}{4{,}574} \cdot \left(\frac{1}{T_1} - \frac{1}{T_2}\right)$, worin $K_1$ und $K_2$ die Gleichgewichtskonstanten bei den Temperaturen $T_1$ und $T_2$ darstellen. (Siehe auch S. 219, Dampfdruckformel.)

**170. Beispiel.** Für die Reaktion $CO_2 \rightleftarrows CO + \frac{1}{2} O_2$ sind **a)** die Reaktionswärme $\Delta J$ und **b)** die Reaktionsentropie $\Delta S$ für 1200° K zu ermitteln. Gegeben sind für **a)** $\lg K_p$ für 1300° K = = — 6,90 und für 1100° K = —8,95; für **b)** $\lg K_p$ für 1200° K = = — 7,75.

Lösung: **a)** Die Steigung der Kurve bei 1200° K ($T^{-1} \cdot 10^3 =$ $= 0{,}83$) ist bereits das Maß für $\Delta J_{1200}$. Es gilt die Beziehung $\frac{\partial \lg K}{\partial\left(\frac{1}{T}\right)} = \frac{\Delta J}{2{,}303 \cdot R} = \frac{\Delta J}{4{,}574}$. Wir brauchen nur den partiellen Differentialquotienten mit 4,574 multiplizieren um $\Delta J$ zu erhalten. Nachdem es sich aber in diesem Temperaturbereich praktisch um eine Gerade handelt, ist die Reaktionswärme als konstant zu betrachten und wir können daher $\Delta J$ aus dem Differenzenquotienten berechnen:

$$\Delta J_{1200} = 4{,}574 \cdot \frac{\lg K_{p_2} - \lg K_{p_1}}{\frac{1}{T_1} - \frac{1}{T_2}} = 4{,}574 \cdot \frac{-6{,}90 - (-8{,}95)}{0{,}000909 - 0{,}000769} =$$

$$= 66976 \text{ cal} \cdot \text{mol}^{-1}.$$

**b)** Die Reaktionsentropie erhält man auf folgende Weise: $\Delta A_{1200} = -RT \cdot \ln K_p = -4{,}574 \cdot 1200 \cdot (-7{,}75) = 42538$ cal und

$$\Delta S_{1200} = \frac{\Delta J - \Delta A}{T} = \frac{66976 - 42538}{1200} = 20{,}3 \text{ Cl.}$$

**171. Beispiel.** Die Messung des Druckes von $N_2O_4$ bei verschiedenen Temperaturen ergab nach VERHOEK und DANIELS für eine Konzentration von 0,00628 Mol/l bei 25° C 0,2118 Atm, bei 35° C 0,2382 Atm. Zu berechnen ist $\Delta J$ für 30° C, wenn 1 Mol $N_2O_4$ in $2\,NO_2$ gespalten wird.

Berechnung von $K_{p1}$ ($T_1 = 25°$ C): Wenn $N_2O_4$ nicht zerfallen würde, so wäre $p^*_{N_2O_4} = \frac{n^* \cdot R \cdot T}{v} = 0{,}00628 \cdot 0{,}082 \cdot 298 = 0{,}1534$ Atm. Nun ist aber teilweise die Reaktion $N_2O_4 \rightarrow 2\,NO_2$ eingetreten. Der Zusammenhang zwischen ursprünglicher Molzahl $n^*$ und nunmehriger $n$ ist $n^*_{N_2O_4} = n_{N_2O_4} + \frac{1}{2} n_{NO_2}$, folglich ist $p^*_{N_2O_4} = p_{N_2O_4} + \frac{1}{2} p_{NO_2} = 0{,}1534$ Atm. Aus $p = p_{N_2O_4} + p_{NO_2} = 0{,}2118$ Atm ist nun $p_{NO_2} = 0{,}1168$ Atm und $p_{N_2O_4} = 0{,}0950$ Atm.

$$K_{p1} = \frac{p_{NO_2}{}^2}{p_{N_2O_4}} = \frac{0{,}1168^2}{0{,}0950} = 0{,}144.$$

Berechnung von $K_{p_2}$ ($T_2 = 35°$ C) in gleicher Weise: $K_{p_2} = 0{,}321$.

$$\varDelta J = 4{,}574 \cdot \lg \frac{0{,}321}{0{,}144} \cdot \frac{298 \cdot 308}{10} = 14610 \text{ cal.}$$

**Aufgaben. 168.** Der lg $K_p$ der Reaktion $N_2 + 3\,H_2 \rightleftarrows 2\,HN_3$ ist für die Temperatur $t_1 = 500°$ C — 4,83, für $t_2 = 600°$ C — 5,69. Zu berechnen ist die Reaktionswärme für das Mittel 550° C.

**169.** RIESENFELD beobachtete für die thermische Abspaltung von $CO_2$ aus $CaCO_3$ bei $T_1 = 944°$ K den Druck $p_1 = 13{,}5$ Torr, bei $T_2 = 984°$ $p_2 = 32{,}7$ Torr. Berechne daraus die Wärmetönung für die Bildung von $CaCO_3$ aus CaO und $CO_2$.

**170.** Bei der Auflösung von Substanzen ist das Gleichgewicht durch den Gehalt der gesättigten Lösungen bestimmt. Die Löslichkeit $c$ der Bernsteinsäure ist bei $T_1 = 273°$ K $c_1 = 2{,}88$, bei $T_2 = 281{,}5°$ $c_2 = 4{,}22$. Berechne die Lösungswärme.

**171.** Das Ionenprodukt des Wassers ist bei 20° C $0{,}68 \cdot 10^{-14}$, bei 25° $1{,}01 \cdot 10^{-14}$. Berechne die bei der Neutralisation von 1-g-Äquivalent starker Base durch starke Säure entwickelte Wärmemenge.

**172.** Nach HARNED und HAMER ist für die Ionisation des Wassers zwischen 0 und 60° C $\lg K = \frac{-4787{,}3}{T} - 7{,}1321 \cdot \lg T - 0{,}010365 \cdot T + 22{,}801$. Stelle eine Formel für die Ionisationswärme $\varDelta J$ als Funktion von $T$ auf.

**173.** Für die Reaktion $i\text{-}C_4H_{10} \rightleftarrows i\text{-}C_4H_8 + H_2$ gelten folgende Werte:

| | | | | | | |
|---|---|---|---|---|---|---|
| $T°$ K | = 600 | 800 | 900 | 1000 | 1200 | 1500 |
| $K_p$ | $= 6{,}16 \cdot 10^{-4}$ | $2{,}75 \cdot 10^{-1}$ | 2,04 | $1{,}02 \cdot 10$ | $8{,}91 \cdot 10$ | $6{,}61 \cdot 10^2$ |

Ermittle die Temperatur für $K_p = 1$.

**174.** Gesucht ist die Gleichgewichtskonstante für die Reaktion $\frac{1}{2} H_2 + \frac{1}{2} Cl_2 = HCl$ bei **a)** 25° C und **b)** 1327° C, wenn $\varDelta A^0_{298} = -22692$ und $\varDelta J_{291} = -22000$ cal. Die Molwärmen $C_p$ sind gegeben durch die Gleichungen: für $H_2 = 6{,}50 + 0{,}0009 \cdot T$, für $Cl_2 = 7{,}4 + 0{,}001 \cdot T$ und für $HCl = 6{,}50 + 0{,}001 \cdot T$ cal.

**175.** Bei 600° K sind die Molwärmen $C_p$ von $Cl_2 = 8{,}66$, von $CO = 7{,}28$ cal. Wie groß ist bei der gleichen Temperatur die Molwärme von Phosgen $COCl_2$? Die Gleichgewichtskonstante der Reaktion $COCl_2 \rightleftarrows CO + Cl_2$, also $K_p = \frac{p_{CO} \cdot p_{Cl_2}}{p_{COCl_2}}$ ist durch folgende Temperaturfunktion gegeben: $\lg K_p = -\frac{5020}{T} + 1{,}75 \cdot \lg T + 1{,}158$.

## 3. Näherungsverfahren nach Ulich.

Die Integration der Gleichung $\frac{\partial \Delta A}{\partial T} = -\Delta S$ wird vorteilhaft in drei Stufen durchgeführt, je nach der geforderten Genauigkeit. Angenommen wird, daß $\Delta A$ für eine bestimmte Temperatur gegeben ist (Raumtemperatur $T_1 = 25°$ C, Index 1) und für eine beliebige Temperatur $T_2$ (Index 2) berechnet werden soll.

*a*) Wird $\sum \nu C_p \approx 0$, so ist $\Delta S$ temperaturunabhängig, also konstant, und $\Delta A_2 - \Delta A_1 = -\int_1^2 \Delta S \cdot d\,T = -\Delta S_1 \cdot (T_2 - T_1)$.

Nachdem $\Delta A_1 = \Delta J_1 - T_1 \cdot \Delta S_1$ (S. 249), ist $\Delta A_2 = \Delta A_1 - \Delta S_1 \cdot (T_2 - T_1) = \Delta J_1 - T_2 \cdot \Delta S_1$.

Für die Berechnung der Gleichgewichtskonstanten ist also

$$\ln K_p = \frac{-\Delta J_1}{R\,T_2} + \frac{\Delta S_1}{R} \text{ und } \lg K_p = \frac{-\Delta J_1}{4{,}574 \cdot T_2} + \frac{\Delta S_1}{4{,}574}.$$

Siehe dazu das 172. Beispiel.

*b*) $\sum \nu C_p =$ konstant. Dann ist aus der Gleichung $\frac{\partial \Delta S}{\partial T} = \frac{\Sigma \nu C_p}{T} \ldots \Delta S_2 - \Delta S_1 = \int_1^2 \frac{\Sigma \nu C_p}{T} \cdot d\,T = \sum \nu C_p \cdot \ln \frac{T_2}{T_1}$ und weiter $\Delta A_2 - \Delta A_1 = -\int_1^2 \left(\Delta S_1 + \sum \nu C_p \cdot \ln \frac{T_2}{T_1}\right) d\,T$; daraus

$$\Delta A_2 = \Delta A_1 - \Delta S_1 \cdot (T_2 - T_1) - T_2 \cdot \sum \nu C_p \cdot \left(\ln \frac{T_2}{T_1} + \frac{T_1}{T_2} - 1\right) =$$
$$= \Delta J_1 - T_2 \cdot \Delta S_1 - T_2 \cdot \sum \nu C_p \cdot \left(\ln \frac{T_2}{T_1} + \frac{T_1}{T_2} - 1\right).$$

Berechnung der Gleichgewichtskonstanten:

$$\lg K_p = \frac{-\Delta J_1}{4{,}574 \cdot T_2} + \frac{\Delta S_1}{4{,}574} + \frac{\Sigma \nu C_p}{4{,}574} \cdot \left(\ln \frac{T_2}{T_1} + \frac{T_1}{T_2} - 1\right).$$

Setzen wir für $\Delta A_1$ die Normal-Reaktionsarbeit einer Einzelreaktion $\Delta A^{0\,(25)}$, dann wird die Grundreaktionsarbeit bei $T°$ K ...

$$\Delta A^{0\,(T)} = \Delta A^{0\,(25)} - \Delta S^{0\,(25)} \cdot (T - 298) - T \cdot \sum \nu C_p \cdot \left(\ln \frac{T}{298} + \frac{298}{T} - 1\right).$$

Der Ausdruck $\left(\ln \frac{T}{298} + \frac{298}{T} - 1\right) = f(T)$ ist in verschiedenen Tabellenwerken und Lehrbüchern für verschiedene Werte von $T$ tabelliert (wobei der Berechnung der genaue Wert 25° C = 273,16 + + 25 = 298,16 zugrunde gelegt ist).

| $T°$ K | $f(T)$ | $T \cdot f(T)$ | $T°$ K | $f(T)$ | $T \cdot f(T)$ |
|---|---|---|---|---|---|
| 400 | 0,039 | 15,7 | 1400 | $0{,}759_5$ | 1063 |
| 500 | 0,113 | 56,6 | 1500 | 0,814 | 1222 |
| 600 | 0,196 | 118 | 1600 | 0,866 | 1386 |
| 700 | 0,279 | 195 | 1700 | 0,916 | 1558 |
| 800 | 0,360 | 288 | 1800 | $0{,}963_5$ | 1734 |
| 900 | 0,436 | 392 | 1900 | 1,009 | 1917 |
| 1000 | 0,508 | 508 | 2000 | $1{,}052_5$ | 2105 |
| 1100 | $0{,}576_5$ | 634 | 2500 | 1,246 | 3115 |
| 1200 | 0,641 | 769 | 3000 | 1,408 | 4224 |
| 1300 | 0,702 | 912 | 3500 | 1,549 | 5418 |

**172. Beispiel.** Zu berechnen ist lg $K_p$ der Reaktion $2\,H_2O \rightleftarrows 2\,H_2 + O_2$ für 1000° K. Die molare Bildungswärme des $H_2O$ (g) beträgt —57,84 kcal. Ferner sind gegeben die Normalentropien für $H_2 = 31{,}23$, für $O_2 = 49{,}03$ und für $H_2O$ (g) = 45,1 Cl·mol$^{-1}$ sowie die mittleren Molwärmen $C_p$ bei 1000° K für $H_2 = 7{,}05$, für $O_2 = 7{,}66$ und für $H_2O = 8{,}83$ cal.

Näherung *a*): $\Delta J_{298} = (0 + 0) - 2 \cdot (-57840) = +115680$ cal. $\Delta S_{298} = (2 \cdot 31{,}23 + 49{,}03) - 2 \cdot 45{,}1 = 21{,}29$ Cl.

$$\lg K_p = \frac{-115680}{4{,}574 \cdot 1000} + \frac{21{,}29}{4{,}574} = -20{,}64.$$

Näherung *b*): $\sum \nu C_p = (2 \cdot 7{,}05 + 7{,}66) - 2 \cdot 8{,}83 = 4{,}10$ cal.

Nach obiger Tabelle ist $f(T) = 0{,}508$.

$$\lg K_p = \frac{-115680}{4{,}574 \cdot 1000} + \frac{21{,}29}{4{,}574} + \frac{4{,}10}{4{,}574} \cdot 0{,}508 = -20{,}19.$$

(Der experimentell bestimmte Wert ist —20,11.) ——

In der auf S. 259 angeführten Näherungsgleichung von Nernst sind diese $T$-Glieder zu den sogenannten chemischen Konstanten zusammengezogen. Die Nernstsche Gleichung verliert jedoch infolge der Kenntnis der Entropiewerte mehr und mehr an Bedeutung.

*c*) Für noch genauere Rechnungen muß auch die Temperaturabhängigkeit von $\sum \nu C_p$ berücksichtigt werden; man kann jedoch ebenfalls mit der unter b) entwickelten Gleichung rechnen, wenn man die $\sum \nu\, C_p$-Werte der Berechnungstemperatur anpaßt. Nachdem die Entropie mit $\frac{\Sigma \nu\, C_p}{T}$ wächst, muß das tiefere Temperaturgebiet stärker berücksichtigt werden. Nach ULICH rechnet man mit folgenden Mittelwerten:

| Temperaturbereich °K | Anzuwendender Mittelwert von $\sum \nu\, C_p$ |
|---|---|
| 300 bis 450 | $\sum \nu\, C_p$-Wert für 300° K (= Raumtemperatur); |
| 450 bis 550 | $\frac{1}{2} \sum \nu\, C_p$-Wert für 300° K + $\frac{1}{2}$ Mittelwert von $\sum \nu\, C_p$ zwischen 300 und 600° K; |
| 550 bis 1100 | Mittelwert von $\sum \nu\, C_p$ zwischen 300 und 600° K; |
| 1100 bis 1500 | $\frac{3}{4}$ Mittelwert von $\sum \nu\, C_p$ zwischen 300 und 600° K + |
| | + $\frac{1}{4}$ Mittelwert von $\sum \nu\, C_p$ zwischen 600 und 1200° K; |
| 1500 bis 2600 | $\frac{1}{2}$ Mittelwert von $\sum \nu\, C_p$ zwischen 300 und 600° K + |
| | + $\frac{1}{2}$ Mittelwert von $\sum \nu\, C_p$ zwischen 600 und 1200° K; |
| 2600 bis 3400 | $\frac{5}{12}$ Mittelwert von $\sum \nu\, C_p$ zwischen 300 und 600° K + |
| | + $\frac{5}{12}$ Mittelwert von $\sum \nu\, C_p$ zwischen 600 u. 1200° K + |
| | + $\frac{2}{12}$ Mittelwert von $\sum \nu\, C_p$ zwischen 1200 u. 2400° K; |
| über 3400 | $\frac{1}{3}$ Mittelwert von $\sum \nu\, C_p$ zwischen 300 und 600° K + |
| | + $\frac{1}{3}$ Mittelwert von $\sum \nu\, C$ zwischen 600 u. 1200° K + |
| | + $\frac{1}{3}$ Mittelwert von $\sum \nu\, C_p$ zwischen 1200 u. 2400° K. |

Bei stetigem Verlauf der $C_p$-Kurven kann als Mittelwert der $\sum C_p$-Wert der mittleren Temperatur des betreffenden Abschnittes genommen werden. Im anderen Falle trägt man $C_p$ oder $\sum \nu\, C_p$ in Abhängigkeit von $T$ als Kurve auf und bestimmt nach Augenmaß den Mittelwert.

Bei bekannten Formeln für die Temperaturabhängigkeit von $C_p$ können natürlich diese zur Berechnung des Mittelwertes herangezogen werden.

**173. Beispiel.** Zu berechnen ist die Gleichgewichtskonstante der Reaktion $2\,CO_2 \rightleftarrows 2\,CO + O_2$ für 1000°, 1500° und 2000° K (nach ULICH).

Die Bildungswärmen $\Delta J_{B,\,298}$ sind für $CO_2 = -94080$, $CO = -26380$, $O_2 = \pm 0$ cal; $s_{298}$ für $CO_2 = 51{,}08$, $CO = 47{,}32$ und $O_2 = 49{,}03$.

$\Delta J_{298} = 2 \cdot -26380 \pm 0 - (2 \cdot -94080) = +135400$ cal.

$\Delta S_{298} = 2 \cdot 47{,}32 + 49{,}03 - 2 \cdot 51{,}08 = +41{,}51$ Cl.

Die $C_p$-Werte sind der Tabelle 2, Seite 480, zu entnehmen. Aus ihnen ist z. B. $\sum \nu C_p$ für 300° K $= 2 \cdot 6{,}96 + 7{,}02 - 2 \cdot 8{,}91 = +3{,}12$. In gleicher Weise finden wir

| | 300° K | 450° K | 600° K | 900° K | 1200° K | 1800° K | 2400° K |
|---|---|---|---|---|---|---|---|
| $\sum \nu C_p$ | + 3,12 | + 0,77 | — 0,40 | — 1,58 | — 2,13 | — 2,5 | — 2,6 |
| Mittelwerte | | + 1,1 | | — 1,4 | | — 2,4 | |

Nach dem Verfahren von ULICH ergeben sich daraus folgende anzuwendende Mittelwerte für $\sum \nu C_p$:

$T = 1000°$ K (also zwischen 550 und 1100° K) ... + 1,1

$T = 1500°$ K ... für 1100 bis 1500° K $= \frac{3 \cdot 1{,}1}{4} + \frac{-1{,}4}{4} = +0{,}5$

für 1500 bis 2600° K $= \frac{1{,}1}{2} + \frac{-1{,}4}{2} = -0{,}15$;

dieser Wert gilt auch für $T = 2000°$ K.

Berechnung von $\Delta A$ (Grundarbeit) und $K_p$:

Für 1000° K ist $\Delta A = 135400 - 1000 \cdot 41{,}51 - 1000 \cdot 1{,}1 \cdot \left(\ln \frac{1000}{298} + \frac{298}{1000} - 1\right) = +93330$ cal.

$$\lg K_p = \frac{-93330}{4{,}574 \cdot 1000} = -20{,}40 \text{ und } K_p = 3{,}98 \cdot 10^{-21}$$

Für 1500° K ist

mit dem Wert $\sum \nu C_p = +0{,}5$ ... $\Delta A = +72730$ cal,

mit dem Wert $\sum \nu C_p = -0{,}15$ ... $\Delta A = +73250$ cal,

daraus das Mittel $= +72990$ cal.

$\lg K_p = -10{,}64$ und $K_p = 2{,}29 \cdot 10^{-11}$

Für 2000° K ist $\Delta A = +52700$ cal; $\lg K_p = -5{,}76$ und $K_p = 1{,}74 \cdot 10^{-6}$.

Laut Chem. Tasch. 32421 ist $K_p = \frac{p_{CO} \cdot p_{O_2}^{\frac{1}{2}}}{p_{CO_2}}$ für 1000° K $= 6{,}33 \cdot 10^{-11}$, für 2000° K $= 1{,}37 \cdot 10^{-3}$; umgerechnet auf unsere Reaktion:
für 1000° K: $(6{,}33 \cdot 10^{-11})^2 = 4{,}01 \cdot 10^{-21}$ und $\lg K_p = -20{,}40$,
für 2000° K: $(1{,}37 \cdot 10^{-3})^2 = 1{,}88 \cdot 10^{-6}$ und $\lg K_p = -5{,}73$.

Diskussion: Waren zu Beginn der Reaktion $n_1$ Mol $CO_2$ vorhanden und ist im Gleichgewicht von 1 $CO_2$ der Bruchteil $\alpha$ zerfallen, so sind noch $n_1 \cdot (1 - \alpha)$ Mol vorhanden. Entstanden sind auf Grund der Reaktionsformel $\alpha \cdot n_1$ Mol CO und $\frac{\alpha \cdot n_1}{2}$ Mol $O_2$. Also ist $\sum n = n_1 \cdot \left(1 - \alpha + \alpha + \frac{\alpha}{2}\right) = n_1 \cdot \left(1 + \frac{\alpha}{2}\right)$ und die Molenbrüche $x_{CO_2} = \frac{1-\alpha}{1 + \frac{\alpha}{2}}$; $x_{CO} = \frac{\alpha}{1 + \frac{\alpha}{2}}$, $x_{O_2} = \frac{\frac{\alpha}{2}}{1 + \frac{\alpha}{2}}$.

Daraus folgt $K_p = \frac{p_{CO}^2 \cdot p_{O_2}}{p_{CO_2}^2} = p \cdot \frac{x_{CO}^2 \cdot x_{O_2}}{x_{CO_2}^2} =$

$$= p \cdot \frac{\alpha^2 \cdot \frac{\alpha}{2}}{\left(1 + \frac{\alpha}{2}\right)(1-\alpha)^2}.$$

Solange $\alpha \ll 1$, kann annähernd $K_p \approx \frac{p}{2}\alpha^3$ gesetzt werden.

Bei 1 Atm wäre also ein 1%iger Zerfall zu erwarten, wenn $K_p = \frac{(0{,}01)^3}{2} = 5 \cdot 10^{-7}$ (oder $\lg K_p = -6{,}3$), d. h. bereits unterhalb 2000° K. ———

**Aufgaben. 176.** Zu berechnen ist $K_p$ für das Wassergasgleichgewicht $CO_2 + H_2 \rightleftarrows CO + H_2O$ für 600° und 1500° K (nach Ulich). Gegeben sind $\Delta J_B$ für $CO_2 = -94080$, $CO = -26380$, $H_2O = -57804$ cal (Elemente sind Null gesetzt); Normalentropien für $CO_2 = 51{,}08$, $CO = 47{,}32$, $H_2O = 45{,}13$, $H_2 = 31{,}23$ cal · grad$^{-1}$. Die Werte für $C_p$ sind der Tabelle 2, S. 480, zu entnehmen.

**177.** Berechne das Wasserdampf-Dissoziationsgleichgewicht $2\,H_2O \rightleftarrows 2\,H_2 + O_2$ nach den drei Näherungsformeln des Ulichschen Verfahrens für 2000° K. Gegeben sind die Normalentropien für $H_2O = 45{,}13$, $H_2 = 31{,}23$ und $O_2 = 49{,}03$ cal · grad$^{-1}$ und die Bildungswärme des $H_2O$ zu $-57804$ cal · mol$^{-1}$ ($C_p$-Werte S. 480).

### 4. Näherungsformel von Nernst.

(Zusammenhang mit 3b siehe S. 256).

$$\lg K_p = -\frac{\Delta J_1}{4{,}574 \cdot T} + \sum \nu \cdot 1{,}75 \cdot \lg T + \sum \nu\, j'.$$

Es ist wiederum $\Delta J_1$ die Reaktionswärme bei Zimmertemperatur (25° C), $\sum \nu$ die Summe der nur in Gasform vorhandenen Moleküle (gebildete Stoffe +, verschwindende —) ohne Berücksichtigung der festen oder flüssigen Komponenten oder solcher gasförmiger, die mit ihrem Bodenkörper auftreten.

$j'$ sind die konventionellen chemischen Konstanten, welche Tabellen zu entnehmen sind. Für Atome ist $\frac{j'}{2}$ der entsprechenden Moleküle einzusetzen. Für Stoffe, deren $j'$ unbekannt ist, gilt annähernd $j' = 1{,}7 \cdot \lg \pi_{kr}$ ($\pi_{kr}$ = kritischer Druck).

Die Näherungsformel liefert gute Werte für Reaktionen, deren $\sum \nu = 0$.

**174. Beispiel.** Die 166. Aufgabe ist mit Hilfe der NERNSTschen Näherungsformel zu berechnen. Für $NH_3$ ist $j' = 3{,}3$, für $N_2 = 2{,}6$ und für $H_2 = 1{,}6$.

$$\text{Es ist} \sum \nu = 1 - \frac{1}{2} - \frac{3}{2} = -1 ;$$

$$\sum \nu j' = 1 \cdot 3{,}3 - \frac{1}{2} \cdot 2{,}6 - \frac{3}{2} \cdot 1{,}6 = -0{,}4 .$$

$$\lg K_p = + \frac{2405}{T} - 1{,}75 \cdot \lg T - 0{,}40 .$$

Für 1000° K erhält man daraus 2,41 — 5,25 — 0,40 = — 3,24.

**Aufgaben. 178.** Berechne die Formel für $\lg K_p$ für die Reaktion $H_2 + Cl_2 \rightleftarrows 2\,HCl$ und den Wert von $\lg K_p$ für 1000° K **a)** nach dem Verfahren $3a$ und **b)** nach der NERNSTschen Formel. Vergleiche mit dem im Chem. Tasch. für $K_p = \frac{p_{HCl}}{(p_{H_2} \cdot p_{Cl_2})^{\frac{1}{2}}}$ für $1000°\ K = 1{,}81 \cdot 10^5$ angegebenen und auf obige Reaktion umgerechneten Wert. Die Bildungswärme von HCl ist — 21890 cal; die Entropien HCl = 44,66, $H_2 = 31{,}23$, $Cl_2 = 53{,}32$. Die chem. Konstanten $j'$ sind für HCl = = 3,0, $H_2 = 1{,}6$, $Cl_2 = 3{,}1$.

**179.** Berechne die Formel $\lg K_p$ für die Reaktion $H_2 \rightleftarrows 2\,H$ und den Wert von $\lg K_p$ für 1000° K **a)** nach dem Verfahren $3a$ und **b)** nach der NERNSTschen Formel. Die Bildungswärme von H = + 51,9 kcal, die Entropien $H_2 = 31{,}23$, H = 27,4; $j'$ für $H_2 = 1{,}6$.

**180.** Berechne die Formel $\lg K_p$ für das Wassergasgleichgewicht $CO_2 + H_2 \rightleftarrows CO + H_2O$ und den Wert von $\lg K_p$ für 600° K **a)** nach der unter $3a$ angegebenen Näherungsformel und **b)** nach der NERNSTschen Formel. Die Bildungswärme und Entropien sind der 176. Aufgabe zu entnehmen. $j'$ ist für $CO_2 = 3{,}2$, CO = 3,5, $H_2O = 3{,}6$ und $H_2 = 1{,}6$. Vergleiche mit dem Ergebnis der 176. Aufgabe und mit dem Wert des Chem. Tasch.: $\lg K_p = -1{,}43$ (für 600° K).

**181.** Berechne lg $K$ der Reaktion $SiO_2 \rightleftarrows Si + O_2$ bei 1227° K nach der NERNSTschen Formel. Gegeben ist die Dissoziationswärme des $SiO_2$ zu $+202000$ cal · mol$^{-1}$, $j'$ für $O_2 = 2{,}8$.

## F. Gleichgewichtskonstante und Massenwirkungsgesetz.

Eine umkehrbare Reaktion verlaufe nach dem Schema

$$a\,A + b\,B + \ldots \rightleftarrows \ldots + y\,Y + z\,Z\,.$$

Die Reaktion kommt nach einiger Zeit zum Stillstand, es tritt Gleichgewicht ein. Wir deuten die molaren Konzentrationen der beteiligten Stoffe durch eine eckige Klammer oder durch den Buchstaben $c$ an und es gilt nach dem Massenwirkungsgesetz (nach GULDBERG und WAAGE)

$$\frac{[Y]^y \cdot [Z]^z}{[A]^a \cdot [B]^b} = \frac{c_Y{}^y \cdot c_Z{}^z}{c_A{}^a \cdot c_B{}^b} = K_c\,.$$

$K_c$ ist die *Gleichgewichtskonstante*, welche von der Temperatur und vom Medium abhängt. Diese Schreibweise — die entstehenden Stoffe im Zähler — ist dem umgekehrten Fall vorzuziehen, weil bei der Vergrößerung der entstehenden Stoffe $Y$ und $Z$ (Ausbeuteerhöhung) auch $K$ wächst.

**175. Beispiel.** Die Bildung von Essigsäureäthylester geht nach der Gleichung $CH_3COOH + C_2H_5OH \rightleftarrows CH_3COOC_2H_5 + H_2O$ vor sich. Bringt man 1 Mol Essigsäure und 1 Mol Alkohol oder 1 Mol Ester und 1 Mol Wasser zusammen, so entsteht nach einiger Zeit das Gleichgewicht

$^1/_3$ Mol Säure $+ {}^1/_3$ Mol Alkohol $+ {}^2/_3$ Mol Ester $+ {}^2/_3$ Mol Wasser.

Beträgt also das Volumen der Reaktionsmischung im Gleichgewicht $v$ Liter, dann ist die molare Konzentration des Alkohols, bzw. der Säure $\frac{1}{3 \cdot v}$, diejenige des Esters, bzw. des Wassers $\frac{2}{3 \cdot v}$, woraus sich die Gleichgewichtskonstante $K_c = \dfrac{\frac{2}{3v} \cdot \frac{2}{3v}}{\frac{1}{3v} \cdot \frac{1}{3v}} =$

$$= \frac{\frac{2}{3} \cdot \frac{2}{3}}{\frac{1}{3} \cdot \frac{1}{3}} = 4 \text{ berechnet.}$$

Allgemein gilt, wenn das Volumen des Gemisches $v$ beträgt und 1 Mol Essigsäure mit $m$ Mol Alkohol und $n$ Mol Wasser zusammengebracht wird, so muß im Gleichgewichtszustand, wenn $x$ die umgesetzte Anzahl Mole Alkohol bedeutet, die Beziehung bestehen:

$$K_c = \frac{\frac{x}{v} \cdot \frac{n+x}{v}}{\frac{1-x}{v} \cdot \frac{m-x}{v}} = 4. \text{———}$$

Die Gleichgewichtskonstante kann in *verschiedenen Konzentrationsmaßen* ausgedrückt werden (bei Gasreaktionen ist es üblich, mit den Partialdrücken zu rechnen). Erfolgt die Konzentrationsangabe in $c$ = Mol/Liter, so bezeichnen wir die Konstante mit $K_c$, bei $p$ = Partialdruck mit $K_p$ und bei $x$ = Molenbruch mit $K_x$. (Zusammenhang der Konzentrationsmaße siehe S. 73).

Sind $\nu_1, \nu_2, \nu_3 \ldots$ die Anzahl Mol, die an der Reaktion beteiligt sind (linksstehende —, rechtsstehende +; Summe $= \sum \nu$), dann ist

$$K_c = K_p \cdot (RT)^{-\Sigma\nu} = K_x \cdot \left(\frac{RT}{p}\right)^{-\Sigma\nu}.$$

**176. Beispiel.** Bei 1200° K ist für die Reaktion $2\,CO_2 \rightleftarrows 2\,CO + O_2$ $K_p = 3{,}28 \cdot 10^{-16}$. Gesucht ist $K_c$ für diesen Reaktionsverlauf.

$K_c = 3{,}28 \cdot 10^{-16} \cdot (0{,}08204 \cdot 1200)^{-1} = 3{,}33 \cdot 10^{-18}$ Mol/l. ———

*Umrechnung von K auf die entgegengesetzte Reaktionsfolge:*

**177. Beispiel.** Die Gleichgewichtskonstante $K_p$ für die Reaktion I $J\,Br \rightleftarrows \frac{1}{2} J_2 + \frac{1}{2} Br_2$ ist für 1000° K $K_p = \frac{(p_{J_2} \cdot p_{Br_2})^{\frac{1}{2}}}{p_{J\,Br}} = 2{,}50 \cdot 10^{-1} = K_{p,I}$* .

Dann ist die Gleichgewichtskonstante für die Reaktion II

$$2\,J\,Br \rightleftarrows + J_2 + Br_2 \quad K_{p,II} = (K_{p,I})^2 = 6{,}25 \cdot 10^{-2};$$

für die Reaktion III

$\frac{1}{2} J_2 + \frac{1}{2} Br_2 \leftrightarrows J\,Br$ ist $K_{p,III} = (K_{p,I})^{-1} = 4{,}0$ und für die Reaktion IV

$$J_2 + Br_2 \leftrightarrows 2\,J\,Br \text{ ist } K_{p,IV} = (K_{p,I})^{-2} = 16{,}0. \text{———}$$

*Berechnung der Gleichgewichtskonstanten aus bekannten K-Werten anderer Reaktionen:*

**178. Beispiel.** Die Gleichgewichtskonstante für die Reaktion $2\,H_2 \rightleftarrows 2\,H_2 + O_2$ (Wasserdampfdissoziation) bei 1500° K ist aus den bekannten Gleichgewichten der Reaktionen $H_2O + CO \rightleftarrows H_2 + CO_2$ mit $\lg K_p = -0{,}43$ und $2\,CO_2 \rightleftarrows 2\,CO + O_2$ mit $\lg K_p = -10{,}89$ (siehe 173. Beispiel, S. 258) zu berechnen.

* Chem. Tasch. 32421.

$$
\begin{array}{ll}
2\cdot(H_2O + CO \rightleftarrows CO_2 + H_2) \ldots & \text{I} \\
\quad 2\,CO_2 \rightleftarrows 2\,CO + O_2 \ldots & \text{II} \\
\hline
\quad 2\,H_2O \rightleftarrows 2\,H_2 + O_2 \ldots & 2\cdot(\text{I}) + (\text{II}) = (\text{III}).
\end{array}
$$

Daraus ist $\lg K = -2\cdot 0{,}43 - 10{,}89 = -11{,}75$.

$$\left(\text{Es ist } \frac{[CO]^2\cdot[O_2]}{[CO_2]^2}\cdot\frac{[H_2]^2\,[CO_2]^2}{[H_2O]^2\cdot[CO]^2} = \frac{K_{II}}{K_I{}^2} = \frac{[H_2]^2\cdot[O_2]}{[H_2O]^2} = K_{III}.\right)$$

Noch einige Beispiele:

**179. Beispiel.** Ein Wassergas-Dampf-Gemisch wird einem Konverter zugeführt, in welchem folgende Reaktion stattfindet: $CO + H_2O \rightleftarrows CO_2 + H_2$. Zu berechnen ist die Zusammensetzung des beim Gleichgewicht gebildeten Gases, wenn 600% Dampfüberschuß angewendet wurden und der Vorgang bei 500° C stattfand. Die Gleichgewichtskonstante für diese Temperatur ist 6,2. Analyse des Wassergases: 4% $CO_2$, 43% CO, 51% $H_2$ und 2% $N_2$.

100 Mol trockenen Wassergases enthalten 43 Mol CO und benötigen 43 Mol $H_2O$. Nachdem 600% $H_2O$-Überschuß verwendet sind, werden $700\cdot 0{,}43 = 301$ Mol $H_2O$ zugemischt.

Umgesetzte Mol CO beim Gleichgewicht $= x$.

Im Gleichgewicht sind also vorhanden:

| | | |
|---|---|---|
| $CO_2$ .............. | $4 + x$ | Mol |
| CO ............... | $43 - x$ | Mol |
| $H_2$ ............... | $51 + x$ | Mol |
| $N_2$ ............... | 2 | Mol |
| $H_2O$ .............. | $301 - x$ | Mol |
| zusammen | 401 | Mol |

$$K = \frac{[CO_2]\cdot[H_2]}{[CO]\cdot[H_2O]} = 6{,}2 = \frac{(4+x)\cdot(51+x)}{(43-x)\cdot(301-x)} =$$

$$= \frac{204 + 55\,x + x^2}{12943 - 344\,x + x^2};$$

$80247 - 2133x + 6{,}2x^2 = 204 + 55x + x^2$ und

$x^2 - 420{,}8x + 15393 = 0$; daraus ist $x = 40{,}5$.

Umgesetzt sind also $\frac{40{,}5}{43} = 0{,}942 = 94{,}2\%$ CO.

Das entweichende Gas hat daher folgende Zusammensetzung:

| | | feucht | trocken |
|---|---|---|---|
| $CO_2$ ........ | 44,5 Mol = feucht: | 11,1%, bzw. trocken | 31,7% |
| CO ........ | 2,5 Mol | 0,6 | 1,8 |
| $H_2$ ......... | 91,5 Mol | 22,8 | 65,1 |
| $N_2$ ......... | 2,0 Mol | 0,5 | 1,4 |
| $H_2O$ ....... | 260,5 Mol | 65,0 | — |
| zusammen | 401,0 Mol | 100,0% | 100,0% |
| bzw. | 140,5 Mol trocken. | | |

**180. Beispiel.** Die allgemeine Formel zur Berechnung der Dissoziationskonstanten einer Reaktion vom Typus $AB \rightleftarrows A+B$ ist aufzustellen. $\alpha$ ist der Dissoziationsgrad.

Sind ursprünglich $n$ Moleküle vorhanden, so sind $n \cdot \alpha$ zerfallen und $n \cdot (1-\alpha)$ noch vorhanden. Im Gleichgewicht müssen also $n_A = n_B = n \cdot \alpha$, bzw. $n_{AB} = n \cdot (1-\alpha)$ Mol vorhanden sein und als Summe $2n\alpha + n \cdot (1-\alpha) = n \cdot (1+\alpha)$; als Molenbrüche geschrieben $x_A = x_B = \frac{\alpha}{1+\alpha}$, bzw. $x_{AB} = \frac{1-\alpha}{1+\alpha}$.

Nun ist

$$K_p = \frac{p_A \cdot p_B}{p_{AB}} = p \cdot \frac{x_A \cdot x_B}{x_{AB}} = p \cdot \frac{\alpha^2}{(1+\alpha)\cdot(1-\alpha)} = p \cdot \frac{\alpha^2}{1-\alpha^2}.$$

Für sehr kleine $\alpha$-Werte ($\alpha \ll 1$) wird $K_p = p \cdot \alpha^2$.

Für den Fall, daß $A_2 \rightleftarrows 2A$ ist, $x_A = \frac{2\alpha}{1+\alpha}$, $x_{A_2} = \frac{1-\alpha}{1+\alpha}$ und $K_p = p \cdot \frac{4\alpha^2}{1-\alpha^2}$. Für sehr kleine $\alpha$-Werte wird näherungsweise $K_p = 4p\alpha^2$. ———

**181. Beispiel.** Zu bestimmen ist der Dissoziationsgrad des $CO_2$ für die Reaktion $CO_2 \rightleftarrows CO + \frac{1}{2} O_2$ bei 1200 und 4000° K aus folgenden Angaben:

| | | | | | |
|---|---|---|---|---|---|
| $T = 1000$ | 1400 | 1750 | 2000 | 3000 | 3500 |
| $K_p = 6{,}33 \cdot 10^{-11}$ | $1{,}01 \cdot 10^{-6}$ | $1{,}25 \cdot 10^{-4}$ | $1{,}37 \cdot 10^{-3}$ | 0,335 | 1,56 |

Daraus ist:

| | | | | | | |
|---|---|---|---|---|---|---|
| $\lg K_p =$ | — 10,20 | — 6,00 | — 3,90 | — 2,86 | — 0,47 | 0,19 |
| $T^{-1} \cdot 10^3 =$ | 1,00 | 0,71 | 0,57 | 0,50 | 0,33 | 0,28 |

Dies ergibt in graphischer Darstellung die Abb. 107. Aus dieser ist nun für:

$T = 1200°$ K ... ($T^{-1} \cdot 10^3 = 0{,}83$) ... $\lg K_p = -7{,}75$ und $K_p = 1{,}78 \cdot 10^{-8}$

$T = 4000°$ K ... ($T^{-1} \cdot 10^3 = 0{,}25$) ... $\lg K_p + 0{,}65$.

Die Formel zur Berechnung des Dissoziationsgrades ergibt sich wie folgt: im Gleichgewicht vorhanden $n \cdot (1-\alpha) + n \cdot \alpha + \frac{n \cdot \alpha}{2} =$

$$= n \cdot \left(1 + \frac{\alpha}{2}\right); \; K_x = \frac{\frac{\alpha}{1+\frac{\alpha}{2}} \cdot \left(\frac{\frac{\alpha}{2}}{1+\frac{\alpha}{2}}\right)^{\frac{1}{2}}}{\frac{1-\alpha}{1+\frac{\alpha}{2}}} = \sqrt{\frac{\alpha^3}{(2+\alpha)\cdot(1-\alpha)^2}} =$$

$$= K_p \cdot p^{-\Sigma\nu} = K_p \cdot p^{-\frac{1}{2}}.$$ Für $p = 1$ Atm ist $K_p = K_x$.

Aus dieser Gleichung läßt sich $\alpha$ nicht ohne weiters berechnen. Wir können aber leicht auf graphischem Wege aus der Kurve lg $K_p$ gegen $\alpha$ zum Ziele gelangen. Es ist für:

| | | | | | | |
|---|---|---|---|---|---|---|
| $\alpha$ = | 0 | 0,1 | 0,2 | 0,3 | 0,4 | 0,5 |
| lg $K_p$ = | — ∞ | — 1,615 | — 1,123 | — 0,810 | — 0,565 | — 0,350 |
| $\alpha$ = | 0,6 | 0,7 | 0,8 | 0,9 | 1,0 | |
| lg $K_p$ = | — 0,142 | + 0,075 | + 0,330 | + 0,701 | + ∞ | |

Daraus entsteht die Abb. 108 und aus dieser für jenen lg $K_p$ der 4000° K entspricht (= 0,65) der Wert $\alpha = 0{,}88$.

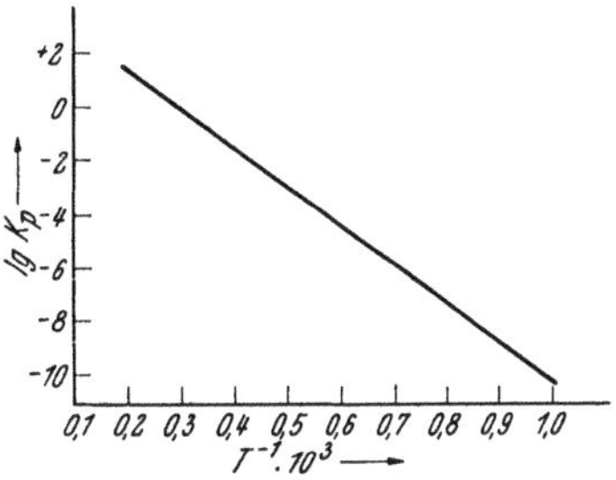


Abb. 107

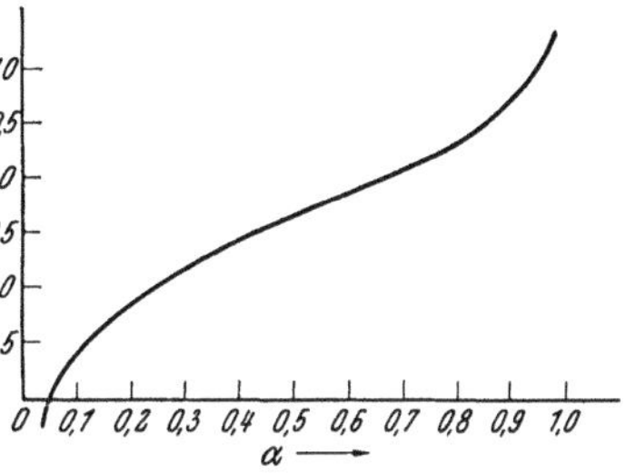


Abb. 108

Für sehr kleine Werte von $K_p$ ist $\alpha \ll 1$ und wir können den Betrag für $\alpha$ im Nenner vernachlässigen, wodurch sich als Näherungswert $K_p = \sqrt{\frac{\alpha^3}{2}}$ und daraus $\alpha \approx \sqrt[3]{(2\,K_p)^2}$ ergibt. Es ist dann für 1200° K $\alpha \approx 1{,}08 \cdot 10^{-5}$. Somit sind bei 4000° K 88 Mol-% des $CO_2$ dissoziiert, bei 1200° K $1{,}08 \cdot 10^{-3}$ %. ———

Über das Säuren-Basen-Gleichgewicht s. S. 271, über das Löslichkeitsprodukt S. 286.

**Aufgaben. 182.** Nach den Angaben des 175. Beispieles ist zu berechnen, wieviel Mol Ester beim Gleichgewicht vorhanden sind, wenn **a)** von 2 Mol Alkohol und 1 Mol Säure und **b)** von 1 Mol Alkohol und 20 Mol Säure ausgegangen wird.

**183.** Berechne auf Grund der Angaben des 175. Beispiels, wieviel g der einzelnen Komponenten im Gleichgewicht vorhanden sind, wenn von 20 g Alkohol und 20 g Essigsäure ausgegangen wird.

**184.** Aufzustellen ist die allgemeine Formel zur Berechnung der Dissoziationskonstanten $K_p$ einer Reaktion vom nachfolgenden Typ. Der Dissoziationsgrad ist $\alpha$. Stelle zusätzlich die Näherungsformel auf, wenn $\alpha \ll 1$. **a)** $AB \rightleftarrows \frac{1}{2} A_2 + \frac{1}{2} B_2$, **b)** $2\,A_2B \rightleftarrows 2\,AB + A_2$, **c)** $2\,A_3B \rightleftarrows 2\,A_2B + A_2$, **d)** $2\,A_3B \rightleftarrows 3\,A_2 + B_2$.

**185.** Stelle die allgemeine Formel für $K_p$ für die Reaktion 3 $H_2$ + + $N_2$ = 2 $NH_3$ auf. Die Partialdrucke sind $p_{H_2}$, $p_{N_2}$ und $p_{NH_3}$, der Totaldruck $P$. Zu Beginn seien $n$ Mole $N_2$ und 3 $n$ Mole $H_2$ vorhanden. Jener Teil des $N_2$, der beim Gleichgewicht mit $H_2$ unter Bildung von $NH_3$ reagiert sei $x$ (Umsetzungsgrad).

**186.** Berechne den Dissoziationsgrad von $O_2$ bei 1200° K für 1 Atm und 10 Atm. Gegeben ist $K_p$ für diese Temperatur zu $8{,}0 \cdot 10^{-16}$.

**187.** Berechne die Gleichgewichtskonstante der Reaktion $CO_2 + \frac{1}{4} S_2 \rightleftarrows \frac{1}{2} SO_2 + CO$ für 2000° K aus den Teilreaktionen: $SO_2 \rightleftarrows \frac{1}{2} S_2 + O_2$ ($K_p = 4{,}47 \cdot 10^5$) und $CO_2 \rightleftarrows CO + \frac{1}{2} O_2$ ($K_p = 1{,}37 \cdot 10^3$).

**188.** Beim Erhitzen von 7,50 Mol $H_2$ und 2,50 Mol $J_2$ auf 448° tritt Gleichgewicht ein, wenn 4,82 Mol HJ gebildet sind. Berechne die Gleichgewichtskonstante für die Reaktion $H_2 + J_2 \rightleftarrows 2\,HJ$.

**189.** Wieviel % HJ sind beim Erhitzen auf 448° in $H_2$ und $J_2$ zerfallen, wenn die Gleichgewichtskonstante 50,0 beträgt?

**190.** In ein Gefäß mit festem $FeCl_2$, welches evakuiert wurde, wird reiner Schwefelwasserstoff eingeführt. Nun wird auf 343,7° C aufgeheizt. Gleichgewicht ist nach vier Tagen eingetreten. In dem Gefäß befanden sich zwei feste Phasen ($FeCl_2$ und $FeS_{1+x}$). Die Gasphase beinhaltet nach Messungen von LUKES, PRUTTON und TURNBULL nur $H_2S$, HCl und $H_2$ mit den Teildrucken 0,456, 0,567 und 0,0407 Atm. Gesucht ist **a)** $x$ und **b)** $K_p$ für das Gleichgewicht im Gefäß. $FeCl_2 + (1 + x)\,H_2S = FeS_{1+x} + 2\,HCl + x\,H_2$.

**191.** Es liegt ein Gemisch aus gleichen Molanteilen $H_2O$ und $CO_2$ vor. Zu berechnen sind die Dissoziationsgrade $\alpha_1$ ($H_2O$) und $\alpha_2$ ($CO_2$) bei 1 Atm Gesamtdruck und 2500° K in diesem Gemisch. Für die Reaktion $H_2O \rightleftarrows H_2 + \frac{1}{2} O_2$ ist bei dieser Temperatur $K_{p(1)} = 6{,}18 \cdot 10^{-13}$ und $\alpha_{0(1)} = 4{,}25 \cdot 10^{-2}$, für die Reaktion $CO_2 \rightleftarrows CO + \frac{1}{2} O_2$ $K_{p(2)} = 3{,}77 \cdot 10^{-2}$ und $\alpha_{0(2)} = 0{,}1311$.* Der $H_2O$-Zerfall in OH, H und O soll nicht berücksichtigt werden.

# 8. Elektrochemie.

## A. Elektrolyse.

Nach FARADAY gelten folgende Gesetzmäßigkeiten:

Die durch gleiche Elektrizitätsmengen ausgeschiedenen Mengen verschiedener Stoffe verhalten sich wie ihre Äquivalentgewichte.

Die Menge eines in der Zeiteinheit durch den elektrischen Strom ausgeschiedenen Stoffes ist der Stromstärke proportional.

---

* Chem. Tasch. 32421.

Jene Strommenge, welche 1 g-Äquivalent (1 Val) eines Stoffes ausscheidet, wird 1 Faraday (1 F) genannt (Elektrochemisches Äquivalent).

1 Faraday $= 96493 \pm 1{,}0$ Coulomb (C), abgerundet 96500 C.

1 Coulomb ist jene Elektrizitätsmenge, die ein Strom von 1 Ampere in 1 Sekunde transportiert.

Ist $I$ die Stromstärke in Amp und $t$ die Zeit in Sek., dann ist die Menge $G$ des ausgeschiedenen Ions in mg ... $G = \frac{\textit{Atomgewicht}}{\textit{Wertigkeit}} \cdot$ $\cdot\, 0{,}01038 \cdot I \cdot t$.

**182. Beispiel.** Eine Nickelsalzlösung wird bei 1,8 Amp 18 Minuten elektrolysiert. Zu berechnen ist die in dieser Zeit ausgeschiedene Nickelmenge.

$$G = \frac{58{,}71}{2} \cdot 0{,}01038 \cdot 1{,}8 \cdot 1080 = 592{,}3 \text{ mg}.$$

**Aufgaben. 192.** In einem Silbercoulombmeter werden in 3 Minuten 281,7 mg Silber abgeschieden. Wie groß ist die verwendete Stromstärke?

**193.** Wieviel Liter Chlorgas werden bei 35° C und 750 Torr entwickelt, wenn ein Strom von 10 Amp 1 Stunde und 20 Minuten lang durch Salzsäure geleitet wird?

**194.** Wieviel g Anilin können durch elektrolytische Reduktion von Nitrobenzol hergestellt werden, wenn die Badspannung 1 Volt beträgt und 10 kWh bei 90 % Stromausbeute verbraucht werden?

**195.** Berechne das Atomgewicht des Kupfers aus folgenden Angaben: Ein elektrischer Strom scheidet aus der Lösung eines zweiwertigen Kupfersalzes 0,096 g Kupfer aus. Ein in den gleichen Stromkreis eingeschaltetes Knallgasvoltameter entwickelt 51 cm³ Knallgas unter Normalbedingungen.

## B. Elektrolytgleichgewichte.

### 1. Elektrolytische Dissoziation.

Die elektrolytische Dissoziation eines Elektrolyten in Ionen führt zu einem Gleichgewicht $AB \rightleftarrows A^{\cdot} + B'$.

Nach dem Massenwirkungsgesetz (nach GULDBERG und WAAGE) ist die Dissoziationskonstante $K = \frac{[A^{\cdot}] \cdot [B']}{[AB]}$, wobei die eckigen Klammern die Konzentrationen bedeuten.

Zerfällt ein Stoff in mehr als 2 Ionen, etwa nach dem Schema $H_2SO_4 \rightleftarrows H^{\cdot} + HSO_4'$ und weiter $HSO_4' \rightleftarrows H^{\cdot} + SO_4''$ so wird der

Zerfall durch 2 Dissoziationskonstanten (erste und zweite Dissoziationskonstante) gekennzeichnet:

$$K_1 = \frac{[H^{\cdot}] \cdot [HSO_4']}{[H_2SO_4]} \quad \text{und} \quad K_2 = \frac{[H^{\cdot}] \cdot [SO_4'']}{[HSO_4']} .$$

Bei starken Elektrolyten sind in verdünnten Lösungen praktisch alle Moleküle in Ionen gespalten, während bei schwachen Elektrolyten neben den Ionen noch ungespaltene (undissoziierte) Moleküle vorhanden sind.

Jener Bruchteil eines Moleküls, der gespalten ist, wird als *Dissoziationsgrad* $\alpha$ bezeichnet.

Ist $C$ die Gesamtkonzentration eines Elektrolyten (Mol pro Liter) und $\alpha$ der Dissoziationsgrad, dann ist, da $AB \rightleftarrows A^{\cdot} + B'$, die Konzentration an $A^{\cdot}$ gleich der Konzentration an $B'$. Wäre $AB$ vollständig zerfallen, also $\alpha = 1$, dann müßte $A^{\cdot}$ bzw. $B'$ in gleicher Konzentration $C$ vorhanden sein, wie es ursprünglich $AB$ war ($[A^{\cdot}] = [B'] = C$). Nachdem jedoch nur der Bruchteil $\alpha$ dissoziiert ist, ist die Konzentration an $A^{\cdot}$ bzw. $B'$ auch nur der entsprechende Teil der Gesamtkonzentration $C$, d. h. $[A^{\cdot}] = [B'] = C \cdot \alpha$.

Die Konzentration an $AB$ (undissoziierter Anteil) ist somit

$$[AB] = C \cdot (1 - \alpha) .$$

Mit diesen Werten wird $K = \frac{C^2 \cdot \alpha^2}{C \cdot (1 - \alpha)} = \frac{C \cdot \alpha^2}{1 - \alpha}$.

An Stelle der molaren Konzentration $C$ kann, wenn $V$ das Volumen in Litern angibt, in dem 1 Mol Elektrolyt enthalten ist, $\frac{1}{V}$ gesetzt werden. Dann ist

$$K = \frac{\alpha^2}{V \cdot (1 - \alpha)} .$$

Diese als OSTWALD*sches Verdünnungsgesetz* bekannte Formel gilt für alle schwachen Elektrolyte. Für starke Elektrolyte ist das Gesetz nicht streng gültig, da in der Lösung eines starken Elektrolyten die in relativ großer Zahl vorhandenen Ionen eng benachbart sind, wodurch Kräfte wirken, die auf der Wechselwirkung der elektrischen Ladungen der Ionen gegeneinander beruhen.

Sind *mehrere Elektrolyte*, welche dieselbe Ionenart abspalten, in einer Lösung enthalten, so wird ihre Dissoziation wechselseitig beeinflußt.

Für die beiden schwachen Säuren 1 und 2 mit $C_1$ und $C_2$ Mol/Liter ist $K_1 = \frac{C_1 \cdot \alpha_1^2}{1 - \alpha_1}$ und $K_2 = \frac{C_2 \cdot \alpha_2^2}{1 - \alpha_2}$.

Sind aber beide Säuren in der gleichen Lösung vorhanden, so dissoziieren sie hier zum Bruchteil $\beta_1$ und $\beta_2$ und man muß in beiden Dissoziationsgleichgewichten die gesamte Wasserstoffionen-Konzentration $(C_1 \cdot \beta_1 + C_2 \cdot \beta_2)$ berücksichtigen. Es ist daher

$$K_1 = \frac{(C_1 \cdot \beta_1 + C_2 \cdot \beta_2) \cdot C_1 \cdot \beta_1}{C_1 \cdot (1 - \beta_1)} \text{ und } K_2 = \frac{(C_1 \cdot \beta_1 + C_2 \cdot \beta_2) \cdot C_2 \cdot \beta_2}{C_2 \cdot (1 - \beta_2)}.$$

In erster Näherung ist, wenn alle Dissoziationsgrade klein gegen 1 sind

$$K_1 \approx C_1 \cdot \alpha_1^2 \approx (C_1 \cdot \beta_1 + C_2 \cdot \beta_2) \cdot \beta_1 \text{ und}$$

$$K_2 \approx C_2 \cdot \alpha_2^2 \approx (C_1 \cdot \beta_1 + C_2 \cdot \beta_2) \cdot \beta_2. \quad \text{Ferner ist } \frac{K_1}{K_2} \approx \frac{\beta_1}{\beta_2}.$$

Daraus

$$\beta_1 \approx \frac{\alpha_1}{\sqrt{1 + \frac{C_2 \cdot K_2}{C_1 \cdot K_1}}} \text{ bzw. } \beta_2 \approx \frac{\alpha_2}{\sqrt{1 + \frac{C_1 \cdot K_1}{C_2 \cdot K_2}}}.$$

Ist der Elektrolyt 2 eine starke Säure, dann wird $C_2 \cdot \beta_2 \approx C_2$ und man erhält $K_1 = \frac{(C_1 \cdot \beta_1 + C_2) \cdot \beta_1}{1 - \beta_1} \approx C_2 \cdot \beta_1$ (falls $C_1$ nicht viel größer als $C_2$).

**183. Beispiel.** Zu berechnen sind $\beta_1$ und $\beta_2$ einer Lösung, die 0,1 Mol Essigsäure ($K_1 = 1{,}76 \cdot 10^{-5}$) und 0,1 Mol Ameisensäure pro Liter enthält ($K_2 = 2{,}1 \cdot 10^{-4}$).

$$\alpha_1 \approx \sqrt{\frac{1{,}76 \cdot 10^{-5}}{0{,}1}} = 1{,}32 \cdot 10^{-2} \text{ und } \alpha_2 \approx \sqrt{\frac{2{,}1 \cdot 10^{-4}}{0{,}1}} = 4{,}58 \cdot 10^{-2}.$$

Für die gemeinsame Lösung ist

$$\beta_1 \approx \frac{1{,}32 \cdot 10^{-2}}{\sqrt{1 + \frac{0{,}1 \cdot 2{,}1 \cdot 10^{-4}}{0{,}1 \cdot 1{,}76 \cdot 10^{-5}}}} = 0{,}37 \cdot 10^{-2} \text{ und}$$

$$\beta_2 \approx \frac{4{,}58 \cdot 10^{-2}}{\sqrt{1 + \frac{0{,}1 \cdot 1{,}76 \cdot 10^{-5}}{0{,}1 \cdot 2{,}1 \cdot 10^{-4}}}} = 4{,}40 \cdot 10^{-2}. \text{ ——}$$

## $p_H$-Wert.

Auch Wasser ist, wenn auch in äußerst geringem Maße, dissoziiert nach der Gleichung $H_2O \rightleftarrows H^{\cdot} + OH'$. Aus Leitfähigkeitsmessungen wurde für 18° C ein Dissoziationsgrad $\alpha = 1{,}4 \cdot 10^{-9}$ gefunden.

Nachdem 1 Liter Wasser 55,5 Mole enthält, ist die Dissoziationskonstante $K_{H_2O} = C \cdot \alpha^2 = 55{,}5 \cdot (1{,}4 \cdot 10^{-9})^2 = 1{,}1 \cdot 10^{-16}$.

Auf das Massenwirkungsgesetz angewendet, ist

$K_{H_2O} = \frac{[H^{\cdot}] \cdot [OH']}{[H_2O]}$ und daraus $[H^{\cdot}] \cdot [OH'] = [H_2O] \cdot K_{H_2O} = P_{H_2O}$, das *Ionenprodukt des Wassers.*

Für 18° C ist $P_{H_2O} = 0{,}61 \cdot 10^{-14}$.

Nun ist $[H^{\cdot}] = [OH'] = \sqrt{P_{H_2O}} = 0{,}78 \cdot 10^{-7}$, als Wert für die Wasserstoffionen-Konzentration.

Der negative Logarithmus der Wasserstoffionen-Konzentration wird als $p_H$*-Wert* bezeichnet; für 18° C ist $-\lg [H^{\cdot}] = p_H = 7{,}11$.

Das Ionenprodukt (und damit der $p_H$-Wert) ist von der Temperatur abhängig. Bei 22° C ist das Ionenprodukt $1{,}0 \cdot 10^{-14}$, die Wasserstoffionen-Konzentration also $1{,}0 \cdot 10^{-7}$ und der $p_H$-Wert $= 7$.

Nachdem das Ionenprodukt des Wassers für eine bestimmte Temperatur einen konstanten Wert besitzt, muß sich bei Zugabe von Säure das Gleichgewicht verschieben und die OH-Ionenkonzentration abnehmen. Daraus folgt, daß der $p_H$-Wert abnehmen muß.

**184. Beispiel.** Eine 0,1 n Salzsäure hat unter Annahme vollständiger Dissoziation eine Wasserstoffionen-Konzentration von 0,1 Mol/l.

Das ergibt einen $p_H$-Wert von 1. ——

**185. Beispiel.** Für eine 0,1 n Natronlauge ist $[OH'] = 0{,}1$ Mol/l. Daher ist $[H^{\cdot}] = \frac{1 \cdot 10^{-14}}{[OH']} = 10^{-13}$ und $p_H = 13$. ——

**Aufgaben. 196.** Eine Lösung von 1 Mol Essigsäure in 250 Liter ist zu 6,58% dissoziiert. Zu berechnen ist die Dissoziationskonstante.

**197.** Auf welchen Wert geht der Dissoziationsgrad $\alpha_1$ einer 0,1-molaren Essigsäure ($K_1 = 1{,}76 \cdot 10^{-5}$) durch Zusatz von 0,1 Mol/Liter HCl zurück?

**198.** Wie groß ist die Wasserstoffionen-Konzentration einer Lösung, deren $p_H$-Wert 5,6 beträgt?

**199.** Berechne den $p_H$-Wert eines 0,1n Ammoniaks, der zu 1,3% dissoziiert ist. Das Ionenprodukt des Wassers ist $10^{-14}$.

**200.** Welchen $p_H$-Wert besitzt eine $NaHCO_3$-Lösung, welche 10 g in 100 ml enthält. Die Dissoziationskonstante der ersten Stufe der Kohlensäure beträgt $4{,}31 \cdot 10^{-7}$, jene der zweiten Stufe $5{,}61 \cdot 10^{-11}$.

## 2. Das Säuren-Basen-Gleichgewicht.

Nach der von ARRHENIUS begründeten Theorie der elektrolytischen Dissoziation rechneten wir stets mit Wasserstoffionen. In Wirklichkeit ist dieses $H^{\cdot}$-Ion* ein hydratisiertes Wasserstoffion: $H^{\cdot} + H_2O \rightleftarrows H_3O^{\cdot}$ (Hydroxoniumion**).

Nachdem sich bei der Dissoziation starker Säuren in wäßriger Lösung Hydroxoniumionen bilden, kann man annehmen, daß sich auch bei schwachen Säuren (z. B. Essigsäure) folgendes Gleichgewicht einstellt:

$HAc + H_2O \rightleftarrows H_3O^{\cdot} + Ac'$, welches dem Massenwirkungsgesetz unterworfen ist.

In gleicher Weise wie mit $H_2O$ kann das Proton auch mit $NH_3$ zu einem gemeinsamen Ion zusammentreten: $H^{\cdot} + NH_3 \rightleftarrows$ $\rightleftarrows NH_4^{\cdot}$ (Ammoniumion).

Nach BRÖNSTED ist nun der tatsächliche Verlauf der Dissoziation einer Säure folgender:

$$\begin{array}{ccccccc} & & \underset{\text{Säure}}{S} & \rightleftarrows & \underset{\text{Base}}{B} & + & \underset{\text{Proton}}{H^{\cdot}} \\ \underset{\text{Proton}}{H^{\cdot}} & + & \underset{\text{Base}}{H_2O} & \rightleftarrows & \underset{\text{Säure}}{H_3O^{\cdot}} & & \\ \hline \underset{\text{Säure}}{S} & + & \underset{\text{Base}}{H_2O} & \rightleftarrows & \underset{\text{Base}}{B} & + & \underset{\text{Säure}}{H_3O^{\cdot}} \end{array}$$

(„Doppeltes Säuren-Basen-Gleichgewicht“)

In Anwendung auf die Neutralisation:

$$CH_3COOH + NH_3 \rightleftarrows NH_4^{\cdot} + CH_3COO'$$

oder

$$\underset{\text{Säure 1}}{CH_3COOH} + \underset{\text{Base 2}}{OH'} \rightleftarrows \underset{\text{Säure 2}}{H_2O} + \underset{\text{Base 1}}{CH_3COO'}$$

---

* Das wäre ein Wasserstoffatom, das seines einzigen Elektrons beraubt ist; identisch mit dem Proton. Das Proton besitzt in Lösung keine Existenzfähigkeit.

** Das Wassermolekül, welches aus 1 Sauerstoffion mit 2 negativen Ladungen und 2 Wasserstoffionen (Protonen) mit je einer positiven Ladung besteht, ist elektrisch neutral. Aus verschiedenen physikalischen Eigenschaften des Wassers geht hervor, daß das Wassermolekül nicht gestreckt $\oplus - \ominus - \oplus$, sondern dreieckig $\ominus\!\begin{smallmatrix}\diagup\oplus\\ \diagdown\oplus\end{smallmatrix}$ angeordnet ist. Dies hat zur Folge, daß das Wassermolekül ein „Dipol“ ist, d. h. der Schwerpunkt der positiven Ladungen des Moleküls fällt nicht mit dem der negativen zusammen. Ein solcher Dipol wird von äußeren elektrischen Ladungen angezogen und es wird daher das Proton (H-Ion), das eine positive Ladung trägt und nicht von einem schützenden Elektronensystem umgeben ist, ein Wassermolekül anziehen: $\oplus + \ominus\!\begin{smallmatrix}\diagup\oplus\\ \diagdown\oplus\end{smallmatrix} \rightarrow \oplus - \ominus\!\begin{smallmatrix}\diagup\oplus\\ \diagdown\oplus\end{smallmatrix}$.

Im Gegensatz zur klassischen Formulierung der Neutralisation Säure + Base = Salz + Wasser, lautet die Brönstedsche Definition Säure 1 + Base 2 = Säure 2 + Base 1. Danach sind Säuren, bzw. Basen Stoffe, die Wasserstoffionen abspalten, bzw. binden können, also $\underset{\text{Säure}}{S} \rightleftarrows \underset{\text{Base}}{B} + H^{\cdot}$. Jeder Säure entspricht daher eine korrespondierende Base, z. B. $\underset{\text{Säure}}{NH_4^{\cdot}} \rightleftarrows \underset{\text{Base}}{NH_3} + H^{\cdot}$ oder $\underset{\text{Säure}}{CH_3COOH} \rightleftarrows \underset{\text{Base}}{CH_3COO'} + H^{\cdot}$ oder $\underset{\text{Säure}}{H_2PO_4'} \rightleftarrows \underset{\text{Base}}{HPO_4''} + H^{\cdot}$ (die Base trägt somit stets eine negative Ladung mehr als die korrespondierende Säure).

Die Brönstedsche Definition erleichtert die mathematische Behandlung vieler chemischer Verhältnisse. (Die saure Reaktion des $NH_4Cl$ in wäßriger Lösung würde also nicht auf der hydrolytischen Abspaltung von HCl, sondern auf dem Säurecharakter des $NH_4$-Ions beruhen.)

Die Anwendung des Massenwirkungsgesetzes auf das Säuren-Basen-Gleichgewicht ergibt $\frac{[B] \cdot [H_3O^{\cdot}]}{[S] \cdot [H_2O]} = K$ oder nach Einbeziehung der konstant anzusehenden Konzentration der Wassermoleküle $\frac{[B] \cdot [H_3O^{\cdot}]}{[S]} = K_S$.

Beim Vergleich der üblichen Formulierung der Dissoziation einer Säure $HA \rightleftarrows H^{\cdot} + A'$ und $k = \frac{[H^{\cdot}]\,[A']}{[HA]}$ mit der Brönstedschen Definition erkennen wir, daß das $HA$ dem $S$ und $A'$ dem $B$ entspricht. Ferner ist das $H^{\cdot}$ (dessen Konzentration man bei den Messungen bestimmt) streng genommen durch das $H_3O^{\cdot}$ zu ersetzen. Wir können daher schreiben $\frac{[H_3O^{\cdot}] \cdot [B]}{[S]} = k$, das ist aber nach dem Gesagten $= K_S$ (Säurekonstante), d. h. man kann ohne weiteres die $k$-Werte der alten Säurendefinition verwenden.

Die „stöchiometrische" Dissoziationskonstante $K_S = \frac{c_{H_3O^{\cdot}} \cdot c_B}{c_S}$ ist eine approximative Konstante, die nur bei konstanter Ionenstärke gilt. Die wirkliche Konstante ist die „thermodynamische" Dissoziationskonstante $K_{S'} = \frac{a_{H_3O^{\cdot}} \cdot a_B}{a_S}$.

**186. Beispiel.** Für $H_3O^{\cdot}$ berechnet sich, da $B = H_2O$ und $S = H_3O^{\cdot}$, $K_S = \frac{[H_2O] \cdot [H_3O^{\cdot}]}{[H_3O^{\cdot}]} = [H_2O] = \frac{1000}{18{,}20} = 55{,}5$.

Für $H_2O$ (das eine schwache Säure ist), wird, nachdem $S = H_2O$ und $B = OH'$ .... $K_S = \frac{[OH'] \cdot [H_3O^{\cdot}]}{[H_2O]}$; $[OH'] \cdot [H_3O^{\cdot}]$

ist aber gleich dem Produkt, das als $[OH'] \cdot [H^{\cdot}] = 10^{-14}$ (Ionenprodukt des Wassers) bezeichnet wurde. Daraus ist $K_S = \frac{10^{-14}}{55,5} = 10^{-15,7}$. ——

**187. Beispiel.** Für die Reaktion $NH_4^{\cdot} + H_2O \rightleftarrows NH_3 + H_3O^{\cdot}$ ist $K_S = \frac{[NH_3] \cdot [H_3O^{\cdot}]}{[NH_4^{\cdot}]}$.

Ferner ist $NH_3 + H_2O \rightleftarrows NH_4^{\cdot} + OH'$; daraus wäre die Basenkonstante $K_B = \frac{[NH_4^{\cdot}] \cdot [OH']}{[NH_3]}$.

Nach der klassischen Theorie ist $NH_4OH \rightleftarrows NH_4^{\cdot} + OH'$, daher $K_{B'} = \frac{[NH_4^{\cdot}] \cdot [OH']}{[NH_4OH]}$ (die entsprechende Größe) $= 1,79 \cdot 10^{-5}$ *.

Nun ist $K_S \cdot K_B = [H_3O^{\cdot}] \cdot [OH'] = 10^{-14}$ (Ionenprodukt des Wassers) und daher $K_S = \frac{10^{-14}}{K_B} = \frac{10^{-14}}{1,79 \cdot 10^{-5}} = 5,59 \cdot 10^{-10}$. (Dieser Wert wurde früher als Hydrolysenkonstante des $NH_3$ bezeichnet.) ——

*Vorausberechnung des $p_H$-Wertes einer Lösung.* Diese Überlegungen können zur Vorausberechnung des ungefähren $p_H$-Wertes einer Lösung oder Mischung von Säuren und Basen dienen. Zur Vereinfachung der Rechnung wird $-\lg K_S = p_S$ gesetzt.

*Näherungsformeln:*

*a)* $p_H$-Wert der Mischung einer Säure mit deren korrespondierender Base:

$p_H = p_S + \lg \frac{[B]}{[S]}$. Es sind $[B]$ = Konzentration der Base, $[S]$ = Konzentration der Säure.

Ableitung: $K_S = \frac{[B] \cdot [H_3O^{\cdot}]}{[S]}$; $\lg K_S = \lg [B] + \lg [H_3O^{\cdot}] - \lg [S]$.

Daraus ist $-\lg [H_3O^{\cdot}] = p_H = -\lg K_S + \lg \frac{[B]}{[S]} = p_S + \lg \frac{[B]}{[S]}$.

**188. Beispiel.** Gegeben ist eine Lösung von Essigsäure und Natriumacetat in gleicher Konzentration. $CH_3\,COOH$ ist Säure, Natriumacetat dissoziiert in Lösung vollständig in $Na^{\cdot} + CH_3COO'$, wobei $CH_3\,COO'$ als Base auftritt, während $Na^{\cdot}$ weder Säure noch Base ist. Es ist also $[B] = [S]$. Die Dissoziationskonstante der Essigsäure bei 25° ist $1,76 \cdot 10^{-5}$**, daher $p_S = 4,75$ und $p_H = 4,75 + 0 = 4,75$. ——

* Chem. Tasch. 324 122.

** Chem. Tasch. 324 123.

β) $p_H$-Wert einer reinen Säurelösung:

$$p_H = \frac{p_S}{2} - \frac{1}{2} \lg [S] \text{ (bei größerer Konzentration).}$$

Ableitung: Bei nicht extrem schwachen Säuren kann man die vom Wasser gelieferten $H_3O$-Ionen vernachlässigen; zugleich mit jedem Molekül $B$ entsteht auch ein $H_3O$-Ion, es ist daher $[H_3O^{\cdot}] = [B]$ und $K_S = \frac{[H_3O^{\cdot}]^2}{[S]}$; $\lg K_S = 2 \lg [H_3O^{\cdot}] - \lg [S]$. Daraus ist $-\lg [H_3O^{\cdot}] = p_H = \frac{1}{2} p_S - \frac{1}{2} \lg [S]$. Nachdem die Regel nur für schwache Säuren gilt, kann $[S]$ gleichgesetzt werden der ursprünglichen Säurekonzentration (vor der Dissoziation).

**189. Beispiel.** Zu berechnen ist der $p_H$-Wert einer $\frac{n}{10}$ $NH_4Cl$-Lösung. $NH_4Cl$ zerfällt in Wasser in $NH_4^{\cdot} + Cl'$; $NH_4^{\cdot}$ ist Säure. $K_S$ von $NH_4^{\cdot}$ ist $5{,}59 \cdot 10^{-10}$ (siehe 187. Beispiel, S. 273), daraus $p_S = 9{,}2$ und $p_H = \frac{9{,}2}{2} - \frac{1}{2} \lg \frac{1}{10} = 5{,}1$. ——

γ) $p_H$-Wert einer reinen Basenlösung:

$$p_H = 7 + \frac{p_S}{2} + \frac{1}{2} \lg [B].$$

Ableitung: Das Lösen einer Base in Wasser erfolgt nach dem Schema $B + H_3O^{\cdot} \rightleftarrows S + H_2O$, sie verbraucht also $H_3O$-Ionen, die vom Wasser geliefert werden müssen; dadurch fällt die Wasserstoff-Ionenkonzentration und der $p_H$-Wert steigt von 7 auf einen höheren Wert. Für jedes gebundene $H_3O$ wird ein $S$-Molekül gebildet. Nachdem das Wasser nach der Gleichung $2\,H_2O \rightleftarrows H_3O^{\cdot} + OH'$ dissoziiert, wird für jedes gebundene $H_3O^{\cdot}$ ein $OH'$ freigemacht, so daß die Konzentrationen $[S]$ und $[OH']$ annähernd gleich sind. $[OH'] = \frac{10^{-14}}{[H_3O^{\cdot}]}$, daher $K_S = \frac{[B] \cdot [H_3O^{\cdot}]}{[S]} = \frac{[B] \cdot [H_3O^{\cdot}]^2}{10^{-14}}$ und $p_H = 7 + \frac{p_S}{2} + \frac{1}{2} \lg [B]$.
(Dabei wurde, da es sich um schwache Basen handelt, die Totalkonzentration $= [B]$ gesetzt.)

**190. Beispiel.** Welchen $p_H$-Wert hat eine $\frac{n}{10}$ KCN-Lösung? $KCN \rightleftarrows K^{\cdot} + CN'$; $CN'$ ist Base. Dissoziationskonstante $= 4{,}8 \cdot 10^{-10}$, daraus $p_S = 9{,}3$ und $p_H = 7 + \frac{9{,}3}{2} - \frac{1}{2} = 11{,}1$. ——

δ) Die Regeln β und γ sind nicht auf Stoffe anwendbar, die als Ampholyte auftreten. (Ein Ampholyt tritt in zwei verschiedenen Säuren-Basen-Paaren auf, einmal als Säure, das andere Mal als Base, so daß zwei Gleichgewichtskonstanten zu berücksichtigen sind.)

$p_H$-Wert einer Ampholytlösung:

$$p_H \approx \frac{p_{S_1} + p_{S_2}}{2} \text{ unabhängig von der Konzentration.}$$

Ableitung: Es ist $Amph + H_2O \rightleftarrows B + H_3O^{\cdot} \ldots K_{S_1} = \frac{[B] \cdot [H_3O^{\cdot}]}{[Amph]}$ und $S + H_2O \rightleftarrows Amph + H_3O^{\cdot} \ldots K_{S_2} = \frac{[Amph] \cdot [H_3O^{\cdot}]}{[S]}$. Daraus $K_{S_1} \cdot K_{S_2} = \frac{[B] \cdot [H_3O^{\cdot}]^2}{[S]}$ und $p_H = \frac{p_{S_1} + p_{S_2}}{2} + \frac{1}{2} \lg \frac{[B]}{[S]}$. Wirkt der Ampholyt ebenso stark als Säure wie als Base, dann ist $[B] = [S]$ und das letzte Glied fällt weg. Aber auch wenn die Säurewirkung stärker ist als eine Basenwirkung, oder umgekehrt, bleibt der Wert dieses letzten Gliedes sehr klein, so daß er für praktische Fälle vernachlässigt werden kann.

Der *isoelektrische Punkt* ist jenes $p_H$, bei welchem ein Ampholyt in gleich großer Menge in Kationen und Anionen dissoziiert: $[B] = [S]$.

**191. Beispiel.** Welchen $p_H$-Wert hat eine Natriumbicarbonatlösung? $HCO_3'$ ist ein Ampholyt. Als Base im Gleichgewicht $H_2CO_3 \rightleftarrows HCO_3' + H^{\cdot}$, Dissoziationskonstante $= 4{,}31 \cdot 10^{-7}$*, daraus $p_{S_1} = 6{,}4$; als Säure im Gleichgewicht $HCO_3' \rightleftarrows CO_3'' + H^{\cdot}$, Dissoziazionskonstante $= 5{,}61 \cdot 10^{-11}$* und $p_{S_2} = 10{,}2$.

$$p_H = \frac{6{,}4 + 10{,}2}{2} = 8{,}3. \text{ ——}$$

ε) $p_H$-Wert der Mischung einer Säure $S_1$ mit einer Base $B_2$ (nicht korrespondierend):

Für den Fall, daß $[S_1] = [B_2]$ gilt $p_H \approx \frac{p_{S_1} + p_{S_2}}{2}$ (ziemlich unabhängig von der Konzentration). $p_{S_1}$ ist das $p_S$ in dem Säuren-Basen-Gleichgewicht, in welchem $S_1$, $p_{S_2}$ das $p_S$ des Gleichgewichtes, in dem $B_2$ auftritt.

Ableitung: Es ist $K_{S_1} = \frac{[B_1] \cdot [H_3O^{\cdot}]}{[S_1]}$ und $K_{S_2} = \frac{[B_2] \cdot [H_3O^{\cdot}]}{[S_2]}$. Durch Multiplikation und Logarithmierung wird $p_H = \frac{p_{S_1} + p_{S_2}}{2} + \frac{1}{2} \lg \frac{[B_1]}{[S_2]}$, wobei das letzte Glied wiederum wegfällt oder vernachlässigt werden kann.

---

* Chem. Tasch. 324 122.

**192. Beispiel.** Welchen $p_H$-Wert hat eine Lösung von Ammoniumacetat? $CH_3COONH_4 \rightleftarrows CH_3COO' + NH_4^{\cdot}$.

$NH_4^{\cdot}$ ist $S_1 \ldots NH_4^{\cdot} \rightleftarrows NH_3 + H^{\cdot}$, $p_{S_1} = 9{,}2$ (siehe 187. Beispiel), $CH_3COO'$ ist $B_2 \ldots CH_3COOH \rightleftarrows CH_3COO' + H^{\cdot}$, $p_{S_2} = 4{,}8$ (siehe 188. Beispiel).

$$p_H = \frac{9{,}2 + 4{,}8}{2} = 7{,}0. \text{ ———}$$

Auch hier ist für genauere Berechnungen die Ionenaktivität zu berücksichtigen (s. S. 281).

*Der Äquivalenzpunkt.*

Bei der Titration von starken Säuren mit starken Basen verläuft die $p_H$-Kurve symmetrisch zur Neutralisationslinie, d. h. Neutralisations- und Äquivalenzpunkt fallen zusammen.

Bei der Titration schwacher Säuren mit schwachen Basen ist die $p_H$-Kurve ebenfalls symmetrisch zur Neutralitätslinie, das entstandene „schwache" Salz ist jedoch hydrolytisch gespalten, wodurch eine Pufferwirkung auftritt, die einen eigentlichen $p_H$-Sprung im Äquivalenzpunkt vereitelt. (Die Titration muß gegen eine Vergleichslösung erfolgen.)

Bei der Titration einer schwachen Säure mit einer starken Base oder umgekehrt liegt der Äquivalenzpunkt nicht mehr im Neutralpunkt $p_H = 7$, sondern er wird durch die saure oder alkalische Reaktion des entstandenen Salzes bestimmt. Z. B. reagiert das bei der Titration von Essigsäure mit Natronlauge entstandene Natriumacetat alkalisch, also ist die Lösung bei $p_H = 7$ noch nicht austitriert, der Äquivalenzpunkt liegt bei $p_H = 9$. Man muß also auf diesen Äquivalenzpunkt titrieren und demnach die richtige Auswahl des Indikators treffen. Für den besprochenen Fall ist daher Methylorange (Umschlagsintervall bei $p_H = 3{,}1$ bis $4{,}4$) ungeeignet, man verwendet Phenolphthalein ($p_H$-Bereich 8,3 bis 10,0).

Es ist deshalb wichtig, annähernd den $p_H$-Wert im Äquivalenzpunkt zu berechnen und danach den Indikator zu wählen.

**193. Beispiel.** Titration von $\frac{n}{5}$ Essigsäure mit $\frac{n}{5}$ Natronlauge. Im Äquivalenzpunkt ist Natriumacetat gebildet und da sich das Volumen verdoppelt, in einer Konzentration von $\frac{m}{10}$. Das Salz ist dissoziiert in $Na^{\cdot} + CH_3COO'$; es handelt sich also, nach der BRÖNSTEDschen Definition um eine reine Basenlösung, daher $p_H = 7 + \frac{p_S}{2} + \frac{1}{2} \lg [B]$. $p_S$ für Essigsäure ist 4,75 (siehe 188. Beispiel), also $p_H = 7 + 2{,}38 - 0{,}5 = 8{,}88$. Als Indikator kommt daher Phenolphthalein in Frage. ———

*Logarithmische Diagramme.*

Die Ermittlung des $p_H$-Wertes einer Lösung kann auch auf graphischem Wege erfolgen. Diese logarithmischen Diagramme (Abb. 109) wurden erstmalig von BJERRUM, ÖLANDER, ARNFELT und HÄGG bearbeitet.

Aufbau des Diagramms: Starke Säuren gelten als vollständig dissoziiert, d. h. die $H_3O^{\cdot}$-Konzentration $\approx$ Totalkonzentration der Säure, also für eine 0,1 molare Lösung (bezeichnet mit $0{,}1 \cdot C$) ist $[H_3O^{\cdot}] = 0{,}1$ und $p_H = 1$, für eine 0,01 molare ist $p_H = 2$ usw. Analoges gilt für starke Basen (Vernachlässigung der Aktivität).

Bei gleicher Einheitslänge von Abszisse und Ordinate erscheint daher die $H_3O^{\cdot}$- und $OH'$-Kurve als gerade Linie unter 45° Neigung.

Für schwache Säuren und Basen kann aus der Formel $\frac{[B] \cdot [H_3O^{\cdot}]}{[S]} = K_S$ nach Einsetzen von $[S] + [B] = C$ (konstant, wenn die Säure und Base nicht an einem anderen Gleichgewicht

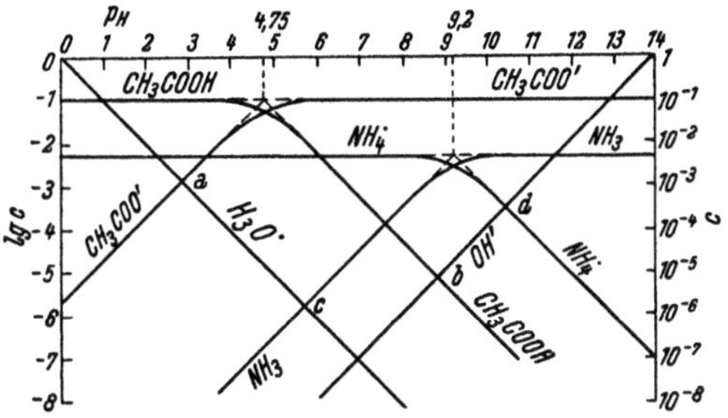


Abb. 109

teilnehmen) abgeleitet werden, daß $[S] = \frac{C \cdot [H_3O^{\cdot}]}{K_S + [H_3O^{\cdot}]}$ und $[B] = \frac{C \cdot K_S}{K_S + [H_3O^{\cdot}]}$. Daraus wird $[S]$ und $[B]$ (allgemein mit $c$ bezeichnet) als Funktion von $[H_3O^{\cdot}]$ berechnet. ($p_H = -\lg\,[H_3O^{\cdot}]$ und $p_S = -\lg K_S$).

Ist $p_H < p_S$, d. h. $[H_3O^{\cdot}] > K_S$ und ist der Unterschied hinreichend groß, so kann in der Gleichung $K_S$ gegen $[H_3O^{\cdot}]$ vernachlässigt werden und der Ausdruck geht über in $[S] = C$, nach dem Logarithmieren $\lg\,[S] = \lg C$ (oder allgemein $\lg c = \lg C$). Dies ergibt in dem gegebenen Koordinatensystem eine gerade Linie parallel zur $p_H$-Achse und mit der Ordinate $\lg C$.

Ist $p_H > p_S$, d. h. $[H_3O^{\cdot}] < K_S$ und der Unterschied hinreichend groß, kann $[H_3O^{\cdot}]$ gegen $K_S$ vernachlässigt werden und man erhält $[S] = \frac{C \cdot [H_3O^{\cdot}]}{K_S}$ und weiter $\lg\,[S] = (p_S + \lg C) - 1 \cdot p_H$. Auch hier wird $\lg\,[S]$ (oder $\lg c$) eine lineare Funktion von $p_H$. Die Linie wird konstruiert mit dem Winkelkoeffizienten $-1$ und $\lg c = \lg C$ für $p_H = p_S$.

Die analoge Betrachtung kann für $[B]$ angestellt werden.

Trägt man also durch den Punkt $p_H = p_S$, $\lg c = \lg C$ teils eine Linie parallel zur $p_H$-Achse und teils eine Linie, welche unter einem Winkel von 45° zur $p_H$-Achse steht in der + und — Richtung auf, so erhält man die gerade Linie, welche die Kurve für $\lg [S]$ und $\lg [B]$ darstellt. (Bei der exakten Kurve ist $[S] = [B] = \frac{C}{2}$, also $\lg [S] = \lg [B] = \lg C - \lg 2$; sie schneidet also im Punkt $p_H = p_S \ldots \lg c = \lg C - 0{,}30$).

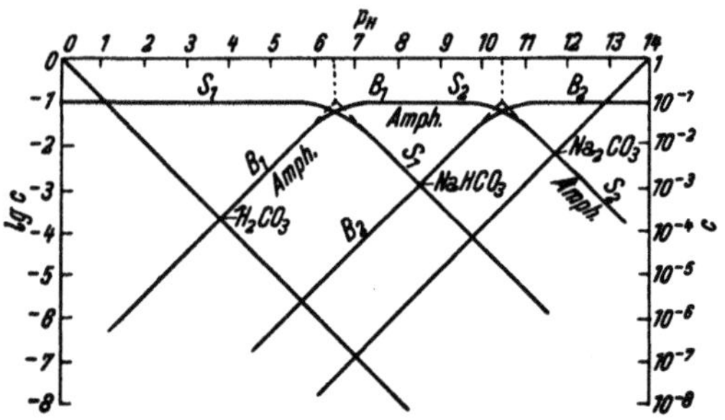


Abb. 110

**194. Beispiel.** Gegeben sind $K_S$ von $CH_3COOH = 1{,}76 \cdot 10^{-5}$, daraus $p_S = 4{,}75$ und $K_S$ von $NH_4^{\cdot} = 5{,}59 \cdot 10^{-10}$, daraus $p_S = 9{,}2$; $0{,}1\ C$ bedeutet 0,1-molar.

Nach dem Diagramm der Abb. 109 ist damit der $p_H$-Wert einer

| | | | |
|---|---|---|---|
| 0,1 | $C$ $CH_3COOH$ ......... | Punkt a = | 2,88 |
| 0,1 | $C$ $CH_3COONa$ ........ | Punkt b = | 8,88 |
| 0,005 | $C$ $NH_4Cl$ ............. | Punkt c = | 5,75 |
| 0,005 | $C$ $NH_3$ ............... | Punkt d = | 10,45. —— |

Befinden sich mehrere Säuren-Basen-Paare gleichzeitig in einer Lösung, so kann man für jedes Paar die entsprechenden Linien in das Diagramm einzeichnen und leicht finden, welche von ihnen (infolge kleiner Konzentration) vernachlässigt werden kann. Damit kann auch hier in den meisten Fällen ein Näherungswert für $p_H$ gefunden werden.

In der Abb. 110 ist das Diagramm für einen Ampholyten dargestellt. Als Beispiel wurde eine 0,1-molare $NaHCO_3$-Lösung gewählt.

$S_1 \ldots H_2CO_3 \rightleftarrows HCO_3' \ldots B_1$ $\qquad p_{S_1} = 6{,}5$

$S_2 \ldots HCO_3' \rightleftarrows CO_3'' \ldots B_2$ $\qquad p_{S_2} = 10{,}4.$

Nach dem Diagramm ist der $p_H$-Wert von

$$H_2CO_3 = 3{,}75 \left(\text{reine Säure: } p_H = \frac{6{,}5}{2} - \frac{1}{2}\lg 0{,}1\right)$$

$$HCO_3' = 8{,}45 \left(\text{Ampholyt: } p_H = \frac{6{,}5 + 10{,}4}{2}\right)$$

$$CO_3'' = 11{,}7 \left(\text{reine Base: } p_H = 7 + \frac{10{,}4}{2} + \frac{1}{2}\lg 0{,}1\right).$$

(Bedingung für die Titration mehrbasischer Säuren als einbasische ist, daß $p_{S_2} - p_{S_1} > 4$, da sonst der Umschlag zu unscharf wird.)

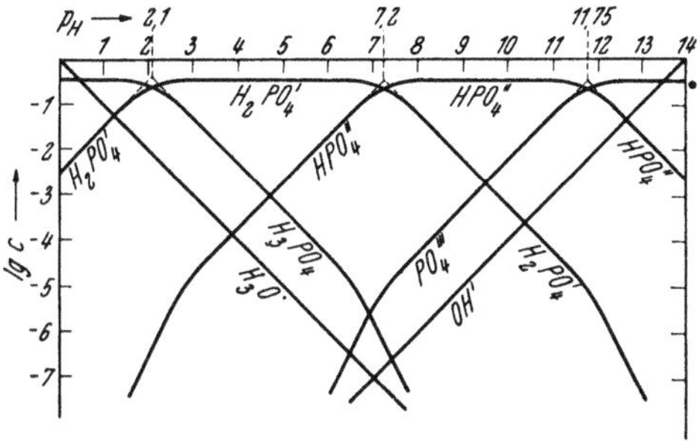


Abb. 111

Allgemein gilt: Der $p_H$-Wert eines Ampholyten entspricht dem Schnittpunkt der $[S_1]$- mit der $[B_2]$-Linie. (Hergeleitet aus $p_H = \frac{p_{S_1} + p_{S_2}}{2}$ unter der Voraussetzung, daß $[S_1] = [B_2]$. In diesem Fall sind bei dem in Frage stehenden Schnittpunkt $[H_3O^·]$ und $[OH']$ so klein, daß sie gegen $[S_1]$ und $[B_2]$ vernachlässigt werden können.

Ein analoges Diagramm entsteht für die Mischung einer Säure $S_1$ mit einer nichtkorrespondierenden Base $B_2$ (angenommen $S_1$ und $B_2$ sind in gleicher Konzentration vorhanden). Z. B. Ammoniumacetat:

| Säure | | Base | |
|---|---|---|---|
| $S_1$ | $NH_4^·$ ⇄ | $NH_3$ | $B_1$ ($p_S = 9{,}2$) |
| $S_2$ | $CH_3COOH$ ⇄ | $CH_3COO'$ | $B_2$ ($p_S = 4{,}75$). |

Das Diagramm der Phorphorsäure ist in der Abb. 111 gezeichnet, wobei die Totalkonzentration 0,3 molar gewählt wurde. Die Kurven verlaufen in der Hauptsache so, als ob nur eines der drei möglichen Systeme vorläge; die verschiedenen Konzentrationsabhängigkeiten des Systems äußern sich erst bei sehr niedrigen Konzentrationen, dort gehen die Kurven vom Winkelkoeffizienten $\pm 1$ ($=45°$) zum Koeffizienten $\pm 2$ über, nehmen also einen steileren Verlauf. Diese geringen Konzentrationen werden jedoch selten in Frage kommen.

Für eine Lösung, welche z. B. $NaH_2PO_4$ und $Na_2HPO_4$ in gleicher molarer Konzentration enthält, kann man, wie aus dem Diagramm ersichtlich ist, $[H_3PO_4]$ und $[H_3O^{\cdot}]$ gegen $[H_2PO_4{}']$ sowie $[PO_4{}''']$ und $[OH']$ gegen $[HPO_4{}'']$ vernachlässigen. Der Schnittpunkt der $H_2PO_4{}'$- und der $HPO_4{}''$-Kurve gibt daher den $p_H$-Wert unserer Lösung ($=7{,}2$).

Bei der Titration von Phosphorsäure liegt die erste Titrationsstufe bei Punkt *1* (einbasisch, $p_H=4{,}6$), als zweibasische Säure bei Punkt *2* ($p_H=9{,}4$), als dreibasische Säure im Punkt *3* ($p_H=12{,}6$), doch ist dieser Punkt bereits mit zu großen Fehlern behaftet und kann nicht als Titrationspunkt verwendet werden. Für genauere Bestimmungen müssen allerdings die Ionenstärken (Aktivität) berücksichtigt werden, wodurch sich der anzuwendende $p_S$-Wert erniedrigt (siehe 197. Beispiel, S. 284) und damit auch niedrigere $p_H$-Werte resultieren.

**Aufgaben. 201.** Es ist der $p_H$-Wert folgender Lösungen annähernd zu berechnen: **a)** Essigsäure und Natriumacetat, in der Lösung im Verhältnis 1:100 vorhanden (Dissoziationskonstante der Essigsäure $1{,}76\cdot 10^{-5}$); **b)** $\frac{n}{1}$ Ameisensäure (Dissoziationskonstante $2{,}1\cdot 10^{-4}$); **c)** $\frac{n}{1}$ $NH_3$-Lösung (Dissoziationskonstante für $NH_4 = 5{,}59\cdot 10^{-10}$).

**202.** Bis zu welchem $p_H$-Wert muß eine ungefähr $\frac{n}{1}$ Phosphorsäure mit $\frac{n}{1}$ Natronlauge titriert werden, wenn die Säure als einbasisch betrachtet wird? Welcher Indikator ist zu wählen? Dissoziationskonstante der Phosphorsäure, I. Stufe $=7{,}52\cdot 10^{-3}$, II. Stufe $= 6{,}23\cdot 10^{-8}$.

**203.** Welchen $p_H$-Wert hat eine Pufferlösung, bestehend aus 40 ml 0,2-molarer Essigsäure + 15 ml 0,2-molarer Natronlauge. Dissoziationskonstante der Essigsäure $=1{,}76\cdot 10^{-5}$.

**204.** Die erste Dissoziationskonstante der Weinsäure beträgt $6{,}0\cdot 10^{-4}$. In einer 0,1 molaren Lösung von saurem Natriumtartrat ist $[H^{\cdot}]=9{,}6\cdot 10^{-5}$. Zu berechnen ist die zweite Dissoziationskonstante der Weinsäure.

**205.** Gesucht sind die Formeln der zu den angegebenen Säuren korrespondierenden Basen: $H_3O^{\cdot}$, $HSO_4{}'$, $H_2SO_3$, $HCOOH$, $C_6H_5COOH$, $C_6H_5NH_3{}^{\cdot}$, $H_2CO_3$, $HSO_3{}'$, $H_2S$, $H_3PO_4$, $H_2PO_4{}'$, $HPO_4{}''$, $H_3BO_3$, $HCN$, $NH_4{}^{\cdot}$, $HCO_3{}'$, $HS'$, $H_2O$, $OH'$.

**206.** Zu berechnen ist $p_H$ beim Äquivalenzpunkt für folgende Titrationen: **a)** 100 ml $\frac{n}{10}$ Essigsäure mit $\frac{n}{2}$ NaOH; **b)** 100 ml $\frac{n}{10}$ $NH_4OH$ mit $\frac{n}{2}$ HCl; **c)** 250 ml $\frac{n}{50}$ HCOOH mit $\frac{n}{5}$ NaOH. $K_S$ ist für $NH_4^{\cdot} = 5{,}59 \cdot 10^{-10}$, $HCOOH = 2{,}1 \cdot 10^{-4}$ und $CH_3COOH = 1{,}76 \cdot 10^{-5}$.

**207.** Wieviel ml 0,01 n HCl müssen zu 15 ml einer 0,15 n-Natriumacetatlösung zugesetzt werden, damit eine Lösung vom $p_H = 6{,}3$ entsteht?

**208.** Bis zu welchem $p_H$-Wert müßte Anilin mit $\frac{n}{5}$ Salzsäure titriert werden? Welcher Indikator käme in Frage? Basenkonstante $K_B = 3{,}82 \cdot 10^{-10}$.

**209.** Die Dissoziationskonstante $K_s$ hat für HCN den Wert $4{,}8 \cdot 10^{-10}$, das Ionenprodukt des Wassers $K_w = 10^{-14}$. Berechne den Hydrolysengrad in einer 0,01 n NaCN-Lösung. NaCN kann als vollständig dissoziiert angenommen werden.

**210.** Flexser, Hammett und Dingwall lösten 0,002 Mol Benzoesäure (HB) in a) 0,050 m $H_2SO_4$, b) 0,100 m NaOH, c) 0,100 m Na-Acetat + 0,350 m Essigsäure (HA) und bestimmten die Extinktionskoeffizienten bei den angegebenen Wellenlängen im Ultraviolett, welches nur absorbiert wird von HB und B′. Es wurden folgende Werte, bezogen auf einen Totalgehalt von [HB] + [B′] gefunden: 2727 Å: a) 950, b) 475, c) 680; 2400 Å: a) 6450, b) 2300, c) 4500. Welcher Mittelwert ergibt sich daraus für $p_S$ (HB), wenn für Essigsäure der Wert $p_S$ (HA) = 4,75 beträgt?

**211.** Eine Lösung von $Cl_2$ in $CCl_4$ wird mit reinem Wasser geschüttelt. Nach Eintritt des Gleichgewichtes beinhalten 100 ml der Wasser-Phase 0,0610 g Cl (als $Cl_2$, HCl und HOCl) und 25 ml der $CCl_4$-Phase 0,0713 g Cl (nur als $Cl_2$). Zu berechnen ist die Gleichgewichtskonstante für die Hydrolysenreaktion $Cl_2 + H_2O \rightleftarrows H^{\cdot} + Cl' + HOCl$. Der Koeffizient für die Verteilung von Chlor zwischen $CCl_4$ und $H_2O$ ist 21.

**212.** Bestimme mit Hilfe eines logarithmischen Diagrammes den $p_H$-Wert folgender Lösungen: **a)** 0,1 m $NH_3$ + 0,1 m $NaHCO_3$; **b)** 0,002 m $NH_3$ + 0,1 m $NaHCO_3$; $p_S$ ist für $NH_4^{\cdot} = 9{,}2$ und für $HCO_3' = 10{,}4$.

**213.** Bestimme mit Hilfe eines logarithmischen Diagramms den $p_H$-Wert folgender Lösungen ($p_S$ ist für $HA = 3{,}8$, für $HB = 7{,}5$): **a)** 0,01 m $HA$; **b)** 0,002 m $HB$; **c)** 0,01 m $NaA$; **d)** 0,002 m $NaB$; **e)** 0,01 m $HA$ + 0,002 m $HB$; **f)** 0,01 m $NaA$ + 0,002 m $NaB$; **g)** 0,01 m $HA$ + 0,002 $mNaB$; **h)** 0,01 m $NaA$ + 0,002 m $HB$; **i)** 0,002 m $HB$ + 0,001 m $HCl$; **j)** 0,01 m $NaA$ + 0,001 m $NaOH$.

## 3. Ionenaktivität.

Die Gültigkeit des Massenwirkungsgesetzes, auf welche wir alle Reaktionsbetrachtungen aufbauen, hat zur Voraussetzung, daß sämtliche Ionen ungehindert an der Reaktion teilnehmen.

Ist nun aber eine Lösung stärker konzentriert, machen sich Kräfte zwischen den Ionen bemerkbar, welche die Beweglichkeit der Ionen herabsetzen. Daher scheinen weniger Ionen da zu sein, als tatsächlich der Fall ist. Von allen Ionen ist gewissermaßen nur ein Teil aktiv und man muß die tatsächliche Konzentration an Ionen mit dem *Aktivitätskoeffizienten* multiplizieren, um die aktive Konzentration zu erhalten, die sich im physikalisch-chemischen Verhalten der Lösung äußert. So hat z. B. eine $\frac{n}{10}$ Salzsäure den Aktivitätsfaktor 0,823. Die tatsächliche Wasserstoffionenkonzentration ist zwar 0,1 Mol/Liter, entsprechend einem theoretischen $p_H = 1$, aber die Konzentration an aktiven Wasserstoffionen ist nur $0{,}823 \cdot 0{,}1$ Mol/Liter. Ihr gemessener $p_H$-Wert beträgt demnach 1,08.

Nach Bjerrum sind die starken Elektrolyte in wäßriger Lösung unabhängig von der Verdünnung stets vollständig dissoziiert, $\alpha$ ist also gleich 1. Interionische Kräfte (Ionen sind elektrisch geladen, daher treten elektrische Kräfte zwischen ihnen auf, die um so stärker sind, je konzentrierter die Lösung ist) bewirken, daß diese vollständig dissoziierten Elektrolyte eine geringere Leitfähigkeit und geringeren osmotischen Druck zeigen, als der Konzentration der Ionen entsprechen würde und daß die Aktivität der Ionen, d. h. deren aktive Masse, geringer ist als deren Konzentration.

Der osmotische Koeffizient $f_0$ ist das Verhältnis zwischen dem tatsächlichen osmotischen Druck einer Elektrolytlösung und dem osmotischen Druck, den man finden würde, wenn der vollständig in seine Ionen gespaltene Elektrolyt nicht durch interionische Kräfte gehemmt würde.

$f_0 = \frac{i}{n}$ ; $i$ ist das Verhältnis zwischen dem gemessenen osmotischen Druck und dem osmotischen Druck, den die Lösung haben würde, wenn der Elektrolyt nicht dissoziiert wäre. $n$ ist die Anzahl der Ionen, in die der Elektrolyt zerfällt.

Der Leitfähigkeitskoeffizient $f_l = \frac{l}{l_\infty}$, das Verhältnis der Leitfähigkeit, die die Ionen zeigen, und der Leitfähigkeit, welche sie haben könnten, wenn deren Leitvermögen nicht durch interionische Kräfte herabgesetzt würde.

Die Größe des Aktivitätskoeffizienten eines Ions hängt von der Temperatur, der Ionenladung, dem Ionenradius und der ionalen Konzentration, d. h. der Gesamtionenkonzentration der Lösung und der Ladung aller in der Lösung vorhandenen Ionen ab. Er ist gegeben durch die Gleichung

$$f_a = \frac{a}{c} = \frac{\textit{Aktivität des Ions}}{\textit{Konzentration des Ions}}.$$

Um die Gleichungen des Massenwirkungsgesetzes und Elektrodenpotentials (siehe S. 297) allgemein gültig zu machen, müßte nicht die Konzentration, sondern die Aktivität $a$ eingesetzt werden. Da jedoch in den meisten Fällen *Konzentration und Aktivität nahezu gleich* zu setzen sind, spielt die Vernachlässigung für die praktische $p_H$-Messung kaum eine Rolle. (Bei der $p_H$-Messung wird nicht die Wasserstoffionenkonzentration, sondern die Wasserstoffionenaktivität bestimmt, also $a_{H^\cdot} = f_a \cdot c_{H^\cdot}$).

Für sehr verdünnte Lösungen kann nach Debye und Hückel folgende Formel zur Berechnung von $f_a$ dienen:

$-\lg f_a = 0{,}5 \cdot z_i^2 \cdot \sqrt{I}$, worin $z_i$ die Wertigkeit des Ions dessen $f_a$ berechnet werden soll und $I$ die sogenannte *Ionenstärke* bedeuten.

Eine etwas erweiterte Formel haben Guggenheim und Schindler (jedoch ebenfalls für $I < 0{,}1$ m) aufgestellt: $-\lg f_a = \dfrac{0{,}5 \cdot z_i^2 \cdot \sqrt{I}}{1+\sqrt{I}}$.

$$I = \frac{1}{2} \cdot (c_1 \cdot z_1^2 + c_2 \cdot z_2^2 + \ldots c_i \cdot z_i^2) = \frac{\Gamma}{2}.$$

$\sum c_i \cdot z_i^2 = \Gamma$, ist die *ionale Konzentration*. Ist ein einfacher Elektrolyt zum Bruchteil $\alpha$ gespalten, dann wird $\Gamma = \alpha \cdot \sum c_i \cdot z_i^2$.

$c_1$, $c_2$ usw. sind die Konzentrationen aller in der Lösung vorhandenen Ionen, $z_1$, $z_2$ usw. deren Wertigkeiten.

**195. Beispiel.** Es ist in einer $c$-molaren Lösung von

$$HCl \ldots\ldots\ldots \quad I = \frac{1}{2} \cdot (c \cdot 1^2 + c \cdot 1^2) = c$$

$$CuSO_4 \ldots\ldots\ldots \quad I = \frac{1}{2} \cdot (c \cdot 2^2 + c \cdot 2^2) = 4\,c,$$

$$AlCl_3 \ldots\ldots\ldots \quad I = \frac{1}{2} \cdot (c \cdot 3^2 + 3\,c \cdot 1^2) = 6\,c.$$

Aus diesen Werten ist nach Debye und Hückel

| für eine Salzkonzentration von | $\frac{m}{100}$ | $\frac{m}{1000}$ | $\frac{m}{10000}$ |
|---|---|---|---|
| $f_a$ für $H^\cdot$ in HCl | 0,89 | 0,96 | 0,99 |
| $Cu^{\cdot\cdot}$ in $CuSO_4$ | 0,40 | 0,75 | 0,91 |
| $Al^{\cdot\cdot\cdot}$ in $AlCl_3$ | 0,08 | 0,45 | 0,78 |

**196. Beispiel.** Auch für $K^\cdot$ in KCl ergibt sich der gleiche Wert wie für $H^\cdot$ in HCl. Zu berechnen ist $f_a$ für $H^\cdot$ in einer 0,001 n HCl, welche gleichzeitig 0,009 n an KCl ist.

$$I = \frac{1}{2} \cdot (\underbrace{0{,}001 \cdot 1^2}_{H^\cdot} + \underbrace{0{,}01 \cdot 1^2}_{\Sigma Cl'} + \underbrace{0{,}009 \cdot 1^2}_{K^\cdot}) = 0{,}01;$$ daraus $f_a = 0{,}89$. Durch den KCl-Zusatz ist somit $f_a$ von 0,96 auf 0,89 gesunken, obzwar $c_{H^\cdot}$ konstant auf 0,001 gehalten wurde. ———

**197. Beispiel.** Welcher $p_H$-Wert errechnet sich für eine 0,001 m $NH_4NaHPO_4$-Lösung, **a)** bei der Annahme, daß der Aktivitätsfaktor = 1, **b)** unter Berücksichtigung der Aktivität?

$NH_4NaHPO_4 \rightarrow Na^\cdot + NH_4^\cdot + HPO_4''$. Die Säure ($NH_4^\cdot \rightleftarrows NH_3 + H^\cdot$) hat die Dissoziationskonstante $5{,}59 \cdot 10^{-10}$, also $p_S = 9{,}25$. $HPO_4''$ entspricht der Base ($H_2PO_4' \rightleftarrows HPO_4'' + H^\cdot$), Dissoziationskonstante ist $6{,}23 \cdot 10^{-8}$ oder $p_S = 7{,}21$.

**a)** $p_H = \frac{9{,}25 + 7{,}21}{2} = 8{,}23.$

**b)** Nach S. 274 ist $K_S = \frac{[B] \cdot [H_3O^\cdot]}{[S]}$, bzw. da nicht die Wasserstoffionenkonzentration, sondern die Wasserstoffionenaktivität gemessen wird $\frac{[B] \cdot a_{H_3O}}{[S]}$.

$\lg K_S = \lg \frac{[B]}{[S]} + \lg a_{H_3O}; \lg \frac{[B]}{[S]} = p_H - p_S.$

Setzen wir an Stelle der Konzentrationen $[B]$ und $[S]$ die Aktivitäten, dann ist die wirkliche Säurenbasenkonstante $K_S' = \frac{[B] \cdot f_B \cdot a_{H_3O}}{[S] \cdot f_S}$ und $\lg K_S' = \lg \frac{[B]}{[S]} + \lg \frac{f_B}{f_S} + \lg a_{H_3O}$, daraus $-p_S' = \lg \frac{[B]}{[S]} + \lg \frac{f_B}{f_S} - p_H$.

Den Wert $\lg \frac{[B]}{[S]}$ aus obiger Gleichung eingesetzt, ergibt $p_H = p_S' + p_H - p_S + \lg \frac{f_B}{f_S}$; daraus $p_S = p_S' + \lg \frac{f_B}{f_S}$.

Nun ist weiter $\lg \frac{f_B}{f_S} = \lg f_B - \lg f_S = -0{,}5 \cdot z_B^2 \cdot \sqrt{I} + 0{,}5 \cdot z_S^2 \cdot \sqrt{I} = 0{,}5 \cdot \sqrt{I} \cdot (z_S^2 - z_B^2)$.

Definitionsgemäß ist die Wertigkeit der Base stets $z_B = z_S - 1$, daher $\lg \frac{f_B}{f_S} = \sqrt{I} \cdot \left(z_S - \frac{1}{2}\right)$.

In unserem Beispiel ist $z_S$ für $NH_4^\cdot = 1$, für $H_2PO_4' = -1$, ferner $I = \frac{1}{2} \cdot (0.001 \cdot 1 + 0{,}001 \cdot 1 + 0{,}001 \cdot 2^2) = 0{,}003$.

$NH_4^\cdot$ ... $p_S = 9{,}25 + \sqrt{0{,}003} \cdot 0{,}5 = 9{,}28$

$H_2PO_4'$ .. $p_S = 7{,}21 + \sqrt{0{,}003} \cdot -1{,}5 = 7{,}13$ und

$$p_H = \frac{9{,}28 + 7{,}13}{2} = 8{,}20. \text{ ———}$$

**198. Beispiel.** Berechne die wirkliche Dissoziationskonstante $K_a$ (d. h. unter Berücksichtigung der Aktivitätskoeffizienten $f$) einer 0,00344 m Essigsäure aus dem Wert für $K_c = 1{,}814 \cdot 10^{-5}$ bei 25° C; $\alpha = 0{,}07$.

$HAc \rightleftarrows H^{\cdot} + Ac'$ und $K_a = \frac{a_{H^{\cdot}} \cdot a_{Ac'}}{c_{HAc}}$ (wenn für die undissoziierten Moleküle $c \approx a$). Damit wird $K_a = \frac{c_{H^{\cdot}} \cdot f_{H^{\cdot}} \cdot c_{Ac'} \cdot f_{Ac'}}{c_{HAc}} = $
$= K_c \cdot f_{H^{\cdot}} \cdot f_{Ac'}$.

Nach DEBYE und HÜCKEL kann $f$ für verdünnte Lösungen theoretisch berechnet werden: $\lg f_i = -1{,}28 \cdot 10^6 \cdot \frac{z_i^2}{(\varepsilon \cdot T)^{\frac{3}{2}}} \cdot \sqrt{\Gamma} = -h \cdot z_i^2 \cdot \sqrt{\Gamma}$.

Darin sind $\varepsilon$ die Dielektrizitätskonstante des Lösungsmittels (für Wasser = 80,1 bei 20° C und 78,57 bei 25° C) und $h$ für wäßrige Lösungen bei 0° C = 0,344, bei 18° C = 0,353, bei 25° C = 0,357.

$\Gamma = 0{,}07 \cdot (0{,}00344 \cdot 1^2 + 0{,}00344 \cdot 1^2) = 0{,}0004816$.

$\lg f_{H^{\cdot}} = \lg f_{Ac'} = -0{,}357 \cdot 1^2 \cdot \sqrt{0{,}0004816} = 0{,}00783$ und daraus $f_{H^{\cdot}} = f_{Ac'} = 0{,}9821$.

$K_a = 1{,}814 \cdot 10^{-5} \cdot 0{,}9821 \cdot 0{,}9821 = 1{,}750 \cdot 10^{-5}$. ———

*Mittlere Aktivität:* Allgemein ist $a_{\pm} = (a_+^{\nu_+} \cdot a_-^{\nu_-})^{\frac{1}{\nu}} = f_{\pm} \cdot c_{\pm}$. Darin ist $\nu_+$ die Anzahl der positiven, $\nu_-$ die Anzahl der negativen Ionen eines Elektrolyten.

Daher ist (nach LEWIS und RANDALL) der *mittlere Aktivitätsfaktor* $f_{\pm} = (f_+^{\nu_+} \cdot f_-^{\nu_-})^{\frac{1}{\nu}}$, wenn $\nu = \nu_+ + \nu_-$ und die mittlere molare Konzentration der Ionen $c_{\pm} = (c_+^{\nu_+} \cdot c_-^{\nu_-})^{\frac{1}{\nu}} = c \cdot (\nu_+^{\nu_+} \cdot \nu_-^{\nu_-})^{\frac{1}{\nu}}$.

**199. Beispiel.** Für eine $c$-molare $BaCl_2$-Lösung ist

$c_{\pm} = c \cdot (1^1 \cdot 2^2)^{\frac{1}{3}} = c \cdot \sqrt[3]{4}$. ———

**Aufgaben. 214.** Eine KCl-Lösung hat die Ionenstärke 0,12. **a)** Wie groß ist die Konzentration der Lösung ?, **b)** Welche Konzentration von $K_2SO_4$ gibt die gleiche Ionenstärke ?

**215.** Berechne mit Hilfe der Formel von GUGGENHEIM und SCHINDLER $a_{Na^{\cdot}}$, $a_{Cl'}$ und $a_{SO_4''}$ in einer Lösung, die 0,01 molar an NaCl und 0,02 molar an $Na_2SO_4$ ist.

**216.** Welchen $p_H$-Wert hat eine Salzsäure der Konzentration 0,001 n, 0,01 n, 0,05 n und 0,1 n, **a)** wenn der Aktivitätsfaktor = 1; **b)** unter Berücksichtigung der Aktivität.

**217.** Berechne den $p_S$-Wert einer 0,05 molaren Essigsäure unter Berücksichtigung der Ionenaktivität (Formel nach GUGGENHEIM und SCHINDLER). Dissoziationskonstante der Essigsäure = $1{,}76 \cdot 10^{-5}$.

**218.** Berechne die Ionenstärke, die Aktivität der Ionen sowie den mittleren Aktivitätsfaktor der Ionen bei 25° C für **a)** eine 0,005 *C* HCl-Lösung; **b)** eine 0,001 *C* $Na_2SO_4$-Lösung. (*C* bedeutet molar.)

## 4. Löslichkeitsprodukt.

Die Gleichgewichtskonstante der Reaktion $K_x A_y \rightleftarrows x K^{\cdot} + y A'$ ist gegeben durch die Gleichung $K = \frac{[K^{\cdot}]^x \cdot [A']^y}{[K_x A_y]}$.

Ist der undissoziierte Anteil als Fällung, also in fester Form, vorhanden, so ist bei einer gegebenen Temperatur die Lösung an $K_x A_y$ gesättigt und die Konzentration dieses Stoffes in der Lösung konstant. $[K_x A_y]$ kann daher als konstant angesehen und in die Gleichgewichtskonstante einbezogen werden. Damit ist

$$L = [K^{\cdot}]^x \cdot [A']^y .$$

*L* ist das Löslichkeitsprodukt für den betreffenden Elektrolyten. Wird durch Zugabe einer der Ionenarten die Konzentration dieses Ions erhöht, so scheidet sich solange fester Stoff in der Lösung ab, bis der konstante Wert *L* wieder erreicht ist.

Eine 0,1 m Lösung eines starken Elektrolyten *KA* kann als vollständig dissoziiert betrachtet werden, so daß $[K^{\cdot}] = [A'] = 0{,}1$. Mitunter wird nicht die Ionenkonzentration, sondern nach Sörensen der Ionenexponent, das ist der negative Logarithmus der Ionenkonzentration, $p_J$ angegeben. Es ist also $p_J = -\lg [J]$.

Wenn wir das Löslichkeitsprodukt $[K^{\cdot}] \cdot [A'] = L$ in dieser Form schreiben, so erhalten wir $p_K + p_A = p_L$, den *Löslichkeitsexponenten*. Für eine gesättigte Lösung ist $[K^{\cdot}] = [A']$ oder $[K^{\cdot}]^2 = [A']^2 = L$, daher $p_K = p_A = \frac{1}{2} p_L$.

**200. Beispiel.** Das Löslichkeitsprodukt für AgCl $L = 1{,}61 \cdot 10^{-10}$ (oder $p_L = 9.8$). In einer gesättigten Lösung ist also $[Ag^{\cdot}] = [Cl'] = \sqrt{1{,}61 \cdot 10^{-10}} = 1{,}27 \cdot 10^{-5}$ oder $p_{Ag} = p_{Cl} = \frac{1}{2} p_L = 4{,}9$.

Ist AgCl als Bodenkörper in einer Lösung mit einer Ag-Konzentration von $10^{-3}$ ($p_{Ag} = 3$) vorhanden, dann ist $[Cl'] = \frac{1{,}16 \cdot 10^{-10}}{10^{-3}} = 1{,}61 \cdot 10^{-7}$ oder $p_{Cl} = 9{,}8 - 3 = 6{,}8$. ———

**201. Beispiel.** Wann fällt in einer Mischung von Chlorid und Oxalat bei der Titration mit $AgNO_3$ der Beginn der Silberoxalatausfällung? $L_{AgCl} = 1{,}61 \cdot 10^{-10}$, $L_{Ag_2C_2O_4} = 6{,}3 \cdot 10^{-12}$.

$$[Ag^\cdot]^2 \cdot [C_2O_4''] = L_{Ag_2C_2O_4}; \; [Ag^\cdot] = \sqrt{\frac{L_{Ag_2C_2O_4}}{[C_2O_4'']}}.$$

$$[Ag^\cdot] = \frac{L_{AgCl}}{[Cl']} = \sqrt{\frac{L_{Ag_2C_2O_4}}{[C_2O_4'']}}.$$

Daraus ist $\frac{[Cl']}{\sqrt{[C_2O_4'']}} = \frac{L_{AgCl}}{\sqrt{L_{Ag_2C_2O_4}}} = \frac{1{,}61 \cdot 10^{-10}}{\sqrt{6{,}3 \cdot 10^{-12}}} = 0{,}64 \cdot 10^{-4}$ und $[Cl'] = 0{,}64 \cdot 10^{-4} \cdot \sqrt{[C_2O_4'']}$. ——

Zu bemerken ist, daß das Löslichkeitsprodukt von der Ionenstärke der Lösung abhängig ist, die nur bei Näherungsrechnungen vernachlässigt werden darf. Für genauere Rechnungen muß auch hier die Aktivität berücksichtigt werden („thermodynamisches" Löslichkeitsprodukt).

**202. Beispiel.** Wieviel Mol $AgBrO_3$ lösen sich bei 25° C in einer 0,005 m $KNO_3$-Lösung? Das Löslichkeitsprodukt des $AgBrO_3$ bei 25° C ist $5{,}77 \cdot 10^{-5}$*.

Gelöst werden $x$ Mol $AgBrO_3$.

Die Ionenstärke für einwertige Ionen ist gleich der molaren Konzentration (siehe 195. Beispiel, S. 283), also $I = 0{,}005 + x$.

$-\lg f_a = 0{,}5 \cdot 1^2 \cdot \sqrt{0{,}005 + x}$.

$L = 5{,}77 \cdot 10^{-5} = f^2 \cdot x^2$, daraus ist $x = \frac{\sqrt{5{,}77 \cdot 10^{-5}}}{f} = \frac{7{,}6 \cdot 10^{-3}}{f}$.

Es liegen zwei Unbekannte vor. Über Näherungswerte können wir zu einem guten Ergebnis kommen.

Wir setzen $I_1 = 0$ dann ist $f_1 = 1$ daraus $x_1 = 7{,}6 \cdot 10^{-3}$. Mit diesem Wert ist nun $I_2 = 0{,}005 + x_1 = 0{,}0126$; $-\lg f_2 = 0{,}5 \cdot \sqrt{0{,}0126} = 0{,}056$ und $f_2 = 0{,}879$; $x_2 = \frac{7{,}6 \cdot 10^{-3}}{0{,}879} = 8{,}65 \cdot 10^{-3}$. Schließlich ist $I_3 = 0{,}005 + x_2 = 0{,}01365$, $f_3 = 0{,}874$ und $x_3 = 8{,}69 \cdot 10^{-3}$.

Dieser Wert kann als gültig angenommen werden, da die Änderung von $x_2$ zu $x_3$ bereits unmerklich ist. ——

Die Löslichkeitsverhältnisse können auch mit Hilfe *logarithmischer Diagramme* dargestellt werden.

Aus $L = [K^\cdot]^x \cdot [A']^y$ ist $\lg L = x \cdot \lg [K^\cdot] + y \cdot \lg [A']$.

Setzen wir für $-\lg [K^\cdot] = -\lg c_K = p_K$ und $-\lg [A'] = -\lg c_A = p_A$, ferner $-\lg L = p_L$, so erhalten wir $\lg c_A = \frac{x}{y} \cdot p_K - \frac{1}{y} \cdot p_L$ und sehen, daß $\lg c_A$ eine lineare Funktion von $p_K$ ist.

In einem Koordinatensystem, in dem $p_K$ als Abszisse und $\lg c$ als Ordinate aufgetragen werden, ist die Nullpunktsordinate der resul-

* Chem. Tasch. 324 127.

tierenden Geraden $= -\frac{1}{y} \cdot p_L$ und ihr Richtungskoeffizient $\frac{x}{y}$. Einfacher läßt sich die Gerade konstruieren, wenn man $\lg c = 0$ setzt, dann ist $p_K = \frac{1}{x} \cdot p_L$. Von diesem Punkt aus zieht man eine Gerade mit dem Richtungskoeffizienten $\frac{x}{y}$.

Solange das Löslichkeitsprodukt nicht überschritten ist (und unter der Voraussetzung, daß das Volumen der Lösung als konstant angenommen werden kann), ist $c_A$ gleich der Totalkonzentration $C$ Mol/l, also $\lg c_A = \lg C$. Das entspricht einer Geraden parallel zur Abszisse mit der Ordinate $\lg C$. Im Schnittpunkt beider Geraden beginnt die Fällung.

Man kann in dem Diagramm auch $\lg c_K$ als Funktion von $p_A$ darstellen.

**203. Beispiel.** Die Abb. 112 zeigt den Verlauf der Konzentrationslinien bei der Fällung von AgCl und $Ag_2C_2O_4$.

Aus $L_{AgCl} = 1{,}61 \cdot 10^{-10}$ ist $p_L = +\,9{,}8$, aus $L_{Ag_2C_2O_4} = 6{,}3 \cdot 10^{-12}$ ist $p_L = 11{,}2$. Die ursprüngliche Anionenkonzentration sei $C = 0{,}1$, der Richtungskoeffizient ist für $Cl' = \frac{1}{1}$, für $C_2O_4'' = \frac{2}{1}$.

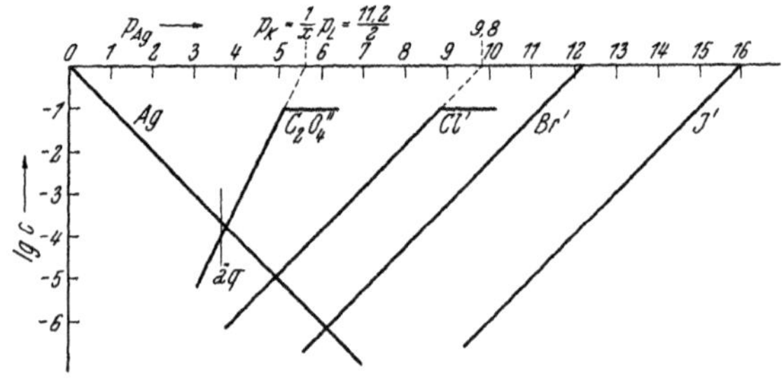


Abb. 112

Im Schnittpunkt der beiden Anionen-Linien beginnt die Fällung. Ist $x = y$, dann entspricht der Schnittpunkt der $\lg c_K$-Geraden und der $\lg c_A$-Geraden dem Äquivalenzpunkt, in diesem Falle ist $c_K = c_A$.

Werden also Ag-Ionen einer 0,1 $C$-Cl-Ionenlösung zugesetzt, so beginnt die Fällung bei $p_{Ag} = 8{,}8$ (entsprechend $c_{Ag^\cdot} = 10^{-8{,}8}$). Bei weiterem Zusatz von Ag-Ionen sinkt $c_{Cl'}$ und steigt $c_{Ag^\cdot}$ bis im Äquivalenzpunkt $c_{Ag^\cdot} = c_{Cl'} = 10^{-4{,}9}$.

Setzt man Ag-Ionen einer 0,1 $C$-$C_2O_4$-Ionenlösung zu, so beginnt die Fällung bei $p_{Ag^\cdot} = 5{,}1$. Auf Grund der Zusammensetzung der festen Phase ist im Äquivalenzpunkt hier jedoch $\frac{c_{Ag^\cdot}}{c_{C_2O_4''}} = 2$, also $\lg c_{Ag^\cdot} - \lg c_{C_2O_4''} = 0{,}30$. Der Äquivalenzpunkt wird daher erreicht, wenn die Ordinate der $\lg c_{Ag^\cdot}$-Geraden so weit über den Schnittpunkt gestiegen ist, daß sie 0,30 über dem zugehörigen Ordinatenwert von $\lg c_{C_2O_4''}$ liegt (Schnittpunkt mit der Linie *äq*).

Aus dem logarithmischen Diagramm kann man ferner in orientierender Weise erkennen, ob eine Trennung verschiedener Ionen durch Fällung möglich ist. Z. B. werden sich Cl′ und J′ ziemlich vollständig trennen lassen. Ist die Konzentration an Cl′ beispielsweise $c_A = 1$, was ziemlich hoch ist, so beginnt die Fällung von AgCl bei $p_{Ag} = 9{,}8$. Hier ist aber AgJ schon so weitgehend ausgefallen, daß die Konzentration an J′ nur noch $10^{-6}$ beträgt. Man muß also so lange Ag˙ zusetzen, daß der Wert $p_{Ag} = 9{,}8$ noch nicht erreicht ist, sondern aufhören, wenn ein $p_{Ag}$-Wert zwischen 10 und 11 vorliegt.

Ähnliche Diagramme lassen sich auch für andere Fällungsgleichgewichte zeichnen. Bei der Hydroxydfällung ist OH′ das fällende Ion, folglich wird $p_{OH}$ als Abszisse aufgetragen. Ist das Löslichkeitsprodukt für $Zn(OH)_2 = 1{,}3 \cdot 10^{-17}$, dann ist $p_L = 16{,}9$ und die Zn˙˙-Gerade beginnt im Punkt $p_{OH} = \frac{p_L}{2} = 8{,}45$ mit dem Richtungskoeffizienten $\frac{2}{1}$. Für $Fe(OH)_3$ ist $L = 3{,}8 \cdot 10^{-38}$, also $p_L = 37{,}5$ und die Fe˙˙˙-Gerade beginnt bei $p_{OH} = \frac{p_L}{3} = 12{,}5$ mit dem Richtungskoeffizienten $\frac{3}{1}$.

**Aufgaben. 219.** Bei 20° C lösen sich 0,99 g $PbCl_2$ in 100 ml Wasser. Zu berechnen ist das Löslichkeitsprodukt.

**220.** Die Löslichkeit von $Hg_2Cl_2$ beträgt $3{,}0 \cdot 10^{-4}$ g/l. **a)** Wie groß ist das Löslichkeitsprodukt? **b)** Welches Volumen einer 0,01 molaren NaCl-Lösung löst die gleiche Menge $Hg_2Cl_2$ wie 1 Liter reines Wasser?

**221.** Bei einer gegebenen Temperatur enthält eine gesättigte Lösung S = 0,0081 g-Mol $AgBrO_3$ im Liter. Hinzugesetzt wird eine Lösung mit 0,0085 g-Mol $AgNO_3$ im Liter. Es wird vollständige Dissoziation beider Salze in der Lösung angenommen. Wie groß ist die Löslichkeit von $AgBrO_3$ in dieser Lösung?

**222.** Aus einer Lösung, die in 100 ml 0,15 g $Pb(NO_3)_2$ und 2 ml 27 %iger Salpetersäure vom spezifischen Gewicht 1,16 enthält (Dissoziationsgrad der verdünnten Salpetersäurelösung ist 0,92), soll das Blei durch Einleiten von Schwefelwasserstoff ausgefällt werden. Für eine gesättigte Schwefelwasserstofflösung gilt die Formel $[H^{\cdot}]^2 \cdot [S''] = 0{,}84 \cdot 10^{-23}$. Das Löslichkeitsprodukt des PbS beträgt $3{,}4 \cdot 10^{-28}$. Wieviel Prozent des enthaltenen Bleisalzes bleiben in Lösung?

**223.** Eine Lösung enthält **a)** J′ und Cl′, **b)** Br′ und Cl′. Sie wird mit $AgNO_3$ titriert. Bei welchem Verhältnis $[Cl'] : [J']$, bzw. $[Cl'] : [Br']$ beginnt AgCl auszufallen? Löslichkeitsprodukte: AgCl $1{,}61 \cdot 10^{-10}$, AgBr $6{,}3 \cdot 10^{-13}$ · AgJ $0{,}97 \cdot 10^{-16}$.

**224.** Bei 25° ist eine gesättigte Gipslösung 0,0153 molar. Wieviel g $CaSO_4$ können bei der gleichen Temperatur in 1 Liter 0,1 m $K_2SO_4$-Lösung gelöst werden.

**225.** Eine Lösung von KCl und KCNS wird mit $AgNO_3$ versetzt. Wann beginnt die Ausfällung von AgCl? Die Löslichkeitsprodukte betragen bei der Versuchstemperatur für AgCl $= 1 \cdot 10^{-10}$ und für AgCNS $= 1 \cdot 10^{-12}$.

**226.** Wieviel g AgCl lösen sich in 1 Liter 0,01 molarer KCl bei 20° C? Das Löslichkeitsprodukt des AgCl ist $1{,}61 \cdot 10^{-10}$. Die Ionenstärke soll berücksichtigt werden.

## C. Leitfähigkeit.

### 1. Das Ohmsche Gesetz.

Das Ohmsche Gesetz lautet: $U = I \cdot R$.

Darin sind $U$ die Spannung in Volt (V), $I$ die Stromstärke in Ampere (A) und $R$ der Widerstand in Ohm ($\Omega$).

Der elektrische Leitungswiderstand ist vom Material (*spezifischer Leitungswiderstand* $\varrho$ in $\Omega \cdot$cm) sowie von der Länge $l$ und dem Querschnitt $F$ des Leiters abhängig:

$R = \varrho \cdot \frac{l}{F}$; der reziproke Wert des spezifischen Widerstandes heißt *spezifische Leitfähigkeit* oder *spezifisches Leitvermögen* $\varkappa = \frac{1}{\varrho}$, das ist die Leitfähigkeit eines Zylinders vom Querschnitt 1 cm² und der Länge 1 cm (Dimension $\Omega^{-1} \cdot \text{cm}^{-1}$).

Bei Elektrolytlösungen ist $F$ durch die Oberfläche der Elektroden gegeben. Befinden sich diese in einem Gefäß, so sind $l$ und $F$ nicht direkt meßbar, sondern es muß das Verhältnis $\frac{l}{F}$ experimentell ermittelt werden mit Hilfe einer KCl-Lösung von bekannter spezifischer Leitfähigkeit. Der erhaltene Wert wird als Widerstandskapazität $C$ des Gefäßes bezeichnet, also $C = \frac{l}{F}\ \text{cm}^{-1}$.

**204. Beispiel.** Wie groß ist die Widerstandskapazität eines Leitfähigkeitsgefäßes, das mit einer 0,01 n KCl-Lösung von 20° C geeicht, einen Widerstand von 140 $\Omega$ ergab? Die spez. Leitfähigkeit der KCl-Lösung beträgt $0{,}001278\ \Omega^{-1} \cdot \text{cm}^{-1}$.

$C = R \cdot \varkappa = 140 \cdot 0{,}001278 = 0{,}179\ \text{cm}^{-1}$. ———

### 2. Wanderungsgeschwindigkeit und Äquivalentleitfähigkeit.

Beim Durchfluß des Stromes durch einen Elektrolyten wandern die positiv geladenen Kationen zur Kathode, die negativ geladenen Anionen zur Anode. Die *Beweglichkeit* oder *Wanderungsgeschwindigkeit der Ionen* ist jedoch verschieden, so daß die an den Elektroden umgesetzte Elektrolytmenge nicht zu gleichen Teilen dem Anoden- und Kathodenraum entnommen wird. Wir bezeichnen die Wanderungsgeschwindigkeit des Kations (in der Lösung eines binär zerfallenen Elektrolyten) mit $w_K$, die des Anions mit $w_A$.

Die Ionenbeweglichkeiten sind temperaturabhängig; sie nehmen mit steigender Temperatur zu. Die Berechnung des Temperaturkoeffizienten kann mit Hilfe der empirisch aufgestellten Formel $\alpha = \frac{0{,}0348}{\lg w + 0{,}207}$ erfolgen. So ist z. B. für Natriumionen $w_{18} = 43{,}8$ und daraus $\alpha_{18} = 0{,}0243$ (beobachtet 0,0244).

Ist an der Kathode 1 Äquivalent eines Kations abgeschieden, beträgt der Konzentrationsverlust nicht ebenfalls 1, sondern, da gleichzeitig Kationen in den Raum eingewandert sind, nur einen Bruchteil, also $n$ Äquivalent. Durch Wanderung hinzugekommen sind $(1 - n)$ Kationen, wobei gleichzeitig $n$ Äquivalent Anionen ausgewandert sind. Der Stromtransport durch das Diaphragma ist also nur teilweise erfolgt, da von der Elektrizitätsmenge 1 der Anteil $(1 - n)$ durch das Kation in der Richtung auf die Kathode und der Anteil $n$ von den Anionen in der Richtung auf die Anode befördert wurden, d. h. es verhalten sich auch die Wanderungsgeschwindigkeiten der Ionen zueinander wie diese Anteile, so daß die Beziehung besteht

$$\frac{1 - n}{n} = \frac{\textit{Verlust an der Kathode}}{\textit{Verlust an der Anode}} = \frac{w_A}{w_K}.$$

Darin wird $n$ die *Hittdorfsche Überführungszahl* des Anions, $(1 - n)$ die des Kations genannt.

Praktische Folgerung aus dem Überführungsverhältnis: Wird z. B. eine verdünnte Schwefelsäure zwischen Platinelektroden elektrolysiert (Trennung durch Diaphragma), so werden die Lösungen in jedem Raum durch die entwickelten Gase dauernd bewegt und auf einer in sich gleichmäßigen Konzentration gehalten. Die Überführungszahl der Schwefelsäure beträgt etwa 0,2, d. h. an der Kathode werden auf ein entweichendes $H^{\cdot}$ nur 0,8 wieder ergänzt, hier verdünnt sich somit die Säure, indem 0,2 $H^{\cdot}$ sich aus dem Kathodenraum entfernen und gleichzeitig 0,2 Äquivalent $SO_4''$ auswandern. An der Anode werden auf ein entladenes Äquivalent 0,2 Äquivalent $SO_4''$ zugeführt. Da jedoch kein $SO_4$ den Elektrolyten verläßt, sondern das $SO_4''$ sich hier so verhält als würde es entladen und zerlegte dann das $H_2O$ nach der Gleichung $SO_4 + H_2O \rightarrow H_2SO_4 + O$, so haben wir nach Abscheidung von $^1/_2$ O an der Anode eine Vermehrung um 0,2 Äquivalent Schwefelsäure und wir können daher die Anodensäure auf Kosten der Kathodensäure konzentrieren.

Die Summe der beiden Wanderungsgeschwindigkeiten (Beweglichkeiten oder Leitfähigkeiten) ist gleich dem Äquivalentleitvermögen bei vollständiger Dissoziation (unendlicher Verdünnung):

$$w_K + w_A = \Lambda_\infty .$$

Unter *Äquivalentleitvermögen* oder *Äquivalentleitfähigkeit* versteht man die elektrische Leitfähigkeit einer Lösung, die 1 g-

Äquivalent des Stoffes gelöst enthält und die sich zwischen zwei 1 cm entfernten parallelen Elektroden befindet. Unter Berücksichtigung des Dissoziationsgrades $\alpha$ ist $\Lambda = \alpha \cdot (w_K + w_A)$ und aus beiden Gleichungen $\alpha = \frac{\Lambda}{\Lambda_\infty}$.

Das Äquivalentleitvermögen ist $\Lambda = \frac{\varkappa}{c}$, worin $c$ die in 1 ml vorhandene Zahl von g-Äquivalenten ($c$ ist also in einer Normallösung $= 0{,}001$) bedeutet; $\varkappa$ ist das spezifische Leitvermögen. Die Dimension des Äquivalentleitvermögens $\Lambda$ ist $\Omega^{-1} \cdot \mathrm{cm}^2 \cdot \mathrm{val}^{-1}$. *Molekulares Leitvermögen* $\Lambda_{mol} = n \cdot \Lambda$ ($n$ = Anzahl der g-Äquivalente/Mol).

Die absolute Wanderungsgeschwindigkeit $w_A$ bzw. $w_K$ eines Ions in Lösung im Feld von 1 Volt·cm$^{-1}$ erhält man aus der Ionenäquivalentfähigkeit, wenn man diese durch 1 Faraday (= 96500 Coulomb/Äquivalent) dividiert, also z. B.

$$w_K = \frac{\Lambda_K}{96500} \frac{\Omega^{-1} \cdot \mathrm{cm}^2 \cdot \mathrm{val}^{-1}}{\mathrm{Ampere} \cdot \mathrm{sek} \cdot \mathrm{val}^{-1}} = [V^{-1} \cdot \mathrm{cm}^2 \cdot s^{-1}].$$

**205. Beispiel.** Eine etwa 4%ige Silbernitratlösung wurde bei 18° eine gewisse Zeit elektrolysiert und die gesamte ausgeschiedene Silbermenge zu 0,3208 g ermittelt. Ein und dasselbe Volumen der Lösung um die Kathode lieferte vor der Elektrolyse 1,9605 g AgCl, nach der Elektrolyse 1,7358 g AgCl. Sie büßte demnach 0,2247 g AgCl = 0,1691 g Ag ein.

Wäre kein Silber durch Wanderung hinzugekommen, so hätte die Lösung um die ausgeschiedene Silbermenge ärmer gefunden werden müssen. Tatsächlich wurde sie nur um 0,1691 g Silber ärmer gefunden, folglich waren 0,3208 — 0,1691 = 0,1517 g Silber durch Wanderung hinzugekommen. Wäre ebensoviel Silber durch Wanderung hinzugekommen als ausgeschieden wurde, hätte das Silberion die Überführungzahl 1, d. h. das Nitration hätte sich an der Wanderung nicht beteiligt. Nun waren aber nur 0,1517 g übergeführt, folglich ist $\frac{0{,}1517}{0{,}3208} = 0{,}473$ die Überführungszahl des Silberions und 1 — 0,473 = 0,527 die Überführungszahl des Nitrations. Wäre noch die Lösung an der Anode untersucht worden, hätte sich dort ein Verlust von 0,1517 g Silber ergeben. ———

**206. Beispiel.** Durch eine verdünnte wäßrige Silbernitratlösung wurden 965 Coulomb hindurchgeschickt. Die Abnahme des in Lösung befindlichen Silbers im Kathodenraum wurde zu 0,5699 g bestimmt. Zu berechnen sind die Überführungszahlen des Silberions und des Nitrations.

965 Coulomb scheiden $\frac{965 \cdot 107{,}88}{96\,500} = 1{,}0788$ g Ag aus;

$n = \frac{0{,}5699}{1{,}0788} = 0{,}528$ und $1 - n = 0{,}472$. ——

**207. Beispiel.** Das Äquivalentleitvermögen einer sehr verdünnten wäßrigen Natriumchloridlösung ist 110,8, das einer $\frac{n}{1}$-Lösung nur 74,3 (bei 18°). Welchen Dissoziationsgrad besitzt das Natriumchlorid in der Normallösung?

$$\alpha = \frac{\Lambda}{\Lambda_\infty} = \frac{74{,}3}{110{,}8} = 0{,}67\,.$$ ——

**208. Beispiel.** Das spez. Leitvermögen einer bei 18° gesättigten AgCl-Lösung ist $2{,}283 \cdot 10^{-6}\,\Omega^{-1} \cdot \mathrm{cm}^{-1}$, das des benutzten Wassers $1{,}163 \cdot 10^{-6}$. Zu berechnen ist die Löslichkeit von AgCl in Wasser bei 18°. $w_{Ag} = 54{,}4$, $w_{Cl} = 65{,}5$. AgCl kann als vollständig dissoziiert angesehen werden.

Das Leitvermögen des AgCl $= (2{,}283 - 1{,}163) \cdot 10^{-6} = 1{,}12 \cdot 10^{-6}$; $\Lambda_\infty = \Lambda = 54{,}4 + 65{,}5 = 119{,}9$.

$$c = \frac{\varkappa}{\Lambda} = \frac{1{,}12 \cdot 10^{-6}}{119{,}9} =$$
$$= 9{,}341 \cdot 10^{-9}\ \text{g-Äquivalent/ml} = 1{,}339\ \text{mg AgCl/l.}$$ ——

Nach KOHLRAUSCH findet infolge des Einflusses der elektrischen Ionenkräfte ein *Leitfähigkeitsabfall* statt. Und zwar ist für starke Elektrolyte im Gebiet hoher Verdünnung $\Lambda = \Lambda_\infty - k \cdot \sqrt{c}$.

(Für schwache binäre Elektrolyte gilt das OSTWALDsche Verdünnungsgesetz $\frac{\Lambda^2}{\Lambda_\infty \cdot (\Lambda_\infty - \Lambda) \cdot V} = \text{konst.}$).

Die Bestimmung von $\Lambda$ erfolgt durch Ermittlung der spezifischen Leitfähigkeit $\varkappa$ und Berechnung nach der Formel $\Lambda = \frac{\varkappa}{c} = \varkappa \cdot V$; $V$ ist die äquivalente Verdünnung.

Bei der graphischen Darstellung von $\Lambda$ als Funktion von $c$ lassen sich alle Werte der Kurve nach dieser Formel berechnen, mit Ausnahme des Punktes, wo $c = 0$, daher $V = \infty$ (Schnittpunkt mit der $\Lambda$-Achse), denn dann wird auch $\varkappa = 0$ und damit $\Lambda = \frac{0}{0}$ oder $\Lambda = 0 \cdot \infty$. Dies ist ein unbestimmter Ausdruck (s. S. 31). Die Ermittlung des wahren Wertes kann analytisch als eine Grenzwertbestimmung oder graphisch erfolgen. Bei der Durchführung des letztgenannten, einfacheren Verfahrens trägt man $\Lambda$ gegen $\sqrt{c}$ auf und bestimmt durch graphische Extrapolation

(Schnittpunkt der Kurve mit der $\Lambda$-Achse) den Wert von $\Lambda$ für $\sqrt{c} = 0$, also $\Lambda_\infty$, die Grenzleitfähigkeit.

*Konduktometrische Maßanalyse.* In der konduktometrischen Maßanalyse dient die elektrolytische Leitfähigkeit als Indikator.

**209. Beispiel.** Die Titration von NaOH mit HCl nach der Gleichung $Na^{\cdot} + OH' + H^{\cdot} + Cl' = H_2O + Na^{\cdot} + Cl'$ läßt erkennen, daß OH′ und H˙ zu dem praktisch nicht dissoziiertem Wasser zusammentreten. Die Natronlauge enthält neben Na-Ionen, die bei der Reaktion unverändert bleiben, die schnellwandernden OH-Ionen (Wanderungsgeschwindigkeit 174). Diese werden beim fortschreitenden Zusatz der Salzsäure von deren H-Ionen vernichtet und durch die langsamer wandernden Cl-Ionen ersetzt (Wanderungsgeschwindigkeit 65,5). An Stelle des gut leitenden NaOH tritt also eine äquivalente Menge des schlechter leitenden NaCl, wodurch die Leitfähigkeit abnehmen muß. Ist dies vollständig geschehen, d. h. sind Säure und Base in äquivalenter Menge zusammengebracht, so wird weitere zugesetzte Säure unverändert bleiben; es treten freie, schnellwandernde H-Ionen auf (Wanderungsgeschwindigkeit 315) und die Leitfähigkeit muß wieder anwachsen. Im Neutralisationspunkt zeigt daher die Leitfähigkeit ein Minimum. ———

**Aufgaben. 227.** Ein Widerstandsgefäß aus zwei parallel gestellten Platinblechen mit einem Querschnitt von 4 cm² und 0,7 cm Abstand ist mit einer Lösung gefüllt, die 24,97 g $CuSO_4 + 5\,H_2O$ pro Liter enthält. Mit Hilfe der Wheatstoneschen Brücke wurde ein Widerstand der Lösung von 23,0 $\Omega$ bestimmt. Zu berechnen sind das spezifische und das Äquivalentleitvermögen.

**228.** Der Widerstand einer 20%igen $CaCl_2$-Lösung von der Dichte 1,18 in einem Widerstandsgefäß wurde bei 20° C zu 0,580 $\Omega$ gemessen. Wie groß ist die molekulare Leitfähigkeit der Lösung, wenn die Eichlösung (0,01n KCl, $\varkappa = 0{,}001278\,\Omega^{-1}\cdot cm^{-1}$) einen Widerstand von 40 $\Omega$ anzeigt?

**229.** Durch eine verdünnte wäßrige Lösung von Silbernitrat wird eine Zeitlang der elektrische Strom geschickt. Anschließend wird die Abnahme des in Lösung befindlichen Silbers im Kathodenraum zu 0,2212 g, im Anodenraum zu 0,1977 g bestimmt. Wie groß sind die Überführungszahlen des Silber- und Nitrations?

**230.** Das Äquivalentleitvermögen einer $\frac{n}{10}$-Salpetersäure ist 368, die Wanderungsgeschwindigkeit des Wasserstoffions 315, die des Nitrations 61,7. Berechne den Dissoziationsgrad in der $\frac{n}{10}$-Säure.

**231.** Bei 18° ist das Äquivalentleitvermögen einer 0,1 n-Essigsäure 4,60, dasjenige einer 0,001 n-Natriumacetatlösung 75,2. Zu berechnen ist die Dissoziationskonstante der Essigsäure, wenn die Ionenbeweglichkeiten (in $cm^2 \cdot V^{-1} \cdot s^{-1}$) in wäßrigen Lösungen bei unendlicher Verdünnung bei 18° für $H^{\cdot} = 315$, für $Na^{\cdot} = 43{,}5$ betragen.

**232.** Zu berechnen ist das Äquivalentleitvermögen $\Lambda_\infty$ für $NaClO_3$ aus folgenden Daten: $\Lambda_\infty$ für $KClO_3 = 117{,}7$, für $NaCl = 107{,}2$, für $KCl = 128{,}1$.

**233.** Die Äquivalentleitfähigkeit von $NH_4OH$ bei unendlicher Verdünnung ergibt sich zu 271 $\Omega^{-1} \cdot cm^2$; das spezifische Leitvermögen einer 0,022 n-Lösung beträgt $1{,}73 \cdot 10^{-4}\ \Omega^{-1} \cdot cm^{-1}$. Berechne die $NH_4$-ionenkonzentration der Lösung.

**234.** Reinstes Wasser hat bei 18° eine spezifische Leitfähigkeit $\varkappa = 4{,}41 \cdot 10^{-8}\ \Omega^{-1} \cdot cm^{-1}$; die Wanderungsgeschwindigkeit der Ionen bei 18° ist für $H^{\cdot} = 315$, für $OH' = 174$. Berechne aus diesen Angaben das Ionenprodukt des Wassers bei 18°.

**235.** Eine gesättigte Lösung von $BaSO_4$ zeigt bei 18° ein spezifisches Leitvermögen von $2{,}32 \cdot 10^{-6}\ \Omega^{-1} \cdot cm^{-1}$. Bei der gleichen Temperatur sind die Werte für das molekulare Leitvermögen für $BaCl_2 = 234$, $KCl = 128$ und $K_2SO_4 = 257$. Zu berechnen ist die Löslichkeit von $BaSO_4$ in g/l bei dieser Temperatur.

**236.** Haas und Rodebush haben in einem engen Rohr eine 0,073n LiCl-Lösung über eine 0,0998n $GdCl_3$-Lösung geschichtet und von oben durch das Rohr einen Strom von $5{,}594 \cdot 10^{-3}$ Ampere geschickt, wobei sich die Grenzfläche, welche die ganze Zeit scharf war, nach unten bewegte. Nach 4406 Sekunden war sie durch eine Rohrlänge gewandert, die 1,111 ml Lösung enthielt. Gesucht sind die Überführungszahlen der Ionen im $GdCl_3$ bei der Versuchstemperatur 25° C.

**237.** Jones und Bickford bestimmten $\varkappa$ einer wäßrigen KBr-Lösung verschiedener Konzentration ($c$-molar) bei 0° C und berechneten daraus $\Lambda$ ($cm^2 \cdot \Omega^{-1} \cdot Mol^{-1}$) zu:

| | | | | | | | | |
|---|---|---|---|---|---|---|---|---|
| $c$ = | 0,00025 | 0,00036 | 0,0005 | 0,00075 | 0,001 | 0,0016 | 0,002 | 0,005 |
| $\Lambda$ = | 82,57 | 82,43 | 82,26 | 82,04 | 81,87 | 81,48 | 81,32 | 80,20. |

Bestimme daraus auf Grund der Formel $\Lambda = \Lambda_\infty - k \cdot \sqrt{c}$ die Grenzleitfähigkeit $\Lambda_\infty$ und den Wert für $k$.

## D. Elektromotorische Kraft.

### 1. Potentialdifferenz.

Taucht ein Metall in die Lösung eines Salzes des gleichen Metalls (z. B. Zink in eine Zinksulfatlösung), so wird sich, wenn der osmotische Druck der Ionen in der Lösung groß ist, ein Teil der Ionen metallisch auf dem Metallstück niederschlagen. Ist jedoch der osmotische Druck der Ionen in der Lösung klein, wird das Metall Ionen in die Lösung entsenden. An der Berührungsfläche zwischen Metall und Lösung tritt eine elektromotorische Kraft (EMK, Potentialdifferenz) auf, die durch die Nernstsche Gleichung bestimmt ist:

$$\varepsilon = \frac{R \cdot T}{n \cdot F} \cdot \ln \frac{P}{p}.$$

Darin sind:

$\varepsilon$ = die in Volt ausgedrückte elektromotorische Kraft (also das Potentialgefälle, das das Metall gegen seine Lösung zeigt; es wird als positiv betrachtet, wenn die Elektrode ein höheres Potential aufweist als die Lösung),

$R$ = die Gaskonstante (0,082 lAtm = 8,309 Joules oder Wattsekunden),

$T$ = die absolute Temperatur,

$n$ = die Wertigkeit des Metalls,

$F$ = 1 Faraday = 96500 Coulomb,

$P$ = der Lösungsdruck des Metalls (so bezeichnet in Analogie zum Dampfdruck; man versteht darunter das Bestreben des Metalls unter Aufnahme positiver Ladungen Ionen zu bilden. Er ist um so größer, je unedler das Metall ist) und

$p$ = der osmotische Druck der Ionen des betreffenden Metalls in der Lösung (das ist ihr Bestreben unter Abgabe positiver Ladungen Metall zu bilden; er ist der Konzentration proportional).

Die maximale Arbeit des chemischen Vorganges in einem galvanischen Element ist gegeben durch das Produkt aus der EMK und der gelieferten Strommenge, also $\Delta A = -n \cdot F \cdot \varepsilon$. Anderseits ist die Reaktionsarbeit auch $\Delta A = -R \cdot T \cdot \ln \frac{P}{p}$ und aus beiden Gleichungen $\varepsilon = \frac{R \cdot T}{n \cdot F} \cdot \ln \frac{P}{p}$.

Das Zink, das in die Zinksalzlösung eintaucht, besitzt also einen elektrolytischen Lösungsdruck, welcher Zinkatome als Zinkionen in die Lösung zu bringen sucht. Diesem Lösungsdruck wirkt der osmotische Druck der Zinkionen in der Lösung entgegen. Bei der Abgabe von positiven Ionen aus dem Metall in die Lösung bleibt die Elektrode mit negativer Ladung zurück. Der dem Lösungsdruck entgegen wirkende osmotische Druck ist in der verdünnten Lösung schwächer als in einer konzentrierten, also wird die Elektrode in einer ionenärmeren Lösung einen stärker negativen Charakter erhalten als in einer konzentrierteren.

Ein galvanisches Element, das aus zwei Elektroden aus dem gleichen Metall besteht, die in eine Lösung mit gleichen Ionen, jedoch verschiedener Konzentration (durch eine poröse Wand getrennt) eintauchen, nennt man eine *Konzentrationskette.* Der sich zwischen den beiden Metallstücken herausgebildete Spannungsunterschied oder die elektromotorische Kraft (EMK) wird in diesem Fall also nur von dem Konzentrationsverhältnis der Ionen abhängen und nach obiger Formel berechnet. Wir können an Stelle von $\frac{P}{p}$, welches in diesem Fall das Verhältnis der osmotischen Drucke darstellt, das Verhältnis der Ionenkonzentrationen setzen.

Denken wir uns folgende Kette:

| Wasserstoffelektrode in stark saurer Lösung | poröse Trennwand | Wasserstoffelektrode in schwach saurer Lösung |
|---|---|---|

so wird die Elektrode in der schwach sauren Lösung eine größere Tendenz zu negativen Potentialen haben als die Elektrode in der stark sauren Lösung. Sie zeigt daher ein negatives Potential gegenüber der Elektrode in der stark sauren Lösung. Da aber beide Lösungen in leitender Flüssigkeitsverbindung stehen, kann diese Potentialdifferenz, die von der verschiedenen Konzentration der Lösungen abhängt, nach der NERNSTschen Formel gemessen werden.

Setzen wir daher die Konzentrationen der Lösungen sowie die Zahlenwerte in die Gleichung ein, erhalten wir

$$\varepsilon = \frac{8{,}309 \cdot T}{n \cdot 96\,500} \cdot 2{,}303 \cdot \lg \frac{C_1}{C_2} = \frac{0{,}0001983 \cdot T}{n} \cdot \lg \frac{C_1}{C_2} \,.$$

Der Wert $0{,}0001983 \cdot T$ ist für 18° C = 0,0577, für 20° C = 0,0581, für 25° C = 0,0591 und für 30° C = 0,0601.

Für 18° C (und verdünnte Lösungen) ist also $\varepsilon = \frac{R \cdot T}{n \cdot F} \cdot \ln \frac{C_1}{C_2} = \frac{0{,}0577}{n} \cdot \lg \frac{C_1}{C_2}$.

Mit den Aktivitäten an Stelle der Konzentration ist

$$\varepsilon = \frac{R \cdot T}{n \cdot F} \cdot \ln \frac{a_1}{a_2} \,.$$

**Aufgaben. 238.** Wie ändert sich die EMK einer Konzentrationskette Ag/0,01 n Ag $NO_3$//0,001 n Ag $NO_3$/Ag, wenn die Temperatur von 0° auf 30° erhöht wird?

## 2. Normalpotential.

Ist die Konzentration $C_1 = 1$ Grammion pro Liter, dann ist $\lg C_1 = 0$ und $\varepsilon = \frac{0{,}0577}{n} \cdot (-\lg C_2) = -\frac{0{,}0577}{n} \cdot \lg C_2$.

Diesen so definierten Wert des Potentials gegen die Lösung seines Salzes von der Metallionenkonzentration 1 Grammion pro Liter, bezeichnet man als das Normalpotential $\varepsilon_0$ der Elektrode.

Das Potential eines Metalles gegen seine Lösung der Ionenkonzentration $c$ ist daher

$$\varepsilon = \varepsilon_0 + \frac{0{,}0577}{n} \cdot \lg c \,.$$

Der absolute Wert eines einzelnen Elektrodenpotentials kann nicht gemessen werden, sondern es ist nur die Differenz zweier Elektrodenpotentiale erfaßbar. Man bezieht daher alle Elektrodenpotentiale auf die sogenannte Normalwasserstoffelektrode (bestehend aus Wasserstoff von Atmosphärendruck, der mit einer in bezug auf die Wasserstoffionen normalen Säurelösung in Berührung steht) als Nullpunkt und erhält so die Normalpotentiale.

Ordnet man die Elemente nach steigendem Normalpotential, so ergibt sich die sogenannte Spannungsreihe der Elemente.

*Spannungsreihe* einiger chemischer Elemente, bezogen auf die Normalwasserstoffelektrode ( = 0,0 Volt).

| Elektrode | $n$ | Potential (Volt) | Elektrode | $n$ | Potential (Volt) |
|---|---|---|---|---|---|
| | Kationen | | $Cu/Cu^{\cdot\cdot}$ | 2 | + 0,34 |
| $K/K^{\cdot}$ | 1 | — 2,92 | $Ag/Ag^{\cdot}$ | 1 | + 0,80 |
| $Na/Na^{\cdot}$ | 1 | — 2,71 | $Hg/Hg^{\cdot\cdot}$ | 2 | + 0,85 |
| $Mg/Mg^{\cdot\cdot}$ | 2 | — 2,40 | | | |
| $Zn/Zn^{\cdot\cdot}$ | 2 | — 0,76 | | Anionen | |
| $Fe/Fe^{\cdot\cdot}$ | 2 | — 0,44 | $S''/S$ fest | 2 | — 0,55 |
| $Ni/Ni^{\cdot\cdot}$ | 2 | — 0,22 | $2\ OH'/O_2$ Gas | 1 | + 0,40 |
| $Pb/Pb^{\cdot\cdot}$ | 2 | — 0,12 | $2\ J'/J_2$ fest | 1 | + 0,56 |
| $Fe/Fe^{\cdot\cdot\cdot}$ | 3 | — 0,04 | $2\ Br'/Br_2$ fl. | 1 | + 1,07 |
| $H_2/2\ H^{\cdot}$ | 1 | ± 0,00 | $2\ Cl'/Cl_2$ Gas | 1 | + 1,36 |

*Potentiometrische Maßanalyse.* Die Theorie der potentiometrischen Titration soll an zwei Beispielen gezeigt werden:

**210. Beispiel.** Titration von 100 ml $\frac{n}{100}$ Salzsäure mit $\frac{n}{1}$ Natronlauge. Als Indikatorelektrode diene eine platinierte Platinelektrode die von reinstem gasförmigem Wasserstoff von 1 Atm Druck umspült wird. Der in der Oberfläche der Elektrode gelöste $H_2$ hat stets die gleiche Konzentration.

Für den Elektrodenvorgang gilt die Gleichung $\varepsilon = \varepsilon_0 + 0{,}0577 \cdot \lg [H^{\cdot}]$; $\varepsilon_0$ für die Wasserstoffelektrode ist definitionsgemäß $\pm 0$, also ist $\varepsilon = 0{,}0577 \cdot \lg [H^{\cdot}]$.

Wir titrieren nun die Lösung und messen nach jedem Reagenszusatz das Elektrodenpotential. Zu Beginn der Titration ist $[H^{\cdot}]$ der $\frac{n}{100}$ HCl $= 10^{-2}$, daher gilt $\varepsilon = 0 + 0{,}0577 \cdot (-2) = -0{,}1154$ Volt $= -115{,}4$ Millivolt (mV). Wir messen eine Spannung von 115,4 mV.

Nun geben wir zunächst 0,9 ml der $\frac{n}{1}$ Lauge zu, wodurch wir 90 ml der $\frac{n}{100}$ Säure neutralisieren und es verbleiben als Rest 100 ml $\frac{n}{1000}$ HCl $\left(\text{entsprechend } 10 \text{ ml } \frac{n}{100} \text{ HCl}\right)$, wodurch $[H^{\cdot}]$ auf $10^{-3}$ sinkt. Das nun gemessene Potential beträgt $\varepsilon = 0{,}0577 \cdot (-3) = -0{,}1731$ Volt $= -173{,}1$ mV.

Geben wir weitere 0,09 ml $\frac{n}{1}$ Lauge zu, beträgt die Konzentration der H-Ionen nur mehr $10^{-4}$ und das Elektrodenpotential $\varepsilon = -230{,}8$ mV.

Wir sehen also, daß jedesmal, wenn im Verlauf der Titration $[H^{\cdot}]$ um eine Zehnerpotenz abnimmt, das Elektrodenpotential um 57,7 mV sinkt, Haben wir insgesamt 1 ml der $\frac{n}{1}$ NaOH zugesetzt, dann ist der Äquivalenzpunkt erreicht, $[H^{\cdot}] = 10^{-7}$ und wir messen ein Potential von $57{,}7 \cdot -7 = -403{,}9$ mV.

Nach Zusatz von weiteren 0,01 ml $\frac{n}{1}$ Lauge enthält die Lösung einen Überschuß an OH-Ionen, $[OH'] = 10^{-4}$ und da $[H^{\cdot}] \cdot [OH'] = 10^{-14}$, beträgt $[H^{\cdot}] = 10^{-10}$. Als Elektrodenpodential finden wir dann $57{,}7 \cdot (-10) = -577$ mV. Beträgt der Laugenüberschuß 0,1 ml, so ergibt sich $[OH'] = 10^{-3}$, somit $[H^{\cdot}] = 10^{-11}$ und $\varepsilon = -634{,}7$ mV.

Zusammenstellung:

| ml $\frac{n}{1}$ NaOH | $[H^{\cdot}]$ | $p_H$ | Potential in mV |
|---|---|---|---|
| 0 | $10^{-2}$ | 2 | — 115,4 |
| 0,9 | $10^{-3}$ | 3 | — 173,1 |
| 0,99 | $10^{-4}$ | 4 | — 230,8 |
| 1,0 | $10^{-7}$ | 7 | — 403,9 |
| 1,01 | $10^{-10}$ | 10 | — 577,0 |
| 1,1 | $10^{-11}$ | 11 | — 634,7 |

Tragen wir die jeweils zugesetzten ml der Reagenslösung als Abszissen, die zugehörigen Potentialwerte als Ordinaten in ein rechtwinkeliges Koordinatensystem ein, erhalten wir die Kurve der Abb. 113. Der Äquivalenzpunkt erscheint als scharf ausgeprägter Wendepunkt. Bei gleichbleibendem Reagenszusatz tritt anfangs nur eine geringe Änderung des Elektrodenpotentials ein, welche mehr und mehr ansteigt, um im Äquivalenzpunkt ihren Maximalwert zu erreichen und schließlich wieder abzunehmen. Das Ziel jeder Titration ist somit das Aufsuchen des Wendepunktes. ———

**211. Beispiel.** Bestimmung von J-Ion neben Cl-Ion durch Titration mit $\frac{n}{1}$ $AgNO_3$-Lösung.

100 ml einer Lösung seien sowohl an J′ als auch an Cl′ $\frac{n}{100}$. Zu untersuchen ist die Änderung der [Ag·] der Lösung im Verlauf der Titration. Das Löslichkeitsprodukt des AgCl = $10^{-10}$, des AgJ = = $10^{-16}$.

Ist die Konzentration der Cl-Ionen einer Chloridlösung, in die metallisches Ag eintaucht, [Cl′] = $10^{-2}$, so beträgt daher [Ag·] maximal $10^{-8}$. Ist aber in der Lösung außerdem noch die [J′] = $10^{-2}$, so kann die [Ag·] $10^{-14}$ nicht überschreiten, da sonst AgJ ausfällt.

Wird nun mit $AgNO_3$-Lösung titriert, fällt zunächst das schwerlösliche AgJ aus; wären nur J′ vorhanden, fänden wir den Wendepunkt bei [Ag·] = $10^{-8}$ (gestrichelte Kurve der Abb. 114). Unsere

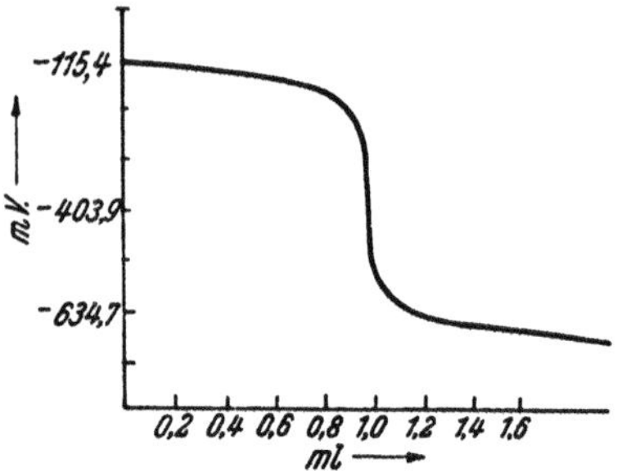


Abb. 113

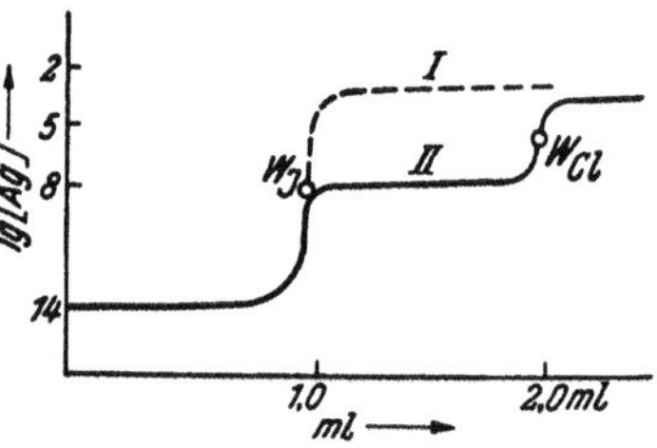


Abb. 114

Lösung ist aber noch $10^{-2}$-n an Cl-Ionen. Sobald daher [Ag·] den Wert $10^{-8}$ erreicht hat, wird das Löslichkeitsprodukt des AgCl ($10^{-10}$) überschritten und es fällt nun so lange AgCl aus, bis die [Cl′] nicht mehr ausreicht, um das Löslichkeitsprodukt des AgCl zu überschreiten.

Die Titrationskurve verläuft also nunmehr wie die einer reinen Chloridlösung. [Ag·] steigt zunächst nur langsam über den Wert $10^{-8}$ und durchschreitet, wenn [Cl′] = [Ag·] = $10^{-5}$ den Wendepunkt für die Chlorionen, um dann mit einem Überschuß an $AgNO_3$-Lösung nur noch schwach anzusteigen. Die Kurve hat also zwei Konzentrationssprünge; der erste zeigt das Ende der AgJ-Fällung an, der zweite wird nach Ausfällung der Cl′ beobachtet.

Wichtig ist, daß der Endpunkt der J′-Fällung nur praktisch, nicht aber theoretisch mit dem Wendepunkt für das J′ zusammenfällt.

## 3. Galvanische Elemente.

Bei einem *galvanischen Element*, bestehend aus zwei Elektroden, die in die Lösungen ihrer Salze eintauchen, ist die EMK gleich der Differenz der Elektrodenpotentiale. $E = \varepsilon_1 - \varepsilon_2$.

**212. Beispiel.** Berechne die EMK des DANIELL-Elementes $Zn/\frac{n}{1}ZnSO_4//\frac{n}{1}CuSO_4/Cu$. Die Normalpotentiale sind der Spannungsreihe zu entnehmen.

EMK = — 0,76 — (+0,34) = — 1,10 Volt. ———

**213. Beispiel.** In einem galvanischen Element $Ag/\frac{n}{10}\ AgNO_3//$ //gesättigte, wäßrige AgCl-Lösung/Ag wurde die EMK bei 18° zu 0,22 Volt bestimmt. Der Dissoziationsgrad der $\frac{n}{10}$ $AgNO_3$-Lösung ist 82%. Wie groß ist a) die Silberionenkonzentration in der wäßrigen AgCl-Lösung und b) das Löslichkeitsprodukt des AgCl in Wasser?

Die Silberionenkonzentration in der AgCl-Lösung sei $x$, diejenige in der $\frac{n}{10}$ $AgNO_3$-Lösung ist $\alpha \cdot C = 0{,}82 \cdot 0{,}1 = 0{,}082$.

a) $0{,}22 = \frac{0{,}0001983 \cdot 291}{1} \cdot \lg \frac{0{,}082}{x}$

$\lg 0{,}082 - \lg x = 3{,}8125$

$\lg x = -4{,}8987 = 0{,}1013 - 5$

$x = 0{,}0000126 = 1{,}26 \cdot 10^{-5}$ Grammionen pro Liter.

b) Die Konzentration der Ag-Ionen und Cl-Ionen muß in der AgCl-Lösung die gleiche sein. Folglich ist $L = (1{,}26 \cdot 10^{-5})^2 = 1{,}59 \cdot 10^{-10}$. ———

**214. Beispiel.** Ogg hat durch Messung der EMK des Konzentrationselementes $Hg/0{,}5\ m\ HgNO_3,\ 0{,}1\ n\ HNO_3//0{,}05\ m\ HgNO_3,\ 0{,}1\ n\ HNO_3/Hg$ die Frage, ob das Hg(I)-Ion aus einem oder mehreren Hg-Atomen besteht, beantwortet. Die Messung ergab für 20° 0,029 Volt. (Das Flüssigkeits- oder Diffusionspotential, das ist jene Potentialdifferenz, die sich an der Berührungsfläche zweier Ionenlösungen auf Grund der verschiedenen Wanderungsgeschwindigkeiten der Ionen ausbildet, bleibt unberücksichtigt.)

$0{,}029 = \frac{0{,}0001983 \cdot 293}{n} \cdot \lg \frac{0{,}5}{0{,}05}$; daraus ist $n = 2$. ———

**215. Beispiel.** Wachter fand die EMK der Zelle Ag/AgCl (fest)/ /Au-Ag-Legierung mit dem Molenbruch $N_{Ag} = 0{,}600$ bei 200° C zu 0,0446 Volt. Zu berechnen ist die Aktivität des Ag und der Aktivitätsfaktor in der Lösung.

$E = \varepsilon_1 - \varepsilon_2$; an Stelle der Konzentration $c$ muß die Aktivität gesetzt werden.

Im reinen Silber ist $\varepsilon_1 = \varepsilon_0$; in der Legierung ist $\varepsilon_2 = \varepsilon_0 + \frac{0{,}0001983 \cdot T}{n} \cdot \lg a$.

$E = 0{,}0446 = -\frac{0{,}0001983 \cdot 473}{1} \cdot \lg a$. Daraus ist $\lg a = -0{,}4755$ und $a = 0{,}335$.

$f = \frac{a}{c} = \frac{0{,}335}{0{,}600} = 0{,}558$. ———

Das *Potential*, welches *zur Abscheidung* eines Stoffes, z. B. eines Metalls, aus einer gegebenen Lösung mindestens erforderlich ist, hat den gleichen Betrag wie das Potential, welches dieses Metall dieser Lösung gegenüber von selbst annimmt.

**Aufgaben. 239.** In einem Daniellschen Element ($Cu/CuSO_4$—— $Zn/ZnSO_4$; Konzentration der Kupferionen = Konzentration der Zinkionen) war die EMK bei 20° 1,10 Volt. Nach einiger Zeit war die Konzentration der Kupferionen auf 0,01 m gesunken, die der Zinkionen auf 0,2 m gestiegen. Wie groß ist die EMK des Elementes?

**240.** Berechne die EMK der Anordnung $Zn/\frac{n}{1}ZnSO_4//\frac{n}{10}CuSO_4/Cu$.

Dissoziationsgrad für $\frac{n}{1}$ $CuSO_4 = 0{,}22$, für $\frac{n}{10}$ $CuSO_4 = 0{,}38$.

**241.** Durch Rechnung ist festzustellen, ob eine Trennung der Mischung von Nickel- und Kupfersulfat, beide in 0,1 m Lösung, auf elektrolytischem Wege durchführbar ist. Die Abscheidung des einen Metalls gilt als vollständig, wenn seine Metallionenkonzentration auf $10^{-6}$ gesunken ist.

**242.** COHEN und PIEPENBROEK bestimmten die EMK der Zelle Tl-Amalgam/TlCNS-KCNS//KCl-TlCl/Tl-Amalgam bei 30° C und verschiedenen Drucken zu:

| | | | | | | | |
|---|---|---|---|---|---|---|---|
| $p$ (Atm) = | 1 | 250 | 500 | 750 | 1000 | 1250 | 1500 |
| $\varepsilon$ (Volt) = | 0,00856 | 0,00927 | 0,00998 | 0,01069 | 0,01139 | 0,01211 | 0,01282 |

Bestimme daraus den Druckkoeffizienten und die Werte für die EMK bei den gemessenen Drucken **a)** wenn angenommen wird, daß die $\varepsilon$-$p$-Kurve geradlinig verläuft (was nicht immer der Fall ist!) und **b)** mittels der auf S. 251 gegebenen Gleichung für die Druckabhängigkeit der Reaktionsarbeit und der gegebenen Volumänderung $\Delta v$, welche die stromliefernde Reaktion beim Durchgang der Einheit der Elektrizitätsmenge begleitet ($\Delta v = -2{,}666$ ml pro 1 F). Gegeben ist ferner die EMK bei 1 Atm zu 0,00856 Volt.

**243.** Zu berechnen ist die EMK für das Element $Ag/0{,}1$ m $AgNO_3//$ //gesätt. $NH_4NO_3//0{,}1$ m KCl, AgCl/Ag bei 22°C. Die Aktivitätsfaktoren in den Lösungen betragen für $Cl' = 0{,}84$, für $Ag^{\cdot} = 0{,}80$. Das Löslichkeitsprodukt des AgCl ist $1{,}61 \cdot 10^{-10}$.

**244.** Die EMK für das Element Hg/0,1 m KCl, $Hg_2Cl_2$//gesätt. KCl//0,01 n HCl, 0,09 m KCl/Pt, $H_2$ (1 Atm) wurde bei 20° C (nach Korrektur für das Diffusionspotential) zu 0,4582 Volt gemessen. Eine 0,1 n Kalomelektrode hat bei 20° das Potential 0,3379 Volt gegen die Normalwasserstoffelektrode. Berechne die Aktivitätsfaktoren für die Wasserstoffionen in der 0,01 n HCl + 0,09 m KCl.

**245.** CROCKFORD und SIMMONS bestimmten die EMK der Zelle $H_2$ (1 Atm)/0,01 molale $H_2SO_4$, $m$-molale $(NH_4)_2$ $SO_4/Hg_2SO_4$, Hg bei 25° C und fanden bei $m = 0 \ldots 0{,}7971$ Volt, bei $m = 0{,}1 \ldots 0{,}7997$ Volt. Wie groß ist der mittlere Aktivitätsfaktor der $H_2SO_4$ in der Lösung 0,01 molale $H_2SO_4$ — 0,1 molale $(NH_4)_2$ $SO_4$, wenn jener der reinen 0,01 molalen $H_2SO_4$ (also $m = 0$) 0,662 ist?

**246.** Kupfer soll aus einer 0,1 m $CuSO_4$-Lösung durch Elektrolyse ausgefällt werden. Wie groß ist die Ausscheidungsspannung zu Beginn und am Ende der Elektrolyse, wenn die Ausfällung als beendet angesehen wird bei Erreichung einer Metallionenkonzentration von $10^{-6}$ Mol/Liter?

## 4. Zersetzungsspannung.

Unter Zersetzungsspannung versteht man die kleinste Spannung, welche die in einen Elektrolyten eintauchenden Elektroden mindestens haben müßten, damit ein dauernder Strom durch den Elektrolyten hindurchgeht. Sie ist im allgemeinen gleich der EMK, die die elektrolytisch abgeschiedenen Stoffe bei ihrer Wiedervereinigung liefern würden. Man erhält sie, indem man das Einzelpotential des kationenbildenden Stoffes von dem des anionenbildenden Stoffes abzieht.

**216. Beispiel.** a) Die Zersetzungsspannung des $ZnCl_2$ ist 1,36 — — (— 0,76) = 2,12 Volt in einer $\frac{n}{1}$ Lösung.

b) Die Zersetzungsspannung $z$ einer $\frac{n}{1}$ KOH bei Zimmertemperatur wäre theoretisch:

$$z = \varepsilon_0{}^O - \left(\varepsilon_0{}^H + \frac{0{,}0577}{1} \cdot \lg c_H\right).$$

Der $p_H$-Wert einer $\frac{n}{1}$ KOH sei 13,94 ($p_H = -\lg c_H$), dann ist $z = 0{,}41 - (0 + 0{,}0577 \cdot -13{,}94) = 1{,}21$ Volt. ———

Sind jedoch die elektrolytisch abgeschiedenen Stoffe gasförmig, dann ist die tatsächliche Zersetzungsspannung größer als die entsprechende elektromotorische Kraft, es wird somit eine „Überspannung" benötigt.

**Aufgaben. 247.** Berechne die kleinste Spannung, die an eine $\frac{n}{1}$ $CuCl_2$-Lösung gelegt werden muß, um eine Kupferabscheidung herbeizuführen.

**248.** Läßt sich ein Gemisch von $\frac{n}{1}$ HJ und HCl durch Elektrolyse trennen?

## 5. Bezugselektroden.

Die Potentialmessung gibt uns ein Mittel zur *Bestimmung des $p_H$-Wertes* einer Lösung.

Bei Bezug auf die Normalwasserstoffelektrode gilt, da $C_1 = 1$ Grammion pro Liter ist, $\varepsilon = 0{,}0577 \cdot (-\lg C_2)$. Daraus ist

$$-\lg C_2 = p_H = \frac{\varepsilon}{0{,}0577}.$$

In der Praxis verwendet man einfachere Bezugselektroden, z. B. die Kalomelektrode (Hg/Kalomel gelöst in KCl-Lösung). Die gesättigte Kalomelelektrode zeigt gegen die Normalwasserstoffelektrode bei 18° ein positives Potential von 0,2503 Volt, eine $\frac{n}{1}$ Kalomelelektrode

$\left(\text{Kalomel in } \frac{n}{1} \text{ KCl gelöst}\right)$ + 0,2864 Volt und eine $\frac{n}{10}$ Kalomelelektrode + 0,3380 Volt.

Bei Verwendung der Kalomelelektrode müssen wir daher erst den Wert $\varepsilon$ ermitteln, indem wir den gegen die Kalomelelektrode gefundenen Wert $E$ um das Potential der verwendeten Kalomelelektrode verringern.

Bei Verwendung einer Chinhydronelektrode ist zu berücksichtigen, daß das Potential der Lösung eines beliebigen $p_H$-Wertes an ihr bei 18° stets um 0,704 Volt positiver ist als an der Wasserstoffelektrode.

**217. Beispiel.** Zur Bestimmung des $p_H$-Wertes einer Lösung wurde die EMK (korrigiert um das Diffusionspotential) für die Kette

$\frac{n}{10}$ Kalomelektrode / gesätt. KCl // Probenlösung / Normalwasserstoffelektrode zu 0,454 Volt bei 20° gemessen. Das Potential der $\frac{n}{10}$ Kalomelektrode gegen die Normalwasserstoffelektrode beträgt bei 20° 0,338 Volt.

$$p_H = \frac{0{,}454 - 0{,}338}{0{,}0577} = 2.$$

**Aufgaben. 249.** Ein aus einer $\frac{n}{10}$ Kalomelelektrode (Potential + 0,338 Volt) und einer Chinhydron-Elektrode (Potential 0,704 Volt) in einer Lösung mit unbekanntem $p_H$ bestehendem Element ergab eine EMK von 0,088 Volt. Welches $p_H$ hat die Lösung?

**250.** Felsing und Biggs bestimmten den $p_H$-Wert einer 0,01 molaren Chinolinlösung bei 25° C durch Messung der EMK mit Hilfe der Kombination gesättigter Kalomelelektrode-Chinhydronelektrode. Diese wurde zu 0,2518 Volt gefunden. Zu berechnen ist **a)** der $p_H$-Wert der Lösung und **b)** die Basenkonstante $K_B$.

Die Potentiale sind: gesättigte Kalomelelektrode bei 18° = 0,2503, bei 25° = 0,2458; Chinhydronelektrode bei 18° 0,7044, bei 25° 0,6995. (Wären nur die Werte bei 18° bekannt, so könnte mit der Formel $p_H = \frac{0{,}4541 - 0{,}0001 \cdot (t - 18) - E}{0{,}0577 + 0{,}0002 \cdot (t - 18)}$ gerechnet werden.)

**251.** In der Zelle $Sb/Sb_2O_3$, Lösung // gesätt. KCl, $Hg_2Cl_2/Hg$ ist der Minuspol ein Antimonstab, welcher durch die Luft eine dünne Oxydschicht erhalten hatte. Er reagiert reversibel mit den $H^{\cdot}$ in der Lösung. Es kann angenommen werden, daß Sb nicht in Lösung geht. Parks und Beard bestimmten $\varepsilon$ bei 25° zu 0,1694 Volt, wenn die Lösung ein Puffer mit $p_H = 2{,}98$ war. Wie groß ist $\varepsilon$, wenn $p_H = 7{,}00$?

## 6. Gaselektroden.

Für die Wasserstoffelektrode (gegen die Normal-$H_2$-Elektrode) $2\,H^{\cdot} + 2\ominus = H_2$, mit dem Gasdruck $P_{H_2}$ Atm und der Konzentration $[H^{\cdot}]$ ist

$$\varepsilon = \frac{R \cdot T}{2F} \cdot \ln \frac{[H^{\cdot}]^2}{P_{H_2}} = \frac{R \cdot T}{F} \cdot \ln \frac{[H^{\cdot}]}{\sqrt{P_{H_2}}}.$$

Für 18° C ist also $\varepsilon = -0{,}0577 \cdot p_H - 0{,}0289 \cdot \lg P_{H_2} = -0{,}0577 \cdot$ $\cdot p_H + 0{,}0289\, r_H$, wenn $r_H = -\lg P_{H_2}$ gesetzt wird (in Analogie zu $p_H = -\lg [H^{\cdot}]$; $r_H$ ist also der negative Logarithmus des Wasserstoffdruckes.

Für die Sauerstoffelektrode (gegen die Normal-$H_2$-Elektrode) gilt bei Messung der OH-ionenkonzentration für $O_2 + 2\,H_2 + 4\,\ominus =$ $= 4\,OH'$:

$$\varepsilon = \varepsilon_0 + \frac{R \cdot T}{4F} \cdot \ln \frac{P_{O_2}}{[OH']^4} = \varepsilon_0 - \frac{R \cdot T}{F} \cdot \ln \frac{[OH']}{\sqrt[4]{P_{O_2}}};$$

$\varepsilon_0 = +0{,}40$ bei Zimmertemperatur.

## 7. Redox-Potentiale.

Bei den Oxydations-Reduktions-Potentialen ist

$\varepsilon = \varepsilon_0 + \frac{RT}{nF} \cdot \ln \frac{Ox}{Re}$. Für 18° C ist $\varepsilon = \varepsilon_0 + \frac{0{,}0577}{n} \cdot \lg \frac{Ox}{Re}$.

$\varepsilon$ ist das Potential der Elektrode gegen eine Lösung, welche die oxydierte Stufe in der Konzentration *Ox*, die reduzierte Stufe in der Konzentration *Re* enthält; $\varepsilon_0$ ist das Potential für den Fall, daß $Ox : Re = 1 : 1$.

**218. Beispiel.** Zu berechnen ist die Gleichgewichtskonstante der Reaktion $Zn + Cu^{\cdot\cdot} \rightarrow Zn^{\cdot\cdot} + Cu$. Die Normalpotentiale sind der Spannungsreihe zu entnehmen. Daraus ist die EMK $= -0{,}76 -$ $-0{,}34 = -1{,}10$ Volt.

Die Potentiale sind ausgedrückt durch die Gleichungen

$$\varepsilon_{Zn} = -0{,}76 + \frac{0{,}0577}{2} \cdot \lg c_{Zn^{\cdot\cdot}} \text{ und}$$

$$\varepsilon_{Cu} = +0{,}34 + \frac{0{,}0577}{2} \cdot \lg c_{Cu^{\cdot\cdot}}.$$

Die EMK wird Null, wenn beide Potentiale gleich geworden sind, d. h. $\varepsilon_{Zn} = \varepsilon_{Cu}$ oder $-0{,}76 + \frac{0{,}0577}{2} \cdot \lg c_{Zn^{\cdot\cdot}} = +0{,}34 +$ $+ \frac{0{,}0577}{2} \cdot \lg c_{Cu^{\cdot\cdot}}$.

Daraus ist $\lg \frac{c_{Zn^{\cdot\cdot}}}{c_{Cu^{\cdot\cdot}}} = \frac{2 \cdot 1{,}10}{0{,}0577} = 38{,}128$ und $\frac{c_{Zn^{\cdot\cdot}}}{c_{Cu^{\cdot\cdot}}} = K =$ $= 1{,}34 \cdot 10^{38}$. ———

Allgemein geschrieben ist $\lg K = \frac{n \cdot (\varepsilon_{0,B} - \varepsilon_{0,A})}{0{,}0577}$. (*n* ist hier die Anzahl der aufgenommenen Elektronen, $\varepsilon_{0,A}$ und $\varepsilon_{0,B}$ sind die Normalpotentiale der Stoffe A und B.)

**219. Beispiel.** Für die Reaktion $2\,Fe^{\cdots} + 2\,J' \rightleftarrows 2\,Fe^{\cdot\cdot} + J_2$ ist $K = \frac{c_{Fe^{\cdot\cdot\cdot}}^2 \cdot c_{J'}^2}{c_{Fe^{\cdot\cdot}}^2 \cdot c_{J_2}}$. Die Reaktion besteht aus zwei Teilvorgängen.

$2\,Fe^{\cdots} + 2\,\ominus \rightleftarrows 2\,Fe^{\cdot\cdot}$ ... Redoxpotential $\varepsilon_0 = +\,0{,}77$* und

$2\,J' \rightleftarrows J_2 + 2\,\ominus$ ........ Redoxpotential $\varepsilon_0 = +\,0{,}62$ (J gelöst).

$$\lg K = \frac{2 \cdot (0{,}62 - 0{,}77)}{0{,}0577} = -\,5{,}2 \text{ und } K = 6{,}3 \cdot 10^{-6}.$$ ——

Auch hier müßten an Stelle der Konzentrationen die Aktivitäten gesetzt werden, also $f_o \cdot Ox$, bzw. $f_r \cdot Re$. Bei genügender Verdünnung wird jedoch $f_o = f_r = 1$. Diese Verdünnung ist aber nur zu erreichen, wenn nur einwertige Ionen vorhanden sind; da aber mindestens eines der beteiligten Ionen mehrwertig sein muß, kann dieser Fall kaum eintreten.

**220. Beispiel.** Gegeben ist eine Lösung, die im Liter enthält: 0,001 Mol $K_3\,Fe\,(CN)_6$, 0,001 Mol $K_4\,Fe\,(CN)_6$ und 0,002 Mol KCl. Vorausgesetzt wird vollständige Dissoziation der Salze.

Die Lösung enthält daher

a) $K^{\cdot} = 3 \cdot 0{,}001 + 4 \cdot 0{,}001 + 1 \cdot 0{,}002 = 0{,}009$ Mol; $z_a = 1$.

b) $Fe\,(CN)_6''' = 0{,}001$ Mol; $z_b = 3$.

c) $Fe\,(CN)_6'''' = 0{,}001$ Mol; $z_c = 4$.

d) $Cl' = 0{,}002$ Mol; $z_d = 1$.

$$I = \frac{1}{2} \cdot (1^2 \cdot 0{,}009 + 3^2 \cdot 0{,}001 + 4^2 \cdot 0{,}001 + 1^2 \cdot 0{,}002) = 0{,}018.$$

Aus $-\lg f_i = 0{,}5 \cdot z_i^2 \cdot \sqrt{I}$ ist

$-\lg f_{K^{\cdot}} = 0{,}067$, $-\lg f_{Cl'} = 0{,}067$, $-\lg f_{Fe\,(CN)_6'''} = 0{,}60$ und $\lg f_{Fe\,(CN)_6''''} = 1{,}07$ und die Aktivitätsfaktoren selbst sind $f_{K^{\cdot}} = 0{,}86$, $f_{Cl'} = 0{,}86$, $f_{Fe\,(CN)_6'''} = 0{,}25$ und $f_{Fe\,(CN)_6''''} = 0{,}085$.

In dem Gemisch ist das Verhältnis der Aktivitäten von Ferricyanid: Ferrocyanid $= \frac{0{,}085 \cdot 0{,}001}{0{,}25 \cdot 0{,}001} = \frac{1}{2{,}9}$ während das Konzentrationsverhältnis $= \frac{0{,}001}{0{,}001} = \frac{1}{1}$ ist.

Es wäre daher falsch, das Potential dieses Systems als den $\varepsilon_0$-Wert für das Ferricyanid-Ferrocyanid System zu betrachten, weil das Mengenverhältnis 1:1 ist. Maßgebend ist das Aktivitätsverhältnis, welches 2,9:1 ist, so daß das gemessene Potential um $0{,}0577 \cdot \lg 2{,}9 = -\,0{,}026$ Volt von dem wahren $\varepsilon_0$-Potential abweicht. ——

*Umschlagspotential* (Gleichgewichtspotential im Titrationsendpunkt). Bezeichnen in der Reaktion $a\ A_h + b\ B_n = a_1\ A_n + b_1\ B_h$

* Chem. Tasch. 3932.

die Buchstaben $A_h$ und $B_h$ die Stoffe A und B, höhere Oxydationsstufe und $A_n$, $B_n$ die Stoffe in niederer Oxydationsstufe, dann gilt, wenn $a = a_1$ und $b = b_1$ für

$$\varepsilon_U = \varepsilon_{0,B} - \frac{b}{a+b} \cdot \frac{0{,}0577}{n} \cdot \lg K =$$

$$= \varepsilon_{0,A} + \frac{a}{a+b} \cdot \frac{0{,}0577}{n} \cdot \lg K = \frac{a \cdot \varepsilon_{0,B} + b \cdot \varepsilon_{0,A}}{a+b}.$$

**Aufgaben. 252.** Eine Lösung ist 0,1 m an $Fe^{\cdots}$ und 0,5 m an $Fe^{\cdot\cdot}$. Das Normalpotential der Redox-Elektrode $Fe^{\cdot\cdot}/Fe^{\cdots}$ ist + 0,76 Volt. Berechne das Redoxpotential.

**253.** Berechne $\varepsilon_0$ für $Fe^{\cdot\cdot} \rightleftarrows Fe^{\cdots}$ aus der Reaktion $1\,[MnO_4' + 8\,H^{\cdot}] + 5\,Fe^{\cdot\cdot} \rightleftarrows 1\,[Mn^{\cdot\cdot} + 4\,H_2O] + 5\,Fe^{\cdots}$. Gegeben sind $\varepsilon_0$ für den Vorgang $MnO'_4 + 8\,H^{\cdot} + 5\,\ominus \rightleftarrows Mn^{\cdot\cdot} + 4\,H_2O$ mit 1,52 Volt sowie die Gleichgewichtskonstante $K = 3{,}2 \cdot 10^{-67}$.

**254.** Für die vorhergehende Aufgabe ist das Umschlagspotential zu berechnen.

**255.** Für die Titration von $Fe^{\cdot\cdot}$ mit $Ce^{\cdots\cdot}$ nach der Gleichung $Fe^{\cdot\cdot} + Ce^{\cdots\cdot} = Fe^{\cdots} + Ce^{\cdots}$ gelten die Redoxpotentiale $Ce^{\cdots} \rightarrow Ce^{\cdots\cdot} \ldots$ $\varepsilon_0 = 1{,}44$ Volt und $Fe^{\cdot\cdot} \rightarrow Fe^{\cdots} \ldots$ $\varepsilon_0 = 0{,}77$ Volt. Bei wieviel Volt liegt der Äquivalenzpunkt?

**256.** Zu berechnen sind die Oxydationspotentiale für Lösungen, welche $Sn^{\cdots\cdot}$ und $Sn^{\cdot\cdot}$ im Verhältnis 1000:1, 100:1, 1:1, 1:10 und 1:1000 enthalten. $\varepsilon_0$ ist für diese Reaktion = 0,154 Volt.

**257.** Berechne die Gleichgewichtskonstante der Reaktion $2\,Fe^{\cdots} + Sn^{\cdot\cdot} = 2\,Fe^{\cdot\cdot} + Sn^{\cdots\cdot}$. (Das Resultat gibt also an, wie weit $Fe^{\cdots}$ mit $Sn^{\cdot\cdot}$ tatsächlich reduziert werden kann.). $\varepsilon_0$ für $Fe^{\cdot\cdot} \rightarrow Fe^{\cdots} = +0{,}772$, für $Sn^{\cdot\cdot} \rightarrow Sn^{\cdots\cdot} = +0{,}154$ Volt.

## 8. EMK und Wanderungsgeschwindigkeit.

An der Grenzfläche zwischen zwei Elektrolyten, die sich voneinander nur durch ihre Konzentration unterscheiden, tritt eine elektromotorische Kraft auf, und zwar so, daß die verdünntere Lösung die Elektrizität des schneller wandernden Ions annimmt (*Diffusionspotential*).

Ist die Konzentration des Kations (= Konzentration des Anions) in der verdünnteren Lösung $C_1$, diejenige der Ionen in der konzentrierten Lösung $C_2$, dann ist die an der Grenzfläche auftretende elektromotorische Kraft

$$\varepsilon = \frac{\frac{w_K}{\nu_K} - \frac{w_A}{\nu_A}}{w_K + w_A} \cdot 0{,}0001983 \cdot T \cdot \lg \frac{C_1}{C_2} \cdot (\nu = \text{Wertigkeit}).$$

**Aufgaben. 258.** Eine 0,01 n- und eine 0,001 n-Natriumchloridlösung sind durch eine poröse Tonwand getrennt. Wie groß ist der zwischen den beiden Flüssigkeiten auftretende Potentialunterschied? Die Wanderungsgeschwindigkeiten sind bei 18° für $Na^{\cdot} = 43{,}5$, für $Cl' = 65{,}5$.

## 9. EMK und Komplexgleichgewichte.

Die Komplexbildung durchläuft nach N. und J. BJERRUM mehrere Stufen $AX$, $AX_2$ usw., wenn $A$ den Kern des Komplexes darstellt. Es ist somit auch $K_1 = \frac{[AX]}{[A]\cdot[X]}$, $K_2 = \frac{[AX_2]}{[AX]\cdot[X]}$ usw. Ist $X$ in großem Überschuß vorhanden, so bildet sich ein Grenzkomplex der allgemeinen Formel $A_m X_n$, für den nach BODLÄNDER gilt: $[A] = Konst \cdot \frac{A_t^{\frac{1}{m}}}{\left(X_t - \frac{n}{m} A_t\right)^{\frac{n}{m}}}$ bzw. die Näherungsformel $[A] \approx$ $\approx Konst' \cdot \left(\frac{A_t}{X_t^n}\right)^{\frac{1}{m}}$, worin $A_t$ und $X_t$ die Totalgehalte von $A$ und $X$ bedeuten.

Die Bestimmung erfolgt durch Messung der EMK, indem man untersucht, in welchem Verhältnis sich $[A]$ ändert, wenn $A_t$ bei konstantem $X_t$ und $X_t$ bei konstantem $A_t$ geändert wird. Um sich von der Unsicherheit im Aktivitätsfaktor frei zu machen, arbeitet man mit Lösungen von konstanter Ionenstärke (also näherungsweise konstanten Aktivitätsfaktoren). Dies wird erreicht, wenn man zu allen Lösungen einen großen Überschuß eines Salzes setzt, das am untersuchten Gleichgewicht nicht teilnimmt.

**Aufgaben. 259.** BODLÄNDER und FITTIG lösten AgCl in einem großen Überschuß von $NH_3$, so daß angenommen werden kann, daß alles Silber im Grenzkomplex $Ag_m(NH_3)_n$ vorliegt. Sie erhielten bei 19° C folgende Meßwerte:

Zelle 1: — Ag/0,379 *mC* AgCl, 1 *C* $NH_3$//37,9 *mC* AgCl, 1 *C* $NH_3$/Ag + ... $\varepsilon = 0{,}112$ V.

Zelle 2: — Ag/3,4 *mC* AgCl, 1 *C* $NH_3$//3,4 *mC* AgCl, 0,1 *C* $NH_3$/Ag + ... $\varepsilon = 0{,}1213$ V.

Bestimme daraus die Formel des Grenzkomplexes. (*mC* bedeutet Millimol).

## 10. Temperaturabhängigkeit der EMK.

Nach dem *Jouleschen Gesetz* ist die Wärmemenge (Reaktionsarbeit) $\varDelta A = -0{,}239 \cdot U \cdot I \cdot t$ oder $\varDelta A = -0{,}239 \cdot n \cdot \varepsilon \cdot F$ ($\varepsilon$ in Volt, $F$ in Coulomb, $n$ = Zahl der Ladungsäquivalente). Setzen wir für $F = 96500$ Coulomb, dann ist $\varDelta A = -n \cdot 23064 \cdot \varepsilon$ in cal. (Das ist der Ausdruck für die *Thomsonsche Regel*, welche besagt, daß man die vom Strom aufzuwendende elektrische Energie gleich dem Wärmeverbrauch der im Elektrolyten stattfindenden Reaktion setzt.)

Nach S. 249 ist $\Delta A = \Delta J - T \cdot \Delta S = \Delta J + T \cdot \frac{\partial \Delta A}{\partial T}$. Den obigen Wert $\Delta A$ eingesetzt ergibt

$$-n \cdot 23064 \cdot \varepsilon = \Delta J - T \cdot \frac{n \cdot 23064 \cdot \partial \varepsilon}{\partial T} \text{ und daraus}$$

$$\Delta J = n \cdot 23064 \cdot \left(T \frac{\partial \varepsilon}{\partial T} - \varepsilon\right), \text{ bzw. } \varepsilon = -\frac{\Delta J}{n \cdot 23064} + T \frac{\partial \varepsilon}{\partial T}.$$

(Die THOMSONsche Regel kann nur gültig sein, wenn $\frac{\partial \varepsilon}{\partial T} = 0$.)

**221. Beispiel.** Für die Zelle $Pb/PbJ_2$, KJ, $AgJ/Ag$ ist die EMK bei 25° $\varepsilon = 0{,}2135$ Volt. Der Temperaturfaktor $\frac{\partial \varepsilon}{\partial T} = -0{,}173$ mV. Für die Reaktion $Pb + 2\,AgJ = 2\,Ag + PbJ_2$ ist $\Delta J$ zu berechnen.

Es ist $n = 2$, also $\Delta J = 2 \cdot 23064 \cdot (298 \cdot -0{,}000173 - 0{,}2135) = -12230$ cal.

**222. Beispiel.** SCHERER und NEWTON berechneten $\Delta A$ für die Bildung von 1 Mol festem $MgBr_2$ aus Mg und $Br_2$ (flüssig) bei 25° C auf Grund folgender Reaktionen [Bildung der beiden festen Verbindungen von $MgBr_2$ mit Äther: $MgBr_2 \cdot (C_2H_5)_2O$ und $MgBr_2 \cdot 2\,(C_2H_5)_2O$]:

a) Mg (f) + $Hg_2Br_2$ (f) + 2 $(C_2H_5)_2O$ (ges. Lsg.) = 2 Hg (fl) + + $MgBr_2 \cdot 2\,(C_2H_5)_2O$ (f);
b) $Br_2$ (fl) = 2 Br′;
c) 2 Hg (fl) + 2 Br′ = $Hg_2Br_2$ (f);
d) 2 $(C_2H_5)_2O$ (g) = 2 $(C_2H_5)_2O$ (ges. Lsg.);
e) $MgBr_2 \cdot 2\,(C_2H_5)_2O$ (f) = $MgBr_2 \cdot (C_2H_5)_2O$ (f) + $(C_2H_5)_2O$ (g);
f) $MgBr_2 \cdot (C_2H_5)_2O$ (f) = $MgBr_2$ (f) + $(C_2H_5)_2O$ (g).

$\sum$ = Mg (f) + $Br_2$ (fl) = $MgBr_2$ (f).

Gemessen wurden folgende Normalpotentiale: für a) = 1,561, b) = 1,07, c) = − 0,1369.

Bei 25° C ist der Ätherdruck über der Lösung in der Zelle (d) = = 410 Torr, über einer Mischung von $MgBr_2 \cdot (C_2H_5)_2O + MgBr_2 \cdot 2\,(C_2H_5)_2O$ (= e) = 390 Torr und über einer Mischung von $MgBr_2 + MgBr_2 \cdot (C_2H_5)_2O$ (= f) = 130 Torr.

Es ist also für

a) $\Delta A = -n \cdot F \cdot \varepsilon = -2 \cdot 23064 \cdot 1{,}561 = -72005$ cal,
b) $\Delta A = -2 \cdot 23064 \cdot 1{,}07 = -49356$ cal,
c) $\Delta A = -2 \cdot 23064 \cdot -0{,}1369 = +6315$ cal.

Für d) bis f) ist $\Delta G = \Delta A = -n\,RT \ln \frac{p_2}{p_1}$. Also

für d) $\Delta A = -2 \cdot 1{,}986 \cdot 298 \cdot 2{,}303 \cdot \lg \frac{760}{410} = -730$ cal,

für e) $\Delta A = -1 \cdot 1{,}986 \cdot 298 \cdot 2{,}303 \cdot \lg \frac{390}{760} = +395$ cal,

für f) $\Delta A = -1 \cdot 1{,}986 \cdot 298 \cdot 2{,}303 \cdot \lg \frac{130}{760} = +1045$ cal,

$$\sum \Delta A = -114336 \text{ cal.}$$

**Aufgaben. 260.** Für die Zelle Tl/TlCl fest, TlCl ges, HgCl fest/Hg ist bei 25° C $\varepsilon = 0{,}823$ Volt. $\frac{\partial \varepsilon}{\partial T} = +0{,}32$ mV. Gesucht ist $\Delta J$ für die Reaktion Tl + HgCl = Hg + TlCl.

**261.** Parks und La Mer bestimmten die EMK für die Zelle Cd (fest)/0,5m $CdSO_4$/Cd-Amalgam bei verschiedenen Temperaturen zu 0° = 55,38, 10° = 53,39, 20° = 51,48, 30° = 49,50 mV. Gesucht sind $\Delta A$, $\Delta J$, $\Delta S$ bei 20° für den Verlauf Cd → Cd-Amalgam. (Gemäß 70. Beispiel war $\frac{\partial \varepsilon}{\partial T} = -0{,}200$ mV.)

# 9. Reaktionsgeschwindigkeit.

## A. Reaktionsgeschwindigkeit und Reaktionsordnung.

Die Geschwindigkeit einer chemischen Reaktion ist definiert durch die in der Zeiteinheit stattfindende Änderung der Konzentrationen der Reaktionsteilnehmer.

### 1. Monomolekulare Reaktion.

Sie sind dadurch charakterisiert, daß eine Molekülart nach dem Schema $A = B + C + \ldots$ in zwei oder mehrere andere Stoffe übergeht.

Ist $c_A$ die Anfangskonzentration der zerfallenden, $c_x$ die jeweilige Konzentration jeder entstehenden Molekülart, so ist $c_A - c_x$ die jeweilige Konzentration der zerfallenden Molekülart.

Die Bildungsgeschwindigkeit ist also $+\frac{dc_x}{dt} = k_1 \cdot (c_A - c_x)$ und die Zerfallsgeschwindigkeit $-\frac{d(c_A - c_x)}{dt} = k_1 \cdot (c_A - c_x)$, worin $k_1$ die Geschwindigkeitskonstante für die monomolekulare Reaktion ist. (Setzen wir für $c_A - c_x = c$, dann hat die Gleichung die in der Literatur oft angegebene Form $-\frac{dc}{dt} = k_1 c$.)

Durch Integration erhalten wir in jedem Falle $\ln (c_A - c_x) = - k_1 \cdot t + \text{konst.}$

Da für $t = 0$ auch die Konzentration der entstehenden Molekülart $c_x = 0$, folgt $\ln c_A = 0 + \text{konst.}$

Die Subtraktion der beiden letzten Gleichungen ergibt $\ln \frac{c_A}{c_A - c_x} = k_1 \cdot t$, oder nach $c_x$ aufgelöst: $c_x = c_A \cdot (1 - e^{-k_1 t})$ und $k_1 = \frac{1}{t} \cdot \ln \frac{c_A}{c_A - c_x} = \frac{2{,}303}{t} \cdot \lg \frac{c_A}{c_A - c_x}$.

**223. Beispiel.** Bei der Zerlegung $AsH_3$ (gas) = As (fest) + $\frac{3}{2}$ $H_2$ war zu Beginn der Druck 785 Torr (= $P$), nach drei Stunden 878 Torr. Berechne $k_1$.

Anfangskonzentration $c_A = 1$. Das Reaktionsvolumen nahm um $x$ ab, wodurch der Druck um $x \cdot P$ sank. Da jedoch $H_2$ mit dem Volumen $1{,}5 \cdot x$ entsteht, steigt der Druck um $1{,}5 \cdot x \cdot P$. Die gesamte Druckänderung ist $878 - 785 = (-x + 1{,}5 \cdot x) \cdot 785$; daraus ist $x = 0{,}237$.

$$k_1 = \frac{2{,}303}{3} \cdot \lg \frac{1}{1 - 0{,}237} = 0{,}0901 \text{ pro Stunde.}$$

**224. Beispiel.** Es ist die Gleichgewichtskonstante der Reaktion

$$\begin{array}{l} CHBr—COOH \\ | \\ CHBr—COOH \end{array} = \begin{array}{l} CH—COOH \\ \| \\ CBr—COOH \end{array} + HBr$$

bei 50° zu berechnen.

Zu Beginn ($t = 0$) wurden bei der Titration mit $\frac{n}{1}$ Lauge $n_0 = 10{,}095$ ml, nach der Zeit $t_1 = 214$ min $n_1 = 10{,}37$ ml verbraucht.

Die verbrauchten ml $n$ sind proportional der Konzentration an Dibrombernsteinsäure.

1 Molekül der zweibasischen Dibrombernsteinsäure gibt 1 Molekül der zweibasischen Brommaleinsäure und 1 Molekül der einbasischen Bromwasserstoffsäure, d. h. der Mehrverbrauch an $\frac{n}{1}$ Lauge $n_1 - n_0$ ist proportional der Äquivalentkonzentration der HBr nach der Zeit $t_1$.

Nachdem 1 Säureäquivalent HBr 2 Säureäquivalenten der Dibrombernsteinsäure entspricht, so ist die Abnahme der Äquivalentkonzentration der Dibrombernsteinsäure nach der Zeit $t_1 = 2 \cdot (n_1 - n_0)$. Daher ist $k_1 = \frac{2{,}303}{t_1} \cdot \lg \frac{c_A}{c_A - c_x} = \frac{2{,}303}{t_1} \cdot \lg \frac{n_0}{n_0 - 2 \cdot (n_1 - n_0)} = \frac{2{,}303}{t_1} \cdot \lg \frac{n_0}{3 n_0 - 2 n_1}$. Für $t_1 = 214$ min ist also $k_1 = 0{,}000262$.

**Aufgaben. 262.** Nach welcher Zeit ist für die Angaben des 224. Beispiels die Hälfte der Dibrombernsteinsäure gespalten?

**263.** Nitramid zerfällt in Gegenwart von Alkali nach der Gleichung $NH_2NO_2 \rightarrow N_2O\,(g) + H_2O$. BRÖNSTED und PEDERSEN setzten bei 15° C 50,0 mg Nitramid zu einem Acetatpuffer. Nach 70 Minuten hatten sich 6,19 cm³ trockenes Gas (15,° 760 Torr) gebildet. In welcher Zeit wird die Hälfte des Nitramids zerfallen sein.

**264.** RIIBER löste reine feste $\beta$-Glukose in Wasser bei 20°, wobei Mutarotation zu $\alpha$-Glukose eintritt. Die polarimetrische Bestimmung des Drehungswinkels ergab: nach 20 Minuten $\alpha = 10{,}81°$, nach 40 m 13,27°, 60 m 15,10°, 80 m 16,42°, 100 m 17,47°, 120 m 18,20°, 6 h 20,32°, 24 h 20,39°. Gesucht ist die Geschwindigkeitskonstante $k$ und die Halbwertszeit $t_{1/2}$.

## 2. Bimolekulare Reaktion.

Bimolekulare Reaktionen verlaufen nach dem Schema $A + B = C + D = \ldots$ Sind $c_A$ und $c_B$ die Anfangskonzentrationen, $c_X$ die Konzentration der entstehenden Molekülart nach der Zeit $t$, dann ist die Konzentrationserniedrigung $c_A - c_X$, bzw. $c_B - c_X$ und

$$\frac{dc_X}{dt} = k_2 \cdot (c_A - c_X) \cdot (c_B - c_X)\,.$$

Integration und Einsetzen der dekadischen Logarithmen ergibt schließlich

$$k_2 = \frac{2{,}303}{t \cdot (c_A - c_B)} \cdot \lg \frac{(c_A - c_X) \cdot c_B}{(c_B - c_X) \cdot c_A}\,.$$

Die Gleichung vereinfacht sich, wenn die Anfangskonzentrationen der Stoffe $A$ und $B$ gleich sind, also $c_A = c_B$. Dann ist $\frac{dc_X}{dt} = k_2 \cdot (c_A - c_X)^2$ und schließlich $k_2 = \frac{1}{c_A \cdot t} \cdot \left(\frac{c_A}{c_A - c_X} - 1\right)$.

**225. Beispiel.** Wir betrachten die Esterverseifung $CH_3COOC_2H_5 + H_2O = CH_3COOH + C_2H_5OH$ in Gegenwart von Alkali.

Eine 0,02 n Äthylacetatlösung wurde mit 0,02 n NaOH verseift und (durch Titration der noch vorhandenen NaOH) festgestellt, daß nach 25 Minuten 73% verseift waren. Wie groß ist $k_2$?

$$c_A = 0{,}02,\quad c_X = (0{,}02 \cdot 0{,}73) = 0{,}0146.$$

$$k_2 = \frac{1}{0{,}02 \cdot 25} \cdot \left(\frac{0{,}02}{0{,}0054} - 1\right) = 5{,}41.$$

**Aufgaben. 265.** STROUP und MELOCHE hielten eine Lösung, welche 0,05molar an Natriumtellurat ($Na_2TeO_4$) und 0,0495molar an Natriumarsenit ($Na_3AsO_3$) war, 6 Stunden bei 101,1° C und kühlten dann rasch ab. Es waren 88,7% des Arsenits in Arsenat nach der Gleichung $Na_3AsO_3 + Na_2TeO_4 \rightleftarrows Na_3AsO_4 + Na_2TeO_3$ übergegangen. Berechne $k$, wenn es sich dabei um eine Reaktion zweiter Ordnung handelt.

### 3. Reaktionsordnung.

Im allgemeinen kann aus der Reaktionsgleichung nicht auf die Reaktionsordnung geschlossen werden.

Für eine Reaktion 1. Ordnung (monomolekular) ist

$k_1 = \frac{1}{t} \cdot \ln \frac{a}{a-x}$ und die Halbwertszeit $t_{1/2} = \frac{1}{k_1} \cdot \ln 2$; für eine Reaktion 2. Ordnung (bimolekular) ist

$$k_2 = \frac{1}{t} \cdot \frac{x}{a(a-x)} \left(\text{bzw.}\, k_2 = \frac{1}{t \cdot (a-b)} \cdot \ln \frac{b \cdot (a-x)}{a \cdot (b-x)}\right) \text{ und}$$

$$t_{1/2} = \frac{1}{k_2 \cdot a};$$

für eine Reaktion 3. Ordnung (trimolekular) ist

$$k_3 = \frac{1}{t} \cdot \frac{2ax - x^2}{2a^2(a-x)^2} \text{ und } t_{1/2} = \frac{3}{2 \cdot k_3 \cdot a^2}.$$

Mit Hilfe dieser Gleichungen, in denen $a$ die Anfangskonzentration und $x$ die bis zur Zeit $t$ umgewandelte Menge darstellt, kann die Reaktionsordnung festgestellt werden. Es müssen folgende Werte: für die Reaktion 1. Ordnung $\frac{\lg(a-x)}{t}$, für die Reaktion 2. Ordnung $\frac{1}{(a-x) \cdot t}$ und für die Reaktion 3. Ordnung $\frac{1}{(a-x)^2 \cdot t}$ Konstante (gerade Linien) ergeben.

**226. Beispiel.** Der Zerfall von $N_2O_5$ in $N_2O_4 + O_2$ bei 35° geht so vor sich, daß in der Zeit $t_1 = 0$ der Partialdruck des $N_2O_5$ $p_1 = 285{,}8$ Torr beträgt; in der Zeit $t_2 = 20$ min $p_2 = 243{,}2$ Torr; $t_3 = 40$ min $p_3 = 207{,}5$ Torr; $t_4 = 60$ min $p_4 = 176{,}3$ Torr; $t_5 = 80$ min $p_5 = 152{,}0$ Torr; $t_6 = 100$ min $p_6 = 129{,}2$ Torr.

Die Brüche $\frac{\lg p_1 - \lg p_2}{t_2 - t_1}$, $\frac{\lg p_1 - \lg p_3}{t_3 - t_1}$ usw. müßten für eine Reaktion 1. Ordnung konstante Werte ergeben. Wir finden 0,00350, 0,00347, 0,00349, 0,00342, 0,00344, d. h. Konstanz, folglich liegt eine Reaktion 1. Ordnung vor.

**Aufgaben. 266.** Wasserstoffperoxyd mit einer Anfangskonzentration von 25 g-Mol/l wird katalytisch zersetzt. Nach 15 Minuten befinden sich in der Lösung noch 9,8 g-Mol/l, nach 30 Minuten noch 3,8 g-Mol/l $H_2O_2$. Stelle fest, ob die Annahme, daß es sich um eine monomolekulare Reaktion handelt, richtig ist.

**267.** VAUGHAN fand bei der thermischen Polymerisation von 1,3-Butadien $C_4H_6$ zu $C_8H_{12}$ bei 326° C folgende Drucke:

0 min 632 Torr, 3,25 min 618,5 Torr, 6,12 min 606,6 Torr, 10,08 min 591,6 Torr, 17,30 min 567,3 Torr, 29,18 min, 535,4 Torr, 36,38 min 521,2 Torr, 55,08 min 490,2 Torr. Gesucht sind **a)** die Reaktionsordnung und **b)** die Geschwindigkeitskonstante.

**268.** SKRABAL untersuchte die Verseifung des Äthylendiacetals $(CH_3COO)_2CHCH_3 + H_2O = 2\,CH_3COOH + CH_3CHO$ unter katalytischer Wirkung der Wasserstoffionen in einer wäßrigen 0,1molaren Lösung bei einer HCl-konzentration von 0,05 Mol/l bei 25° C und erhielt folgende Meßreihe:

| | | | | | | |
|---|---|---|---|---|---|---|
| $t$ (Minuten): | | | | | | |
| 0 | 240 | 660 | 1400 | 2093 | 3403 | 6369 |
| $x$ (Mol/l) Essigsäure: | | | | | | |
| 0,02160 | 0,04570 | 0,06495 | 0,09395 | 0,11520 | 0,14475 | 0,17915 |

Auf graphischem Wege ist festzustellen, ob es sich um eine Reaktion erster oder zweiter Ordnung handelt. Ferner sind der Wert für die Reaktionskonstante und die Halbwertszeit zu ermitteln.

## 4. Gleichzeitig verlaufende Reaktionen.

Wir betrachten den gleichzeitigen Ablauf von Vorgängen als das Ergebnis zweier oder mehrerer gleichzeitig verlaufender, einfacher Reaktionen.

Beim Zerfall eines radioaktiven Stoffes entstehen z. B. 2 Zerfallsprodukte, jedes davon mit verschiedener Geschwindigkeit. Die Bildungsgeschwindigkeit eines jeden Produktes ist der jeweiligen Menge des Ausgangsstoffes proportional. Jedes Zerfallsprodukt entsteht durch eine Reaktion erster Ordnung.

Wir bezeichnen die Menge des Ausgangstoffes zu Beginn der Reaktion mit $c_0$, zur Zeit $t$ mit $c$. Die Menge des ersten Zerfallsproduktes zur Zeit $t$ sei $x$, jene des zweiten Zerfallsproduktes $y$. Die Geschwindigkeitskonstanten der beiden Reaktionen seien $k_1$ und $k_2$.

Es ergeben sich also folgende Gleichungen:

$$\frac{dx}{dt} = k_1 \cdot c \text{ und } \frac{dy}{dt} = k_2 \cdot c\,.$$

Außerdem ist die Summe der zur Zeit $t$ vorhandenen Mengen gleich der Menge des ursprünglichen Ausgangsstoffes, also $c_0 = x + y + c$.

Durch Division der beiden Gleichungen erhalten wir $\frac{dy}{dx} = \frac{k_2}{k_1}$ und durch Integration $y = \frac{k_2}{k_1} \cdot x + C$.

Für $x = 0$ ist auch $y = 0$, folglich $C = 0$ und es wird $\frac{y}{x} = \frac{k_2}{k_1}$.

Das Mengenverhältnis der beiden Reaktionsprodukte bleibt konstant und ist gleich dem Verhältnis der Geschwindigkeitskonstanten der einfachen Reaktionen.

Die Addition der beiden ursprünglichen Gleichungen führt zu $\frac{d(x+y)}{dt} = (k_1 + k_2) \cdot c$. Die Differentiation der Gleichung $c_0 = x + y + c$ gibt $d(x+y) = -dc$. Damit ist $\frac{d(x+y)}{dt} = -\frac{dc}{dt} = (k_1 + k_2) \cdot c$.

Die Umwandlung des Ausgangstoffes verläuft also wie eine Reaktion erster Ordnung, die Geschwindigkeitskonstante ist gleich der Summe der Geschwindigkeitskonstanten der einzelnen Reaktionen.

**227. Beispiel.** Für eine gleichzeitig verlaufende Reaktion sei: $c_0 = 20$, $x = 0$, $y = 0$ bei $t = 0$ und $c = 10$, $x = 8$, $y = 2$ bei $t = 5$

Aus $\frac{y}{x} = \frac{k_2}{k_1}$ erhält man $k_1 = 4\,k_2$.

Ferner ist $k_1 + k_2 = -\frac{1}{t} \cdot \ln\frac{c}{c_0} = -\frac{1}{5} \cdot \ln\frac{10}{20} = -\frac{1}{5} \cdot \ln\frac{1}{2}$.
Aus den beiden Gleichungen berechnen sich $k_1 = 0{,}1108$ und $k_2 = 0{,}0277$. ——

**Aufgaben. 269.** Es wurde festgestellt, daß bei der Herstellung von Dinitrobenzol aus 1 Äquivalent Mononitrobenzol und 3 Äquivalenten Salpetersäure nach 20 Minuten die Hälfte des Nitrobenzols verbraucht ist und die in dieser Zeit gebildeten Mengen an o-, m- und p-Dinitrobenzol im Gewichtsverhältnis 6,4 : 93,5 : 0,1 stehen. Die Bildung jedes der 3 Isomeren erfolgt nach einer Reaktion zweiter Ordnung. Die Reaktionsgeschwindigkeiten sind den Konzentrationen des Mononitrobenzols und der Salpetersäure proportional. Zu bestimmen sind die Geschwindigkeitskonstanten der 3 Parallelreaktionen.

## 5. Aufeinanderfolgende Reaktionen.

**228. Beispiel.** Die Aufeinanderfolge von Reaktionen erster Ordnung soll an der Umwandlung radioaktiver Stoffe gezeigt werden.

Die Menge des Ausgangsstoffes sei $c_0$, der entstehende Stoff wandelt sich seinerseits wieder um. Zur Zeit $t$ ist die Menge des Ausgangsstoffes $c$, die Menge des durch die erste Reaktion gebildeten Stoffes $x$ und die Menge des durch die zweite Reaktion gebildeten Stoffes $y$. Daher ist $x - y$ die tatsächliche Menge des ersten Produktes zur Zeit $t$.

Die Mengenänderung von $x$ ist proportional zu $c$, d. h. proportional zu $c_0 - x$, die Mengenänderung von $y$ proportional zu $x - y$.

Die Differentialgleichungen I und II lauten demnach:

$$\frac{dx}{dt} = k_1 \cdot (c_0 - x) \text{ und } \frac{dy}{dt} = k_2 \cdot (x - y).$$

Also ist $\frac{dx}{c_0 - x} = k_1 \cdot dt$. Integration: $-\ln(c_0 - x) + C = k_1 \cdot t$ und daraus $x = c_0 \cdot (1 - e^{-k_1 t})$.

Dieser $x$-Wert wird in die zweite Differentialgleichung eingesetzt und man erhält die Differentialgleichung III: $\frac{dy}{dt} + k_2 \cdot y = k_2 \cdot c_0 \cdot (1 - e^{-k_1 t})$.

Die Lösung dieser Differentialgleichung geschieht wie folgt: Das allgemeine Integral der Gleichung $\frac{dy}{dt} + k_2 \cdot y = 0$ ist aus $\frac{dy}{y} = -k_2 \cdot dt \ldots \ln y = -k_2 \cdot t + C_1$ und $y = e^{C_1} \cdot e^{-k_2 t} = C \cdot e^{-k_2 t}$.

Betrachtet man $C$ als eine solche Funktion von $t$, daß $C \cdot e^{-k_2 t}$ die Gleichung $\frac{dy}{dt} + k_2 \cdot y = k_2 \cdot c_0 \cdot (1 - e^{-k_1 t})$ befriedigt und differentiert $y = C \cdot e^{-k_2 t}$ so erhält man $\frac{dy}{dt} = e^{-k_2 t} \cdot \frac{dC}{dt} - C \cdot k_2 \cdot e^{-k_2 t}$.

Setzt man nun $y$ und $\frac{dy}{dt}$ in die Differentialgleichung III ein, so ergibt sich $e^{-k_2 t} \cdot \frac{dC}{dt} - C \cdot k_2 \cdot e^{-k_2 t} + k_2 \cdot C \cdot e^{-k_2 t} = k_2 \cdot c_0 \cdot (1 - e^{-k_1 t})$.

Daraus $\frac{dC}{dt} = \frac{k_2 \cdot c_0 \cdot (1 - e^{-k_1 t})}{e^{-k_2 t}} = k_2 \cdot c_0 \cdot e^{k_2 t} \cdot (1 - e^{-k_1 t})$ und $C = c_0 \cdot e^{k_2 t} - \frac{k_2 \cdot c_0}{k_2 - k_1} \cdot e^{(k_2 - k_1) t} + A$. ($A$ ist eine willkürliche Konstante).

Damit wird das allgemeine Integral der Ausgangsgleichung $y = C \cdot e^{-k_2 t}$ gleich und $y = c_0 + \frac{c_0 \cdot k_2}{k_1 - k_2} \cdot e^{-k_1 t} + A \cdot e^{-k_2 t}$.

Für unser Beispiel gilt die Vorbedingung, daß bei $t = 0$ auch $y = 0$ ist, hieraus folgt, daß $A = -\frac{c_0 \cdot k_1}{k_1 - k_2}$ und die gesuchte Gleichung ist

$$y = c_0 + \frac{c_0 \cdot k_2}{k_1 - k_2} \cdot e^{-k_1 t} - \frac{c_0 \cdot k_1}{k_1 - k_2} \cdot e^{-k_2 t}.$$

### 6. Temperaturabhängigkeit der Reaktionsgeschwindigkeit.

Chemische Reaktionen haben im allgemeinen eine begrenzte Geschwindigkeit. Der Grund hierfür ist darin zu suchen, daß nicht alle Moleküle eines Systems reaktionsfähig sind, sondern nur jene, die eine für die Reaktion erforderliche Mindestenergie (*Aktivierungsenergie* $A$) besitzen. Zahlenmäßig folgt aus der MAXWELL-BOLTZMANNschen Verteilung der Energie über alle Moleküle für die Reaktionsgeschwindigkeit $k = k_0 \cdot e^{-\frac{A}{RT}}$. Es sind $k$ die wirkliche und $k_0$ die maximale Geschwindigkeitskonstante (also jene, die sich ergeben würde, wenn alle Moleküle reaktionsfähig wären und nicht nur der Bruchteil $e^{-\frac{A}{RT}}$).

Aus obiger Gleichung erhalten wir $\ln k = \ln k_0 - \frac{A}{RT}$. Die Konstante $k_0$ ist gegeben durch die Stoßzahl (siehe S. 169) und den sterischen Faktor. Die Stoßzahl ist $\sqrt{T}$ proportional, daher wird bei einer Temperatursteigerung von 1000 auf 2000° $k_0$ nur auf das $\sqrt{2}$fache ($= 1{,}4$fache) steigen. Diese geringe Steigerung ist gegenüber dem Anstieg der Exponentialfunktion so gering, daß $k_0$ in erster Näherung als konstant angesehen werden kann. Damit wird (nach gleichzeitiger Einführung des lg an Stelle ln)

$$\lg k = H - \frac{A}{2{,}303 \cdot RT} = H - \frac{A}{4{,}574 \cdot T},$$

die Arrheniussche Gleichung für die Temperaturabhängigkeit der Reaktionsgeschwindigkeit. Die Konstante $H$ ist der Häufigkeitsexponent.

Aus der Formel folgt $\lg \frac{k_1}{k_2} = \frac{A}{4{,}574} \cdot \left(\frac{1}{T_2} - \frac{1}{T_1}\right)$.

**Aufgaben. 270.** Nach DANIELS und JOHNSTON beträgt die Geschwindigkeitskonstante für den Zerfall von $N_2O_5$ in der Gasphase bei 65° C 0,292 $\text{min}^{-1}$ und die Aktivierungsenergie 24700 cal. Zu bestimmen ist $k$ für 75°.

**271.** RAMSPERGER und WADDINGTON brachten eine bestimmte Menge Diphosgen $ClCOOCCl_3$ rasch in ein Gefäß von 280° C. Nach 1132 Sekunden war der Druck 22,27 Torr, nach sehr langer Zeit 30,06 Torr. Die Wiederholung bei 290° C ergab nach 334 Sekunden 20,87 Torr, nach sehr langer Zeit 31,52 Toor. Gesucht ist die Aktivierungsenergie für den Zerfall zu 2 $COCl_2$.

**272.** WIIG bestimmte die Geschwindigkeitskonstante $k$ für den Zerfall von Acetondicarbonsäure in wäßriger Lösung zu Aceton und $CO_2$ (gemäß einer Reaktion erster Ordnung) bei 0° C zu 0,0000246, bei 20° C = 0,000435, bei 40° C = 0,00576 und bei 60° C = 0,05480 $\text{min}^{-1}$. Berechne **a**) die Aktivierungsenergie für den Zerfall und **b**) $k$ und $t_{1/2}$ für 50° C.

## B. Diffusion.

Unter Diffusion versteht man die Erscheinung, daß sich zwei einander berührende Flüssigkeiten (oder Gase), die gegeneinander chemisch indifferent sind, entgegen der Schwere gleichmäßig vermischen.

Nach dem *Fickschen Gesetz* ist die aus einer Flüssigkeit in die andere diffundierte Stoffmenge $n = -D \cdot q \cdot \frac{c_2 - c_1}{x} \cdot t$. Darin sind $D$ der Diffusionskoeffizient, $q$ der Querschnitt, $c_2$ und $c_1$ die Konzentrationen der beiden Flüssigkeiten, $t$ die Zeit und $x$ die Schichtdicke.

Vorausgesetzt ist, daß die Diffusion nur in einer Richtung stattfindet und die Diffusionskonstante von der Temperatur unabhängig ist. Dimension von $D$ ist $[l^2 t^{-1}]$, also $cm^2 \cdot s^{-1}$ (oder $cm^2 \cdot d^{-1}$, d. h. $cm^2 \cdot Tag^{-1}$).

Die Temperaturabhängigkeit der Diffusionskonstanten wird durch die Gleichung $D = D_0 \cdot e^{-\frac{Q}{RT}}$ ausgedrückt. ($Q$ wird als Aktivierungs-, Ablöse- oder Auflockerungsenergie bezeichnet).

**229. Beispiel.** Der Diffusionskoeffizient $D$ von Saccharose aus einer Lösung der Konzentration $c_1 = 0{,}7$ Mol/l in reines Wasser bei 20° ist 0,000004. Welche Menge diffundiert in eine Schicht von 0,5 cm von der einen Seite mit der (bleibenden) Konzentration 0,7 Mol/l in reines Wasser ($c_2 = 0$ Mol/l) in 1 Stunde bei einem Querschnitt von 1 m² (= 10000 cm²).

$n = -0{,}000004 \cdot 10000 \cdot \frac{0 - 0{,}0007}{0{,}5} \cdot 3600 = 0{,}202$ Mol, das sind $342{,}3 \cdot 0{,}202 = 69{,}1$ g. ——

Für Gase treten an Stelle der Konzentrationen $c$ die Drucke $p$. Dabei ist zu beachten, daß sich der Wert von $D$ mit der Temperatur und dem Gesamtdruck $P$ ändert. Es ist

$$D = D_0 \left(\frac{T}{T_0}\right)^m \cdot \frac{P_0}{P}. \text{ Darin ist } P_0 = 1 \text{ Atm}, \; T_0 = 273°.$$

$m$ ist 1,75 für die Systeme $H_2$ in $O_2$ oder Luft, $O_2$ in $N_2$ oder Luft, $CO_2$ in Wasserdampf, Wasserdampf in Luft und 2,00 für $CO_2$, $CS_2$, Alkohol, Äther, Benzol und Naphthalin in Luft.

**230. Beispiel.** Luft von 20° mit 2% Benzoldampf wird unter 1 Atm über frisches Waschöl geführt. Bei bestimmter Strömungsgeschwindigkeit ist die Dicke der unbeweglichen Grenzschicht 0,5 mm. Welche Benzolmenge wird von 1 m² Fläche pro Stunde aufgenommen? Frisches Öl hat eine verschwindend kleine Tension, die vernachlässigt werden kann. $D_0 = 0{,}0751$ cm²/s.

$$D_{20} = 0{,}0751 \cdot \left(\frac{293}{273}\right) \cdot \frac{1}{1} = 0{,}0836.$$

Vol-% = Druck-%, daher $p_1 = 0{,}02$ Atm, $p_2 = 0$ Atm.

$$n = -0{,}0836 \cdot 10000 \cdot \frac{0 - 0.02}{0{,}05} \cdot 3600 = 1203840 \text{ cm}^3.$$

1 m³ Benzoldampf von 20° und 1 Atm wiegt 3,245 kg (berechnet nach S. 163). Absorbiert werden also **1,204 · 3,245 = 3,9 kg.** —

Auch die Angaben der *Wasserdampfdurchlässigkeit* von Werkstoffen beruhen auf der Gültigkeit des Fickschen Gesetzes. Sie ist gekennzeichnet durch die Diffusionskonstante $D$, welche angibt, wieviel g Wasser in 1 Stunde bei einem Dampfdruckunterschied von 1 Torr durch eine 1 cm dicke Schicht mit einer Oberfläche von 1 cm² hindurchgelassen wird.

Die Menge des Wassers $N = -D \cdot q \cdot \frac{p_2 - p_1}{x} \cdot t$. Darin sind $p_1$ der Wasserdampfdruck vor und $p_2$ derjenige hinter der Schicht. ($N$ in g, $D$ in g · h⁻¹ · cm⁻¹ · Torr⁻¹, $q$ in cm², $t$ in h und $x$ in cm.)

**Aufgaben. 273.** KUBASCHEWSKI und EBERT erhielten für die Diffusion von Nickel in Gold folgende Mittelwerte für die Diffusionskonstante (cm²/Tag): bei $t = 1003°$ C ... $D = 6{,}0 \cdot 10^{-4}$, bei 929° C = $3{,}2 \cdot 10^{-4}$, bei 902° C = $2{,}0 \cdot 10^{-4}$, bei 852° C = $1{,}1 \cdot 10^{-4}$ und bei 800° C = $6{,}7 \cdot 10^{-5}$. Bestimme auf graphischem Wege die Gleichung für die Temperaturabhängigkeit der Diffusionskonstanten von Nickel in Gold in diesem Temperaturbereich.

# 10. Optische Eigenschaften. — Photochemie.

## 1. Optisches Drehvermögen.

Stoffe, die beim Durchgang von linear polarisiertem Licht die Polarisationsebene drehen, nennt man *optisch aktiv*. Das Drehvermögen $[\alpha]$ ist jener Winkel in Bogengraden, um den die Polarisationsebene des austretenden Lichtes gegenüber der des einfallenden Lichtes nach dem Durchgang durch eine bestimmte Schichtdicke des betreffenden Stoffes gedreht ist.

Unter *spezifischem Drehvermögen* versteht man denjenigen Drehungswinkel, der sich beim Durchgang des Lichtes durch eine Flüssigkeit ergibt, welche in dem Volumen 1 ml 1 g aktiver Substanz enthält, bei 10 cm Schichtdicke.

Für Licht der Wellenlänge $\lambda$ und für die Temperatur $\vartheta$ ist das spezifische Drehvermögen $[\alpha]_{\vartheta}^{\lambda} = \frac{100 \cdot a}{l \cdot \varrho \cdot p}$. Darin sind
$a$ der abgelesene Drehungswinkel (+ oder —),
$l$ die Länge der Schicht in dm,
$p$ Gew.-% aktiver Substanz in der Lösung und
$\varrho$ die Dichte der Lösung.

Das *molekulare Drehvermögen* wird definiert durch $[m]_{\vartheta}^{\lambda} = [\alpha]_{\vartheta}^{\lambda} \cdot \frac{M}{100}$, darin ist $M$ das Molekulargewicht.

**Aufgaben. 274.** Wieviel %ig ist eine Rohrzuckerlösung von der Dichte 1,0549 bei 20° C, wenn der im 20cm-Rohr beoachtete Drehungswinkel $\alpha = 19{,}63°$ ausmacht? Das spez. Drehvermögen beträgt bei 20° C für die Wellenlänge 5893 Å = 66,45.

## 2. Lichtbrechungsverhältnis.

Das Brechungsverhältnis (Brechungsexponent, -index, -vermögen, -zahl, Refraktionsindex)

$$n = \frac{\textit{Lichtgeschwindigkeit im Medium 1}}{\textit{Lichtgeschwindigkeit im Medium 2}} = \frac{\sin \alpha}{\sin \beta}.$$

($\alpha$ = Einfallswinkel, $\beta$ = Brechungswinkel, Abb. 115.)

Die Abteilung dieses Gesetzes von Snellius siehe S. 52.

**231. Beispiel.** Beim Übergang eines Lichtstrahles aus Luft in Glyzerin betrug der Einfallswinkel $\alpha = 52°$, der Brechungswinkel $\beta = 32°\,20'$. Daraus ist $n = \frac{0{,}7880}{0{,}5348} = 1{,}4734$.

Beim Übergang des Lichtstrahles aus einem optisch dichteren in ein optisch dünneres Medium (z. B. aus Wasser in Luft) wird der Strahl vom Lot gebrochen. Für diesen Fall ist also:

$$\frac{\sin \alpha}{\sin \beta} = \frac{1}{n}.$$

Das Maximum der Brechung ist daher erreicht, wenn der Brechungswinkel 90° beträgt, der gebrochene Strahl also an der Grenzfläche des brechenden Mittels streifend hinläuft. Dann ist $\beta = 90°$ und $\sin \beta = 1$, daher $\sin \alpha = \frac{1}{n}$; d. h. der Einfallswinkel kann, falls noch Brechung stattfinden soll, nicht größer werden als ein Winkel, dessen sin gleich ist dem reziproken Wert des Brechungsindex.

Wird der Einfallswinkel größer als $\frac{1}{n}$, so wird der Brechungswinkel größer als 90°. Da jedoch der sin nicht größer als 1 werden kann, heißt dies, daß der Strahl nicht mehr in das dünnere Medium übergeht, sondern an der Grenze total reflektiert wird. Der Grenzwinkel, bei dem diese totale Reflexion eintritt, kann zur Bestimmung des Brechungsexponenten dienen.

**232. Beispiel.** Wie groß ist der Brechungsexponent von Glyzerin, wenn sich beim Übergang des Lichtes aus Glyzerin in Luft ein Grenzwinkel der totalen Reflexion zu 42° 50′ 48″ ergab?

$$\sin\alpha = \frac{1}{n}\text{; daraus ist } n = \frac{1}{\sin\alpha} = \frac{1}{0{,}68002} = 1{,}4705.$$

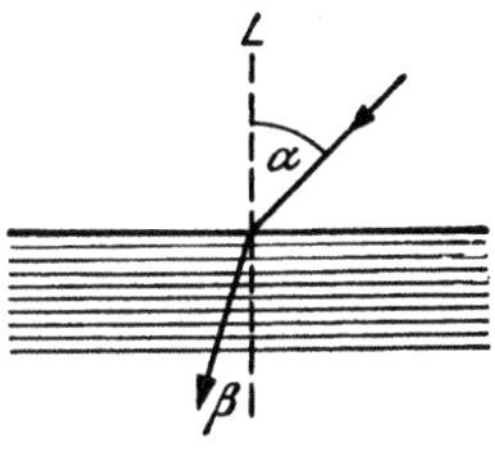


Abb. 115

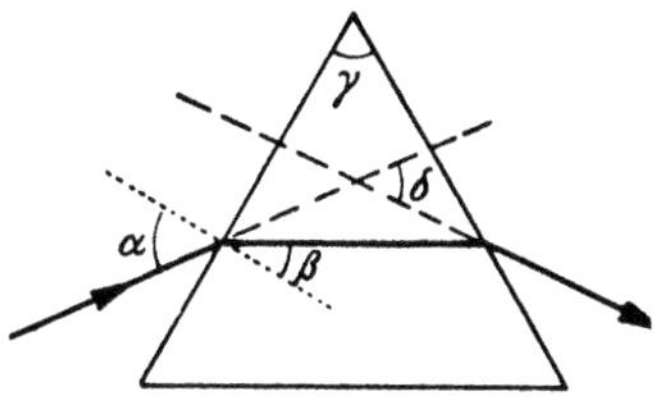


Abb. 116

*Brechung des Lichtes durch ein Prisma* (Abb. 116). Durchsetzt der Lichtstrahl das Prisma symmetrisch und ist $\gamma$ der brechende Winkel des Prismas und $\delta$ der geringste Ablenkungswinkel des Lichtstrahls, dann ist

$$n = \frac{\sin\frac{\gamma+\delta}{2}}{\sin\frac{\gamma}{2}}.$$

Die Bestimmung erfolgt mit Hilfe des Reflexionsgoniometers.

**233. Beispiel.** Landolt bestimmte den Brechungsindex des Alkohols für die Natriumlinie aus folgenden Größen: der brechende Winkel des Prismas $\gamma$ war 49° 40′, der Winkel der kleinsten Ablenkung des mit Alkohol bei 22,1° gefüllten Prismas 20° 2′.

$$n_D = \frac{\sin\frac{20^\circ\,2' + 49^\circ\,40'}{2}}{\sin\frac{49^\circ\,40'}{2}} = 1{,}3606.$$

Außer von der Beschaffenheit des Mittels ist der Brechungsindex abhängig von der Dichte des Stoffes bei der betreffenden Temperatur. Wird dieselbe durch Erhöhung der Temperatur verringert, so nimmt der Wert des Brechungsindex ab. Die Formel von LORENTZ-LORENZ erlaubt die Berechnung des Brechungsverhältnisses unabhängig von Temperatur, Druck und Aggregatzustand. Sie lautet:

$R = \frac{n^2 - 1}{n^2 + 2} \cdot \frac{1}{\varrho}$, worin $R$ die *Refraktionskonstante* (oder das spezifische Brechungsvermögen) und $\varrho$ die Dichte der Substanz bedeuten.

Die *Refraktion von Gemischen* von Flüssigkeiten, Lösungen oder Gasen, deren Bestandteile nicht in Wechselwirkung miteinander stehen, setzt sich additiv aus den Refraktionen der einzelnen Stoffe zusammen.

Multipliziert man das spezifische Brechungsvermögen mit dem Molekulargewicht, erhält man das *molekulare Brechungsvermögen* oder die *Molekularrefraktion** $R_M = \frac{n^2 - 1}{n^2 + 2} \cdot \frac{1}{\varrho} \cdot M$.

Die Molekularrefraktion eines organischen Stoffes ist nahezu gleich der Summe der *Atomrefraktionen.* Besteht also eine Verbindung aus $n_1$ Atomen eines Elementes mit der Refraktion $r_1$, $n_2$ Atomen eines zweiten Elementes mit der Refraktion $r_2$ usw., dann ist die Molekularrefraktion

$$R_M = n_1 \cdot r_1 + n_2 \cdot r_2 + n_3 \cdot r_3 + \ldots$$

Dabei ist darauf zu achten, daß die Bindungsverhältnisse (Doppelbindung, Acetylenbindung usw.) mit in Rechnung zu setzen sind.

**234. Beispiel.** Zu berechnen ist die Molekularrefraktion von Äthylalkohol $C_2H_5OH$, wenn die Atomrefraktionen (für die Natriumlinie D) gegeben sind und für Wasserstoff = 1,100, Kohlenstoff = 2,418, Hydroxylsauerstoff = 1,525 betragen**.

$$\begin{aligned} 2\,C &= 2 \cdot 2{,}418 = 4{,}836 \\ 6\,H &= 6 \cdot 1{,}100 = 6{,}600 \\ 1\,O &= 1 \cdot 1{,}525 = 1{,}525 \\ \hline R_M &= 12{,}961 \end{aligned}$$

Für *Nährungsrechnungen* gelten folgende Beziehungen:

$R_M = 0{,}792 \cdot Z$ ($Z$ ist die Zahl der Valenzen in einer organischen Verbindung).

* $\frac{n^2 - 1}{n^2 + 2}$ ist nach LORENTZ-LORENZ derjenige Bruchteil eines Substanzvolumens, der von den Molekülen selbst eingenommen wird. Daher ist die Größe $R_M$ das Eigenvolumen von $N$ Molekülen (= 1 Mol) der Substanz in $cm^3$.

** Atomrefraktionen und Bindungsinkrimente: Chem. Tasch. 39 114.

Nach Herz ist $\frac{R_M \cdot \varrho_S}{M} = 0{,}26$ für anorganische Verbindungen ($\pm$ 30%), 0,21 für aliphatische Verbindungen ($\pm$ 5%) und 0,26 für aromatische Verbindungen ($\pm$ 10%). $\varrho_S$ ist die Dichte beim Siedepunkt.

Das Brechungsverhältnis ($n$) fester und flüssiger Stoffe wird im allgemeinen gegen Luft bestimmt. Bei *Gasen* wird jedoch die absolute Brechungszahl $N$ angegeben. $N$ ist also das Verhältnis der Lichtgeschwindigkeit im Vakuum (nicht in Luft wie bei $n$) zu der in dem betreffenden Gas. $\left(N = \frac{c_0}{c}; c_0 = 2{,}9977 \cdot 10^{10}\,\text{cm} \cdot \text{s}^{-1}.\right)$ Bei *Gasgemischen* setzt sich die Brechungszahl additiv aus den Brechungszahlen der Komponenten zusammen (Gasanalyse mittels Interferometer).

Durch Multiplikation einer in Luft bestimmten Brechungszahl $n$ mit $N_L$ kann der gefundene Wert auf den luftleeren Raum reduziert werden, denn es ist $n = \frac{c_L}{c}$ und $N = \frac{c_0}{c}$, ferner die absolute Brechungszahl der Luft $N_L = \frac{c_0}{c_L}$, daher $N = N_L \cdot \frac{c_L}{c} = N_L \cdot n$.

$N_L$ aus dem luftleeren Raum in Luft von 20° und 760 Torr beträgt bei 10 mm absoluter Feuchtigkeit für Natriumlicht 1,0002724.

*Dispersion.* Die Brechungszahl hängt von der Wellenlänge des verwendeten Lichtes ab. Der Unterschied der Brechungszahl für zwei bestimmte Wellenlängen $n_F - n_C$ wird *mittlere Dispersion*, der Ausdruck $\frac{n_F - n_C}{n_D - 1}$ *relative Dispersion* genannt. (Letztere gibt vergleichbare Maßzahlen für die Farbenzerstreuung. Es bedeuten $F$ die Wasserstofflinie bei 4861,372 Å, $C$ die Wasserstofflinie bei 6562,785 Å und $D$ die Natriumlinie bei 5893 Å; 1 Ångström Å = $= 10^{-8}$ cm.)

*Dielektrizitätskonstante und Berechnungsverhältnis.*

Die elektrostatische Wechselwirkung zweier elektrisch geladener Körper ändert sich je nach der Natur des Mediums, in welchem es sich befindet; ziehen sie sich im Vakuum mit der Kraft $k$ an, so beträgt diese Kraft in einem anderen Medium $\frac{k}{\varepsilon}$; $\varepsilon$ ist die *Dielektrizitätskonstante* des betreffenden Mediums.

Nach Maxwell besteht (für lange, nicht absorbierbare Wellen) zwischen der Brechungszahl $n$ des Dielektrikums und $\varepsilon$ der Zusammenhang $n^2 = \varepsilon$.

**235. Beispiel.**

| | $CS_2$ | Hexan | $Ni(CO)_4$ |
|---|---|---|---|
| $n$ = | 1,617 | 1,375 | 1,45 |
| $n^2$ = | 2,61 | 1,89 | 2,1 |
| $\varepsilon$ = | 2,63 | 1,88 | 2,2 |

21*

$\varepsilon$ ist abhängig vom Aggregatzustand und der Temperatur, bei Gasen vom Druck, bei Kristallen von der Richtung des elektrischen Feldes zu den Achsen, bei Gemischen von der Konzentration.

Für chemische Probleme ist der Zusammenhang zwischen $\varepsilon$ und *dissoziierender Kraft* eines Lösungsmittels von Bedeutung (das Ionenpaar eines Salzes mit dem dazwischen gelagerten Lösungsmittel kann als Kondensator betrachtet werden). Wasser ($\varepsilon = 80$) ist eine der am stärksten dissoziierenden Flüssigkeiten, Äthylalkohol ($\varepsilon = 27{,}8$) bedeutend weniger, zahlreiche Kohlenwasserstoffe mit kleinem $\varepsilon$ wirken überhaupt nicht dissoziierend. Strenge Proportionalität besteht jedoch nicht.

**Aufgaben. 275.** Wie groß ist das Brechungsverhältnis von Terpentinöl, wenn dieses in einem Hohlprisma von 60° brechendem Winkel bei einer Temperatur von 10° ein Minimum der Ablenkung von 34° 54′ erzeugt?

**276.** Berechne die Molekularrefraktion für **a)** Benzol $C_6H_6$, **b)** Chloroform $CHCl_3$ wenn die Atomrefraktionen für die Natrium-D-Linie für Wasserstoff = 1,100, für Kohlenstoff = 2,418, für Chlor an Alkyl gebunden = 5,967 und das Bindungsinkrement für eine Doppelbindung = 1,733 betragen.

**277.** Zu berechnen ist die Molekularrefraktion aus folgenden Daten:

**a)** Nitrobenzol $C_6H_5NO_2$, $n_D = 1{,}5532$, $\varrho = 1{,}203$;
**b)** Ameisensäure HCOOH, $n_D = 1{,}3714$, $\varrho = 1{,}219$.

**278.** Bei 20° C ist die Dichte von Äther 0,7208, von Äthanol 0,7892 und für die Mischung mit $p$ % Äthanol 0,7389. Bei gleicher Temperatur sind die Brechnungsexponenten $n_D$ für Äther 1,3526, für Äthanol 1,3623 und für die Mischung 1,3572. Berechne $p$.

## 3. Kolorimetrie.

Nach dem Lampert-Beerschen Gesetz ist die *Extinktion* einer Lösung $E = \lg \frac{I_0}{I} = \varepsilon \cdot c \cdot d = k \cdot d$.

$\frac{I_0}{I}$ ist das Intensitätsverhältnis zwischen einfallender und durchgehender Strahlung.

Wird die Konzentration $c$ in Mol/l und die Schichtdicke $d$ in cm gemessen, so wird $\varepsilon$ als der molare (dekadische) Extinktionskoeffizient bezeichnet. $k$ ist der Extinktionsmodul.

Nehmen wir an, daß das eingestrahlte Licht auf ein Zehntel seiner Intensität geschwächt wird, dann ist $k \cdot d = \lg \frac{I_0}{I} = \lg \frac{1}{0{,}1} = 1$ und $k = \frac{1}{d} = \frac{1}{\text{cm}} = \text{cm}^{-1}$. Demnach besitzt $k$ die Dimension einer reziproken Länge. Die Dimension des Extinktionskoeffizienten ist aus $\varepsilon = \frac{k}{c} = \frac{\text{cm}^{-1}}{\text{Mol/l}} = \frac{\text{cm}^2}{\text{Millimol}}$.

Vergleicht man zwei Lösungen (Konzentrationen $c_1$ und $c_2$, Schichtdicken $d_1$ und $d_2$) und stellt auf Farbgleichheit ein, dann ist $E_1 = \varepsilon \cdot c_1 \cdot d_1 = E_2 = \varepsilon \cdot c_2 \cdot d_2$ und, nachdem $\varepsilon$ für eine bestimmte Substanz konstant ist, $c_1 \cdot d_1 = c_2 \cdot d_2$ (*Beersches Gesetz*).

**236. Beispiel.** Die beiden Vergleichszylinder einer kolorimetrischen Analyse enthielten: 100 ml Vergleichslösung mit 0,5 mg Fe/Liter bzw. 75 ml der Probenlösung. Es herrschte Farbgleichheit. Die Konzentration der Probenlösung sei $x$. Aus $0{,}05 \cdot 100 = = x \cdot 75$ ist $x = 0{,}067$ mg oder 0,67 mg Fe/Liter. ———

**Aufgaben. 279.** Vom Licht der Wellenlänge 3130 Å werden 90% beim Durchgang durch eine 10 cm dicke Zelle von Acetondampf absorbiert. **a)** Durch welche Schichtdicke werden 50% absorbiert? **b)** Wieviel Prozent werden durch eine 6 cm starke Schicht absorbiert?

**280.** Zweiwertiges Eisen kann kolorimetrisch mittels Phenantrolin bestimmt werden. Die Absorptionskurve des Eisenkomplexes besitzt bei 510 m$\mu$ ein Maximum $11{,}2 \cdot 10^3$ für den molaren Extinktionskoeffizienten $\varepsilon_1$. (1 m$\mu$ = 10 Å = $10^{-7}$ cm). Bei Verwendung eines Spektralfilters kann die Extinktion dieser roten Lösung durch Vergleich mit einer neutralgrauen Lösung ermittelt werden. Welche Schichtdicke muß man für die Eisen-Phenantrolin-Lösung wählen, damit nach Einstellung auf gleiche Extinktion die Anzahl Millimeter Graulösung sofort zahlenmäßig gleich der Konzentration der untersuchten Lösung an Eisen in mg Fe/l ist? Die Graulösung ist so beschaffen, daß bei 510 m$\mu$ und gleichen Schichtdicken die gleiche Extinktion durch die Graulösung und eine $4{,}46 \cdot 10^{-5}$ molare Eisen-Phenantrolin-Lösung hervorgerufen wird. (Nach ASMUS.)

## 4. Photochemie.

Nach der *Quantentheorie* besteht das Licht aus unteilbaren Energiequanten, deren Größe durch die Gleichung $\varepsilon = h \cdot \nu = h \cdot \frac{c}{\lambda}$ gegeben ist. Darin sind $c = 2{,}998 \cdot 10^{10}$ cm · s$^{-1}$ die Lichtgeschwindigkeit, $\lambda$ die Wellenlänge des Lichtes in Å (1 Ångström Å = $= 10^{-8}$ cm), $\nu$ die Schwingungszahl und $h = 6{,}624 \cdot 10^{-27}$ erg · s die PLANCKsche Wirkungskonstante. 1 Mol $= 6{,}024 \cdot 10^{23}$ Strahlungsquanten bezeichnet man als 1 photochemisches Äquivalent.

$$\varepsilon = h \cdot \frac{c}{\lambda} = \frac{6{,}624 \cdot 10^{-27} \cdot 2{,}998 \cdot 10^{10} \cdot 10^{8}}{\lambda} = \frac{1{,}986 \cdot 10^{-8}}{\lambda} \text{ erg.}$$

Der Energiebetrag für 1 photochemisches Äquivalent ist daher
$$\frac{1{,}986 \cdot 10^{-8}}{\lambda} \cdot 6{,}024 \cdot 10^{23} = \frac{1{,}196 \cdot 10^{16}}{\lambda} \text{ erg} = \frac{2{,}856 \cdot 10^{8}}{\lambda} \text{ cal.}$$

Das *Stark-Einsteinsche Äquivalenzgesetz* besagt, daß jedem absorbierten Lichtquantum $h\,\nu$ der Ablauf einer chemischen Elementarreaktion äquivalent ist. Das Verhältnis

$\frac{\text{Anzahl der reagierenden Moleküle}}{\text{Anzahl der absorbierten Quanten}} = \varphi$ nennt man die *photochemische Quantenausbeute.* Nach dem photochemischen Äquivalenzgesetz sollte $\varphi = 1$ sein. Diese Äquivalenz kann aber durch Sekundärreaktionen verdeckt sein, so daß $\varphi$ stark von 1 abweichen kann.

Die *photochemische Energieausbeute* einer Reaktion ist nach WARBURG $\psi = \frac{\text{Energiebedarf}}{\text{Absorbierte Energie}} = \frac{\varphi \cdot \Delta J}{\frac{2{,}856 \cdot 10^8}{\lambda}}$.

Der *Betrag der Masse*, die zu einer bestimmten Energiemenge gehört, ist durch eine grundlegende Gleichung gegeben, die EINSTEINsche Beziehung

$$E = m \cdot c^2.$$

Es sind $E$ die Energiemenge, $m$ die Masse und $c$ die Lichtgeschwindigkeit.

**Aufgaben. 281.** Berechne das Energiequant von grünem Licht der Wellenlänge 5300 Å.

**282.** WARBURG bestrahlte HJ bei Zimmertemperatur mit Licht verschiedener Wellenlängen, wodurch ein teilweiser Zerfall in die Elemente eintrat. Er fand das Verhältnis der zerfallenden Millimol zur absorbierten Energie bei einer Wellenlänge von 2070 Å zu 0,0144, bei 2530 Å zu 0,0185 Millimol · $cal^{-1}$. Wieviel Moleküle HJ zerfallen je Quant?

**283.** Die Wärmetönung für die photochemische Reaktion $\frac{1}{2}\,H_2\,(g) + \frac{1}{2}\,Br_2\,(g) = HBr\,(g)$ beträgt 12,3 kcal. Wieviel % der eingestrahlten Energie (Licht der Wellenlänge 2054 Å) wird ausgebeutet, wenn die Quantenausbeute nach WARBURG $\varphi = 2$ beträgt?

**284.** Bei der Kernspaltung von 1000 g Uran 235 werden $8{,}23 \cdot 10^{20}$ erg Energie abgegeben. Wie groß ist die Masse der materiellen Reaktionsprodukte? ($c \sim 3 \cdot 10^{10}$ cm · $sec^{-1}$).

# 11. Oberflächenspannung. — Zähigkeit.

## A. Oberflächenspannung.

### 1. Oberflächenspannung und Oberflächenenergie.

Flüssigkeiten haben das Bestreben, ihre Oberfläche möglichst zu verkleinern und nehmen daher eine kugelförmige Gestalt an, da die Kugel bei gegebenem Volumen die kleinste Oberfläche besitzt.

Eine Flüssigkeitsoberfläche läßt sich mit einer stets gespannten Membran vergleichen, d. h. sie besitzt eine Spannung. Physikalisch wird die *Oberflächenspannung* definiert als diejenige Kraft, mit der eine Flüssigkeitsoberfläche von 1 cm Breite sich zu verkleinern versucht. Wenn z. B. die Oberflächenspannung von Wasser 0,077 g/cm beträgt, bedeutet dies, daß eine senkrechte ebene Lamelle von 1 cm Breite gerade $2 \cdot 0{,}077$ g zu tragen vermag (hier sind zwei Oberflächen von 1 cm Breite vorhanden), ohne sich zu verlängern und ohne einzuschrumpfen.

Die Oberflächenspannung ist also eine Kraft, bezogen auf die Längeneinheit. Multiplikation mit einer zweiten Längeneinheit ergibt die Arbeit, welche zur Bildung einer Oberfläche nötig ist. Diese Arbeit, das Produkt aus Oberflächenspannung und der Größe der Oberfläche ist die *Oberflächenenergie*. Ist die Oberflächenspannung in dyn/cm, die Oberfläche in $cm^2$ angegeben, dann ist die Einheit der Oberflächenenergie erg.

Praktische Bedeutung hat die Oberflächenspannung in der Schmiertechnik. Die Oberflächenspannung ist für das Eindringen der Schmiermittel in die Zwischenräume zwischen den Gleitflächen von Wichtigkeit, sie bewirkt das Aufsteigen der Schmieröle in den Schmierdochten usw.

**237. Beispiel.** Wie groß ist die Oberflächenenergie von 1 Mol Wasser bei 20°, wenn seine Tröpfchen einen Halbmesser von 0,001 mm besitzen und die Oberflächenspannung von Wasser bei 20° $\gamma = 72{,}58$ dyn/cm beträgt?

Der Inhalt eines Tröpfchens ist $\frac{4 \cdot 0{,}001^3 \cdot \pi}{3} = 4{,}18 \cdot 10^{-9}\,\text{mm}^3$. Sein Gewicht ist daher $4{,}18 \cdot 10^{-9}$ mg $= 4{,}18 \cdot 10^{-12}$ g. 1 Mol Wasser beinhaltet $18 : 4{,}18 \cdot 10^{-12} = 4{,}3 \cdot 10^{12}$ Tröpfchen. Die Oberfläche eines Tröpfchens ist $4 \cdot 0{,}001^2 \cdot \pi = 12{,}56 \cdot 10^{-6}\,\text{mm}^2$; die Gesamtoberfläche aller Tröpfchen $= 54 \cdot 10^4\,\text{cm}^2$.

Oberflächenenergie $= 54 \cdot 10^4 \cdot 72{,}58 = 3{,}92 \cdot 10^7$ erg. (Nachdem 1 cal $= 4{,}186 \cdot 10^7$ erg, ist die Oberflächenenergie in Wärmeeinheiten: 0,94 cal.) ——

## 2. Messung der Oberflächenspannung.

*a) Mit dem Stalagmometer durch Bestimmung des Tropfengewichtes.* Die Tropfenmethode beruht auf der Tatsache, daß ein an einer horizontalen Kreisfläche gebildeter Tropfen abreißt, wenn sein Gewicht gleich ist dem Produkt aus der Oberflächenspannung und dem Umfang der Tropfenbasis. Benutzt man stets dieselbe Abreißfläche, so ist das Gewicht des Tropfens der Oberflächenspannung proportional.

Wenn 20 Tropfen Wasser $g$ Gramm und 20 Tropfen Öl $G$ Gramm wiegen, dann ist die Oberflächenspannung

$$\gamma = 7{,}4 \cdot \frac{G}{g}.$$

Die Oberflächenspannung des Wassers ist 7,4 mg/mm, bzw. 72,6 dyn/cm (1 dyn/cm = 9,81 mg/mm).

Die Tropfengewichtsmethode ist nur streng gültig, wenn die Zähigkeit der Flüssigkeit gegenüber Wasser vernachlässigt werden kann.

Grenzen zwei Flüssigkeiten aneinander, so bezeichnet man ihre gegenseitige Oberflächenspannung als *Grenzflächenspannung*; bei einer Flüssigkeit und einem festen Stoff entsprechend als *Adhäsionsspannung**.

**238. Beispiel.** Zu berechnen ist die Grenzflächenspannung Öl—Wasser. Zur Eichung im Stalagmometer diente das System Benzol—Wasser mit einer Grenzflächenspannung von 34,96 dyn/cm bei 20° **.

Man bezieht vergleichsweise die gleiche Tropfenzahl (z. B. 50 oder 100) auf verschiedene Volumina. Nimmt eine bestimmte Tropfenzahl von Benzol bei 20° das Volumen $v_1$ im Stalagmometer ein und die gleiche Tropfenzahl Öl das Volumen $v_2$, bezeichnet ferner $\varrho_1$ die Dichte von Benzol, $\varrho_2$ die Dichte des Öls und $\varrho_3$ die Dichte des Wassers, dann ist die Grenzflächenspannung Öl—Wasser bei 20°

$$\gamma = \frac{34{,}96 \cdot (\varrho_3 - \varrho_2) \cdot v_2}{(\varrho_3 - \varrho_1) \cdot v_1} \text{ dyn/cm.}$$

Für die direkte Bestimmung von $\gamma$ mit Hilfe des Traubeschen Stalagmometers gilt die Formel $\gamma = A \cdot \frac{g}{r}$, worin A einen Faktor darstellt, welcher vom Tropfenvolumen $v$ und dem Radius $r$ (cm) der Tropffläche abhängt. g = Tropfengewicht (g). Es gilt für

| $\frac{\sqrt[3]{v}}{r}$ = | 1 | 1.1 | 1,2 | 1,3 | 1,4 | 1,5 | 1,6 | 1.7 | 1,8 | 1,9 | 2,0 | 2,1 | 2,2 |
|---|---|---|---|---|---|---|---|---|---|---|---|---|---|
| A = | 256 | 260 | 261 | 259 | 257 | 254 | 251 | 248 | 245 | 242 | 240 | 237 | 234 |

*b) Nach der Steighöhenmethode nach* Ubbelohde. Wird ein zylindrisches Rohr vom Radius $r$ mm in eine Flüssigkeit gebracht,

* Die Oberflächenspannung der Grenze zweier nicht mischbarer Flüssigkeiten mit $\gamma_1$ und $\gamma_2$ ist nach der *Antonowschen Regel* $\gamma_{1,2} = \gamma_1 - \gamma_2$.

** Chem. Tasch. 3462.

von der es benetzt wird, so steigt sie zu einer Höhe $h$, welche bestimmt ist durch die Gleichung $h = \frac{2 \cdot \gamma}{r \cdot \varrho}$. (Benetzt die Flüssigkeit das Rohr nicht, findet eine ebenso große Depression statt.) $\varrho$ ist die Dichte der Flüssigkeit.

(Bei engen Rohren kann die Begrenzung als Halbkugel angesehen werden. Man mißt dann die Höhe bis zum untersten Punkt des Meniskus und fügt zur Höhe $h$ den Betrag $\frac{1}{3} r$ hinzu.)

**239. Beispiel.** Benzol hat bei 20° die Dichte $\varrho = 0{,}879$ g/cm³ und eine Oberflächenspannung $\gamma = 28{,}88$ dyn/cm*. In welche Höhe steigt Benzol bei 20° in einer Kapillare vom Halbmesser $r = 0{,}1$ mm? (1 g = 981 dyn.)

$$\gamma = \frac{981 \cdot r \cdot h \cdot \varrho}{2} \text{ dyn/cm; daraus ist } h = \frac{2 \cdot \gamma}{981 \cdot r \cdot \varrho} =$$

$$= \frac{2 \cdot 28{,}88}{981 \cdot 0{,}01 \cdot 0{,}879} = 6{,}7 \text{ cm.}$$

**Aufgaben. 285.** Wie groß ist die Oberflächenspannung von Äthyljodid $C_2H_5J$, wenn es in einer Kapillare vom Radius $r = 0{,}0129$ cm **a)** bei 19,1° 2,445 cm hoch steigt. Dichte $\varrho = 1{,}937$; **b)** bei 46,2° 2,22 cm hoch steigt. Dichte $\varrho = 1{,}875$.

**286.** Zu berechnen ist die Oberflächenspannung von Wasser aus folgenden Angaben: Radius der Tropffläche 0,3 cm, Tropfengewicht 0,0856 g, Temperatur 20°.

### 3. Temperaturabhängigkeit der Oberflächenenergie.

Stöchiometrisch vergleichbare Zahlen erhält man, wenn man die Oberflächenenergie von Kugeln vergleicht, die aus 1 Mol der betreffenden Stoffe gebildet sind. Nach der *Regel von* Eötvös, welche nur für den Siedepunkt gilt, ist

$$\gamma \cdot v^{\frac{2}{3}} = k \cdot (\vartheta_{kr} - T).$$

Darin sind $v$ das Molvolumen und $\gamma \cdot v^{\frac{2}{3}}$ die molare Oberflächenenergie (das ist jene Energie, die notwendig ist, um eine Flüssigkeitsoberfläche von der Größe einer Quadratfläche desjenigen Würfels zu erzeugen, in dem 1 Mol der betreffenden Substanz enthalten ist); $\vartheta_{kr}$ ist die absolute kritische Temperatur und $k$ eine Konstante, die für alle Substanzen den gleichen Wert 2,12 besitzt (Ausnahmen: Wasser, Alkohol).

---

* Chem. Tasch. 3431.

Nachdem jedoch die $\gamma$-Gerade die $T$-Achse nicht im kritischen Punkt, sondern einige Grade darunter schneidet, haben RAMSAY und SHIELDS das Korrektionsglied $\tau$ ($=6^\circ$) eingeführt, das man von der kritischen Temperatur abziehen muß. Die so korrigierte Formel lautet $\gamma \cdot v^{\frac{2}{3}} = k \cdot (\delta_{kr} - 6 - T)$.

Diese Regel wird benutzt, um die Oberflächenspannung bei anderen Temperaturen als der gemessenen zu berechnen.

Es ist $k = \dfrac{\gamma_1 \cdot v_1^{\frac{2}{3}} - \gamma_2 \cdot v_2^{\frac{2}{3}}}{t_2 - t_1}$.

**240. Beispiel.** Welche Oberflächenspannung hat Anilin bei 10°? Gemessen wurde sie bei 20° zu 43,4 dyn/cm. Die Dichte des Anilins bei 20° ist 1,022; die Änderung der Dichte bei der Abkühlung um 10° ist gering und soll vernachlässigt werden.

1 Mol Anilin wiegt 93,1 g, daher ist das Molvolumen $v = \dfrac{93{,}1}{1{,}022} = 91{,}1\ \text{cm}^3$ ($= v_1 = v_2$).

Die molare Oberflächenenergie bei 20° ist $\gamma_1 \cdot v_1^{\frac{2}{3}} = 878{,}85$ erg. Nun ist $2{,}12 = \dfrac{878{,}85 - \gamma_2 \cdot 20{,}25}{10 - 20}$; daraus ist $\gamma_2 = 44{,}5$ dyn/cm.

**241. Beispiel.** In einem Kapillarrohr von $r = 0{,}01425$ cm steigt eine verdünnte Ameisensäure auf eine Höhe

$h_1 = 4{,}442$ cm bei $t_1 = 16{,}8^\circ$ (Dichte der Säure bei $t_1$ ist $\varrho_1 = 1{,}207$);

$h_2 = 4{,}205$ cm bei $t_2 = 46{,}4^\circ$ (Dichte der Säure bei $t_2$ ist $\varrho_2 = 1{,}170$);

$h_3 = 3{,}900$ cm bei $t_3 = 79{,}8^\circ$ (Dichte der Säure bei $t_3$ ist $\varrho_3 = 1{,}129$).

Wie groß ist das Molekulargewicht der Ameisensäure im Lösungszustand? $g = 981$ cm/sek².

$\gamma_1 = \dfrac{g \cdot r \cdot h_1 \cdot \varrho_1}{2} = \dfrac{981 \cdot 0{,}01425 \cdot 4{,}442 \cdot 1{,}207}{2} = 37{,}47$ dyn/cm; analog $\gamma_2 = 34{,}40$ und $\gamma_3 = 30{,}77$.

Das Molvolumen $v_1 = \dfrac{M}{\varrho_1} = \dfrac{46{,}03}{1{,}207} = 38{,}13\ \text{cm}^3$; $v_2 = \dfrac{46{,}03}{1{,}170} = 39{,}34\ \text{cm}^3$ und $v_3 = \dfrac{46{,}03}{1{,}129} = 40{,}78\ \text{cm}^3$.

Die molare Oberflächenenergie ist dann $\gamma_1 \cdot v_1^{\frac{2}{3}} = 424{,}5$ erg. $\gamma_2 \cdot v_2^{\frac{2}{3}} = 397{,}9$ erg und $\gamma_3 \cdot v_3^{\frac{2}{3}} = 364{,}5$ erg.

$k = \frac{\gamma_1 \cdot v_1^{\frac{2}{3}} - \gamma_2 \cdot v_2^{\frac{2}{3}}}{t_2 - t_1}$; ist der *Assoziationsfaktor* (das ist die Zahl der durchschnittlich zu einem assoziierten Molekül zusammentretenden Einzelmoleküle) der Ameisensäuremoleküle $x$, so ist das Molekulargewicht in der Lösung $M_L = x \cdot M$; und $v_1 = \frac{x \cdot M}{\varrho_1}$.

Demnach ist

$$k = \frac{\gamma_1 \cdot (x \cdot v_1)^{\frac{2}{3}} - \gamma_2 \cdot (x \cdot v_2)^{\frac{2}{3}}}{t_2 - t_1} = \frac{x^{\frac{2}{3}} \cdot \left[\left(\gamma_1 \cdot v_1^{\frac{2}{3}}\right) - \left(\gamma_2 \cdot v_2^{\frac{2}{3}}\right)\right]}{t_2 - t_1}.$$

Zwischen 16,8° und 46,6° ist also $x^{\frac{2}{3}} = \frac{2{,}12 \cdot (46{,}4 - 16{,}8)}{424{,}5 - 397{,}9} =$

$= 2{,}359$; daraus ist $x = 2{,}359^{\frac{3}{2}} = 3{,}62$. Das Molekulargewicht $M_L$ zwischen 16,8° und 46,4° ist daher $3{,}62 \cdot 46{,}03 = 166{,}6$.

Die gleiche Rechnung zwischen $t_2$ und $t_3$ ergibt: $x = 3{,}09$ und das Molekulargewicht $3{,}09 \cdot 46{,}03 = 142{,}2$. Die Ameisensäuremoleküle sind also assoziiert. ——

**Aufgaben. 287.** Berechne aus dem Resultat der Aufgabe 285a und b den Assoziationskoeffizienten des Äthyljodids zwischen den dort angegebenen Temperaturen. Hat das Äthyljodid unter diesen Verhältnissen sein normales Molekulargewicht?

**288.** Bei 14,8° C steigt Acetylchlorid ($\varrho = 1{,}124$) in einer Kapillare vom Radius 0,01425 cm 3,28 cm hoch; bei 46,2° ($\varrho = 1{,}064$) 2,85 cm. Zu berechnen ist die kritische Temperatur des Acetylchlorids. (Verwende die korrigierte Formel nach RAMSAY und SHIELDS).

## 4. Der Parachor.

Die *Sugdensche Regel* besagt, daß $\frac{M}{\varrho_{Fl} - \varrho_D} \cdot \gamma^{\frac{1}{4}} = P$, der *Parachor*, eine für die gegebene Substanz charakteristische, temperaturunabhängige Größe ist. Darin sind $M$ das Molekulargewicht, $\varrho_{Fl}$ die Dichte der Flüssigkeit, $\varrho_D$ die Dichte des Dampfes und $\gamma$ die Oberflächenspannung. Da die Dichte des Dampfes gegenüber der Dichte der Flüssigkeit vielfach vernachlässigt werden kann, können wir vereinfachen:

$$P = \gamma^{\frac{1}{4}} \cdot v, \text{ worin } v \text{ das Molvolumen bedeutet.}$$

SUGDEN hat ferner gezeigt, daß sich der *Parachor eines Moleküls* sehr häufig additiv aus den Parachoren seiner einzelnen Atome und aus gewissen für die Molekülgestalt charakteristischen Inkrementen zusammensetzen läßt.

**242. Beispiel.** Für p-Benzochinon $C_6H_4O_2$ ist der beobachtete Parachorwert 236,8. Die einzelnen Atom-, Bindungs- und Ringparachore sind*: C = 4,8, H = 17,1, O = 20,0, Doppelbindung = 23,2, Sechsring = 6,1.

Legen wir dem Benzochinon die übliche Chinonformel O =  = O zugrunde, ergibt sich für $P = 6\,C + 4\,H + 2\,O + 4$ Doppelbindungen + + 1 Sechsring = 236,1. Die außerdem diskutierte Peroxydformel 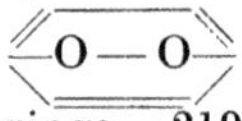 liefert: $P = 6\,C + 4\,H + 2\,O + 3$ Doppelbindungen + 2 Sechsringe = 219. Auf Grund dieser Berechnung muß für die Chinonformel entschieden werden. ———

**Aufgaben. 289.** Die experimentell bestimmten Parachorwerte betragen 215,1 für Propionsäuremethylester und 217,1 für Essigsäureäthylester. **a)** Welches ist der berechnete *P*-Wert? Atomparachore: für C = 4,8, für H = 17,1 und für die 2 Ester-O = 60,0. **b)** Berechne den Parachor für Essigsäureäthylester aus folgenden Daten: Oberflächenspannung $\gamma = 23{,}76$ dyn · cm$^{-1}$, Dichte $\varrho = 0{,}901$ bei 20° C.

## B. Zähigkeit.

### 1. Zähigkeit von Flüssigkeiten.

Fließt eine Flüssigkeit über eine ruhende horizontale Platte, so werden die unmittelbar an der Platte liegenden untersten Teilchen an dieser haften und in Ruhe sein. Proportional der zunehmenden Höhe wächst die Geschwindigkeit der Flüssigkeit. Infolge der verschiedenen Geschwindigkeiten der übereinanderliegenden Flüssigkeitsschichten entsteht zwischen zweien eine Kraft, welche die schnellere Schicht zu verzögern, die langsamere zu beschleunigen sucht. Ursache ist die innere Reibung (Zähigkeit, Viskosität).

Als Einheit der *dynamischen* oder *absoluten Zähigkeit* $\eta$ gilt jene Kraft, die notwendig ist, um eine Schicht von 1 cm² Fläche im Abstand von 1 cm parallel zu einer ruhenden Schicht mit der Geschwindigkeit 1 cm/s fortzubewegen. Beträgt diese Kraft 1 dyn, so hat die Flüssigkeit die Zähigkeit 1 Poise (P; Dimension: $g \cdot cm^{-1} \cdot s^{-1}$, im technischen Maßsystem $kg \cdot s \cdot m^{-2}$). Der hundertste Teil ist die Centipoise (cP).

Mit steigender Temperatur fällt bei Flüssigkeiten die Zähigkeit, bei Gasen nimmt sie zu.

Die *kinematische Zähigkeit* $\nu$ berücksichtigt den Einfluß der Dichte $\varrho$ ($\varrho = \frac{\gamma}{g}$ in $kg \cdot s^2 \cdot m^{-4}$).

* Chem. Tasch 3481/3.

$\nu = \frac{\textit{Dynamische Zähigkeit}}{\textit{Dichte}}$. Die Einheit ist 1 Stok (St; Dimension: $cm^2 \cdot s^{-1}$, im technischen Maßsystem $m^2 \cdot s^{-1}$), bzw. 1 Centistok (1 cSt = 0,01 St.)

Da die Zähigkeit stark temperaturabhängig ist, ist es erforderlich, $\eta$ und $\gamma$ auf die gleiche Temperatur zu beziehen.

Unter *Fluidität* versteht man den reziproken Wert der Zähigkeit, also $\frac{1}{\eta}$. (Man mißt nicht die Zeit, sondern die in der Zeiteinheit ausgeflossene Menge, z. B. ml/h).

Über die Bestimmung der Viskosität in der Schmiermittelanalyse (Engler-Grade und absolute Zähigkeit) siehe S. 356.

Nach dem *Hagen-Poiseuilleschen Gesetz* ist das aus einer langen Kapillare ausfließende Flüssigkeitsvolumen in ml gegeben durch die Formel $v = \frac{\pi \cdot p \cdot r^4 \cdot t}{8 \cdot \eta \cdot l}$. Darin sind $p$ der Druck, $r$ der Radius und $l$ die Länge der Röhre in Zentimeter, $\eta$ der Reibungskoeffizient (Zähigkeit) und $t$ die Zeit in Sekunden. Daraus ist

$$\eta = \frac{\pi \cdot p \cdot r^4 \cdot t}{8 \cdot v \cdot l} \text{ Poisen}.$$

Strömt die Flüssigkeit unter dem Einfluß ihres Eigengewichtes, dann ist $p = g \cdot \varrho \cdot h$; $g$ ist die Schwerebeschleunigung = 981, $\varrho$ die Dichte und $h$ die mittlere Niveaudifferenz.

**243. Beispiel.** Aus einer Kapillare von der Länge $l = 30{,}14$ cm fließen 10,3 ml Wasser von 18,5° ($\varrho = 0{,}9985$) bei einer Druckhöhe von $h = 35$ cm in 256 s aus. Wie groß ist $\eta$? 25,10 cm des Rohres faßten 1,032 g Quecksilber von 18° ($\varrho_{Hg} = 13{,}595$).

Berechnung des Querschnittes der Röhre:

$$q = \frac{1{,}032 \cdot (1 - 0{,}00018 \cdot 18)}{25{,}10 \cdot 13{,}595} = 0{,}003034 \text{ cm}^2;$$

daraus ist $r^2 = 9{,}658 \cdot 10^{-4}$ cm².

$$\eta = \frac{\pi \cdot g \cdot \varrho \cdot h \cdot r^4 \cdot t}{8 \cdot v \cdot l} =$$

$$= \frac{3{,}1416 \cdot 981 \cdot 0{,}9985 \cdot 35 \cdot 9.328 \cdot 10^{-7} \cdot 256}{8 \cdot 10{,}3 \cdot 30{,}14} = 0{,}01035 \text{ P.}$$

Fließt ein gleiches Volumen zweier Flüssigkeiten durch die gleiche Kapillare in den Zeiten $t_1$ und $t_2$, dann ist $\frac{\eta_1}{\eta_2} = \frac{\varrho_1 \cdot t_1}{\varrho_2 \cdot t_2}$.

**Aufgaben. 290.** Heptan hat bei 20° die Dichte 0,6838, Wasser 0,9982. Die mit einem Viskosimeter bestimmte Ausflußzeit betrug für Heptan 83,8 s, die des gleichen Volumens Wasser 141,3 s. Die Viskosität von Wasser bei 20° = 1,0046 cP. Berechne die absolute Viskosität des Heptans bei 20°.

## 2. Zähigkeit von Gasen.

Die Zähigkeit der Gase ist unabhängig vom Druck, solange die Abweichungen von den Gasgesetzen gering sind, also etwa von 1 bis 760 Torr. Für hohe Drucke steigt die Zähigkeit.

Die *Temperaturabhängigkeit der Zähigkeit von Gasen* berechnet sich nach der *Formel von* SUTHERLAND zu

$$\eta = \eta_0 \cdot \frac{T_0 + C}{T + C} \cdot \left(\frac{T}{T_0}\right)^{\frac{3}{2}}.$$

Die Konstante $C$ ist Tabellen zu entnehmen*.

Die *kinematische Zähigkeit von Gasmischungen* ergibt sich aus der kinematischen Zähigkeit der Einzelgase. Es ist

$$\frac{1}{\nu} = \frac{n_1}{\nu_1} + \frac{n_2}{\nu_2} + \cdots$$

$n_1$, $n_2$...sind die Teilvolumina der Einzelgase bezogen auf die Einheit (also ist $n_1 + n_2 + \ldots = 1$).

**244. Beispiel.** Zu berechnen ist die kinematische Zähigkeit bei 20° von trockenem Leuchtgas der Zusammensetzung 6,3 Vol.-% CO, 22,9% $CH_4$, 41,4% $H_2$, 25,7% $N_2$, 2,4%, $CO_2$, 0,8% $C_2H_4$ und 0,5% $O_2$.

| Gas | Vol. ($n$) | Spez. Gew. $\gamma \cdot 10^3$ bei 20°** | $\eta \cdot 10^6$ bei 20°*** | $\frac{1}{\nu} = \frac{\gamma}{\eta}$ |
|---|---|---|---|---|
| $CO_2$ | 0,024 | 1,842 | 147 | 12,53 |
| $C_2H_4$ | 0,008 | 1,175 | 101 | 11,63 |
| $O_2$ | 0,005 | 1,331 | 203 | 6,55 |
| CO | 0,063 | 1,164 | 177 | 6,58 |
| $CH_4$ | 0,229 | 0,667 | 108 | 6,18 |
| $H_2$ | 0,414 | 0,084 | 88 | 0,95 |
| $N_2$ | 0,257 | 1,179 | 175 | 6,75 |

Die Werte $\eta$ für $O_2$ und $N_2$ mußten aus dem Werte für 0° berechnet werden, da die Werte für 20° in der benutzten Tabelle nicht enthalten waren:

* Chem. Tasch. 37151.

** Berechnet nach Chem. Tasch. 3231; für $N_2$ ist der Wert für Luftstickstoff eingesetzt.

*** Chem. Tasch. 37151.

Für $O_2$: $\eta_{20} = 192 \cdot \frac{273 + 125}{293 + 125} \cdot \left(\frac{293}{273}\right)^{\frac{3}{2}} = 203$.

$\frac{1}{\nu} = n_1 \cdot \frac{1}{\nu_1} + n_2 \cdot \frac{1}{\nu_2} + \ldots = 4{,}385$ und $\nu = 0{,}228$.

Das *spezifische Gewicht einer Gasmischung* $\gamma = n_1 \cdot \gamma_1 + n_2 \cdot \gamma_2 + \ldots$ In unserem Fall also $= 0{,}584 \cdot 10^{-3}$ g/cm³.
$\eta = \nu \cdot \gamma = 133 \cdot 10^{-6}$. ——

## 12. Chemisch-technische Rechnungen.

### A. Stoffbilanz und Wärmebilanz.

Das Gesetz von der *Erhaltung der Materie* besagt, daß Materie weder geschaffen noch vernichtet werden kann. Daraus geht hervor, daß die in einen Prozeß eingehenden Stoffe sich entweder anhäufen oder aus dem Prozeß auch ausgehen müssen; ein Gewinn oder Verlust an Materie während des Prozesses kann nicht stattfinden. Dies ist von Bedeutung für die Aufstellung der *Stoffbilanz* eines Prozesses (Summe der eingehenden Stoffe = = Summe der ausgehenden Stoffe).

In Analogie besagt das Gesetz von der *Erhaltung der Energie*, daß an Energie nichts gewonnen wird und nichts verlorengehen kann. Dabei ist zu berücksichtigen, daß alle Arten von Energien, die zur Wirkung kommen, in Rechnung gesetzt werden müssen. In vielen Fällen handelt es sich jedoch nur um Wärmeenergie. Wir können dann ähnlich der Stoffbilanz auch eine *Wärmebilanz* des Prozesses aufstellen.

### B. Flüssigkeitsströmung.

#### 1. Bodendruck.

**245. Beispiel.** Ein Gefäß hat die Form eines abgestumpften Kegels, dessen Bodenfläche $f_1 = 16$ cm², Öffnung $f_2 = 64$ cm² und Höhe $h = 15$ cm mißt. a) Wie groß ist der Bodendruck $P_1$, wenn das Gefäß mit Wasser gefüllt ist? b) Wie verhält sich dieser Druck zum Gewicht $G$ des Wassers? c) Welchen Druck $P_2$ erleidet die Bodenfläche, wenn das Gefäß mit Quecksilber vom spez. Gewicht $\gamma_1 = 13{,}6$ gefüllt ist?

a) $P_1 = f_1 \cdot h \cdot \gamma = 16 \cdot 15 \cdot 1 = 240$ g.

b) $G = \frac{h}{3} \cdot (f_1 + f_2 + \sqrt{f_1 \cdot f_2}) = 560$ g. Folglich $P_1 : G = 3 : 7$.

c) $P_2 = f_1 \cdot h \cdot \gamma_1 = 16 \cdot 15 \cdot 13{,}6 = 3264$ g. ——

### 2. Ausströmen aus einer Öffnung.

Die *Geschwindigkeit des Ausflusses* einer Flüssigkeit aus einer Öffnung eines sehr dünnen Bodens eines Gefäßes ist (falls die Bewegungshindernisse unberücksichtigt bleiben) ebenso groß, als ob die ausfließenden Flüssigkeitsteilchen aus der Oberfläche frei herabfallen würden. Es gilt daher die gleiche Formel wie für die Berechnung der Fallgeschwindigkeit

$$v = \sqrt{2g \cdot h}\,.$$

Darin bedeuten: $v$ die Ausströmungsgeschwindigkeit (m/s),
$g$ die Fallbeschleunigung (9,81 m/s$^2$) und
$h$ die Höhe der Flüssigkeitssäule.

Die Ausflußgeschwindigkeit ist also nur von der Höhe, nicht aber von der Beschaffenheit der Flüssigkeit abhängig.

Anders liegt der Fall, wenn wir nicht auf die Druckhöhe, sondern auf den Druck selbst beziehen.

Stehen zwei Flüssigkeiten unter dem gleichen Druck und sind ihre spezifischen Gewichte $\gamma_1$ und $\gamma_2$, dann verhalten sich $h_1 : h_2 = \gamma_2 : \gamma_1$ und somit $v_1 : v_2 = \sqrt{\gamma_2} : \sqrt{\gamma_1}$.

Die Menge der ausströmenden Flüssigkeit ist abhängig von der Größe der Öffnung (Querschnitt $f$) und der Ausflußgeschwindigkeit. Die theoretische Ausflußmenge pro Sekunde $m = f \cdot \sqrt{2g \cdot h}$.

Für verschiedene Querschnitte gilt die Beziehung $F \cdot V = f \cdot v$ (Kontinuitätsgleichung).

In Wirklichkeit hat der Ausflußstrahl nicht die Form der Ausflußöffnung, sondern er wird unterhalb der Öffnung eingeschnürt, erfährt also eine Kontraktion, wodurch der Ausflußstrahl kleiner wird (Abb. 117). Aus diesem Grunde und infolge der Reibung der ausfließenden Flüssigkeitsteilchen unter sich am Rande der Ausflußöffnung ist die wirkliche Ausflußgeschwindigkeit kleiner. Bei sehr dünner Wand beträgt der verengte Querschnitt nur 0,64 der Ausflußöffnung (Kontraktionskoeffizient = 0,64) und die wirkliche Ausflußgeschwindigkeit 0,97 des theoretischen Wertes (Geschwindigkeitskoeffizient = 0,97). Die *wirkliche Ausflußmenge* ist daher nur $m_W = 0{,}62 \cdot f \cdot \sqrt{2g \cdot h}$. (0,62 ist der Ausflußkoeffizient.)

Vergleicht man die Ausflußmengen $m_1$ und $m_2$ zweier Flüssigkeiten unter den Drucken $h_1$ und $h_2$, so ist bei gleichem Querschnitt $f$ der Ausflußöffnung $m_1 : m_2 = f \cdot \sqrt{2g \cdot h_1} : f \cdot \sqrt{2g \cdot h_2} = \sqrt{h_1} : \sqrt{h_2}$.

**246. Beispiel.** Wieviel Wasser wird aus einem ständig voll erhaltenen Behälter in der Stunde ausfließen, wenn der Flüssigkeitsstrahl durch ein kreisförmiges Loch von 10 cm Durchmesser austritt, dessen Mittelpunkt 80 cm unter dem Wasserspiegel liegt?

Theoretische Ausflußmenge $m = r^2 \cdot \pi \cdot \sqrt{2\,g \cdot h} = 0{,}0025 \cdot 3{,}14 \cdot \cdot \sqrt{2 \cdot 9{,}81 \cdot 0{,}8} = 0{,}0311\ \mathrm{m^3/s}$.

Wirkliche Ausflußmenge $m_W = 0{,}62 \cdot 0{,}0311 = 0{,}0193\ \mathrm{m^3/s} = 69{,}48\ \mathrm{m^3/h}$. ——

Die *Mariottesche Flasche* ermöglicht den Ausfluß einer Flüssigkeit mit gleichbleibender Ausflußgeschwindigkeit trotz sinkendem Niveau (Abb. 118). Das beiderseits offene Rohr R ist luftdicht in die Flasche

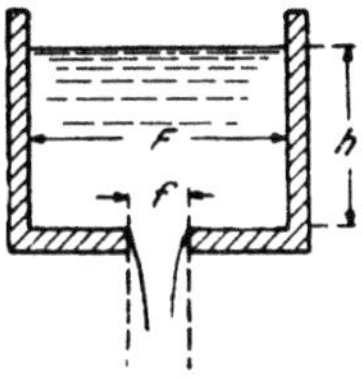

Abb. 117

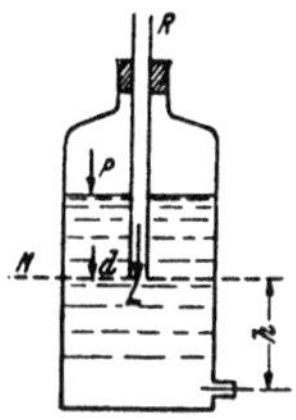

Abb. 118

eingestöpselt, so daß beim Beginn des Ausfließens das innere Volumen sich vergrößert und dadurch seinen Druck auf $p < L$ verkleinert, bis die Luft in dem unteren Rohrende einströmt; dann ist $L = p + d$ und hält der äußere Luftdruck $L$ somit die Flüssigkeit über der Niveaufläche N im Gleichgewicht, wodurch auf die Ausflußöffnung nur der Flüssigkeitsdruck von der Höhe $h$ wirkt, der solange unverändert bleibt, solange die Flüssigkeit oberhalb des inneren Rohrendes steht.

**Aufgaben. 291.** Mit welcher theoretischen Geschwindigkeit fließt Wasser aus einer Öffnung aus, die stets 3 m ($= h$) unter der Oberfläche liegt, wenn das Wasser unter einem konstanten Druck von 2 Atm gehalten wird (1 Atm = 10,3 m Wassersäule)?

**292.** Ein volles prismatisches Gefäß von der Höhe $h$ kann durch eine Bodenöffnung in $t$ Sekunden geleert werden. In welcher Zeit $x$ fällt der Wasserspiegel auf die Höhe $h' = \frac{h}{n}$?

## 3. Strömungsverhältnisse in Rohren.

Übertragen wir die vorhergehenden Betrachtungen auf ein Rohrsystem, sind die hinzutretenden Energieverluste zu berücksichtigen.

Eine Flüssigkeit wird mittels einer Pumpe (Abb. 119), welche die zur Aufrechterhaltung der Strömung nötige Energie liefert, vom Punkt I zum Punkt II gefördert. Bei I soll 1 kg Flüssigkeit eingehen. Der Druck bei I ist $P_1$ kg/m², die Geschwindigkeit der Flüssigkeit $v_1$ m/s, das spezifische Gewicht $\gamma_1$ kg/m³.

Der Punkt I liegt $h_1$ m über der Bezugsebene, 1 kg Flüssigkeit hat also bei I eine potentielle Energie (Lageenergie) $h_1$ kgm. Nachdem die Flüssigkeit die Geschwindigkeit $v_1$ m/s hat, besitzt 1 kg die kinetische Energie (Geschwindigkeitsenergie) $\frac{v_1^2}{2g}$ kgm. Ferner muß das kg Flüssigkeit in das Rohr gegen einen Druck von $P_1$

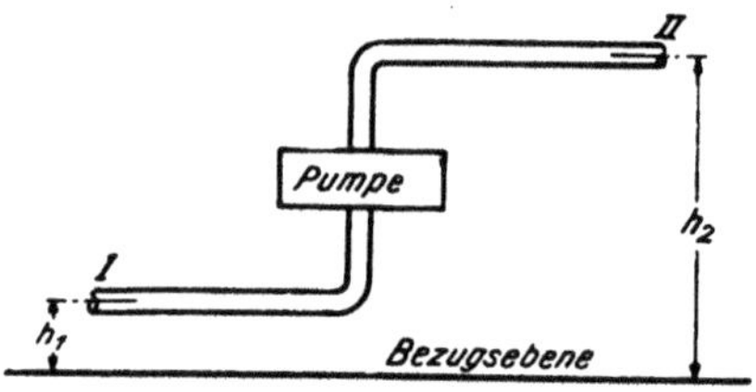


Abb. 119

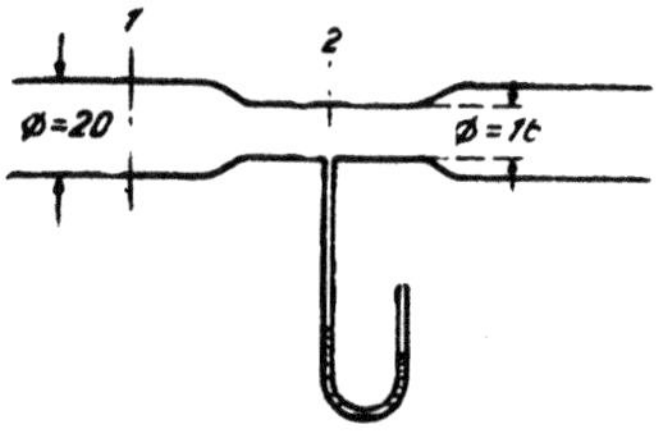


Abb. 120

kg/m² eintreten und daher eine Arbeit $\frac{P_1}{\gamma_1}$ aufgewendet werden, wodurch sein Energiegehalt um den gleichen Betrag erhöht wird (Druckenergie).

Der Gesamtenergiegehalt von 1 kg Flüssigkeit beim Eintritt in das Rohr ist somit $h_1 + \frac{v_1^2}{2g} + \frac{P_1}{\gamma_1}$.

Der Gesamtenergiegehalt im Punkt II berechnet sich analog zu $h_2 + \frac{v_2^2}{2g} + \frac{P_2}{\gamma_2}$.

Nachdem die Gesamtenergie an jeder Stelle konstant sein muß, kann der Energiegehalt in I jenem in II gleichgesetzt werden:

$$h_1 + \frac{v_1^2}{2g} + \frac{P_1}{\gamma_1} = h_2 + \frac{v_2^2}{2g} + \frac{P_2}{\gamma_2} \text{ (Bernoullische Gleichung).}$$

**247. Beispiel.** Durch ein verengtes Rohr (Abb. 120) fließt Wasser mit 0,1 atü (Atmosphärenüberdruck) und einer Geschwindigkeit 4 m/s. Wie groß ist der Unterdruck an der Stelle 2?

Nach der Kontinuitätsgleichung ist $F \cdot v_1 = f \cdot v_2$, oder, was gleichbedeutend ist, $D^2 \cdot v_1 = d^2 \cdot v_2$. Daraus ist $v_2 = 4 \cdot \left(\frac{20}{16}\right)^2 =$ $= 6{,}25$ m/s.

Da die Leitung keinerlei Niveauunterschiede besitzt, ist in der Bernoullischen Gleichung $h_1 = h_2$, ferner ist $\gamma_1 = \gamma_2$, wodurch sich die Gleichung vereinfacht:

$$\frac{v_1^2}{2g} + \frac{P_1}{\gamma} = \frac{v_2^2}{2g} + \frac{P_2}{\gamma} \text{ oder } P_1 + \frac{\gamma \cdot v_1^2}{2g} = P_2 + \frac{\gamma \cdot v_2^2}{2g}.$$

($P$ ist anzugeben in kg/m²; 0,1 atü = 1,1 ata = 11000 kg/m².)

$$P_2 = P_1 - \frac{\gamma}{2g} \cdot (v_2^2 - v_1^2) = 11000 - \frac{1000}{2 \cdot 9{,}81} \cdot (6{,}25^2 - 4^2) =$$
$= 9824$ kg/m² $= 0{,}982$ kg/cm². Unterdruck bei $2 = 1 - 0{,}982 = 0{,}018$ at. ———

In einem Rohrleitungssystem treten noch folgende Verluste auf: Durch die Pumpe wird Energie zugeführt ($w$ kgm je kg Flüssigkeit), wovon ein Teil in Wärme verwandelt wird. Wenn das ganze System gleiche Temperatur behält, muß diese entwickelte Wärme durch Strahlung wieder verlorengehen. Dieser Reibungsverlust ist mit $f$ kgm je kg Flüssigkeit eingesetzt. Die vollständige Energiebilanz in dem System der Abb. 120 zwischen 1 und 2 ist daher

$$h_1 + \frac{v_1^2}{2g} + \frac{P_1}{\gamma_1} - f + w = h_2 + \frac{v_2^2}{2g} + \frac{P_2}{\gamma_2}.$$

**248. Beispiel.** Eine Pumpe saugt 78%ige Schwefelsäure vom spezifischen Gewicht $\gamma = 1710$ kg/m³ aus einem Lagerbehälter durch ein Rohr von 3″ (= 7,6 cm) Durchmesser. Die Geschwindigkeit in der Saugleitung beträgt 3 m/s. Die Pumpe drückt durch ein Rohr von 2″ (= 5,1 cm) Durchmesser in einen Hochbehälter. Der Ausguß des Druckrohres liegt 12 m über dem Flüssigkeitsspiegel im Saugbehälter. Die Reibungsverluste betragen 2,5 m Förderhöhe. Welchen Druck muß die Pumpe erzeugen und wie groß ist ihr theoretischer Kraftbedarf?

Bezugsebene sei der Flüssigkeitsspiegel im Lagerbehälter. $h_1 = 0$, $h_2 = 12$ m, $v_1 = 3$.

$$v_1 : v_2 = d_2^2 : d_1^2; \text{ daraus ist } v_2 = 3 \cdot \frac{7{,}6^2}{5{,}1^2} = 6{,}66 \text{ m/s}.$$

Reibungsverlust = 2,5 m; $P_1 = P_2$ (beide unter Atmosphärendruck); $\gamma_1 = \gamma_2 = 1710$ kg/m³.

Es ist also $-2{,}5 + w = 12 + \frac{6{,}66^2}{2 \cdot 9{,}81}$ und $w = 16{,}76$ m (der Förderflüssigkeit).

Der Druck, den eine Flüssigkeitssäule von 1 m² Grundfläche und $h$ m Höhe bei einem spezifischen Gewicht $\gamma$ kg/m³ ausübt, ist gegeben durch das Gewicht der Flüssigkeitssäule ($V \cdot \gamma$). Da die Grundfläche 1 m² beträgt, ist das Volumen zahlenmäßig gleich der Höhe $h$ und der Druck $P = h \cdot \gamma$ kg/m². Für unseren Fall also $16{,}76 \cdot 1710 = 28660$ kg/m² oder 2,87 kg/cm².

Leistung der Pumpe = sekundlich gefördertes Volumen × × Druck. Das sekundlich geförderte Volumen $= F \cdot v_1 = 0{,}00453 \cdot \cdot 3 = 0{,}0136$ m³/s. Leistung $= 0{,}0136 \cdot 28660 = 390$ kgm/s $= \frac{390}{75} = = 5{,}2$ PS. ———

## 4. Laminare und turbulente Strömung.

Wir unterscheiden zwei Arten von Flüssigkeitsströmen. Unterhalb einer bestimmten Strömungsgeschwindigkeit gleiten aufeinanderfolgende Schichten aneinander vorbei, ohne sich zu mischen (*laminare Strömung*, die Stromlinien sind achsenparallel). Die Schichten haben also je einen Geschwindigkeitsunterschied gegeneinander und rufen innere Reibung hervor. Beim Überschreiten einer gewissen Geschwindigkeit (kritische Geschwindigkeit) hört dieser Bewegungszustand auf und die einzelnen Teilchen der Flüssigkeit strömen jetzt in Wirbeln, so daß vollständige Mischung eintritt und keine parallelen Fäden mehr vorhanden sind (*turbulente Strömung*).

Die *kritische Geschwindigkeit* ist abhängig vom Rohrdurchmesser, von der Strömungsgeschwindigkeit, dem spezifischen Gewicht und der Viskosität der Flüssigkeit. Ist $d$ der lichte Durchmesser des Rohres in m, $v$ die mittlere Geschwindigkeit der Flüssigkeit in m/s und $\nu$ ihre kinematische Zähigkeit in m²/s (dynamische Zähigkeit $\eta = \nu \cdot \varrho$), dann ist die sogenannte *Reynoldsche Zahl* $R_e = \frac{v \cdot d}{\nu}$.

Die kritische Geschwindigkeit tritt dann auf, wenn $R_e$ den Wert 2320 erreicht hat*.

**249. Beispiel.** Öl mit einer Viskosität 15° E (= 114 cSt) fließt durch eine glatte Leitung vom Durchmesser 5 cm. Bis zu welcher Geschwindigkeit wird sein Ausfluß laminar sein?

$2320 = \frac{v_{kr} \cdot 5}{1{,}14}$; daraus ist $v_{kr} = 529$ cm/s. ———

**Aufgaben. 293.** Wasser von 20° mit einer Zähigkeit $\eta = 0{,}01$ Poise und $\gamma = 1$ g/cm³ fließt durch eine glatte Leitung vom Durchmesser 5 cm. Bis zu welcher Geschwindigkeit wird sein Ausfluß laminar sein?

---

* Beziehen sich die Angaben von $\nu$ auf cSt (Chem. Tasch. 3712), so müssen diese durch 1000000 dividiert werden, da wir für unsere Formel die Angabe in m²/s benötigen.

## 5. Reibungsverluste in Rohren.

Wenn Flüssigkeiten laminar durch ein Rohr von kreisrundem Querschnitt fließen, folgt die Strömung der *Poiseuilleschen Gleichung:*

$$\text{Druckverlust } \Delta P = \frac{318 \cdot l \cdot v \cdot \eta}{g \cdot d^2 \cdot 10000}.$$

Darin sind: $P$ der Druck in $kg/m^2$,
$l$ die Rohrlänge in m,
$\eta$ die Zähigkeit in Centipoisen,
$g$ die Fallbeschleunigung in $m/s^2$,
$v$ die Geschwindigkeit in m/s und
$d$ der Rohrdurchmesser in m.

Durch Umformung und Zusammenziehung der Zahlenwerte ergibt sich ein Druckabfall in m Wassersäule in einer geraden Rohrleitung vom Durchmesser $d$ m und der Länge $l$ m, einer mittleren Geschwindigkeit $v$ m/s und dem spezifischen Gewicht $\gamma$ in $t/m^3$ ($g = 9{,}81$ $m/s^2$) von

$$\Delta P = W \cdot \frac{l \cdot \gamma \cdot v^2}{d \cdot 2g}.$$

*W* ist die *Widerstandsziffer*, welche abhängig ist von der REYNOLDschen Zahl und der Rauhigkeit. *W* ist aus dem experimentell bestimmten Diagramm (Abb. 121) zu entnehmen.

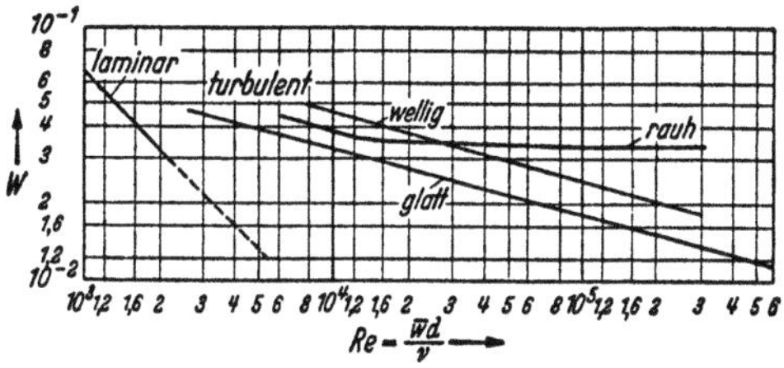


Abb. 121

Für laminare Strömung ist $W = \frac{64}{R_e}$, für turbulente Strömung ist bei glatten Rohren nach BLASIUS $W = \frac{0{,}3164}{(R_e)^{0{,}25}}$; bei rauhen Rohren ist die Widerstandsziffer größer (für Wandungen von Eisenrohren üblicher Rauhigkeit kann der 1,5fache Wert angenommen werden.

**250. Beispiel.** Durch eine Leitung von 120 mm Durchmesser und 60 m Länge wird Dekalin von 20° mit einer Geschwindigkeit von 0,9 m/s gepumpt. Zu berechnen ist der Druckverlust.

Das spezifische Gewicht des Dekalins ist 0,887, die Zähigkeit 2,4 cP.

$$\nu = \frac{2,4}{0,887} = 2,705\ \text{cSt} = 0,000002705\ \text{m}^2/\text{s}.$$

$R_e = \frac{v \cdot d}{\nu} = \frac{0,9 \cdot 0,12}{0,000002705} = 39900$. Nach dem Diagramm ist die Widerstandszahl für glatte Rohre $W = 0,023$.

$\Delta P = W \cdot \frac{l \cdot \gamma \cdot v^2}{d \cdot 2g} = 0,023 \cdot \frac{60 \cdot 0,887 \cdot 0,9^2}{0,12 \cdot 2 \cdot 9,81} = 0,42$ m Wassersäule. ———

Nach HOPF und FROMM unterscheidet man zwei Arten von Wandbeschaffenheit, und zwar Wandrauhigkeit und Wandwelligkeit. Die *Wandrauhigkeit* erreicht bei steigendem $R_e$ einen Grenzwert und ist dann von $R_e$ unabhängig. Der Grenzwert ist bestimmt durch das Verhältnis der *Rauhigkeitszahl* $z$ zum Durchmesser. Es ist $W = \left(\frac{z}{d}\right)^{0,314} \cdot 10^{-2}$.

$z$ ist für neues, glattes Metallrohr und asphaltiertes Blech 1,5 m, für neues Gußeisen und Eisenblech 2,5, für angerostetes Eisenrohr 5 und für verkrustetes Eisen und rauhe Bretter 7.

Anwendung siehe 253. Beispiel, S. 344.

Bei der Welligkeit (wellenförmige, im großen und ganzen jedoch glatte Oberfläche, z. B. bei asphaltierten Rohren) ist $W$ von der Zahl $R_e$ abhängig, etwa nach der Gleichung $W = \xi \cdot W_0$; $W_0$ ist die Widerstandsziffer des glatten Rohres. Die *Welligkeitszahl* $\xi$ ist für Holzrohre 1,5 bis 2, für asphaltiertes Eisenblech 1,2 bis 1,5. Bei handelsüblichen Stahlrohren kann nach ZIMMERMANN und GALAVICS folgende Formel angewendet werden ($d$ in mm):

$$W = W_0 + \frac{0,86 \cdot 10^{-3}}{d^{0,28}} \cdot \left(lg \frac{R_e}{d^{1,1} \cdot 10^{5,5}}\right)^{1,75}.$$

Die Verluste durch plötzliche *Querschnittserweiterung* können nach der Formel $\Delta h_W = \frac{(v_1 - v_2)^2}{2g}$ berechnet werden, worin $\Delta h_W$ der Druckverlust in m, $v_1$ die Geschwindigkeit in m/s im kleinen Querschnitt und $v_2$ die Geschwindigkeit im großen Querschnitt sind.

Der Verlust durch plötzliche *Querschnittsverengung* ist

$$\Delta h_e = \frac{k \cdot v_2^2}{2g}.$$

Hier ist $v_2$ die Geschwindigkeit im kleineren Querschnitt und $k$ eine Konstante, die vom Verhältnis der beiden Querschnitte abhängt. Sie ist für

| | | | | | |
|---|---|---|---|---|---|
| Querschnittsverhältnis: | 0,00 | 0,10 | 0,20 | 0,30 | 0,40 |
| $k$ = | 0,50 | 0,47 | 0,43 | 0,39 | 0,34 |
| Querschnittsverhältnis: | 0,50 | 0,60 | 0,70 | 0,80 | 0,90 |
| $k$ = | 0,30 | 0,25 | 0,21 | 0,16 | 0,08 |

Außerdem wird durch jede Richtungsänderung des Rohres ein zusätzlicher Verlust verursacht. Die *Verluste in Formstücken* sind, ausgedrückt durch das Verhältnis der äquivalenten geraden Rohrlängen zum Durchmesser, annähernd:

90°-Bogenstück 1 — 2,5″ = 30; 3 — 6″ = 40; 7 — 10″ = 50.
Kugelventile 1 — 2,5″ = 45; 3 — 6″ = 60; 7 — 10″ = 75.
Schieber, voll geöffnet = 6 — 8.
T-Stücke gleicher Abzweigung 1 — 4″ = 60.
Kreuzstücke = 50.

**251. Beispiel.** Aus einem Behälter sollen pro Minute 375 Liter Wasser von 80° durch eine horizontale eiserne Leitung (siehe Aufriß der Anlage in Abb. 122) abfließen. Die Druckhöhe beträgt 7 m. Welches von dem vorhandenen 3″-, 2″- oder 1″-Rohr kann verwendet werden?

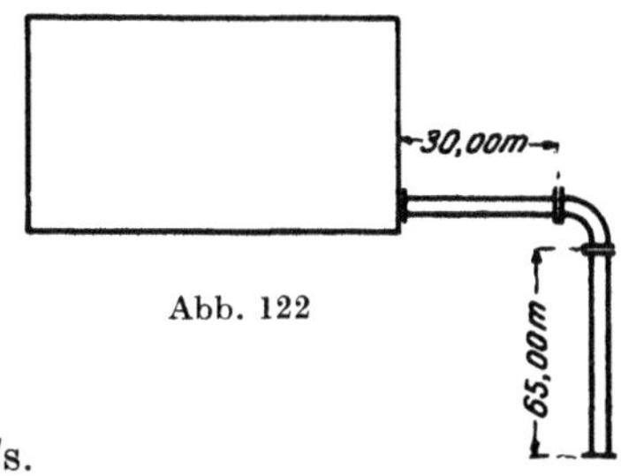


Abb. 122

Berechnung für das 3″-Rohr: Durchmesser 3″ = 76 mm; $\nu =$ = 0,3659 cSt; $\gamma = 0{,}9718$ für Wasser von 80°.

Menge = 0,375 : 60 = 0,00625 m³/s.

$$\text{Querschnitt der Leitung} = \frac{0{,}076^2 \cdot 3{,}14}{4} = 0{,}00453 \text{ m}^2.$$

$$\text{Geschwindigkeit } v = \frac{0{,}00625}{0{,}00453} = 1{,}38 \text{ m/s}.$$

$R_e = \dfrac{v \cdot d}{\nu} = \dfrac{1{,}38 \cdot 0{,}076}{0{,}0000003659} = 287000.$ Daraus ist $W$ nach dem Diagramm für glatte Rohre = 0,014.

Die Rohrlänge beträgt 30 + 65 m, vermehrt um die gleichwertige Rohrlänge des Krümmers.

Nach obiger Zusammenstellung ist für 90°-Bogenstücke und 3″ das Verhältnis der äquivalenten geraden Rohrlänge $x$ in m zum Durchmesser $d$ in m 40; daraus ist $x = 40 \cdot d = 40 \cdot 0{,}076 = 3$ m.

Die gesamte Rohrlänge ist also mit 98 m einzusetzen.

Druckabfall $\Delta P = W \cdot \frac{l \cdot \gamma \cdot v^2}{d \cdot 2g} = 0{,}014 \cdot \frac{98 \cdot 0{,}9718 \cdot 1{,}38^2}{0{,}076 \cdot 2 \cdot 981} =$ $= 1{,}70$ m.

Die Geschwindigkeitshöhe beträgt $\frac{v^2}{2g} = \frac{1{,}38^2}{2 \cdot 9{,}81} = 0{,}10$ m.

Die erforderliche Druckhöhe ist also 1,80 m. (7 m stehen zur Verfügung, der Rohrdurchmesser ist also etwas zu groß.)

Die gleiche Rechnung für ein 2″-Rohr ergibt ($d = 51$ mm) $\Delta P = 10{,}6 + 0{,}5$ m. (Da nur 7 m zur Verfügung stehen, ist dieser Rohrdurchmesser zu klein.) ———

**Aufgaben. 294.** Glyzerin, $\gamma = 1{,}246$ g/cm³, fließt in einer waagrechten glatten Leitung vom Durchmesser 2 cm und 7 m Länge aus einem geschlossenen Gefäß, in dem ein Überdruck gegen die umgebende Atmosphäre von 0,5 kg/cm² herrscht. Der Höhenabstand zwischen der Oberfläche im Gefäß und der Eintrittsöffnung der Leitung ist 150 cm. Wie groß ist die Ausflußgeschwindigkeit aus dem Rohr? $\eta = 4{,}1$ Poisen.

**295.** Wie groß müßte die Druckhöhe $h$ für eine Rohrleitung von 0,10 m Durchmesser sein, deren Länge (für den geraden Teil) $l = 20$ m beträgt und die außerdem ein 90°-Bogenstück besitzt? Die Rohrleitung soll pro Sekunde $Q = 0{,}010$ m³ Wasser von 20° liefern. $\nu =$ $= 1{,}0064$ cSt.

## C. Gasströmung.

Die für die Flüssigkeitsströmung aufgestellten Gesetzmäßigkeiten lassen sich sinngemäß auch auf die Strömung von Gasen anwenden.

### 1. Strömung von Gasen in Rohren.

**252. Beispiel.** Welches Dampfgewicht $G$ in kg/h liefert eine Rohrleitung von $d = 0{,}12$ m Durchmesser, wenn die Spannung des Dampfes 7 atü beträgt und derselbe mit einer Geschwindigkeit von $v = 20$ m/s durch die Leitung strömt?

1 m³ Dampf von 8 at (= 7 atü) wiegt laut Tab. 1, S. 479, 4,1034 kg.

$$G = 3600 \cdot v \cdot \gamma \cdot \frac{d^2 \cdot \pi}{4} = 3340 \text{ kg.}$$ ———

**253. Beispiel.** Pro Stunde strömen durch eine ältere Gußeisenleitung von 25 cm Durchmesser 720 m³ 20° warmes Leuchtgas. Welches ist der Druckverlust für 1 km Länge?

Wir wählen $z = 5$, dann ist $W = \left(\frac{5}{0{,}25}\right)^{0{,}314} \cdot 10^{-2}$ (siehe S. 342).

Die Strömungsgeschwindigkeit $v = \frac{720}{0{,}125^2 \cdot \pi \cdot 3600} = 4{,}076$ m/s.

Das spezifische Gewicht $\gamma = 0{,}512$ kg/m³ $= 0{,}000512$ t/m³.

$$\Delta P = \left(\frac{5}{0{,}25}\right)^{0{,}314} \cdot 10^{-2} \cdot \frac{1000 \cdot 0.000512 \cdot 4{,}076^2}{0{,}25 \cdot 2 \cdot 9{,}81} = 0{,}0444 \text{ m}$$

Wassersäule $= 44{,}4$ kg/m². ———

**254. Beispiel.** Ein Stück einer Wasserleitung mit Krümmern und Armaturen soll mit Luft untersucht werden, um den Rohrwiderstand kennenzulernen. Der Rohrdurchmesser ist 4″ = =102 mm. Die Wassergeschwindigkeit sei 2,2 m/s. Mit welcher Luftgeschwindigkeit muß die Leitung durchblasen werden, um ähnliche, übertragbare Verhältnisse zu erhalten?

$R_e = \frac{v \cdot d}{\nu}$. Da gleichwertige Verhältnisse erzielt werden sollen, muß $\underset{\text{(Wasser)}}{\frac{v_1 \cdot d_1}{\nu_1}} = \underset{\text{(Luft)}}{\frac{v_2 \cdot d_2}{\nu_2}}$; $\nu$ von Luft bei 15° ist 0,1501 St, von Wasser 0,010064 St.

$$\frac{2{,}2 \cdot 0{,}102}{0{,}0000010064} = \frac{v_2 \cdot 0{,}102}{0{,}00001501}\text{; daraus ist } v_2 = 32{,}8 \text{ m/s.}$$

Die auf S. 341 wiedergegebene Formel für den Druckabfall bei raumbeständiger Fortleitung war

$\Delta P = W \cdot \frac{l \cdot \gamma \cdot v^2}{d \cdot 2g}$. Für Gase bei 15° und 760 Torr (= Index $n$) gilt dann

$$\Delta P = W \cdot \frac{l \cdot \gamma_n \cdot v_n^2}{d \cdot 2g} \cdot \left(\frac{p_n \cdot T}{p \cdot T_n}\right).$$

Für handelsübliche, saubere Stahlrohre genügt für die Praxis für die Berechnung von $W = \frac{0{,}07}{\sqrt[8]{R_e \cdot d}}$, oder für technische Brenngase bei Vernachlässigung geringer Zähigkeitsunterschiede $W = \frac{0{,}05}{\sqrt[8]{Q_n}}$, worin $Q_n$ die Menge in m³/h bei 15° und 760 Torr bedeutet.

Für Wasserdampf gilt nach R. Biel (innerhalb weiter Druck- und Temperaturgrenzen) annähernd $W = \frac{0{,}05}{\sqrt[8]{G}}$, ($G$ in kg/h) und für Wasser $W = \frac{0{,}032}{\sqrt[8]{Q}}$.

**Aufgaben. 296.** Die Angaben des 247. Beispiels, S. 338, sind für Luft von 15° zu berechnen.

## 2. Ausströmen von Gasen aus einer Öffnung.

Ist $\gamma$ das spezifische Gewicht des Gases, bezogen auf Wasser, $s$ das spezifische Gewicht der Flüssigkeit, unter deren Druck das Gas steht, $h$ die Höhe der Gassäule und $H$ die Höhe der Flüssigkeitssäule, welche einander das Gleichgewicht halten, dann ist

$$h : H = s : \gamma \text{ und } h = H \cdot \frac{s}{\gamma}.$$

Nach Einsetzen dieses Ausdruckes in die Formel für die Ausflußgeschwindigkeit erhält man für die Ausströmungsgeschwindigkeit eines Gases $v = \sqrt{2g \cdot H \cdot \frac{s}{\gamma}}$.

Ist $b$ der Barometerstand, $H$ die Höhe der Quecksilbersäule, die dem Überdruck gleich ist, so ist der Druck, unter dem das Gas steht, $b + H$ cm. Bei einer Temperatur $t°$ ist das spezifische Gewicht des Gases

$$\gamma = \gamma_0 \cdot \frac{b + H}{p_0 \cdot (1 + a \cdot t)}.$$

Diesen Wert in die obige Gleichung eingesetzt ergibt:

$$v = \sqrt{2g \cdot H \cdot \frac{s}{\gamma_0} \cdot \frac{p_0 \cdot (1 + a \cdot t)}{b + H}}.$$

Bei einer Austrittsöffnung von der Fläche $f$ ist die theoretische Menge des ausströmenden Gases pro Sekunde

$$m = f \cdot \sqrt{2g \cdot H \cdot \frac{s}{\gamma}}.$$

**255. Beispiel.** Mittels eines Staurandes soll die Strömungsmenge in einer Gebläsewindleitung gemessen werden. Der Durchmesser der Rohrleitung $D = 0{,}3$ m, der Durchmesser des Staurandes $d = 0{,}2$ m. An dem Differenzdruckmesser wurde eine Druckdifferenz $p = 60$ mm Wassersäule gemessen. Die Temperatur der Gebläseluft ist 22°, ihr mittlerer Druck 68 mm Wassersäule ($= 5$ Torr); Barometerstand 740 Torr.

Setzen wir für $H \cdot s = p$, also den Druck der Gassäule ($=$ Druck der Flüssigkeitssäule, die ersterer das Gleichgewicht hält), dann können wir schreiben

$$v = \sqrt{2g \cdot \frac{p}{\gamma_0} \cdot \frac{p_0 \cdot (1 + a \cdot t)}{b + H}}.$$

Diese theoretische Geschwindigkeit $v$ muß noch mit dem Koeffizienten $k$ multipliziert werden, um die wirkliche Strömungsgeschwindigkeit zu erhalten.

Der *Durchflußkoeffizient* $k$ ist abhängig von dem Verhältnis der beiden Querschnitte $f : F = m$ (Einschnürungsverhältnis; $f =$ Querschnitt des Staurandes, $F =$ Querschnitt der Rohrleitung) und von der Kontraktionszahl $\mu$.

Die Ermittlung der Strömungsgeschwindigkeit erfolgt mittels *Staurand* (Querschnittsübergang vor und hinter der Einschnürung plötzlich), *Düse* (Übergang vom Rohrquerschnitt zur Einschnürung allmählich) oder *Venturirohr* (allmähliche Querschnittserweiterung nach beiden Seiten von der engsten Einschnürung aus). Für Düse und Venturirohr ist $\mu$ nahezu 1, für Stauräder schwankt $\mu$ zwischen 0,60 und 0,96. Er kann nach LANGEN wie folgt angenommen werden:

| | | | | | | | | | | |
|---|---|---|---|---|---|---|---|---|---|---|
| $m =$ 0,0 | 0,1 | 0,2 | 0,3 | 0,4 | 0,5 | 0,6 | 0,7 | 0,8 | 0,9 | 1,0 |
| $\mu =$ 0,635 | 0,637 | 0,642 | 0,653 | 0,668 | 0,689 | 0,717 | 0,756 | 0,808 | 0,883 | 1,0 |

Für den Staurand kann $k$ nach der Formel $k = \frac{\mu}{\sqrt{1 - m^2 \cdot \mu^2}}$ berechnet werden.

Nachdem der Querschnitt des Rohres $F = \frac{D^2 \cdot \pi}{4} = 0{,}0706\ \mathrm{m}^2$, der des Staurandes $f = 0{,}0314\ m^2$, so ist $f : F = m = 0{,}44$; daher $\mu = 0{,}675$ und $k = \frac{0{,}675}{\sqrt{1 - 0{,}44^2 \cdot 0{,}675^2}} = 0{,}707$.

Die Geschwindigkeit am Staurand ist

$$v_{St} = 0{,}707 \cdot \sqrt{2 \cdot 9{,}81 \cdot \frac{60}{1{,}293} \cdot \frac{760 \cdot (1 + 0{,}00367 \cdot 22)}{740 + 5}} = 22{,}39\ \mathrm{m/s}.$$

Nach der Kontinuitätsgleichung (S. 336) ist die Geschwindigkeit im Rohr $v_R = \frac{f}{F} \cdot v_{St} = 0{,}44 \cdot 22{,}39 = 9{,}85\ \mathrm{m/s}$.

Strömungsmenge $m = F \cdot v_R = 0{,}0706 \cdot 9{,}85 = 0{,}695\ \mathrm{m^3/s}$ (für 22° C und 740 Torr). ———

Mit Hilfe der Ausströmungsgeschwindigkeit kann das *spezifische Gewicht der Gase* bestimmt werden.

Läßt man zwei Gase durch Öffnungen in einer dünnen Wand unter gleichem Druck in den leeren Raum ausströmen, dann sind, wenn $p$ der Druck und $\gamma_1$ und $\gamma_2$ die spezifischen Gewichte sind, die Ausströmungsgeschwindigkeiten $v_1 = \sqrt{2g \cdot p \cdot \frac{s}{\gamma_1}}$ und $v_2 = \sqrt{2g \cdot p \cdot \frac{s}{\gamma_2}}$. Es verhält sich also $v_1 : v_2 = \sqrt{\gamma_2} : \sqrt{\gamma_1}$, d. h. die Ausströmungsgeschwindigkeiten verschiedener Gase unter gleichem Druck verhalten sich umgekehrt wie die Quadratwurzeln aus ihren spezifischen Gewichten.

Ist der Querschnitt der Ausströmöffnung $f$, die Ausströmzeit beider Gase $t_1$ und $t_2$ Sekunden, berechnen sich die Ausströmmengen zu

$m_1 = f \cdot t_1 \cdot \sqrt{2g \cdot p \cdot \frac{s}{\gamma_1}}$ und $m_2 = f \cdot t_2 \cdot \sqrt{2g \cdot p \cdot \frac{s}{\gamma_2}}$; daraus ist, wenn von beiden Gasen in $t_1$, bzw. $t_2$ Sekunden das gleiche Volumen ausströmt (also $m_1 = m_2$), $t_1 : t_2 = \sqrt{\gamma_1} : \sqrt{\gamma_2}$ oder $t_1{}^2 : t_2{}^2 = \gamma_1 : \gamma_2$, d. h. strömen gleiche Volumina zweier Gase unter gleichem Druck aus, so verhalten sich die spezifischen Gewichte wie die Quadrate der Ausströmungszeiten.

Setzt man das spezifische Gewicht des einen Gases $\gamma_1 = 1$, dann ist $\gamma_2 = \frac{t_2^2}{t_1^2}$.

**256. Beispiel.** Wie groß ist das spezifische Gewicht des Leuchtgases, bezogen auf Luft = 1, wenn bei einem Versuch die Ausströmungszeit für Luft 285 s, für Leuchtgas 209 s betrug?

$$\gamma_2 = \frac{209^2}{285^2} = 0{,}538. \text{———}$$

**257. Beispiel.** Ein Gasometer ist mit Leuchtgas vom spezifischen Gewicht 0,5 (bezogen auf Luft) gefüllt. Das Gas steht unter einem Überdruck von $h = 36$ cm, während der Barometerstand $b = 720$ Torr ($= 0{,}72$ m Hg) beträgt. Wieviel $m^3$ strömen in der Sekunde bei einer Temperatur von 10° durch eine 3 $dm^2$ weite Öffnung aus, wenn der Kontraktionskoeffizient zu 0,93 angenommen wird. $\gamma_{Hg} = 13{,}6$, $\gamma_{Luft} = 0{,}001\,293$, bezogen auf Wasser.

$$\gamma_{Gas} \text{ (bezogen auf Wasser)} = \frac{0{,}001293 \cdot 0.5}{1} = 0{,}0006\,465\,.$$

$$v = \sqrt{2\,g \cdot h \cdot \frac{s}{\gamma_0} \cdot \frac{p_0 \cdot (1 + a \cdot t)}{b + H}} =$$

$$= \sqrt{2 \cdot 9{,}81 \cdot 0{,}36 \cdot \frac{13{,}6}{0{,}0006465} \cdot \frac{0{,}76 \cdot 1{,}0367}{1{,}08}} = 329{,}2 \text{ m/s}.$$

$$m = 0{,}93 \cdot 0{,}03 \cdot 329{,}2 = 9{,}185 \text{ m}^3\text{/s}. \text{———}$$

**Aufgaben. 297.** Wie groß ist die theoretische Ausströmungsgeschwindigkeit der Luft bei 15°, wenn dieselbe aus einem Gefäß, worin sie unter einem Druck von 1,5 Atm ($= 1140$ Torr) steht, in Luft von 740 Torr ausströmt? Das spezifische Gewicht des Quecksilbers ist 13,6, das der Luft 0,00129.

**298.** Wie verhalten sich bei gleichem Druck und gleicher Temperatur die Ausströmungsgeschwindigkeiten von Stickstoff und Ammoniak, wenn ihre spezifischen Gewichte $\gamma_N = 14$ und $\gamma_{NH_3} = 8{,}5$ (bezogen auf Wasserstoff) betragen?

## 3. Der Zug im Schornstein.

Der Schornstein hat zweierlei Aufgaben zu erfüllen. Er soll die Rauchgase ins Freie leiten und die notwendige Verbrennungsluft in die Feuerung hinein- und durch sie hindurchsaugen. Die heißeren und daher gegenüber der Außenluft spezifisch leichteren Heizgase strömen in der Esse in die Höhe, erzeugen dadurch in der Feuerung einen Unterdruck, der durch das Nachströmen frischer Luft ausgeglichen wird.

Auf der Mündung der Esse von der Höhe $H$ lastet der Luftdruck $p$. Ist $\gamma_1$ das spezifische Gewicht der Luft (bezogen auf Wasser = 1) bei $t^\circ$, so ist der Druck, welchen die im Schornstein befindliche Luft auf die waagrechte Ebene unten im Schornstein ausübt, $p_1 = p + H \cdot \gamma_1$.

Solange der Ofen kalt ist, wird dieser Druck der Luftsäule innen und außen gleich sein. Wird nun aber die Luft in der Esse von $t_1^\circ$ auf $t_2^\circ$ erwärmt, so wird die Luft infolge ihrer Ausdehnung spezifisch leichter (spezifisches Gewicht $\gamma_2$). Es ist daher jetzt der auf die Ebene ausgeübte Druck $p_2 = p + H \cdot \gamma_2$, während der Druck außerhalb der Esse der gleiche geblieben ist, d. h. es ist dort ein Überdruck $p_1 - p_2 = (p + H \cdot \gamma_1) - (p + H \cdot \gamma_2) = H \cdot (\gamma_1 - \gamma_2)$ entstanden. Die Geschwindigkeit, mit welcher nunmehr die Außenluft in den unteren Schornsteinquerschnitt eingesaugt wird, ergibt sich nach der Formel $v = \sqrt{2g \cdot h}$ (siehe S. 336; $h$ ist die Höhe einer dem Überdruck entsprechenden Luftsäule von der Temperatur $t_2$).

Ist $\gamma_2$ das spezifische Gewicht der Luftsäule bei $t_2^\circ$, dann übt letztere einen Druck von $h \cdot \gamma_2$ aus und dieser Druck ist dem Überdruck der äußeren Luft gleich. $h \cdot \gamma_2 = H \cdot (\gamma_1 - \gamma_2)$ und $h = H \cdot \frac{\gamma_1 - \gamma_2}{\gamma_2}$.

Durch Einsetzen dieses Wertes in die Formel $v = \sqrt{2g \cdot h}$ erhält man $v = \sqrt{2g \cdot H \cdot \frac{\gamma_1 - \gamma_2}{\gamma_2}}$.

Unter Normalbedingungen ist das spezifische Gewicht der Luft $= \gamma_0$. Wird bei gleichbleibendem Druck die Temperatur eines Gases von $0^\circ$ auf $t_1^\circ$, bzw. $t_2^\circ$ erhöht, dann nimmt sein Volumen zu (Gay-Lussacsches Gesetz) und das spezifische Gewicht (umgekehrt proportional) ab. Es ist also $\gamma_1 = \frac{\gamma_0}{1 + a \cdot t_1}$ und $\gamma_2 = \frac{\gamma_0}{1 + a \cdot t_2}$.

Daher ist $\frac{\gamma_1 - \gamma_2}{\gamma_2} = \frac{a \cdot (t_2 - t_1)}{1 + a \cdot t_1} = \frac{t_2 - t_1}{273 + t_1}$ und

$$v = \sqrt{2g \cdot H \cdot \frac{t_2 - t_1}{273 + t_1}}.$$

Die Ausströmungsgeschwindigkeit am oberen Ende der Esse muß dieser Einströmungsgeschwindigkeit am unteren Ende gleich sein.

Dieser theoretische Wert berücksichtigt jedoch nicht den Reibungswiderstand der Luft innerhalb der Kohlenschicht, in den Feuerzügen und an den Essenwandungen. Außerdem sind die Größenverhältnisse des Rostes, die Art des Brennstoffes und die Änderung der Temperatur der Heizgase von Einfluß. Die *tatsächliche Zugstärke* ist infolgedessen je nach den örtlichen Verhältnissen kleiner (0,3 bis 0,75 des theoretischen Wertes). Man verwendet daher zur Berechnung der mittleren Zugkraft eines Schornsteins gewöhnlich die Formel

$$v = \frac{1}{3} \cdot \sqrt{2g \cdot H \cdot \frac{t_2 - t_1}{273 + t_1}}.$$

**258. Beispiel.** Aus einer Esse von 10 m Höhe strömen die Verbrennungsgase mit einer Temperatur von 200° aus, während die äußere Lufttemperatur 11° beträgt. Welche Geschwindigkeit hat der entweichende Gasstrom?

$$v = \frac{1}{3} \cdot \sqrt{2 \cdot 9{,}81 \cdot 10 \cdot \frac{200 - 11}{273 + 11}} = 3{,}8 \text{ m/s.}$$

## D. Sedimentation.

### 1. Die Formel von Stokes.

Die Sedimentationsrechnungen beruhen auf der Erscheinung, daß ein Körper, der sich in einem flüssigen oder gasförmigen Medium unter dem Einfluß einer konstanten Kraft bewegt, eine konstante Geschwindigkeit annimmt, sobald der Widerstand, den das Medium dem Körper entgegensetzt, gleich groß ist wie die bewegende Kraft.

Die Kraft, mit der sich ein Körper bewegt, ist abhängig von seiner Masse. Der Widerstand, den ihm das Medium entgegensetzt, ist abhängig vom Querschnitt und von der Geschwindigkeit des Körpers. Die Fallgeschwindigkeit des Körpers wird also in Abhängigkeit stehen zu seiner Größe.

Zur Berechnung der *Fallgeschwindigkeit kleiner Teilchen* dient die Formel von STOKES:

$$v = \frac{2}{9} \cdot r^2 \cdot \frac{(\varrho_1 - \varrho_2) \cdot g}{\eta}.$$

Darin sind $v$ die Fallgeschwindigkeit in cm/s,
$\varrho_1$ die Dichte der Teilchen,
$\varrho_2$ die Dichte der Flüssigkeit,
$g$ die Erdbeschleunigung $= 981$ cm/s$^2$,
$\eta$ die Zähigkeit der Flüssigkeit in absoluten Einheiten und
$r$ der Teilchenradius in cm.

Für gröbere Teilchen als 0,0025 cm Radius muß nach der Formel von OSEEN gerechnet werden:

$$v = \frac{\frac{-3 \cdot \eta}{r} + \sqrt{\frac{9 \cdot \eta^2}{r^2} + 3 \cdot \varrho_2 \cdot (\varrho_1 - \varrho_2) \cdot g \cdot r}}{\frac{9}{4} \cdot \varrho_2}.$$

*Staubabscheidung.* Das Absetzen von Staub aus Gasströmen erfolgt theoretisch nach dem STOKESschen Gesetz. Für diesen Fall bezeichnet $\varrho_1$ das spezifische Gewicht des Staubes, $\varrho_2$ das spezifische Gewicht des Gases und $\eta$ die Zähigkeit des Gases.

**259. Beispiel.** In einen waagrechten Kanal von 100 cm Höhe tritt Gas, 200° warm, welches Staubteilchen von der Größe 40 $\mu$ trägt, ein. Das spezifische Gewicht des Staubes ist 2,5, das des Gases ist so klein, daß es vernachlässigt werden kann. Das Gas hat eine Strömungsgeschwindigkeit von 150 cm/s. Wie lang muß der Kanal sein, damit sich aller Staub absetzt?

Für das Gas nehmen wir die Zähigkeit der Luft an, diese ist bei 200° $258 \cdot 10^{-6}$ Poisen.

$$v = \frac{2}{9} \cdot 0{,}002^2 \cdot \frac{2{,}5 \cdot 981}{258 \cdot 10^{-6}} = 8{,}4 \text{ cm/s}.$$

Wenn nun auch die gröbsten Teilchen zu Boden fallen sollen, muß die Strömungsgeschwindigkeit gleich sein der Fallzeit, d.h. $100:8{,}4 = L:150$. Das ergibt für die Länge des Kanals $L = 1785$ cm $= 17{,}85$ m.

In der Praxis muß wegen der unregelmäßigen Form der Teilchen nur mit etwa der halben Geschwindigkeit gerechnet werden. Also muß der Kanal doppelt so lang, d. h. 36 m sein. ——

## 2. Schlämmanalyse.

**260. Beispiel.** Durchführung einer Schlämmanalyse im Sedimentierapparat nach WIEGNER. Das Prinzip der Methode beruht auf der Erscheinung, daß sich verschiedene Flüssigkeiten in verschiedenen, kommunizierenden Röhren so einstellen, daß sich ihre Höhen umgekehrt proportional wie ihre spezifischen Gewichte verhalten.

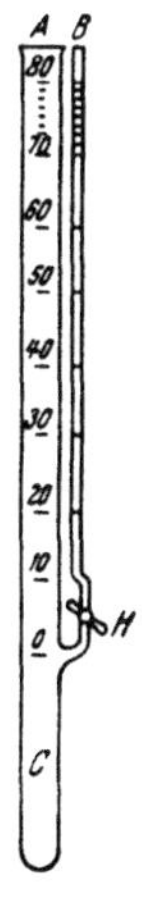

Abb. 123

*a) Durchführung der Analyse.* Der Sedimentierapparat (Abb. 123) besteht aus einem 4 bis 5 cm weiten und 100 bis 120 cm langen Fallrohr A, an das im unteren Viertel eine enge Röhre B mittels Hahnverbindung angeschlossen ist. Die zu untersuchende Suspension wird bei geschlossenem Hahn in das weite Fallrohr A eingefüllt, während das enge Meßrohr B mit der reinen Flüssigkeit gefüllt wird. Nachdem man durch Umschütteln die Suspension in A gleichmäßig verteilt hat, wird der Apparat senkrecht aufgestellt und der Hahn geöffnet.

Die Suspension in A hat ein höheres spezifisches Gewicht als die reine Flüssigkeit in B, wodurch sich eine Niveaudifferenz zwischen den beiden Flüssigkeiten in A und B ($h - H$) bildet, welche umgekehrt proportional dem spezifischen Gewicht der beiden Flüssigkeiten ist, also $H:h = \varrho_{fl}:\varrho_s$.

$H$ ist die Höhe der Aufschlämmung in A, $h$ die der reinen Flüssigkeit in B, $\varrho_{fl}$ das spezifische Gewicht der Flüssigkeit und $\varrho_s$ das spezifische Gewicht der Suspension.

In dem Maße, wie nun die Teilchen der Suspension aus der wirksamen Höhe $H$ in den Sack C des Apparates fallen, sinkt das spezifische Gewicht der Suspension und damit proportional die

Flüssigkeitssäule $h$ im Meßrohr. Die abgelesenen Höhendifferenzen geben somit direkt die Teilchenmenge an, die sich zur zugehörigen Zeit noch in der Aufschlämmung befindet.

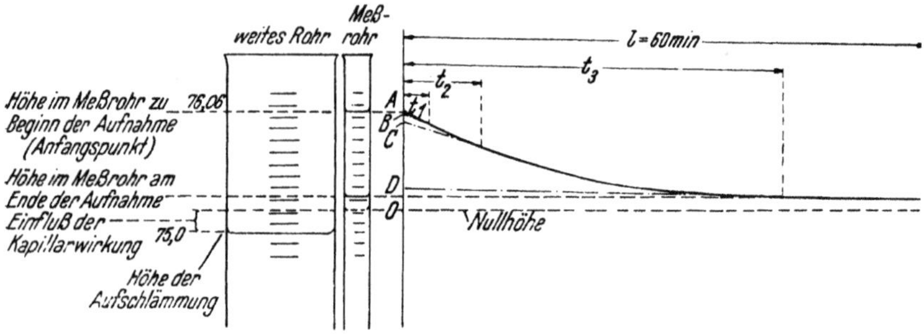


Abb. 124

Wir zeichnen aus den Versuchsergebnissen eine Kurve mit den Niveaudifferenzen als Ordinaten und den zugehörigen Zeiten als Abszissen. Die Kurve kann auch automatisch auf photographischem Wege aufgezeichnet werden.

Anwendung der Schlämmanalyse: In der Keramik, bei Bodenuntersuchungen u. a.

*b) Auswertung der Kurve* (Abb. 124).

Einwaage $G = 20$ g Substanz vom spezifischen Gewicht $\varrho = 2{,}68$.

Volumen der Aufschlämmung im weiten Rohr (inklusive Sack) bis zur Höhe 75 .... $V = 1139$ ml.

Dichte der Schlämmflüssigkeit $\varrho_{fl} = 1{,}00$.

Die Dichte der Aufschlämmung zu Beginn der Aufnahme ist nach der Formel

$$\varrho_s = \frac{\left(V - \frac{G}{\varrho}\right) \cdot \varrho_{fl} + G}{V} = \frac{\left(1139 - \frac{20}{2{,}68}\right) \cdot 1{,}00 + 20}{1139} = 1{,}0110\,.$$

Als Ausgangspunkt für die Auswertung dient die Höhe der Kurve am Ende der Aufnahme.

Bestimmung der Nullhöhe (das ist die Höhe, die sich im Meßrohr einstellt, wenn die Suspension vollständig sedimentiert ist. In den meisten Fällen ist die Sedimentation am Schluß der Aufnahme nicht beendet, so daß die Nullhöhe berechnet werden muß): Die Nullhöhe könnte der Höhe der Aufschlämmung gleichgesetzt werden, wenn der Einfluß der Kapillarität nicht vorhanden wäre. Die Nullhöhe setzt sich also zusammen aus der Höhe der Aufschlämmung im weiten Rohr am Ende der Aufnahme und der Höhendifferenz, welche durch die Kapillarwirkung verursacht wird. Der Anfangspunkt der Kurve wird nicht in allen Fällen sicher abzulesen sein und bei groben Systemen aus der Aufnahme nicht immer richtig erhalten werden. Es muß dann berechnet werden aus der Gleichung $\frac{h_0}{H} = \frac{\varrho_s}{\varrho_{fl}}$. Daraus ist die Höhe der Flüssigkeit im Meßrohr zu Beginn der Aufnahme ohne Kapillarwirkung $h_0 = 75 \cdot \frac{1,0110}{1,00} = 75,83$.

Die Höhe der Kapillarwirkung des Rohres, d. h. die Höhe der durch die Kapillarwirkung aufsteigende Flüssigkeitssäule ist, nach S. 329, $h = \frac{2 \cdot \gamma}{r \cdot \varrho_{fl} \cdot g}$ cm.

Für Wasser von 15° ist die Oberflächenspannung $\gamma = 73,3$ dyn/ /cm; für die Meßröhre von 10 mm Durchmesser ist daher die Steighöhe $h = \frac{146,6}{0,5 \cdot 1,00 \cdot 981} = 0,30$ und für die weite Röhre von 40 mm Durchmesser $h = \frac{146,6}{2,0 \cdot 1,0110 \cdot 981} = 0,07$. Die Höhendifferenz zwischen beiden Flüssigkeiten in den beiden Röhren ist daher um 0,23 cm größer, als sich aus der Wirkung der spezifischen Gewichte berechnet.

| | | |
|---|---|---|
| Theoretische Anfangshöhe ..... | 75,83 | |
| Einfluß der Kapillarwirkung ... | 0,23 | |
| | = 76,06 | berechnete Anfangshöhe, |

welche mit der abgelesenen übereinstimmt.

Auf der Kurve wird nun eingezeichnet:

| | |
|---|---|
| Tatsächliche Anfangshöhe .......................... | 76,06 |
| Nullhöhe (= Höhe im Schlämmrohr + Kapillarwirkung) .... | 75,23 |
| Anfangsausschlag $\Delta h =$ | 0,83 |

Berechnung der Fallzeiten:

Die Suspension soll in folgende Fraktionen zerlegt werden:

| | |
|---|---|
| 1. Fraktion gröber als Teilchengröße | $r = 0,005$ cm |
| 2. Fraktion | $r = 0,005$ bis 0,0025 cm |
| 3. Fraktion | $r = 0,0025$ bis 0,001 cm |
| 4. Fraktion | $r =$ kleiner als 0,001 cm |

Die Fraktionsgrenzen betragen daher $r_1 = 0,005$, $r_2 = 0,0025$ und $r_3 = 0,001$.

Zur Berechnung der Fallgeschwindigkeit in cm/s dient die Formel von Stokes (bzw. für $r_1$ jene von Oseen; siehe S. 350).

Wir erhalten für 15° ($\eta = 0{,}0114$ Poison) $v_1 = 0{,}718$, $v_2 = 0{,}201$ und $v^3 = 0{,}032$ cm/s.

Die Fallzeiten in Sekunden werden für bestimmte Höhen $h$ (in cm) gefunden nach der Formel $t = \frac{h}{v}$.

Für die abgelesene Fallhöhe von 75 cm ist daher $t_1 = 104$ s, $t_2 = 373$ s und $t_3 = 2340$ s.

Die Messung dauerte 60 Minuten, die Länge der Abszisse wurde zu 360 mm gemessen, daher entfallen auf die Fallzeiten folgende Abszissenabschnitte: $l_1 = 10{,}7$ mm, $l_2 = 38{,}3$ mm und $l_3 = 242$ mm.

Diese Strecken werden auf der Abszisse eingezeichnet, die zugehörigen Ordinaten gezogen und in den Schnittpunkten dieser mit der Kurve die Tangenten an die Kurve gelegt und zum Schnitt mit der Ordinate AO gebracht, wodurch die Punkte B, C und D erhalten werden.

Der Anfangspunkt der Kurve ist der Punkt A (effektive Anfangshöhe), die berechnete Nullhöhe der Punkt O. Die Strecke AO entspricht der gesamten angewandten Substanzmenge. Diese Strecke wird nun abgemessen, sie beträgt 39,0 mm = 100%.

| | | | |
|---|---|---|---|
| AB wurde gemessen zu | 1,2 mm = | 3,1% | (Fraktion I) |
| BC | 2,8 mm = | 7,2% | (Fraktion II) |
| CD | 23,0 mm = | 59,0% | (Fraktion III) |
| DO | 12,0 mm = | 30,8% | (Fraktion IV) |
| Summe: | 39,0 mm = | 100,1% | —— |

### 3. Klassieren.

Das STOKESsche Gesetz gilt nur für wirbelfreien Widerstand. Tritt, wie dies bei Geschwindigkeiten oberhalb des kritischen Wertes der Fall ist, Wirbelbildung auf, so berechnet sich die Absetzgeschwindigkeit nach der *Newtonschen Formel*:

$$v = k \cdot \sqrt{\frac{D \cdot (\gamma' - \gamma)}{\gamma}}\,.$$

Darin sind $k$ eine Konstante (für Kugelform 55, für andere Körper niedriger, etwa 20 bis 30), $D$ die Größe, $\gamma'$ das spezifische Gewicht der Festteilchen und $\gamma$ das spezifische Gewicht der Flüssigkeit.

Handelt es sich um die Trennung zweier verschiedener Stoffe, die aber hinsichtlich ihrer Größe und Gestalt gleich sind, dann ist das Verhältnis der Absetzgeschwindigkeiten $\frac{v_a}{v_b} = \frac{\sqrt{\gamma_a' - \gamma}}{\sqrt{\gamma_b' - \gamma}}$.

Bei zwei verschiedenen Stoffen verschiedener Teilchengröße muß ein größeres Teilchen des spezifisch leichteren Stoffes dieselbe Geschwindigkeit annehmen können wie ein kleineres Teilchen des schweren Stoffes.

Die Abb. 125 zeigt den Zusammenhang zwischen Geschwindigkeit und Durchmesser, wobei der Stoff A das höhere spezifische Gewicht hat. Liegen die Teilchen der Mischung zwischen I und II, so ist ersichtlich, daß das langsamste und kleinste Teilchen von A schneller ist als das schnellste und größte Teilchen von B. Es wird sich daher der Stoff A insgesamt schneller absetzen als B und eine vollständige Trennung erreichbar sein.

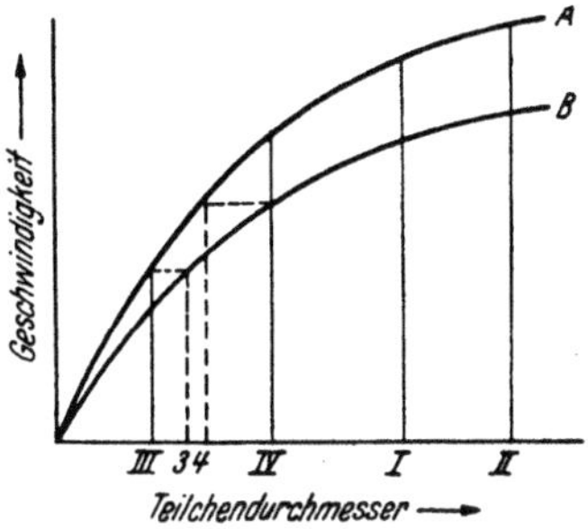

Abb. 125

Liegt jedoch die Teilchengröße der Mischung zwischen III und IV, so ist das langsamste Teilchen von A mit dem Durchmesser III langsamer als das schnellste Teilchen von B mit dem Durchmesser IV. Jedes Teilchen von A, dessen Größe zwischen IV und 4 liegt, hat dieselbe Geschwindigkeit wie ein Teilchen des Stoffes B, dessen Größe zwischen 3 und IV liegt. In diesem Falle sind also drei Fraktionen möglich (u. zw.: nur aus B mit der Größe zwischen III und 3; nur aus A mit der Größe zwischen 4 und IV und eine Mischfraktion aus A + B mit der Größe für A zwischen III und 4 und für B zwischen 3 und IV).

Bei gleicher Absetzgeschwindigkeit verhält sich

$$\frac{D_a}{D_b} = \frac{\gamma_b' - \gamma}{\gamma_a' - \gamma}.$$

**261. Beispiel.** Quarz und Bleiglanz sollen durch freies Absetzen getrennt werden. Das spezifische Gewicht des Quarzes ist 2,65, das des Bleiglanzes 7,5. Die Mischung besteht aus Teilchen von 0,00052 bis 0,0025 cm Größe. Welches sind die drei Fraktionen?

Wir berechnen uns die Teilchengröße der Mischfraktion:

$D_a = \frac{7,5-1}{2,65-1} \cdot 0,00052 = 0,00205$ cm als Durchmesser des kleinsten Quarzteilchens;

$D_b = \frac{2,65-1}{7,5-1} \cdot 0,0025 = 0,000635$ cm als Durchmesser des größten Bleiglanzteilchens.

Die Fraktionen bestehen also aus:

I. reinem Bleiglanz von der Teilchengröße 0,0025 bis 0,000635 cm,
II. Bleiglanz von der Teilchengröße 0,000635 bis 0,00052 und Quarz von der Teilchengröße 0,0025 bis 0,00205 cm und
III. reinem Quarz von der Teilchengröße 0,00205 bis 0,00052 cm. ———

Diese Berechnung war nur gültig, wenn sich die Teilchen gegenseitig nicht beeinflussen (*freies Absetzen*). Liegen aber die Teilchen sehr dicht beieinander, so daß sie sich gegenseitig stören, spricht man von *gestörtem Absetzen*. Für letzteres ist die NEWTONsche Formel nicht mehr gültig. Sie entspricht jedoch dann angenähert dem Vorgang, wenn statt des spezifischen Gewichtes der reinen Flüssigkeit das scheinbare spezifische Gewicht der Mischung aus Flüssigkeit und festem Stoff eingesetzt wird.

**262. Beispiel.** Das vorhergehende Beispiel ist für gestörtes Absetzen zu rechnen. Mittleres spezifisches Gewicht $= 1{,}5$.

Die größten Bleiglanzteilchen wären $D_b = \frac{2{,}65 - 1{,}5}{7{,}5 - 1{,}5} \cdot 0{,}0025 = 0{,}000479$ cm. Im Aufgabegut waren jedoch alle Bleiglanzteilchen größer, daher tritt keine mittlere Fraktion, sondern vollständige Trennung auf. ———

## E. Viskosität von Schmierölen.

### 1. Konventionelle Viskositätszahlen.

Die in *Engler-Graden* ausgedrückte Viskosität ist nur ein relativer Wert (Vergleichswert). Man bestimmt die Auslaufzeit von 200 ml Untersuchungsflüssigkeit bei der geforderten Temperatur sowie die Auslaufzeit des gleichen Volumens Wasser bei 20° C (Wasserwert des Viskosimeters.)

$$°E_t = \frac{\textit{Auslaufzeit der Flüssigkeit bei } t°}{\textit{Auslaufzeit des Wassers bei } 20°}$$

In physikalischen Berechnungen wird daher mit der *absoluten* oder *dynamischen Zähigkeit* gerechnet (siehe S. 332).

Andere konventionelle Viskositätszahlen sind jene nach REDWOOD ($R$) und SAYBOLD ($S$).

Umrechnung: $R = 29{,}0 \cdot E$.
$S = 34{,}2 \cdot E$.

*Umrechnung von Engler-Graden.*

$1000 \cdot \eta = 0{,}74 \cdot E - 0{,}64 \cdot \frac{\gamma}{E}$ kg · s · m$^{-2}$; darin ist $\gamma$ das spezifische Gewicht der Flüssigkeit in kg · dm$^{-3}$.

Nach Vogel ist $100 \cdot \nu = E \cdot 7{,}6^{1-\frac{1}{E^3}}$; falls $E$ größer ist als 6,0, dann ist $100 \cdot \nu = 7{,}6 \cdot E$.

**263. Beispiel.** Die Viskosität eines Öles von der Dichte 0,78 war 1,5° E. Daraus ist die kinematische Zähigkeit $100 \cdot \nu = 1{,}5 \cdot 7{,}6^{0{,}703} = 6{,}24$ und $\nu = 0{,}0624$ St.

Die dynamische Zähigkeit $\eta = \nu \cdot \varrho = 0{,}0624 \cdot 0{,}78 = 0{,}0487$ P.

## 2. Absolute Zähigkeit.

Bei der Messung im Viskosimeter mit hängendem Kugelniveau nach Ubbelohde wird direkt die kinematische Zähigkeit in cSt erhalten. Da die Viskosität stark temperaturabhängig ist, hat Ubbelohde eine empirische Formel aufgestellt, nach welcher bei richtiger Wahl der Koordinaten (Abszisse = lg $T$, Ordinate = $W$) die Viskositäts-Temperatur-Kurve als eine annähernd gerade Linie (*Viskositätsgerade*) erscheint, deren *Richtungskonstante* für jedes Öl charakteristisch ist. Es genügt daher, wenn zwei Punkte dieser Kurve bestimmt werden. Aus diesen kann die *Viskosität bei einer bestimmten Temperatur* nach der Formel $W = m \cdot (\lg T_1 - \lg T) + W_1$ berechnet werden.

Darin sind: $W = \lg\lg(\nu + 0{,}8)$ und $W_1 = \lg\lg(\nu_1 + 0{,}8)$,
$\nu$ und $\nu_1$ die kinematischen Zähigkeiten in cSt,
$T$ und $T_1$ die zugehörigen absoluten Temperaturen und
$m$ die Richtungskonstante.

Ist die Viskosität $\nu_1$ und $\nu_2$ für die Temperatur $T_1$ und $T_2$ bestimmt, so ist $m = \frac{W_1 - W_2}{\lg T_2 - \lg T_1}$. Aus beiden Formeln ergibt sich $W$ für die Temperatur $T$ zu $W = \frac{W_1 - W_2}{\lg T_2 - \lg T_1} \cdot (\lg T_1 - \lg T) + W_1$.

Stellt man die Viskositätsgeraden verschiedener Öle in einem *Viskositäts-Temperatur-Blatt* dar und verlängert die Geraden nach der Seite der tiefen Temperaturen, so ergibt sich, daß sich gleichartige Schmieröle (z. B. pennsylvanische, russische usw.) angenähert in einem Punkt schneiden, in dem für diese Ölserie charakteristischen *Viskositätspol*. Die auf diese Weise erhaltenen Viskositätspole liegen wiederum angenähert auf einer Geraden (*Pol-*

*gerade*), für die folgende Beziehung gilt (die Koordinaten der Viskositätspole tragen den Index $p$):

$$\lg T_p = 2{,}140 - 0{,}194 \cdot W_p\,.$$

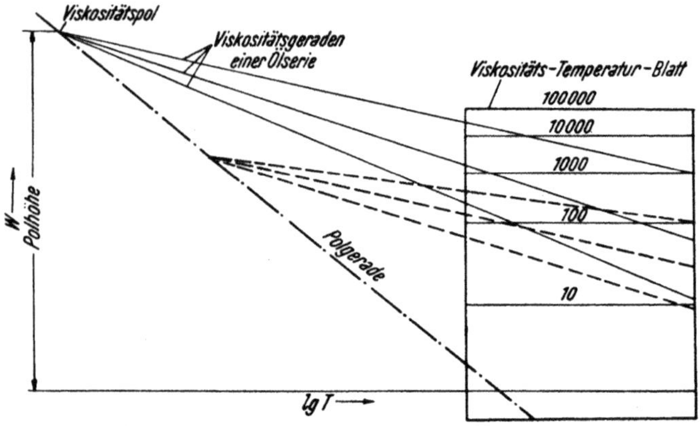


Abb. 126

Daraus ergibt sich nun der Begriff der Polhöhe $W_p$ (über der Linie $W = 0$).

Auf diese Weise kann jedes Öl durch seine Polhöhe gekennzeichnet werden, und zwar ist die Temperaturabhängigkeit der Viskosität eines Öles um so größer, je höher der Pol eines Öles liegt (Abb. 126).

Die Polhöhe erhält man nach der Formel

$$\mathrm{VP} = W_p = \frac{1}{\frac{1}{m} - 0{,}194} \cdot \left(\lg T_1 - 2{,}410 + \frac{1}{m} \cdot W_1\right).$$

Aus diesen Beziehungen zueinander folgt, daß ein Öl schon durch zwei der folgenden Angaben charakterisiert ist: 1. Viskosität bei einer gemessenen Temperatur, 2. Viskosität bei einer zweiten Temperatur, 3. Richtungskonstante, 4. Viskositätspolhöhe.

Es ist bereits weitgehend Brauch geworden, die Öle in der technischen Analyse durch die kinematische Zähigkeit in cSt bei 50° C und durch die Polhöhe zu charakterisieren*.

* Über eine graphische Methode der Ermittlung der Viskosität, Richtungskonstanten und Polhöhe auf Grund dieser Beziehungen siehe L. UBBELOHDE, Zur Viskosimetrie, 6. Aufl., 1944, S. Hirzel, Leipzig, oder H. E. KADMER, Schmierstoffe und Maschinenschmierung, 1940, Gebr. Borntraeger, Berlin.

**294. Beispiel.** Die Viskosität eines Öles bei zwei Temperaturen sei bestimmt zu $\nu = 209$ cSt bei 20° und 5,65 cSt bei 95°. Gesucht ist die Viskosität des Öles bei 0° und 50°.

Wir berechnen zunächst $W_{20}$ und $W_{95}$ nach der Formel $W = \lg\lg(\nu + 0{,}8)$, das ergibt für $W_{20} = 0{,}36583$ und $W_{95} = -0{,}09175$. Daraus ist $m = \frac{W_{20} - W_{95}}{lg\,(273+95) - lg\,(273+20)} = 4{,}623.$

$$W_0 = 4{,}623 \cdot (2{,}46687 - 2{,}43616) + 0{,}36583 = 0{,}50780 \text{ und}$$
$$W_{50} = 4{,}623 \cdot (2{,}46687 - 2{,}50920) + 0{,}36583 = 0{,}17013.$$

Aus diesen Werten ist die Viskosität $\nu$ aus der Gleichung $W = \lg\lg(\nu + 0{,}8) \ldots \nu_0 = 1657$ cSt und $\nu_{50} = 29{,}37$ cSt.

Berechnung der Polhöhe: $W_p = 6{,}09$. ———

## F. Technische Thermodynamik.

Über die Hauptsätze der Thermodynamik siehe S. 229.

### 1. Übersicht über die Zustandsänderungen.

a) *Isochore* ($v =$ konst.). $\frac{p_2}{p_1} = \frac{T_2}{T_1}$.

b) *Isobare* ($p =$ konst.). $\frac{v_2}{v_1} = \frac{T_2}{T_1}$.

c) *Isotherme* ($T =$ konst.). $p \cdot v =$ konst. ($A = -Q$).

d) *Aadiabate.* $p \cdot v^{\varkappa} =$ konst. ($Q = 0$).

e) *Polytrope.* $p \cdot v^m =$ konst.

Die Zustandsänderungen a bis d sind im Grunde genommen nur Sonderfälle der Polytrope, denn wir erhalten für

$m = 1$ die Isotherme,
$m = \varkappa$ die Adiabate,
$m = 0$ die Isobare,
$m = \infty$ die Isochore.

### 2. Isothermische Zustandsänderung.

Die Arbeitsleistung bei der isothermischen Zustandsänderung (Expansion, bzw. Kompression) ist nach Seite 59 für $n$ Mol eines idealen Gases

$$A = -n \cdot R \cdot T \cdot \ln\frac{v_2}{v_1} = -p_1 \cdot v_1 \cdot \ln\frac{v_2}{v_1}, \text{ bzw.}$$

$$A = -n \cdot R \cdot T \cdot \ln\frac{p_1}{p_2} = -p_1 \cdot v_1 \cdot \ln\frac{p_1}{p_2} = +p_1 \cdot v_1 \cdot \ln\frac{p_2}{p_1}.$$

**Aufgaben. 299.** Ein Kompressor soll 25000 l Luft/h von 20° und 3 Atm liefern. Angenommen wird isotherme Kompression. **a)** Wie groß ist das Volumen der angesaugten Luft von 20° und 1 Atm; **b)** Wieviel Kühlwasser von 15° ist nötig, wenn dieses mit 19° abfließt?

## 3. Adiabatische Zustandsänderung.

Die adiabatische Zustandsänderung erfolgt ohne Wärmezufuhr oder Wärmeentzug, folglich ist $Q = 0$ und $\Delta U = A$. Die geleistete Arbeit ändert sich mit der Temperatur.

Es gilt $= \left(\frac{v_1}{v_2}\right)^{\varkappa-1} = \frac{T_2}{T_1}$, bzw. $\left(\frac{p_2}{p_1}\right)^{\frac{\varkappa-1}{\varkappa}} = \frac{T_2}{T_1}$ und daraus

$$p_1 \cdot v_1^{\varkappa} = p_2 \cdot v_2^{\varkappa}.$$

$$-A = \frac{1}{\varkappa-1} \cdot (p_1 \cdot v_1 - p_2 \cdot v_2) = \frac{p_1 \cdot v_1}{\varkappa - 1} \cdot \left[1 - \left(\frac{p_2}{p_1}\right)^{\frac{\varkappa-1}{\varkappa}}\right].$$

**265. Beispiel.** Luft von 0° wird vom Druck $p_1 = 1$ at auf $p_2 = 3$ at adiabatisch komprimiert. Wie groß ist a) die Temperatursteigerung und b) welches Volumen nimmt die Luft nach dem Vorgang ein? Für Luft ist $\varkappa = 1{,}40$.

a) $p \cdot v^{\varkappa} =$ konstant. Durch Einsetzen von $p = \frac{R \cdot T}{v}$ erhalten wir $T \cdot v^{\varkappa - 1} =$ konstant und $v = \frac{R \cdot T}{p}$ ergibt $T \cdot p^{\frac{1-\varkappa}{\varkappa}} =$ = konstant.

Aus beiden Gleichungen ist $273 \cdot 1 = T_2 \cdot 3^{-\frac{0{,}40}{1{,}40}}$ und $T_2 =$ $= 373{,}6°$ K. Die Temperatursteigerung beträgt 100,6° C.

b) $1 \cdot v_1^{1{,}40} = 3 \cdot v_2^{1{,}40}$; $\left(\frac{v_1}{v_2}\right)^{1{,}40} = 3$ und $\frac{v_1}{v_2} = \sqrt[1{,}4]{3} = 2{,}19$.

Das Volumen beträgt nach der adiabatischen Kompression den 2,19ten Teil (während es nach der isothermischen ein Drittel des Anfangsvolumens wäre). ———

**Aufgaben. 300.** 10 m³ Luft von 0,9 at und 17° sollen adiabatisch auf 7,2 at verdichtet werden. Wie groß sind Endvolumen, Endtemperatur und Raumänderungsarbeit? $\varkappa = 1{,}40$.

## 4. Polytropische Zustandsänderung.

Die isothermische Zustandsänderung setzt vollkommenen Wärmeaustausch mit der Umgebung voraus. Bei der adiabatischen Zustandsänderung ist jeder Wärmeaustausch verhindert. In

Wirklichkeit lassen sich beide nicht völlig erreichen. Für die Vorgänge in den Zylindern unserer Maschinen werden wir meist Kurven erhalten, die zwischen Adiabate und Isotherme liegen.

Die Gleichungen für die polytropen Zustandsänderungen lauten:

$$p_1 \cdot v_1^m = p_2 \cdot v_2^m = \text{konst.}$$

$m$ ist eine beliebige Zahl, die in den praktischen Fällen zwischen 1 und $\varkappa$ liegt.

$$\frac{T_1}{T_2} = \left(\frac{p_1}{p_2}\right)^{\frac{m-1}{m}}$$

Arbeitsleistung $-A = \frac{1}{m-1} \cdot (p_1 \cdot v_1 - p_2 \cdot v_2) = \frac{p_1 \cdot v_1}{m-1} \cdot$

$$\cdot \left[1 - \left(\frac{p_2}{p_1}\right)^{\frac{m-1}{m}}\right] \text{ oder } -A = \frac{n \cdot R}{m-1} \cdot (T_1 - T_2) =$$

$$= n \cdot C_v \cdot \frac{\varkappa - 1}{m-1} \cdot (T_1 - T_2).$$

Wärmemenge $Q = \frac{\varkappa - m}{m-1} \cdot n \cdot C_v \cdot (T_1 - T_2)$. Wird die Molwärme als konstant betrachet, so ist durch Vergleich der beiden Gleichungen für $A$ und $Q$

$$-\frac{Q}{A} = \frac{\varkappa - m}{\varkappa - 1}.$$

*Kompressorleistung.*

Ein Kompressor saugt aus einer Leitung Luft (oder Gas) an, verdichtet sie und drückt sie wieder ab. Wir machen die Annahme, daß der Kompressor verlustlos arbeite.

Der Druckverlauf im Zylinder ist nach Abb. 127 folgender:

A—B Ansaugen beim Druck $p_1$,
B—C Verdichten von $p_1$ auf $p_2$,
C—D Fortdrücken in die Druckleitung beim Druck $p_2$ und
D—A der Druckwechsel beim Schließen des Druck- und Öffnen des Saugventils.

Dementsprechend sind:

$A_1$ die Ansaugearbeit $p_1 \cdot v_1$ (Fläche $ABB'\ A'$),

$A_2$ die Kompressionsarbeit $\int_1^2 p \cdot dv$ (Fläche $BCC'\ B'$),

$A_3$ die Fortdrückarbeit $p_2 \cdot v_2$ (Fläche $CDA'\ C'$) und

$A_4 = 0$.

Die auf die Luft übertragene Arbeit $A = A_2 + A_3 - A_1$; das ist

a) bei isothermer Kompression, da $p_1 \cdot v_1 = p_2 \cdot v_2$, $A = A_2 = = p_1 \cdot v_1 \cdot \ln \frac{p_2}{p_1}$;

b) bei adiabatischer Kompression, da $p_1 \cdot v_1^{\varkappa} = p_2 \cdot v_2^{\varkappa}$, $A = = \frac{\varkappa}{\varkappa - 1} \cdot (p_2 \cdot v_2 - p_1 \cdot v_1)$;

c) bei polytroper Kompression, da $p_1 \cdot v_1^{m} = p_2 \cdot v_2^{m}$,

$$A = \frac{m}{m-1} \cdot (p_2 \cdot v_2 - p_1 \cdot v_1).$$

$$-Q_2 = A_2 \cdot \frac{\varkappa - m}{\varkappa - 1} = \frac{1}{m} \cdot A \cdot \frac{\varkappa - m}{\varkappa - 1}.$$

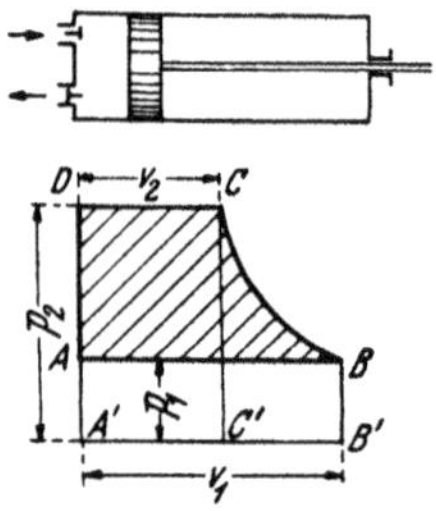


Abb. 127

**Aufgaben. 301.** Luft von $p_1 = 10$ at ($= 100000$ kg/m²) und $t_1 = 25°$ wird in einem Zylinder von 0,01 m³ Inhalt mittels eines Kolbens **a)** isotherm, **b)** adiabatisch ($\varkappa = 1{,}40$), **c)** polytrop ($m = 1{,}3$) auf 1 at entspannt. Wie groß sind in diesen Fällen das Volumen, die Endtemperatur und die vom Gas geleistete Entspannungsarbeit sowie die zugeführte Wärmemenge?

**302.** Ein Kompressor soll stündlich 3600 m³ Luft von 15° und 1 at auf 9 at verdichten. Es sind zu berechnen: 1. Das Endvolumen der Luft, 2. die Temperatur der Druckluft, 3. die Leistung des Kompressors (verlustlos), 4. die abzuführende Wärmemenge und 5. der Kühlwasserverbrauch, wenn das Wasser sich um 10° erwärmen soll; für **a)** isotherme Verdichtung, **b)** adiabatische Verdichtung, **c)** polytrope Verdichtung und **d)** wenn zweistufige polytrope Verdichtung angenommen würde. $m = 1{,}3$. Bemerkung zur zweistufigen Verdichtung: Hier wird die Luftmenge $v_1$ ($p_1$, $T_1$) vom Niederdruckzylinder angesaugt, polytropisch auf $p_2$, $v_2$, $T_2$ verdichtet, dann in einen Zwischenkühler gedrückt und bei gleichem Druck auf die Anfangstemperatur $T_1$ gekühlt. Dabei verkleinert sich $v_2$ auf $v_3$. Die abgekühlte Druckluft wird vom Hochdruckzylinder angesaugt und polytropisch auf $p_4$, $v_4$ $T_4$ verdichtet und dann ausgestoßen. Der Druck im Zwischenkühler wird zweckmäßig so gewählt, daß $\frac{p_1}{p_2} = \frac{p_2}{p_4}$, also $p_2 = \sqrt{p_1 \cdot p_4}$. (Man erhält dann gleiche Leistung im Niederdruck- und Hochdruckzylinder). Die mittlere Molwärme zwischen 15 und 98° ist $C_p = c_p \cdot M = 0{,}24 \cdot 28{,}95 = 6{,}95$. ($p_1$ wird zu $\frac{1}{1{,}033}$ Atm gerechnet).

## 5. Der Carnotsche Kreisprozeß.

1. Wir lassen 1 Mol eines idealen Gases vom Volumen $v_1$ auf $v_2$ bei gleichbleibender Temperatur $T_2$ (isotherm) ausdehnen (Abb. 128). Dazu ist die Wärmemenge $Q_2$ notwendig, die nach dem 1. Hauptsatz quantitativ in Arbeit verwandelt wird. Die Größe dieser Arbeit ist

$$Q_2 = R\,T_2 \cdot \ln \frac{v_2}{v_1}\,.$$

2. Nun lassen wir das Gas vom Volumen $v_2$ auf $v_3$ adiabatisch ausdehnen und sich dabei auf die Temperatur $T_1$ abkühlen ($T_2 > T_1$). Dabei leistet es eine Arbeit, die gleich ist der Energie

$$C_v \cdot (T_2 - T_1).$$

3. Indem wir anschließend das Gas isotherm auf das Volumen $v_4$ komprimieren, wird die der Kompressionsarbeit äquivalente Wärmemenge $Q_1 = R\,T_1 \cdot \ln \frac{v_3}{v_4}$ abgegeben.

4. Nun geben wir dem Gas die beim Vorgang 2 entnommene Wärmemenge $C_v \cdot (T_2 - T_1)$ durch Zufuhr äußerer Arbeit wieder, indem wir von $v_4$ auf $v_1$ adiabatisch komprimieren und sich dadurch auf $T_2$ erwärmen lassen. Wir wählen $v_4$ so, daß sich der Anfangszustand wiederherstellt (Kreisprozeß).

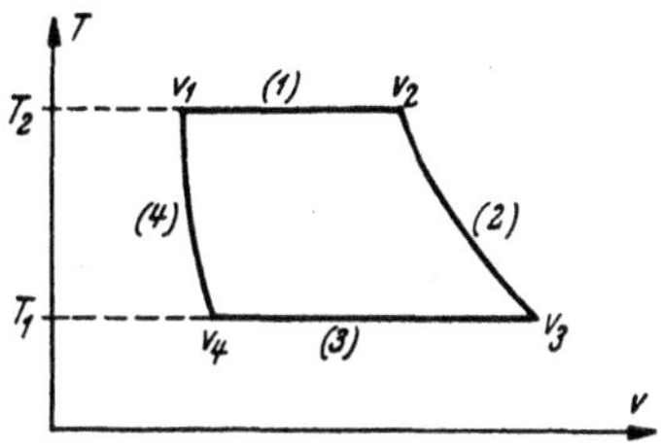

Abb. 128

Bei den Vorgängen 2 und 4 hat das Gas keine Energieänderung erfahren. Wir brauchen daher nur die Vorgänge 1 und 3 zu betrachten, um die Energiebilanz des Kreisprozesses festzustellen.

Bei 1 wird die Wärme $Q_2$ aufgenommen, bei 3 $Q_1$ abgegeben. Die Differenz $Q_2 - Q_1$ ist nach dem 1. Hauptsatz gleich der vom System geleisteten äußeren Arbeit, welche maximal bei diesem Wärmetransport zu gewinnen ist.

Nach dem für adiabatische Prozesse gültigen Gesetz von Poisson ist $T_2 \cdot v_2^{\varkappa-1} = T_1 \cdot v_3^{\varkappa-1}$ und $T_2 \cdot v_1^{\varkappa-1} = T_1 \cdot v_4^{\varkappa-1}$, woraus folgt

$$\frac{v_2}{v_1} = \frac{v_3}{v_4}\,.$$

Es wird daher $Q_2 = R\,T_2 \cdot \ln \frac{v_2}{v_1}$ und $Q_1 = R\,T_1 \cdot \ln \frac{v_2}{v_1}$.

Die in Arbeit umgewandelte Wärmemenge

$A = Q_2 - Q_1 = R \cdot (T_2 - T_1) \cdot \ln \frac{v_2}{v_1}$ und wir können schreiben

$$\frac{Q_2 - Q_1}{Q_2} = \frac{T_2 - T_1}{T_2}\,.$$

Das heißt, das Verhältnis der Wärmemenge, welche bei der Abkühlung eines Körpers zu Arbeitsleistungen nutzbar gemacht werden kann, zu der bei dieser Abkühlung abgegebenen Gesamtwärmemenge hängt nicht allein von der Größe der Abkühlung ($T_2 - T_1$), sondern auch von der absoluten Temperatur ab, von der aus die Abkühlung erfolgte. Die Arbeitsausbeute ist um so größer, je tiefer $T_2$ und je größer die Temperaturdifferenz $T_2 - T_1$ ist.

Der zweite Hauptsatz besagt: Wärme kann nie von selbst von einem Körper niederer Temperatur auf einen Körper höherer Temperatur übergehen, oder anders ausgedrückt, es ist auf keine Weise möglich, einen Vorgang, bei dem Wärme durch Reibung entsteht, vollständig rückgängig zu machen.

Der maximal in Arbeit umgesetzte Betrag kann ausgedrückt werden durch $A_m = \frac{T_2 - T_1}{T_2} \cdot Q_2$.

In die kältere Umgebung geht über $Q_1 = Q_2 - \frac{T_2 - T_1}{T_2} \cdot Q_2$. Wir berechnen aus dieser Gleichung $Q_2$ und setzen in die obere Gleichung ein, dann wird $A_m = \frac{T_2 - T_1}{T_1} \cdot Q_1$, jene Arbeit, welche benötigt wird, um die Wärmemenge $Q_1$ von der niederen Temperatur $T_1$ auf die höhere Temperatur $T_2$ überzuführen. Aus beiden Gleichungen ist $\frac{Q_2}{T_2} = \frac{Q_1}{T_1}$.

**266. Beispiel.** Eine vollkommene Wärmemaschine arbeitet zwischen 200 und 100° C. Welcher Teil von 1 kcal kann maximal in Arbeit übergeführt werden?

$$A_m = \frac{473 - 373}{473} \cdot 1 = 0{,}211 \text{ kcal } (= 90 \text{ mkg}).$$

**Aufgaben. 303.** In einer Kesselanlage werden stündlich $Q = 300\,000$ kcal bei $t_2 = 250°$ zur Verfügung gestellt. Welche Leistung kann eine verlustlose Wärmekraftmaschine (nach dem Carnotschen Kreisprozeß arbeitend) aus dieser Wärmemenge erzeugen, wenn die Temperatur der Umgebung, bzw. des Kühlwassers $t_1 = 20°$ beträgt, und welche Wärmemenge wird an das Kühlwasser abgeführt?

**304.** Welche theoretische Arbeitsleistung erfordert eine Kältemaschine, die dauernd $t_2 = -10°$ im Kühlraum aufrechterhalten soll, wenn stündlich 20000 kcal hineinströmen? Die Temperatur des eintretenden Kühlwassers ist $t_1 = 20°$, seine Austrittstemperatur 25°. Wieviel Kühlwasser wird stündlich benötigt?

## 6. Gemischte Aufgaben aus der Thermodynamik.

**Aufgaben. 305.** In einer Stahlflasche von 25 l Inhalt ist Sauerstoff unter einem Druck von 150 at und 20° C enthalten. Bei der plötzlichen Gasentnahme fällt der Druck des in der Flasche verbliebenen Gases adiabatisch auf 75 at, worauf das Ventil rasch geschlossen wird. **a)** Welcher Druck stellt sich nach dem Ausgleich mit der Umgebungstemperatur von 20° in der Flasche ein? **b)** Wieviel kg Sauerstoff waren ursprünglich in der Flasche? **c)** Wieviel kg Sauerstoff sind in der Flasche zurückgeblieben? **d)** Wieviel kg Sauerstoff wären in der Flasche zurückgeblieben, wenn sich, bei ganz langsamer Gasentnahme bis auf 75 at, die Gastemperatur in der Flasche mit der Umgebungstemperatur laufend ausgeglichen hätte?

**306.** In einer Gasmaschine arbeitet ein Gas (anzunehmen sind die Eigenschaften der Luft) in einem Kreisprozeß zwischen zwei Linien konstanten Volumens ($v_1 = v_4$ und $v_2 = v_3$) und zwischen zwei Polytropen mit $m = 1{,}3$. Das Verhältnis $\frac{v_1}{v_2} = 5$. Bei $v_2$ wird dem Gas soviel Wärme zugeführt, daß die Temperatur um 1000° steigt, bei $v_4$ wird dem Gas Wärme entzogen. Der Anfangszustand ist $p_1 = 1$ at, $t_1 = 50°$ C. Zu berechnen sind: **a)** $p$ und $T$ für die verschiedenen Eckpunkte des Prozesses; **b)** die Entropieänderung zwischen diesen Punkten; **c)** die zugeführten Wärmemengen während der einzelnen Zustandsänderungen; **d)** die Arbeitsleistung von 1 kg des Gases; **e)** der thermische Wirkungsgrad

$$\eta = \frac{\text{zugeführte Wärme} - \text{abgeführte Wärme}}{\text{zugeführte Wärme}}\,.$$

**307.** Im Auspuff eines Dieselmotors wird die mittlere Temperatur von 500° C gemessen, und zwar unter einem Druck von $p_2 = 1{,}2$ at. Wie groß ist die Expansionsendtemperatur, wenn nach dem Indikatordiagramm der Expansionsenddruck $p_1 = 5$ at beträgt? $\varkappa$ der Auspuffgase sei 1,35. (Die Wirkung des Kühlwassers während des Ausschiebens soll vernachlässigt werden.)

**308.** Aus einem großen unter konstantem Druck $p_1 = 150$ at stehenden Sauerstoffbehälter wird bei einer Umgebungstemperatur von $t_0 = 20°$ C eine Stahlflasche mit Sauerstoff gefüllt. Sofort nach dem erreichten Druckausgleich wird das Flaschenventil geschlossen und die Flasche sich selbst überlassen. (Der Wärmeaustausch während der kurzen Füllzeit wird vernachlässigt.) Welcher Druck stellt sich nach der Abkühlung der Flasche ein? In den Flaschen herrschte vor der Füllung ein Druck von $p_0 = 1$ at.

## G. Wärmenutzung.

### 1. Heizwert.

Unter dem Heizwert eines Brennstoffes versteht man die Anzahl kcal, die 1 kg desselben bei vollkommener Verbrennung liefert. Der *obere Heizwert* stellt jene Wärmemenge dar, die bei der Verbrennung unter Kondensation des entstandenen Wasserdampfes (wie dies in der Kalorimeterbombe der Fall ist) erhalten wird.

In der Praxis entweicht jedoch der entstandene Wasserdampf durch die Esse. Nach Abzug der Kondensationswärme dieses Wassers wird der *untere Heizwert* erhalten.

Der Heizwert eines Brennstoffes kann angenähert auch aus der Elementarzusammensetzung nach der „Verbandsformel" errechnet werden. Diese Formel lautet in modifizierter Form

$$H_u = 81 \cdot C + 344{,}6 \cdot \left(H - \frac{O}{8}\right) + 25 \cdot S - 6 \cdot (9H + W) \text{ kcal/kg}.$$

Darin bedeuten: $H_u$ = unterer Heizwert, $C$ = % Kohlenstoff,

$H$ = % Wasserstoff, $O$ = % Sauerstoff, $S$ = % Schwefel und $W$ = % Wasser in der lufttrockenen Kohle.

Der *Heizwert eines Gasgemisches* setzt sich aus den Wärmemengen, die die Einzelgase bei der Verbrennung liefern, zusammen. Jene Wärmemenge, die 1 kg eines Einzelgases bei der Verbrennung ergibt, wird seine Verbrennungswärme genannt. Häufig werden auch die Verbrennungswärmen pro $m^3$ Gas tabelliert.

**Aufgaben. 309.** Bei der Verbrennung einer lufttrockenen (von der Grubenfeuchtigkeit befreiten) Kohle im Kalorimeter wurde ein Heizwert von 6511 kcal/kg ermittelt. Die Grubenfeuchtigkeit beträgt 5,8 %. Durch Analyse der lufttrockenen Kohle wurden 21,2 % Verbrennungswasser ermittelt. Die Kondensationswärme des Wassers beträgt 585 kcal/kg. Berechne den effektiven (unteren) Heizwert dieser Kohle.

**310.** Berechne den unteren Heizwert einer Steinkohle der Zusammensetzung: 76,3 % C, 6,6 % H, 7,8 % O, 0,4 % N, 0,5 % S, 2,4 % Feuchtigkeit und 5,0 % Asche nach der Verbandsformel.

**311.** Wie groß ist der Heizwert von 1 $m^3$ eines Heizgases der Zusammensetzung: 3,3 Vol.-% $CO_2$, 44,0 Vol.-% CO, 0,4 Vol.-% $CH_4$, 48,6 Vol.-% $H_2$ und 3,7 Vol.-% $N_2$. Die Verbrennungswärmen betragen pro $m^3$ für CO = 3034 kcal, $CH_4$ = 8562 kcal und $H_2$ = = 2570 kcal.

## 2. Pyrometrischer Wärmeeffekt.

Zur Erwärmung von $P$ kg eines Stoffes von der spezifischen Wärme $c$ auf $t°$ werden $P \cdot c \cdot t = W$ kcal benötigt. Daraus ist $t = \frac{W}{P \cdot c}$.

Wird ein Brennstoff verbrannt, entsteht nicht nur ein einziger gasförmiger Körper, sondern ein Gasgemisch (Rauchgase). Sind $P_1$, $P_2$ usw. die Gewichte der verschiedenen Verbrennungsprodukte und $c_1$, $c_2$ usw. ihre mittleren spezifischen Wärmen bei der Verbrennungstemperatur, dann ist

$t = \frac{W}{P_1 \cdot c_1 + P_2 \cdot c_2 + \ldots}$, worin unter $W$ die Verbrennungswärme verstanden wird. Da die spezifischen Wärmen der Rauchgasbestandteile ($N_2$, $CO_2$, $O_2$) nur wenig voneinander verschieden sind und 0,24 als Durchschnittswert angesehen werden kann, vereinfacht sich die Formel zu $t = \frac{W}{\mathit{Rauchgasgewicht} \cdot 0{,}24}$.

**Aufgaben. 312.** Wie groß ist die theoretische Flammentemperatur bei der Verbrennung von CO in Sauerstoff, wenn bei dieser Temperatur 50 % des $CO_2$ dissoziiert sind (was gleichbedeutend damit ist, daß 50 % des CO unverbrannt bleiben)? Die mittlere spezifische Wärme des $CO_2$ kann bei dieser Temperatur zu 0,58, jene des CO zu 0,38 (bezogen auf 1 $m^3$) angenommen werden. Die Verbrennungswärme des CO zu $CO_2$ beträgt 3034 kcal pro $m^3$.

### 3. Wärmebilanz einer Dampfkesselfeuerung.

**267. Beispiel.** *Zusammensetzung der verwendeten Kohle:* 74,5% C, 4,8% H, 4,1% Wasser, 6,5% Asche, 1,5% N, 1,3% S, 7,3% O; oberer Heizwert 7184 kcal.

*Versuchsdaten des Dampfkessels;*

Speisewassertemperatur 26°,
Wassermenge innerhalb des Versuches 19500 kg,
Dampfdruck 17 at abs.,
Dampftemperatur 203°,
Heizfläche des Kessels 125 m²,
Totale Rostfläche 3,5 m²,
Freie Rostfläche 1,4 m²,
Versuchsdauer 6 Stunden,
Kohlenmenge 2900 kg/6 h.

Temperaturen:
Mittlere Temperatur über der Feuerbrücke 1180°,
Höchste Temperatur über der Feuerbrücke 1350°,
Mittlere Temperatur am Kesselende 340°,
Höchste Temperatur am Kesselende 380°,
Raumtemperatur 25°,

Gehalt der Rauchgase im Fuchs: 12,5% $CO_2$, 0,2% CO,
Schlacke: Menge (trocken) 170 kg mit 15,0% Verbrennbarem.

Druckverhältnisse in der Feuerung:
Mittlerer Zug am Kesselende 9,7 mm,
Höchster Zug am Kesselende 15,5 mm,
Differenzzug 5,6 mm.

*Aufstellung der Wärmebilanz:*

Zugeführte Wärmemengen:
1. Heizwert des Brennstoffes,
2. Wärmeinhalt des Brennstoffes,
3. Wärmeinhalt der Verbrennungsluft,
4. Wärmeinhalt des Speisewassers.

Abgeführte Wärmemengen:
5. Wärmeinhalt des Dampfes,
6. Wärmeinhalt der Abgase,
7. Unverbranntes in den Gasen,
8. Unverbranntes in der Schlacke,
9. Kesselverluste (Strahlung, Leitung usw.).

Zu 1. *Heizwert des Brennstoffes.*

$$\text{Unterer Heizwert} = 7184 - (\underset{H_2O}{4{,}1} + \underset{H_2}{4{,}8 \cdot 9}) \cdot \frac{600}{100} = 6900 \text{ kcal.}$$

Zu 2. *Wärmeinhalt des Brennstoffes.*

Nehmen wir die spezifische Wärme der Kohle mit 0,2 an, dann ist bei einer Raumtemperatur von 25° der Wärmeinhalt der Kohle für 1 kg $1 \cdot 0{,}2 \cdot 25 = 5$ kcal.

Zu 3. *Wärmeinhalt der Verbrennungsluft.*

a) Berechnung des Luftbedarfes und der Zusammensetzung der Verbrennungsgase:

$74{,}5\%$ C ergeben $0{,}745 \cdot \frac{22{,}4}{12} = 1{,}39$ m³ $CO_2$,

$4{,}8\%$ $H_2$ ..... $0{,}048 \cdot \frac{22{,}4}{2} = 0{,}54$ m³ Wasserdampf,

$4{,}1\%$ Wasser . $0{,}041 \cdot \frac{22{,}4}{18} = 0{,}05$ m³ Wasserdampf.

Zur Verbrennung sind daher erforderlich:

$(C + O_2 = CO_2)$ ........................ 1,39 m³ $O_2$

$(2\,H_2 + O_2 = 2\,H_2O)$ ........... $\frac{0{,}54}{2} = 0{,}27$ m³ $O_2$

zusammen 1,66 m³ $O_2$.

Die $O_2$-Menge in 1 kg Kohle beträgt

$0{,}073 \cdot \frac{22{,}4}{32}$ ..................... $= 0{,}05$ m³

Tatsächlicher $O_2$-Bedarf .............. 1,61 m³.

Wird die Zusammensetzung der Luft zu 21 Vol-% $O_2$ und 79 Vol-% $N_2$ angenommen, so entspricht dies

$$1{,}61 \cdot \frac{79}{21} = 6{,}05 \text{ m}^3\ N_2,$$

dazu der $N_2$-Gehalt der Kohle $0{,}015 \cdot \frac{22{,}4}{28} = 0{,}01$ m³ $N_2$,

$= 6{,}06$ m³ $N_2$.

Die Verbrennungsgase aus 1 kg Kohle setzen sich demnach bei theoretischem $O_2$-Bedarf zusammen aus

1,39 m³ $CO_2$,
0,59 m³ Wasserdampf und
6,06 m³ $N_2$; das sind zusammen
$= 8{,}04$ m³.

In Wirklichkeit wurden jedoch in den trockenen Abgasen 12,5% $CO_2$ festgestellt.

1 kg Kohle entwickelt 1,39 m³ $CO_2$, das entspricht $\frac{1{,}39 \cdot 100}{12{,}5} =$ $= 11{,}12$ m³ trockenen Abgases.

Zu diesem Wert kommt noch die Feuchtigkeit hinzu:

1 kg Kohle entwickelt 0,59 m³ Wasserdampf; es werden daher $11{,}12 + 0{,}59 = 11{,}71$ m³ feuchte Abgase am Kesselende mit einer mittleren Temperatur von 340° entweichen.

Folglich muß ein Luftüberschuß von $11{,}71 - 8{,}04 = 3{,}67$ m³ (bestehend aus 2,90 m³ $N_2$ und 0,77 m³ $O_2$) angewendet worden sein.

Wenn wir den geringen CO-Gehalt (0,2%) vernachlässigen, setzen sich die feuchten Abgase zusammen aus:

| | | | |
|---|---|---|---|
| $CO_2$ | 1,39 m³, | das sind feucht 11,9%, | trocken 12,5% |
| Wasserdampf | 0,59 m³, | 5,0%, | — |
| $N_2$ (6,06 + 2,9) | = 8,96 m³, | 76,5%, | 80,6% |
| $O_2$ | 0,77 m³, | 6,6%, | 6,9% |
| | 11,71 m³, | 100,0%, | 100,0% |

b) Wärmeinhalt der Verbrennungsluft.

| | | |
|---|---|---|
| Luftmenge: | Wirklicher $O_2$-Bedarf | 1,61 m³ |
| | Zugehöriger $N_2$ | 6,05 m³ |
| | Luftüberschuß | 3,67 m³ |
| | zusammen | 11,33 m³. |

Nehmen wir die spezifische Wärme der Luft zu 0,32 kcal/m³·grad an, dann ist der Wärmeinhalt der Verbrennungsluft für 25° Raumtemperatur $= 11{,}33 \cdot 0{,}32 \cdot 25 = 90$ kcal.

Zu 4. *Wärmeinhalt des Speisewassers.*

Durch 2900 kg Kohle werden 19500 kg Wasser von 26° verdampft. Der Wärmeinhalt dieser Wassermenge beträgt also $19500 \cdot 1 \cdot 26 = 507000$ kcal, bzw. $507000 : 2900 = 175$ kcal/kg Kohle.

Zu 5. *Wärmeinhalt des Dampfes.*

Der Dampf hat bei einem Druck von 17 at und 203° nach Tab. 1, S. 479, einen Wärmeinhalt von 667,5 kcal/kg.

Nachdem 19500 kg Dampf erzeugt werden, ergeben sich

$$667{,}5 \cdot 19500 = 13016250 \text{ kcal,}$$
$$\text{bzw. } 13016250 : 2900 = 4488 \text{ kcal/kg Kohle.}$$

(Der Wärmeinhalt der unterhalb des Dampfes befindlichen Wassermenge kann unberücksichtigt bleiben, da diese voraussetzungsgemäß schon vor Beginn des Versuches im Kessel vorhanden war.)

Nun muß noch der Wärmeinhalt des Speisewassers in Abzug gebracht werden. Es bleiben somit von der Kohle nutzbar im Dampf 4488 — 175 = 4313 kcal/kg Kohle.

Zu 6. *Wärmeinhalt der Abgase.*

Unter der Annahme, daß die mittlere spezifische Wärme der Abgase 0,33 kcal/m$^3$ beträgt, ist der Wärmeinhalt der Abgase, die aus 1 kg Kohle entstehen = 11,71 · 0,33 · 340 = 1314 kcal.

Zu 7. *Unverbranntes in den Abgasen.*

Der CO-Gehalt der Abgase war 0,2% (bezogen auf trockenes Gas). Aus 1 kg Kohle entstehen 11,12 m$^3$ Abgase. In den 11,71 m$^3$ feuchten Abgasen sind daher 11,12 · 0,002 = 0,022 m$^3$ CO enthalten, welche einen Heizwert von 0,022 · 3034 = 67 kcal/kg Kohle haben. (3034 ist die Verbrennungswärme von CO zu $CO_2$ für 1 m$^3$.)

Zu 8. *Unverbranntes in der Schlacke.*

Unter der Annahme, daß die verbrennbare Substanz der Schlacke als Kohlenstoff vorliegt, sind in der Schlacke 170 · 0,15 = = 25,5 kg C enthalten, welche einen Heizwert von 25,5 · 8100 = = 206550 kcal besitzen. (8100 ist die Verbrennungswärme des Kohlenstoffs.)

Die Aschenmenge in der Schlacke beträgt 170 — 25,5 = = 144,5 kg, das sind 5% der eingetragenen 2900 kg Kohle. Durch Analyse wurden in der Kohle 6,5% Asche ermittelt, daher sind 6,5 — 5 = 1,5% Flugasche. Die für 1 kg Kohle mit der Schlacke ausgetragene Kohlenstoffmenge beträgt 25,5 : 2900 = 0,0088 kg mit einem Heizwert von 0,0088 · 8100 = 71 kcal.

Zu 9. *Verluste.*

Diese ergeben sich aus der Differenz.

Die *Wärmebilanz* gestaltet sich aus diesen Werten wie folgt:

Zugeführte Wärmemengen:

| | | |
|---|---|---|
| 1. Heizwert des Brennstoffes .......... | 6900 kcal = | 96,2% |
| 2. Wärmeinhalt des Brennstoffes ....... | 5 kcal = | 0,1% |
| 3. Wärmeinhalt der Verbrennungsluft ... | 90 kcal = | 1,3% |
| 4. Wärmeinhalt des Speisewassers ...... | 175 kcal = | 2,4% |
| Summe | 7170 kcal = | 100,0% |

Abgeführte Wärmemengen:

| | | |
|---|---|---|
| 5. Wärmeinhalt des Dampfes .......... | 4488 kcal = | 62,6% |
| 6. Wärmeinhalt der Abgase ........... | 1314 kcal = | 18,3% |
| 7. Unverbranntes in den Abgasen ..... | 67 kcal = | 1,0% |
| 8. Unverbranntes in der Schlacke ...... | 71 kcal = | 1,0% |
| 9. Kesselverluste ..................... | 1230 kcal = | 17,1% |
| Summe | 7170 kcal = | 100,0% |

Diese Wärmebilanz berücksichtigt aber nicht den effektiven Kesselnutzeffekt. Letzterer ergibt sich aus dem Nutzeffekt im Dampf, vermindert um den Wärmeinhalt des Speisewassers.

*Kesselnutzeffekt* = 62,6 — 2,4 = 60,2%.

Vernachlässigt wurde der Feuchtigkeitsgehalt der Luft.

Aus dem Kesselversuch errechnen sich ferner folgende Größen:

*Belastung der Heizfläche und des Rostes.*

Innerhalb 6 Stunden werden 19500 kg Speisewasser zugeführt, die Belastung der Heizfläche ist somit 19500 : 6 = 3250 kg Wasser/h oder, bezogen auf 1 $m^2$ Heizfläche, 3250 : 125 = 26 kg/h.

Die Rostbelastung pro $m^2$ und Stunde errechnete sich aus der verheizten Kohlenmenge, der Zeit und der Rostfläche zu $\frac{2900}{6 \cdot 3{,}5} =$ $= 138$ kg/$m^2 \cdot$ h (bei einem Rostwiderstand von 9,7 — 5,6 = 4,1 mm).

*Verdampfungsziffer.*

Unter der Verdampfungsziffer eines Dampfkessels versteht man das Verhältnis zwischen verdampfter Wassermenge und Kohlenverbrauch. 19500 : 2900 = 6,7fach.

*Flammentemperatur.*

| | |
|---|---|
| 1 kg Kohle hat einen unteren Heizwert | 6900 kcal |
| vermindert um das Unverbrannte ..... | 71 kcal |
| Nutzbarer Heizwert | 6829 kcal. |

Die Verbrennungsgase bestehen aus 1,39 $m^3$ $CO_2$, 0,59 $m^3$ Wasserdampf, 8,96 $m^3$ $N_2$ und 0,77 $m^3$ $O_2$. Nehmen wir eine Verbrennungstemperatur von 1500° an, dann wäre der Wärmeinhalt des Abgases:

| | |
|---|---|
| $CO_2$ ............ | 1,39 · 0,536 = 0,745 kcal/grad* |
| Wasserdampf ... | 0,59 · 0,424 = 0,250 kcal/grad* |
| $N_2 + O_2$ ......... | 9,73 · 0,342 = 3,328 kcal/grad* |
| Summe | 4,323 kcal/grad |

* Mittlere spezifische Wärme nach Neumann, bezogen auf 1 $m^3$ Gas für 1500°: $CO_2 = 0{,}536$; Wasserdampf = 0,424; $N_2 + O_2 = 0{,}342$. (Chemikerkalender, 60. Aufl., 2. Band, S. 450.)

$$t = \frac{6829}{4{,}323} = 1580°.$$

Wir haben also durch unsere Annahme die richtige Temperatur bereits annähernd festgestellt. In Wirklichkeit wurde aber die höchste Temperatur (über der Feuerbrücke) zu 1350° gemessen. Der Unterschied ist durch Strahlungs- und Leitungsverluste bedingt.

*Wärmeübergang auf die Kesselheizfläche.*

Die Belastung des Kessels pro Quadratmeter und Stunde beträgt 26 kg. Der Wärmeinhalt des Dampfes ist 667,5 kcal und die durch den Wärmeinhalt des Wassers eingebrachte Wärmemenge 26 kcal. Zur Verdampfung von 1 kg Wasser ist daher eine Wärmemenge von 667,5 — 26 = 641,5 kcal/kg erforderlich.

Die pro Quadratmeter und Stunde übergehende Wärmemenge ist also 26 · 641,5 = 16680 kcal.

Da die Temperaturdifferenz zwischen Feuerung und Kesselinhalt 1180 — 203 = 977° beträgt, errechnet sich der Wärmeübergangskoeffizient zu $\frac{16680}{977} = 17$ kcal/m² · h · grad.

### 4. Nutzeffekt eines Gaserzeugers.

**268. Beispiel.** In den Mondgaserzeugern einer mit Gasmaschinen betriebenen Kraftzentrale wird Kohlengrus folgender Zusammensetzung verwendet:

| | | | |
|---|---|---|---|
| Feuchtigkeit ... | 8,6% | Sauerstoff ..... | 10,9% |
| Kohlenstoff .... | 62,7% | Stickstoff ..... | 1,4% |
| Wasserstoff .... | 4,6% | Asche ........ | 10,4% |

Der Heizwert (bestimmt in der Kalorimeterbombe; Wasser flüssig) beträgt 6780 kcal, der Verbrennungsrückstand 120 kg für 1 t feuchten Gruses; er enthält 12,0% C.

Die Verbrennungsluft wird durch Abhitze der Generatorgase auf 300° vorgewärmt und führt dem Generator 2,5 t Wasserdampf (von gleicher Temperatur) für die Tonne verbrauchten Brennstoffes zu. Der Dampf wird einem durch die Auspuffgase der Gasmaschinen betriebenen Röhrenkessel entnommen und nachträglich von 100° auf 300° überhitzt, ebenfalls durch die Abhitze der Generatorgase. Diese entweichen aus dem Gaserzeuger mit 350°.

Die Zusammensetzung der aus den Kondensatoren mit 15° austretenden Gase ist: 11,0% CO, 27,5% $H_2$, 2,0% $CH_4$, 16,5% $CO_2$,

41,3% $N_2$ und 1,7% Wasserdampf. Wir nehmen an, daß der gesamte $N_2$ der Kohle als $NH_3$ entweicht.

Zu berechnen sind:

1. Der Heizwert des Mondgases.
2. Das Gasvolumen für 1 t Kohle.
3. Der Nutzeffekt des Gaserzeugers.
4. Das Gewicht des zersetzten Wasserdampfes.
5. Der Betrag an Heizwert, der durch die Wasserdampfzersetzung dem Gas erhalten bleibt in Prozent vom Heizwert der Kohle.

Zu 1: Der Heizwert von 1 m³ Gas von 0° (Wasser nicht kondensiert) ist: (die Verbrennungswärmen sind für $CO = 3034$, $H_2 = 2570$, $CH_4 = 8562$ kcal):

| | | |
|---|---|---|
| CO .................. | $0{,}110 \cdot 3034 =$ | 333,7 kcal |
| $H_2$ .................. | $0{,}275 \cdot 2570 =$ | 706,8 kcal |
| $CH_4$ .................. | $0{,}020 \cdot 8562 =$ | 171,2 kcal |
| | Summe $=$ | 1211,7 kcal |

Wenn das Gas bei 15° gemessen wird, vergrößert sich sein Volumen, so daß sich die Volumina der verschiedenen Bestandteile in 1 m³ verringern, daher auch der Heizwert im gleichen Verhältnis verringert wird; er beträgt dann nur noch

$$\frac{1211{,}7}{1 + 0{,}00367 \cdot 15} = 1148{,}5 \text{ kcal/m}^3 .$$

Zu 2: 22,4 m³ C hätten unter Normalverhältnissen ein Gewicht von 12 kg, folglich 1 m³ ein Gewicht von 0,54 kg.

1 m³ Gas von 0° enthält somit an Kohlenstoff $(0{,}110 + 0{,}020 + 0{,}165) \cdot 0{,}54 = 0{,}1593$ kg.

1 kg Kohle enthält 0,6270 kg C.

1000 kg Kohle geben einen Rückstand von 120 kg mit 12% C, für 1 kg Kohle verbleiben also im Rückstand 0,0144 kg C.

Vergast wurden daher $0{,}6270 - 0{,}0144 = 0{,}6126$ kg C.

Gasvolumen bei 0° aus 1 kg Kohle: 0,1593 kg C sind enthalten in 1 m³ Gas, folglich 0,6126 kg C in 3,846 m³ Gas.

Gasvolumen aus 1 t Kohle $= 3846$ m³; bei $15° = 3846 \cdot (1 + \alpha \cdot t) = 4058$ m³.

Zu 3: Der obere Heizwert der Kohle ist mit 6780 kcal gegeben. Nachdem 1 kg des nassen Kohlengruses $100 - 8{,}6 = 91{,}4$ kg trockener Kohle entspricht, ist der obere Heizwert von 1 kg nasser Kohle $= 6780 \cdot 0{,}914 = 6197$ kcal.

Das bei der Verbrennung von 1 kg nasser Kohle gebildete Wasser errechnet sich zu:

| | |
|---|---|
| im Brennstoff ........... | 0,0860 kg, |
| aus $H_2$ gebildet ......... | 0,4140 kg $\left(= \frac{0{,}046 \cdot 18}{2}\right)$ |
| zusammen | 0,5000 kg. |

Diese enthalten bei 15° in Dampfform als Verdampfungswärme $0{,}5000 \cdot 588{,}8 = 294$ kcal (siehe Tab. 1, S. 479).

Der technische Heizwert der nassen Kohle ist dann 6197 — — 294 = 5903 kcal.

Die aus 1 kg nasser Kohle erzeugten 3,846 m³ Gas haben, im kalten Zustand verbrannt, einen Heizwert von $3{,}846 \cdot 1211{,}7 = 4660$ kcal.

Der *Nutzeffekt* des Generators ist $\frac{4660}{5903} = 0{,}789 = 78{,}9\%$.

Der Wert gilt jedoch nur unter der Voraussetzung, daß der Dampf durch Abhitze erzeugt wird und keinen Brennstoff erfordert.

Zu 4: Das Gas enthält an Wasserstoff in Kubikmetern:

| | |
|---|---|
| als $H_2$ .... $0{,}275 \cdot \frac{2}{22{,}4}$ | = 0,0246 kg |
| als $CH_4$ $2 \cdot 0{,}020 \cdot \frac{2}{22{,}4}$ | = 0,0036 kg, |
| zusammen | 0,0282 kg. |

Für 1 kg nasse Kohle $0{,}0282 \cdot 3{,}846 = 0{,}1085$ kg.

Im $NH_3$ ist an Wasserstoff vorhanden (Gesamt-$N_2$ der Kohle entweicht als $NH_3$) $0{,}014 \cdot \frac{3}{14} = 0{,}0030$ kg.

| | |
|---|---|
| Zusammen daher $0{,}1085 + 0{,}0030 =$ | 0,1115 kg |
| Wasserstoff in 1 kg Kohle ....... | 0,0460 kg |
| Wasserstoff durch Dampfzersetzung | 0,0655 kg. |

Für 1 kg wird im Gaserzeuger an Wasserdampf zersetzt $0{,}0655 \cdot \frac{18}{2} = 0{,}5895$ kg.

Insgesamt wird auf 1 kg Kohle zugeführt 2,5 kg Dampf, zersetzt werden nur $\frac{0.5895}{2{,}5} = 0{,}2358 = 23{,}58\%$.

Zu 5: Die Zersetzung des Wasserdampfes erfolgt nach der Gleichung $H_2O + C = CO + H_2$. Das entspricht unter Einsetzung der Bildungswärmen für $H_2O$ und CO $-68350 + 26840 = -41510$ kcal. Dieser Betrag würde den mit der Zersetzung von

18 kg Wasser (in flüssiger Form) verbundenen Wärmeverbrauch darstellen. Wird das Wasser jedoch als Dampf von 100° benutzt, enthält jedes kg (100 + 539 =) 639 kcal fühlbare Wärme, 18 kg also 11502 kcal. Um 18 kg Dampf von 100° zu zersetzen sind daher 68350 — 11502 = 56848 kcal notwendig und für 1 kg 3158 kcal.

Der im Gaserzeuger zersetzte Dampf (0,5895 kg pro kg Kohle) wird beim Eintritt in die Heizschicht annähernd 100° besitzen. Er erfordert also zur Zersetzung 3158 kcal für 1 kg. Die Wärme, die dadurch im Gaserzeuger gebunden und im Gas als Heizwert aufgespeichert wird, ist 3158 · 0,5895 = 1862 kcal, das sind vom Heizwert der Kohle 186200 : 5903 = 31,5%. ——

### 5. Wirkungsgrad einer Tauchbrenneranlage.

**269. Beispiel.** 8 m³ einer wäßrigen Kochsalzlösung fließen kontinuierlich pro Stunde durch den Heizbottich einer Tauchbrenneranlage und werden dabei von 30 auf 80° erwärmt. Infolge Wasserverdampfung wird die Lösung gleichzeitig um zirka 10% konzentriert. Der stündliche Gasverbrauch beträgt 245 m³ eines Kokereigases von 3700 kcal/m³ Heizwert. Der Luftbedarf beträgt das 4fache. Zu berechnen ist der Wirkungsgrad der Anlage.

Wärmebedarf: a) Zur Erwärmung der Lösung.

8 m³ · 1000 · 1,13 spezifisches Gewicht · 0,833 spezifische Wärme · · 50° = 376500 kcal.

b) Für die Wasserverdampfung.

0,8 m³ · 1000 · 545 kcal = 436000 kcal.

Wärmebedarf = a + b = 812500 kcal.

Wärmeverbrauch: 245 m³ Gas · 3700 = 906500 kcal.

$$\textit{Wirkungsgrad} = \frac{812500}{906500} = 0{,}896 = 89{,}6\,\%. \text{——}$$

## H. Wärmeübergang.

### 1. Wärmeleitung und Wärmeübergang.

Wärmeleitung ist die Fortpflanzung der Wärme innerhalb eines Stoffes. Nach dem *Newtonschen Gesetz* ist die je Zeiteinheit durch eine Wand fließende Wärmemenge direkt proportional der Temperaturdifferenz und Fläche und umgekehrt proportional der Dicke der Wand.

Es ist $\frac{Q}{t} = \frac{\lambda \cdot F \cdot \Delta\vartheta}{d}$.

Darin bedeutet: $Q$ die Wärmemenge (in kcal), die in der Zeit $t$ (in h) senkrecht durch die Fläche $F$ (in m²) von der Dicke $d$

(in m) fließt. $\Delta\vartheta$ (in °C) ist die Temperaturdifferenz zwischen beiden Oberflächen der Wand. Die *Wärmeleitzahl* $\lambda$ ist abhängig von dem Werkstoff und von seiner Temperatur; sie ist für reine Metalle groß und nimmt mit sinkender Temperatur zu. Für Gase und Flüssigkeiten ist $\lambda$ sehr klein. Wird $\lambda$ aus obiger Gleichung errechnet, ergibt sich als Dimension $\left[\frac{\text{kcal}\cdot\text{m}}{\text{m}^2\cdot\text{grad}\cdot\text{h}}\right]$.

Wenn wir auf das Grundgesetz des Wärmeüberganges durch Leitung zurückgehen, welches lautet $\frac{\text{Menge}}{\text{Zeit}} = \frac{\text{treibende Kraft}}{\text{Widerstand}}$, können wir als treibende Kraft den Temperaturabfall durch den Körper (Wärme kann fließen, wenn ein Temperaturunterschied besteht) $\Delta\vartheta$ einsetzen. Dann wird der Widerstand definiert durch die Gleichung $\frac{d}{\lambda\cdot F} = R$*.

Werden mehrere Schichten hintereinander durchflossen (Schichtdicken $d_1$, $d_2$, $d_3$ usw., Wärmeleitzahlen der betreffenden Materialien $\lambda_1$, $\lambda_2$, $\lambda_3$ usw.), so ist der Temperaturabfall in der ersten Schicht $\Delta\vartheta_1$, in der zweiten $\Delta\vartheta_2$, in der dritten $\Delta\vartheta_3$ usw., der Gesamttemperaturabfall $\Delta\vartheta = \Delta\vartheta_1 + \Delta\vartheta_2 + \Delta\vartheta_3$.

Nun war $\Delta\vartheta_1 = \frac{Q_1\cdot d_1}{t\cdot\lambda_1\cdot F}$, analog $\Delta\vartheta_2 = \frac{Q_2\cdot d_2}{t\cdot\lambda_2\cdot F}$ usw. und die Summe $\Delta\vartheta = \frac{Q_1}{t}\cdot\frac{d_1}{\lambda_1\cdot F} + \frac{Q_2}{t}\cdot\frac{d_2}{\lambda_2\cdot F} + \frac{Q_3}{t}\cdot\frac{d_3}{\lambda_3\cdot F}$ usw.

Da die Wärme, welche die erste Schicht durchfließt, auch die zweite und dritte durchdringt, ist $Q_1 = Q_2 = Q_3 = Q$ und wir erhalten für $\frac{Q}{t} = \frac{\Delta\vartheta}{\frac{d_1}{\lambda_1\cdot F} + \frac{d_2}{\lambda_2\cdot F} + \frac{d_3}{\lambda_3\cdot F}} = \frac{\Delta\vartheta}{R_1 + R_2 + R_3}$.

Nach den Analogien zur Elektrizitätslehre ist weiterhin $\Delta\vartheta : \Delta\vartheta_1 : \Delta\vartheta_2 : \Delta\vartheta_3 = R : R_1 : R_2 : R_3$.

**270. Beispiel.** Eine ebene Zisternenwand aus Schmiedeeisen von 10 mm und einer Schicht Korkplatten von 50 mm Stärke ist gegeben. Die Oberflächentemperatur beträgt innen 120°, außen 25°.

---

* Die Gleichung Wärmemenge $= \frac{\text{Temperaturdifferenz}}{\text{thermischer Widerstand}}$ kann mit der Grundgleichung der Elektrizitätslehre Stromstärke $= \frac{\text{Spannung}}{\text{Widerstand}}$ verglichen werden.

Die Wärmeleitzahlen sind für verschiedene Stoffe in Tabellen zusammengefaßt. Im Chem. Tasch. 3741 bis 3743 ist $\lambda$ in cal $\cdot$ cm$^{-1}\cdot$ s$^{-1}\cdot$ grad$^{-1}$ angegeben. Die Umrechnung in kcal $\cdot$ m$^{-1}\cdot$ h$^{-1}\cdot$ grad$^{-1}$ geschieht durch Multiplikation mit 360.

Zu berechnen ist der Wärmeverlust dieser Wand (bezogen auf die Flächeneinheit) und die Temperatur zwischen Eisen und Kork.

Die Wärmeleitzahlen sind für Schmiedeeisen 0,14 $\mathrm{cal \cdot cm^{-1} \cdot s^{-1} \cdot grad^{-1}}$, für Korkplatten 0,045 $\mathrm{kcal \cdot m^{-1} \cdot h^{-1} \cdot grad^{-1}}$. Der thermische Widerstand $R = \frac{d}{\lambda \cdot F}$, je $\mathrm{m^3}$ also für Schmiedeeisen $R_1 = \frac{0{,}01}{50{,}4} = 0{,}0002$ und für Kork $R_2 = \frac{0{,}05}{0{,}045} = 1{,}1111$.

$R = 0{,}0002 + 1{,}1111 = 1{,}1113$.

$\frac{Q}{t} = \frac{\Delta\vartheta}{R} = \frac{120 - 25}{1{,}1113} = 85{,}5\ \mathrm{kcal \cdot m^{-2} \cdot h^{-1}}$.

$\Delta\vartheta_1 : \Delta\vartheta = R_1 : R$; daher $\Delta\vartheta_1 : 95 = 0{,}0002 : 1{,}1113$; daraus ist $\Delta\vartheta_1 = 0{,}0171 \approx 0{,}02$.

Die Temperatur zwischen den beiden Schichten ist also $120 - 0{,}02 = 119{,}98°$. (Daraus ist ersichtlich, daß durch Metallplatten praktisch kaum ins Gewicht fallende Temperaturabfälle eintreten.) ———

## 2. Wärmedurchgangszahl.

Meist liegt der Fall so, daß die Wärme von einem Medium im Gefäß durch eine feste Wand zu einem zweiten Medium auf der anderen Wandseite fließt. Es sind also drei Widerstände hintereinander zu überwinden, z. B. die heiße Flüssigkeitsschicht, die trennende Metallwand und die kalte Flüssigkeitsschicht (Kühler).

Die in der Zeiteinheit übergehende Wärme war

$$\frac{Q}{t} = \frac{\Delta\vartheta}{\frac{d_1}{\lambda_1 \cdot F_1} + \frac{d_2}{\lambda_2 \cdot F_2} + \frac{d_3}{\lambda_3 \cdot F_3}}.$$

Da im allgemeinen die Wand sehr dünn ist und die Flüssigkeitsgrenzschichten noch dünner sind, sind $F_1$, $F_2$ und $F_3$ einander fast gleich und wir können dafür $F$ (die mittlere Heizfläche) setzen. Die Stärken der beiden Flüssigkeitsgrenzschichten $d_1$ und $d_3$ können schlecht gemessen werden, wir setzen daher an Stelle von $\frac{\lambda}{d} = \alpha$, die *Wärmeübergangszahl* oder den *Wärmetransmissionskoeffizienten*. Das ist jene Wärmemenge, die pro Stunde und 1° Temperaturdifferenz durch 1 $\mathrm{m^2}$ Metallfläche vom wärmeren auf das kältere Mittel übertragen werden kann. (Abb. 129.) Angabe in $\mathrm{kcal \cdot h^{-1} \cdot m^{-2} \cdot grad^{-1}}$. (Die Umrechnung aus Tabellenwerten mit $\mathrm{cal \cdot s^{-1} \cdot cm^{-2} \cdot grad^{-1}}$ erfolgt durch Multiplikation mit 36000.)

Die Gleichung erhält somit folgendes Aussehen:

$$\frac{Q}{t} = \frac{\Delta\vartheta \cdot F}{\frac{1}{\alpha_1} + \frac{d_2}{\lambda_2} + \frac{1}{\alpha_3}}.$$

Besteht die feste Wand nicht aus einem einzigen Material, sondern ist sie z. B. homogen verbleit oder hat sich durch Kesselsteinbildung eine feste Schicht oder ein Belag von der Stärke $d_4$ (in m) und der Leitfähigkeit $\lambda_4$ angesetzt, so tritt in den Nenner der Gleichung als weiteres Glied die Größe $\frac{d_4}{\lambda_4}$ additiv hinzu.

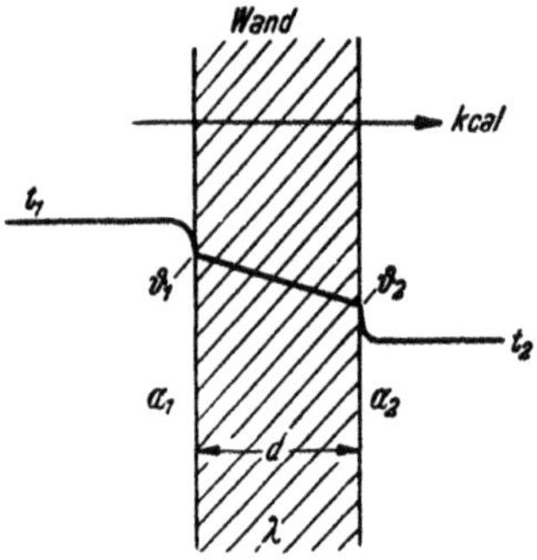

Abb. 129

Für überschlägige Rechnungen können folgende Durchschnittswerte für α angenommen werden (Erfahrungswerte):

Für kondensierenden Wasserdampf bis zu 10000 kcal · $m^{-2}$ · $h^{-1}$ · $grad^{-1}$ (Abwesenheit von Luft im Dampf und rasche Fortführung des Kondenswassers begünstigen den Wärmeübergang),

für Wasser und verdünnte Lösungen, welche kochen, 2000 bis 6000 kcal · $m^{-2}$ · $h^{-1}$ · $grad^{-1}$,

für Wasser und verdünnte Lösungen, welche nicht kochen, aber in Bewegung sind, $\alpha = 300 + 1800 \cdot \sqrt{v}$ ($v$ = Geschwindigkeit des Mediums in m · $s^{-1}$),

für Wasser und verdünnte Lösungen, welche nicht kochen und sich nicht in Bewegung befinden $\alpha = 500$ kcal · $m^{-2}$ · $h^{-1}$ · $grad^{-1}$ (der Wert steigt mit der Temperatur),

für Luft $\alpha = (2 + 10 \cdot \sqrt{v}) \cdot \sqrt{p}$; $v$ = Geschwindigkeit der Luft in m · $s^{-1}$, $p$ = Druck der Luft in at.

(Für andere Flüssigkeiten läßt sich bei Zimmertemperatur α näherungsweise aus der Wärmeübergangszahl für Wasser berechnen. Es ist z. B. $\alpha_{Alkohol}/\alpha_{Wasser} = 0{,}31$ oder $\alpha_{NaCl,\ \varrho = 1{,}25}/\alpha_{Wasser} = 0{,}72$).

Der Ausdruck $\frac{1}{\frac{1}{\alpha_1} + \frac{d_2}{\lambda_2} + \frac{1}{\alpha_3}} = \varkappa$ wird als *Wärmedurchgangszahl* bezeichnet (Dimension: kcal · $m^{-2}$ · $h^{-1}$ · $grad^{-1}$).

Die in der Zeiteinheit übergehende Wärmemenge ist dann

$$\frac{Q}{t} = \varkappa \cdot \Delta\vartheta \cdot F.$$

**271. Beispiel.** Ein gemauerter Ofen von 40 $m^2$ Oberfläche hat eine Temperatur der Außenwände von 65°, die Lufttemperatur in der Nähe des Ofens beträgt 25°. Wie groß ist der Wärmeverlust durch Abgabe an die Luft während eines Tages? Die Bewegung der vorbeiströmenden Luft ist mit 1 m/s zu schätzen.

$Q = \frac{\lambda \cdot F \cdot t \cdot \Delta\vartheta}{d}$. Die Wärmeübergangszahl $\frac{\lambda}{d} = \alpha$ einer senkrechten Wand an einem parallel zu ihr gerichteten Luftstrom der Geschwindigkeit $v$ ist für glatte Oberflächenbeschaffenheit annähernd $\alpha = 4{,}8 + 3{,}4 \cdot v$*. Das ergibt für unseren Fall 8,2 kcal · $\cdot\, m^{-2} \cdot h^{-1} \cdot grad^{-1}$.

$Q = 8{,}2 \cdot 40 \cdot 24 \cdot (65 - 25) = 315000$ kcal/Tag. ——

**272. Beispiel.** Ein Kessel von 2 m² nutzbarer Heizfläche sei mit Wasser von 20° gefüllt; die Kesselwandung ist 5 mm dick und wird auf der Außenseite von Abgasen bespült, die eine Temperatur von 500° haben. Welche Wärmemenge geht auf das Wasser über, wenn der Kessel a) aus Schmiedeeisen, b) aus Kupfer besteht? $\alpha_1 = 12$, $\alpha_2 = 600$ kcal · $m^{-2} \cdot h^{-1} \cdot grad^{-1}$; $\lambda$ für Eisen = 36, für Kupfer = 310**.

Für Eisen ist $\varkappa = \frac{1}{\frac{1}{12} + \frac{0{,}005}{36} + \frac{1}{600}} = 11{,}7$.

Für Kupfer ist $\varkappa = \frac{1}{\frac{1}{12} + \frac{0{,}005}{310} + \frac{1}{600}} = 11{,}7$.

Daraus ist ersichtlich, daß es gleichgültig ist, ob man Eisen oder Kupfer wählt.

Die übergehende Wärmemenge

$\frac{Q}{t} = \varkappa \cdot \Delta\vartheta \cdot F = 11{,}7 \cdot (500 - 20) \cdot 2 = 11230$ kcal/h.

Diese Wärmemenge muß nun gleich sein dem Wärmedurchgang auf der einen Seite und auf der anderen Seite, d. h. also gleich der Wärmeaufnahme auf der einen Grenzfläche und der Wärmeabgabe auf der anderen Grenzfläche. $\vartheta_1$ und $\vartheta_2$ stellen die Temperaturen an den Grenzflächen, $t_1$ und $t_2$ die Temperaturen der Berührungsstoffe an der Wandfläche dar. Setzen wir für die in der Zeiteinheit durchgehende Wärmemenge $\frac{Q}{t} = Q_z$, dann ist $Q_z = \alpha_1 \cdot F \cdot (t_1 - \vartheta_1)$, bzw. $Q_z = \alpha_2 \cdot F \cdot (\vartheta_2 - t_2)$; außerdem $Q_z = \varkappa \cdot (t_1 - t_2) \cdot F$.

Daraus ist nun $\vartheta_1 = t_1 - \frac{\varkappa \cdot (t_1 - t_2)}{\alpha_1}$ und $\vartheta_2 = \frac{\varkappa \cdot (t_1 - t_2)}{\alpha_2} + t_2$.

---

* Chem. Tasch. 6323.

** Chem. Tasch. 37411. Für Eisen bei 500°: 0,1 cal · $cm^{-1} \cdot s^{-1} \cdot grad^{-1} = 360 \cdot 0{,}1 = 36$ kcal · $m^{-1} \cdot h^{-1} \cdot grad^{-1}$; für Kupfer bei 500°: 0,86 cal. $cm^{-1} \cdot s^{-1} \cdot grad^{-1} = 360 \cdot 0{,}86 = 310$ kcal · $m^{-1} \cdot h^{-1} \cdot grad^{-1}$.

Für unser Beispiel ergibt dies für die Heizfläche $\vartheta_1 = 500 - 468 = 32°$, für die Innenfläche $\vartheta_2 = 9{,}36 + 20 = 29{,}4°$. ———

Für den *Wärmedurchgang durch ein Rohr* von der Länge $l$ m, vom inneren Durchmesser $d_i$ und äußeren Durchmesser $d_a$ m, gilt

$$\frac{Q}{t} = l \cdot \pi \cdot \frac{\Delta\vartheta}{\frac{1}{a_i \cdot d_i} + \frac{1}{a_a \cdot d_a} + \frac{1}{2 \cdot \lambda} \cdot \ln \frac{d_a}{d_i}}.$$

Bei unseren Rechnungen setzten wir voraus, daß die Temperaturdifferenz an allen Stellen der Wandung die gleiche ist. In Wirklichkeit verändern die aufeinander wirkenden Temperaturdifferenzen fast immer die Temperatur eines oder beider in Betracht kommender Medien längs der Wandung. In die Rechnung kann aber nur eine einzige Temperatur eingeführt werden, die mittlere.

Bei der Betrachtung der Temperaturverhältnisse zwischen beiden Medien müssen wir 3 Fälle unterscheiden (Abb. 130):

1. Die Temperatur des warmen Mediums bleibt gleich ($T$), die des kalten Mediums ist zu einem bestimmten Zeitpunkt an allen Stellen der Wandfläche gleich ($t$); die Temperaturdifferenz ist somit überall die gleiche. (Beispiel: Erwärmung einer ruhenden Flüssigkeit durch kondensierenden Dampf).

2a. Die Temperatur des warmen Mediums bleibt längs der ganzen Wand gleich, jene des kalten Mediums hat zu einem bestimmten Zeitpunkt alle Werte zwischen $t_1$ und $t_2$. (Beispiel: Kondensierender Dampf erwärmt eine strömende Flüssigkeit).

2b. Die Temperatur des warmen Mediums ändert sich längs der Wandfläche (Abnahme von $T_1$ zu $T_2$), die Temperatur des kalten Mediums ist überall gleich ($t$). (Beispiel: Heiße Abgase verdampfen eine Flüssigkeit).

3a. Das warme und kalte Medium befinden sich im Gegenstrom ($T_1$ fällt auf $T_2$ und $t_1$ auf $t_2$). Die Temperaturdifferenzen sind an allen Stellen der Fläche ungefähr gleich groß.

3b. Das warme und kalte Medium befinden sich im Gleichstrom ($T_1$ fällt auf $T_2$ und $t_1$ steigt auf $t_2$). Die Temperaturdifferenzen werden daher an einer Stelle I bedeutend größer sein als jene an einer Stelle II.

Die *mittlere Temperaturdifferenz* berechnet man nach der Formel (logarithmisches Mittel)

$$\vartheta_m = \frac{\vartheta_a - \vartheta_i}{\ln \frac{\vartheta_a}{\vartheta_i}},$$

welche unter der Voraussetzung gilt, daß die Wärmeübergangszahl für die ganze Wand gleich ist und daß sich die spezifischen Wärmen der Medien nicht ändern. In der Formel bedeudeten $\vartheta_m$ den mittleren, $\vartheta_a$ den größten und $\vartheta_i$ den kleinsten Temperaturunterschied.

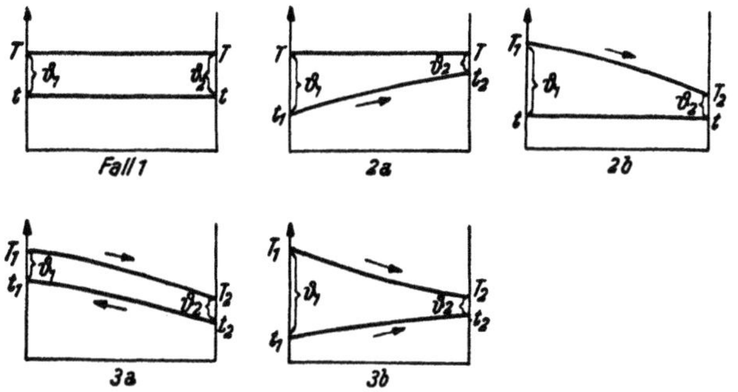


Abb. 130

**273. Beispiel.** Die Heizrohrlänge eines Vorwärmers, in dem 2 m³ Wasser pro Stunde von 20° auf 60° durch Abdampf von 100° erwärmt werden, ist zu bestimmen. Wassergeschwindigkeit $v = 0{,}5$ m/s; Rohrdurchmesser $d_i = 0{,}020$ m, $d_a = 0{,}022$ m.

Wärmemenge $Q = 2000 \cdot (60 - 20) = 80\,000$ kcal/h.

Größter Temperaturunterschied 80°, kleinster 40°.

Die mittlere Temperaturdifferenz errechnet sich nach der Formel (logarithmisches Mittel):

$$\vartheta_m = \frac{\vartheta_a - \vartheta_i}{\ln \dfrac{\vartheta_a}{\vartheta_i}} = \frac{80 - 40}{\ln \dfrac{80}{40}} = 57{,}7^\circ\ .$$

Aus der Formel für den Wärmedurchgang ist

$$l = \frac{Q \cdot \left( \dfrac{1}{\alpha_i \cdot d_i} + \dfrac{1}{\alpha_a \cdot d_a} + \dfrac{1}{2\,\lambda} \ln \dfrac{d_a}{d_i} \right)}{\pi \cdot \varDelta\,\vartheta_m}\ .$$

$\alpha$ berechnet sich nach der Formel von SCHACK für Wasser:

$\alpha = 2900 \cdot v^{0{,}85} \cdot (1 + 0{,}014 \cdot t_w)$, worin $v$ die Geschwindigkeit und $t_w$ die mittlere Wassertemperatur darstellen.

$$t_w = \frac{20 + 60}{2} = 40^\circ\ .$$

$\alpha_i = 2900 \cdot 0{,}5^{0{,}85} \cdot (1 + 0{,}014 \cdot 40) = 2510 \text{ kcal} \cdot m^{-2} \cdot h^{-1} \cdot \text{grad}^{-1}$;
$\alpha_a$ (für Dampf) kann zu 10000 angenommen werden*.
$\lambda$ für Messing ist $0{,}2 \text{ cal} \cdot cm^{-1} \cdot s^{-1} \cdot \text{grad}^{-1} = 72 \text{ kcal} \cdot m^{-1} \cdot h^{-1} \cdot \text{grad}^{-1}$.

$$l = \frac{80000 \cdot \left(\frac{1}{2500 \cdot 0{,}02} + \frac{1}{10000 \cdot 0{,}022} + \frac{1}{2 \cdot 72} \cdot \ln \frac{0{,}022}{0{,}020}\right)}{3{,}14 \cdot 57{,}7} = 11 \text{ m}.$$

Besteht eine *Rohrwand aus zwei Schichten* mit den Wärmeleitzahlen $\lambda_i$ und $\lambda_a$ und ist $d_m$ der Durchmesser der Trennungsfläche, so ist

$$\frac{Q}{t} = l \cdot \pi \cdot \frac{\Delta \vartheta}{\frac{1}{\alpha_i \cdot d_i} + \frac{1}{\alpha_a \cdot d_a} + \frac{1}{2 \cdot \lambda_i} \cdot \ln \frac{d_m}{d_i} + \frac{1}{2\lambda_a} \cdot \ln \frac{d_a}{d_m}} \text{ kcal/h}.$$

**Aufgaben. 313.** Die Wand eines Kühlraumes besteht aus folgenden Schichten: einer äußeren Ziegelmauer von 50 cm Dicke ($\lambda = 0{,}75$ kcal $\cdot$ $\cdot\, m^{-1} \cdot h^{-1} \cdot \text{grad}^{-1}$), einer Korkplattenisolierung von 8 cm Dicke ($\lambda = 0{,}045$ kcal $\cdot\, m^{-1} \cdot h^{-1} \cdot \text{grad}^{-1}$) und einer inneren Betonschicht von 5 cm Dicke ($\lambda = 1{,}10$ kcal $\cdot\, m^{-1} \cdot h^{-1} \cdot \text{grad}^{-1}$). Die Temperatur der Außenluft beträgt 28°, die der Luft im Innern — 5°. Die Wärmeübergangszahl ist auf der Außenseite der Wand $\alpha_a = 20$ kcal $\cdot\, m^{-2} \cdot h^{-1} \cdot \text{grad}^{-1}$, auf der Innenseite $\alpha_i = 7$ kcal $\cdot\, m^{-2} \cdot h^{-1} \cdot \text{grad}^{-1}$. Wieviel Wärme strömt stündlich durch 1 $m^2$ Wand hindurch?

**314.** In einem Stahlrohr von $d_i = 94$ und $d_a = 102$ mm Durchmesser strömt gesättigter Wasserdampf von 150° C, während die Außenluft eine Temperatur von 20° C hat. Die Wärmeübergangszahlen sind innen $\alpha_i = 10000$, außen $\alpha_a = 20$ kcal $\cdot\, m^{-2} \cdot h^{-1} \cdot \text{grad}^{-1}$; $\lambda = 45$ kcal $\cdot\, m^{-1} \cdot h^{-1} \cdot \text{grad}^{-1}$. **a)** Wieviel Wärme strömt stündlich durch 1 $m^2$ Wand hindurch? **b)** Wie hoch sind die Wandtemperaturen?

**315.** Durch eine Leitung von $d_i = 150$, $d_a = 160$ mm Durchmesser strömt Dampf von 350° C. Die Leitung ist mit einer 50 mm starken Isolierschicht umgeben, welche ein $\lambda$ von **a)** 0,11, **b)** 0,14 besitzt. Die Temperatur der umgebenden Luft ist 30° C. Die Wärmeübergangszahlen sind zwischen der Oberfläche der Umhüllung und Luft = 7, zwischen Dampf und Wandung = 150. Für Stahl ist $\lambda = 36$ kcal $\cdot\, m^{-1} \cdot h^{-1} \cdot \text{grad}^{-1}$. Zu berechnen ist der Wärmeverlust $Q$ pro $m^2$ und Stunde, bezogen auf die Oberfläche des nackten Rohres.

**316.** Sekundärluft wird in einem Gegenstrom-Rekuperator durch heiße Abgase vorgewärmt. Druck der Gase und der Luft 1 at, Geschwindigkeit 4 m $\cdot\, s^{-1}$. Die Wanddicke zwischen beiden beträgt 20 mm und besteht aus Schamotte mit $\lambda = 0{,}7$. Die Temperatur der Abgase fällt beim Durchgang von 900° auf 450°, die Temperatur der Sekundärluft steigt von 20° auf 480°. Berechne, wie groß die Wärmeoberfläche sein muß, um 100000 kcal pro Stunde von den Abgasen zur Luft überzuführen. Für $\alpha$ sind die auf S. 378 angegebenen Erfahrungswerte einzusetzen.

---

* Wärmeübergangszahl für
gesättigten Dampf 10000 bis 40000 kcal $\cdot\, m^{-2} \cdot h^{-1} \cdot \text{grad}^{-1}$,
für überhitzten Dampf 100 bis 1000 kcal $\cdot\, m^{-2} \cdot h^{-1} \cdot \text{grad}^{-1}$.

**317.** Wärme wird von kondensierendem Dampf durch eine 3 mm starke Kupferwand auf eine verdünnte Lösung übertragen, welche sich mit 1 m · $s^{-1}$ bewegt. Zu berechnen ist **a)** $\varkappa$ und **b)** auf wieviel % des ursprünglichen Wertes sinkt die Wärmedurchgangszahl $\varkappa$, wenn sich eine 1 mm starke Schicht, deren Wärmeleitzahl $\lambda = 0{,}6$ beträgt, angesetzt hat. $\lambda$ für Cu = 330; $\alpha$ ist den Erfahrungswerten (S. 378) zu entnehmen.

**318.** Eine große Zisterne aus 7 mm starken Eisenplatten ($\lambda = 40$) von 56,5 m² Manteloberfläche und 56,5 m² Bodenfläche soll bei 60° gehalten werden. Die Temperatur der Außenluft beträgt 0°. Zu berechnen ist der Dampfverbrauch in 24 Stunden für die **a)** unisolierte, **b)** mit einer 100 mm starken Torfisolierung ($\lambda = 0{,}08$) versehene Zisterne. $\alpha$ für Luft = 20, für die warme Flüssigkeit = 500. (In der Praxis erachtet man eine Wärmeisolierung als zufriedenstellend, wenn $\varkappa = 1$).

## 3. Wärmestrahlung.

In der Wärmetechnik wird das *Stefan-Boltzmannsche Gesetz* in folgender Form geschrieben:

Gesamtstrahlung $S = s \cdot \left(\frac{T}{100}\right)^4$. Darin ist $s$ die *Strahlungszahl* des schwarzen Körpers $= 4{,}96\,\text{kcal} \cdot \text{m}^{-2} \cdot \text{h}^{-1} \cdot {}^\circ\text{K}^{-4}$. Die Strahlungszahlen für beliebige Flächen sind aus dem *Emissionsvermögen* $\varepsilon = \frac{s_1}{s}$ zu berechnen.

Die Wärmemenge, die in der Zeiteinheit durch Strahlung zwischen einer heißen Fläche $F_1$ mit der Strahlungszahl $s_1$ und einer Temperatur $T_1$ und einer kälteren Fläche $F_2$ mit $s_2$ und $T_2$ übertragen wird, ist gegeben durch

$S_1 = F_1 \cdot s_{1-2} \cdot \left[\left(\frac{T_1}{100}\right)^4 - \left(\frac{T_2}{100}\right)^4\right]$; $s_{1-2}$ ist die wirksame Strahlungszahl.

Umgibt $F_2$ $F_1$ vollständig, so ist

$$S_1 = \frac{F_1}{\frac{1}{s_1} + \frac{F_1}{F_2} \cdot \left(\frac{1}{s_2} - \frac{1}{s}\right)} \cdot \left[\left(\frac{T_1}{100}\right)^4 - \left(\frac{T_2}{100}\right)^4\right],$$

ist $F_1 \ll F_2$, dann wird $\frac{F_1}{F_2} \sim 0$ und $s_{1-2} = s_1$. Sind $F_2$ und $F_1$ parallele Flächen ($F_1 = F_2$), so ist $s_{1-2} = \frac{1}{\frac{1}{s_1} + \frac{1}{s_2} - \frac{1}{s}}$.

Die durch *Berührung* an die Luft übergegangene Wärmemenge pro Stunde $S_2 = F \cdot \alpha \cdot (\vartheta_1 - t_1)$. Es sind $\vartheta_1$ die Oberflächentemperatur des warmen Körpers, $t_1$ die Temperatur der Luft und $\alpha$ die Wärmeübergangszahl.

Die Gesamtwärmeabgabe durch Strahlung und Berührung ist somit $Q = S_1 + S_2$.

**Aufgaben. 319.** Die gemauerte Rückwand eines Zweiflammrohrkessels von 4 m Breite und 3,5 m Höhe hat eine Außentemperatur von $t_1 = 90°$. Die parallel gegenüberstehende Kesselhauswand (Mauerwerk) hat die Temperatur der vor ihr befindlichen Luft von $t_2 = 30°$ C. Die Luft sei in ziemlicher Ruhe ($\alpha = 4$). Das Emissionsvermögen von Mauerwerk $\varepsilon = 0{,}94$*. Zu berechnen ist die Gesamtwärmeabgabe durch Strahlung und Berührung.

## J. Verdampfen und Destillieren.

### 1. Verdampfungswärme.

Unter *Verdampfungswärme* versteht man jene Wärmemenge, die man 1 kg einer Flüssigkeit von der Verdampfungstemperatur zuführen muß, um sie in Dampf von gleicher Temperatur zu verwandeln. Die Verdampfungswärme nimmt mit steigendem Druck ab. Bei der Verflüssigung des Dampfes wird die gleiche Wärmemenge frei.

**274. Beispiel.** Es sollen 20000 kg Wasser von 20° auf 70° durch Dampf von 1 at im Gegenstrom erwärmt werden, so daß das Kondensat mit einer Temperatur von 30° abfließt. Wieviel kg Dampf sind notwendig? Die Verdampfungswärme des Wassers beträgt 538,9 kcal.

Aufgenommene Wärmemenge: 1 kg Wasser nimmt bei der Erwärmung um 1° 1 kcal auf, folglich insgesamt $20000 \cdot (70 - 20)$.

Abgegebene Wärmemenge: 1 kg Dampf gibt bei der Kondensation 538,9 kcal ab; das gebildete Wasser muß sich nun auf 30° abkühlen, wobei es wiederum pro kg und 1° 1 kcal liefert. Insgesamt also für $x$ kg Dampf: $x \cdot [538{,}9 + (100 - 30)]$.

Nun muß $20000 \cdot (70 - 20) = x \cdot [538{,}9 + (100 - 20)]$; daraus ist $x = 1642$ kg. ———

Für das *Naßdampfgebiet* gelten folgende Gleichungen für einen gegebenen Dampfgehalt $x$:

In 1 kg nassem Dampf sind $x$ kg trockener Dampf und $(1 - x)$ kg Wasser enthalten.

Das spezifische Volumen von 1 kg Wasser ist $v'$, von $(1 - x)$ kg Wasser daher $(1 - x) \cdot v'$.

Das spezifische Volumen von 1 kg trockenem Dampf ist $v''$, von $x$ kg Dampf daher $x \cdot v''$.

Folglich ist $v = (1 - x) \cdot v' + x \cdot v'' = v' + x \cdot (v'' - v')$.

Ebenso ist der Wärmeinhalt $i = (1 - x) \cdot i' + x \cdot i'' = i' + x \cdot (i'' - i') = i' + x \cdot r$. ($r$ ist die Verdampfungswärme.)

* Chem. Tasch. 3821.

**275. Beispiel.** Es sollen stündlich 10 m³ Wasser von 20° durch niedergeschlagenen Dampf auf 90° erwärmt werden. Der Dampf hat eine Spannung von 2 at und 10% Feuchtigkeitsgehalt. Wieviel Dampf wird stündlich verbraucht?

Der Gesamtwärmeinhalt des Dampfes ist* $i = i' + x \cdot r = 119{,}9 + 0{,}9 \cdot 526 = 593{,}3$ kcal/kg, daher für $D$ kg $593{,}3 \cdot D$ kcal.

Nach dem Niederschlagen des Dampfes sind $(10000 + D)$ kg Wasser von 90° vorhanden, deren Gesamtwärmeinhalt $(10000 + D) \cdot 90$ kcal beträgt, während der Gesamtwärmeinhalt des kalten Wassers $10000 \cdot 20$ kcal ausmacht.

$10000 \cdot 20 + 593{,}3 \cdot D = (10000 + D) \cdot 90$; daraus ist $D = 1390$ kg.

*Überhitzter Dampf.* Wird gesättigter Dampf weiter erhitzt, so vergrößert sich (bei gleichbleibendem Druck) sein Volumen und es tritt Temperaturerhöhung ein. Beim überhitzten Dampf sind also Volumen und Temperatur größer als dem Sättigungsdruck entspricht.

Für die Praxis genügt nach LINDE folgende Zustandsgleichung für überhitzten Dampf: $p \cdot (v + 0{,}016) = 47{,}1 \cdot T$.

Der Wärmeinhalt ist (bei gleichem Druck) $i = i'' + c_{pm} \cdot (t - t_s)$, worin $c_{pm}$ die mittlere spezifische Wärme, $t_s$ die Sättigungstemperatur und $t$ die Temperatur des überhitzten Dampfes bedeuten. $i''$ ist der Wärmeinhalt des gesättigten Dampfes.

**276. Beispiel.** Wie groß sind Wärmeinhalt und Volumen von 1 kg überhitzten Dampfes von 10 at und 300°.

Nach Tab. 1, S. 479, ist für 10 at $t_s = 179°$; $i'' = 663{,}0$; $c_{pm} = 0{,}513$**.

$$i = 663 + 0{,}513 \cdot (300 - 179) = 725{,}1 \text{ kcal}.$$

$$v = \frac{47{,}1 \cdot T}{p} - 0{,}016 = \frac{47{,}1 \cdot 573}{100000} - 0{,}016 = 0{,}254 \text{ m}^3/\text{kg}.$$

*Zustandsänderungen des Wasserdampfes.* Für die adiabatische Zustandsänderung gilt $p \cdot v^m = konst.$ Es ist

$m = 1{,}035 + 0{,}1 \cdot x$ für feuchten Dampf mit einem anfänglichen Dampfgehalt $x$,

$m = 1{,}135$ für trockenen gesättigten Dampf und

$m = 1{,}3$ für überhitzten Dampf.

Der Übergang des überhitzten Dampfes in gesättigten findet bei $p = \dfrac{p_1}{\left(\dfrac{v_ü}{v_s}\right)^{5,94}}$ statt. ($v_s$ = Vol. des trockenen, gesättigten Dampfes; $v_ü$ = Vol. des überhitzten Dampfes, beide bei dem Anfangsdruck $p_1$.)

**Aufgaben. 320.** Wieviel kg Kühlwasser von 10° sind erforderlich, um 500 kg Dampf von 1,2 at derart niederzuschlagen, daß das ablaufende Wasser eine Temperatur von 40° hat? Zahlenwerte siehe Wasserdampftafel, Seite 479.

---

* Zahlenwerte siehe Wasserdampftafel, S. 479.

** Chem. Tasch. 3613.

**321.** In einem Kessel von 2 $m^3$ Inhalt befinden sich 1000 kg Wasser und Dampf von 12,8 at bei Sättigungstemperatur. **a)** Welches spezifische Volumen hat der Dampf; **b)** wieviel Dampf und wieviel Wasser befinden sich im Kessel; **c)** welche Enthalpie haben der Dampf und das Wasser im Kessel? Zu benutzen ist die Dampftafel S. 479.

**322.** Zu berechnen ist, wieviel Wasser man aus einer Lösung mit 1 kg Wasserdampf von 2 atü und 132,8° abdampfen kann **a)** bei 100°, wenn das Kondenswasser mit 132,8° abgeht; **b)** bei 70° (Vakuum), wenn das Kondenswasser mit 75° abgeht.

**323.** Eine 10%ige Lösung wird im Vakuum bei 52° mit Dampf von 2 atü auf 50% eingedampft. Pro Stunde wird der Eindampfer mit 5000 kg Lösung gespeist. Das Kondensat verläßt den Dampfmantel mit 80°. Wärmedurchgangszahl 1500 kcal · $m^{-2}$ · $h^{-1}$ · $grad^{-1}$. Siedepunktserhöhung der Lösung und Wärmeverluste sollen vernachlässigt werden. Wieviel kg Frischdampf werden benötigt und welche Wärmefläche ist erforderlich?

## 2. Einfachverdampfung.

**277. Beispiel.** In einem Verdampfer soll eine 25%ige Kochsalzlösung, welche mit 22° eingeht, verdampft werden. Pro Stunde sind 5000 kg trockenen Salzes herzustellen. Das abgezogene Salz enthält noch 20% seines Gewichtes an Salzsole. Die anhaftende Sole wird später aus dem Salz entfernt und abgeführt.

Die spezifische Wärme des trockenen Salzes ist 0,207*. Der zur Verfügung stehende Heizdampf hat einen Überdruck von 1 at, also eine Temperatur von 120,6° (Tab. 1, S. 479). Im Kochraum wird ein Vakuum von 660 Torr aufrechterhalten (es herrscht also ein Druck von 100 Torr). Dieser Druck entspricht einer Brüdentemperatur von 51,6°. Die Temperatur des Kondensats beträgt 79,5°. Der Wärmeübergangskoeffizient, bezogen auf die Temperaturdifferenz zwischen kondensiertem Dampf und siedender Flüssigkeit ist 1460 kcal · $m^{-2}$ · $h^{-1}$ · $grad^{-1}$. Aus dem Verdampfer wird keine Lösung abgezogen.

Wie groß sind der Dampfverbrauch und die erforderliche Heizfläche?

*Stoffbilanz*: Gespeist wird eine 25%ige Lösung, d. h. es müssen auf jedes kg Salz 3 kg Wasser verdampft werden. Im ganzen wären daher pro Stunde $3 \cdot 5000 = 15000$ kg Wasser zu verdampfen, vorausgesetzt, daß keine Mutterlauge mit dem Salz abgeführt würde. Mit dem Salz werden jedoch 20%, also $5000 \cdot 0{,}2 = 1000$ kg Sole abgezogen. Letztere ist nicht mehr 25%ig, sondern gesättigt, d. h. 26,9%ig (bei 25°)**.

* Chem. Tasch. 36121.

** Chem. Tasch. 332611.

Diese 1000 kg 26,9%iger Sole entsprechen 1076 kg einer 25%-igen Lösung. Die gesamte eingehende Menge beträgt daher 5000 + 15000 + 1076 = 21076 kg Salzlösung 25%ig.

Da 76 kg verdampft werden müssen, um 1076 kg einer 25%igen in 1000 kg einer 26,9%igen Lösung zu verwandeln, beträgt die gesamte verdampfte Wassermenge 15000 + 76 = 15076 kg.

*Wärmebilanz:* Wir wählen den Siedepunkt als Bezugstemperatur. Bei dem herrschenden Innendruck siedet das Wasser bei 51,6°. Eine gesättigte Kochsalzlösung bei dem gleichen Druck siedet jedoch erst bei 57,5°*.

Die Wärmebilanz besagt: Eingehende Wärme = Ausgehende Wärme.

Das Heizdampfgewicht pro Stunde bezeichnen wir mit $D$. Die Verdampfungswärme des Wassers ist für 120,6° 525,3 kcal/kg (Tab. 1, S. 479).

Es wird also

a) die mit dem Heizdampf eingehende Wärme

$$W_1 = D \cdot [525{,}3 + (120{,}6 - 57{,}5)] = D \cdot 588{,}4\ ;$$

b) die mit der Lösung eingehende Wärme (liegt unterhalb der Bezugstemperatur, daher negativ)

$$W_2 = -21076 \cdot 0{,}79 \cdot (57{,}5 - 22) = -591076 \text{ kcal}$$

(0,79 ist die spezifische Wärme $c_p$ von Kochsalzlösung; eine etwa 25%ige Lösung hat auf 10 Mol Wasser 1 Mol gelösten Stoffes)**;

c) die mit den Brüden ausgehende Wärme

$$W_3 = 15076 \cdot 568{,}1 = 8564675 \text{ kcal}$$

(die Verdampfungswärme des Wassers ist bei 51,6° 568,1 kcal);

d) die mit dem Salz ausgehende Wärme

$$W_4 = 0 \text{ (da Bezugstemperatur)};$$

e) die mit der Salzsole abgehende Wärme

$$W_5 = 0 \text{ (Bezugstemperatur)};$$

f) die mit dem Kondensat abgehende Wärme

$$W_6 = D \cdot (79{,}5 - 57{,}5) = 22 \cdot D.$$

Wärmebilanz: $W_1 + W_2 = W_3 + W_4 + W_5 + W_6$.

* Chem. Tasch. 332213.

** Chem. Tasch. 361611.

$588{,}4 \cdot D - 591076 = 8564675 + 22 \cdot D$; daraus ist $D = 14077$ kg/h.

Berechnung der *Heizfläche*. Die je Stunde durch die Heizfläche übergehende Wärme $\frac{Q}{t} = \varkappa \cdot F \cdot \varDelta\vartheta$. (Näheres siehe S. 378).

Zu überlegen ist noch, welcher Wert für $\varDelta\vartheta$ einzusetzen ist. Da die beim Kondensieren abgegebene Wärme im Verhältnis zu der zur Erwärmung der Lösung erforderlichen Wärmemenge sehr groß ist, kann letztere vernachlässigt werden und es ist

$$7973599 = 1460 \cdot F \cdot (120{,}6 - 57{,}5); \quad F = 86{,}5 \text{ m}^2.$$

### 3. Mehrfachverdampfung.

**278. Beispiel.** (Nach BADGER-McCABE). In einer Dreifachverdampferanlage soll eine Lösung von 10% auf 50% Feststoffgehalt eingedampft werden. Es steht Dampf von 1 atü (120,6°) zur Verfügung. Ein Vakuum von 660 Torr (0,136 ata) soll im letzten Körper gehalten werden. Dieser Druck entspricht einem Siedepunkt von 51,6°. Die Dünnlaugenmenge je Stunde beträgt 25000 kg, ihre Temperatur 21°. Das Kondensat verläßt die Verdampfer mit der Dampftemperatur; die Siedepunktserhöhung der Lösung ist unerheblich, ihre spezifische Wärme soll bei allen Konzentrationen mit 1,0 eingesetzt werden. Als Übergangskoeffizienten können angenommen werden: im ersten Körper 2860, im zweiten 1710, im dritten 975 bei Vorwärtsspeisung, bzw. 2190, 1710 und 1290 bei Rückwärtsspeisung. Alle Körper sollen die gleiche Heizfläche haben.

Zu berechnen sind die Heizfläche, der Dampfverbrauch, die Temperaturverteilung und die je kg Heizdampf erzeugte Dampfmenge bei A. Vorwärtsspeisung und B. Rückwärtsspeisung.

In beiden Fällen ist die verdampfte Menge dieselbe. Sie kann aus einer Gesamtstoffbilanz errechnet werden, unter der Voraussetzung, daß die Feststoffe durch sämtliche Verdampfer ohne Stoffverlust gehen.

25000 kg Dünnlauge (mit 2500 kg Feststoff + 22500 kg Wasser) ergeben 5000 kg Dicklauge (mit 2500 kg Feststoff + 2500 kg Wasser). Zu verdampfen sind also 20000 kg Wasser.

Wenn die Heizfläche in allen drei Körpern gleich ist, hat man es mit sieben Unbekannten zu tun:

1. Heizdampf im ersten Körper,
2. verdampfte Menge im ersten Körper,
3. verdampfte Menge im zweiten Körper,

4. verdampfte Menge im dritten Körper,
5. Temperatur der siedenden Flüssigkeit im ersten Körper,
6. Temperatur der siedenden Flüssigkeit im zweiten Körper und
7. Heizfläche jedes Körpers.

Es können sieben Gleichungen aufgestellt werden: Eine Wärmebilanz für jeden Körper, eine Wärmeübergangsgleichung für jeden Körper und die bekannte Summe der drei in den einzelnen Körpern verdampften Mengen. Die algebraische Auflösung dieser sieben Gleichungen wäre jedoch kompliziert, weshalb eine kombinierte Methode angewendet wird, wobei von der Schätzung der Temperaturen ausgegangen wird. Der Rechengang ist dann folgender:

1. Die Temperaturen des ersten und zweiten Körpers werden geschätzt.
2. Nach der für jeden Körper aufgestellten Wärmebilanz wird die in jedem Körper verdampfte Menge berechnet.
3. Die für jeden Körper erforderliche Heizfläche wird berechnet.
4. Wenn diese Heizflächen nicht annähernd gleich groß ausfallen, werden die angenommenen Temperaturen korrigiert und die Rechnung wiederholt. Eine einmalige Korrektur führt bereits meist zum Erfolg, so daß die Rechnung nicht zu langwierig wird.

Fall A. *Vorwärtsspeisung.*

Bei der ersten Schätzung der Temperatur können gewisse Gesichtspunkte als Richtlinien dienen: die Temperaturdifferenz muß bei kleineren Übergangskoeffizienten größer sein; ferner erfordert eine Extrabelastung eines Körpers eine Bevorzugung bei der Zuweisung der Temperaturdifferenz.

In unserem Beispiel beträgt das Gesamttemperaturgefälle 120,6 — 51,6 = 69°. Der letzte Körper muß das größte Temperaturgefälle erhalten, ferner muß der erste Körper wegen der in ihm stattfindenden größeren Erwärmung eine größere Temperaturdifferenz erhalten als der zweite Körper. Wir wählen daher als erste Annahme: $\varDelta\vartheta_1 = 20°$, $\varDelta\vartheta_2 = 19°$ und $\varDelta\vartheta_3 = 30°$.

Es liegen dann folgende Verhältnisse vor:

| | | |
|---|---|---|
| Heizdampf zum ersten Körper .. | 120,6° | Verdampfungswärme 525,3 kcal/kg |
| Siedepunkt im ersten Körper .... | 100,6° | |
| $\varDelta\vartheta_1 =$ | 20° | |
| Brüden vom ersten Körper ..... | 100,6° | Verdampfungswärme 538,5 kcal/kg |
| Siedepunkt im zweiten Körper .. | 81,6° | |
| $\varDelta\vartheta_2 =$ | 19° | |

Brüden vom zweiten Körper .... 81,6° Verdampfungswärme 550,3 kcal/kg

Siedepunkt im dritten Körper ... 51,6° Verdampfungswärme 568,1 kcal/kg

$\Delta\vartheta_3 = 30°$.

(Die Verdampfungswärmen siehe Tab. 1, S. 479.)

Nun werden die Wärmebilanzen für jeden Körper aufgestellt, wobei

$x$ = die im ersten Körper verdampfte Menge in kg,
$y$ = die im zweiten Körper verdampfte Menge in kg,
$z$ = die im dritten Körper verdampfte Menge in kg und
$G$ = Heizdampfmenge zum ersten Körper in kg bedeuten.

Als Bezugstemperaturen werden die Siedetemperaturen in jedem Körper eingesetzt. Beim Übertritt der Lösung vom ersten zum zweiten und vom zweiten zum dritten Körper tritt Nachverdampfung auf.

Für den ersten Körper gilt: (Wärme im Heizdampf über 100,6°) — (Wärme zur Erwärmung der Dünnlauge von 21 auf 100,6°) = (Wärme im Brüden über 100,6°) + (Wärme im Kondensat über 100,6°).

Man bemerkt, daß die Differenz des ersten und letzten Ausdruckes die Verdampfungswärme des Heizdampfes bei 120,6° ist. Folglich ist:

I. $525{,}3 \cdot G - 25000 \cdot (100{,}6 - 21) = 538{,}5 \cdot x$.

Die Vereinfachung, die im Einsetzen der Verdampfungswärme an Stelle der Wärmeeinheiten besteht, ist immer dann möglich, wenn das Kondensat mit der Dampftemperatur ausgeht oder seine Austrittstemperatur so nahe an der Dampftemperatur liegt, daß die durch seine Abkühlung frei werdende Wärme vernachlässigt werden kann.

Ebenso für den zweiten und dritten Körper:

II. $538{,}5 \cdot x + (25000 - x) \cdot (100{,}6 - 81{,}6) = 550{,}3 \cdot y$.

III. $550{,}3 \cdot y + (25000 - x - y) \cdot (81{,}6 - 51{,}6) = 568{,}1 \cdot z$.

Für alle drei Körper gilt

IV. $x + y + z = 20000$.

Aus den Gleichungen I bis IV errechnet sich für
$x = 6179$, $y = 6696$, $z = 7125$ und $G = 10122$ kg.

Die in den einzelnen Körpern zu übertragenden Wärmemengen sind die folgenden (Resultat abgerundet):

erster Körper $Q_1 = 525{,}3 \cdot 10122 = 5317000$ kcal,
zweiter Körper $Q_2 = 538{,}5 \cdot x = 3327000$ kcal,
dritter Körper $Q_3 = 550{,}3 \cdot y = 3685000$ kcal.

Die Heizflächen werden damit:

$$F_1 = \frac{5317000}{20 \cdot 2680} = 99{,}2\ \text{m}^2;\quad F_2 = \frac{3327000}{19 \cdot 1710} = 102{,}4\ \text{m}^2 \text{ und}$$

$$F_3 = \frac{3685000}{30 \cdot 975} = 125{,}9\ \text{m}^2;\ \text{im Mittel } 109{,}2\ \text{m}^2.$$

Die drei Heizflächen sollten gleich sein, was bei dieser ersten angenommenen Temperaturverteilung nicht zutrifft. Vernachlässigt man den geringen Einfluß der Temperaturdifferenzen auf die Verdampfungswärme, Erwärmung und Nachverdampfung, so kann man annehmen, daß sich die Heizflächen umgekehrt proportional zu den Temperaturdifferenzen ändern. Der gesamte Temperaturabfall beträgt 69°; es können nun verschiedene Temperaturdifferenzen, deren Summe immer 69 ausmacht, eingesetzt werden, bis sich eine gleichmäßige Größe der Heizfläche ergibt.

Angenommen: 18°, 18° und 33°; dann wäre annähernd

$$F_1 = \frac{99{,}2 \cdot 20}{18} = 110{,}4;\ F_2 = \frac{102{,}4 \cdot 19}{18} = 108{,}1 \text{ und}$$

$$F_3 = \frac{125{,}9 \cdot 30}{33} = 114{,}5.$$

Angenommen: 18°, 17,5° und 33,5°; dann wäre $F_1 = 110{,}4$, $F_2 = 111{,}2$ und $F_3 = 112{,}7$, im Mittel 111,4.

Die so korrigierten Werte sind nun:

| | | |
|---|---|---|
| Dampf zum ersten Körper ...... | 120,6° | Verdampfungswärme 525,3 kcal/kg |
| Siedepunkt im ersten Körper .... | 102,6° | |
| $\Delta\vartheta_1 =$ | 18° | |
| Brüden zum zweiten Körper .... | 102,6° | Verdampfungswärme 537,2 kcal/kg |
| Siedepunkt im zweiten Körper .. | 85,1° | |
| $\Delta\vartheta =$ | 17,5° | |
| Brüden zum dritten Körper ..... | 85,1° | Verdampfungswärme 548,1 kcal/kg |
| Siedepunkt im dritten Körper ... | 51,6° | Verdampfungswärme 568,1 kcal/kg |
| $\Delta\vartheta_3 =$ | 33,5 | |

Die Wärmebilanzen sind folgende:

I. $525{,}3 \cdot G - 25000 \cdot (102{,}6 - 21) = 537{,}2 \cdot x$,

II. $537{,}2 \cdot x + (25000 - x) \cdot (102{,}6 - 85{,}1) = 548{,}1 \cdot y$,

III. $548{,}1 \cdot y + (25000 - x - y) \cdot (85{,}1 - 51{,}6) = 568{,}1 \cdot z$,

IV. $x + y + z = 20000$.

Daraus ist $x = 6195$, $y = 6672$, $z = 7133$ und $G = 10219$ kg. Und $F_1 = \frac{525{,}3 \cdot 10219}{18 \cdot 2680} = 111{,}3\,\text{m}^2$, $F_2 = \frac{537{,}1 \cdot 6195}{17{,}5 \cdot 1710} = 111{,}2\,\text{m}^2$ und $F_3 = \frac{548{,}1 \cdot 6672}{33{,}5 \cdot 975} = 111{,}9\,\text{m}^2$; im Mittel $111{,}5\,\text{m}^2$.

Die Verdampfung beträgt je kg Heizdampf $\frac{20000}{10219} = 1{,}95$ kg.

Fall B. *Rückwärtsspeisung.*

Da bei der Rückwärtsspeisung die durch die Erwärmung entstehende Heizflächenbelastung gleichmäßiger verteilt ist, wird eine Verteilung der Temperaturdifferenz angenommen, die den Koeffizienten fast umgekehrt proportional ist. In erster Annäherung werden Temperaturdifferenzen von 17°, 23° und 29° genommen. Dann liegen die Verhältnisse wie folgt:

| | | |
|---|---|---|
| Heizdampf zum ersten Körper .. | 120,6° | Verdampfungswärme 525,3 kcal/kg |
| Siedepunkt im ersten Körper .... | 103,6° | |
| $\Delta\vartheta_1 =$ | 17° | |
| Heizdampf zum zweiten Körper . | 103,6° | Verdampfungswärme 536,5 kcal/kg |
| Siedepunkt im zweiten Körper .. | 80,6° | |
| $\Delta\vartheta_2 =$ | 23° | |
| Heizdampf zum dritten Körper .. | 80,6° | Verdampfungswärme 550,9 kcal/kg |
| Siedepunkt im dritten Körper ... | 51,6° | Verdampfungswärme 568,1 kcal/kg |
| $\Delta\vartheta_3 =$ | 29° . | |

Mit den gleichen Bezeichnungen wie im Fall A lauten die Wärmebilanzen:

$$525{,}3 \cdot G = 536{,}5 \cdot x + (25000 - y - z) \cdot (103{,}6 - 80{,}6)\,,$$
$$536{,}5 \cdot x = 550{,}9 \cdot y + (25000 - z) \cdot (80{,}6 - 51{,}6)\,,$$
$$550{,}9 \cdot y = 568{,}1 \cdot z + (25000) \cdot (51{,}6 - 21) \text{ und}$$
$$x + y + z = 20000\,.$$

Daraus ergibt sich für $G = 8759$ kg, $x = 8018$, $y = 6767$, $z = 5215$. Die Heizflächen errechnen sich zu $F_1 = 123{,}6\,\text{m}^2$, $F_2 = 109{,}3\,\text{m}^2$ und $F_3 = 99{,}6\,\text{m}^2$.

Dies genügt der Forderung nach gleichen Heizflächen nicht. Wie vorher, werden andere Temperaturdifferenzen angenommen und die Heizflächen neu berechnet, bis ein zufriedenstellendes Resultat erreicht ist. Danach ergaben sich folgende Temperaturdifferenzen: 19°, 23,5° und 26,5°. Mit diesen liegen die Bedingungen wie folgt:

| | | |
|---|---|---|
| Dampf zum ersten Körper ...... | 120,6° | Verdampfungswärme 525,3 kcal/kg |
| Brüden aus dem ersten Körper .. | 101,6° | |
| $\Delta\vartheta_1 =$ | 19° | |
| Dampf zum zweiten Körper ..... | 101,6° | Verdampfungswärme 537,8 kcal/kg |
| Brüden aus dem zweiten Körper . | 78,1° | |
| $\Delta\vartheta_2 =$ | 23,5° | |
| Dampf zum dritten Körper ..... | 78,1° | Verdampfungswärme 552,5 kcal/kg |
| Brüden aus dem dritten Körper . | 51,6° | Verdampfungswärme 568,1 kcal/kg |
| $\Delta\vartheta_3 =$ | 26,5° . | |

$$525{,}3 \cdot G = 537{,}8 \cdot x + (25000 - y - z) \cdot (101{,}6 - 78{,}1)\,,$$
$$537{,}8 \cdot x = 552{,}5 \cdot y + (25000 - z) \cdot (78{,}1 - 51{,}6)\,,$$
$$552{,}5 \cdot y = 568{,}1 \cdot z + (25000) \cdot (51{,}6 - 21) \text{ und}$$
$$x + y + z = 20000\,.$$

Daraus ist $G = 8719$, $x = 7951$, $y = 6791$ und $z = 5258$. Die Heizflächen sind $F_1 = 110$ m², $F_2 = 106{,}4$ m², $F_3 = 109{,}7$ m²; im Mittel 108,7 m².

Die Verdampfung beträgt je kg Heizdampf $\frac{20000}{8720} = 2{,}3$ kg.

Im Vergleich zum Fall A ergibt sich also eine Ersparnis von 10219 — 8719 = 1500 kg oder etwa 15% des Dampfverbrauches vom Fall A. (Dieses Resultat erhält man zumeist, wenn die Temperatur der eingehenden Dünnlage niedrig ist. Daß sich hier die Heizfläche für beide Fälle ziemlich gleich ergeben hat, ist eine Folge der Wahl der Koeffizienten und nicht immer bei Rückspeisung der Fall.

Im Falle A wurden je kg Frischdampf 1,95 kg verdampft, im Fall B 2,3 kg. Daraus geht hervor, wie ungenau die überschlägige Schätzung ist, nach der 1 kg Heizdampf bei der Einfachverdampfung 1 kg, bei Doppeleffekt 2 kg Wasser usw. verdampft, wenn auch solche Schätzungen besser zutreffen, sobald die Eingangstemperaturen zwischen den Temperaturen des ersten und letzten Körpers liegen.)

## 4. Theoretische Bodenzahl eines Rektifizierapparates.

Die meisten in der Technik zu trennenden Gemische bestehen aus Stoffen, die der Troutonschen Regel (siehe S. 220) folgen. Berücksichtigt man nun noch, daß die absolute Siedetemperatur der in Destillier- und Rektifizierapparaten zu trennenden Gemische meist sehr nahe liegen und daher praktisch gleichgesetzt werden können, so ergibt sich, daß auch die molaren Verdampfungswärmen der einzelnen Stoffe gleichgesetzt werden können. Daraus folgt, daß die molare Verdampfungswärme jedes der beiden Einzelstoffe gleich ist der molaren Verdampfungswärme des Gemisches und daß diese unabhängig von der Konzentration ist. (Die anderen, in der Destillierkolonne auftretenden Wärmemengen, also die Mischungswärme, der Abkühlungsverlust, der durch die Isolierung sehr klein gehalten wird, usw. sind so gering, daß sie vernachlässigt werden können, weshalb nur mit den Verdampfungswärmen gerechnet werden kann.)

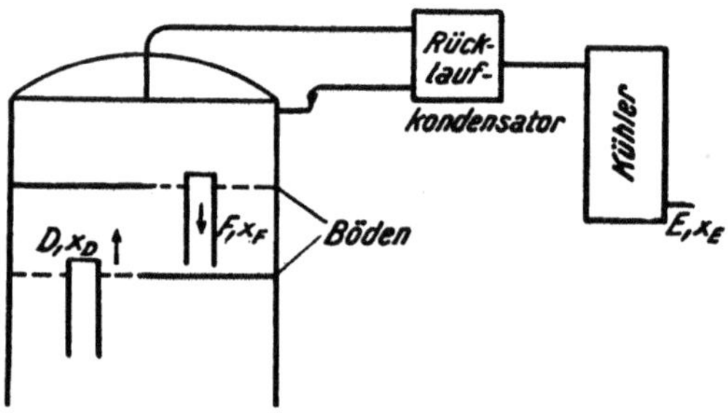


Abb. 131

Im Vorhergehenden wurde betont, daß die Verdampfungswärme eines Gemisches unabhängig von seiner Zusammensetzung ist. Daraus folgt, daß die Dampfmenge in Molen, welche in der Flüssigkeit auf einem Boden niedergeschlagen wird, derjenigen gleich ist, welche neu gebildet wird. Daher sind auch die einem Boden zu- und von diesem abströmenden Dampfmengen gleich und in der ganzen Säule unveränderlich.

Die von einem Boden einer kontinuierlich arbeitenden Kolonne aufsteigende Dampfmenge eines Zweistoffsystems sei mit $D$ Mol/h bezeichnet, die auf den gleichen Boden durch das Rücklaufrohr nach unten fließende Flüssigkeitsmenge mit $F$ Mol/h. Der Gehalt an Leichtersiedendem im Dampf beträgt $x_D$ (Mol-%), derjenige in der Flüssigkeit $x_F$ (Mol-%) und derjenige im Enderzeugnis $E$ $x_E$ (Mol-%). Siehe Abb. 131.

Es gilt also $D = E + F$ und $D \cdot x_D = F \cdot x_F + E \cdot x_E$. Daraus ist

$$x_D = \frac{F}{F+E} \cdot x_F + \frac{F}{F+E} \cdot x_E.$$

Bezeichnen wir mit $v = \frac{F}{E} = \frac{\text{Rücklauf}}{\text{Erzeugnis}}$ das *Rücklaufverhältnis*, dann ist $x_D = \frac{v \cdot x_F}{v+1} + \frac{1 \cdot x_E}{v+1}$.

Diese Gleichung gibt die in einem bestimmten Augenblick geltende Abhängigkeit der Dampfkonzentration von der Flüssigkeitskonzentration wieder. Darin sind nur $x_D$ und $x_F$ veränderlich. Wir bekommen mithin die Gleichung einer Geraden (Verstärkungsgerade, Abb. 132).

Die *Verstärkungsgerade* schneidet die Ordinate bei dem Werte $o = \frac{x_E}{v+1}$ und hat gegen die $x$-Achse die Neigung $\operatorname{tg} \alpha = \frac{v}{v+1}$.

Mit Hilfe dieser Verstärkungsgeraden kann die Zusammensetzung des von einem Boden aufsteigenden Dampfes bestimmt werden, wenn die Zusammensetzung der Flüssigkeit gegeben ist, welche dem gleichen Boden zuströmt. Kann man außerdem noch annehmen, daß der Dampf und die Flüssigkeit, aus welcher er entstanden ist, im Gleichgewicht stehen, ist daraus zu folgern, daß der von einem Boden aufsteigende Dampf sich auch im Gleichgewicht mit der denselben Boden verlassenden Flüssigkeit befindet.

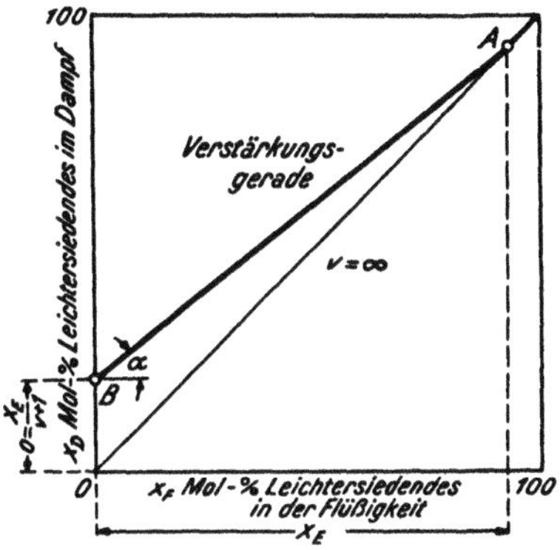


Abb. 132

Nehmen wir an, daß im Rücklaufkondensator der gesamte in ihn strömende Dampf niedergeschlagen wird, so haben der vom obersten Boden aufsteigende Dampf und der auf diesen Boden zurückgeleitete Rücklauf und das Endergebnis die gleiche Zusammensetzung $x_E$ Mol-%. Dann ist dadurch der Schnittpunkt A der Verstärkungsgeraden mit der Diagonale festgelegt (siehe Abb. 133). Ist außerdem $v$ bekannt, so ist ein zweiter Punkt B der Verstärkungsgeraden bestimmt. Der vom obersten Boden aufsteigende Dampf hat einen Gehalt von $x_{D_0} = x_E$ (gegeben durch die Ordinate des Punktes A). Die Parallele zur Abszisse schneidet nun die Gleichgewichtskurve im Punkt $I_a$. Dieser legt somit die Konzentration $x_{F_1}$ des Ablaufes des obersten Bodens fest, sie ergibt auf der Verstärkungsgeraden den Punkt $I_u$, dessen Ordinatenwert den Gehalt $x_{D_1}$ des Dampfes angibt, welcher dem ersten Boden zu-

und vom zweiten Boden abströmt. Dieser Dampf steht aber im Gleichgewicht mit der den zweiten Boden verlassenden Flüssigkeit mit dem Gehalt $x_{F_2}$, daher wird der Zusammenhang zwischen $x_{D1}$ und $x_{F\,2}$ gegeben durch den Schnittpunkt $\mathrm{II}_a$ (Schnittpunkt der Abszissenparallele durch $\mathrm{I}_u$ mit der Gleichgewichtskurve).

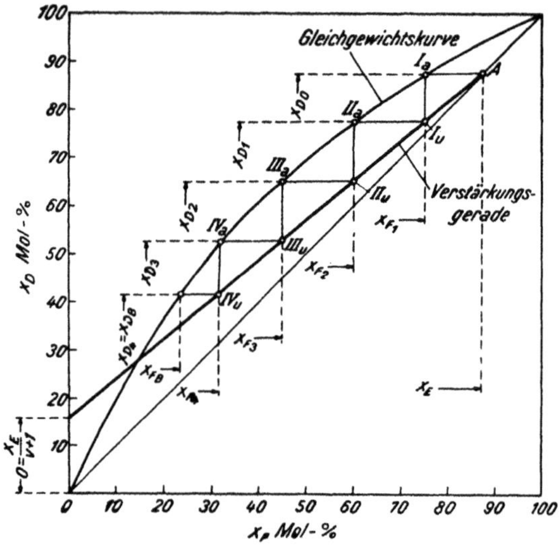


Abb. 133

Nun wird das Diagramm in gleicher Weise weiterentwickelt. Der Schnittpunkt des Flüssigkeitsgehaltes $x_{F\,2}$ mit der Verstärkungsgeraden ergibt den Punkt $\mathrm{II}_u$, der die Beziehung zwischen den Dampf- und Flüssigkeitskonzentrationen unter dem zweiten Boden angibt. Die Punkte $\mathrm{III}_a$ und $\mathrm{IV}_a$ stellen Gleichgewichtspunkte für die beiden Phasen auf dem dritten Boden bzw. vierten Boden dar, die Punkte $\mathrm{III}_u$ und $\mathrm{IV}_u$ die Zusammenhänge der Konzentrationen unter dem dritten Boden bzw. unter dem vierten Boden. Nehmen wir an, daß die Kolonne 4 vollkommen arbeitende Böden besitzt, so hat nun die vom untersten Boden in die Blase zurücklaufende Flüssigkeit die Konzentration $x_{F_4}$, während $x_{D_4}$ den Gehalt an Leichtersiedendem in dem von der Blase aufsteigenden Dampf angibt. Die *theoretische Anzahl der Böden* $n_{th}$ ist daher durch die Zahl der auf der Verstärkungsgeraden liegenden Punkte $\mathrm{I}_u$, $\mathrm{II}_u$, $\mathrm{III}_u$ usw. gegeben, die man erhält, wenn man den Treppenlinienzug zwischen der Gleichgewichtskurve und der Verstärkungsgeraden vom Punkt A bis zur Blasenkonzentration $x_{FB}$ zeichnet.

Die soeben entwickelten Berechnungen beziehen sich auf eine ideale Kolonne, d. h. eine Kolonne, die aus theoretischen Böden besteht. Unter einem theoretischen Boden versteht man einen Boden, bei dem der vom Boden aufsteigende Dampf im Gleichgewicht mit der Flüssigkeit steht, die zu dem nächsttieferen abläuft. In Wirklichkeit wirken die Böden nicht mit 100%, da der vom Boden aufsteigende Dampf nicht genügend von der flüchtigen Komponente enthält, um im Gleichgewicht mit der vom Boden abfließenden Flüssigkeit zu stehen. Man spricht daher von einem Bodenwirkungsgrad.

*Mindestrücklauf.* Die Neigung der Verstärkungsgeraden (welche auch als Betriebslinie bezeichnet wird), ist gegeben durch $\operatorname{tg} \alpha = \frac{v}{v+1}$. Mit wachsendem $v$ nimmt die Neigung zu und wird für $v = \infty$ gleich 1, d. h. sie fällt mit der Diagonale (unter 45°) zusammen. Dies gibt die kleinste Anzahl von Böden. Gleichzeitig würde aber, da ja der Rücklauf vollständig ist, die Leistung der Anlage gleich Null sein. Anderseits darf aber ein bestimmter Wert von $v$ nicht unterschritten werden. Dieser Wert wird Mindestrücklauf oder kleinster Rücklauf genannt. Die Destillationsanlage muß also mit einem Rücklaufverhältnis arbeiten, das zwischen den beiden Grenzwerten ($\infty$ und Mindestrücklauf) liegt. Geht die Verstärkungsgerade durch den Schnittpunkt der $x_F$-Linie (Abb. 134; $x_F$ = Mol-% an der Komponente A in der in die Kolonne eingehenden Flüssigkeit) mit der Gleichgewichtskurve (Punkt c), dann wäre oberhalb und unterhalb des Eintrittsbodens eine unendliche Bodenzahl erforderlich. Dies ist der Mindestrücklauf, bei dem theoretisch ein Betrieb gerade noch möglich wäre. Die eintretende Flüssigkeit muß auf jenen Boden eingeführt werden, der bestimmt ist durch diejenige Horizontale des Treppenlinienzuges, welche die $x_F$-Gerade schneidet.

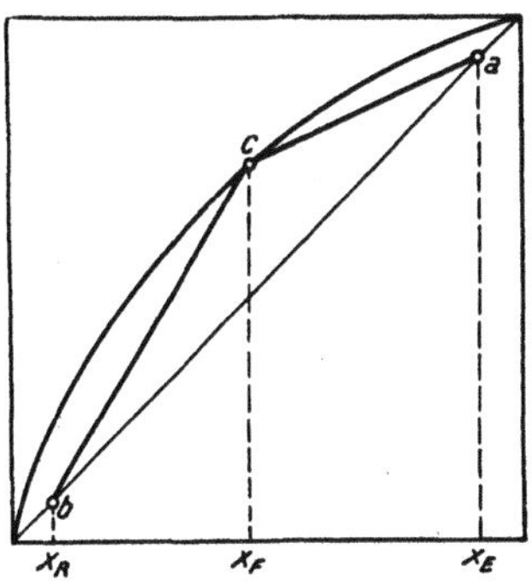

Abb. 134

**279. Beispiel.** In einer kontinuierlich arbeitenden Trennsäule sollen 10000 kg eines Gemisches von 25% Benzol und 75% m-Xylol zerlegt werden in ein Endprodukt mit 97% Benzol und einen Ablauf von 98% m-Xylol. Das eingehende Gemisch hat Siedetemperatur. Die Böden haben einen Wirkungsgrad von 60%

Zu berechnen sind: 1. Das stündliche Gewicht des Produktes und des Ablaufes.

2. Die kleinstmögliche Anzahl Böden.

3. Die Zahl der ober- und unterhalb des Zulaufes erforderlichen Böden, wenn ein Rücklauf von 3,5 Mol je Mol des Produktes angenommen wird (Rücklaufverhältnis).

4. Der stündliche Verbrauch an Dampf von 2 atü, wenn die molekulare Verdampfungswärme des Benzols und Xylols im Mittel zu 7800 cal angenommen wird. (Strahlungsverluste sind zu vernachlässigen.)

Zu 1. $E$ = Gewicht des Produktes pro Stunde,
$R$ = Gewicht des Ablaufes pro Stunde.
$E + R = 10000$ kg.

Benzolbilanz: $10000 \cdot 0{,}25 = 0{,}97 \cdot E + 0{,}02 \cdot R$.

Daraus ist $E = 2421$ kg und $R = 7579$ kg.

Zu 2. Umrechnung in Mol-%:

| | | |
|---|---|---|
| Eingehende Flüssigkeit: | 31,2 Mol-% | Benzol ($= x_F$), |
| Endprodukt: | 97,7 Mol-% | Benzol ($= x_E$), |
| Ablauf: | 2,7 Mol-% | Benzol ($= x_R$). |

In der Abb. 99, S. 206, ist die Gleichgewichtskurve des Systems Benzol/m-Xylol dargestellt. Das Endprodukt enthält 97,7 Mol-% Benzol ($x_E$ = Zusammensetzung des Endproduktes), der Rückstand 2,7 Mol-% Benzol ($x_R$ = Zusammensetzung des Rückstandes). Wir zeichnen beide Linien in das Diagramm ein (Abb. 135).

Die kleinste Zahl an Böden wird erforderlich, wenn der Rücklauf vollständig ist ($E = 0$), dann wird $v = \infty$ und die Verstärkungsgerade (oder Betriebslinie) fällt mit der Diagonale zusammen. Beginnt man nun im Schnittpunkt a der $x_E$-Geraden mit dieser Diagonale und zeichnet rechtwinklige Stufen, so findet man, daß die Linie für $x_R$ vom fünften Boden (= fünfte Horizontale) gekreuzt wird. Da der Bodenwirkungsgrad 60% beträgt, ergibt sich die kleinste Zahl an Böden zu $5 : 0{,}6 = 8$.

Zu 3. Die Verstärkungsgerade erhält man wie folgt: $x_F =$ = Mol-% an Benzol in der in die Kolonne eingehenden Flüssigkeit. Die Verstärkungsgerade geht durch den Schnittpunkt von $x_E$ mit der Diagonalen (Punkt a), während sie die Ordinate bei dem Werte $o = \frac{x_E}{v + 1}$ schneidet (Abb. 135).

Für unser Beispiel ist $o = \frac{97{,}7}{3{,}5 + 1} = 21{,}7$. Die in der Abb. 135 eingezeichnete Verstärkungsgerade für den Teil der Kolonne oberhalb des Flüssigkeitseintrittes schneidet die $x_F$-Linie im Punkt b. Die Verbindung des Punktes b mit c (Schnittpunkt von $x_R$ mit der Diagonalen) ergibt die Verstärkungsgerade für

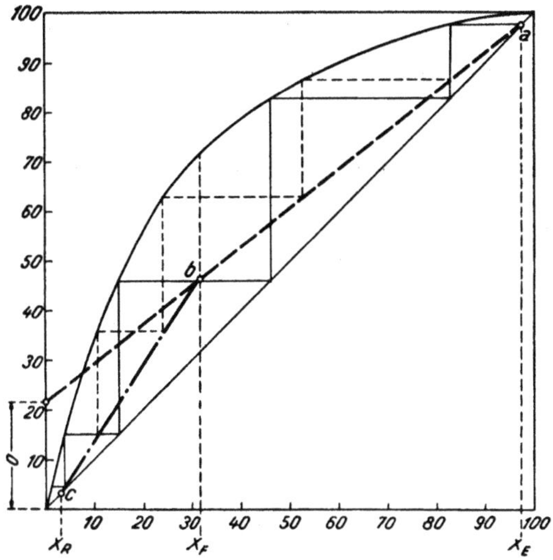


Abb. 135

den Teil der Kolonne unterhalb des Eintrittes. Nun beginnt man im Punkt a mit der Zeichnung des rechtwinkligen Treppenlinienzuges zwischen Verstärkungsgeraden und der Gleichgewichtskurve. Dadurch erhält man die Bodenzahl theoretisch zu 6, tatsächlich also zu $6:0{,}6 = 10$ Böden. Die $x_F$-Linie kreuzt diese Stufen bei der dritten von oben gezählt, daher muß der Eintritt bei dem ($3:0{,}6 = 5$; $10 - 5 = 5$) fünften Boden von oben erfolgen.

Zu 4. Das Endprodukt enthält $2421 \cdot 0{,}97 = 2348$ kg Benzol und $2421 \cdot 0{,}03 = 73$ kg Xylol.

In Molen ausgedrückt sind dies $2348:78{,}1 = 30$ Mol Benzol und $73:106{,}2 = 0{,}7$ Mol Xylol, zusammen 30,7 Mol.

Der Rückfluß beträgt 3,5 Mol je Mol Produkt, verdampft sind daher $3{,}5 + 1 = 4{,}5$ Mol je Mol Produkt, also 138,1 Mol.

Die molare Verdampfungswärme ist 7800 cal*. Wir nehmen an, daß die Verdampfungswärme der einzige Wärmeverbraucher ist. 1 kg Heizdampf von 2 atü hat eine Verdampfungswärme von 516,9 kcal. Wird die fühlbare Wärme des Kondensats vernachlässigt, so ist der Dampfverbrauch $\frac{7800 \cdot 138{,}1}{516{,}9} = 2080$ kg.

## 5. Druckverlust in einem Rieselturm.

**280. Beispiel.** (Unter Verwendung der Formeln nach E. KIRSCHBAUM).

Durch einen mit Porzellan-Raschigringen (25/25 mm) auf eine Höhe von 2 m gefüllten Waschturm vom Durchmesser 1500 mm strömen stündlich 3000 m³ eines Gases vom spezifischen Gewicht $\gamma = 0{,}8$ kg/m³. Die Ringe werden mit stündlich 9000 Liter einer Flüssigkeit der Viskosität 6° E berieselt. Wie groß ist der Druckverlust des Gases im Turm a) bei trockenen und b) bei berieselten Füllkörpern?

a) Den größten Einfluß auf den Druckverlust hat die Geschwindigkeit. Als Rechnungsgröße ist für sie die im freien Turmquerschnitt herrschende Geschwindigkeit eingeführt. Im gegebenen Fall ist sie

$$w = \frac{3000}{\pi \cdot \frac{1{,}5^2}{4} \cdot 3600} = 0{,}472 \text{ m/s}.$$

Für Porzellanringe mit einer Abmessung von 8 bis 25 mm wächst der Druckverlust im Mittel mit $w^{1,85}$. Während die Zähigkeit des Gases fast keinen Einfluß auf den Druckverlust hat, spielt das spezifische Gewicht jedoch eine große Rolle, und zwar wächst der Druckverlust mit $\gamma^{0,83}$. Je größer die Füllhöhe, desto größer natürlich der Widerstand, während derselbe mit steigendem Durchmesser der Ringe abnimmt. Es gilt für unberieselte Raschigringe mit einem Durchmesser von 8 bis 25 mm $\Delta P = 0{,}27 \cdot H \cdot \frac{w^{1,85} \cdot \gamma^{0,83}}{d^{1,27}}$ mm WS. Darin bedeuten:

---

* Angenäherte Berechnung: Das Gemisch aus 25 Gew.-% Benzol und 75 Gew.-% Xylol siedet laut Diagramm (Abb. 98, S. 206) bei 110°. Die Dampfzusammensetzung ist dabei 70 Mol-% Benzol und 30 Mol-% Xylol. Die molaren Verdampfungswärmen bei Siedetemperatur sind für Benzol 7364 cal, für Xylol 8680 cal.

Mittlere Verdampfungswärme $\Delta J = \frac{70}{100} \cdot 7364 + \frac{30}{100} \cdot 8680 = 7759$ cal.

$H$ die Füllkörperschichthöhe in m (für unser Beispiel $=2$),
$w$ die Geschwindigkeit des strömenden Gases in m/s ($=0,472$),
$\gamma$ das spezifische Gewicht des Gases in kg/m³ ($=0,8$) und
$d$ den Durchmesser der Raschigringe in m ($=0,025$).

Nach Einsetzen der Zahlen erhalten wir für $\Delta P \approx 12$ mm WS.

b) Der Druckverlust berieselter Füllkörper ist größer als derjenige trockener Füllkörper. Es gilt die Gleichung $\Delta P = k_b \cdot H \cdot w^n$ mm WS. Es bedeuten:

$H$ die Füllkörperschichthöhe in m ($=2$),
$w$ die Gasgeschwindigkeit in m/s ($=0,472$),
$n$ den Geschwindigkeitsexponenten, im Mittel $=1,9$ und
$k_b$ die Widerstandszahl für berieselte Füllkörper. Sie stellt den Druckverlust bei einer Schichthöhe von 1 m und einer Gasgeschwindigkeit von 1 m/s dar und errechnet sich zu

$$k_b = k_i + 0,005 \cdot k_i^{1,5} \cdot B\,.$$

In unserem Beispiel ist die Rieselmenge $B$ in $\mathrm{m^3/m^2 \cdot h} = 9:1,767 = 5,1$. Damit wird $k_b = 1,0018 \cdot k_i$.

$k_i$ ist die Widerstandszahl für benetzte (nicht berieselte) Füllkörper (bei $B=0$). Sie ist abhängig vom Druckverlust trockener Füllkörper, vom spez. Gewicht des Gases und von der Viskosität der aufgegebenen Flüssigkeit.

$k_i = k_t \cdot \gamma^{0,83} \cdot (1 + 0,124 \cdot E)$, worin mit $E$ die Viskosität in °Engler bezeichnet ist. $k_t$ ist der Druckverlust in mm WS für 1 m Schichthöhe trockener Füllkörper bei einer Geschwindigkeit von 1 m/s und einem spez. Gewicht 1 kg/m³; $k_t$ errechnet sich aus der Gleichung für trockene Füllkörper zu

$$k_t = \Delta P = 0,27 \cdot H \cdot \frac{w^{1,85} \cdot \gamma^{0,83}}{d^{1,27}} = 0,27 \cdot 1 \cdot \frac{1^{1,85} \cdot 1^{0,83}}{0,025^{1,27}} = 29,2\,\text{mm WS}.$$

$k_i = 29,2 \cdot 0,8309 \cdot 1,744 = 42,3$ und $k_b = 1,0018 \cdot 42,3 = 42,4$. Dann wird $\Delta P = 42,4 \cdot 2 \cdot 0,472^{1,9} = 20,4$ mm WS.

Ist die Viskosität in Poisen gegeben, dann ist $k_i = k_t \cdot \gamma^{0,83} \cdot (1 + 1,25\,\eta)$. ———

## K. Scheiden.

Mit Hilfe der Scheideflasche (Florentiner Flasche, Abb. 136) können nicht mischbare Flüssigkeiten nach dem spezifischen Gewicht getrennt werden. Sie eignet sich auch für stetigen Betrieb.

Das Gemisch gelangt durch das Rohr R in den erweiterten Teil des Gefäßes G und trennt sich bei der Trennschicht T in einen spezifisch leichteren (spez. Gewicht $\gamma_1$) und einen spezifisch schwereren Teil (spez. Gewicht $\gamma_2$). Letzterer fließt durch den in der Höhe verstellbaren Auslauf $A_2$, ersterer durch den Stutzen $A_1$ ab. Der Stutzen E dient zum völligen Entleeren des Gefäßes G.

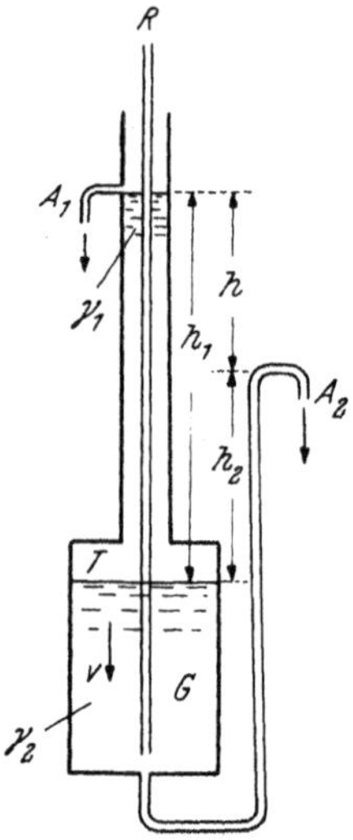


Abb. 136

Die Durchflußgeschwindigkeit $v$ muß im zylindrischen Teil von G kleiner sein als die Absetzgeschwindigkeit des spezifisch schwereren Anteils. Die Einstellung der Höhe der beiden Ausläufe $A_1$ und $A_2$ richtet sich nach dem spezifischen Gewicht der zu trennenden Flüssigkeiten. (Man achte darauf, daß die wertvollere Flüssigkeit den größeren Trennungsweg vom Eintritt R ab zurücklegt; in der Abb. ist dies die spezifisch leichtere Flüssigkeit).

Sind $h_1$ die Höhe der leichten Flüssigkeit und $h_2$ jene der der schweren, jeweils von der Trennfläche T aus gerechnet, dann herrscht Gleichgewicht, wenn

$$h_1 \cdot \gamma_1 = h_2 \cdot \gamma_2 .$$

Daraus folgt für die Höhendifferenz $h$ zwischen den Stutzen $A_1$ und $A_2$:

$$h = h_1 - h_2 = \frac{h_2 \cdot \gamma_2}{\gamma_1} - \frac{h_1 \cdot \gamma_1}{\gamma_2} .$$

## L. Extraktion.

### 1. Extraktionsdiagramme.

Das Gemisch zweier Flüssigkeiten $A$ und $B$ soll der Extraktion mit einem Lösungsmittel $L$ unterworfen werden. Dabei sind vor allem 2 Typen des entstandenen ternären Gemisches von Interesse.

*Typ I.* $A$ und $B$ sowie $A$ und $L$ sind unbeschränkt, $B$ und $L$ sind gegenseitig nur beschränkt mischbar. Da es sich um ein Dreistoffsystem handelt, verwendet man zur Darstellung Dreiecks-Koordinaten (s. S. 89).

Der Inhalt des Dreieckes $ABL$ (Abb. 137), welches alle denkbaren Gemische beinhaltet, besteht aus den Teilen $ABLDC$ (Gebiet homogener Mischungen) und dem von der Strecke $CD$ und der Kurve begrenzten Teil (heterogene Mischungen). Wird z. B. aus $A$, $B$ und $L$ eine Mischung $X$ hergestellt, erhält man eine homogene Flüssigkeit; mischt man jedoch die Komponenten in dem Verhältnis, das dem Punkt $Y$ entspricht, so trennt sich das Gemisch in zwei Schichten, die sich miteinander im Gleichgewicht befinden und die gemäß Analyse die Zusammensetzungen $E$ und $F$ haben. Nach S. 90 liegen $E$, $F$ und $Y$ auf einer Geraden und die Gewichtsmengen der gebildeten Phasen entsprechen dem Verhältnis kg $E$:kg $F = \overline{YF}:\overline{YE}$.

Solche miteinander im Gleichgewicht stehenden Phasen nennt man konjugiert und die Verbindungslinie *EF Konode*. Analog wird sich ein Gemisch $Z$ in die Schichten $G$ und $H$ trennen. Dabei sind die Schichten $E$ und $G$ (Raffinatschichten) reicher an $A$ und

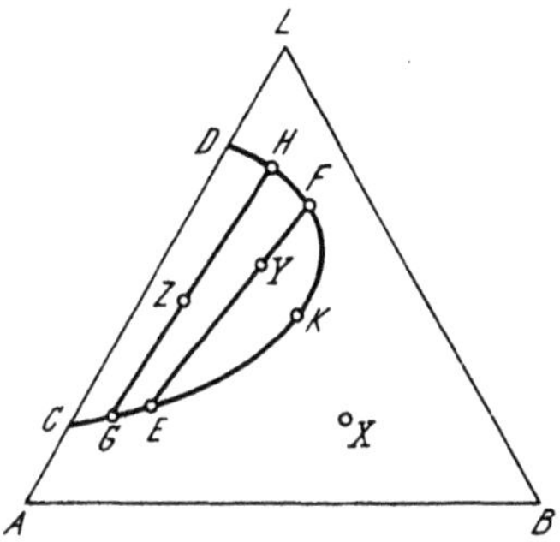

Abb. 137

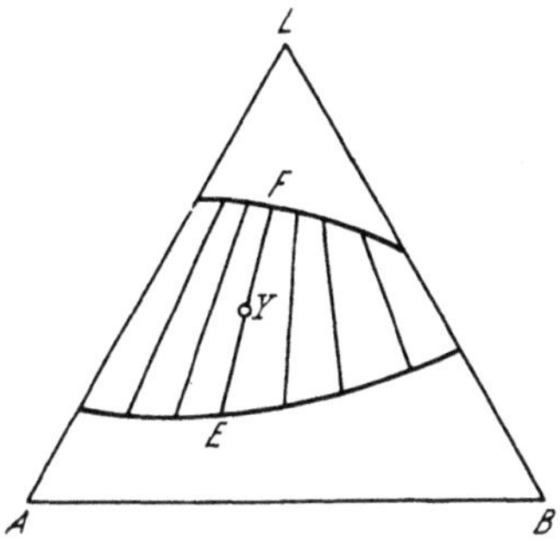

Abb. 138

ärmer an $B$ als die ursprünglichen Gemische $Y$ und $Z$. ($F$ und $H$ werden als Extraktschichten bezeichnet). Ein Gemisch, das auf der Linie $CD$ liegt, enthält nur $A$ und $L$ und trennt sich in $C$ und $D$, die betreffende Konode fällt mit der Seite $AL$ zusammen. Die Konoden in der Nähe von $AL$ sind dieser Seite nahezu parallel.

Die die konjugierten Phasenpunkte verbindende Kurve heißt *Binodalkurve*. Im kritischen Entmischungspunkt $K$ bildet die Konode die Tangente.

Das gezeichnete Bild gilt nur für eine bestimmte Temperatur. Bei Temperaturerhöhung verkleinert sich das heterogene Gebiet und kann vollkommen aus dem Diagramm verschwinden, d. h., alle drei Stoffe werden unbegrenzt mischbar, wodurch die Möglichkeit einer Extraktion fortfällt.

*Typ II.* $A$ und $B$ sind unbeschränkt mischbar, $A$ bezw. $B$ sind mit $L$ nur beschränkt mischbar (Abb. 138). Typ II kann bei höherer Temperatur in Typ I übergehen. Ein Gemisch der Zusammensetzung Y trennt sich in die beiden Schichten $E$ und $F$. Nachdem die Konoden links mit der Seite $AL$ und rechts mit $BL$ zusammenfallen, drehen sie sich ungefähr wie eine durch $L$ gehende Gerade, d. h., daß sich Raffinat und Extrakt in ihrer Zusammensetzung $A:B$ nur wenig unterscheiden und die Extraktion wenig selektiv verläuft.

Bei beiden Typen gibt es einen Fall, wo eine Konode in ihrer Verlängerung durch den Punkt $L$ geht. Die beiden Schichten $E$ und $F$ sind dann in bezug auf ihr Mischungsverhältnis $A:B$ einander gleich und eine Anreicherung an $A$ oder $B$ kann nicht stattfinden (Azeotropie).

*Entwerfen von ternären Extraktionsdiagrammen.*

a) Aus Analysen. Die Komponenten $A$, $B$ und $L$ werden in zahlreichen, willkürlichen Gewichtsverhältnissen bei gleicher Temperatur gemischt, homogene Gemische beiseite gestellt und in

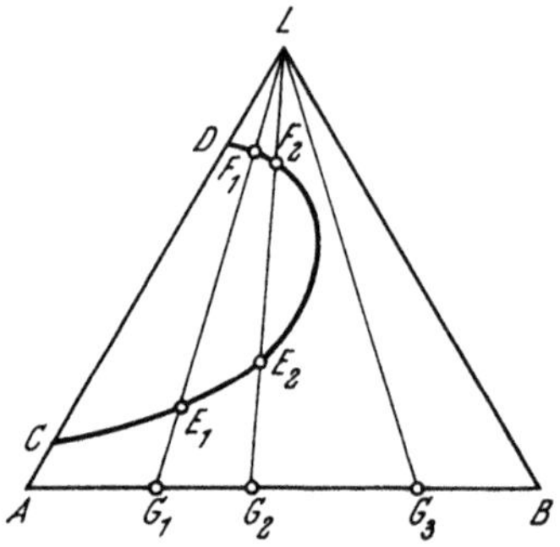

Abb. 139

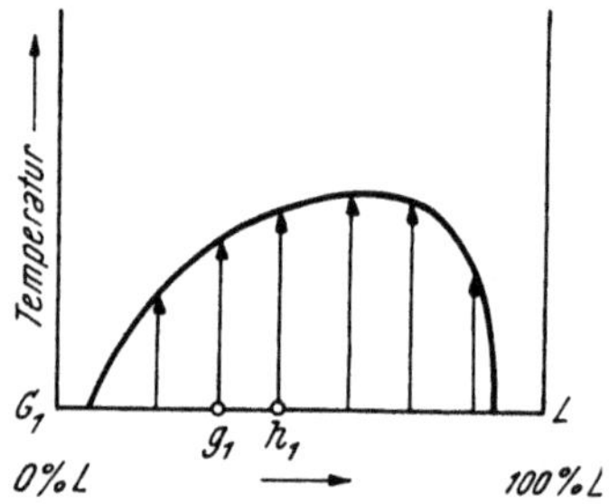

Abb. 140

jenen, die sich in 2 Schichten trennen, die Zusammensetzung dieser Schichten bestimmt, z. B. $E$ und $F$, $G$ und $H$ der Abb. 137. Die Verbindungsgeraden sind die gesuchten Konoden, Verbindungskurve ist die Binodalkurve.

b) Verfahren nach ALEXEJEW-SCHREINEMAKERS. Man mischt bekannte Mengen von $A$ und $B$ zu den Gemischen $G_1$, $G_2$, $G_3$ usw. (Abb. 139). Nun wird dem Gemisch $G_1$ eine bekannte Menge von $L$ zugesetzt, wodurch das Gemisch $g_1$ entsteht, das sich in 2 Schichten trennt. Bei langsamer Temperatursteigerung wird ein Punkt erreicht, bei dem sich das Gemisch nach dem Schütteln nicht mehr entmischt, also homogen bleibt. Diese Temperatur wird vermerkt (Spitze des Pfeiles von $g_1$ in der Abb. 140). Nun setzt man eine größere Menge $L$ zu, so daß das Gemisch $h_1$ entsteht und verfährt analog. Die erhaltenen Pfeilspitzen bilden eine Kurve, die wir mit $G_1L$ bezeichnen. Das gleiche wird mit dem Gemisch $G_2$ und $L$ als Ausgangsstoff durchgeführt und man erhält die Gemische $g_2$, $h_2$ usw. und die Kurve $G_2L$ usf. (Abb. 141).

Die Binodalkurve für eine bestimmte Temperatur $t^\circ$ ergibt sich nun aus den Schnittpunkten der $t$-Linie mit den erhaltenen Kurven. Die Kurve $G_1L$ wird in den Punkten $E_1$ und $F_1$, dem Minimal- und Maximalgehalt an $L$, der imstande ist mit dem binären Gemisch $G_1$ ein heterogenes Gemisch zu bilden, geschnitten. Diese Punkte auf die Linie $\overline{G_1L}$ in der Abb. 139 übertragen geben 2 Punkte der Binodalkurve. Ebenso verfährt man mit den Schnitt-

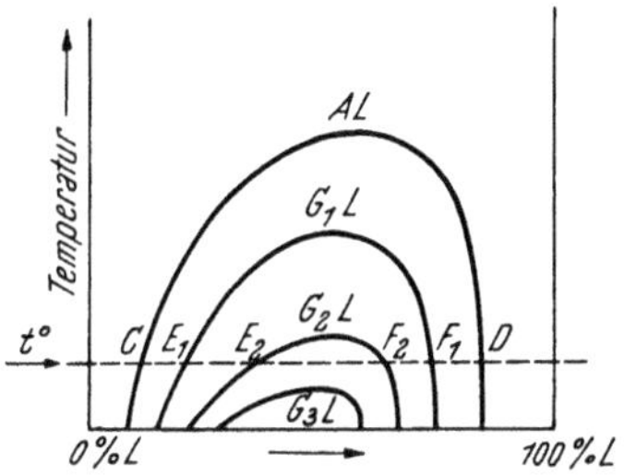


Abb. 141

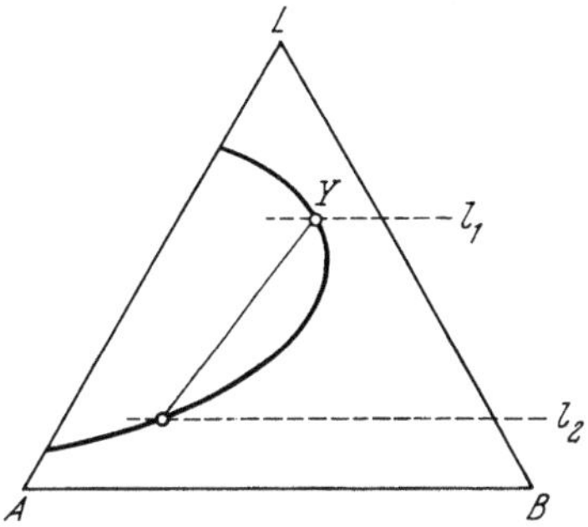


Abb. 142

punkten $E_2$, $F_2$ usw. Die Schnittpunkte $C$ und $D$ werden auf $\overline{AL}$ übertragen. Auf diese Weise wird die gesamte Binodalkurve gezeichnet. (Die Kurve $G_3L$ wird von der $t$-Linie nicht geschnitten, sie verläuft noch ganz im homogenen Gebiet).

Nun wird noch die Lage der Konoden ermittelt ($\overline{E_1F_1}$ ist keine Konode). Kann in den $ABL$-Gemischen der $L$-Gehalt analytisch bestimmt werden, so mischt man nun die Komponenten $A$, $B$ und $L$ in verschiedenen Verhältnissen und bestimmt in den jeweils gebildeten Gemischen den $L$-Gehalt. Ist dieser z. B. $l_1$ (Abb. 142) in der Extraktschicht und $l_2$ in der Raffinatschicht, so muß sich die Extraktschicht $Y$ irgendwo auf der Geraden befinden. Der Schnittpunkt der letzteren mit der Binodalkurve ist der Endpunkt der gesuchten Konode; der andere Endpunkt liegt im Schnittpunkt von $l_2$ mit der Kurve.

## 2. Anwendung des Extraktionsdiagrammes.

**281. Beispiel.** Wir betrachten eine Parallelstromextraktion bei gegenseitiger Mischbarkeit von $A$ und $L$ (bearbeitet nach Euken-Jakob).

Obzwar Erdöl ein Gemisch mehrerer Kohlenwasserstoffe darstellt, so verhält es sich gegenüber einigen Extraktionsmitteln so, als ob nur zwei Komponenten enthalten wären, nämlich als Hauptkomponente des Extraktes die Aromaten Ar und als jene des Raffinats die Nichtaromaten N. Es soll die Zusammensetzung des Produktes nach einer Reihe aufeinanderfolgender Extraktionen ermittelt werden (Abb. 143).

Das Erdöl habe die Zusammensetzung $O$. Durch den Zusatz des Extraktionsmittels $L$ bewegt man sich entlang der Linie $\overline{OL}$ und erreicht den Punkt $P_1$, dessen Lage aus der $L$-Menge festgestellt werden kann. Die beiden sich bildenden Phasen sind gegeben durch die Endpunkte der durch $P_1$ gezogenen Konode $El_1$ und $Rl_1$.

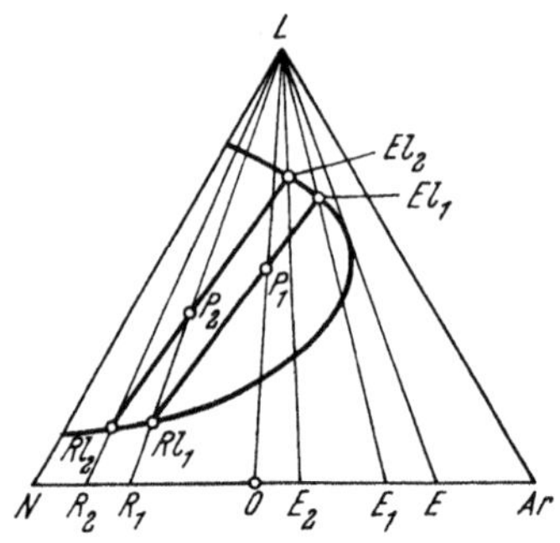


Abb. 143

Beim Verdampfen von $L$ aus $Rl_1$ bewegt man sich auf der Linie $\overline{LRl_1}$ abwärts zu Punkt $R_1$, der Zusammensetzung des ersten Raffinats. Die Zusammensetzung des ersten Extraktes ist durch $E_1$ gegeben.

Setzt man eine neue $L$-Menge zu, so kommt man auf der Linie $\overline{Rl_1 L}$ z. B. zum Punkt $P_2$ und es bilden sich die Schichten $Rl_2$ und $El_2$, die nach Verdampfung von $L$ das Raffinat $R_2$ und den Extrakt $E_2$ geben. Man sieht nun, daß jeder weitere Extrakt immer mehr in der Nähe von N liegt, d. h. reicher an Nichtaromaten ist, was nicht erwünscht ist. Auch weichen Extrakt und Raffinat bei wiederholter Extraktion in ihrer Zusammensetzung immer weniger voneinander ab. Bezüglich der Ausbeuten ist kg $Rl_1$ : kg $El_1 = \overline{P_1 El_1} : \overline{P_1 Rl_1}$ usw.

Verdampft man aus der Extraktschicht einen Teil von $L$ (längs der Linie $\overline{LEl_1}$), erhält man ein Gemisch, das sich wiederum in zwei Schichten trennt, wobei die nun erhaltene Extraktschicht näher an Ar liegt. Die Tangente $\overline{LE}$ bildet jedoch den Grenzwert.

Aus dem Diagramm erkennt man ferner, daß die Extraktschichten $El_1$ usw. viel, die Raffinatschichten $Rl_1$ usw. nur wenig $L$ enthalten.

## M. Filtration.

Der Verlauf einer Filtration ist abhängig von der Art des Niederschlages (Größe, Form, Alter), von der Viskosität der Flüssigkeit, der Temperatur, vom Mischungsverhältnis der festen und flüssigen Phase. Eine ausschlaggebende Rolle spielen ferner das Filtermittel, das angewandte Filtrierverfahren, die angewandte Kraft usw. Es ist daher schwierig, einfache Formeln für den Filtrationsvorgang aufzustellen. Es wird überhaupt nur möglich, wenn man bestimmte Annahmen macht, wie Konstanthaltung der Filtrationsbedingungen und Einheitlichkeit der Trübe.

Zwischen der gefilterten Menge $Q$ (in Litern), der Filtrationsgeschwindigkeit $v$ (in Litern/sek.) und der Zeit $t$ (in sek.) besteht die Beziehung

$$Q = v \cdot t.$$

Darin ändert sich die Geschwindigkeit $v$ im Verlaufe der Filtration; sie wird infolge der Zunahme der Kuchenstärke und damit Zunahme des Durchflußwiderstandes kleiner. (Gewebe als Filtermittel hat einen geringen Widerstand, der vernachlässigt werden kann.) Und zwar ist $v$ umgekehrt proportional der Kuchenstärke $D$.

Für den Durchlauf einer reinen Flüssigkeit ergibt sich somit

$$v = \frac{m_0}{D}. \quad (m_0 = \text{Materialkonstante}).$$

Tritt also keine Veränderung des Filterkuchens ein, dann ist die Filtrationsgeschwindigkeit $v$ gleichbleibend und es ist

$$Q = \frac{m}{D} \cdot t.$$

Diese Gleichung gilt demnach für die *Auswaschung*.

Während des *Filtrationsvorganges* selbst nimmt jedoch die Kuchenstärke $D$ mit der Menge der filtrierten Trübe zu und es ist

$$D = a \cdot Q.$$

Der Faktor $a$ ist durch die Konzentration der Trübe bestimmt.

Nun ist $v = \frac{m}{a \cdot Q}$, worin $\frac{m}{a}$ eine Materialkonstante darstellt.

Es muß noch in Betracht gezogen werden, daß nicht mit der Geschwindigkeit $v$, die ja ständig abnimmt, gerechnet werden kann, sondern mit einer mittleren Geschwindigkeit $v_m$ und damit auch mit einer mittleren gelieferten Menge $Q_m$.

Wenn wir durch den Faktor $b$ zum Ausdruck bringen, daß $Q$ und $Q_m$ in einem bestimmten Zusammenhang stehen, dann ist

$$Q = b \cdot Q_m.$$

Aus obigen Gleichungen ist nun $Q = \frac{m}{a \cdot Q_m} \cdot t$ und weiterhin $Q = \frac{m \cdot b}{a \cdot Q} \cdot t$. Daraus ist $Q = \sqrt{\frac{m \cdot b}{a}} \cdot \sqrt{t}$.

Da es sich bei der ersten Wurzel um lauter konstante Werte handelt, können dieselben zu einer Konstanten zusammengefaßt werden und wir erhalten $Q = k \cdot \sqrt{t}$.*

**282. Beispiel.** Ein Versuch an einer Filterpresse ergab, daß bei einer Filtratmenge von 300 l pro m² und Stunde eine Kuchenstärke von 10 mm entstand. Wählt man eine Presse von 40 mm Rahmenstärke (also 20 mm Kuchenstärke nach jeder Plattenseite), dann wäre die Filtratmenge $(300:x = 10:20)$ $Q' = 600$ l/m².

Aus dem Versuch ergibt sich die Filterkonstante $k = \frac{Q}{\sqrt{t}} = \frac{300}{\sqrt{60 \cdot 60}} = 5$.

Die Durchlaufzeit für 600 l ist mithin

$$t' = \left(\frac{Q'}{k}\right)^2 = 14400 \text{ s} = 4 \text{ h} \; (= \text{Füllzeit}).$$

Die mittlere Filtrationsgeschwindigkeit $v_m = \frac{Q}{t} = \frac{600}{4} = 150$ l/m² · h.

Soll beispielsweise eine Gesamtmenge von 7200 l unter diesen Bedingungen filtriert werden, wäre eine Filterfläche von 7200 : 600 = 12 m² notwendig. Eine Holzpresse von der Rahmengröße 800/800 mm hat pro Rahmen eine freie Filterfläche von 0,75 m². Es werden daher 16 Rahmen gebraucht.

## N. Trocknen.

### 1. Das I-X-Diagramm.

Im *I*-*X*-Diagramm von Mollier sind die meisten Eigenschaften der Luft-Wasserdampf-Gemische, welche der Ingenieur für seine Rechnungen benötigt, enthalten.

Das gezeichnete Diagramm (Abb. 144) enthält:

1. Linien konstanter Temperatur $t$ (nahezu waagrecht verlaufend),

---

* Die graphische Darstellung dieser Gleichung ergibt eine Parabel, was sich mit den Ergebnissen der Praxis deckt. (Aufstellung von Filterkurven: Menge der zu filtrierenden Trübe als Ordinate, Zeit als Abszisse.)

2. Linien konstanten Wärmeinhaltes $i$ (schräg verlaufend) und
3. Linien gleichen Wassergehaltes $x$ (senkrecht verlaufend).
4. Die eingezeichneten Kurven gleicher relativer Feuchtigkeit gelten für einen Luftdruck von 760 Torr. $\varphi = 1$ ergibt die Sättigungskurve.

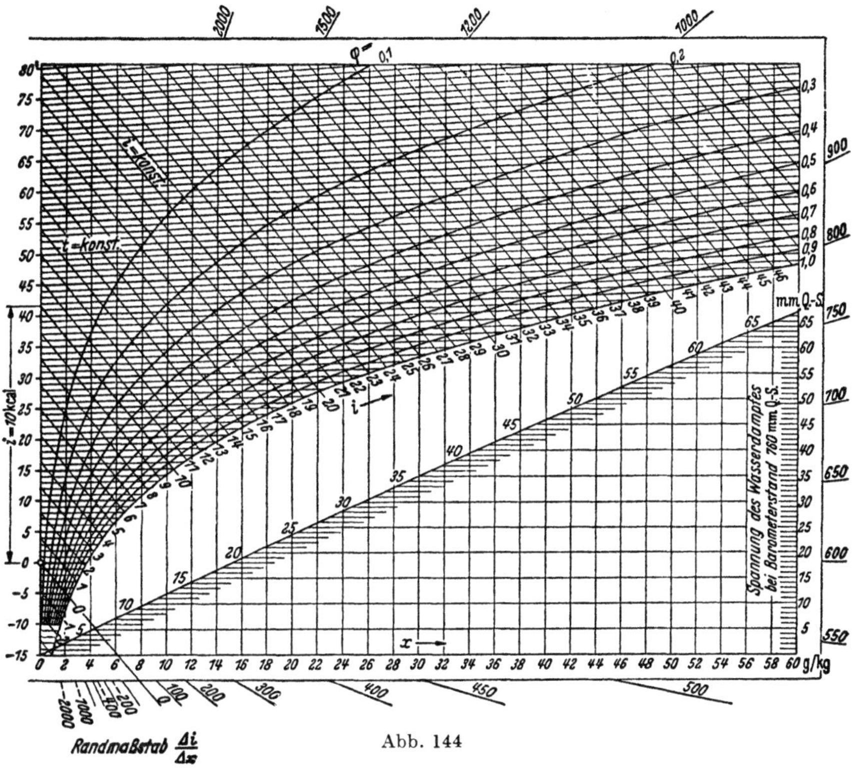


Abb. 144

**283. Beispiel.** Zu bestimmen sind für Luft von 20° der Wassergehalt $x$, der Dampfdruck $p$, der Wärmeinhalt $i$ für Sättigung ($\varphi = 1$) und einen Feuchtigkeitsgehalt von 60%.

Die Temperaturlinie für 20° gibt im Schnittpunkt mit der Sättigungslinie (Ziehung der Ordinate nach unten) für $x = 15$ g/kg, im Schnittpunkt mit der Feuchtigkeitslinie $\varphi = 0{,}6$ den Wert $x = 9$ g/kg.

Die Ordinaten geben mit dem Schnittpunkt der eingezeichneten Schrägen den zugehörigen Dampfdruck in Torr (mm QS), für $\varphi = 1$ also $p = 17{,}5$ Torr und für $\varphi = 0{,}6$ ist $p = 10{,}5$ Torr.

In den Schnittpunkten der Sättigungslinie mit den schrägen $i$-Linien werden die Wärmeinhalte erhalten: $i_1 = 14$ kcal (für $\varphi = 1$) und $i_2 = 10{,}3$ kcal (für $\varphi = 0{,}6$). ———

*Zustandsänderungen feuchter Luft.*

**a)** Zustandsänderungen bei konstantem Dampfgehalt $x$ der feuchten Luft verlaufen im Diagramm parallel zur Ordinatenachse.

**284. Beispiel.** Feuchte Luft vom Zustand $t = 29°$, $\varphi = 0{,}2$ und $i = 10$ kcal wird vor dem Eintritt in einen Trockner an Heizschlangen auf 41° erwärmt.

Es wird also $t_1 = 41°$, folglich $\varphi_1 = 0{,}1$ und $i_1 = 13$ kcal. ———

Zieht man zur Ordinate eine Parallele von einem gegebenen Zustand bis zur Sättigungskurve $\varphi = 1$, erhält man den Taupunkt des Dampf-Luft-Gemisches.

**285. Beispiel.** Zustandspunkt $t = 37°$, $\varphi = 0{,}2$ und $i = 14$ kcal. Zu bestimmen ist der Taupunkt. Dieser wird zu 10,6° ermittelt.

**b)** Zustandsänderungen bei konstantem Wärmeinhalt $i$ der feuchten Luft unter Änderung von $x$ verlaufen im Diagramm parallel zu den $i$-Linien.

**286. Beispiel.** Wird im Zustandspunkt $t = 25°$, $\varphi = 0{,}4$, $i = 11$ kcal der Dampfgehalt um 2 g/kg (von $x = 8$ auf $x_1 = 10$ g/kg) erhöht, dann sinkt die Temperatur des Gemisches auf 20°, während $\varphi$ auf 0,67 ansteigt. ———

**c)** Zustandsänderungen unter gleichzeitiger Änderung von $x$ und $i$. Die Änderung von $i$ für 1 kg zugeführten oder entzogenen Wasserdampfes ergibt sich aus dem Randmaßstab. Man zieht zur Verbindungslinie der beiden Zustandspunkte eine Parallele durch den Nullpunkt.

**287. Beispiel.** Zustandspunkt 1: $t_1 = 29°$, $\varphi_1 = 0{,}2$, $i_1 = 10$ kcal/kg. Zustandspunkt 2: $t_2 = 52°$, $\varphi_2 = 0{,}3$, $i_2 = 28{,}8$ kcal/kg.

Die Parallele zur Verbindungslinie der beiden Punkte schneidet den Randmaßstab bei 920 kcal/kg. ———

Jene Wassermenge, die mit 1 kg Luft aufgetrocknet werden kann (spezifischer Luftbedarf), ergibt sich aus dem reziproken Wert des waagrechten Abstandes der beiden Zustandspunkte, also $\frac{1}{x_2 - x_1}$.

**288. Beispiel.** Bei der Zustandsänderung $1 \rightarrow 2$ des vorhergehenden Beispiels ist der waagrechte Abstand $x_2 - x_1 = 0{,}0267 - 0{,}005 = 0{,}0217$. Sein reziproker Wert ist 46 kg. ———

**289. Beispiel.** 100 m³ Luft von 760 Torr, 40° und 70% Feuchtigkeit sollen auf 10° gekühlt werden. Zu bestimmen ist die abzuleitende Wärmemenge $Q = G \cdot (i_1 - i_2)$.

Der Sättigungsdruck des Wasserdampfes bei 40° ist 55,324 Torr. Daraus errechnet sich der Dampfdruck bei einem Feuchtigkeitsgrad von 0,7 zu $55{,}324 \cdot 0{,}7 = 38{,}73$ Torr. Demnach ist der Partialdruck der Luft $760 - 38{,}73 = 721{,}27$ Torr.

Nun verhalten sich die Volumina wie die Drucke, also $100 : v = 760 : 721{,}27$; $v = 94{,}9$ m³ reine Luft.

Die Dichte der Luft von 760 Torr und 0° beträgt 1,293; für 40° ist $\varrho = \frac{\varrho_0}{1 + a \cdot t} = 1{,}127$*.

Gewicht der Luft $G = 94{,}9 \cdot 1{,}127 = 107$ kg.

Im Schnittpunkt der Temperaturlinie für 40° und der $\varphi$-Linie (0,7) findet sich für $i_1 = 30{,}3$ kcal, senkrecht unter dem Schnittpunkt $x_1 = 33{,}6$ g/kg.

Der Schnittpunkt der 10°-Temperaturlinie und der Sättigungslinie ergibt $i_2 = 7$ kcal und $x_2 = 7{,}6$ g/kg.

Es fallen daher $107 \cdot (33{,}6 - 7{,}6) = 2782$ g Kondensat von 10° aus.

$Q = 107 \cdot (30{,}3 - 7{,}0) - 2{,}78 \cdot 10 = 2465$ kcal. ———

## 2. Anwendung des I-X-Diagrammes auf die Verdunstungstrocknung.

Dem Trockenapparat werden stündlich zugeführt: $G_1$ kg nasses Gut mit einem Feuchtigkeitsgehalt von $y_1$% (Temperatur $t_n$, spezifische Wärme $c_1$ kcal/kg · grad) und die Reinluftmenge $L$ kg (mit einem Wärmeinhalt $i_1$ und einem Feuchtigkeitsgehalt $x_1$; damit sind auch die in diesem Zustand zugeordneten Werte $t_1$ und $\varphi_1$ festgelegt).

Aus dem Trockenapparat werden stündlich abgeführt: $G_2$ kg getrocknetes Gut mit einem Feuchtigkeitsgehalt von $y_2$ % (Temperatur $t_{tr}$, spezifische Wärme $c_2$) und $L$ kg Reinluft (Wärmeinhalt $i_2$, Feuchtigkeitsgehalt $x_2$; dadurch festgelegt $t_2$ und $\varphi_2$).

Der Wärmeverlust sei $Q_v$ kcal/h.

Die aufzutrocknende Wassermenge ergibt sich wie folgt:

$$W = G_1 - G_2 .$$

$G_1$ besteht aus $A$ kg Trockengut $+ a$ kg Wasser, $G_2$ aus $A$ kg Trockengut $+ b$ kg Wasser. Daher ist $W = (A + a) - (A + b) = a - b$.

---

* Chem. Tasch. 3233 gibt nur die Luftdichten von 0° bis 30° bei verschiedenen Luftdrucken.

$a = \frac{G_1 \cdot y_1}{100}$ und $b = \frac{G_2 \cdot y_2}{100}$; aus obiger Gleichung ist $G_2 = G_1 - W$. Folglich ist nach Einsetzen dieser Werte $W = \frac{G_1 \cdot y_1}{100} - \left(\frac{G_1 \cdot y_2}{100} - \frac{W \cdot y_2}{100}\right)$. Daraus ist $W = G_1 \cdot \frac{y_1 - y_2}{100 - y_2}$.

Der gesamte Wärmeverbrauch (Wärmebilanz) ist

$$Q = \underbrace{L \cdot (i_2 - i_1)}_{\text{abgegebene Wärme der Luft}} + \underbrace{[(G_1 - W) \cdot c_2 \cdot (t_{tr} - t_n) - W \cdot t_n]}_{\text{abgegebene Wärme des Gutes}} + \underbrace{Q_v}_{\text{Wärmeverlust}}.$$

Wird der Wärme- und Luftverbrauch auf 1 kg dem Gut entzogene Wassermenge bezogen, erhalten wir den spezifischen Wärmeverbrauch $q = \frac{Q}{W}$ kcal und den spezifischen Luftverbrauch $l = \frac{L}{W}$ kg.

Werden mit 1 kg Luft $(x_2 - x_1)$ kg Wasser aufgetrocknet, so ist zur Auftrocknung von 1 kg Wasser die spezifische Luftmenge $l = \frac{1}{x_2 - x_1}$ kg/kg aufzuwenden. (Maßgebend ist also der Zustand der Frischluft mit dem Feuchtigkeitsgehalt $x_1$ und der Zustand der Abluft mit dem Feuchtigkeitsgehalt $x_2$.)

Nun ist nach der Gleichung der Wärmebilanz

$$q = \frac{L \cdot (i_2 - i_1)}{W} + \frac{(G_1 - W) \cdot c_2 \cdot (t_{tr} - t_n) - W \cdot t_n + Q_v}{W}.$$

Setzen wir für den Ausdruck

$-\left[\frac{(G_1 - W) \cdot c_2 \cdot (t_{tr} - t_n) - W \cdot t_n + Q_v}{W}\right] = t_n - \left(\frac{G_1}{W} - 1\right) \cdot c_2 \cdot (t_{tr} - t_n) - \frac{Q_v}{W} = q_0$, dann ist die zugeführte Wärme $q = \frac{L \cdot (i_2 - i_1)}{W} - q_0$ oder nach Einsetzen der Gleichungen für den spezifischen Luftverbrauch

$$q = \frac{i_2 - i}{x_2 - x_1} - q_0 \text{ und } q + q_0 = \frac{i_2 - i_1}{x_2 - x_1}.$$

Der Zahlenwert für $q_0$ ist gegenüber $q$ meist sehr klein und kann dann vernachlässigt werden.

Im $I$-$X$-Diagramm können wir den Zustandspunkt der Frischluft mit $i_1$ und $x_1$ durch die zugeordneten Werte $t_1$ und $\varphi_1$ festlegen, ebenso den Zustandspunkt der Abluft mit $i_2$ und $x_2$ durch die Werte $t_2$ und $\varphi_2$. Durch beide Punkte ist eine Gerade gegeben.

Der Wert für $q + q_0$ bleibt nun gleich, wenn beliebige zusammengehörige Werte der Zustandspunkte der Frisch- und Abluft auf der gleichen Geraden liegen. Durch die Neigung dieser Verbindungsgeraden ist daher der Wert für $q + q_0$ festgelegt. Wird die Gerade parallel verschoben und durch den Ursprung des Diagramms gelegt, so schneidet sie auf dem Randmaßstab unmittelbar den Zahlenwert $q + q_0$ ab.

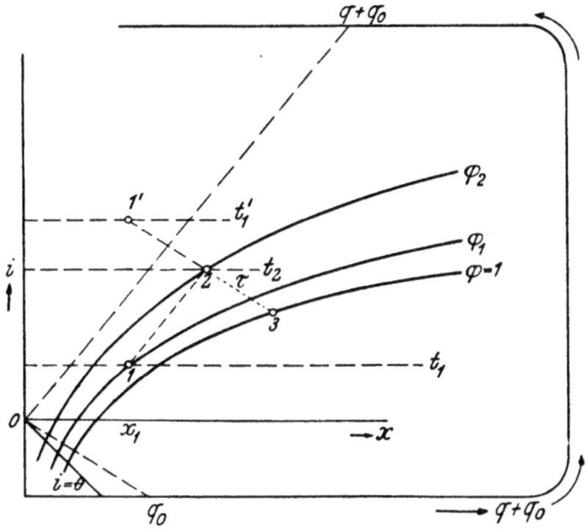


Abb. 145

Der Einfluß der Frischlufttemperatur auf den Wärmeverbrauch wird um so kleiner, je weiter der Zustandspunkt der Abluft im Diagramm nach rechts rückt, je höher also die Ablufttemperatur und Abluftsättigung wird; er verschwindet ganz, wenn dieser Zustandspunkt unendlich weit nach rechts rückt, wenn also $l = 0$ wird, d. h. reine Verdampfung eintritt.

Ähnliche Überlegungen gelten für den Einfluß des Feuchtigkeitsgrades der Frischluft. Höher gesättigte Frischluft bedingt höheren Luft- und Wärmeverbrauch. Der Einfluß der Sättigung der Frischluft wird geringer, je höher Temperatur und Sättigung der Abluft wird. Er verschwindet ganz bei reiner Verdampfung. Man muß daher bestrebt sein, bei hoher Frischluftsättigung möglichst hohe Ablufttemperatur und Abluftsättigung zu erreichen.

*Natürliche Trocknung und Trocknung mit vorgewärmter Luft.* Falls während der Trocknung keine Wärme mehr zugeführt wird, haben wir den gleichen Zustand wie bei der natürlichen Trocknung; $q$ wird dann Null. Ist der Zustand der Luft vor der Trocknung durch den Punkt 1', der Zustand der Luft nach der Trocknung durch den Punkt 2 ($t_2$, $\varphi_2$) festgelegt, so liegen beide auf einer Geraden, deren Neigung durch die Verbindungslinie zwischen dem Ursprung des Koordinatensystems und dem $q_0$ des Randmaßstabes festliegt (Abb. 145).

Die Frischluft ist durch Punkt 1 ($t_1$, $\varphi_1$) festgelegt. Nun folgt Vorwärmung der Frischluft bei gleichbleibendem Wassergehalt $x_1$, es ändert sich daher der Luftzustand längs einer Parallelen zur Ordinate und wir gelangen zum Punkt 1′ (Zustandspunkt der Luft nach dem Vorwärmen, aber vor dem eigentlichen Trocknungsvorgang. Es ist dies der Schnittpunkt der $x$-$_1$Linie mit der Parallelen durch den Abluftpunkt 2 zur obengenannten Verbindungslinie Koordinatenursprung —$q_0$).

Die Richtung der Verbindungsgeraden der Zustandspunkte 1 und 2 legt den Wärmeverbrauch des gesamten Trocknungsvorganges fest, d. h. die Wärme, welche im Vorwärmer der Luft zugeführt werden muß. Durch den Punkt 1′ geht die Temperaturlinie $t'$ für die Vorwärmetemperatur.

*Kühlgrenze.* Setzen wir ein feuchtes Thermometer der feuchten Luft aus, dann stellt sich dasselbe, vorausgesetzt, daß die Luftgeschwindigkeit genügend groß ist (größer als 2 bis 3 m/s), auf eine bestimmte Temperatur ein (Feuchtkugeltemperatur), die von derjenigen der Luft verschieden ist. Wird statt des Thermometers ein anderer feuchter Körper, z. B. das Trockengut der feuchten Luft ausgesetzt, so nimmt, analog zu dem Gesagten, der Körper eine Temperatur an, die einem gleichbleibenden Grenzwert zustrebt, welcher nur von dem Zustand der Trockenluft abhängig ist. Diesen Grenzwert $\tau$ für die Trockenguttemperatur behält der Stoff während der Trocknung bei, solange er als feucht angesprochen werden kann. Diese Temperatur des Gutes nennt man Kühlgrenze. Voraussetzung ist, daß, wie bereits betont, die Luftgeschwindigkeit genügend hoch ist, was bei Trockenanlagen mit künstlich verstärkter Luftbewegung als erfüllt anzusehen ist.

Der Grenzzustand der Abluft (gekennzeichnet durch den Punkt 2) ist dadurch gegeben, daß diese den Zustand der Luftgrenzschicht an dem feuchten Körper annimmt. In dieser Grenzschicht ist die Luft gesättigt ($\varphi = 1$) und sie hat die Temperatur $\tau$. Die Temperaturlinie geht also durch den Schnittpunkt 3 der Geraden 2—1′ mit der Sättigungskurve.

Genauer genommen, zeigt in allgemeiner Betrachtung die $\tau$-Linie eine Abweichung in der Neigung von der Linie 1′ — 2, und zwar geht die $\tau$-Linie durch den Punkt 2 und einen um $x_2 - x_1 = x_i \cdot \tau$ vom Punkt 1′ gegen den Ordinatenursprung zu liegenden Punkt. ($x_i$ = Feuchtigkeitsgehalt der feuchten Luft von dem gedachten Zustand, wie er dem Gute zukommt.)

**290. Beispiel.** Es sollen stündlich 500 kg gegen hohe Temperatur empfindliches Gut mit einem Feuchtigkeitsgehalt $y_1 = 70\%$ auf einen solchen von $y_2 = 5\%$ getrocknet werden.

Zustand der Frischluft: $t_1 = 18°$, $\varphi_1 = 1$;
Zustand der Abluft: $t_2 = 45°$, $\varphi_2 = 0{,}3$.
Temperatur des feuchten, ungetrockneten Gutes 15°.
Spezifische Wärme des Trockenstoffes $c_{St} = 0{,}320$.
Es soll mit vorgewärmter Luft getrocknet werden.

Zu berechnen sind:

1. Temperatur des Trockengutes während der Trocknung,
2. Wärmeverbrauch (Dampfverbrauch zum Vorwärmen der Frischluft),
3. Luftbedarf und
4. Temperatur der Heißluft.

Wir benutzen das $I$-$X$-Diagramm (S. 409):

Zustandspunkt der Frischluft I ($t_1$, $\varphi_1$);
Zustandspunkt der Abluft II ($t_2$, $\varphi_2$).

Zu 1. Wir ziehen die $\tau$-Linie durch den Punkt II und unter Vernachlässigung des zu erwartenden kleinen Wertes von $q_0$ (also $q_0 = 0$) durch den Randmaßstab $q + q_0 = 0$. Diese Gerade schneidet die Sättigungskurve in der Temperaturlinie bei annähernd 29°. Dies ist die Temperatur des Gutes während der Trocknung.

Zu 2. Zieht man die Parallele zur Verbindungslinie I—II durch den Ordinatenursprung, so schneidet erstere am Randmaßstab den Wert $q + q_0 = 2000$ kcal je kg aufgetrockneten Wassers.

Die Gesamtwassermenge, welche aufzutrocknen ist, ergibt sich zu $W = G_1 \cdot \frac{y_1 - y_2}{100 - y_2} = 500 \cdot \frac{70 - 5}{100 - 5} = 342$ kg Wasser/h.

Die spezifische Wärme des getrockneten Gutes beträgt

$$c_2 = \frac{100 - y_2}{100} \cdot c_{St} + \frac{y_2}{100} \cdot 1 = 0{,}354.$$

Wenn wir den Wärmeverlust $Q_v$ des Trockenapparates vernachlässigen, dann ist $q_0 = 15 - \left(\frac{500}{342} - 1\right) \cdot 0{,}354 \cdot (29 - 15) \approx \approx 13$.

Wir sehen also bestätigt, daß $q_0$ im Vergleich zu $q + q_0$ klein ist (und im allgemeinen vernachlässigt werden kann).

Tritt das Gut mit der Temperatur der Kühlgrenze in den Trockenapparat, wird $q_0 = \tau$ und es ist $q = 2000 - q_0 = 1987$.

Gesamtwärmemenge $Q = q \cdot W = 1987 \cdot 342 \approx 680000$ kcal.

Wird die Frischluft in einem Wärmeaustauscher mit Wasserdampf von 1 atü ($=2$ ata) vorgewärmt, ergibt sich ein Gesamtdampfverbrauch von $\frac{680000}{526} \approx 1300$ kg.

Um die Wirtschaftlichkeit des Trockenverfahrens zu beurteilen, errechnet man noch die Dampfmenge, die erforderlich ist, um 1 kg Wasser beim Verdunstungsvorgang aufzutrocknen. Dieser spezifische Dampfverbrauch ist $1300 : 324 = 4$ kg Dampf.

Zu 3. Für Punkt I ergibt sich ein Feuchtigkeitsgehalt der Luft von $x_1 = 13$ g/kg $= 0{,}013$ kg/kg, für Punkt II ein solcher von $x_2 = 0{,}018$ kg/kg.

Der spezifische Luftbedarf $l = \frac{1}{0{,}018 - 0{,}013} = 200$ kg Trockenluft je kg aufzutrocknendes Wasser.

Gesamtluftbedarf $L = l \cdot W = 200 \cdot 324 = 64800$ kg.

Zu 4. Während der Trocknung wird dem Apparat selbst von außen keine Wärme mehr zugeführt, die Trocknung des Gutes erfolgt ausschließlich durch die zugeführte, vorgewärmte Heißluft (natürliche Trocknung, $q=0$). Der Zustandspunkt der eintretenden Heißluft muß daher auf einer Geraden liegen, welche durch den Abluftpunkt II geht und deren Neigung gegeben ist durch die Verbindungsgerade zwischen dem Koordinatenursprung und dem Wert $q_0$ ($=13$) des Randmaßstabes. Der Heißluftpunkt muß aber gleichzeitig auf einer Linie liegen, welche die Zustandsänderung angibt, der die Luft bei der Vorwärmung folgt ($x_1 =$ $=$ konstant, also geht sie im $I$-$X$-Diagramm senkrecht durch den Frischluftpunkt I). Diese Bedingung wird erfüllt im Schnittpunkt I' der beiden Geraden. Es ist dies der Zustandspunkt der Heißluft im Trockenapparat. Für unseren Fall 57°. ——

# 13. Technische Rechnungen.

## A. Fördereinrichtungen.

### 1. Kolbenpumpe.

Bezeichnen wir bei einer einfach wirkenden Kolbenpumpe mit

$Q$ die sekundlich geförderte Wassermenge in l,

$F$ die Kolbenfläche in cm$^2$,

$h$ den Hub in cm,

$n$ die Anzahl der Doppelhübe in 1 Minute (Drehzahl der Kurbel, die die Kolbenstange auf und ab bewegt) und

$\lambda$ den Lieferungsgrad oder volumetrischen Wirkungsgrad (das ist das Verhältnis der wirklich angesaugten Wassermenge zum Hubvolumen),

so ist $$Q = \frac{F \cdot h \cdot n \cdot \lambda}{60 \cdot 1000}.$$

Die *erforderliche Leistung* in PS $N_e = \frac{Q \cdot H}{60 \cdot 75 \cdot \eta}$, worin $Q$ die geförderte Wassermenge in l/min, $H$ die Gesamtförderhöhe in m und $\eta$ den Gesamtwirkungsgrad (0,5 bis 0,8) bedeuten.

**291. Beispiel.** Eine einfach wirkende Saug- und Druckpumpe hat folgende Abmessungen: Kolbendurchmesser $d = 120$ mm, Hub $h = 240$ mm, Doppelhübe pro Minute $n = 45$, Lieferungsgrad $\lambda = 0{,}9$, Gesamtförderhöhe $H = 20$ m, Gesamtwirkungsgrad $\eta = 0{,}8$.

Wieviel m³/h werden gefördert und welche Leistung der Antriebsmaschine ist erforderlich?

$F = r^2 \cdot \pi = 60^2 \cdot \pi = 11300$ mm² $= 113$ cm².

$$Q = \frac{113 \cdot 24 \cdot 45 \cdot 0{,}9}{60 \cdot 1000} = 1{,}83 \text{ l/s} = 6{,}588 \text{ m}^3/\text{h}.$$

Erforderliche Leistung der Antriebsmaschine

$$N_e = \frac{1{,}83 \cdot 60 \cdot 20}{4500 \cdot 0{,}8} = 0{,}61 \text{ PS.}$$

**292. Beispiel.** Welchen Kolbendurchmesser besitzt eine einfach wirkende Plungerpumpe (Wirkungsgrad $\eta = 0{,}9$), welche pro Minute $Q = 0{,}1$ m³ Wasser fördern soll? Kolbenhub $h = 0{,}24$ m, $n = 32$ Umdrehungen/min.

Die mittlere Kolbengeschwindigkeit der Pumpe

$v = \frac{2 \cdot h \cdot n}{60}$ m/s oder $2 \cdot h \cdot n$ m/min. Das ergibt für unser Beispiel $v = 2 \cdot 0{,}24 \cdot 32 = 15{,}36$ m/min.

Kolbendurchmesser $d = \sqrt{\frac{8 \cdot Q}{\pi \cdot v \cdot \eta}} = \sqrt{\frac{8 \cdot 0{,}1}{3{,}14 \cdot 15{,}36 \cdot 0{,}9}} =$ $= 0{,}136$ m.

**293. Beispiel.** Eine doppelt wirkende Plungerpumpe soll stündlich 10000 Liter Wasser liefern. Welche Dimensionen erhält die Pumpe?

Pro Minute werden $10000 : 60 = 167$ l geliefert.

Angenommen sei eine mittlere Kolbengeschwindigkeit $v = 20$ m/min und ein Wirkungsgrad $\eta = 0{,}85$.

Kolbendurchmesser $d = \sqrt{\frac{4 \cdot Q}{\pi \cdot v \cdot \eta}} = \sqrt{\frac{4 \cdot 0{,}167}{3{,}14 \cdot 20 \cdot 0{,}85}} = 0{,}11$ m.

Bei einem gewählten Hub $h = 0{,}3$ m errechnet sich die Umdrehungszahl der Pumpe zu $n = \frac{v}{2 \cdot h} = \frac{20}{2 \cdot 0{,}3} = 33$ Umdrehungen/min.

Beträgt die gesamte Förderhöhe $H = 18$ m, dann ist der Arbeitsbedarf $N = \frac{1000 \cdot Q \cdot H}{60 \cdot 75 \cdot \eta} = \frac{1000 \cdot 0{,}167 \cdot 18}{60 \cdot 75 \cdot 0{,}85} = 0{,}78 \approx 1$ PS.

## 2. Kreiselpumpe.

**294. Beispiel.** Für eine Wassermenge $Q = 1{,}2$ m³/min und eine Gesamtförderhöhe $H = 8$ m sind die Hauptdimensionen einer Kreiselpumpe zu bestimmen.

Die Wassergeschwindigkeit in den Rohren ist anzunehmen mit $v = \frac{1}{6} \cdot \sqrt{2g \cdot H} = \frac{1}{6} \cdot \sqrt{2 \cdot 9{,}81 \cdot 8} = 2{,}09$ m/s.

Rohrdurchmesser $d = \sqrt{\frac{4 \cdot Q}{60 \cdot v \cdot \pi}} = \sqrt{\frac{4 \cdot 1{,}2}{60 \cdot 2{,}09 \cdot 3{,}14}} = 0{,}11$ m.

Den inneren Durchmesser des Schaufelrades wählt man $D = 1{,}1 \cdot d = 1{,}1 \cdot 0{,}11 = 0{,}12$ m; den äußeren Schaufelraddurchmesser $D_1 = 2{,}5 \cdot d = 0{,}27$ m.

Die lichte Breite der Schaufeln am inneren Radumfang $b = 0{,}36 \cdot d = 0{,}04$ m; die lichte Breite der Schaufeln am äußeren Radumfang $b_1 = 0{,}5 \cdot b = 0{,}02$ m.

Für den äußeren Durchmesser des Schaufelrades ergibt sich die Umfangsgeschwindigkeit $v_1 = 1{,}45 \cdot \sqrt{2g \cdot H} = 1{,}45 \cdot \sqrt{2 \cdot 9{,}81 \cdot 8} = 18{,}17$ m/s. Daraus ist die Umdrehungszahl des Schaufelrades

$$n = \frac{60 \cdot v_1}{D_1 \cdot \pi} = \frac{60 \cdot 18{,}17}{0{,}27 \cdot 3{,}14} = 1286 \text{ Umdrehungen/min.}$$

Der Kraftbedarf bei einem Wirkungsgrad $\eta = 0{,}6$

$$N = \frac{\gamma \cdot Q \cdot H}{60 \cdot 75 \cdot \eta} = \frac{1000 \cdot 1{,}2 \cdot 8}{60 \cdot 75 \cdot 0{,}6} = 3{,}6 \text{ PS.}$$

($\gamma$ = spezifisches Gewicht der Flüssigkeit in kg/m³.)

## 3. Mammutpumpe (Luftheber).

Diese Fördereinrichtung für Schlämme beruht darauf, daß in eine von zwei (sich das Gleichgewicht haltenden) Wassersäulen Druckluft eingeblasen wird. Durch Druckluft, welche in der zu fördernden Flüssigkeit aufsteigt, wird das spezifische Gesicht dieser

Wassersäule verringert und ihr gegenüber der schwereren, nicht mit Luft durchsetzten Flüssigkeitssäule ein Auftrieb erteilt.

Die zum Heben erforderliche Luftmenge läßt sich nach folgender Formel berechnen: $L = \frac{Q \cdot H \cdot \gamma \cdot K}{10 \cdot \ln (E \cdot 0{,}1 \cdot \gamma + 1)}$.

Darin sind

- $L$ die angesaugte Luftmenge des Kompressors in l/min,
- $Q$ die zu fördernde trübe Flüssigkeit in l/min,
- $H$ die Förderhöhe in m,
- $\gamma$ das spezifische Gewicht der zu fördernden Trübe,
- $K$ ein Erfahrungswert, im allgemeinen 2,2 bis 3,3 (abhängig von dem Verhältnis $E:H$ und der Viskosität der Trübe),
- $E$ die Eintauchtiefe in m.

Der Wert der Klammer im Nenner stellt den erforderlichen Druck der Luft in at am Fuße des Steigrohres dar.

Bei Schlämmen und dicken Trüben ist

| | |
|---|---|
| für $E:H = 3:2$ .... | $K = 2{,}8$ bis 3,0 |
| 1:1 | 3,0 „ 3,1 |
| 2:3 | 3,1 „ 3,3 |

Der Druck am Fuße des Steigrohres soll etwas größer sein als das Produkt $0{,}1 \, . \, E \cdot \gamma$ (man macht daher einen Zuschlag von 25%).

**295. Beispiel.** 20 m³/h einer Trübe mit einem Erzgehalt von 500 g/l sollen auf eine Höhe von 5 m gehoben werden. Das spezifische Gewicht des Erzes ist 3,44; das Verhältnis $E:H = 1:1$.

Berechnung von $\gamma$: 20 m³ Trübe enthalten 10 t Erz vom spezifischen Gewicht 3,44, das sind also $10:3{,}44 = 2{,}9$ m³ Erz.

20 m³ Trübe—2,9 m³ Erz $= 17{,}1$ m³ Wasser. Die 20 m³ Trübe wiegen daher $17{,}1 + 10 = 27{,}1$ t. Ihr spezifisches Gewicht $\gamma = 27{,}1:20 = 1{,}355$.

$$L = \frac{\frac{20000}{60} \cdot 5 \cdot 1{,}355 \cdot 3{,}1}{10 \cdot 2{,}303 \cdot \lg (5 \cdot 0{,}1 \cdot 1{,}355 + 1)} = 1350 \text{ l/min}; \; + 25\% = 1700 \text{ l/min}.$$

Der erforderliche Luftdruck am Fuße des Steigrohres soll etwas größer sein als $0{,}1 \cdot E \cdot \gamma$, das sind $(0{,}1 \cdot 5 \cdot 1{,}355) = 0{,}68$ atü. Zuschlag etwa 25%, folglich 0,85 atü. ———

## 4. Förderschnecke.

Die Leistung einer Förderschnecke (Abb. 146)

$$Q = \frac{D^2 \cdot \pi}{4} \cdot s \cdot n \cdot 60 \cdot \varphi.$$

$D$ ist der äußere Durchmesser der Schnecke in m,
$s$ die Ganghöhe der Schnecke in m,
$\varphi$ der Füllungsgrad (d. h. diejenige Zahl, welche angibt, der wievielte Teil des Schneckenquerschnittes bei der Förderung mit Material gefüllt zu denken ist; bei mittlerer Ganghöhe ist für kleinste Schnecken $\varphi = \frac{1}{3}$, für die größten $= \frac{1}{4}$).
$n$ ist die Umlaufzahl der Schnecke.

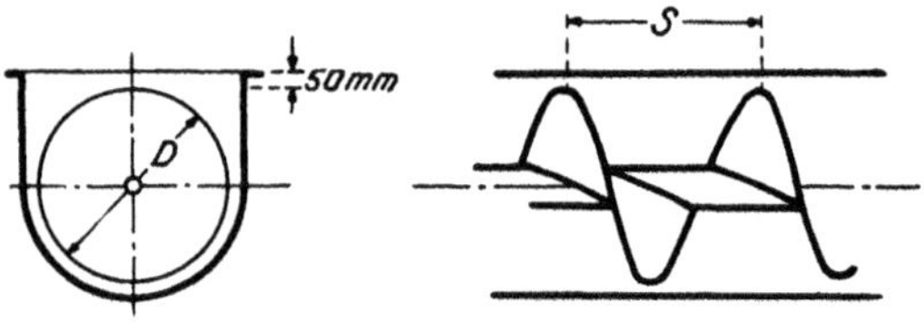


Abb. 146

**296. Beispiel.** Welche Leistung $Q$ in m³/h kann man mit einer Förderschnecke von $D = 0{,}35$ m, $n = 60$, $s = 0{,}25$ m, $\varphi = \frac{1}{3}$ erreichen?

$$Q = \frac{0{,}35^2 \cdot 3{,}14}{4} \cdot 0{,}25 \cdot 60 \cdot 60 \cdot \frac{1}{3} = 28{,}8 \text{ m}^3.$$

Hat das Fördergut ein spezifisches Gewicht $\gamma = 1{,}8$ und die Schnecke eine Länge $L = 15$ m, so ist der Kraftbedarf

$$N = 0{,}022 \cdot L \cdot \frac{1000 \cdot Q}{3600} \cdot \gamma = 4{,}75 \text{ PS.}$$

## 5. Transportband.

Die Leistung des flachen Bandes ist $Q = f \cdot \gamma \cdot v \cdot 3600$ t/h.
Es ist $f$ der Beschüttungsquerschnitt,
$v$ die Gurtgeschwindigkeit in m/s und
$\gamma$ das spezifische Gewicht des zu fördernden Gutes in t/m³.

Der Beschüttungsquerschnitt (Abb. 147) $f = \frac{2}{3} \cdot b_1 \cdot h$ ($f$ als Parabel aufgefaßt).

Für ruhig laufende Bänder ist, wenn in angemessenen Abständen Schrägrollen gesetzt sind, etwa $h = \frac{1}{12} b_1$ und $b_1 = 0{,}9 \cdot b - 0{,}05$.

Daraus ist $Q = (0{,}9 \cdot b - 0{,}05)^2 \cdot 200 \cdot v \cdot \gamma$. ($b$ ist die Bandbreite in m.)

Der erforderliche Kraftbedarf

$$N = \frac{Q \cdot 1000 \cdot h}{3600 \cdot 75} + \sqrt{Q} \cdot [0{,}052 + 0{,}008 \cdot \sqrt[3]{Q} \cdot (0{,}07 \cdot l + 0{,}03 \cdot l_1)].$$

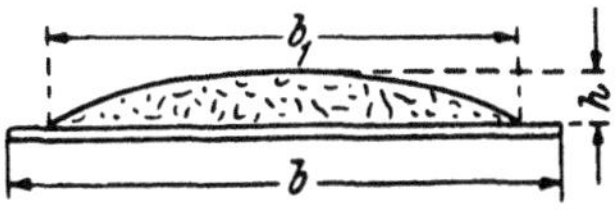

Abb. 147

**297. Beispiel.** Welche Leistungsfähigkeit $Q$ in t/h hat ein Transportband (Abb. 148) von $b = 0{,}5$ m Gurtbreite, wenn dasselbe auf eine waagrechte Länge $l_1 = 20$ m und auf eine Steigung $h = 3$ m mit $v = 1$ m/s Gurtgeschwindigkeit Braunkohlengrus (spezifisches Gewicht $\gamma = 1{,}2$) transportieren soll?

$$Q = (0{,}9 \cdot 0{,}5 - 0{,}05)^2 \cdot 200 \cdot 1 \cdot 1{,}2 = 38{,}4 \text{ t}.$$

Der erforderliche Kraftbedarf für eine tatsächliche Förderlänge $l = 20{,}22$ m und Steigung $h = 3$ m ist nach obiger Formel $N = 1{,}1$ PS. ———

Die Leistung von *Gliederbändern* ist, wenn der Beschüttungsquerschnitt und die Geschwindigkeit gegeben sind, ebenso zu ermitteln wie bei den oben behandelten biegsamen Bändern. Es war $Q = f \cdot \gamma \cdot v \cdot 3600$.

Es können hier die Schütthöhe und -breite größer angenommen werden, da das Band ruhig läuft und daher die Schüttung ihre Form behält. $b_1 = b - 0{,}10$ m; $h = \frac{1}{6} b_1$ bis $\frac{1}{9} b_1$.

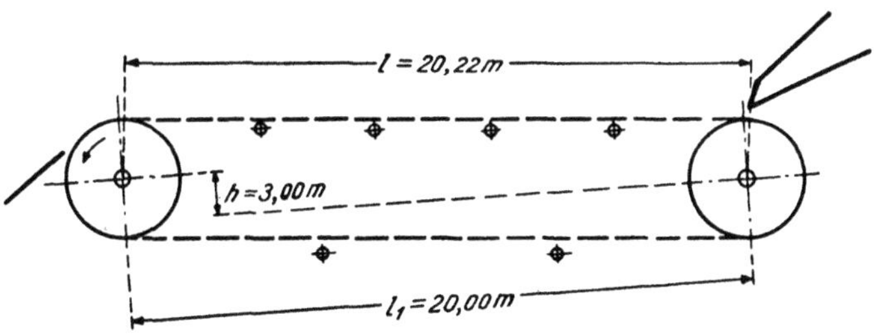

Abb. 148

Für $f = \frac{2}{3} \cdot b_1 \cdot h$ ergibt sich mit $h = \frac{1}{6} b_1$ die Formel

$$Q = 400 \cdot (b - 0{,}1)^2 \cdot \gamma \cdot v.$$

Bei *trogförmigen Bändern* ist $f$ gleich dem Rinnenquerschnitt.

### 6. Becherwerk.

Förderleistung $Q = 3{,}6 \cdot \varphi \cdot \frac{i}{a} \cdot v \cdot \gamma$ (t/h).

Darin sind $\varphi$ der Füllungsgrad der Becher,
$i$ der Inhalt eines Bechers in l und
$a$ der Abstand der Becher in m.

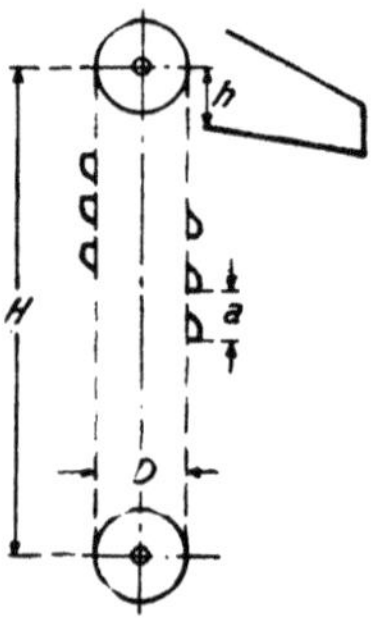


Abb. 149

**298. Beispiel.** Ein Elevator soll Kohle bei einer Stundenleistung von 15 t heben. Füllungsgrad $\varphi = 0{,}6$, $i = 6{,}5$ l, die Geschwindigkeit $v = 0{,}5$ m/s, $\gamma = 0{,}8$.

Daraus ist $a = \frac{3{,}6 \cdot 0{,}6 \cdot 6{,}5 \cdot 0{,}8 \cdot 0{,}5}{15} = 0{,}374$ m Becherabstand (Abb. 149).

Dieser Abstand ist für Ausschüttung zu gering, daher wählt man z. B. $a = 0{,}75$, wodurch sich auch $i$ verdoppeln muß.

Die Geschwindigkeit wird so gewählt, daß $v = 2\sqrt{D}$.

Die maximale Tourenzahl für Becherwerke soll nicht größer sein als $n_{max} = \frac{36}{\sqrt{D}}$.

Der Kraftbedarf ist annähernd
$N = \frac{1{,}7 \cdot Q \cdot 1000 \cdot \gamma \cdot H}{3600 \cdot 75}$, wobei $H$ die Förderhöhe in m angibt.

Die Ausschüttung wird unter dem Wellenmittel in einer Höhe $h = \frac{2}{3} \cdot \frac{D}{2}$ angebracht. ———

## B. Hebezeuge.

### 1. Schraube.

Ist $d$ der innere Gewindedurchmesser, $h$ die Steigungshöhe und $\alpha$ der Steigungswinkel, dann ist

$$h = d \cdot \pi \cdot \operatorname{tg} \alpha = 2\, r \cdot \pi \cdot \operatorname{tg} \alpha .$$

Wirkt die Kraft $P$ an einem Hebelarm von der Länge $R$ (siehe Abb. 150), herrscht an der Schraube Gleichgewicht, wenn

$$P \cdot R = Q \cdot \frac{h}{2\pi} = Q \cdot r \cdot \operatorname{tg} \alpha .$$

Außerdem ist noch die Reibung der Schraubenflächen zu überwinden.

Bewegt man einen Körper auf einer waagrechten Ebene, so ist eine Kraft erforderlich, um ihn in gleichförmiger Bewegung zu halten. Daraus folgt das Vorhandensein eines entgegengesetzt gerichteten Widerstandes (Reibung $T$), dessen Größe in erster Linie abhängig ist vom Druck $N$, mit dem der Körper auf die Unterlage drückt. Man nennt das Verhältnis $\frac{T}{N} = \mu$, den Reibungskoeffizienten (welcher abhängig ist von der Beschaffenheit und dem Material der Berührungsfläche).

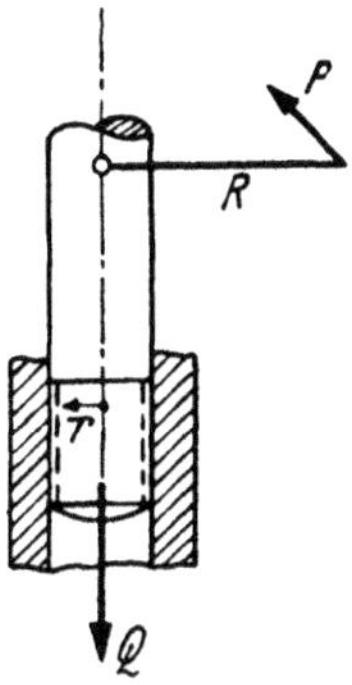

Abb. 150

Bildet man für die Kräfte $T$ und $N$ die Resultierende $R$

Abb. 151

(Abb. 151), so stellt diese den Gesamtwiderstand dar, der mit dem Normaldruck $N$ den Winkel $\varphi$ einschließt. Es ist also $\operatorname{tg}\varphi = \frac{T}{N} = \mu$. ($\varphi$ wird Reibungswinkel genannt.)

Daher wird $P \cdot R = Q \cdot r \cdot \operatorname{tg}(\alpha \pm \varphi)$; + bei Hebung, — bei Senkung der Last.

**299. Beispiel.** Welche Last kann mit einer Schraube vom Radius $r = 5$ cm gehoben werden, wenn die Kraft $P = 36$ kg an einem Hebelarm $R = 45$ cm wirkt? Der Steigungswinkel der Schraube ist $\alpha = 6°30'$, der Reibungskoeffizient $\mu = 0{,}25$.

$$Q = \frac{R \cdot P}{r \cdot \operatorname{tg}(\alpha + \varphi)} = \frac{45 \cdot 36}{5 \cdot \operatorname{tg}(6°\,30' + 14°\,2')} = 865 \text{ kg.}$$

## 2. Flaschenzug.

**300. Beispiel.** Wie groß ist die wirkliche Zugkraft $P$ bei einem vierrolligen Flaschenzug ($n = 4$), wenn mit demselben die Last $Q = 1600$ kg gehoben werden soll (Abb. 152)?

Ohne Berücksichtigung aller Widerstände wird die ideelle Zugkraft $P_i = \frac{Q}{n} = \frac{1600}{4} = 400$ kg.

Der Wirkungsgrad $\eta$ der Rollen kann zu 0,97 bis 0,94 angenommen werden (für den Rollendurchmesser von 14 bis 37 cm, entsprechend einer Kraftübertragung von 250 bis 2000 kg).

$$P = \frac{P_i}{\eta^4} = \frac{400}{0{,}97^4} = 452 \text{ kg.} \text{ ———}$$

### 3. Differentialflaschenzug.

Gleichgewicht herrscht, wenn $\frac{Q}{2} \cdot R = \frac{Q}{2} \cdot r + P \cdot R$; daraus ist $P = \frac{Q \cdot (R - r)}{2 \cdot R}$. (Abb. 153.)

**301. Beispiel.** An einem Differentialflaschenzug verhalten sich die Radien der beiden festen Rollen wie 17 : 18. In welchem Verhältnis steht die Kraft zur Last?

$$\frac{P}{Q} = \frac{R - r}{2R} = \frac{1}{36}. \text{ ———}$$

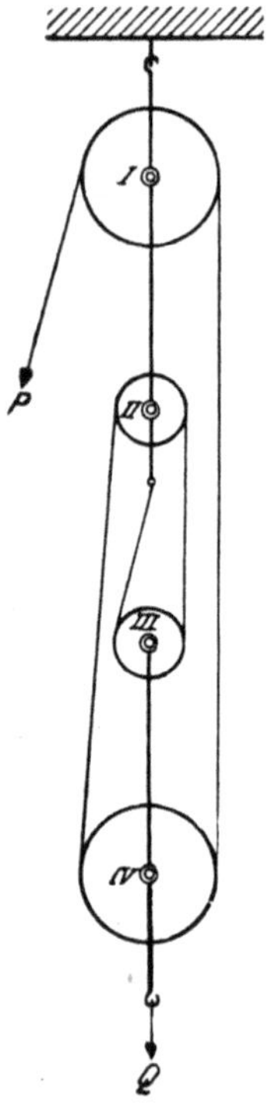


Abb. 152

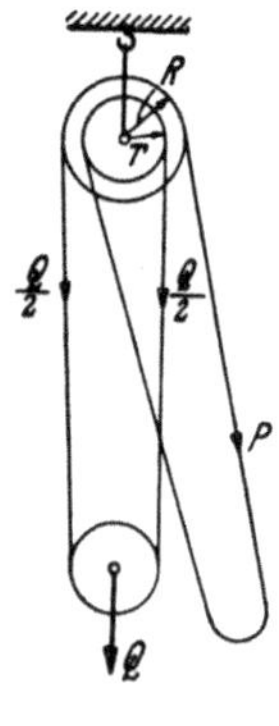


Abb. 153

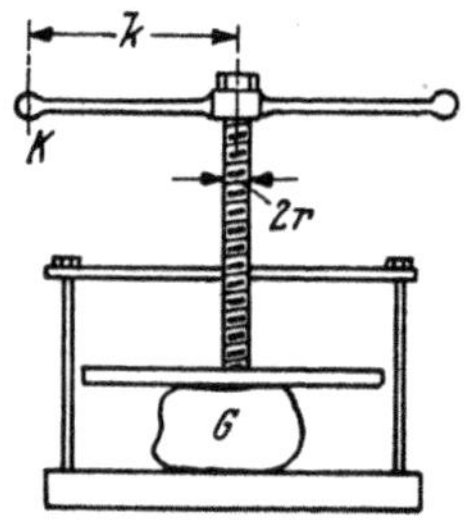


Abb. 154

## C. Pressen.

### 1. Schraubenpresse.

**302. Beispiel.** An den Griffen einer Schraubenpresse (Abb. 154) wirkt das Kräftepaar $K \cdot k$ zur Hervorbringung des Druckes $G$ der Spindel gegen die Preßplatte. Es soll an dieser ein Druck von 3000 kg hervorgerufen werden. Wie groß muß die Kraft $K$ sein, wenn der Hebelarm $k = 0{,}8$ m, der Radius des Schraubengewindes $r = 0{,}04$ m, die Steigung der Schraube $\operatorname{tg} \alpha = 0{,}07$ und der Reibungskoeffizient $\mu = 0{,}15$ sind?

Es ist $K \cdot k = G \cdot r \cdot \mathrm{tg}\,(\alpha + \varphi)$.
$\mathrm{tg}\,(\alpha + \varphi) = \mathrm{tg}\,(4^\circ + 8^\circ 32') = 0{,}222$. Folglich ist

$$K = \frac{3000 \cdot 0{,}04 \cdot 0{,}222}{0{,}8} = 33{,}3 \text{ kg.}$$ ——

### 2. Hydraulische Presse.

Bei der hydraulischen Presse wird mit Hilfe einer kleinen Kraft $P$, die von außen auf den kleinen Kolben wirkt, am großen Kolben ein sehr großer Druck nach außen erzielt.

Sind $d$ und $D$ die Durchmesser des kleinen und großen Kolbens und ist $p$ der Druck im Innern der Flüssigkeit, der durch die Kraft $P$ hervorgerufen ist, so ist $P = \frac{d^2 \cdot \pi}{4} \cdot p$ und der Preßdruck $W = \frac{D^2 \cdot \pi}{4} \cdot p$. Daraus ergibt sich $W : P = D^2 : d^2$.

**303. Beispiel.** Bei einer hydraulischen Presse ist der kleinere Zylinderdurchmesser (Pumpenkolben) $d = 3$ cm, der des größeren (Preßkolben) $D = 60$ cm. Wie groß ist der Preßdruck $W$, wenn am kleineren Kolben die Kraft $P = 100$ kg wirkt?

$$W = \frac{D^2}{d^2} \cdot P = \frac{3600}{9} \cdot 100 = 40000 \text{ kg} = 40 \text{ t.}$$ ——

## D. Zerkleinerungsmaschinen.

### 1. Walzwerk.

a) *Wahl des Brechers für eine zu brechende, gegebene Korngröße.*

Angenähert ist der Walzendurchmesser in m $D = 22 \cdot d$. ($d$ = Korngröße in m.)

Günstigste Umdrehungszahl/min $n = 35{,}4 \cdot D + \frac{65}{D} - 68{,}3$.

**304. Beispiel.** Für Brechgut von 25 mm wäre der kleinste Walzendurchmesser und die Umdrehungszahl, welche der günstigsten Leistung für diesen Wert von $D$ entspricht, zu bestimmen.

Nach obigen Formeln ist $D = 550$ mm, $n = 70$. ——

b) *Theoretische Leistungsfähigkeit.* Diese ist gleich dem Inhalt eines Bandstreifens, der durch die Spaltweite der Walzen und die Umfangsgeschwindigkeit erzeugt wird.

Bezeichnen wir mit $D$ den Walzendurchmesser,
$n$ die Umdrehungszahl,
$L$ die Walzenbreite und
$e$ die Spaltweite (d. h. das größte Ausmaß des gebrochenen Gutes), dann
ist die theoretische Leistung $T = \pi \cdot D \cdot n \cdot 60 \cdot L \cdot e$. ($T$ drückt ein Volumen aus.)

**305. Beispiel.** Der Walzendurchmesser sei 900 mm, die Breite 400 mm, die Umdrehungszahl 40/min und die Spaltweite 10 mm.

$T = 3{,}14 \cdot 0{,}9 \cdot 40 \cdot 60 \cdot 0{,}4 \cdot 0{,}01 = 27\ \text{m}^3$. ———

c) *Leistungskoeffizient c.* Die wirkliche Leistung $R = T \cdot c$. Nach DUPRAT ist annähernd $c = 0{,}6 \cdot \frac{d'}{d} + 0{,}15$. Darin sind $d$ der Anfangsdurchmesser des Materials und $d'$ der Durchmesser nach dem Zerkleinerungsvorgang.

**306. Beispiel.** Ein Material soll von 50 mm Stückgröße auf 25 mm zerkleinert werden.

$c = 0{,}6 \cdot \frac{25}{50} + 0{,}15 = 0{,}45$, also 45%. ———

## 2. Kugelmühle.

Unter Grenzgeschwindigkeit versteht man jene Geschwindigkeit, die man nicht unterschreiten darf, wenn man nicht die Leistungsfähigkeit der Mühle verringern will. In der Praxis wird sie daran erkannt, daß die Kugeln über die Wurfbahn, die bei 45° in bezug auf den waagrechten Durchmesser liegt, hinauszufliegen beginnen. Wenn das Klappern der Kugeln zu laut hörbar ist, ist die Geschwindigkeit zu groß, wenn das Klappern dagegen nur dumpf in der ganzen Mahltrommel bemerkbar ist, ist sie zu gering.

Empirisch wurde festgestellt, daß die Grenzgeschwindigkeit $n = \frac{32}{\sqrt{D}}$; $D$ ist der innere Trommeldurchmesser in m, $n$ die Umdrehungszahl/min.

Der Kraftverbrauch von Kugelrohrmühlen kann nach der Näherungsformel $\text{PS} = c \cdot T \cdot \sqrt{D}$ berechnet werden. Darin sind $T$ das Gewicht des Mahlgutes in t, $D$ der innere nutzbare Durchmesser der Mahltrommel in m und $c$ ein Koeffizient, welcher abhängig ist vom Füllungsgrad der Mahltrommel und der Zusammensetzung der Mahlkörper.

Der Koeffizient $c$ beträgt bei einem

| | | | | | |
|---|---|---|---|---|---|
| Füllungsgrad von ....... | 0,1 | 0,2 | 0,3 | 0,4 | 0,5 |
| für Flintsteinfüllung ..... | 13,3 | 12,25 | 11 | 9,5 | 7,8 |
| große Kugelfüllung .. | 11,9 | 11 | 9,9 | 8,5 | 7 |
| kleine Kugelfüllung .. | 11,5 | 10,6 | 9,5 | 8,2 | 6,8 |

Diese Werte von $c$ gelten für eine Geschwindigkeit der Mahltrommel $n = \frac{32}{\sqrt{D}}$, für Mahltrommeln mit glatter Auspanzerung und für Mahlgut von der Dichte (Härte), welche dem Zement entspricht.

Für Mahltrommeln mit treppenförmiger oder gerippter Auskleidung vermehrt man die Werte von $c$ um 10%.

**307. Beispiel.** Für eine Feinrohrmühle von 1400 mm Durchmesser und 5000 mm Länge und einem inneren nutzbaren Durchmesser von 1260 mm ist der Kraftverbrauch zu berechnen. Die Mahlkörperfüllung (4000 kg Flintsteine, mittlere Dichte 1,6) stellt 0,4 des inneren Fassungsraumes der Mahltrommel dar.

$$\mathrm{PS} = 9{,}5 \cdot 4 \cdot \sqrt{1{,}26} = 42{,}5.$$

**308. Beispiel.** Wie groß ist der Kraftverbrauch einer Kugelmühle von 2700 mm Durchmesser, 1400 mm Breite, 2400 mm innerem nutzbaren Durchmesser bei treppenförmiger Auskleidung? Die Kugelfüllung beträgt 2000 kg (große Kugeln, mittlere Dichte 4,5) welche etwa 0,1 des inneren Fassungsraumes der Mahltrommel ausmachen.

$$\mathrm{PS} = (11{,}9 \cdot 2 \cdot \sqrt{2{,}4}) + 10\% = 41.$$

### 3. Kollergang.

Annahme: Ein Läufer vom Gewicht $Q$ wird um eine senkrechte Welle gezogen. Sein Schwerpunktsmittelpunkt liegt in einer mittleren Entfernung von dieser Welle ($= r$) und macht $n$ Umdrehungen auf der Mahlbahn. Der in der Sekunde durchlaufene Mittelweg ist dann

$$v_m = \frac{2 \cdot \pi \cdot r \cdot n}{60}.$$

Die Breite des Läufers sei $b$ (bezogen auf seine Mittelebene). Er durchläuft also seinen Weg in Gestalt eines Kreisringes, der durch zwei Kreise von in Wechselbeziehungen zueinander stehenden Halbmessern begrenzt wird: $r + \frac{b}{2}$ und $r - \frac{b}{2}$.

Die Verschiebungsgeschwindigkeit in bezug auf die Mahlbahn wird daher für die Innenkante des Läufers

$v_i = \frac{2 \cdot \pi \cdot n}{60} \cdot \left(r - \frac{b}{2}\right)$ sein, diejenige der Außenkante

$$v_a = \frac{2 \cdot \pi \cdot n}{60} \cdot \left(r + \frac{b}{2}\right).$$

Der Läufer ist aber gezwungen, nach dem Mittel dieser beiden Geschwindigkeiten zu rollen. Es wird auf beiden Kanten ein Gleiten entstehen, welches gleich ist $v_a - v_m = v_m - v_i = \pi \cdot n \cdot b$.

Das Gleiten, das im Mittelpunkt Null ist, verläuft ab- und zunehmend zwischen den beiden Kanten, wo es den Wert $n \cdot b$ annimmt. Das mittlere Gleiten können wir annehmen zu $g = \frac{\pi \cdot n \cdot b}{2}$. Es trägt zur Zerkleinerung bei, denn es unterzieht die Rohstoffteilchen einem Reibevorgang. Der Reibungs- oder Gleitkoeffizient der Gußläufer auf dem Rohstoff schwankt zwischen 0,30 und 0,45, je nachdem er trocken oder feucht ist. Unter denselben Bedingungen wechselt die rollende Reibung von 0,01 bis 0,03, d. h. sie erreicht nur etwa 5 bis 10% der vorher genannten.

Desgleichen beansprucht die mechanische Leistung der Transmission, des Spurzapfens und der Zahnradübersetzung einen kleinen Teil, so daß wir mit einem zu 50% geschätzten Wert auf Rechnung des Gleitvorganges uns in mittleren Verhältnissen bewegen.

Wenn wir mit $F$ die Tangentialkraft bezeichnen, die im Schwerpunktsmittelpunkt des Läufers angreift, mit $\mu$ den Reibungskoeffizienten beim Gleiten, erhalten wir

$F \cdot 2 \cdot r \cdot \pi \cdot n = \mu \cdot Q \cdot \frac{\pi \cdot n \cdot b}{2}$; daraus ist $F = \frac{\mu \cdot b \cdot Q}{4 \cdot r}$.

Wenn nun der Kollergang $N$ Läufer besitzt, so wird die erforderliche Kraft, um jene in Bewegung zu setzen,

$$L = \frac{F \cdot v_m \cdot N}{75} \text{ oder } \frac{\pi \cdot n \cdot \mu \cdot b \cdot Q \cdot N}{9000} \text{ PS.}$$

**309. Beispiel.** $\mu = 0{,}34$ (Ton), $b = 0{,}38$, $Q = 3500$ kg, $n = 11/\text{min}$, $N = 2$.

Nach obiger Formel ist $L = 3{,}47$ PS.

Wenn wir mehrere mechanische Reibungen in Rechnung ziehen, kann man die Formel für die Praxis wie folgt schreiben:

$$L = \pi \cdot \mu \cdot b \cdot \frac{Q \cdot n \cdot N}{6000} = 5{,}2 \text{ PS.}$$

## E. Zentrifugen.

Dreht sich ein Körper vom Gewicht $P$ kg mit der Umfangsgeschwindigkeit $v$ m/s um eine Achse im Abstand $r$ m, so wird die Zentrifugalkraft $K = \frac{P \cdot v^2}{g \cdot r}$ kg; $g$ = Schwerkraftsbeschleunigung $= 9{,}81$ m/s².

Ist die Umlaufzeit für eine Umdrehung $t$ Sekunden, wird $v = \frac{2 \cdot \pi \cdot r}{t}$ und somit $K = \frac{P \cdot 4 \cdot \pi^2 \cdot r}{g \cdot t^2}$.

Mit $n$ (= Umdrehungszahl/Minute) wird $t = \frac{60}{n}$ und $K = \frac{P \cdot 4 \cdot \pi^2 \cdot r \cdot n^2}{g \cdot 60^2}$, ferner $v = \frac{2 \cdot \pi \cdot r \cdot n}{60}$.

Die Formel zeigt, daß die Zentrifugalkraft proportional ist dem Quadrat der Umdrehungszahl und dem Trommelradius. In der Praxis erhöht man daher lieber die Umdrehungszahl als den Radius, wenn man die Zentrifugalkraft erhöhen will.

Die erforderliche Arbeit $A = \frac{P \cdot v^2}{2\,g}$ kgm.

**310. Beispiel.** Um 1 kg Substanz in einer Zentrifuge von 600 mm Durchmesser einer Zentrifugalkraft von $K = 500$ kg auszusetzen, muß $500 = \frac{1 \cdot 4 \cdot 3{,}14^2 \cdot 0{,}3 \cdot n^2}{9{,}81 \cdot 60^2}$, daraus ist $n = 1220$ Umdrehungen. $v = \frac{2 \cdot 3{,}14 \cdot 0{,}3 \cdot 1220}{60} = 38{,}3$ m/s und $A = \frac{1 \cdot 38{,}3^2}{2 \cdot 9{,}81} = 74{,}8$ kgm. ——

**311. Beispiel.** Wie groß ist der Druck in einer Zentrifuge, wenn $P = 100$ kg, $r = 0{,}4$ m und $n = 1000$ ist? Höhe des Korbes 0,3 m.

Nach obiger Formel ist $K = 44670$ kg.

Innere Oberfläche des Korbes $= 2 \cdot \pi \cdot r \cdot h = 0{,}7540$ m² und der Druck pro cm² $= 44670 : 7540 = 5{,}93$ kg. ——

## F. Kraftübertragung.

### 1. Transmissionen.

Für die Berechnung des Wellendurchmessers gilt die Formel $d = 120 \cdot \sqrt[4]{\frac{N}{n}}$, worin $N$ die zu übertragende Leistung in PS und $n$ die Umdrehungszahl/min bedeuten.

### 2. Übersetzungsverhältnis.

Das Übersetzungsverhältnis zweier Riemenscheiben $i = \frac{n_2}{n_1} = \frac{D_1}{D_2}$, wenn $n_1$ und $n_2$ die Umdrehungszahlen/min, $D_1$ und $D_2$ die Durchmesser der Riemenscheiben sind (Abb. 155).

Es ist also $D_1 : D_2 = n_2 : n_1$, d. h. Durchmesser und Umdrehungszahlen zweier miteinander verbundener Riemenscheiben verhalten sich umgekehrt proportional.

**312. Beispiel.** Die größere Scheibe eines Riementriebes hat den Durchmesser $D_1 = 80$ cm und eine Umdrehungszahl $n_1 = 120$. Wie groß ist die Umdrehungszahl der kleineren Scheibe, welche einen Durchmesser von 20 cm hat?

$80 : 20 = n_2 : 120$; daraus ist $n_2 = 480$ Umdrehungen/min. ——

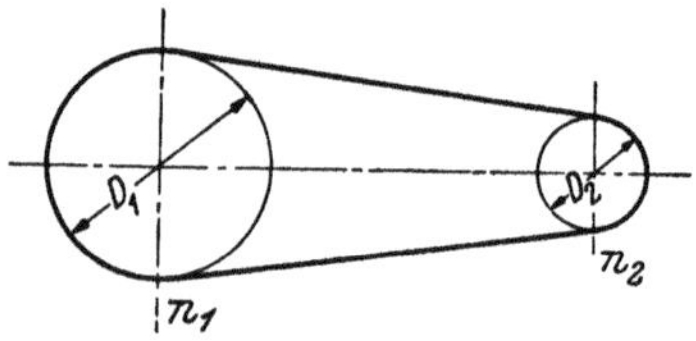


Abb. 155

Sind mehrere Übersetzungen vorhanden (z. B. Riementrieb mit Vorgelege), dann ist die *Gesamtübersetzung* = Produkt der Einzelübersetzung, also $i = i_1 \cdot i_2$.

Bei *Zahnrädern* kann die Beziehung aufgestellt werden $n_1\, n_2 = z_2 : z_1$; $z_1$ und $z_2$ sind die Anzahl der Zähne der Zahnräder.

**313. Beispiel.** Ein Motor, 1500 Umdrehungen/min, mit einer Riemenscheibe, deren Durchmesser 235 mm ist, betreibt ein Vorgelege, dessen angetriebene Scheibe einen Durchmesser von 985 mm hat. Die Übersetzung vom Vorgelege zur Arbeitsmaschine erfolgt durch Zahnräder. Auf dem Vorgelege sitzt ein Zahnrad mit 28 Zähnen, auf der Arbeitsmaschine ein solches mit 42 Zähnen. Es wird ein Riemenschlupf von 3% angenommen. Wieviel Umdrehungen macht die Arbeitsmaschine?

Die vorgelegte Drehzahl ist also $\frac{1500 \cdot 235}{985} = 358$ Umdrehungen/min.

Nach Berücksichtigung des Riemenschlupfes vermindert sich diese um 3%, d. h. auf $358 - 11 = 347$ Umdrehungen/min.

Zahnrad auf dem Vorgelege: $z_1 = 28$ Zähne, auf der Maschine $z_2 = 42$ Zähne. Folglich ist das Übersetzungsverhältnis

$$i = \frac{z_1}{z_2} = \frac{28}{42} = \frac{2}{3}.$$

$$\text{Maschinendrehzahl } N = \frac{z_1}{z_2} \cdot n = \frac{2}{3} \cdot 347 = 231 \text{ Umdrehungen/min.}$$

### 3. Riemenabmessungen.

Die *Länge* eines Transmissionsriemens $l = \frac{(D_1 + D_2) \cdot \pi}{2} + 2 \cdot E$.

$E$ ist die Entfernung der beiden Wellen, $D_1$ und $D_2$ sind die Durchmesser der Riemenscheiben.

Die *Geschwindigkeit* eines Riemens $v$ in m/s wird wie folgt gewählt: $v < 15$ für Nebenantriebe, $v = 15$ bis 28 für Hauptantriebe.

Die *zulässige Beanspruchung* in kg/cm² kann angenommen werden zu

$k_z$ = 25 bis 30 für einfache Leder- und Gummiriemen,
18 bis 25 für doppelte Lederriemen und
20 bis 30 für Baumwollriemen.

Mit gesteigerter Riemengeschwindigkeit sinkt die zulässige Beanspruchung. Es sind folgende Werte $\frac{z}{f}$ in Betracht zu ziehen (siehe nachfolgendes Beispiel):

| | | | | | | |
|---|---|---|---|---|---|---|
| Für $v$ = | 5 | 10 | 15 | 20 | 25 | 28 m/s |
| ist $\frac{z}{f}$ = | 0,3 | 1 | 3 | 5 | 8 | 10 |

**314. Beispiel.** Welche Dimensionen erhält ein Riementrieb für die Übertragung von $N = 10$ PS bei der Tourenübersetzung von $n_1 = 200$ auf $n_2 = 250$ pro Minute?

Wählt man eine kleine Riemengeschwindigkeit $v = 7$ m/s, so wird der Scheibendurchmesser

$$d_1 = \frac{60 \cdot v}{\pi \cdot n_1} = \frac{60 \cdot 7}{3{,}14 \cdot 200} \approx 0{,}67 \text{ m} = 670 \text{ mm}.$$

Der Durchmesser der Gegenscheibe wird also $d_2 = \frac{d_1 \cdot n_1}{n_2} = \frac{670 \cdot 200}{250} = 536$ mm.

Mit Rücksicht auf den Riemenrutsch ist $d_2$ etwas kleiner zu wählen, ungefähr 530 mm.

Die zu übertragende Umfangskraft ist

$$P = \frac{75 \cdot N}{v} = \frac{75 \cdot 10}{7} = 107 \text{ kg}.$$

Mit der zulässigen Beanspruchung $k_z = 28$ kg/cm² ist für $v = 7$ der Wert $\frac{z}{f} = 0{,}6$ zu nehmen und es ergibt sich der erforderliche *Riemenquerschnitt* $f = \frac{2 \cdot P}{k_z - \frac{z}{f}} = \frac{2 \cdot 107}{28 - 0{,}6} = 7{,}81$ cm².

Die *Riemendicke* $\delta$ sei 0,7 cm, daher ist die *Riemenbreite* $b = \frac{f}{\delta} = \frac{7{,}81}{0{,}7} = 11{,}1$ cm $\approx 115$ mm.

*Riemenscheibenbreite* $B = 1{,}1 \cdot b + 10$ mm $= 136$ mm. ——

Angenäherte Berechnung der *Riemenlänge am aufgerollten Riemen nach* WELISCH: $L = 0{,}785 \cdot \frac{D_2 - d^2}{1000 \cdot S}$.

($L$ = Riemenlänge in m, $D$ = äußerer Durchmesser der Rolle in mm, $d$ = innerer Durchmesser der Rolle in mm, $S$ = mittlere Riemenstärke in mm.)

### 4. Elektromotor.

**315. Beispiel.** Welchen Wirkungsgrad $\eta$ hat ein Einphasenmotor mit folgenden Daten: Spannung $U = 230$ V (mit $U$ bezeichnet man die Klemmenspannung an der Maschine, mit $E$ die elektromotorische Kraft in der Maschine; $U$ ist um den Spannungsabfall der Wicklung kleiner als $E$), Stromstärke $I = 3{,}75$ A, $\cos \varphi = 0{,}76$ ($\varphi$ ist die Phasenverschiebung zwischen Strom und Spannung in Winkelgraden). Die Leistung $N = 0{,}7$ PS (1 PS = = 735,26 Watt).

$$\eta = \frac{\text{Abgegebene Leistung } N_2}{\text{Aufgenommene Leistung } N_1}.$$

$$N_1 = U \cdot I \cdot \cos \varphi \quad \text{und} \quad \eta = \frac{0{,}7 \cdot 735{,}26}{230 \cdot 3{,}75 \cdot 0{,}76} = 0{,}785 = 78{,}5\,\%$$ ———

**316. Beispiel.** Welche Leistung in PS hat ein Gleichstrommotor mit folgenden Daten: $U = 110$ V, $I = 4{,}8$ A, $\eta = 70\%$?

$$N = U \cdot I \cdot \eta = 110 \cdot 4{,}8 \cdot 0{,}7 = 369{,}6 \text{ W} = 0{,}5 \text{ PS.}$$ ———

## G. Druckgefäße.

### 1. Druck in geschlossenen Gefäßen.

**317. Beispiel.** Ein Kessel ist mit einem Deckel von 2 m² Fläche verschlossen. Er wird durch 50 Schrauben festgehalten.

Wenn im Inneren des Kessels 1 Atmosphäre Überdruck (1 atü) herrscht, dann ist die Kraft, die auf jede einzelne Schraube wirkt:

2 m² = 20000 cm²; 1 atü = 1 kg/cm² Überdruck, also 20000 kg. Somit 20000 : 50 = 400 kg. ———

**318. Beispiel.** Es ist gefährlich, z. B. Transportfässer zur Entleerung mittels Druckluft unter Druck zu setzen. Die Kraft eines herausfliegenden Faßbodens von 600 mm Durchmesser, bei nur 1 Atmosphäre Überdruck beträgt $30^2 \cdot \pi = 2827$ kg, also nahezu 3000 kg.

Man muß durch Ansaugen entleeren. ———

### 2. Sicherheitsventil.

Die Bedeutung der Buchstaben ist aus der Abb. 156 ersichtlich. D ist der Drehpunkt, S der Schwerpunkt.

Gleichgewicht herrscht, wenn $P \cdot p + G \cdot a = Q \cdot q$.

**319. Beispiel.** Zu berechnen ist das Belastungsgewicht P, wenn der Dampf bei einem Druck von 4 at ausblasen soll. Abmessungen des Sicherheitsventils: $q = 4$ cm, $a = 30$ cm, $p = 60$ cm, Durchmesser des Ventils 4 cm, Gewicht des Hebels G = 1,25 kg, Gewicht des Ventils = 0,24 kg.

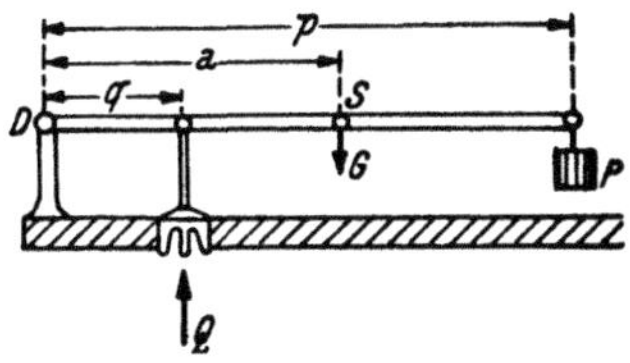

Abb. 156

Die Fläche $f$ des Ventils berechnet sich zu 12,56 cm². Nachdem pro cm² 4 kg wirken (4 at), ist der Druck $4 \cdot 12{,}56 = 50{,}24$ kg. Davon geht ab das Eigengewicht des Ventils, also ist $Q = 50$ kg.

$P \cdot 60 + 1{,}25 \cdot 30 = 50 \cdot 4$; daraus ist $P = 2{,}7$ kg. ———

### 3. Wandstärke von Druckgefäßen.

**a)** Blechdicke *zylindrischer Wandungen* mit innerem Überdruck

$$s = D \cdot \frac{p \cdot x}{200 \cdot K_z \cdot v} + 1$$

Es bedeuten: $s$ die Blechdicke in mm,
$D$ der größte innere Durchmesser des Mantels in mm,
$p$ der größte Betriebsüberdruck in at,
$K_z$ die Berechnungsfestigkeit des zum Mantel verwendeten Bleches in kg/mm²,
$x$ ein Zahlenwert und
$v$ das Verhältnis der Mindestfestigkeit der Längsnaht zur Zugfestigkeit des vollen Bleches.

Werte für $K_z$: 33 für Schweißstahl; 36 für Flußstahl von 35 bis 44 kg/mm² Zugfestigkeit, 41 (für 41 bis 50), 44 (für 44 bis 53) und 47 (für 47 bis 56).

Werte für $x$:
4,75 bei überlappten oder einseitig gelaschten Nähten,
4,25 bei einreihigen, doppeltgelaschten Nähten,
4 bei mehrreihigen, doppeltgelaschten Nähten oder bei nahtlosen Schüssen.

Der Zuschlag von 1 mm kann bei einer Blechdicke von über 4 mm fortgelassen werden. Im allgemeinen soll die Wandstärke von Druckgefäßen mindestens 7 mm betragen.

**b)** Wandstärke des *Bodens*.

$$s = \frac{D \cdot p \cdot x \cdot y}{200 \cdot K_z} + c.$$

Es sind: $D$ der äußere Bodendurchmesser in mm,

$R$ der innere Halbmesser in der Mitte der Wölbung in mm,

$r$ der innere Krempenhalbmesser in mm,

$h$ die Höhe der Bodenwölbung einschließlich der Wanddicke in mm,

$K_z$ die Berechnungsfestigkeit des zu dem Boden verwendeten Bleches in kg/mm²,

$x$ das Verhältnis zwischen Berechnungsfestigkeit und zulässiger Spannung,

$y$ ein der Bodenform entsprechender, auf die Halbkugelform bezogener Zahlenwert.

Aus $\frac{h}{D}$ ergibt sich aus dem Diagramm (Abb. 157) der Wert für $y$.

Der Krempenhalbmesser soll nicht kleiner sein als $0{,}1 \cdot D$, Wölbungsmesser $R$ nicht größer als $D$.

Zahlenwerte für $x$: 3,5 für volle Böden, 4,25 für Böden mit mittlerem Mannloch.

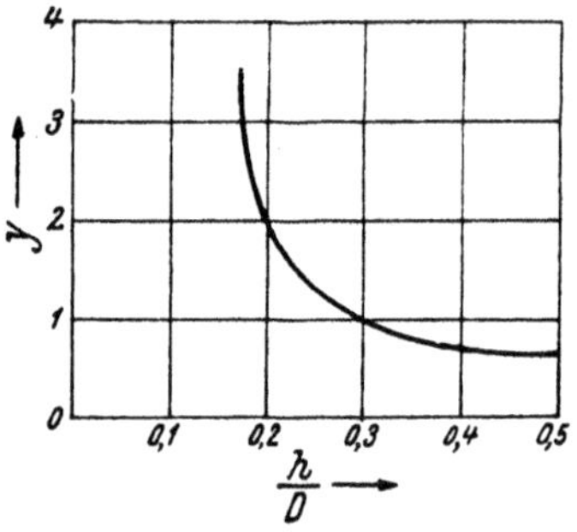


Abb. 157

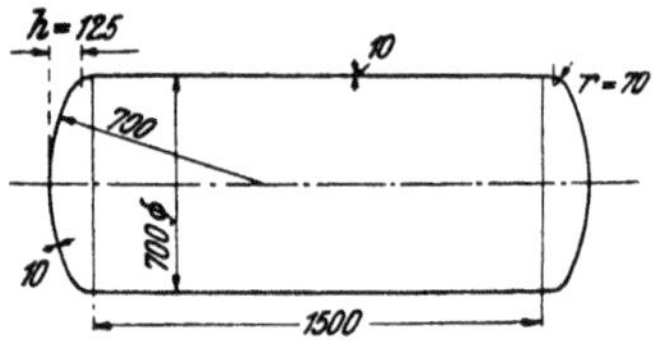


Abb. 158

Der Zuschlag $c$ beträgt für volle Böden 2 mm, für Böden mit Mannloch 3 mm.

**320. Beispiel.** Ein Druckfaß der Abb. 158 solle einen Betriebsdruck von 5 atü aushalten (z. B. Entleerung durch Druckluft). Es besteht aus einem Blech mit der Zugfestigkeit 35 bis 44 kg/mm². Die Wandstärke und Bodenstärke sind 10 mm. Sämtliche Nähte sind elektrisch geschweißt. Es ist nachzurechnen, ob das Gefäß den Anforderungen entspricht.

Die Berechnungsfestigkeit ist nach dem Gesagten $K_z = 36$ kg/mm².

a) Mantelberechnung:

$$s = 700 \cdot \frac{5 \cdot 4{,}25}{200 \cdot 36 \cdot 0{,}6} + 1 \approx 4{,}5 \text{ mm } (v \text{ für Schweißnaht ist } 0{,}6).$$

b) Bodenberechnung:

$$\frac{h}{D} = 0{,}179, \text{ daher } y = 2{,}8.$$

$$D = R = 700 \text{ mm}; \ \frac{r}{D} = 0{,}1.$$

$$s = \frac{700 \cdot 5 \cdot 3{,}5 \cdot 2{,}8}{200 \cdot 36} + 2 \approx 7 \text{ mm}.$$

Da das Gefäß 10 mm stark ausgeführt ist, genügt es den gestellten Anforderungen. ———

## 14. Lösungen zu den Aufgaben.

**1. a)** $y' = 5x^{\frac{2}{3}}$; **b)** $y' = \frac{a}{2\sqrt{x}}$; **c)** $y = x^{\frac{5}{4}}$, $y' = \frac{5}{4}x^{\frac{1}{4}} = \frac{5}{4}\sqrt[4]{x}$;
**d)** $y = x^{-3}$, $y' = -\frac{3}{x^4}$; **e)** $y' = \frac{1}{n} \cdot x^{\frac{1}{n}-1} = \frac{\sqrt[n]{x}}{nx}$; **f)** $y' = \sqrt{\frac{a}{2x}}$;
**g)** $\frac{dy}{dr} = y' = \pi 2r$; **h)** $\frac{dy}{dr} = y' = 4\pi r^2$.

**2. a)** $y' = 5x^4 - 9x^2 + 1$; **b)** $y' = 2$; **c)** $y' = \frac{4a}{b}x^3 - 3 \cdot (c + b)\, x^2$.

**3. a)** $y' = \frac{2 + 3x}{2 \cdot \sqrt{1+x}}$; **b)** $y' = \frac{4ax - 5x^2}{2\sqrt{a-x}}$; **c)** $y' = \frac{-2}{(1+x)^2}$;
**d)** $y = \frac{u}{v}$, $y' = \frac{4 - 6x}{(3x^2 - 4x + 5)^2}$.

**4. a)** $4x - 2 = z$, $y = \sqrt[3]{z^4} = z^{\frac{4}{3}}$, $\frac{dy}{dz} = \frac{4}{3} \cdot \sqrt[3]{z}$, $\frac{dz}{dx} = 4$ und $\frac{dy}{dz} \cdot \frac{dz}{dx} = \frac{dy}{dx} = \frac{16}{3} \cdot \sqrt[3]{4x - 2}$; **b)** $2x - 5 = z$, $y' = 12 \cdot (2x - 5)$; **c)** Einsetzen von $u$ und $v$ und berechnen von $u'$ und $v'$ nach der Kettenregel. $y' = \frac{ab}{(a - bx) \cdot \sqrt{a^2 - b^2x^2}}$;
**d)** $y' = \frac{2 + x}{2 \cdot \sqrt{(1+x)^3}}$; **e)** $y' = 3a \cdot \sqrt{2x - 2} - \frac{1}{2x \cdot \sqrt{x}}$.

**5. a)** $y = a^z$, $\frac{dy}{dz} = a^z \cdot \ln a$ und $\frac{dz}{dx} = \frac{1}{2\sqrt{x}}$, daraus $\frac{dy}{dx} = y' = a^z \cdot \ln a \cdot \frac{1}{2\sqrt{x}} = a^{\sqrt{x}} \cdot \ln a \cdot \frac{1}{2\sqrt{x}}$; **b)** $y' = \frac{x^{v-1} \cdot (v - x)}{e^x}$;
**c)** $y' = \frac{-2e^x}{(e^x - 1)^2}$; **d)** $y' = a \cdot e^{ax}$; **e)** $y' = -a \cdot e^{-ax}$; **f)** $y' = e^{\frac{x}{a}}$;
**g)** $y' = (x + n) \cdot e^x \cdot x^{n-1}$; **h)** $y' = \frac{e^x \cdot (x - n)}{x^{n+1}}$.

**6. a)** $2x = z$, $y' = \frac{1}{x}$; **b)** $x^2 = z$, $\lg x^2 = 0{,}434 \cdot \ln x^2$, $y' = \frac{0{,}868}{x}$;
**c)** $y' = -\frac{1}{x}$; **d)** $\ln y = x^2 \cdot \ln e = x^2$, $\frac{y'}{y} = 2x$, $y' = 2xy = 2x \cdot e^{x^2}$;

**e)** $\ln y = \left(\frac{1}{x} - 2\right) \cdot \ln e = \frac{1}{x} - 2, \ \frac{y'}{y} = -\frac{1}{x^2}, \ y' = -\frac{1}{x^2} \cdot y = \frac{1}{x^2} \cdot$ $\cdot e^{\frac{1}{x} - 2}$; **f)** $y' = 2x \cdot e^{x^2 - 1}$.

**7. a)** $\frac{dx}{du} = \frac{-2a}{(a+u)^2}, \ \frac{dy}{du} = \frac{a}{(a+u)^2}$ und $\frac{dy}{dx} = -\frac{1}{2}$; **b)** $\frac{dy}{dx} = -1$.

**8.** $\frac{\partial f}{\partial x} = \frac{2x}{a^2}, \quad \frac{\partial f}{\partial y} = \frac{2y}{b^2}, \quad \frac{dy}{dx} = -\frac{b^2 x}{a^2 y} = \frac{bx}{a \cdot \sqrt{a^2 - x^2}}$.

**9. a)** $y'' = 6x$; **b)** $y'' = \frac{2}{x^3}$; **c)** $y'' = \frac{-a^2}{\sqrt{(a^2 - x^2)^3}}$; **d)** $y'' = \frac{1}{x}$.

**10. a)** $y' = 6x^2 - 18x + 12 = 0, \ x^2 - 3x + 2 = 0$, daraus $x_1 = +2$ und $x_2 = +1$, $y'' = 2x - 3$. Für $x = 2$ ist $y'' = +1$, also ein Minimum; für $x = 1$ ist $y'' = -1$, also ein Maximum; **b)** $y' = \frac{\frac{1}{x} \cdot x - \ln x \cdot 1}{x^2} =$ $= \frac{1 - \ln x}{x^2} = 0$. Es ist somit auch $1 - \ln x = 0 = y'$ und $x = e$; $y'' = -\frac{1}{x}$. Für $x = e$ wird also $y'' = -\frac{1}{e}$, dem $x = e$ entspricht ein Maximum von $y$.

**11. a)** $y' = -3x^2 + 2x + 5$, daraus bei $y' = 0 \ldots x_1 = \frac{5}{3}$ und $x_2 = -1$. Nachdem $y'' = -6x + 2$, ist für $x_1 \ldots y'' < 0$, also Max. und für $x_2 \ldots y'' > 0$, also Min. Aus $-6x + 2 = 0$ wird $x_w = \frac{1}{3}$. Die zugehörigen Werte für $y$ errechnen sich aus der gegebenen Gleichung durch Einsetzen der $x$-Werte, also $y_1 = 7\frac{13}{27}$, $y_2 = -2$, $y_w = 2\frac{20}{27}$; **b)** $y' =$ $= 2xe^{-x} - x^2 e^{-x} = xe^{-x} \cdot (2 - x)$. Da $e^{-x}$ niemals Null werden kann, erhält man alle Wurzeln aus $x \cdot (2 - x) = 0$; $x_1 = 0$, $x_2 = 2$; $y'' =$ $= +2e^{-x} - 2xe^{-x} - 2x e^{-x} + x^2 e^{-x} = e^{-x} \cdot (2 - 4x + x^2)$. Für $x = 0 \ldots$ $y'' = 2$, also Min. Für $x = 2 \ldots y'' = e^{-2} \cdot (-2) = -2e^{-2}$, also Max. Für die Wendepunkte muß, da $e^{-x}$ nicht Null sein kann, $2 - 4x +$ $+ x^2 = 0$ oder $x = 2 \pm \sqrt{2}$, was angenähert die Werte 3,41 und 0,59 ergibt;

**c)** $x_1 = 3$ (Min), $y_1 = -\frac{1}{3}$; $x_2 = 1$ (Max), $y_2 = 1$; $x_w = 2$, $y_w = \frac{1}{3}$;

**d)** $y' = \frac{1 - 2 \cdot \ln x}{x^3}$, $y'' = \frac{-5 + 6 \cdot \ln x}{x^4}$; Extremwerte: $y' = 0$, $1 - 2 \cdot \ln x = 0$, ($\ln x = 2{,}303 \cdot \lg x$), $x = 1{,}648$; $y'' < 0 \ldots$ Max.; Wendepunkt $y'' = 0$, $x_w = 2{,}301$.

**12.** Kanten des Prismas: $x, y, z$; Volumen $V = x\,y\,z$; halbe Oberfläche $F = x\,y + x\,z + y\,z$; den Wert von $z$ aus der ersten in die zweite Gleichung eingeführt: $F = xy + Vy^{-1} + Vx^{-1}$; $\frac{\partial F}{\partial x} = y - Vx^{-2}$; $\frac{\partial F}{\partial y} =$

$= x - V y^{-2}$; $\frac{\partial^2 F}{\partial x^2} = 2 V x^{-3}$; $\frac{\partial^2 F}{\partial y^2} = 2 V y^{-3}$; $\frac{\partial^2 F}{\partial x \partial y} = 1$; die ersten Differentialverhältnisse 0 gesetzt ergibt $x = y = \sqrt[3]{V}$; eingesetzt: $\frac{\partial^2 F}{\partial x^2} = 2$; $\frac{\partial^2 F}{\partial y^2} = 2$; $\frac{\partial^2 F}{\partial x \partial y} = 1$; die beiden ersten Werte sind positiv und ihr Produkt ist größer als das Quadrat des dritten Wertes, daher wird $F$ ein Minimum für $x = y = \sqrt[3]{V}$. Aus der Ansatzgleichung geht hervor, daß $x = y = z$, d. h. es liegt ein Würfel vor.

**13. a)** Zähler und Nenner für sich differenziert: $\lim\limits_{x\to 1} \frac{3x^2 - 12x + 11}{3x^2 + 4x - 1} = \frac{1}{3}$; **b)** $\lim\limits_{x\to 1} \frac{-1}{\frac{1}{x}} = -1$; $\lim\limits_{x\to 0} \frac{2 \cdot \cos 2x}{1} = 2$.

**14. a)** $\frac{3}{4} x^8 + C$; **b)** $\frac{7x^5}{5} + C$; **c)** $\frac{2}{3} \cdot \sqrt{x^3} + C$; **d)** $2 \cdot \sqrt{x} + C$; **e)** $3 \cdot \sqrt[3]{x^5} + C$; **f)** $2 \cdot \sqrt{a + x} + C$.

**15. a)** $\frac{x^3}{3} + \frac{x^2}{2} + x + C$; **b)** $x^4 + \frac{10}{3} \cdot x \cdot \sqrt{x} - 3 \cdot \sqrt[3]{x^2} + C$; **c)** $e^x \cdot (x^2 - 4x + 5) + C$; **d)** $\operatorname{tg} x + \frac{x^4}{4} + C$; **e)** $\int \left(3 + \frac{7}{x-2}\right) dx = 3x + 7 \cdot \ln (x - 2) + C$.

**16. a)** $z = \sqrt{x^2 + a^2}$, $x = \sqrt{z^2 - a^2}$, $y = \int \frac{\sqrt{z^2 - a^2}}{z} \cdot \frac{z}{\sqrt{z^2 - a^2}} \cdot dz = \int dz = z = \sqrt{x^2 + a^2} + C$; **b)** $a + bx = z$, $y = \frac{1}{b} \cdot \int \frac{1}{z} dz = \frac{1}{b} \cdot \ln z = \frac{1}{b} \cdot \ln (a + bx) + C$; **c)** $mx = z$, $\frac{dx}{dz} = \frac{1}{m}$, $y = \frac{1}{m} \cdot \int e^z dz = \frac{e^z}{m} = \frac{e^{mx}}{m} + C$; **d)** $-\frac{1}{a^2} \cdot \frac{\sqrt{x^2 + a^2}}{x} + C$; **e)** $\frac{1}{3} \cdot (x^2 + a^2)^{\frac{3}{2}} + C$; **f)** $\frac{1}{2} \cdot \ln (1 + x^2) = \ln \sqrt{1 + x^2}$.

**17. a)** $u = \ln x$ und $dv = dx$, daher $v = x$. Somit wird $\int \ln x \, dx = \ln x \cdot x - \int x \, d \ln x = x \cdot \ln x - \int x \cdot \frac{1}{x} dx = x \cdot \ln x - \int dx = x \cdot \ln x - x + C = x \cdot (\ln x - 1) + C$; **b)** $x \cdot \sin x - \int 1 \cdot \sin x \, dx = x \cdot \sin x + \cos x + C$; **c)** $-x \cdot \cos x + \sin x + C$; **d)** $x \cdot e^x - e^x + C$.

**18. a)** $1$; **b)** $\frac{64}{5}$; **c)** $\frac{1}{3} \cdot (b^3 - a^3)$; **d)** $aT + \frac{1}{2} b T^2 + \frac{1}{3} c T^3 + \ldots$; **e)** $\left| aT + \frac{1}{2} b T^2 \right|_{T_1}^{T_2} = a \cdot (T_2 - T_1) + \frac{1}{2} b \cdot (T_2{}^2 - T_1{}^2)$.

**19. a)** Wir setzen $-5x = u$, daraus $x = -\frac{1}{5}u$, dann ist $\frac{dx}{du} = -\frac{1}{5}$. Den Werten 0 und lg 2 entsprechen die Werte $u = -5\cdot 0 = 0$ und $u = -5\cdot \lg 2$. Daher $\int\limits_0^{-5\lg 2} e^u \cdot \left(-\frac{1}{5}\right) du = -\frac{1}{5}\int\limits_0^{-5\lg 2} e^u\, du = \frac{1}{5}\int\limits_{-5\lg 2}^{0} e^u\, du = \frac{1}{5} e^u \Big|_{-5\lg 2}^{0} = \frac{1}{5}\cdot(1 - e^{-5\lg 2}) = \frac{1}{5}\cdot\left(1 - \frac{1}{2^5}\right)$; **b)** $u = a - x$, $x = a - u$, $\frac{dx}{du} = 1$, $dx = -du$. Den Grenzen 0 und $x$ entsprechen $u = a$ und $u = a - x$, $t = \frac{1}{k}\int\limits_a^{a-x} \frac{-du}{u} = -\frac{1}{k}\int\limits_a^{a-x}\frac{du}{u} = +\frac{1}{k}\int\limits_{a-x}^{a}\frac{du}{u} = \frac{1}{k}\cdot \ln u\Big|_{a-x}^{a} = \frac{1}{k}\cdot\ln\frac{a}{a-x}$.

**20. a)** $\int\limits_0^T \frac{dT}{T^2}\cdot 0{,}001\cdot\frac{T^2}{2} = \int\limits_0^T 0{,}0005\, dT = 0{,}0005\, T$; **b)** Wir integrieren zunächst über $z$ ($x$ und $dx$ konstant), $\int\limits_0^a dx \Big|_a^b m\cdot\frac{z^2}{2} = \int\limits_0^a dx\cdot m\cdot\frac{b^2}{2}$. Weitere Integration gibt $m\cdot\frac{a\cdot b^2}{2}$.

**21. a)** $\overline{C}_p = 5{,}92 + \frac{0{,}8963\cdot 10^{-2}}{2}\cdot(400+300) - \frac{1{,}764\cdot 10^{-6}}{3}\cdot(400^2 + 300\cdot 400 + 300^2) = 8{,}84$ cal.; **b)** $\overline{C}_p = \frac{1}{1000-400}\cdot\int\limits_{400}^{1000}(8{,}81 - 0{,}0019\, T + 0{,}00000222\, T^2)\, dT = 8{,}63$ cal.

**22.** $\int (1+x^2)^{-1}\, dx$; der Integrand kann nach der binomischen Reihe entwickelt werden: $\int (1 - x^2 + x^4 - x^6 + x^8 - \ldots)\, dx = x - \frac{x^3}{3} + \frac{x^5}{5} - \frac{x^7}{7} + \frac{x^9}{9}\ldots + C$.

**23.** Im phys. Maßsystem $[\eta] = \mathsf{L}^{-1}\mathsf{M}\mathsf{T}^{-1}$ in $\mathrm{cm}^{-1}\cdot\mathrm{g}\cdot\mathrm{s}^{-1}$, im techn. $[\eta] = \mathsf{L}^{-2}\mathsf{K}\mathsf{T}$ in $\mathrm{m}^{-2}\cdot\mathrm{kp}\cdot\mathrm{s}$.

**24. a)** $\frac{76\,(\mathrm{cm})\cdot 13{,}595\,(\mathrm{g}\cdot\mathrm{cm}^{-3})\cdot 981\,(\mathrm{cm}\cdot\mathrm{s}^{-2})\cdot 22400\,(\mathrm{cm}^3)}{273\,(\mathrm{grad})} = 8{,}31\cdot 10^7\,\mathrm{erg}\cdot\mathrm{grad}^{-1}$; **b)** $\frac{1\,(\mathrm{Atm})\cdot 22{,}4\,(\mathrm{l})}{273\,(\mathrm{grad})} = 0{,}08205\,\mathrm{l}\cdot\mathrm{Atm}\cdot\mathrm{grad}^{-1}$.

**25.** 1 erg = 1 dyn · 1 cm = 1,02 mg · cm = 0,00000102 · 0,01 kp · m. Nun sind 1000 cal = 426,9 kpm, daher $1{,}02 \cdot 10^{-8}$ kpm = 1 erg = = $2{,}389 \cdot 10^{-8}$ cal.

**26.** 1 Torr = Druck von 1 mm Hg-Säule, diese wiegt 0,1 · 13,5951 p, 1 kp · $cm^{-2}$ = 1 at, daher 1,53951 p · $cm^{-2}$ = 0,0013595 at.

**27.** 63,03 Mol-% Wasser und 36,97 Mol-% Äthylalkohol.

**28.** 1 kg Lösung, enthaltend 200 g $Na_2CO_3$ (und 800 g $H_2O$) hat ein Volumen von $\frac{1}{1{,}2086}$ Liter. Molekulargewicht von $Na_2CO_3$ = = 106,01. **a)** $\frac{200 \cdot 1{,}2086}{106{,}01 \cdot 1} = 2{,}280$ Mol/Liter Lösung; **b)** $\frac{200 \cdot 1000}{106{,}01 \cdot 800} =$ = 2,357 Mol/kg Lösungsmittel; **c)** Molenbruch an $Na_2CO_3$ =

$$= \frac{\frac{200}{106{,}01}}{\frac{200}{106{,}01} + \frac{800}{18{,}02}} = 0{,}0408\ (= 4{,}08\ \text{Mol-}\%).$$

**29. a)** $\varepsilon = 55{,}45 - 0{,}1975\,t$. Berechnete Werte von $\varepsilon$: 0° 55,45 10° 53,47, 20° 51,50, 30° 49,52 mV; **b)** $\frac{d\varepsilon}{dt} = -0{,}2045$.

**30.** Es handelt sich sehr angenähert um einen Parabelast, daher $C_p = a + bT + cT^2$. Durch Ausgleichsrechnung werden die Konstanten ermittelt und die Gleichung erhält folgende Form: $C_p = 4{,}906 + 0{,}02072\,T - 0{,}000016\,T^2$.

**31. a)** Auftragen der Werte von $\sqrt{c}$ gegen $\varphi$ und zeichnen der Ausgleichsgeraden; sie schneidet die $\varphi$-Achse im Werte $\varphi_0 = 47{,}36$. Durch Bestimmung der Neigung (tg $\alpha$) erhält man $k = 1{,}16$; **b)** Mit Hilfe der Ausgleichsrechnung ($x = \sqrt{c}$) findet man $\varphi_0 = 47{,}37$ und $k = 1{,}16$.

**32.** 0,1605 at.

**33.** 24,37.

**34. a)** $E_m = 0{,}02844 \pm 0{,}000023$; **b)** $E_m = 0{,}02842 \pm 0{,}000019$.

**35. a)** Bei Konstanthaltung von $l$ und $\varrho$ ergibt die Differentiation nach $m \ldots dr = \frac{1}{2 \cdot \sqrt{m} \cdot \sqrt{\pi \cdot l \cdot \varrho}}\, dm$ und $\frac{dr}{r} =$

$$= \frac{1 \cdot \sqrt{\pi \cdot l \cdot \varrho}}{2 \cdot \sqrt{m} \cdot \sqrt{\pi \cdot l \cdot \varrho} \cdot \sqrt{m}}\, dm = \frac{1}{2} \cdot \frac{dm}{m}$$

und sehr angenähert $\frac{\Delta r}{r} = \frac{1}{2} \cdot \frac{\Delta m}{m}$. Sind also 400 mg auf ± 1 mg genau gewogen, dann ist $\frac{\Delta r}{r} = \frac{1}{2} \cdot \frac{1}{400} = 0{,}00125$ oder 0,125%; **b)** $\frac{\Delta r}{r} = -\frac{1}{2} \cdot \frac{\Delta l}{l}$. Ist $l =$ = 80 mm auf $\Delta l = \pm 1$ mm genau gemessen, dann ist (bei Außerachtlassung des Vorzeichens) $\frac{\Delta r}{r} = \frac{1}{2} \cdot \frac{1}{80} = 0{,}00625$ oder 0,625%.
**c)** $\varrho_t = 13{,}5951 \cdot (1 - 0{,}00018 \cdot t) = 13{,}5951 - 0{,}0024\,t$. Die Änderung pro 1° $\Delta d = 0{,}0024$, also ist (unter Vernachlässigung des Vorzeichens)

$\frac{\Delta r}{r} = \frac{1}{2} \cdot \frac{\Delta \varrho}{\varrho} = \frac{1}{2} \cdot \frac{0,0024}{13,5951} = 0,000089$ oder $\sim 0,009\%$. Legt man für $\varrho$ den Wert für die Zimmertemperatur $t = 20°$ C $\varrho = 13,5457$ zugrunde, so ergibt eine Abweichung um $\pm 10°$ erst einen Fehler von 0,09%. Eine Korrektur für die Dichte des Quecksilbers ist also kaum in Betracht zu ziehen.

**36.** 1702 Torr.

**37.** 100 g Benzol $= 100:78,11 = 1,280$ Mol; 100 g Toluol $= 1,085$ Mol, zusammen 2,365 Mol. Die Molenbrüche sind daher $x_B = 1,280:2,365 = 0,541$ und $x_T = 0,459$; $P = 120,2 \cdot 0,541 + 36,7 \cdot 0,459 = 81,9$ Torr.

**38.** $n_S = \frac{5,1}{28,02} = 0,182$ g-Mol; $n_W = \frac{8}{2,02} = 3,960$ g-Mol; insgesamt 4,142 g-Mol. $P = \frac{4,142 \cdot 0,082 \cdot 298}{2} = 50,6$ Atm.

**39.** $P = p_W + p_H$; $p_W = n_W \cdot \frac{RT}{v}$ und $p_H = n_H \cdot \frac{RT}{v}$; $n_W = \frac{1}{18,02} = 0,0555$ und $n_H = \frac{1}{86,2} = 0,0116$; $P = (n_W + n_H) \cdot \frac{RT}{v} = \frac{0,0671 \cdot 0,082 \cdot 523}{5} = 0,576$ Atm.

**40.** $p_B = \frac{60 \cdot 75}{100} = 45,0$ und $p_T = \frac{40 \cdot 22}{100} = 8,8$; $P = p_B + p_T = 53,8$ Torr. Daher der Molenbruch in der Dampfphase für Benzol $= \frac{45,0}{53,8} = 0,836$ und für Toluol $= 1 - 0,836 = 0,164$. Da in idealen Gasmischungen Mol-% = Vol.-%, enthält der Dampf über dem Flüssigkeitsgemisch 83,6 Vol.-% Benzol und 16,4 Vol.-% Toluol.

**41.** Partialdruck der trock. Luft $= 750 - 14,53 = 735,47$ Torr. Der Sauerstoff-Partialdruck beträgt davon $\frac{21}{100}$, also $p_{O_2} = \frac{735,47 \cdot 21}{100} = 154,45$ Torr.

**42.** $2\,NaHCO_3 = Na_2CO_3 + H_2O + CO_2$. Partialdruck für jedes Gas ist 365 Torr, daher das auf Normalbedingungen reduzierte Volumen 0,3514 l, folglich gemäß Reaktionsgleichung 1,663 g Soda.

**43.** Relative Feuchtigkeit $= \frac{100 \cdot 11,3}{16,634} = 82,9\%$. Taupunkt durch Interpolation (aus Tab. Chem. Tasch. 331121) $= 13,1°$.

**44.** (Druck des trockenen Gases $= 741 - 10,82 = 730,18$ Torr); 3934,7 $m^3$.

**45.** 5,91 (also praktisch 6atomig) und 2,01 (also 2atomig).

**46.** $\varrho$, die Dichte der Luft bei 15° und 748 Torr $= \frac{0,001293 \cdot b}{760 \cdot (1 + at)} = 0,001206$; $D = 2,64$.

**47.** **a)** $5,39 \cdot 10^5$; **b)** $1,13 \cdot 10^6$.

**48.** Aus $p_1 = H \cdot n_1$ und $p_2 = H \cdot n_2$ erhalten wir $p_2 = p_1 \cdot \frac{n_2}{n_1} = 7,6 \cdot \frac{1,0}{1,95} = 3,9$ Torr.

**49. a)** $v = 1{,}050 \cdot \frac{p}{760} \cdot 1000\ \text{cm}^3$. Zwischen $v$ und dem Druck $p'$ dieser $CO_2$-Menge bei 14° C (4000 cm³) besteht ferner die Beziehung $\frac{v \cdot 760}{273} = \frac{4000 \cdot p'}{287}$; daraus ist $v = \frac{4000 \cdot p' \cdot 273}{287 \cdot 760}$. Mit obiger Gleichung wird daher $\frac{1{,}050 \cdot p \cdot 1000}{760} = \frac{4000 \cdot p' \cdot 273}{287 \cdot 760}$. Die Summe der Partialdrucke $p + p' = p^0 = 709$, also $p' = 709 - p$. Nach Einsetzen dieser Werte erhält man $p = 555{,}6$ Torr. **b)** $v = \frac{1{,}050 \cdot 555{,}6 \cdot 1000}{760} = 767{,}6\ \text{cm}^3$.

**50.** Die Löslichkeiten sind bei ihren Partialdrucken $0{,}79 \cdot 23{,}54 = 18{,}60\ \text{cm}^3/\text{l}$ und $0{,}21 \cdot 48{,}89 = 10{,}27\ \text{cm}^3/\text{l}$. Die gelöste Luft besteht also aus $\frac{18{,}60}{18{,}60 + 10{,}27} \cdot 100 = 64{,}4\%\ N_2$ und $35{,}6\%\ O_2$.

**51.** 199,7 Torr.

**52.** In 5 kg Wasser sind 36,465 g $Cl_2$ löslich; $v = 36{,}465 \cdot \frac{22{,}4}{70{,}92} \cdot \frac{293}{273} = 12{,}36$ l.

**53.** 1 ml Wasser enthält $0{,}04889 \cdot 0{,}208 = 0{,}01016\ \text{cm}^3\ O_2$, $0{,}02354 \cdot 0{,}790 = 0{,}01860\ \text{cm}^3\ N_2$ und $1{,}713 \cdot 0{,}002 = 0{,}00343\ \text{cm}^3\ CO_2$, zusammen $0{,}03219\ \text{cm}^3$, daher 31,56 Vol-% $O_2$, 57,78 Vol-% $N_2$ und 10,66 Vol-% $CO_2$.

**54.** Das Molekül $PCl_5$ (= 208,28) zerfällt in $\nu = 2$ Spaltstücke; $\alpha = 1{,}00 = 100\%$ dissoziiert.

**55.** $p_{N_2O_4} = \frac{P \cdot v_{N_2O_4}}{V} = \frac{1 \cdot (n - n\alpha)}{n \cdot (1 - \alpha) + \alpha \cdot n \cdot 2} = \frac{1-\alpha}{1+\alpha}$, daraus ist $\alpha = \frac{1-p}{p+1} = \frac{0{,}79}{1{,}21} = 0{,}65$.

**56.** $pv = nRT \cdot [1 + (\nu - 1) \cdot \alpha]$; $n = 10 : 161{,}94 = 0{,}0618$ Mol; $v = 2$ Liter; $p = \frac{0{,}0618}{2} \cdot 0{,}082 \cdot 373 \cdot [1 + (2 - 1) \cdot 1] = 1{,}89$ Atm.

**57.** $n_0$ = ursprüngliche Molanzahl, $p_1$ = Partialdruck für $NO_2$, $p_2$ = Partialdruck für $N_2O_4$. Nach dem Daltonschen Gesetz ist $\frac{p_1}{P} = \frac{n_1}{\Sigma n}$, folglich $p_1 = \frac{2 \cdot n_0 \cdot \alpha}{n_0 \cdot (1+\alpha)} \cdot 1 = 0{,}742$ Atm und $p_2 = \frac{n_0 \cdot (1-\alpha)}{n_0 \cdot (1+\alpha)} \cdot 1 = 0{,}258$ Atm.

**58.** Undiss. Anteil $(J_2) = (1 - \alpha) \cdot n$, diss. Anteil $(2\,J) = 2\alpha \cdot n$, insgesamt also $(1 + \alpha) \cdot n$. Nach Dalton: $\frac{p_1}{n_1} = \frac{p_2}{n_2} = \frac{P}{\Sigma n}$, also $p_1 = p_{J_2} = \frac{P \cdot n_1}{\Sigma n} = \frac{P \cdot (1-\alpha) \cdot n}{(1+\alpha) \cdot n} = \frac{1-\alpha}{1+\alpha} \cdot P = \frac{0{,}625}{1{,}375} \cdot 1 = 0{,}455$ Atm

Analog $p_2 = p_J = \frac{2\alpha}{1+\alpha} \cdot P = \frac{0{,}75}{1{,}375} \cdot 1 = 0{,}545$ Atm.

**59.** $p \cdot V = n_0 \cdot [1 + a(\varepsilon - 1)] \cdot RT = n \cdot RT$; $n_0 = \frac{G}{M}$; 2 Mol $HNO_3$ zerfallen in 7 Bestandteile, 1 Mol also in 3,5 ($= \varepsilon$); $40 \cdot 100 = n_0 \cdot [1 + 1 \cdot (3{,}5 - 1)] \cdot 82 \cdot 573$, daraus $n_0 = 0{,}02432$ und $G = 0{,}02432 \cdot 63 = 1{,}53$ g, das sind $1{,}53 : 1{,}51 \sim 1$ ml.

**60.** $D = \frac{M}{28{,}95}$, daraus $M$ bei der gegebenen Temperatur $28{,}95 \cdot 3{,}7 = 107{,}1$. Da das Br-Molekül bei Raumtemperatur aus 2 Atomen besteht, ist $a = \frac{2 \cdot 79{,}92}{107{,}1} - 1 = 0{,}492$ oder 49,2%.

**61.** $\varkappa = \frac{1{,}017 - 1}{1{,}017 - 1{,}005} = 1{,}417$.

**62.** $p = 76 \cdot 13{,}595 \cdot 981 = 1013589$ dyn $\cdot$ cm$^{-2}$; $\varkappa = \frac{126000^2 \cdot 0{,}00008987}{1013589} = 1{,}408$.

**63.** Für $T = 300°$ K ist $C_p = 6{,}96$, für $600° = 7{,}20$, für $900° = 7{,}68$. Daraus durch Ausgleichsrechnung $C_p = a + b \cdot T = 6{,}56 + 0{,}0012 \cdot T$; das ergibt für die beiden Grenzen 300 und 900° die Werte 6,92 bzw. 7,64. Aus $C_p = \frac{7}{2} \cdot R$ erhält man den temperaturunabhängigen Wert $1{,}986 \cdot 3{,}5 = 6{,}951$.

**64.** 400° K = 127° C.

**65.** Für 1 Mol ist $a = 0{,}00875 \cdot 5{,}03 \cdot 10^8 = 4{,}40 \cdot 10^6$ und $b = 0{,}002293 \cdot 2{,}24 \cdot 10^4 = 51{,}36$; $p = n \cdot \left(\frac{RT}{v - nb} - \frac{na}{v^2}\right)$; $n = \frac{416{,}6}{26{,}04} = 16{,}0$ g-Mol, $T = 273 + 27 = 300°$ K, $R = 82{,}1$, $v = 10000$ cm$^3$. Daraus $p = 31{,}66$ Atm. Bei idealen Verhältnissen wird $p = \frac{nRT}{v} = 39{,}41$ Atm. Der Unterschied beträgt 19,7%.

**66.** Wird $v$ in Litern gemessen, dann ist $a = 0{,}03588 \cdot 5{,}03 \cdot 10^8 = 1{,}805 \cdot 10^7$ und $b = 0{,}005150 \cdot 2{,}24 \cdot 10^4 = 115{,}4$; $v = 4000$ cm$^3$; $T = 650°$ K; $(v - nb) \cdot \left(p + \frac{n^2 a}{v^2}\right) = nRT$, also $(4000 - 115{,}4 \cdot n) \cdot (40 + 1{,}13 \cdot n^2) - 53365 \cdot n = 0$. Diese Gleichung 3. Grades kann graphisch gelöst werden. Man setzt die linke Seite $= y$ und betrachtet $y$ als Funktion von $n$. Nun zeichnet man auf Millimeterpapier die Kurve aus einer Reihe von angenommenen Werten von $n$ und ermittelt den Schnittpunkt mit der positiven $y$-Achse ($y = 0$). Man kann die Wurzel auch rechnerisch finden, durch Einsetzen der Werte von $n$, bis $y$ annähernd $= 0$ ist. Als 1. Näherung nimmt man jenes $n$, das sich aus der idealen Gasgleichung ergibt, also $n = \frac{pv}{RT} = \frac{40 \cdot 4000}{53365} \approx 3$. Es ist für $n = 3 \ldots y = +23216$, für $n = 4 \ldots y = -7951$, für $n = 3{,}6 \ldots y = +3833$, für $n = 3{,}7 \ldots y = +742$, für $n = 3{,}72 \ldots y = +147$, für $n = 3{,}73 \ldots y = -92$, für $n = 3{,}725 \ldots y = -1$; $n$ ist also 3,725 und das Gewicht des Benzols $G = n \cdot M = 3{,}725 \cdot 78{,}12 = 291$ g.

**67.** $T_{Boyle} = \dfrac{a}{R \cdot b} = 1043^\circ\ \mathrm{K}$

**68.** 6,93 cal = 286,2 cm³·Atm; $\Delta T = \left(\dfrac{2{,}726 \cdot 10^6}{82{,}04 \cdot 273} - 31{,}83\right) \cdot$
$\cdot\ \dfrac{1}{286{,}2} = 0{,}31^\circ.$

**69.**

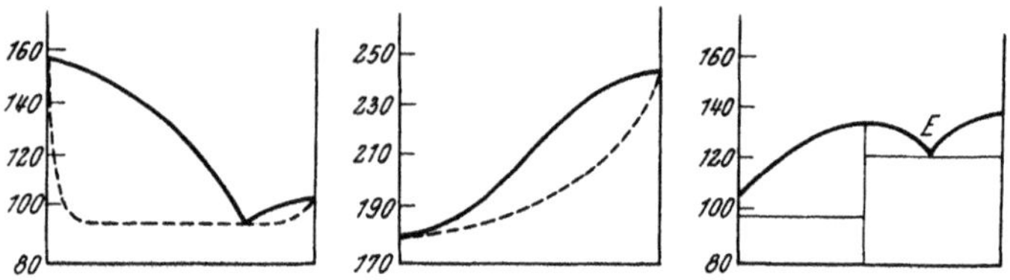


**a)** Eutektikum **b)** Mischkristalle **c)** Molekülverbindung 1:1 und Eutektikum

**70.**

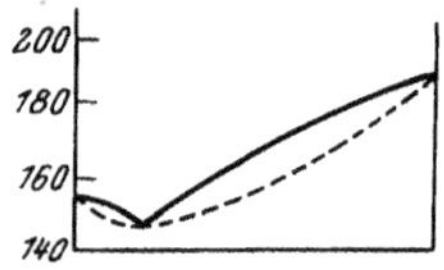


Mischkristalle mit Minimum bei 146° und 20% I.

**71.**

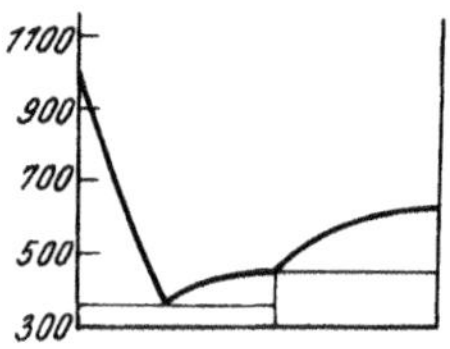


Aus dem Diagramm lesen wir ab: Keine Mischkristalle, bei 360° und 25 Gew.-% Sb Eutektikum, bei 460° und 55 Gew.-% Sb (= 66,5 Atom-% Sb) Verbindung $AuSb_2$. Auf der Dreiphasenlinie Schmelze-$AuSb_2$-Sb liegen die beiden ersten Phasen sehr nahe beieinander (bei 45 Gew.-% Sb — Waagrechte 455 und 50 Gew.-% — Waagrechte 458 dürfte es sich um einen „Knick" handeln).

**72.** $v = v_1 + v_2$ oder $\dfrac{100}{\varrho} = \dfrac{x}{\varrho_1} + \dfrac{100 - x}{\varrho_2}$, daraus $x =$
$= \dfrac{100 \cdot \varrho_1 \cdot (\varrho - {}_2\varrho)}{\varrho \cdot (\varrho_1 - \varrho_2)} = 7{,}47$ Gew.-% Toluol.

**73.** Für $N_1 = 1{,}0000$ ist $v_2 = v_m + N_1 \cdot \dfrac{d v_m}{d N_2} = 29{,}419 + 1 \cdot \dfrac{0{,}25}{0{,}02} =$
$= 41{,}919$ ml; $\dfrac{d v_m}{d N_2}$ wurde graphisch ermittelt. $v_1 = v_m - N_2 \cdot \dfrac{d v_m}{d N_2} =$
$= 29{,}419$ ml. Für $N_1 = 0{,}8529$ ist $v_2 = 31{,}779 + 0{,}8529 \cdot \dfrac{0{,}39}{0{,}02} = 48{,}41$ ml und $v_1 = 28{,}91$ ml.

**74.** Die part. spez. Vol. sind im 96 %igen Alkohol $\varphi_1\ (A) = \frac{58{,}01}{46{,}08} = 1{,}2589$ und $\varphi_2\ (W) = \frac{14{,}61}{18{,}02} = 0{,}8108$ ml, im 56 %igen Alkohol $\varphi_1 (A) = \frac{56{,}58}{46{,}08} = 1{,}2279$ und $\varphi_2 (W) = \frac{17{,}11}{18{,}02} = 0{,}9495$ ml. Für den 96 %igen Alkohol ist $\varphi_m = p_1 \cdot \varphi_1 + p_2 \cdot \varphi_2 = 0{,}96 \cdot 1{,}2589 + 0{,}04 \cdot 0{,}8108 = 1{,}2409$. Daraus die Dichte $\varrho(96) = \frac{1}{1{,}2409} = 0{,}8059$ und daher das Gewicht von 1000 Liter des 96 %igen Alkohols 805,9 kg. Aus diesen werden $\frac{805{,}9 \cdot 96}{56} = 1381{,}5$ kg des 56 %igen Alkohols erhalten. Folglich müssen 575,6 kg $= \frac{575{,}6}{0{,}9991} = 576{,}1$ Liter Wasser zugesetzt werden. Das spez. Vol. des 56 %igen Alkohols $\varphi_m = 0{,}56 \cdot 1{,}2279 + 0{,}44 \cdot 0{,}9495 = 1{,}1054$, daraus $\varrho(56) = \frac{1}{1{,}1054} = 0{,}9046$. Erhalten werden 1381,5 kg = 1526,7 Liter des 56 %igen Alkohols.

**75.** 1000 ml Lösung enthalten 58,45 g NaCl und $(1000 \cdot \varrho - 58{,}45)$ g$H_2O$. $v_m = n_1 \cdot v_1^0 + n_2 \cdot \Phi_2$, daraus $v_1^0 = \frac{1}{0{,}99707} = 1{,}00294$ ml $\cdot$ g$^{-1}$. $\Phi_2 = 17{,}25 \cdot 1{,}90 \cdot \sqrt{1} = 19{,}15$; $1000 = (1000 \cdot \varrho - 58{,}45) \cdot 1{,}00294 + 58{,}45 \cdot \frac{19{,}15}{58{,}45}$; daraus $\varrho = 1{,}03643$.

**76.** Man berechnet $\frac{N_2}{N_1}$ und $\lg f_2$ für die Werte $N_2 = 0$ bis 0,1 und zeichnet eine Kurve, z. B.: Ordinate $\left(\frac{N_2}{N_1}\right)$ 1 cm = 0,01 und Abszisse $(\lg f_2)$ 1 cm = — 0,01, dann entspricht 1 cm² = — 0,0001. Für $N_2 = 0{,}04$ ist $\frac{N_2}{N_1} = \frac{0{,}04}{0{,}96} = 0{,}0416$, die zugehörige Abszisse schneidet die Kurve bei $\lg f_2 = -0{,}080$; Ausmessen der Fläche unter der Kurve von 0 bis — 0,08 ergibt 16,7 cm² = — 0,00167 = — $\lg f_1$, daraus $f_1 = 1{,}004$ und $a_1 = 0{,}96 \cdot 1{,}004 = 0{,}964$.

**77.** $k = \frac{0{,}0516}{4{,}412} = 0{,}01169$; $c_2 = \frac{0{,}340}{0{,}01169} = 29{,}09$ g/l.

**78.** Es ist $\frac{c_W}{c_Ä} = 6$, außerdem ist die Totalkonzentration $c_W + 3\ c_Ä = 3$. Aus diesen beiden Gleichungen ist $c_W = 2$ und $c_Ä = \frac{1}{3}$. Die wäßrige Schicht enthält daher 2 g, die Ätherschicht 0,333 g Bernsteinsäure pro Liter.

**79.** Gehalt der wäßrigen Jodlösung vor dem Schütteln $a$ g Jod/l, nach dem Schütteln mit $CS_2$ $x$ g/l. Die 100 ml $CS_2$ enthalten daher $(a - x)$ g Jod oder pro Liter $10 \cdot (a - x)$ g; $k_1 = \frac{x}{10 \cdot (a - x)}$, daraus $x = a \cdot \frac{10\, k_1}{1 + 10\, k_1}$. Die 100 ml Chloroform werden in $n$ Teile aufgeteilt, also hat ein Teil das Volumen $\frac{100}{n}$ ml. Wird die wäßr. Jodlösung mit der ersten Teilmenge geschüttelt, so verbleiben ihr nur noch $y_1$ g Jod/l, während ihr $(a - y_1)$ g Jod entzogen werden und wir erhalten $k_2 = \frac{y_1}{10 \cdot n \cdot (a - y_1)}$, daraus $y_1 = a \cdot \frac{10 \cdot n \cdot k_2}{1 + 10 \cdot n \cdot k_2}$. Nach Schütteln mit der zweiten Teilmenge enthält die wäßr. Jodlösung noch $y_2$ g Jod/l. Da zu Beginn des 2. Schüttelns die Anfangsmenge nur noch $y_1$ war, so ist die in der wäßr. Jodlösung verbleibende Jodmenge jetzt $y_2 = y_1 \cdot \frac{10 \cdot n \cdot k_2}{1 + 10 \cdot n \cdot k_2} = a \cdot \left(\frac{10 \cdot n \cdot k_2}{1 + 10 \cdot n \cdot k_2}\right)^2$ und nach dem Schütteln mit der $n$-ten Teilmenge verbleibt $y_n = a \cdot \left(\frac{10 \cdot n \cdot k_2}{1 + 10 \cdot n \cdot k_2}\right)^n$. Nach der Aufgabenstellung soll $x = y_n$ sein, also $a \cdot \frac{10 \cdot k_1}{1 + 10 \cdot k_1} = a \cdot \left(\frac{10 \cdot n \cdot k_2}{1 + 10 \cdot n \cdot k_2}\right)^n$. Durch Einsetzen der Zahlenwerte:

$$\frac{10 \cdot 0{,}0017}{1 + 10 \cdot 0{,}0017} = \left(\frac{10 \cdot 0{,}0077 \cdot n}{1 + 10 \cdot 0{,}0077 \cdot n}\right)^n \text{ und } 0{,}0167 = \left(\frac{0{,}077 \cdot n}{1 + 0{,}077 \cdot n}\right)^n.$$

Durch Logarithmieren erhält man $\lg 0{,}0167 = n \cdot \lg \frac{0{,}077 \cdot n}{1 + 0{,}077 \cdot n}$ und daraus $n = \lg \frac{-1{,}7773}{\lg \frac{0{,}077 \cdot n}{1 + 0{,}077 \cdot n}}$. Die Lösung erfolgt nach dem Iterationsverfahren (s. S. 80). Als erste Näherung wählt man $n_1 = 1$ und setzt diesen Wert in den rechten Teil der Gleichung ein, wodurch sich für $n$ (links vom Gleichheitszeichen) der Wert 1,55 ergibt. Nun nimmt man diesen Wert als Näherungswert $(= n_2)$ und fährt in gleicher Weise fort. So erhält man für $n_3 = 1{,}83$, $n_4 = 1{,}96$, $n_5 = 2{,}01$, $n_6 = 2{,}04$, $n_7 = 2{,}05$, $n_8 = 2{,}05$ als Wurzel der Gleichung. Man wird also mit 2maligem Schütteln mit $\frac{100}{2} = 50$ ml Chloroform praktisch den gleichen Effekt erzielen, wie durch einmaliges Schütteln mit 100 ml $CS_2$.

**80.** 0,05 Gew.-% Propan = 0,34 Mol-%, der Molenbruch also 0,0034. Nach Raoult ist der Partialdruck der Komponente gleich dem Produkt aus dem Molenbruch und dem Dampfdruck der reinen Komponente, also $0{,}0034 \cdot 10 = 0{,}034$ Atm. Bei einem Außendruck von 1 Atm bedeutet dies, daß über dem Schmieröl im geschlossenen Tank $\frac{100 \cdot p_1}{P} = \frac{100 \cdot 0{,}034}{1} = 3{,}4$ Vol-% Propan enthalten sind. Das Propan-Luft-Gemisch liegt also innerhalb der Explosionsgrenzen und der an sich geringe Propangehalt im Schmieröl muß noch weiter herabgesetzt werden.

**81.** In 100 Gewichtsteilen Lösung sind enthalten $10 : 342{,}29 = 0{,}0292$ Mol Zucker und $90 : 18{,}02 = 4{,}9944$ Mol Wasser; der Molenbruch für Wasser ist daher $4{,}9944 : (4{,}9944 + 0{,}0292) = 0{,}9942$; damit ist $p_1 = 760 \cdot 0{,}9942 = 755{,}6$ Torr.

**82.** Der Gewichtsverlust der ersten Flasche ist proportional dem Dampfdruck der Lösung, der Gewichtsverlust der zweiten Flasche proportional dem Unterschied der Dampfdrucke beider Flüssigkeiten. $\frac{0{,}0751}{1{,}542} = \frac{n}{N} = \frac{8{,}05 \cdot 74{,}1}{M \cdot 100}$; $M = 122{,}5$.

**83.** Nach dem HENRYschen Gesetz ist $N_A = k \cdot p_A$; $p_A$ ist nach dem RAOULTschen Gesetz $= 0{,}61$ Atm; $k = 0{,}00594 : 0{,}61 = 0{,}0097$ und $N_{A,\,760} = 0{,}0097 \cdot 1$ oder 0,97 Mol-%.

**84.** $p_A = a_A \cdot p_A{}^0$; daraus $a_A = 4{,}474 : 12{,}788 = 0{,}350$.

**85.** **a)** $a_2 = \frac{p_2}{p_2{}^0} = \frac{1{,}52}{213} = 0{,}00714$; **b)** $a_2 = p_2 = 1{,}52$; **c)** $a_2 = \frac{1.52}{760} = 0{,}002$; **d)** $f_2 = \frac{a^2}{N_2} = \frac{0{,}00714}{0{,}00394} = 1{,}81$.

**86.** Man trägt $N_1$ gegen $p_1$ auf und zeichnet die Ausgleichskurve (welche etwa folgende Punkte durchläuft: 0,2 ... 22; 0,6 ... 34,2; 0,8 ... 38,7). Nun ist $a_1 = \frac{p_1}{p_1{}^0}$ und $f_1 = \frac{p_1}{p_1{}^0 \cdot N_1}$. (Für $N_1 = 0{,}6$ ist $p_1$ gemäß der Kurve 34,2 und $p_1{}^0$ ist 44,0), also $f_1 = 1{,}29$. Aus den Versuchsdaten berechnet man die Werte für $p_2 = P - p_1$ und zeichnet abermals eine Kurve für $N_1$ gegen $p_2$. Für $N_1 = 0{,}6$ ist der Kurvenwert für $p_2 = 70{,}2$. Daher wird $f_2 = \frac{a_2}{N_2} = \frac{p_2}{p_2{}^0 \cdot N_2} = \frac{70{,}2}{94{,}4 \cdot 0{,}4} = 1{,}86$.

**87.** 2,63.

**88.** 1,86.

**89.** $\frac{11 \cdot 1{,}986 \cdot 278{,}4^2 \cdot 78{,}1}{0{,}395 \cdot 141{,}9 \cdot 1000} = 2340$ cal/Mol.

**90.** $a = \frac{M \cdot b \cdot \Delta}{1000 \cdot k} = \frac{18{,}02 \cdot 100 \cdot 2{,}3}{1000 \cdot 3{,}9} = 1{,}062$ g/100 g, das sind 1,05%.

**91.** $a = \frac{34{,}02 \cdot 100 \cdot 1}{1000 \cdot 1{,}86} = 1{,}829$ g $H_2O_2$/100 g $H_2O$ oder 1,797 g $H_2O_2$ in 100 g Lösung. $2\,H_2O_2 = 2\,H_2O + O_2$, also 591 cm³.

**92.** $-\ln x_1 = \frac{\Delta J \cdot (T_1 - T)}{R \cdot T_1 \cdot T} = \frac{4490 \cdot (353{,}4 - 333)}{1{,}986 \cdot 353{,}4 \cdot 333} = 0{,}3918$ und $x_1 = 0{,}708$.

**93.** $M = \frac{100 \cdot 0{,}563 \cdot 2{,}4}{40 \cdot 0{,}133} = 254$; $254 : 32{,}06 = 7{,}92 \approx 8$-atomig.

**94.** **a)** 87,5, 98,8 und 123,3; **b)** durch die graphische Darstellung $M$ gegen $c$ und zeichnen der Ausgleichsgeraden erhält man für $c = 0$ den Wert $M = 82$.

**95.** Man setzt den Ausdruck für $j$ ein, integriert und erhält $-\ln f_\pm = \frac{0{,}3738 \cdot \sqrt{m}}{1 + \sqrt{m}} + 2 \cdot 0{,}1245 \cdot m + 2 \cdot 0{,}3738 \cdot \ln(1 + \sqrt{m})$; $\sqrt{m} = 0{,}3162$, einsetzen und Übergang in die dekad. Log.: $-\lg f_\pm = \frac{0{,}3738 \cdot 0{,}3162}{1{,}3162 \cdot 2{,}303} + \frac{2 \cdot 0{,}1245 \cdot 0{,}1}{2{,}303} + 2 \cdot 0{,}3738 \cdot 0{,}11933 = 0{,}1390$ und $f_\pm = 0{,}726$.

**96.** $\ln f_\pm = -j - 2\int\limits_0^{\sqrt{m}} \frac{j}{\sqrt{m}} \cdot d\sqrt{m}$; $j = 1 - \frac{\Delta T}{\nu \cdot k_f \cdot m}$, (in unserem Fall ist $\nu = 3$); das Integral kann graphisch ermittelt werden durch Auftragen von $\frac{j}{\sqrt{m}}$ gegen $\sqrt{m}$. Der Wert für $\sqrt{m} = 0$ wird durch Verlängerung der Kurve ermittelt (graphische Extrapolation; wir nehmen an, daß das Abfallen der Kurve bei sehr hohen Verdünnungen auf Meßungenauigkeiten zurückzuführen ist). Wir erhalten:

| | | | | |
|---|---|---|---|---|
| $m$ | $= 0{,}001$ | $0{,}002$ | $0{,}005$ | $0{,}01$ usw. |
| $j$ | $= 0{,}0402$ | $0{,}0572$ | $0{,}0829$ | $0{,}1111$ |
| $\frac{j}{\sqrt{m}}$ | $= 1{,}27$ | $1{,}28$ | $1{,}19$ | $1{,}11$. |

Wählen wir auf Millimeterpapier die Ordinateneinheit $\left(\frac{j}{\sqrt{m}}\right)$ pro cm zu 0,1, die Abszisseneinheit ($\sqrt{m}$) zu 0,01, dann entspricht 1 cm² = = 0,001. Gefunden wurden 123,5 cm², also ist für die 0,01 molare Lösung $\ln f_\pm = -0{,}1111 - 2 \cdot 0{,}1235 = -0{,}3581$ und $\lg f_\pm = -0{,}1555$, daraus $f_\pm = 0{,}699$.

**97. a)** $p_1 = p_1^0 \cdot N_1 = 1836 \cdot N_1$; $p_2 = p_2^0 \cdot N_2 = 354 \cdot (1 - N_1)$; aus $p_1 + p_2 = 760$ Torr erhält man $N_1 = 0{,}274$ und $p_1 = 503$ Torr, $p_2 = 257$ Torr; **b)** im Dampf ist $N_{1,g} = \frac{p_1}{p_1 + p_2} = \frac{503}{760} = 0{,}662$.

**98.** Die „gerade Mittellinie“ muß durch folgende Punkte (= % Schwefelkohlenstoff) gehen: 25° ... $\frac{96{,}78 - 53{,}80}{2} + 53{,}80 = 75{,}29\,\%$, 30° ... $\frac{95{,}62 - 57{,}88}{2} + 57{,}88 = 76{,}75\,\%$ und analog für 35° ... ... 78,57 %. Für je 5° Temperaturerhöhung vergrößern sich die Werte um 1,46, bzw. 1,82, im Mittel 1,64 %; für 1° also um 0,33 %. Für 40,5° ist daher die Löslichkeit $78{,}57 + (40{,}5 - 35) \cdot 0{,}33 = 80{,}38\,\%$.

**99.** 0,2324.

**100.** $t = 21{,}5°$; Teildruck 19,2 Torr für Wasser, 80,8 für Benzol; 80,8 Mol-% Benzol.

**101.** Siedetemperatur 90,9°; Teildruck des Wassers 543, des Chlorbenzols 217 Torr; 28,6 Mol-% Chlorbenzol.

**102.** Osmot. Druck ohne Dissoziation $\pi = 0{,}5 \cdot R \cdot T = 11{,}94$; Anzahl der Spaltstücke nach der Dissoziation $n_a = 1 + \alpha = 1{,}743$; $\pi \cdot n_a = 20{,}81$ Atm.

**103.** $M = \frac{a \cdot R \cdot T}{\pi \cdot v} = \frac{4{,}80 \cdot 0{,}082 \cdot 283}{\frac{53{,}59}{760} \cdot 100} \cdot 1000 = 15800$.

**104. a)** $\varepsilon = 23{,}756 - 23{,}660 = 0{,}096$; aus dem Raoultschen Gesetz ist $\varepsilon_0 = \frac{n}{N + n} \cdot p = \frac{0{,}2}{55{,}7} \cdot 23{,}756 = 0{,}0853$; (eine 0,2 m $MgSO_4$-Lösung enthält 24,08 g $MgSO_4$ in 1024 g Lösung, also 1000 g $H_2O$, entsprechend

55,5 Mol). $i = 0{,}096 : 0{,}0853 = 1{,}125$ und da für $MgSO_4$ $n = 2$, wird $f_0 = 1{,}125 : 2 = 0{,}563$; **b)** $\pi_0 = \frac{n}{v} \cdot R \cdot T = 0{,}2 \cdot 0{,}082 \cdot 298 = 4{,}887$ und $\pi = i \cdot \pi_0 = 5{,}50$ Atm; **c)** $(\Delta T_F)_0 = \frac{R \cdot T_F^2}{\Delta J_F} \cdot \frac{n_2}{n_1} = \frac{1{,}986 \cdot 273^2 \cdot 0{,}2}{1430 \cdot 55{,}5} = 0{,}373$ und $\Delta T_F = i \cdot (\Delta T_F)_0 = 0{,}419°$; ($\Delta J_F$ ist die molare Schmelzwärme des Wassers). Analog ist $(\Delta T_K)_0 = \frac{1{,}986 \cdot 373^2 \cdot 0{,}2}{9720 \cdot 55{,}5} = 0{,}102$ und $\Delta T_K = 0{,}115°$.

**105.** Durch Umformung der LANGMUIRschen Gleichung erhält man $p = a_\infty \cdot \frac{p}{a} - k$. Setzt man für $\frac{p}{a} = x$, so lautet die Gleichung $p = a_\infty \cdot x - k$ (Gleichung einer geraden Linie). Man berechnet die Werte $x$ und trägt in einem Koordinatensystem $p$ gegen $x$ auf; bei Gültigkeit der LANGMUIRschen Gleichung muß eine Gerade entstehen. Wir erhalten für $x = 27{,}9$, $58{,}8$, $87{,}0$, $189$ und $230$. Trägt man $a$ gegen $p$ in doppeltlog. Papier auf, so muß sich eine Gerade ergeben, wenn die FREUNDLICHsche Gleichung gilt. In unserem Beispiel erhalten wir dafür eine deutliche Kurve.

**106.** $\frac{1}{n} = 0{,}163$; $\alpha = 2{,}83$.

| $\frac{x}{m}$ | | | | | | | | |
|---|---|---|---|---|---|---|---|---|
| beobachtet: | 1,06, | 1,03, | 0,996, | 0,978, | 0,966, | 0,921, | 0,902, | 0,887 |
| berechnet: | 1,07, | 1,02, | 1,00, | 0,974, | 0,954, | 0,932, | 0,907, | 0,883 |

**107.** Aus 2 Punkten der auf Millimeterpapier gezeichneten Geraden $p = a_\infty \cdot \frac{p}{a} - k$ (Auftragen der Werte $p$ gegen $\frac{p}{a}$; Zeichnen einer möglichst anschmiegenden Geraden) kann nach S. 14 die Gleichung berechnet werden. Z. B. $p_1 = 0$, $\left(\frac{p}{a}\right)_1 = 3{,}92$ und $p_2 = 56$, $\left(\frac{p}{a}\right)_2 = 5{,}4$. Die Gleichung lautet: $p = 37{,}9 \cdot \frac{p}{a} - 148{,}3$ und daraus $a = 37{,}9 \cdot \frac{p}{p + 148{,}3}$.

**108.** Es ist $C_{am} + O_2 = CO_2$ und $C_{Diam} + O_2 = CO_2$, daher die Differenz $C_{am} - C_{Diam} = 3320$ cal.

**109.** I kann man auch schreiben: $K + H_2O + aq = KOH \cdot aq + \frac{1}{2} H_2$. Nun ist I + II = IV ... $K + \frac{1}{2} O_2 + \frac{1}{2} H_2 + aq = KOH \cdot aq$ ... $-116{,}3$ kcal. IV—III ... $K + \frac{1}{2} O_2 + 1\frac{1}{2} H_2 = KOH$ ... $-103{,}0$ kcal.

**110.** Gleichung II — III + I = $(C) + (O_2) + (H_2) = (HCOOH) - 99{,}4$ kcal.

**111.** Es gelten folgende thermochemische Reaktionsgleichungen:
I) $2\,C + H_2 = C_2H_2$ (gas) $+ 54\,500$ cal,
II) $6\,C + 3\,H_2 = C_6H_6$ (gas) $+ 19\,500$ cal.
II — 3 · I ergibt $3\,C_2H_2$ (gas) $= C_6H_6$ (gas) $- 144\,000$ cal.

**112.** $7 \cdot (-94{,}08) + 3 \cdot (-68{,}313) - (-772{,}2) = -91{,}3$ kcal · mol$^{-1}$.

**113.** *a*) $3\ Mn + 6\ H^{\cdot} \rightarrow 3\ Mn^{\cdot\cdot} + 3\ H_2 \ldots$
$3 \cdot \left(-53930 - \frac{23 \cdot 10500}{735,5}\right)$ cal,
*b*) $J_2 + J' \rightarrow J_3' \ldots + 1136$ cal.
*c*) $Mn_3O_4 + 8\ H^{\cdot} + 3\ J' \rightarrow 3\ Mn^{\cdot\cdot} + J_3' + 4\ H_2O \ldots -78243$ cal,
*d*) $4\ H_2 + 2\ O_2 \rightarrow 4\ H_2O \ldots 4 \cdot -68318$ cal,
*e*) $H_2 + J_2 \rightarrow 2\ H^{\cdot} + 2\ J' \ldots 2 \cdot -12510$ cal.

$\sum = a + b - c + d - e \ldots 3\ Mn + 2\ O_2 \rightarrow Mn_3O_4;\ \Delta J =$
$= -331647$ cal.

**114. a)** $\frac{dp}{dT} = \frac{\Delta J_K \cdot p}{R \cdot T^2} = \frac{8430 \cdot 760}{1,986 \cdot 337,7^2} = 28,3$ Torr;
**b)** 5,18 Torr.

**115.** $p_2 = 645$ Torr.

**116.** $\lg p_2 = \frac{-21 \cdot T_1}{4,574 \cdot T_2} + \lg p_1 + \frac{21}{4,574} = 647$ Torr.

**117.** $\Delta J_{K,1} = 7160\ \mathrm{cal \cdot mol^{-1}} = 158,8\ \mathrm{cal \cdot g^{-1}}$ (zwischen 259,3 und 267,6° K); $\Delta J_{K,2} = 154,4$; $\Delta J_{K,3} = 151,8$; im Mittel $155,3 \pm 3,5\ \mathrm{cal \cdot g^{-1}}$.
**118.** 90,2 $\mathrm{kcal \cdot mol^{-1}}$.

**119.** Wir setzen an Stelle des Druckverhältnisses das Molverhältnis; $\Delta J_F = 4,574 \cdot \ln N_1 \cdot \frac{T_1 \cdot T_2}{T_2 - T_1}$; 90 Gew.-% Sb = 93,88 Mol-%, der Molenbruch $N_1 = 0,9388$; $\Delta J_F = 4,574 \cdot -0,0274 \cdot \frac{903 \cdot 882}{-21} = 4750$ cal.

**120.** 120,3° C.

**121. a)** $\frac{-6670}{T} + 13,728 = \frac{-2722}{T} + 6,513$, daraus ist $T =$ 547,2° K; **b)** $\lg p = -\frac{-3948}{T^2} + 7,215$ beim Schmelzpunkt. $\frac{d \ln p}{d T} = \frac{\Delta J}{R T^2}$; $\Delta J = 3948 \cdot 4,574 = 18058$. Für 1 g muß durch 395,64 ($As_4O_6$) dividiert werden = 45,7 cal.

**122. a)** Für $p = 760$ wird $T = 458°\ K = 185°\ C$; **b)** Differentiation ergibt $\frac{1}{p} \cdot \lg e \cdot dp = \frac{+2407}{T} \cdot dT$; für $p = 760$ und $T = 458$, ferner $\lg e = 0,4343 \cdot \ln e = 0,4343$ wird $\frac{dp}{dT} = \frac{+2407 \cdot p}{T^2 \cdot \lg e} = 20,0$ Torr/° C.

**123.** Auftragen von lg $p$ gegen $\frac{1}{T} \cdot 10^4$, zeichnen der Ausgleichsgeraden, deren Konstanten graphisch bestimmt werden. (Siehe auch das auf dem gleichen Prinzip aufgebaute Kurvenblatt auf S. 224). Es ergibt sich $\lg p = \frac{-5130}{T} + 6,78$.

**124.** $p = \frac{p_1 - p_3}{\frac{p_2 \cdot v_2}{m \cdot R \cdot T_2} + 1} = 0,0670$ Atm = 50,9 Torr; $(p_1 - p_3 =$

$= \frac{742,9 - 15,6}{760} = 0,9570\,\text{Atm}; p_2 = \frac{740,8 - 22,0}{760} = 0,9468$ Atm; $m = 0,00292$; $R = 0,08204$; $T_2 = 297,2$).

**125.** Man setzt die 3 Wertpapiere jeweils in die Formel $\lg p = -\frac{A'}{T} + B' \cdot \lg T + C'$ ein und erhält 3 Gleichungen mit 3 Unbekannten:

$$-0,39903 = -\frac{A'}{223} + 2,34830 \cdot B' + C'$$
$$0,18752 = -\frac{A'}{253} + 2,40312 \cdot B' + C'$$
$$0,76230 = -\frac{A'}{293} + 2,46687 \cdot B' + C'.$$

Daraus werden die 3 Unbekannten $A'$, $B'$ und $C'$ berechnet. Ergebnis: $\lg p = -\frac{1362,7}{T} - 2,5181 \cdot \lg T = 11,6250$. Für $T = 273$ ($= 0°$ C) ist $\lg p = 0,4990$ und $p = 3,155$ at.

**126.** $4,97 : 85,01 = 0,058$; für 10 g also 0,58. Wärmeinhalt $= 18,00$ kcal, daher $18,00 - 0,58 = 17,42$ kcal und damit 17,4°.

**127.** Die in das Kalorimeter eingeleitete HCl-Menge von 0,042 g-Äquivalenten ($= 0,042$ Mol HCl) erzeugt eine Wärmemenge von $0,850 \cdot 860 = 731$ cal. Die molare Lösungswärme ist daher $-731 : 0,042 = -17\,400$ cal.

**128.** $-4,51$ kcal.

**129.** Es ist $L_c \cdot c = \int_0^c \Lambda_c\, dc$ und $\Lambda_c = \frac{\partial}{\partial c} \int_0^c \Lambda_c\, dc = \frac{\partial}{\partial c}(L_c \cdot c)$.

Man berechnet also die Werte $L_c \cdot c$. Es wird für

| | | | | |
|---|---|---|---|---|
| $c =$ | 10 | 12 | 14 | 16 |
| $L_c \cdot c$ (kcal/100 Mol $H_2O$) $=$ | $-38,78$ | $-45,46$ | $-51,55$ | $-56,86$ |

Aus diesen Wertpaaren ergibt sich eine Kurve. An den geforderten Punkt derselben legt man eine Tangente; ihr Neigungswinkel gibt die differentiale Lösungswärme an. Man kann sie auch näherungsweise berechnen, indem man durch die beiden benachbarten Punkte ($c = 12$ und 16) eine Sehne zieht und deren Neigungswinkel bestimmt:

$$\Lambda_{14} = \frac{L_{16} \cdot 16 - L_{12} \cdot 12}{16 - 12} = -2,85 \text{ kcal/Mol KF}.$$

**130. a)** $\Delta J = \frac{17860 \cdot 102 \cdot 555}{555 + 1,798 \cdot 102} = 1369200$ cal $= 1369,2$ kcal;

**b)** $\Delta J = \frac{17860 \cdot 102 \cdot 832,5}{832,5 + 1,798 \cdot 102} = 1492,8$ kcal. $1492,8 - 1369,2 = 123,6$ kcal.

**131.** Wir dürfen hier also nicht nach der Formel $\frac{d \ln c}{dT} = \frac{\Delta J}{R T^2}$ rechnen, sondern es gilt für die wäßrige Lösung von TlCl mit festem TlCl als Bodenkörper das Löslichkeitsprodukt $L = c^2{}_{TeCl}$. Wir haben daher $\frac{d \ln L}{dT} = \frac{2\, d \ln c_{TeCl}}{dT} = \frac{\Delta J}{R T^2}$ und $\Delta J =$

$$= \frac{2 \cdot (\lg c_2 - \lg c_1) \cdot 2,303 \cdot 1,986 \cdot T_2 \cdot T_1}{T_2 - T_1} = 10050 \text{ cal}.$$

**132.** $\Delta J = -4180 - (-8778) = +4598$; $\lg \frac{K_{c2}}{K_{c1}} = \lg \frac{k_2}{k_1} = \frac{\Delta J}{4{,}574} \cdot \frac{T_2 - T_1}{T_2 \cdot T_1}$, daraus $k_2 = 18{,}23$.

**133.** $A = -p \cdot (v_{gas} - v_{fl})$; bei 100° ist $p = 1$ Atm. Volumen von 1 g Wasser = 1,0435 cm³, von 1 g Dampf = 1673 cm³, von 1 Mol also $1{,}0435 \cdot 18{,}02 = 18{,}8$ cm³, bzw. 30147,5 cm³; Volumenzunahme = = 30128,7 cm³; $A = -30128{,}7$ cm³ · Atm = — 30,129 lAtm = = —729,3 cal. Verdampfungswärme bei 100° = 538,9 cal · g⁻¹ = = 9711,0 cal · mol⁻¹; $\Delta U = -729{,}3 + 9711{,}0 = +8981{,}7$ cal · mol⁻¹.

**134. a)** $\Delta J = 3 \cdot -94{,}1 + 4 \cdot -68{,}3 - (-530{,}5) = -25{,}0$ kcal · · mol⁻¹; **b)** $\Delta U = \Delta J - RT\,n$; es verschwinden 3 Mol Gas ($n = -3$), also $-0{,}001986 \cdot 298 \cdot 3 = -1{,}8$, daher $\Delta U = -23{,}2$ kcal · mol⁻¹.

**135.** $3\ C_2H_2 = 6\ CO_2 + 3\ H_2O$ und $6\ CO_2 + 3\ H_2O = C_6H_6$; $\Delta U = = 3 \cdot -312{,}4 - (-782{,}2) \doteq -155{,}0$ kcal; $\Delta J = \Delta U + R\,T\,n = -155{,}0 - 0{,}001986 \cdot 291 \cdot 3 = -156{,}7$ kcal.

**136.** $n = 2 - \frac{1}{2} = +1{,}5$; $\Delta J = -61050 + 1{,}5 \cdot 1{,}986 \cdot 298 = -60162$ cal.

**137.** $CH_2(COOH)_2$ (f) + 2 $O_2$ (g) = 3 $CO_2$ (g) + 2 $H_2O$ (fl). $\Delta U = -207{,}1$ kcal; $n_{gas} = 3 - 2 = 1$; $nRT = 1 \cdot 0{,}001986 \cdot 298 = 0{,}6$ kcal; $\Delta J = \Delta U + nRT = -206{,}5$ kcal.

**138.** Es ist $-U' = \Delta i_1 + \frac{N_2}{N_1} \cdot \Delta i_2$. Gemäß der Formeln für die Partialgrößen in einer Mischung (S. 190) ist $\Delta i = N_1 \cdot \Delta i_1 + N_2 \cdot \Delta i_2 = -U' \cdot N_1$.

Es wird also für

| | | | |
|---|---|---|---|
| $N_1 =$ | 0,45 | 0,50 | 0,55 |
| $\Delta i =$ | —3456 | —3365 | —3196. |

Man kann nun entweder die Kurvenneigung graphisch bei $N_1 = 0{,}50$ ermitteln oder durch Rechnung aus den Koordinaten $\frac{3196 - 3456}{0{,}55 - 0{,}45} = -2600$. Hieraus ist **a)** $\Delta i_1 = -3365 + 0{,}5 \cdot 2600 = -2065$ cal und **b)** $\Delta i_2 = -3365 - 0{,}5 \cdot 2600 = -4665$ cal.

**139.** Es ergeben sich 3 Gleichungen mit 3 Unbekannten:

$$\text{I} \ldots\ldots 6{,}95 = \alpha + 273 \cdot \beta + 273^2 \cdot \gamma$$
$$\text{II} \ldots\ldots 7{,}48 = \alpha + 773 \cdot \beta + 773^2 \cdot \gamma$$
$$\text{III} \ldots\ldots 8{,}13 = \alpha + 1273 \cdot \beta + 1273^2 \cdot \gamma;$$

IV = II — I ..... $0{,}53 = 500 \cdot \beta + (773^2 - 273^2) \cdot \gamma$ und nach Anwendung des Satzes $x^2 - y^2 = (x+y) \cdot (x-y)$ ... $0{,}53 = 500 \cdot \beta + 1046 \cdot 500 \cdot \gamma$; V = III — II ..... $0{,}65 = 500 \cdot \beta + 2046 \cdot 500 \cdot \gamma$;
V — IV ..... $0{,}12 = 500000 \cdot \gamma$ und $\gamma = 0{,}00000024$. Durch Einsetzen erhält man $0{,}65 = 500 \cdot \beta + 0{,}24732$, daraus $\beta = 0{,}000805$ und schließlich $\alpha = 6{,}712$. Resultat: $C_p = 6{,}712 + 0{,}000805 \cdot T + 0{,}00000024 \cdot T^2$.

**140.** $\bar{c} \cdot (t_1 - t_0) = \int_{t_0}^{t_1} c\,dt$; $t_0 = 0$, daher $\bar{c} \cdot t_1 = \int_0^{t_1} c\,dt$. Durch partielle Integration nach der oberen Grenze ergibt sich für $t = t_1 \ldots c_{t_1} =$

$= \frac{\partial}{\partial t_1}\int_0^{t_1} c\,dt = \frac{\partial(\bar{c}t_1)}{\partial t_1}$. Nachdem $\bar{c} = a + \beta t_1 + \gamma t_1^2$, wird $c_{t_1} = \frac{\partial}{\partial t_1}\cdot$ $\cdot(a t_1 + \beta t_1^2 + \gamma t_1^3) = a + 2\beta t_1 + 3\gamma t_1^2 = \bar{c} + \beta t_1 + 2\gamma t_1^2$. Nach der Ausgleichsrechnung (Seite 117; $x = t_1$, $y = \bar{c}$) findet man $\beta = -7{,}384\cdot 10^{-5}$ und $\gamma = 3{,}214\cdot 10^{-7}$ ($a$ wird nicht benötigt). Die Gleichung lautet demnach $c_{t_1} = \bar{c} - 7{,}384\cdot 10^{-5}\cdot t_1 + 6{,}428\cdot 10^{-7}\cdot t_1^2$. Daraus sind die Werte für die wahre spez. Wärme bei 100° 0,200, 200° 0,214, 300° 0,249, 400° 0,299, 500° 0,373.

**141.** $\Delta J = \int_0^{658}(0{,}212 + 0{,}0001\,t)\,dt + 86{,}1 + 0{,}243\cdot(800 - 658) =$ $= 0{,}212\cdot 658 + 0{,}00005\cdot 658^2 + 86{,}1 + 0{,}243\cdot 142 = 280{,}5$ kcal/kg.

**142.** $-115580 + (2\cdot 8{,}83 - 2\cdot 7{,}15 - 1\cdot 7{,}30)\cdot(1273 - 273) =$ $= -119520$ cal.

**143.** $\Delta J_{293} = -94{,}45 - 2\cdot 68{,}35 - (-212{,}79) = -18{,}36$ kcal.
$\Delta C_p = 5{,}34 - 1{,}10 - 2\cdot 6{,}50 + (0{,}0115 - 0{,}0048 - 2\cdot 0{,}0009)\cdot$ $\cdot T + 0{,}0000012\cdot T^2 = -8{,}76 + 0{,}0049\cdot T + 0{,}0000012\cdot T^2$;

$$\Delta J_{773} - \Delta J_{293} = \int_{293}^{773}\Delta C_p\cdot dT = -8{,}76\cdot(773 - 293) + \frac{1}{2}\cdot 0{,}0049\cdot$$
$$\cdot(773^2 - 293^2) + \frac{1}{3}\cdot 0{,}0000012\cdot(773^3 - 293^3) = -4205 + 1254 + 175 =$$
$= -2776$ cal $\cdot\ \Delta J_{773} = -18{,}36 - 2{,}78 = -21{,}14$ kcal.

**144.** Die algebraische Summe der Wärmekapazitäten beträgt $C_{NaCl} + C_{H_2O} - C_{Lösung} = \sum \nu C$. Ferner ist $\Delta J_2 - \Delta J_1 = \sum \nu C_p\cdot$ $\cdot(T_2 - T_1)$, daher $0{,}208\cdot 58{,}45 + 0{,}9993\cdot 67\cdot 18{,}02 - C_{Lösung} =$ $= \frac{1043{,}2 - 928{,}1}{298 - 293}$, daraus $C_{Lösung} = 1195{,}6$ und $c = \frac{1195{,}6}{58{,}45 + 1207{,}3} =$ $= 0{,}9448$, die spezifische Wärme der 4,62%igen Lösung.

**145.** $C + \frac{1}{2}O_2 = CO$; $\Delta C_p = 6{,}50 + 0{,}0010\cdot T - (3{,}25 + 0{,}0005\cdot T) -$ $-(1{,}20 + 0{,}0050\cdot T - 1{,}2\cdot 10^{-6}\cdot T^2) = 2{,}05 - 0{,}0045\cdot T + 1{,}2\cdot$ $\cdot 10^{-6}\cdot T^2$; $\int_0^T \Delta C_p\cdot dT = +2{,}05\cdot T - 0{,}00225\cdot T^2 + 0{,}40\cdot 10^{-6}\cdot T^3$;

$\Delta J_{25} - \Delta J_0 = \int_0^{25}\Delta C_p\cdot dT$, daraus ist $\Delta J_0 = -26649 - 422 =$ $-27071$ cal und $\Delta J = -27071 + 2{,}05\cdot T - 0{,}00225\cdot T^2 + 0{,}40\cdot 10^{-6}\cdot T^3$.

**146. a)** $\Delta J_{373} = \Delta J_{293} + \int_{293}^{373}[(2\cdot 18) - 2\cdot(6{,}50 + 0{,}0009\cdot T) - (6{,}50 +$ $+ 0{,}0010\cdot T)]\,dT = -136800 + 36\cdot(373 - 293) - [19{,}50\cdot(373 - 293) +$

$+ \frac{1}{2} \cdot 0{,}0028 \cdot (373^2 - 293^2)\Big] = -136800 + 2880 - 1560 - 75 =$ $-135555$ cal; **b)** $\Delta J_{373} = 36 \cdot 539 = 19400$ cal, daher $2\ H_2\ (g) + O_2(g) = 2\ H_2O(g) \ldots \Delta J_{373} = -135555 + 19400 = -116155$ cal.

**147.** $\Delta C_p = -10{,}54 + 0{,}00872 \cdot T + 0{,}00000067 \cdot T^2$; $\Delta J_{298} - \Delta J_0 = \int_0^{298} \Delta C_p \cdot dT = -10{,}54 \cdot T + 0{,}00436 \cdot T^2 + 0{,}00000022 \cdot T^3$, daraus $\Delta J_0 = -15314$ cal und $\Delta J_{800} = -20844$ cal.

**148.** $\Delta C_p = 4{,}96 + 0{,}00115 \cdot T - 0{,}0000051 \cdot T^2$; $\Delta J_0 = 13000 - 4{,}96 \cdot 873 - 0{,}000575 \cdot 873^2 + 0{,}0000017 \cdot 873^3 = 9363$ cal; $\Delta J = 9363 + 4{,}96 \cdot T + 0{,}000575 \cdot T^2 - 0{,}0000017 \cdot T^3$.

**149.** $\Delta J = \Delta J_0 + \Delta C_p \cdot T$. Nach S. 218 ist $\frac{d \ln p}{dT} = \frac{\Delta J}{R T^2}$, integriert und eingesetzt: $\ln p = \frac{-\Delta J}{RT} + \frac{\Delta C_p}{R} \cdot \ln T + \mathit{konst.}$; diese Gleichung hat also die gleiche Form wie die gegebene. Für unser Beispiel ist $\Delta J = 2{,}303 \cdot 1{,}986 \cdot 3328 = 15223$ cal; $\Delta C_p = -0{,}848 \cdot R$; $\Delta J_0 = 15223 - 0{,}848 \cdot 1{,}986 \cdot 300 = 14720$ cal/Mol.

**150.** Nach Seite 51 ist $C_p - C_v = T \cdot \frac{a^2 \cdot v_0}{\varkappa}$; nachdem das Molvolumen bei 0° $v_0 = \frac{M}{1000 \cdot \varrho}$, ist $C_v = 18{,}0 - 24{,}205 \cdot \frac{273 \cdot 0{,}001187^2 \cdot 32{,}04}{0{,}0001095 \cdot 1000 \cdot 0{,}821} = 14{,}7$. (Faktor 24,205 cal = 1 lAtm).

**151.** I + II = —54507 cal; + III = —45387 cal. Für 1 HCl daher —22693 cal.

**152.** $\Delta A^0 = -R\,T\,ln\,K_p$, daraus $K_p = 2{,}8 \cdot 10^7$.

**153. a)** $\Delta A = \Delta A^0 = -R\,T\,ln\,K_p = 1{,}986 \cdot 1200 \cdot 2{,}48 = 5910$ cal. Die Reaktion verläuft freiwillig von rechts nach links, d. h. nur bei Zuführung äußerer Arbeit von links nach rechts; **b)** $\Delta A = \Delta A^0 + 1{,}986 \cdot 1200 \cdot \ln \frac{1^2}{0{,}1} = 5910 + 5480 = 11390$ cal. Die Reaktion verläuft noch energischer von rechts nach links; **c)** $\Delta A = 0$, die Reaktion ist im Gleichgewicht; **d)** $\Delta A = 5910 - 10960 = -5050$ cal. Die Reaktion verläuft freiwillig von links nach rechts.

**154. a)** 2 · (—22,74) — (54,42) = + 9,16 kcal; **b)** + 2,05 kcal.

**155.** Freie Energie des Lösungsvorganges $\Delta A^0 = -24{,}58 - (-12{,}86) = -11{,}72$ kcal. Demnach ist $\lg K = \lg p_{HBr} = -11{,}72 : 1{,}363 = -8{,}6$ und $p_{HBr} = 10^{-8{,}6} = 2{,}5 \cdot 10^{-9}$ Atm. Der HBr-Druck über einer einmolaren Bromwasserstoffsäure ist also unmeßbar klein, d. h., 1 Mol HBr wird von 1 Liter Wasser quantitativ absorbiert.

**156.** $\Delta A^0{}_{Reaktion} = (-18{,}96) + (-37{,}59) - [(-6{,}33 + (-56{,}69)] = +6{,}47$ kcal; $\lg K = -6{,}47 : 1{,}363 = -4{,}75$ und $K = 1{,}78 \cdot 10^{-5}$.

**157. a)** + 0,69; **b)** —12,71; **c)** —23,85.

**158.** Wärmemenge zum Schmelzen von 1 kg Eis $= 0{,}485 \cdot 5 + 79{,}7 + 1 \cdot 10 = 92{,}125$ kcal. Diese werden der Umgebung bei 283° K entzogen. Entropieabnahme $92{,}125 : 283 = 0{,}326$ kcal · grad$^{-1}$. Das Eis erfährt eine Entropiezunahme von $\Delta S = 0{,}485 \cdot \ln \frac{273}{268} + \frac{79{,}7}{273} + 1 \cdot \ln \frac{283}{273} = 0{,}337$ kcal · grad$^{-1}$, daher die Entropiezunahme des ganzen Vorganges: $0{,}337 - 0{,}326 = 0{,}011$ kcal · grad$^{-1}$.

**159.** $\Delta U = \Delta J = 0$; $\Delta S = S_2 - S_1 = R \ln \frac{v_2}{v_1} + C_v \ln \frac{T_2}{T_1} = 1{,}986 \ln \frac{1000}{100} + 0 = 4{,}574$ cal · grad$^{-1}$ · mol$^{-1}$ und für 5 Mol 22,87 cal · grad$^{-1}$.

$\Delta A = \Delta G = -T \cdot \Delta S = -6815$ cal.

**160.** $\Delta U = \Delta J = 0$; $\Delta S = -R \ln \frac{p_2}{p_1} + C_p \ln \frac{T_2}{T_1} = -3{,}20$ und für 10 Mol $-32{,}0$ cal · grad$^{-1}$; $\Delta A = \Delta G = 9536$ cal (bei 25° C).

**161.** $\Delta J = 10 \cdot 0{,}49 + 79{,}7 + 20 \cdot 1{,}00 = 104{,}6$ cal; $\Delta S = 0{,}49 \cdot \ln \frac{273}{263} + \frac{79{,}7}{273} + 1{,}00 \cdot \ln \frac{293}{273} = 0{,}3808$ cal · grad$^{-1}$.

**162.** $\Delta S = 56{,}6 - (2.\ 38{,}9 + 4{,}8) = -26{,}0$; $\Delta A = \Delta J - T \cdot \Delta S = -21046 - (873 \cdot -26{,}0) = 1652$; $\Delta A = -RT \cdot \ln K$, daraus $\lg K = \frac{-\Delta A}{2{,}303 \cdot RT}$ und $K = 0{,}39$.

**163.** $\Delta J = -66{,}52 - (+12{,}56 - 68{,}35) = -10{,}73$ kcal; $\Delta S = 38 - (52{,}47 + 16{,}9) = -31{,}4$; 25° C ... $\Delta A = -10730 - (298 \cdot -31{,}4) = -1373$ cal $= -1{,}4$ kcal; 75° C ... $+511$ cal $= +0{,}5$ kcal. Bei 25° C wäre eine Alkoholbildung möglich.

**164.** n-$C_4H_{10} \rightarrow$ i-$C_4H_{10}$. $\Delta J_{(i)} - \Delta J_{(n)} = -1{,}62$ kcal · mol$^{-1}$; $\Delta S_{(i)} - \Delta S_{(n)} = -3{,}7$; 25° C ... $\Delta A = -1620 - (298 \cdot -3{,}7) = -517$ cal $= -0{,}517$ kcal; 200° C ... $\Delta A = -1620 - (473 \cdot -3{,}7) = +130$ cal $= +0{,}13$ kcal. Bei 25° C ist i-Butan, bei 200° C n-Butan stabiler.

**165.** $\Delta G^0 = \Delta A^0 = -RT \cdot \ln K$; $K = \frac{[Zn_4Sb_3]}{[Zn]^4 \cdot [Sb]^3}$. An Stelle der Konzentrationen werden die Aktivitäten gesetzt. Nachdem Grundzustand (reine Schmelze) vorausgesetzt ist, muß $a_{Zn_4Sb_3} = 1$ und $K = \frac{1}{a_{Zn}{}^4 \cdot a_{Sb}{}^3}$; $\Delta G^0 = -13180$ cal.

**166.** $\Delta S_1 = 45{,}9 - \frac{1}{2} \cdot 45{,}8 - \frac{3}{2} \cdot 31{,}23 = -23{,}85$; $\lg K_p = \frac{+2405}{T} - 5{,}22$. Für 1000° K wäre z. B. $\lg K_p = 2{,}41 - 5{,}22 = -2{,}81$.

**167.** $\Delta S_{298} = 66{,}4 - (52{,}47 + 45{,}13) = -31{,}20$ cal · grad$^{-1}$; $T \cdot \Delta S_{298} = -0{,}0312 \cdot 298 = -9{,}30$ kcal; $\Delta J_{298} = -56{,}19 - (57{,}84 + 12{,}56) = -10{,}91$ kcal; $\Delta A = -10{,}91 - (-9{,}30) = -1{,}61$ und aus $RT \ln K = 1{,}61$ ist $K = 15{,}2$.

**168.** $\Delta J = 4{,}574 \cdot \frac{T_1 \cdot T_2}{T_2 - T_1} \cdot (\lg K_2 - \lg K_1) = -26540$ cal.

**169.** —40800 cal.

**170.** 6,9 kcal.

**171.** 13700 cal.

**172.** $\frac{d \ln K}{dT} = \frac{\Delta J}{RT^2}$. In der Formel nach HARNED und HAMER muß der lg in ln verwandelt werden, dann differenziert und mit $RT^2$ multipliziert. $\Delta J = 21895{,}9 - 14{,}1644 \cdot T - 0{,}047408 \cdot T^2$.

**173.** Trägt man $\lg K_p$ gegen $\frac{1}{T}$ auf, erhält man praktisch eine Gerade, die die Linie $K_p = 0$ bei $\frac{1}{T} = 1{,}145$ schneidet; das entspricht einer Temperatur von $T = 874°$ K. (Aus praktischen Gründen nimmt man nicht $\frac{1}{T}$ sondern $\frac{1}{T} \cdot 10^3$).

**174.** Allgemeine Lösung: $\Delta J = \Delta J_0 + \int_0^T \Delta C_p \cdot dT$; $C_p = \alpha + \beta T + \gamma T^2 + \ldots$ und $\Delta C_p = \Delta\alpha + \Delta\beta \cdot T + \Delta\gamma \cdot T^2 + \ldots$, eingesetzt in die obere Gleichung: $\Delta J = \Delta J_0 + \Delta\alpha \cdot T + \frac{1}{2} \Delta\beta \cdot T^2 + \frac{1}{3} \Delta\gamma \cdot T^3 + \ldots$. Nach c) war $\frac{\partial \frac{\Delta A}{T}}{\partial T} = -\frac{\Delta J}{T_2} =$

$$= \frac{-\Delta J_0 - \Delta\alpha \cdot T - \frac{1}{2} \Delta\beta \cdot T^2 - \frac{1}{3} \Delta\gamma \cdot T^3}{T^2}.$$

Integriert: $\frac{\Delta A}{T} = \frac{\Delta J_0}{T} - \Delta\alpha \cdot \ln T - \frac{1}{2} \Delta\beta \cdot T - \frac{1}{6} \Delta\gamma \cdot T^2 \ldots + I$ und $\Delta A = \Delta J_0 - \Delta\alpha \cdot T \ln T - \frac{1}{2} \Delta\beta \cdot T^2 - \frac{1}{6} \Delta\gamma \cdot T^3 \ldots + I \cdot T$. Es war $\Delta A = -RT \cdot \ln K$, also $\ln K = \frac{-\Delta A}{RT} = \frac{-\Delta J_0}{RT} + \frac{\Delta\alpha \cdot \ln T}{R} + \frac{\Delta\beta \cdot T}{2R} + \frac{\Delta\gamma \cdot T^2}{6R} \ldots + \frac{I}{R}$. Für unser Zahlenbeispiel: $\Delta C_p = C_{p(HCl)} - \left(\frac{1}{2} C_{p(H_2)} + \frac{1}{2} C_{p(Cl_2)}\right) = -0{,}45 + 0{,}00005 \cdot T$; $\Delta J_0 = -22000 + 0{,}45 \cdot 291 + \frac{1}{2} \cdot 0{,}00005 \cdot 291^2 = -21867$. Nun ist $\Delta A^0_{298} = -22692 = -21867 + 0{,}45 \cdot 298 \cdot 2{,}303 \cdot 2{,}474 - \frac{1}{2} \cdot 0{,}00005 \cdot 298^2 + 298 \cdot I$; daraus $I = -5{,}32$. Nunmehr wird $\Delta A = -21867 + 0{,}45 \cdot T \cdot \ln T - 0{,}000025 \cdot T^2 - 5{,}32 \cdot T$; das ist für $1600°$ K $= -25130$ und $\lg K = \frac{-\Delta A}{4{,}574 \cdot T}$. Das ergibt bei 250° C einen Wert für $K = 4{,}45 \cdot 10^{16}$, bei 1327° C ist $K = 2{,}72 \cdot 10^3$.

**175.** Nach dem KIRCHHOFFschen Gesetz ist $\frac{d\Delta J}{dT} = \sum v\, C_p = x - 8{,}66 - 7{,}28$. Andererseits gilt $\frac{d \ln K_p}{dT} = \frac{-\Delta J}{RT^2}$ und daraus $\Delta J = -RT^2 \cdot \frac{d \ln K_p}{dT}$; Differentiation: $\frac{d\,\Delta J}{dT} = -2RT \cdot \frac{d \ln K_p}{dT} - RT^2 \cdot \frac{d^2 \ln K_p}{dT^2} = -2 \cdot 4{,}574 \cdot T \cdot \frac{d \lg K_p}{dT} - 4{,}574 \cdot T^2 \cdot \frac{d^2 \lg K_p}{dT^2}$. Durch Zusammenziehung beider Gleichungen erhalten wir $x - 8{,}66 - 7{,}28 = -2 \cdot 4{,}574 \cdot T \cdot \frac{d \lg K_p}{dT} - 4{,}574 \cdot T^2 \cdot \frac{d^2 \lg K_p}{dT^2}$. Durch Differentiation der gegebenen Funktion für $\lg K_p$ ergibt sich $\frac{d \lg K_p}{dT} = \frac{5020}{T^2} + \frac{1{,}75}{2{,}303} \cdot \frac{1}{T}$ und $\frac{d^2 \lg K_p}{dT^2} = -\frac{10040}{T^3} - \frac{1{,}75}{2{,}303} \cdot \frac{1}{T^2}$. Nach Einsetzen der Zahlenwerte wird $x = 12{,}47$ cal.

**176.** $\Delta J_{298} = -26380 - 57804 - (-94080) = 9896$ cal; $\Delta S_{298} = 47{,}32 + 45{,}13 - (51{,}08 + 31{,}23) = +10{,}14$ Cl; laut Tab. 2 berechnet sich $\sum v\, C_p$ zu:

| $C_p$ bei | 300° K | 450° K | 600° K | 900° K | 1200° K |
|---|---|---|---|---|---|
| $CO_2$ | 8,91 | 10,32 | 11,32 | 12,69 | 13,50 |
| $H_2$ | 6,90 | 6,99 | 7,01 | 7,14 | 7,41 |
| $CO$ | 6,96 | 7,05 | 7,28 | 7,79 | 8,17 |
| $H_2O$ | 8,00 | 8,26 | 8,64 | 9,50 | 10,38 |
| $\sum v\, C_p$ | —0,85 | —2,00 | —2,41 | —2,54 | —2,36 |
| Mittelwert | | —1,8 | | —2,5 | |

Auf Grund der Mittelwertbildung nach ULICH muß mit folgenden $\sum v\, C_p$ gerechnet werden: für $T = 600°$ K (also zwischen 550 und 1100° K) ... —1,8 cal·grad⁻¹; für $T = 1200°$ K (zwischen 1100 und 1500° K) ... —2,0 cal·grad⁻¹. Nun ist für $T = 600°$ K $\Delta A_2 = 9896 - 600 \cdot 10{,}14 - 600 \cdot -1{,}8 \cdot \left(\ln \frac{600}{298} + \frac{298}{600} - 1\right) = 4024$ cal und $\lg K_p = -\frac{\Delta A}{2{,}303 \cdot R \cdot T} = -1{,}468$, daraus $K_p = 3{,}40 \cdot 10^{-2}$. Für $T = 1200°$ K ist $\Delta A_2 = -736$ cal, $\lg K_p = +0{,}134$ und $K_p = 1{,}36$.

**177.** $\Delta S = 21{,}23$; $\Delta J = 115608$ cal;

1. *Näherung:* $\lg K_p = \frac{-115608}{4{,}574 \cdot 2000} + \frac{21{,}23}{4{,}574} = -12{,}64 + 4{,}64 = -8{,}00$;

2. *Näherung:* für 300° K ist $\sum v\, C = -2 \cdot 8{,}00 + 2 \cdot 6{,}90 + 7{,}02 = +4{,}82$; $\lg K_p = -12{,}64 + 4{,}64 + 1{,}13 = -6{,}87$;

3. *Näherung:*

| | 300° K | 450° K | 600° K | 900° K | 1200° K |
|---|---|---|---|---|---|
| $-C_p\,(2\,H_2O)$ | — 16,00 | 16,52 | 17,28 | 19,00 | 20,76 |
| $+C_p\,(2\,H_2)$ | + 13,80 | 13,98 | 14,02 | 14,28 | 14,82 |
| $+C_p\,(O_2)$ | + 7,02 | 7,31 | 7,68 | 8,22 | 8,53 |
| $\sum \nu C_p$ | + 4,82 | + 4,77 | + 4,42 | + 3,50 | + 2,59 |
| Mittelwert | + 4,7 | | | + 3,5 | |

Für 2000° K ist für $\sum \nu C_p$ gemäß der Mittelwertbildung + 4,1 einzusetzen. $\lg K_p = -12{,}64 + 4{,}64 + 0{,}95 = -7{,}05$. Im Chem. Tasch. ist angegeben für 2000° K für die Reaktion $H_2O \rightleftarrows H_2 + \frac{1}{2}\,O_2$ $K_p = 2{,}96 \cdot 10^{-4}$, umgerechnet $= -7{,}06$.

**178. a)** $\lg K_p = \frac{-\Delta J_1}{4{,}574 \cdot T} + \frac{\Delta S_1}{4{,}574} = \frac{-2 \cdot -21890}{4{,}574 \cdot T} + \frac{4{,}77}{4{,}574} = \frac{9571}{T} + 1{,}04$; **b)** $\sum \nu = 0$; $\lg K_p = \frac{-\Delta J_1}{4{,}574 \cdot T} + 0 + (2 \cdot 3{,}0 - 1 \cdot 1{,}6 - 1 \cdot 3{,}1) = \frac{9571}{T} + 1{,}3$. Wert für 1000° K: a) 10,61, b) 10,87. Chem. Tasch. 10,52.

**179. a)** $\lg K_p = -\frac{22713}{T} + 5{,}16$; **b)** $-\frac{22713}{T} + 1{,}75 \cdot \lg T$. Für 1000° K ist a) $\lg K_p = -17{,}55$, b) $\lg K_p = -17{,}46$.

**180. a)** $-\frac{2165}{T} + 2{,}22$; **b)** $-\frac{2165}{T} + 2{,}3$; Werte für 600° K: a) $\lg K_p = -1{,}39$, b) $-1{,}31$. Chem. Tasch. $-1{,}43$, nach Aufgabe 176: $-1{,}47$.

**181.** $\lg K = \frac{-202000}{4{,}574 \cdot 1500} + 1{,}75 \cdot \lg 1500 + 2{,}8 = -21{,}0$.

**182. a)** Beim Gleichgewicht sind vorhanden: $x$ Mol Ester, $x$ Mol Wasser, $(1-x)$ Mol Säure und $(2-x)$ Mol Alkohol; $K = \frac{x \cdot x}{(1-x)\cdot(2-x)} = 4$; daraus ist $x = 0{,}845$ Mol Ester; **b)** 0,99 Mol.

**183.** 20 g Alkohol = 0,434 Mol; 20 g Essigsäure = 0,333 Mol. $K = \frac{x \cdot x}{(0{,}333-x)\cdot(0{,}434-x)} = 4$; $x = 0{,}249$ Mol Ester (und 0,249 Mol Wasser). Es sind also vorhanden: $0{,}434 - 0{,}249 = 0{,}185$ Mol Alkohol = 8,52 g, $0{,}333 - 0{,}249 = 0{,}084$ Mol Essigsäure = 5,04 g; 0,249 Mol Ester = 21,94 g; 0,249 Mol Wasser = 4,49 g (zusammen $39{,}99 \approx 40$ g).

**184. a)** Im Gleichgewicht vorhanden $(1-\alpha) + \frac{\alpha}{2} + \frac{\alpha}{2} = 1$. Auf Grund der Reaktionsgleichung entstehen aus dem Bruchteil $\alpha$ halb so viele Mole $A_2$ und halb so viele Mole $B_2$. Molenbrüche:

$$x_{A_2} = x_{B_2} = \frac{\frac{\alpha}{2}}{1} = \frac{\alpha}{2}\,;\quad x_{AB} = \frac{1-\alpha}{1} = 1-\alpha;\quad \mathrm{K}_x = \frac{x_{A_2}^{\frac{1}{2}} \cdot x_{B_2}^{\frac{1}{2}}}{x_{AB}} =$$

$$= \frac{\sqrt{\frac{a}{2}} \cdot \sqrt{\frac{a}{2}}}{1-a} = \frac{a}{2\cdot(1-a)}.$$ Nun ist $K_x = K_p \cdot p^{-\Sigma\nu} = K_p \cdot p^0 =$
$= K_p = \frac{a}{2\cdot(1-a)}$. Nährungsformel: $K \approx \frac{a}{2}$.

b) Im Gleichgewicht vorhanden: $(1-a)+(a)+\left(\frac{1}{2}a\right) = 1+\frac{a}{2}$.

Molenbrüche: $x_{AB} = \frac{a}{1+\frac{a}{2}} = \frac{2a}{2+a}$, $x_{A_2} = \frac{\frac{a}{2}}{1+\frac{a}{2}} = \frac{a}{2+a}$,

$$x_{A_2B} = \frac{1-a}{1+\frac{a}{2}} = \frac{2\cdot(1-a)}{2+a};\ K_x = \frac{x^2_{AB}\cdot x_{A_2}}{x^2_{A_2B}} = \frac{\left(\frac{2a}{2+a}\right)^2 \cdot \frac{a}{2+a}}{\frac{4\cdot(1-a)^2}{(2+a)^2}} =$$

$$= \frac{a^3}{(2+a)\cdot(1-a)^2} = K_p \cdot p^{-1}.$$ Für $a \ll 1$ ...... $K_p \approx \frac{p\cdot a^3}{2}$;

c) Im Gleichgewicht: $2\cdot(1-a)+2a+a = 2+a$. Molenbrüche:
$x_{A_3B} = \frac{2\cdot(1-a)}{2+a}$, $x_{A_2B} = \frac{2a}{2+a}$, $x_{A_2} = \frac{a}{2+a}$;

$$K_x = \frac{x_{A_2}\cdot x^2_{A_2B}}{x^2_{A_3B}} = \frac{\frac{a}{2+a}\cdot\left(\frac{2a}{2+a}\right)^2}{\left(\frac{2\cdot(1-a)}{2+a}\right)^2} = \frac{a^3}{(1-a)^2\cdot(2+a)} =$$

$= K_p \cdot p^{-\Sigma\nu} = K_p \cdot p^{-(3-2)}\ K_p \cdot p^{-1}$. Näherungsformel: $\frac{K_p}{p} \approx \frac{a^3}{2}$;

d) Im Gleichgewicht: $(1-a)+\frac{3}{2}a+\frac{1}{2}a = 1+a$. Molenbrüche:

$x_{A_2} = \frac{\frac{3}{2}a}{1+a}$, $x_{B_2} = \frac{\frac{1}{2}a}{1+a}$, $x_{A_3B} = \frac{1-a}{1+a}$;

$$K_x = \frac{\left(\frac{3a}{2\cdot(1+a)}\right)^3 \cdot \frac{a}{2\cdot(1+a)}}{\left(\frac{1-a}{1+a}\right)^2} = \frac{\frac{27\,a^4}{16\cdot(1+a)^4}}{\frac{(1-a)^2}{(1+a)^2}} =$$

$= \frac{27\,a^4}{16\cdot(1+a)^2\cdot(1-a)^2} = \frac{27\,a^4}{16\cdot(1-a^2)^2} = K_p \cdot p^{-2}$. Näherungsformel: $K_p \approx \frac{27\cdot a^4\cdot p^2}{16}$.

**185.** Es sind vorhanden:

| | $H_2$ | $N_2$ | $NH_3$ |
|---|---|---|---|
| vor der Reaktion: | $3n$ | $n$ | 0 Mole |
| beim Gleichgewicht: | $3n\cdot(1-x)$ | $n\cdot(1-x)$ | $2nx$ |

Gesamtmolzahl in der Mischung beim Gleichgewicht daher $2n\cdot(2-x)$. Nach dem DALTONschen Gesetz wird $\frac{p_{H_2}}{P} = \frac{3n\cdot(1-x)}{2n\cdot(2-x)}$ und $p_{H_2} =$

$= \frac{3 \cdot (1-x)}{2 \cdot (2-x)} \cdot P$, analog $p_{N_2} = \frac{1-x}{2 \cdot (2-x)} \cdot P$ und $p_{NH_3} = \frac{x}{2-x} \cdot P$.

Nach dem Massenwirkungsgesetz ist

$$K_p = \frac{\left[\frac{x}{2-x} \cdot P\right]^2}{\left[\frac{3 \cdot (1-x)}{2 \cdot (2-x)} \cdot P\right]^3 \cdot \left[\frac{1-x}{2 \cdot (2-x)} \cdot P\right]} = \frac{16 x^2 \cdot (2-x)^2}{27 \cdot (1-x)^4} \cdot P^{-2}.$$

**186.** Da es sich um kleine Dissoziationsgrade handelt, kann mit der Näherungsformel gerechnet werden: $\frac{K_p}{p} \approx 4 \alpha^2$, daraus $\alpha \approx \approx \frac{1}{2} \sqrt{\frac{K_p}{p}}$; $\alpha_{1200}$ für 1 Atm $= 1{,}41 \cdot 10^{-8}$, für 10 Atm $= 4{,}47 \cdot 10^{-9}$.

**187.** $K_p$ für $\frac{1}{2} SO_2 \rightarrow \frac{1}{4} S_2 + \frac{1}{2} O_2 = \sqrt{4{,}47 \cdot 10^5}$ und für die umgekehrte Reaktion $= \frac{1}{\sqrt{4{,}47 \cdot 10^5}}$; $K_p = \frac{[SO_2]^{\frac{1}{2}} \cdot [CO]}{[CO_2] \cdot [S_2]^{\frac{1}{4}}} =$

$$= \frac{[SO_2]^{\frac{1}{2}}}{[S_2]^{\frac{1}{4}} \cdot [O_2]^{\frac{1}{2}}} \cdot \frac{[CO] \cdot [O_2]^{\frac{1}{2}}}{[CO_2]} = \sqrt{4{,}47 \cdot 10^5} \cdot 1{,}37 \cdot 10^3 = 9{,}14 \cdot 10^5.$$

**188.** $K = \frac{[HJ]^2}{[H_2] \cdot [J_2]}$. Allgemein: Wir erhitzen $a$ Mol $H_2$ und $b$ Mol $J_2$ in $v$ Liter. Dabei setzen sich $x$ Mol $H_2$ mit der gleichen Menge $J_2$ zu $2x$ Mol HJ um. Im Gleichgewicht liegen vor: $(a-x)$ Mol $H_2$, $(b-x)$ Mol $J_2$ und $2x$ Mol HJ. Die Konzentrationen sind daher: $[H_2] = \frac{a-x}{v}$, $[J_2] = \frac{b-x}{v}$ und $[HJ] = \frac{2x}{v}$. Daraus ist

$$K = \frac{\left(\frac{2x}{v}\right)^2}{\frac{a-x}{v} \cdot \frac{b-x}{v}} = \frac{(2x)^2}{(a-x) \cdot (b-x)}.$$ Für unseren Fall ist $x = = \frac{4{,}82}{2} = 2{,}41$ und $K = 50{,}7$.

**189.** Von 1 Mol HJ seien $x$ Mol dissoziiert, folglich ist $K = \frac{(1-x)^2}{\frac{x}{2} \cdot \frac{x}{2}} = = 50$; $x = 0{,}220$, also 22 %.

**190. a)** Druck-% = Mol-%; $\frac{\frac{p_{HCl}}{2} + p_{H_2}}{\frac{p_{HCl}}{2}} = 1 + x = 1{,}14$ und $x = 0{,}14$; **b)** $K_p = \frac{0{,}567^2 \cdot 0{,}0407^{0{,}14}}{0{,}456^{1{,}14}} = 0{,}503$.

**191.** Nachdem gleiche Molanteile vorliegen, also $n_{0(H_2O)} = n_{0(CO_2)} = n_0$, betragen die Molzahlen im Gleichgewicht $n_{H_2O} = n_0 \cdot (1 - a_1)$, $n_{H_2} = n_0 \cdot a_1$, $n_{O_2} = \frac{1}{2} n_0 \cdot a_1$, $n_{CO_2} = n_0 \cdot (1 - a_2)$, $n_{CO} = n_0 \cdot a_2$, $n_{O_2} = \frac{1}{2} n_0 \cdot a_2$, Gesamt-$n_{O_2} = \frac{n_0}{2} \cdot (a_1 + a_2)$. Daraus die Gesamtmolzahl $\sum n = \frac{n_0}{2} \cdot (4 + a_1 + a_2)$. Da sich die Partialdrucke wie die Molzahlen verhalten $\left(p_1 : \sum p = n_1 : \sum n\right)$ so wird mit $\sum p = p \ldots p_{H_2O} = \dfrac{p \cdot n_0 \cdot (1 - a_1)}{\frac{n_0}{2} \cdot (4 + a_1 + a_2)} = \dfrac{2p \cdot (1 - a_1)}{4 + a_1 + a_2}$, analog

$p_{H_2} = \dfrac{2p \cdot a_1}{4 + a_1 + a_2}$, $p_{CO_2} = \dfrac{2p \cdot (1 - a_2)}{4 + a_1 + a_2}$, $p_{CO} = \dfrac{2p \cdot a_2}{4 + a_1 + a_2}$ und $p_{O_2} = \dfrac{p \cdot (a_1 + a_2)}{4 + a_1 + a_2}$. Nach dem Massenwirkungsgesetz sind $K_1 = \dfrac{p_{H_2} \cdot p_{O_2}^{\frac{1}{2}}}{p_{H_2O}}$ und $K_2 = \dfrac{p_{CO} \cdot p_{O_2}^{\frac{1}{2}}}{p_{CO_2}}$. Einsetzen der Partialdrucke und Quadrieren: $K_1^2 = \dfrac{p \cdot a_1^2 \cdot (a_1 + a_2)}{(1 - a_1)^2 \cdot (4 + a_1 + a_2)}$ und $K_2^2 = \dfrac{p \cdot a_2^2 (a_1 + a_2)}{(1 - a_2)^2 \cdot (4 + a_1 + a_2)}$, daraus $\dfrac{K_1}{K_2} = \dfrac{a_1 \cdot (1 - a_2)}{a_2 \cdot (1 - a_1)}$ und $a_2 = \dfrac{K_2 \cdot a_1}{a_1 \cdot (K_2 - K_1) + K_1}$ (= Gleichung A).

Die zweite Gleichung (B) erhält man durch Umformung, z. B. aus der Gleichung für $K_1^2$. In erster Näherung kann man, da die Konstante $K$ sowie $a_1$ und $a_2$ klein sind gegen 1 ($a \ll 1$) im Nenner nach dem Ausmultiplizieren alle Glieder mit $a^2$ und $a^3$, die verschwindend klein gegen die Zahl 4 sind, weglassen. Dadurch vereinfacht sich der Nenner zu $(1 - a_1)^2 \cdot (4 + a_1 + a_2) \approx 4 - 7a_1 + a_2$ und man erhält $K_1^2 = \dfrac{p \cdot a_1^2 \cdot (a_1 + a_2)}{4 - 7a_1 + a_2}$ oder mit $p = 1$ ........ $a_1^3 + a_1^2 \cdot a_2 + 7a_1 \cdot K_1^2 - a_2 \cdot K_1^2 - 4K_1^2 = 0$ und daraus $a_2 = \dfrac{4K_1^2 = a_1^3 - 7K_1^2 \cdot a_1}{a_1^2 - K_1^2}$ (= Gleichung B).

Das System A und B (2 Gleichungen mit 2 Unbekannten) wird man am zweckmäßigsten graphisch lösen. Dies geschieht durch Ermittlung der Schnittpunkte der beiden durch sie dargestellten Kurven $a_2 = f(a_1)$.

Da angenommen werden kann, daß sich bei der Mischung der Dissoziationsgrad der schwächer dissoziierenden Komponenten verringert, kann man in erster Näherung einen etwas kleineren Wert für $a_1$ annehmen als $a_{0(1)}$, also z. B. je eine Gerade zeichnen mit $a_1 = 0{,}04$ und $a_2 = 0{,}03$.

| Mit diesen Werten wird | aus Gleichung A | aus Gleichung B |
|---|---|---|
| $a_1 = 0{,}04$ .......... | $a_2 = 0{,}2027$ | $a_2 = 0{,}0500$ |
| $a_1 = 0{,}03$ .......... | $a_2 = 0{,}1587$ | $a_2 = 0{,}1366$. |

Der Schnittpunkt dieser beiden durch die Wertpaare bestimmten Geraden liegt bei $\alpha_1 = 0{,}0283$ und $\alpha_2 = 0{,}151$; sie liegen also außerhalb der angenommenen Grenzen 0,04 und 0,03.

Als 2. Näherung nehmen wir nunmehr für $\alpha_1 = 0{,}030$ und 0,0280 an.

| Mit diesen Werten wird | aus Gleichung A | aus Gleichung B |
|---|---|---|
| $\alpha_1 = 0{,}0300$ ........ | $\alpha_2 = 0{,}1587$ | $\alpha_2 = 0{,}1366$ |
| $\alpha_1 = 0{,}0280$ ........ | $\alpha_2 = 0{,}1495$ | $\alpha_2 = 0{,}1654$ |

Jetzt wird zeichnerisch ebenso verfahren, allerdings wird zur Erhöhung der Genauigkeit ein größerer Koordinatenmaßstab gewählt. Der Schnittpunkt der beiden Geraden hat die Koordinaten $\alpha_1 = 0{,}02884$ und $\alpha_2 = 0{,}1534$.

Obzwar die Änderung gegenüber der ersten Näherung nicht mehr groß ist, können wir noch eine 3. Näherung anschließen mit $\alpha_1 = 0{,}0290$ und 0,0285

| und erhalten | aus Gleichung A | aus Gleichung B |
|---|---|---|
| $\alpha_1 = 0{,}0290$ ........ | $\alpha_2 = 0{,}1541$ | $\alpha_2 = 0{,}1502$ |
| $\alpha_1 = 0{,}0285$ ........ | $\alpha_2 = 0{,}1517$ | $\alpha_2 = 0{,}1576$ |

Der Schnittpunkt dieser beiden Geraden hat die Koordinaten $\alpha_1 = 0{,}0288$ und $\alpha_2 = 0{,}1531$.

Die Dissoziationsgrade in der $H_2O - CO_2$-Mischung bei 2500° K und $p = 1$ Atm betragen mithin für $H_2O$ $\alpha_1 = 0{,}0288$ und für $CO_2$ $\alpha_2 = 0{,}1531$.

Das Einsetzen dieser Werte ergibt folgende Partialdrucke bzw. Mol-% in der Mischung: $p_{H_2O} = \frac{2p \cdot (1 - \alpha_1)}{4 + \alpha_1 + \alpha_2} = 0{,}4645$ Atm $=$ $= 46{,}45$ Mol-%. Analog für die übrigen Komponenten nach den für die Partialdrucke errechneten Formeln: $p_{H_2} = 0{,}0576 : 4{,}1819 =$ $= 0{,}0138$ Atm $= 1{,}38$ Mol-%, $p_{CO_2} = 0{,}4050$ Atm, $p_{CO} = 0{,}0732$ Atm und $p_{O_2} = 0{,}0435$ Atm.

Kontrolle: Summe der Teildrucke $0{,}4645 + 0{,}0138 + 0{,}4050 +$ $+ 0{,}0732 + 0{,}0435 = 1{,}0000$ Atm.

**192.** $I = 1{,}4$ Ampere.

**193.** Ein Strom von 10 Ampere in 80 Min. entspricht $10 \cdot 80 \cdot 60 =$ $= 48000$ C; 96500 C scheiden 35,46 g = 11,2 Liter Chlor ab, folglich 48000 C 5,57 Liter Chlor unter NB. Umgerechnet auf 35° C und 750 Torr: 6,37 Liter.

**194.** $C_5H_6NO_2 + 6\,H = C_6H_5NH_2 + 2\,H_2O$. Für 6,06 H.... $6 \cdot 96500 = 579000$ C (oder Amperesekunden) = 161 Amperestunden; Spannung = 1 V; also 161 Wattstunden = 0,161 kWh. Mit 0,161 kWh 93,14 g Anilin, mit 10 kWh 5785 g Anilin. 90%ige Stromausbeute, daher 5206,5 g Anilin.

**195.** Knallgas besteht zu $\frac{2}{3}$ aus Wasserstoff. $\frac{\text{Cu}}{2} : \frac{1{,}01}{1} = 96 :$ $: \frac{2020 \cdot 0{,}034}{22{,}4}$; daraus Cu = 63,2.

**196.** $K = \frac{0{,}0658^2}{250 \cdot 0{,}9342} = 1{,}85 \cdot 10^{-5}$.

**197.** $\alpha_1 \approx 1{,}32 \cdot 10^{-2}$ und $\beta_1 \approx \frac{K_1}{c_2} = \frac{1{,}76 \cdot 10^{-5}}{0{,}1} = 1{,}76 \cdot 10^{-4}$.

**198.** $2.51 \cdot 10^{-6}$.

**199.** $[OH'] = C \cdot a = 0{,}1 \cdot 0{,}013 = 1{,}3 \cdot 10^{-3}$ Grammionen/l; $[H^\cdot] = \frac{10^{-14}}{1{,}3 \cdot 10^{-3}} = 7{,}7 \cdot 10^{-12}$, $p_H = 11{,}11$.

**200.** Für die Gleichungen $H_2CO_3 \rightleftarrows HCO'_3 + H^\cdot$ und $HCO'_3 \rightleftarrows CO''_3 + H^\cdot$ werden die Gleichgewichtskonstanten nach dem Massenwirkungsgesetz berechnet und multipliziert: $K_1 \cdot K_2 = \frac{[H^\cdot]^2 \cdot [CO_3'']}{[H_2CO_3]}$. Daraus ist $[H^\cdot]^2 = K_1 \cdot K_2 \cdot \frac{[H_2CO_3]}{[CO_3'']}$, weiter $2 \lg [H^\cdot] = \lg K_1 + \lg K_2 + \lg [H_2CO_3] - \lg [CO_3'']$ und $2\,p_H = -\lg K_1 - \lg K_2 + \lg \frac{[CO_3'']}{[H_2CO_3]}$. Das letzte Glied kann hier vernachlässigt werden und es wird $p_H = 8{,}31$.

**201.** **a)** $p_H = p_S + \lg \frac{[B]}{[S]} = 4{,}75 + 2 = 6{,}75$;

**b)** $p_H = \frac{p_S}{2} - \frac{1}{2} \lg [S] = \frac{3{,}68}{2} - \frac{1}{2} \lg 1 = 1{,}84$;

**c)** $p_H = 7 + \frac{p_S}{2} + \frac{1}{2} \lg [B] = 11{,}6$.

**202.** Es wird $NaH_2PO_4$ gebildet, welches dissoziiert in $Na^\cdot + H_2PO_4'$ (= Base). In einem anderen Gleichgewicht tritt es als Säure auf, ist also Ampholyt. $p_{S,1} = 2{,}12$; $p_{S,2} = 7{,}21$; $p_H = \frac{2{,}12 + 7{,}21}{2} = 4{,}66$. Als Indikator Methylorange.

**203.** $p_H = 4{,}75 + \lg\ 0{,}6 = 4{,}53$.

**204.** Aus $[H^\cdot] = 9{,}6 \cdot 10^{-5}$ ist $p_H = 4{,}02$; $4{,}02 = \frac{3{,}22 + x}{2}$, daraus $x = 4{,}82$ und $K_{S(2)} = 1{,}51 \cdot 10^{-5}$.

**205.** $H_2O$, $SO_4''$, $HSO_3'$, $HCOO'$, $C_6H_5COO'$, $C_6H_5NH_2$, $HCO_3'$, $SO_3''$, $HS'$, $H_2PO_4'$, $HPO_4''$, $PO_4'''$, $H_2BO_3'$, $CN'$, $NH_3$, $CO_3''$, $S''$, $OH'$, $O''$.

**206.** **a)** 100 ml enthalten 0,01 Mol Essigsäure, welche nach der Neutralisation 120 ml Lösung mit 0,01 Mol Na-acetat geben, d. h. die entstandene Lösung ist 0,0833 molar. $p_H = 7 + 2{,}38 - 0{,}54 = 8{,}84$; **b)** die entstandene $NH_4Cl$-Lösung ist 0,0833 molar, also $p_H = 4{,}6 + 0{,}54 = 5{,}14$; **c)** die entstandene Na-Formiatlösung ist 0,0182 molar und $p_H = 7 + 1{,}84 - 0{,}87 = 7{,}97$.

**207.** 6,46 ml.

**208.** $p_B = 9{,}42$, daher $p_S = 4{,}58$. $C_6H_5\,NH_2 \cdot HCl \rightleftarrows C_6H_5NH_3^\cdot + Cl'$, ist also Säure. $p_H = \frac{p_S}{2} - \frac{1}{2} \lg [S] = \frac{4{,}58}{2} - \frac{1}{2} \lg 0{,}1 = 2{,}79$; als Indikator Thymolblau oder Methylorange auf rot titriert.

**209.** Die Hydrolyse erfolgt nach dem Schema

$$\underset{\frac{1-x}{v}}{CN'} + H_2O \rightleftarrows \underset{\frac{x}{v}}{OH'} + \underset{\frac{x}{v}}{HCN}$$

(wenn 1 Mol in $v$ l enthalten ist, so sind $x$ Mol hydrolysiert; in unserem Fall ist $v = 100$). Beim Gleichgewicht gelten folgende Gleichungen: $\frac{[H^\cdot] \cdot [CN']}{[HCN]} = K_S = 4{,}8 \cdot 10^{10}$

und $[OH'] \cdot [H^{\cdot}] = K_W = 10^{-14}$. Die Hydrolysenkonstante wird ausgedrückt durch $K_H = \frac{[OH'] \cdot [HCN]}{[CN']} = \frac{x^2}{(1-x) \cdot v}$; $\frac{K_W}{K_S} = \frac{[OH'] \cdot [H^{\cdot}] \cdot [HCN]}{[H^{\cdot}] \cdot [CN']} = K_H = \frac{10^{-14}}{4{,}8 \cdot 10^{-10}} = 2{,}08 \cdot 10^{-5} = \frac{x^2}{(1-x) \cdot 100}$, daraus ist $x = 0{,}045$. Es sind also 4,5% hydrolysiert.

**210.** $p_H = p_{S\,(HA)} + \lg \frac{c_A}{c_{HA}}$; $p_H = p_{S\,(HB)} + \lg \frac{c_B}{c_{HB}}$; $p_{S\,(HB)} = p_{S\,(HA)} + \lg \frac{c_A}{c_{AH}} - \lg \frac{c_B}{c_{HB}}$. Es ist $c = c_B + c_{HB}$ und nach S. 324 $E = \varepsilon \cdot c \cdot l = (\varepsilon_B \cdot c_B + \varepsilon_{HB} \cdot c_{HB}) \cdot l$; $\varepsilon \cdot c_B + \varepsilon \cdot c_{HB} = \varepsilon_B \cdot c_B + \varepsilon_{HB} \cdot c_{HB}$ und $\frac{c_B}{c_{HB}} = \frac{\varepsilon - \varepsilon_{HB}}{\varepsilon_B - \varepsilon}$. Für 2727 Å: $p_{S\,(HB)} = p_{S\,(HA)} + \lg \frac{c_A}{c_{HA}} - \lg \frac{\varepsilon - \varepsilon_{HB}}{\varepsilon_B - \varepsilon} = 4{,}75 + \lg \frac{0{,}100}{0{,}350} - \lg \frac{680 - 950}{475 - 680} = 4{,}09$; für 2400 Å: $p_S = 4{,}26$; im Mittel 4,17.

**211.** Totale Chlorkonzentration in der Wasserphase $= \frac{10 \cdot 0{,}0610}{70{,}92} = 0{,}008601$ Mol/l, in der $CCl_4$-Phase $= \frac{40 \cdot 0{,}0713}{70{,}92} = 0{,}04021$ Mol/l. Aus dem Verteilungsgleichgewicht wird die Konzentration der Chlormoleküle in der Wasserphase erhalten zu $[Cl_2] = \frac{0{,}04021}{21} = 0{,}001915$. Aus der Reaktionsgleichung für die Hydrolyse folgt, daß $[H^{\cdot}] = [Cl'] = [HOCl] = 0{,}008601 - 0{,}001915 = 0{,}006686$ Mol/l. Einsetzen in die Gleichgewichtsgleichung: $K = \frac{(0{,}006686)^3}{0{,}001915} = 1{,}56 \cdot 10^{-4}$.

**212.** **a)** Schnittpunkt der $NH_4^{\cdot}$-Linie mit der $CO_3''$-Linie $= 9{,}8$; **b)** 8,7.

**213.** Man zeichnet die Linien für $HA$ und $HB$ ($HA$ und $HB$ verlaufen parallel zur $H_3O^{\cdot}$-Linie, $A'$ und $B'$ parallel zur $OH'$-Linie). **a)** Der Schnittpunkt von $A'$ und $H_3O^{\cdot} \rightarrow HA$ oder $[H_3O^{\cdot}] = [A']$, 2,9; **b)** $[H_3O^{\cdot}] = [B']$, 5,1; **c)** $[OH'] = [HA]$, 7,9; **d)** $[OH'] = [HB]$, 9,4; **e)** $[H_3O^{\cdot}] = [A'] + [B']$; $[B']$ kann gegen $[A']$ vernachlässigt werden; 2,9; **f)** $[OH'] = [HA] + [HB]$; $[HA]$ gegen $[HB]$ vernachlässigen; 9,4; **g)** $[HB] = [A'] = 0{,}002$m; 3,8; **h)** $[HA] = [B']$; 6,0; **i)** $[H_3O^{\cdot}] = 0{,}001$m; 3,0; **j)** $[OH'] = 0{,}001$m; 11,0.

**214.** **a)** $c = 0{,}12$ Mol/Liter; **b)** $c = 0{,}04$ Mol/Liter.

**215.** $I = 0{,}5 \cdot (0{,}05 \cdot 1 + 0{,}01 \cdot 1 + 0{,}02 \cdot 4) = 0{,}07$; $-\lg f_a$ ist für Cl′ und Na· $= \frac{0{,}5 \cdot 1 \cdot \sqrt{0{,}07}}{1 + \sqrt{0{,}07}} = 0{,}105$, daraus $f_a = 0{,}785$; für $SO_4''$ . . . 0,419, darsus $f_a = 0{,}390$; $a = f_a \cdot c$, also $a_{Na^{\cdot}} = 0{,}785 \cdot 0{,}05 = 0{,}0393$; $a_{Cl'} = 0{,}0078$; $a_{SO_4''} = 0{,}390 \cdot 0{,}02 = 0{,}0078$.

**216.** **a)** $p_H = 3{,}00$; 2,00; 1,30; 1,00; **b)** Formel nach Guggenheim und Schindler: $a_{H^{\cdot}} = 0{,}00097$; 0,0089; 0,039; 0,072; daher $p_H = 3{,}01$; 2,05; 1,41; 1,14.

**217.** $p_{S'} = 4{,}75$; $I = 0{,}05$; $p_S = p_{S'} + \lg \frac{f_B}{f_S} = p_{S'} - \frac{0{,}5 \cdot (z_S^2 - z_B^2) \cdot \sqrt{I}}{1 + \sqrt{I}}$. Da $S$ und $B$ korrespondieren ist $z_B$ stets um eine positive Ladung kleiner als $z_S$; $p_S = 4{,}75 - 0{,}09 = 4{,}66$.

**218. a)** $I = \frac{1}{2} \cdot (0{,}005 \cdot 1^2 + 0{,}005 \cdot 1^2) = 0{,}005\,\mathrm{C}$; $\lg f_{H^\cdot} = \lg f_{Cl'} = \frac{-0{,}5 \cdot 1^2 \cdot \sqrt{0{,}005}}{1 + \sqrt{0{,}005}} = -0{,}03302$ und $f_{H^\cdot} = f_{Cl'} = 0{,}927$. Daraus $a_{H^\cdot} = a_{Cl'} = 0{,}00464$; $f_\pm = 0{,}927$. **b)** $I = \frac{1}{2} \cdot (0{,}002 \cdot 1^2 + 0{,}001 \cdot 2^2) = 0{,}003$ C; $\lg f_{Na^\cdot} = \frac{-0{,}5 \cdot 1^2 \cdot \sqrt{0{,}003}}{1 + \sqrt{0{,}003}} = -0{,}02598$; $f_{Na^\cdot} = 0{,}942$; $a_{Na^\cdot} = 0{,}00188$; $\lg f_{SO_4''} = \frac{-0{,}5 \cdot 2^2 \cdot \sqrt{0{,}003}}{1 + \sqrt{0{,}003}} = -0{,}10391$; $f_{SO_4''} = 0{,}787$; $a_{SO_4''} = 0{,}000787$; $f_\pm = \sqrt[3]{0{,}942^2 \cdot 0{,}787} = 0{,}887$.

**219.** 0,99 g = 0,0356 Mol/l. $PbCl_2$ (f) $\rightleftarrows Pb^{\cdot\cdot} + 2\,Cl'$, also ist $K = [Pb^{\cdot\cdot}] \cdot [Cl']^2$. Bei 20° C ist $K = 0{,}0356 \cdot 0{,}0712^2 = 1{,}81 \cdot 10^{-4}$ $Mol^3/l^3$.

**220. a)** Die Löslichkeit beträgt $0{,}635 \cdot 10^{-6}$ Mol/l. $Hg_2Cl_2 \rightleftarrows Hg_2^{\cdot\cdot} + 2\,Cl'$. Ionenkonzentration: $[Hg_2^{\cdot\cdot}] = 0{,}635 \cdot 10^{-6}$, $[Cl'] = 1{,}270 \cdot 10^{-6}$ Mol; $L = [Hg_2^{\cdot\cdot}] \cdot [Cl']^2 = 1{,}02 \cdot 10^{-18}$; **b)** In einer 0,01 m NaCl-Lösung ist $[Cl'] = 0{,}01$ Mol. Wird die Lösung mit $Hg_2Cl_2$ gesättigt, so stellt sich eine $(Hg_2^{\cdot\cdot}]$ gemäß der Gleichung $[Hg_2^{\cdot\cdot}] \cdot [0{,}01]^2 = L = 1{,}02 \cdot 10^{-18}$ ein und daraus $[Hg_2^{\cdot\cdot}] = 1{,}02 \cdot 10^{-14}$. In 0,01 m NaCl löst sich also $Hg_2Cl_2$ um den Faktor $\frac{0{,}635 \cdot 10^{-6}}{1{,}02 \cdot 10^{-14}} = 0{,}62 \cdot 10^8$ weniger als in reinem Wasser. Wir benötigen demnach $0{,}62 \cdot 10^8$ Liter 0,01 m NaCl-Lösung um ebensoviel $Hg_2Cl_2$ aufzulösen wie sich in 1 l reinen Wassers löst.

**221.** $L = [Ag^\cdot] \cdot [BrO_3'] = (S)^2 = (0{,}0081)^2$. Durch Zugabe des $AgNO_3$ ändert sich $[Ag^\cdot]$. Ist $S'$ die Löslichkeit von $AgBrO_3$ in der oben genannten $AgNO_3$-Lösung in g-Mol/l, dann erhält das Löslichkeitsprodukt den Wert $L' = [Ag^\cdot] \cdot [BrO_3'] = (0{,}0085 + S') \cdot (S)$. Da das Löslichkeitsprodukt nicht überschritten werden darf, wenn kein $AgBrO_3$ ausfallen soll, muß $L = L'$. Es ist daher $(0{,}0081)^2 = (0{,}0085 + S') \cdot (S')$ und $S' = 0{,}00489$ g-Mol/l.

**222.** $[H^\cdot] = C \cdot a = \frac{2 \cdot 1{,}16 \cdot 0{,}27 \cdot 10}{63{,}02} \cdot 0{,}92 = 0{,}0915$; $[S''] = \frac{0{,}84 \cdot 10^{-23}}{[H^\cdot]^2} = 1 \cdot 10^{-21}$; $[Pb^{\cdot\cdot}] = \frac{[Pb^{\cdot\cdot}] \cdot [S'']}{[S'']} = \frac{3{,}4 \cdot 10^{-28}}{1 \cdot 10^{-21}} = 3{,}4 \cdot 10^{-7}$. Konzentration an $Pb(NO_3)_2 = 331{,}23 \cdot 3{,}4 \cdot 10^{-7} = 0{,}00011$ g/l $= 0{,}000011$ g/100 ml, das sind von 0,15 g, 0,007%, welche in Lösung bleiben.

**223. a)** $\frac{L_{AgCl}}{L_{AgJ}} = \frac{1{,}61 \cdot 10^{-10}}{0{,}97 \cdot 10^{-16}} = 1{,}66 \cdot 10^6$; **b)** $\frac{L_{AgCl}}{L_{AgBr}} = 255$.

Im Falle a ist also eine Trennung quantitativ durchführbar, auch wenn $[Cl']$ in großem Überschuß vorliegt; der Fall b ist ungünstig.

**224.** $[Ca^{\cdot\cdot}] \cdot 0{,}1 = (0{,}0153)^2$; 0,3186 g $CaSO_4$.

**225.** $L_{AgCl} = [Ag^{\cdot}] \cdot [Cl']$ und $L_{AgCNS} = [Ag^{\cdot}] \cdot [CNS']$. Bei Beginn der Fällung des AgCl muß die Ag·-Konzentration für beide Reaktionen gleich sein und es wird $[Ag^{\cdot}] = \frac{L_{AgCl}}{[Cl']} = \frac{L_{AgCNS}}{[CNS']}$. Das Verhältnis der Anionenkonzentration ist daher $\frac{[CNS']}{[Cl']} = \frac{L_{AgCNS}}{L_{AgCl}} = \frac{1 \cdot 10^{-12}}{1 \cdot 10^{-10}} = 1 \cdot 10^{-2}$. Wenn also die Konzentration der CNS-Ionen auf $1 \cdot 10^{-2}$ Mol/l gesunken ist, beginnt bereits die Mitfällung der Cl-Ionen (Quantitative Trennung auf diesem Wege daher nicht möglich).

**226.** $I = 0{,}5 \cdot (0{,}01 \cdot 1 + 0{,}01 \cdot 1) = 0{,}01$; $f_a = 0{,}89$; $L = [Ag^{\cdot}] \cdot [Cl'] \cdot f_{Ag^{\cdot}} \cdot f_{Cl'} = [Ag^{\cdot}] \cdot 0{,}01 \cdot 0{,}89^2$ und $[Ag^{\cdot}] = 2{,}03 \cdot 10^{-8}$. Löslichkeit des AgCl $= 2{,}03.\ 10^{-8} \cdot 143.34 = 2{,}91 \cdot 10^{-6}$ g/l.

**227.** Widerstand des Leiters $R = \varrho \cdot \frac{l}{F}$, daraus der spez. Leitungswiderstand $\varrho = \frac{23{,}00 \cdot 4}{0{,}7}$; $\varkappa = \frac{1}{\varrho} = 0{,}00761$; $\Lambda = 0{,}00761 : 0{,}0002 = 38{,}0$.

**228.** $C = R \cdot \varkappa_1 = 40 \cdot 0{,}001278 = 0{,}05012$; $\varkappa_2 = 0{,}05012 : 0{,}580 = 0{,}0864$; $c = 0{,}00425$ g-Äquivalent in 1 ml; $\Lambda = \varkappa : c = 0{,}0864 : 0{,}00425 = 20{,}3$ und $\Lambda_{mol} = 2 \cdot 20{,}3 = 40{,}6$.

**229.** Überführungszahl des Anions $= \frac{0{,}2212}{0{,}2212 + 0{,}1977} = 0{,}528$, die des Kations $= 1 - 0{,}528 = 0{,}472$.

**230.** $\alpha = \frac{\Lambda}{\Lambda_\infty} = \frac{\Lambda}{w_A + w_K} = \frac{368}{315 + 61{,}7} = 0{,}977$.

**231.** $\Lambda_{NaAc} = 75{,}2 = w_{Na} + w_{Ac} = 43{,}5 + w_{Ac}$; $w_{Ac} = 31{,}7$; $\Lambda_{HAc}$ für unendliche Verdünnung $= 315 + 31{,}7 = 346{,}7$ und $\alpha = \frac{4{,}60}{346{,}7} = 0{,}0133$. Nach dem Ostwaldschen Verdünnungsgesetz ist $K = \frac{\alpha^2}{V \cdot (1 - \alpha)} = \frac{0{,}0133^2}{10 \cdot (1 - 0{,}0133)} = 1{,}79 \cdot 10^{-5}$.

**232.** $$\Lambda(\text{Na ClO}_3) = w_{Na} + w_{ClO_3} = \underbrace{w_{Na} + w_{Cl}}_{\Lambda(NaCl)} + \underbrace{w_K + w_{ClO_3}}_{\Lambda(KClO_3)} - \underbrace{(w_K + w_{Cl})}_{\Lambda(KCL)} = 96{,}8.$$

**233.** $\Lambda = \frac{\varkappa \cdot 1000}{n} = \frac{1{,}73 \cdot 10^{-1}}{0{,}022} = 7{,}86$; $\alpha = \frac{\Lambda}{\Lambda_\infty} = \frac{7{,}86}{271} = 0{,}029$; $[NH_4^{\cdot}] = \alpha \cdot n = 0{,}029 \cdot 0{,}022 = 6{,}38 \cdot 10^{-4}$ Mol.

**234.** $\Lambda = \frac{\varkappa}{c} = w_A + w_K$ (da $\Lambda_\infty = \Lambda$); $\frac{4{,}41 \cdot 10^{-8}}{c} = 315 + 174$ und $c = 9{,}02 \cdot 10^{-11}$ g-Äquiv./ml $= 0{,}90 \cdot 10^{-7}$ g-Äquiv./l und $K_W = x^2 = 0{,}81 \cdot 10^{-14}$.

**235.** $BaSO_4 = BaCl_2 + K_2SO_4 - 2\ KCl$; $\Lambda\ (BaSO_4) = 235$. Nun ist $235 = \frac{2{,}32 \cdot 10^{-6}}{c}$ und $c = 0{,}987 \cdot 10^{-8}$ Mol/ml $= 0{,}987 \cdot 10^{-5}$ Mol/l $= 0{,}0023$ g/l.

**236.** $n = \frac{1{,}111 \cdot 10^{-3} \cdot 0{,}0998 \cdot 96500}{5{,}594 \cdot 10^{-3} \cdot 4406} = 0{,}4346$ als Überführungszahl des $Gd^{\cdot\cdot\cdot}$; die des $Cl'$ ist $1 - 0{,}4346 = 0{,}5654$.

**237.** Man trägt $\Lambda$ gegen $\sqrt{c}$ auf und verlängert die Kurve geradlinig nach $c = 0$; $\Lambda_\infty = 83{,}24$; $k = \operatorname{tg} \alpha = 4{,}24 : 0{,}0985 = 43{,}04$. Die Gleichung lautet $\Lambda = 83{,}24 - 43{,}04 \cdot \sqrt{c}$. (Bemerkung: Shedlovsky fand, daß $\Lambda^{-1}$ praktisch eine geradlinige Funktion von $\sqrt{c}$ in einem größeren Bereich ist als $\Lambda$. Man findet dann $\Lambda_\infty^{-1}$ in gleicher Weise wie oben beschrieben).

**238.** $\varepsilon_0 = \frac{0{,}0001983 \cdot 273}{1} \cdot \lg \frac{0{,}01}{0{,}001} = 0{,}0542$ V, $\varepsilon_{30} = 0{,}0601$ V; die Änderung daher $0{,}0601 - 0{,}0542 = 0{,}0059$ V.

**239.** $\varepsilon = \frac{0{,}0001983 \cdot 293}{4} \cdot \lg \frac{0{,}01}{0{,}2} = -0{,}038$ V; die EMK beträgt nun $E = 1{,}100 + \varepsilon = 1{,}062$ V.

**240.** Die EMK der Kette $Zn/nZnSO_4/n\ CuSO_4/Cu$ wäre auf Grund der Werte der Spannungsreihe $-0{,}76 - (+0{,}34) = -1{,}10$ V. Nach der Nernstschen Gleichung ist der Potentialunterschied zwischen $Cu/0{,}1\,n\,CuSO_4$ und $Cu/n\,CuSO_4$ gleich $\frac{0{,}0577}{2} \cdot \lg \frac{0{,}38 \cdot 0{,}1}{0{,}22 \cdot 1} = -0{,}021$, d. h. das in Rechnung zu setzende Cu-Potential ist jetzt um 0,02 V kleiner als bei einer $\frac{n}{1}$ $CuSO_4$-Lösung. Die EMK der angegebenen Anordnung ist daher $-0{,}76 - (+0{,}34 - 0{,}02) = -1{,}08$ V.

**241.** Da Cu ein höheres Normalpotential hat als Ni, beginnt das Cu zuerst auszufallen. Wenn die Cu-Konzentration auf $10^{-6}$ gefallen ist, dann ist $\varepsilon_{Cu} = +0{,}34, + \frac{0{,}0577}{2} \cdot \lg 10^{-6} = +0{,}17$ V; $\varepsilon_{Ni} = -0{,}22 + \frac{0{,}0577}{2} \cdot \lg 0{,}1 = -0{,}25$ V. Die Trennung ist durchführbar.

**242. a)** Graphisch wird ermittelt $\varepsilon = 0{,}00856 + 0{,}00000284 \cdot p$. Der Druckkoeffizient $\left(\frac{\partial \varepsilon}{\partial p}\right)_{\substack{t = 30°C \\ p = 1\,Atm}}$ ist also 0,00000284. Damit wird für 250 Atm die EMK $= 0{,}00856 + 0{,}00071 = 0{,}00927$ Volt, für 500 Atm $= 0{,}00998$ Volt usw.; **b)** Aus $\frac{\partial \Delta A}{\partial p} = \Delta v$ und $\Delta A = -n \cdot F \cdot \varepsilon$, ($\Delta A$ in Joule), ist $\frac{\partial \varepsilon}{\partial p} = -\frac{\Delta v}{n \cdot F} = -\frac{-2{,}666}{1 \cdot 96500 \cdot 9{,}874} = 0{,}00000280$ Volt/Atm. (Da $\varepsilon$ in Volt, $v$ in ml und $p$ in Atm ausgedrückt ist, mußte mit dem Faktor 1 Joule $= 9{,}874$ ml · Atm gerechnet werden). Daraus die EMK für 250 Atm $= 0{,}00856 + 250 \cdot 0{,}00000280 = 0{,}00926$ Volt usw.

**243.** $E = \varepsilon_1 - \varepsilon_2$; $\varepsilon_1 = \varepsilon_2 + 0{,}0001983 \cdot 295 \cdot \lg 0{,}8 \cdot 0{,}1$; $\varepsilon_2 = \varepsilon + 0{,}0001983 \cdot 295 \cdot \lg \frac{1{,}61 \cdot 10^{-10}}{0{,}84 \cdot 0{,}1}$; $E = 0{,}0001983 \cdot 295 \cdot \lg \frac{0{,}8 \cdot 0{,}1 \cdot 0{,}84 \cdot 0{,}1}{1{,}61 \cdot 10^{-10}} = 0{,}446$ Volt.

**244.** $0{,}4582 = 0{,}3379 - 0{,}0001983 \cdot 293 \cdot \lg f \cdot 0{,}01$; $f = 0{,}85$.

**245.** $(L)$ bedeutet Lösung $H_2SO_4$-$(NH_4)_2\,SO_4$; $E = \frac{RT}{2F} \cdot \ln \cdot \frac{a^2_H(L) \cdot a_{SO_4}(L)}{a^2_H \cdot a_{SO_4}} = \frac{3\,RT}{2F} \cdot \ln \frac{\sqrt[3]{a^2_H(L) \cdot a_{SO_4}(L)}}{\sqrt[3]{a^2_H \cdot a_{SO_4}}} = \frac{3\,RT}{2F} \cdot \ln \cdot \frac{a_\pm(L)}{a_\pm} = 0{,}08872 \cdot \lg \frac{a_\pm(L)}{a_\pm}$; demnach ist $\lg a_\pm(L) = \frac{E}{0{,}08872} + \lg a_\pm$; $E = 0{,}7971 - 0{,}7997 = -0{,}0026$; $-0{,}0026 : 0{,}08872 = -0{,}02930$; $c_\pm = \sqrt[3]{0{,}02^2 \cdot 0{,}01} = 0{,}01587$; $a_\pm = 0{,}01587 \cdot 0{,}662 = 0{,}01050$; $\lg a_\pm = -1{,}97881$; $\lg_\pm(L) = -0{,}02930 - 1{,}97881 = -2{,}00811$, daraus $a_\pm(L) = 0{,}009815$; $c_\pm(L) = \sqrt[3]{0{,}02^2 \cdot 0{,}11} = 0{,}035303$ und $f_\pm(L) = 0{,}009815 : 0{,}035303 = 0{,}278$.

**246.** $\varepsilon = \varepsilon_0 + \frac{0{,}0577}{2} \cdot \lg c$; $\varepsilon_A = 0{,}34 + \frac{0{,}0577}{2} \cdot \lg 0{,}1 = 0{,}31$ V. $\varepsilon_E = 0{,}34 + \frac{0{,}0577}{2} \cdot \lg 10^{-6} = 0{,}17$ V.

**247.** $E = 1{,}36 - 0{,}34 = 1{,}02$ V.

**248.** Zersetzungsspannung von H Cl $= 1{,}36 - 0 = 1{,}36$ Volt, von HJ $= 0{,}56 - 0 = 0{,}56$ Volt. Elektrolysiert man daher, mit niedriger Spannung beginnend, das Gemisch, so wird zunächst das J in Freiheit gesetzt und erst bei steigender Spannung das Cl.

**249.** $p_H = \frac{0{,}704 - 0{,}338 - 0{,}088}{0{,}0577} = 4{,}8$.

**250. a)** $p_H = \frac{0{,}6995 - 0{,}2458 - 0{,}2518}{0{,}0591} = 3{,}4$;

**b)** $B^{\cdot} + H_2O \rightleftarrows BOH + H^{\cdot}$ und $H_2O \rightleftarrows OH' + H^{\cdot}$;
$K_B = \frac{[B^{\cdot}] \cdot [OH'] \cdot H^{\cdot}]}{[BOH] \cdot [H^{\cdot}]}$; nun ist $[BOH] = [H^{\cdot}]$; $[OH'] \cdot [H^{\cdot}] = 10^{-14}$ und $[B^{\cdot}]$ kann gleich der Anfangskonzentration $C$ gesetzt werden.
$K_B = \frac{C \cdot 10^{-14}}{[H^{\cdot}]^2} = \frac{0{,}01 \cdot 10^{-14}}{(3{,}98 \cdot 10^{-4})^2} = 6{,}32 \cdot 10^{-10}$.

**251.** $0{,}1694 = \varepsilon_0 + \frac{2{,}303 \cdot R \cdot T}{F} \cdot 2{,}98$; $\varepsilon = \varepsilon_0 + \frac{2{,}303 \cdot R \cdot T}{F} \cdot 7{,}00$; daraus ist $\varepsilon = 0{,}1694 - \frac{2{,}303 \cdot 8{,}31 \cdot 298}{96500} \cdot (2{,}98 - 7{,}00) = 0{,}4070$ V.

**252.** $\varepsilon = 0{,}76 + \frac{0{,}0577}{1} \cdot \lg \frac{0{,}1}{0{,}5} = 0{,}72$ V.

**253.** Zwei Teilvorgänge: $1\,[Mn\,O' + 8\,H^{\cdot}] + 5\,\ominus \rightleftarrows 1\,[Mn^{\cdot\cdot} + 4\,H_2O]$ und $5\,Fe^{\cdot\cdot} \rightleftarrows 5\,Fe^{\cdot\cdot\cdot} + 5\,\ominus$; $\lg K = -66{,}495 = \frac{5 \cdot (x - 1{,}52)}{0{,}0577}$; $x = +0{,}75$.

**254.** $\varepsilon_U = \frac{1 \cdot 0{,}75 + 5 \cdot 1{,}52}{2} = 1{,}39$ V.

**255.** $\frac{0{,}77 + 1{,}44}{2} = 1{,}11$ V.

**256.** $\varepsilon = \varepsilon_0 + \frac{0{,}0577}{2} \cdot \lg \frac{c_{Sn^{\cdot\cdot\cdot\cdot}}}{c_{Sn^{\cdot\cdot}}}$ ; 0,241, 0,212, 0,154, 0,125, 0,067 V.

**257.** $\varepsilon_{Fe} = 0{,}772 + 0{,}0577 \cdot \lg \frac{c_{Fe^{\cdot\cdot\cdot}}}{c_{Fe^{\cdot\cdot}}} = 0{,}772 + \frac{0{,}0577}{2} \cdot \lg \frac{c^2_{Fe^{\cdot\cdot\cdot}}}{c^2_{Fe^{\cdot\cdot}}}$ ; $\varepsilon_{Sn} = 0{,}154 + \frac{0{,}0577}{2} \cdot \lg \frac{c_{Sn^{\cdot\cdot\cdot\cdot}}}{c_{Sn^{\cdot\cdot}}}$. Beim Gleichgewicht ist $\varepsilon_{Fe} = \varepsilon_{Sn}$, daher $\lg K = \lg \frac{c^2_{Fe^{\cdot\cdot}} \cdot c_{Sn^{\cdot\cdot\cdot\cdot}}}{c^2_{Fe^{\cdot\cdot\cdot}} \cdot c_{Sn^{\cdot\cdot}}} = \frac{2 \cdot (0{,}772 - 0{,}154)}{0{,}0577} = 21$ und $K = 10^{21}$.

**258.** $\varepsilon = \frac{43{,}5 - 65{,}5}{43{,}5 + 65{,}5} \cdot 0{,}0001983 \cdot 291 \cdot \lg \frac{0{,}01}{0{,}001} = 0{,}0117$ V. (Die verdünntere Lösung lädt sich dabei negativ auf.)

**259.** Man kann die Zellen als Konzentrationszellen ansehen, also ist $\varepsilon = 0{,}0579 \cdot \lg \frac{[Ag^{\cdot}]''}{[Ag^{\cdot}]'}$, (0,0579 weil 19° C); die Aktivitätsfaktoren werden vernachlässigt. Es ist $A = Ag^{\cdot}$ und $X = NH_3$. In Zelle 1 ist $X_t$ gleich bei beiden Elektroden, also $\varepsilon = 0{,}0579 \cdot \lg \left(\frac{37{,}9}{0{,}379}\right)^{\frac{1}{m}} = \frac{0{,}0579 \cdot 2{,}00}{m} = 0{,}112$; daraus $m = 1{,}03 \approx 1$. In Zelle 2 ist $A_t$ gleich bei beiden Elektroden. Für $m = 1$ finden wir $\varepsilon = 0{,}0579 \cdot \lg \left(\frac{1{,}0}{0{,}1}\right)^n = 0{,}1213$ und $n = 2{,}10 \sim 2$. Der Grenzkomplex ist $Ag(NH_3)_2$.

**260.** — 16782 cal.

**261.** $\Delta A = -2 \cdot 23064 \cdot 0{,}05148 = -2373$ cal; $\Delta J = 2 \cdot 23064 \cdot (293 \cdot -0{,}0002 - 0{,}05148) = -5077$ cal; $\Delta S = \frac{\Delta J - \Delta A}{T} = -9{,}23$ Cl.

**262.** $c_A - c_x = \frac{c_A}{2}$; $k = \frac{2{,}303}{t} \cdot \lg \frac{c_A}{\frac{c_A}{2}} = \frac{2{,}303}{t} \cdot \lg 2$; $t = 44{,}1$ h.

**263.** Ursprüngliche Nitramidmenge $c_A = 50{,}0 : 62{,}04 = 0{,}8059$ mMol (Millimol), nach 70 min haben sich gebildet $\frac{6{,}19 \cdot 1000}{82{,}04 \cdot 288} = 0{,}2620$ mMol $N_2O$, daher die noch unzersetzte Menge Nitramid $= 0{,}5439$ mMol $= c_A - c_x$; $k = 0{,}00562$ und $t_{1/2} = 123{,}3$ min.

**264.** Nach 24 h kann die Reaktion als beendet angesehen werden. Es ist zwischen 20 und 40 min $k = \frac{2{,}303}{20} \cdot \lg \frac{20{,}39 - 10{,}81}{20{,}39 - 13{,}27} = 0{,}01474$. Auf die gleiche Art die übrigen Werte ermittelt und es resultiert für $k = 0{,}0147$ min$^{-1}$; $t_{1/2} = 47$ min.

**265.** $k = 0{,}0070$ s$^{-1}$ · mol$^{-1}$.

**266.** $k_1 = \frac{2{,}303}{15} \cdot \lg \frac{25}{9{,}8} = 0{,}0624$; $k_2 = 0{,}0626$. Es handelt sich tatsächlich um eine Reaktion erster Ordnung.

**267. a)** Der gemessene Druck $p$ setzt sich zusammen aus $p_1$ ($C_4H_6$) und $p_2$ ($C_8H_{12}$), d. h. $p = p_1 + p_2$; ferner ist $p_1 + 2p_2 = 632$ Torr, also $p_1 = 2\,p - 632$. Für die gemessenen Drucke daher $p_1 = 632$, 605,0, 581,2, 551,2, 502,6, 438,8, 410,4, 348,4. Daraus ist $\left(\frac{1}{p_1''} = \frac{1}{p_1'}\right) \cdot \left(\frac{1}{t'' - t'}\right)$ für die Zeitdifferenzen 3,25, 6,12, 10,08 usw.... (0,0000166), 0,0000227, 0,0000230, 0,0000236, 0,0000238, 0,0000235, 0,0000229. Das Mittel der sechs Werte = 0,0000233 = $2{,}33 \cdot 10^{-5}$. Die Reaktion ist also 2. Ordnung.

**b)** Der Wert $2{,}33 \cdot 10^{-5}$ ist bereits die Geschwindigkeitskonstante, denn in der Formel $k = \frac{1}{t} \cdot \frac{x}{a \cdot (a - x)}$ ist $a = p_1'$ und $(a - x) = p_1''$. Eingesetzt erhalten wir $k = \frac{1}{t} \cdot \left(\frac{1}{p_1''} - \frac{1}{p_1'}\right)$, die gleiche Formel wie in a).

**268.** Aus 1 Mol Ester erhält man 2 Mol Essigsäure, daher Anfangskonzentration an unzersetzter Essigsäure im Ester $c_0 = 2 \cdot 0{,}1 = 0{,}2$ Mol/l. Für eine Reaktion erster Ordnung gilt $k_1 = \frac{1}{t} \cdot \ln \frac{c_0}{c_0 - c_x}$ oder daraus $\lg (c_0 - c_x) = \lg c_0 - 0{,}4343 \cdot k_1 \cdot t$. Es müßten also die Logarithmen der Konzentrationen an Unzersetztem $(c_0 - c_x)$ gegen die Zeit $t$ aufgetragen werden. Die entstehende Gerade hat die Neigung $0{,}4343 \cdot k_1$.

Für eine Reaktion zweiter Ordnung gilt $k_2 = \frac{1}{t} \cdot \frac{c_x}{c_0 \cdot (c_0 - c_x)} = \frac{1}{t} \cdot \left(-\frac{1}{c_0} + \frac{1}{c_0 - c_x}\right)$ und $\frac{1}{c_0 - c_x} = \frac{1}{c_0} + k_2 \cdot t$. Es müßten jetzt die reziproken Werte der Konzentrationen an Unzersetztem $(c_0 - c_x)$ gegen die Zeit $t$ aufgetragen eine Gerade ergeben, deren Steigung den Wert $k_2$ hat. Bei der graphischen Darstellung erkennt man sogleich, daß die Reaktion erster Ordnung ist. Die Neigung der Geraden $0{,}4343 \cdot k_1$ ist durch 2 Punkte gegeben, z. B.

$$\begin{aligned} \lg (c_0 - c_x) &= 0{,}160 - 1 \text{ bei } t = 450 \text{ min.} \\ &= 0{,}590 - 2 \text{ bei } t = 4500 \text{ min.} \end{aligned}$$

$$0{,}4343 \cdot k_1 = \frac{-0{,}840 - (-1{,}410)}{4500 - 450} = 0{,}0001408 \text{ und } k_1 = 3{,}242 \cdot 10^{-4} \text{min}^{-1}.$$

Die Halbwertszeit $t_{1/2} = \frac{1}{k_1} \cdot \ln 2 = \frac{1}{0{,}4343 \cdot k_1} \cdot \lg 2 = 2144$ min.

**269.** Anzahl Äquivalente im Mononitrobenzol zur Zeit $t$ gleich $c$, Äquivalente Salpetersäure $c'$, Äquivalente an o-, m- und p-Verbindung $x$, $y$ und $z$. Für die 3 gleichzeitig verlaufenden Reaktionen gelten folgende Geschwindigkeitsgleichungen: $\frac{dx}{dt} = k_1 \cdot c \cdot c'$; $\frac{dy}{dt} = k_2 \cdot c \cdot c'$ und $\frac{dz}{dt} = k_3 \cdot c \cdot c'$. Für jedes Äquivalent eines der drei sich bildenden Isomeren wird 1 Äquivalent Salpetersäure verbraucht, das gleiche gilt hinsichtlich des Mononitrobenzols. Daher ist $c = c_0 - (x + y + z)$ und $c' = c'_0 - (x + y + z)$, wobei $c_0$ und $c'_0$ die Mengen der Ausgangsstoffe bei $t = 0$ darstellen. Nach Division der einen Differentialgleichung durch eine andere und Integration erhält man $x:y:z = k_1:k_2:k_3$. Nachdem die Molekulargewichte der 3 Isomeren gleich sind, läßt sich das Verhältnis der Äquivalente durch dasjenige der Gewichtsmengen ersetzen, also $x:y:z = k_1:k_2:k_3 = 6{,}4:93{,}5:0{,}1$. Durch Addition der 3 Differentialgleichungen erhält man, wenn $(x + y + z) = u$ gesetzt wird: $\frac{du}{dt} = (k_1 + k_2 + k_3) \cdot (c_0 - u) \cdot (c'_0 - u)$, was der Gleichung einer bimolekularen Reaktion entspricht.

**270.** 0,851 $\text{min}^{-1}$.

**271.** $k = \frac{2{,}303}{t_2 - t_1} \cdot \lg \frac{p_1}{p_2}$; $p_1$ und $p_2$ sind die Partialdrucke von Diphosgen. $a$ Mol Diphosgen zerfallen in $2a$ Mol Phosgen (Endwert). Zu einer bestimmten Zeit sind $x$ Mol Diphosgen vorhanden, insgesamt also $x + 2 \cdot (a - x) = 2a - x$, diese verursachen den Gesamtdruck $P$, daher ist der Teildruck des Diphosgens $x = 2a - P$. Für unseren Fall ist $p_1 = 30{,}06:2 = 15{,}03$ (Beginn der Reaktion), nach 1132 sek $p_2 = 30{,}06 - 22{,}27 = 7{,}79$ Torr.

$$280^\circ\text{ C} \ldots\ldots k_1 = \frac{2{,}303}{1132} \cdot \lg \frac{15{,}03}{7{,}79} = 0{,}000580 \text{ sek}^{-1}$$

$$290^\circ\text{ C} \ldots\ldots k_2 = \frac{2{,}303}{334} \cdot \lg \frac{15{,}76}{10{,}65} = 0{,}001173 \text{ sek}^{-1};$$

$\lg \frac{k_1}{k_2} = \frac{A}{4{,}574} \cdot \left(\frac{1}{T_2} - \frac{1}{T_1}\right)$, daraus $A = 42570$ cal/Mol.

**272.** **a)** $\lg k = H - \frac{A}{4{,}574 \cdot T}$. Wir berechnen $\frac{1}{T}$ und $\lg k$:

| | | | | |
|---|---|---|---|---|
| $\frac{1}{T}$ = | 0,003663 | 0,003413 | 0,003195 | 0,003003 |
| $\lg k$ = | − 4,60906 | −3,36151 | −2,23958 | −1,26122 |

Aus der damit gezeichneten Geraden wird die Neigung $\left(= \frac{A}{4{,}574}\right)$ bestimmt zu 5100, daher $A = 23{,}3$ kcal und $H = 14{,}072$; **b)** $\lg k = 14{,}072 - \frac{5100}{323} = -1{,}717$ und $k = 0{,}0192$ $\text{min}^{-1}$; $t_{1/2} = k^{-1} \cdot \ln 2 = \frac{0{,}30103 \cdot 2{,}303}{0{,}0192} = 36{,}1$ min.

**273.** Aus der nach dem Auftragen von $\lg D$ gegen $\frac{1000}{T}$ gezeichneten Ausgleichsgeraden erhält man die Gleichung $\lg D = 2{,}177 - \frac{6820}{T}$ oder $2{,}177 - \frac{6820 \cdot 4{,}574}{2{,}303 \cdot R \cdot T} = \lg D_0 - \frac{Q}{2{,}303 \cdot R \cdot T}$; nach Umwandlung in ln erhält man $\ln D = \ln D_0 - \frac{Q}{R \cdot T}$ und $D = D_0 \cdot$

$\cdot e^{-\frac{Q}{RT}}$; nachdem $\lg D_0 = 2{,}177$ ist für unser Beispiel $D = 150 \cdot$ $\cdot e^{-\frac{31200}{RT}}$.

**274.** 14,0 %.

**275.** 1,4734.

**276.** **a)** 6 C + 6 H + 3 Doppelbindungen = 26,307; **b)** C + H + + 3 Cl = 21,419.

**277.** **a)** 32,76; **b)** 8,57.

**278.** Allgemein ist für die Mischung $AB$ zweier Flüssigkeiten $A$ und $B$ (wenn $p$ = Gew.-% von $A$):

$$\frac{n_{AB}^2 - 1}{n_{AB}^2 + 2} \cdot \frac{1}{\varrho_{AB}} = \frac{n_A^2 - 1}{n_A^2 + 1} \cdot \frac{p}{100 \cdot \varrho_A} + \frac{n_B^2 - 1}{n_B^2 + 2} \cdot \frac{100 - p}{100 \cdot \varrho_B}.$$

Damit wird $p = 20{,}4\,\%$ (experimentell 20,7).

**279.** $\lg \frac{I_0}{I} = k \cdot d$; $\lg \frac{100}{10} = k \cdot 10$, daraus $k = 0{,}1$; **a)** $\lg \frac{100}{50} = 0{,}1 \cdot d$; $d = 3{,}01$ cm; **b)** $\lg \frac{100}{I} = 0{,}1 \cdot 6$ und $I = 100 - 25{,}1 = 74{,}9\,\%$.

**280.** Es wird $E = k_1 \cdot d_1 = \varepsilon_1 \cdot c_1 \cdot d_1 = \varepsilon_2 \cdot c_2 \cdot d_2 = k_2 \cdot d_2$. Bei gleicher Schichtdicke ist $k_2 = k_1 = \varepsilon_1 \cdot c_1$ (der Index 1 bezieht sich auf die Eisen-Phenantrolin-Lösung, 2 auf die Graulösung). $k_2 = 11{,}2 \cdot 10^3 \cdot 4{,}46 \cdot 10^{-5} = 0{,}50\ \text{cm}^{-1}$; $c_1 = \frac{0{,}5 \cdot d_2}{\varepsilon_1 \cdot d_1}$ Mol Fe/l $= \frac{55{,}85 \cdot 10^3 \cdot 0{,}5 \cdot d_2}{11{,}2 \cdot 10^3 \cdot d_1}$ mg Fe/l. Es ist gefordert, daß $d_2$ zahlenmäßig gleich $c_1$ sein soll, daher wird $d_1 = 2{,}49$ mm.

**281.** $\varepsilon = \frac{1{,}986 \cdot 10^{-8}}{5300} = 3{,}75 \cdot 10^{-12}$ erg.

**282.** Absorb. Energie für 2070 Å = $2{,}856 \cdot 10^8 : 2070 = 1{,}380 \cdot 10^5$ cal; zerfallen sind 0,0000144 Mol pro cal, daher für $1{,}380 \cdot 10^5 \ldots$ 1,99; für 2530 Å analog... 2,09.

**283.** Die molare Quantenenergie ist 139 kcal, daher $\psi = \frac{2 \cdot 12{,}3}{139} = 0{,}178$, also 17,8 %.

**284.** Die Masse der freigesetzten Energie (Licht, $\gamma$-Strahlen usw.) aus der Einstein-Beziehung $m = \frac{8{,}23 \cdot 10^{20}\ \text{erg}}{(3 \cdot 10^{10})^2\ \text{cm}^2 \cdot \text{sek}^{-2}} = 0{,}915$ g. Abgezogen von der Masse des Ausgangsmaterials $1000 - 0{,}915 = 999{,}085$ g als Masse der materiellen Reaktionsprodukte. Es ist also nahezu 0,1 % der Materie in Strahlung umgewandelt.

**285.** **a)** 29,97 dyn · cm$^{-1}$; **b)** 26,34 dyn · cm$^{-1}$.

**286.** $v = \frac{g}{\gamma} = \frac{0{,}0856}{0{,}9982} = 0{,}0858$; $\frac{\sqrt[3]{v}}{r} = 1{,}47$, daher $A = 255$ und $\gamma = 72{,}8$ dyn · cm$^{-1}$.

**287.** $\varkappa = 1{,}01$; Molekulargewicht = normal.

**288.** $\gamma_1 = \frac{981 \cdot 0{,}01425 \cdot 3{,}28 \cdot 1{,}124}{2} = 2{,}577$; nalog $\gamma_2 = 2{,}119$.

Molvolumen $v_1 = 78{,}48 : 1{,}124 = 69{,}82$ und $v_2 = 73{,}77$. Daher

$$k = \frac{\gamma_1 \cdot v_1^{\frac{2}{3}}}{\delta_{kr} - 6 - T_1} = \frac{\gamma_2 \cdot v_2^{\frac{2}{3}}}{\delta_{kr} - 6 - T_2},$$ daraus $\delta_{kr} = 234{,}8°$ C.

**289.** **a)** 216,0; **b)** 215,9.

**290.** 0,408 cP.

**291.** $v = \sqrt{2g \cdot (h + 2 \cdot 10{,}3)} = 21{,}52$ m/s.

**292.** $\varkappa = t \cdot \left(1 - \frac{1}{\sqrt{n}}\right)$.

**293.** $v_{kr} = 4{,}6$ m/s.

**294.** Überdruck über der Eintrittsöffnung des Rohres ist $500 + 150 \cdot 1{,}246 = 687$ g/cm²; bei der Austrittsöffnung ist der Überdruck $= 0$; da der Teil des Druckes zwischen beiden Enden der Leitung 687 g/cm² = 6870 kg/m² beträgt, ist $6870 = \frac{138 \cdot 7 \cdot v \cdot 410}{9{,}81 \cdot 0{,}02^2 \cdot 10000}$; daraus ist $v = 0{,}295$ m/s.

**295.** $v = \frac{Q}{F} = \frac{0{,}01}{0{,}00785} = 1{,}27$ m/s; $R = \frac{1{,}27 \cdot 0{,}1}{0{,}0000010064} = 126200$. Nach dem Diagramm ist $W = 0{,}017$. Die Gesamtlänge der Leitung ist $20 + 0{,}1 \cdot 40 = 24$ m. Druckabfall $\varDelta P = 0{,}017 \cdot \frac{24 \cdot 0{,}99823 \cdot 1{,}27^2}{0{,}1 \cdot 2 \cdot 9{,}81} = 0{,}33$ m. Geschwindigkeitshöhe $= \frac{1{,}27^2}{2 \cdot 9{,}81} = 0{,}08$ m. Erforderliche Druckhöhe $= 0{,}41$ m.

**296.** Druck an Stelle 2: $P_2 = P_1 - \frac{\gamma}{2g} \cdot (v_2^2 - v_1^2)$; das spezifische Gewicht der Luft kann aus der Gleichung $p \cdot v \frac{a}{M} \cdot R \cdot T$ ermittelt werden. $\frac{a}{v} = \gamma = \frac{1{,}0646 \cdot 28{,}95}{0{,}082 \cdot 288} = 1{,}305$ kg/m³ (1,1 at = 1,0646 Atm). $P_2 = 11000 - \frac{1{,}305}{2 \cdot 9{,}81} \cdot (6{,}25^2 - 4^2) = 10998{,}5$ kg/m² = = 1,09985 kg/cm² oder ata, also noch ein Überdruck von 0,09985 at. Anzeige in Torr an Stelle 1: 809,05, an Stelle 2: 808,93.

**297.** Überdruck der Luft = 1140 — 740 = 400 Torr = 0,4 m Hg;

$$v = \sqrt{2 \cdot 9{,}81 \cdot 0{,}4 \cdot \frac{13{,}6}{0{,}00129} \cdot \frac{0{,}76 \cdot (1 + 0{,}00367 \cdot 15)}{0{,}74 + 0{,}4}} = 241 \text{ m/s}.$$

**298.** $v_N : v_{NH_3} = \sqrt{\gamma_{NH_3}} : \sqrt{\gamma_N} = 2{,}916 : 3{,}74 = 1 : 1{,}283$.

**299.** **a)** $p_1 v_1 = p_2 v_2$; daraus ist $v_2 = \frac{3 \cdot 25000}{1} = 75000$ l/h;

**b)** 75000 l von 20° = 69872 l von 0° $= \frac{69872}{22{,}4} = 3120$ Mol; $Q = -A = 3120 \cdot 1{,}986 \cdot 293 \cdot 2{,}303 \cdot \lg \frac{75000}{25000} = 1995000$ cal. Pro Liter Wasser werden abgeführt $1000 \cdot (19 - 15) = 4000$ cal, es sind daher 499 l/h nötig.

**300.** $v_2 = 2{,}264$ m³; $T_2 = 525°$ K = 252° C; $A = 182500$ mkg.

**301. a)** $v_2 = v_1 \cdot \frac{p_1}{p_2} = 0{,}01 \cdot \frac{10}{1} = 0{,}1\ \text{m}^3$. $A = -p_1 \cdot v_1 \cdot \ln \frac{p_1}{p_2} = -100000 \cdot 0{,}01 \cdot 2{,}303 \cdot \lg \frac{100000}{10000} = -2303$ mkg; $Q = -A = 2303$ mkg $= 5{,}39$ kcal. **b)** $\left(\frac{v_1}{v_2}\right)^{\varkappa} = \frac{p_2}{p_1}$; $\frac{v_1}{v_2} = \left(\frac{p_2}{p_1}\right)^{\frac{1}{\varkappa}}$ und $v_2 = \left(\frac{p_1}{p_2}\right)^{\frac{1}{\varkappa}} \cdot v_1 = 10^{\frac{1}{1{,}4}} \cdot 0{,}01 = 0{,}0518\ \text{m}^3$. Die Endtemperatur $T_2 = T_1 \cdot \left(\frac{p_1}{p_2}\right)^{\frac{\varkappa-1}{\varkappa}} = 298 \cdot 0{,}1^{\frac{0{,}4}{1{,}4}} = 154{,}4^\circ\ \text{K} = -118{,}6^\circ\ \text{C}$. $A = -\frac{1}{\varkappa - 1} \cdot (p_1 v_1 - p_2 v_2) = -1205$ mkg; $Q = 0$. **c)** $v_2 = \left(\frac{p_1}{p_2}\right)^{\frac{1}{m}} \cdot v_1 = 10^{\frac{1}{1{,}3}} \cdot 0{,}01 = 0{,}05878\ \text{m}^3$; $T_2 = T_1 \cdot \left(\frac{p_2}{p_1}\right)^{\frac{m-1}{m}} = 298 \cdot 0{,}1^{\frac{0{,}3}{1{,}3}} = 175{,}2^\circ\ \text{K} = -97{,}8^\circ\ \text{C}$; $A = -\frac{1}{m-1} \cdot (p_1 v_1 - p_2 v_2) = -1374$ mkg; $Q = -A \cdot \frac{\varkappa - m}{\varkappa - 1} = 343{,}5$ mkg $= 0{,}805$ kcal.

**302. a)** $v_2 = 400\ \text{m}^3$; $T_2 = T_1 = 288^\circ\ \text{K} = 15^\circ\ \text{C}$; $A = 79100000$ mkg/h; $N = \frac{79100000}{3600 \cdot 75} = 293$ PS; $Q = -A = -\frac{79100000}{426{,}9} = -185300$ kcal/h; $W = \frac{185300}{10} = 18530$ l/h. **b)** $v_2 = 750\ \text{m}^3$; $T_2 = 539{,}5^\circ\ \text{K} = 266{,}5^\circ\ \text{C}$; $A = 110250000$ mkg/h; $N = 408$ PS; $Q = 0$; $W = 0$. **c)** $v_2 = 664\ \text{m}^3$; $T_2 = 478^\circ\ \text{K} = 205^\circ\ \text{C}$; $A = 103000000$ mkg/h; $N = 381$ PS; $Q = -46300$ kcal/h; $W = 4630$ l/h. **d)** 1. Niederdruckzylinder: $p_2 = \sqrt{1 \cdot 9} = 3$ at; $v_2 = 1545\ \text{m}^3$; $T_2 = 371^\circ\ \text{K} = 98^\circ\ \text{C}$; $A_N = 44850000$ mkg/h; $Q_N = -20200$ kcal/h; $W_N = 2020$ l/h. 2. Zwischenkühlung: Da $T_3 = T_1$, kann man sich $v_3$ auch durch isotherme Verdichtung entstanden denken. $v_3 = v_1 \cdot \frac{p_1}{p_3} = 3600 \cdot \frac{1}{3} = 1200\ \text{m}^3$; $Q_Z = C_p \cdot (T_2 - T_3) \cdot n$; die mittlere Molwärme zwischen 15 und 98° ist 6,95; $p_1 = \frac{1}{1{,}033}$ Atm; $n = \frac{p_1 v_1}{R\,T} = \frac{1 \cdot 3600000}{1{,}033 \cdot 0{,}082 \cdot 288} = 147500$ Mol; $Q_Z = -6{,}95 \cdot (371 - 288) \cdot 147500 = -85100000$ cal $= -85100$ kcal/h; $W_Z = 8510$ l/h. 3. Hochdruckzylinder: $v_4 = 515\ \text{m}^3$; $T_4 = 371^\circ\ \text{K} = 98^\circ\ \text{C}$; $A_H = 44850000$ mkg/h; $Q_H = -20200$ kcal/h; $W_H = 2020$ l/h.
4. Gesamtleistung des Kompressors: $A = A_N + A_H = 89700000$ mkg/h; $N = \frac{89700000}{3600 \cdot 75} = 332$ PS; die gesamte Kühlwassermenge $W = W_N + W_Z + W_H = 12550$ l/h.

**303.** $A_m = \frac{523 - 293}{523} \cdot 300000 = 132000$ kcal $= 153{,}4$ kW. An das Kühlwasser werden stündlich abgegeben. $Q_1 = Q_2 \cdot \frac{T_1}{T_2} = 168000$ kcal.

**304.** $A_m = \frac{293 - 263}{263} \cdot 20000 = 2280\,\text{kcal} = 2{,}65$ kW. An das Kühlwasser sind $20000 \cdot \frac{293}{263} = 22280$ kcal/h abzuführen. $(25 - 20 =)$ 5 kcal werden von 1 kg Wasser aufgenommen, daher werden 4456 kg Wasser pro Stunde benötigt.

**305.** $p_1 = 150$ at, $T_1 = 293°\,K = 20°\,C$; $p_2 = 75$ at. **a)** $T_2 = 293 \cdot \left(\frac{75}{150}\right)^{\frac{0,4}{1,4}} = 240{,}4°\,K = -32{,}6\,C$; $T_3 = 293°\,K = 20°\,C$; $p_3 = \frac{293}{240{,}4} \cdot 75 = 91{,}4$ at. **b)** aus der allgemeinen Gasgleichung: 150 at $= 150 \cdot 0{,}9678 = 145{,}2$ Atm; $n = \frac{pv}{RT} = \frac{145{,}2 \cdot 25}{0{,}08204 \cdot 293} = 151$ Mol $= 151 \cdot 32 = 4832$ g $= 4{,}83$ kg; **c)** $\frac{91{,}4 \cdot 0{,}9678 \cdot 25 \cdot 32}{0{,}08204 \cdot 293} = 2944$ g $= 2{,}94$ kg; **d)** $\frac{4{,}83}{2} = 2{,}41$ kg.

**306. a)** $p_1 = 1$ at; $T_1 = 323°\,K = 50°\,C$; $p_2 = p_1 \cdot \left(\frac{v_1}{v_2}\right)^m = 1 \cdot 5^{1,3} = 8{,}10$ at; $T_2 = T_1 \cdot \left(\frac{v_1}{v_2}\right)^{m-1} = 323 \cdot 5^{0,3} = 523{,}5°\,K = 250{,}5°\,C$; $T_3 = 1000 + T_2 = 1523{,}5°\,K = 1250{,}5°\,C$; $p_3 = \frac{T_3}{T_2} \cdot p_2 = 23{,}43$ at; $p_4 = p_3 \cdot \left(\frac{v_3}{v_4}\right)^m = 23{,}43 \cdot \left(\frac{1}{5}\right)^{1,3} = 2{,}89$ at; $T_4 = T_3 \cdot \left(\frac{v_3}{v_4}\right)^{m-1} = 1523{,}5 \cdot \left(\frac{1}{5}\right)^{0,3} = 940{,}2°\,K = 667{,}2°\,C$; **b)** $s_2 - s_1 = C_v \cdot \ln \frac{p_2}{p_1} + C_p \cdot \ln \frac{v_2}{v_1} = 5 \cdot \ln \frac{8{,}10}{1} + 6{,}986 \cdot \ln \frac{1}{5} = -0{,}783$ cal/Mol $= -0{,}783 : 28{,}95 = -0{,}027$ cal/g; $s_3 - s_2 = +0{,}1835$; $s_4 - s_1 = +0{,}027$; $s_1 - s_4 = -0{,}1835$; **c)** $Q_{1-2} = \frac{\varkappa - m}{m - 1} \cdot n \cdot C_v \cdot (T_1 - T_2) = \frac{1{,}4 - 1{,}3}{1{,}3 - 1} \cdot 34{,}5 \cdot 0{,}005 \cdot (323 - 523{,}5) = -11{,}53$ kcal/kg; ($n = 1000 : 28{,}95 = 34{,}5$ Mol Luft/kg; $C_v = 5$ cal $= 0{,}005$ kcal); $Q_{2-3} = n \cdot C_v \cdot (T_3 - T_2) = 34{,}5 \cdot 0{,}005 \cdot (1523{,}5 - 523{,}5) = +172{,}50$ kcal/kg; $Q_{3-4} = \frac{1{,}4 - 1{,}3}{1{,}3 - 1} \cdot 34{,}5 \cdot 0{,}005 \cdot (1523{,}5 - 940{,}2) = +33{,}54$ kcal/kg; $Q_{4-1} = 34{,}5 \cdot 0{,}005 \cdot (323 - 940{,}2) = -106{,}46$ kcal/kg. **d)** $A_{1-2} = -Q_{1-2} \cdot \frac{\varkappa - 1}{\varkappa - m} = +11{,}53 \cdot \frac{0{,}4}{0{,}1} = +46{,}12$; $A_{2-3} = 0$; $A_{3-4} = -33{,}54 \cdot \frac{0{,}4}{0{,}1} = -134{,}16$ kcal/kg; $A_{4-1} = 0$; $A = -134{,}16 + 46{,}12 = -88{,}04$ kcal $= -37600$ mkg/kg. **e)** $\eta = \frac{Q - Q_0}{Q} = \frac{(172{,}50 + 33{,}54) - (11{,}53 + 106{,}46)}{172{,}50 + 33{,}54} = 0{,}43.$

**307.** Kurz nach dem Öffnen des Ventils stürzt ein Teil des Zylinderinhaltes $v_1$ ($p_1$, $T_1$) in die Auspuffleitung und der Druck im Zylinder und Auspuffrohr gleichen sich aus ($\rightarrow p_2$), der Rest des Gases kühlt sich infolge Expansion etwas ab. Nun folgt das Ausschieben des Gases und der ganze Inhalt des Zylinders gelangt in die Auspuffleitung (Zustand $v_2$, $p_2$, $T_2$). Zu berechnen ist die mittlere Auspufftemperatur $T_2$.

Beim Ausströmen wird vom Gas die Arbeit $A = p_2 v_2$ geleistet, während zum Ausschieben des Gases aus dem Zylinder die Arbeit $p_2 v_1$ verbraucht wird. Es ist somit die vom Gas insgesamt geleistete Arbeit $p_2 \cdot (v_2 - v_1)$.

Nach dem 1. Hauptsatz ist (da keine Wärme umgesetzt wird) $U_2 - U_1 = p_2 \cdot (v_2 - v_1)$. Nun ist (nach S. 232) $U_1 + p_1 v_1 = J_1$ und $U_2 + p_2 v_2 = J_2$, daher $J_1 - J_2 = -p_2 v_1 + p_1 v_1 = v_1 p_1 \cdot \left(1 - \frac{p_2}{p_1}\right) = \frac{RT_1}{p_1} \cdot p_1 \cdot \left(1 - \frac{p_2}{p_1}\right)$. Für ideale Gase ist anderseits $J_1 - J_2 = C_p \cdot (T_1 - T_2)$, also $C_p \cdot (T_1 - T_2) = R\,T_1 \cdot \left(1 - \frac{p_2}{p_1}\right)$. Aus $C_p - C_v = R$ und $\frac{C_p}{C_v} = \varkappa$ ist $C_p = R \cdot \frac{\varkappa}{\varkappa - 1}$; $T_1 - T_2 = T_1 \cdot \frac{\varkappa - 1}{\varkappa} \cdot \left(1 - \frac{p_2}{p_1}\right)$. (Die Temperatur $T_2$ im Auspuffrohr kann also niedriger sein als die Expansionsendtemperatur $T_1$!). Für unser Beispiel $T_1 = \frac{T_2}{1 - \frac{\varkappa - 1}{\varkappa} \cdot \left(1 - \frac{p_2}{p_1}\right)} = \frac{773}{1 - \frac{0{,}35}{1{,}35} \cdot \left(1 - \frac{1{,}2}{5}\right)} = \frac{773}{0{,}803} = 962^\circ\,\mathrm{K} = 689^\circ\,\mathrm{C}$.

**308.** Verhältnisse in der Flasche vor der Füllung $p_0$, $v_0$, $T_0$, $n_0$ Mole; nach dem Füllen $p_1$, $T_1$. Aus dem Behälter strömt Sauerstoff $p_a$, $v_a$, $n_a$, $T_0$.

Beim Einströmen wird die Arbeit $A = p_a \cdot v_a \cdot n_a$ geleistet. Nach dem 1. Hauptsatz ist die Energieänderung $U_2 - U_1 = A + Q$; $Q = 0$, folglich $U_2 - U_1 = p_a \cdot v_a \cdot n_a$. Die Energieänderung ist aber auch $(n_0 + n_a) \cdot C_v \cdot (T_1 - T_0)$, so daß $(n_0 + n_a) \cdot C_v \cdot (T_1 - T_0) = p_a \cdot v_a \cdot n_a = R \cdot T_0 \cdot n_a$. Nun ist vor dem Auffüllen $n_0 = \frac{p_0 v_0}{RT_0}$ und nach dem Auffüllen $n_0 + n_a = \frac{p_1 v_0}{RT_1}$, daraus $n_a = (n_0 + n_a) - n_0 = \frac{v_0}{R} \cdot \left(\frac{p_1}{T_1} - \frac{p_0}{T_0}\right)$. Aus $C_p - C_v = R$ und $\frac{C_p}{C_v} = \varkappa$ ist $C_v = \frac{R}{\varkappa - 1}$; $\frac{p_1 v_0}{RT_1} \cdot C_v \cdot (T_1 - T_0) = p_a v_a \cdot \left(\frac{p_1}{T_1} - \frac{p_0}{T_0}\right)$; $\frac{p_1 v_0}{T_0} \cdot \frac{1}{\varkappa - 1} \cdot (T_1 - T_0) = \left(\frac{v_0 p_1}{R\,T_1} - \frac{v_0 p_0}{R\,T_0}\right) \cdot RT_0$; $\frac{p_1 v_0}{\varkappa - 1} - \frac{p_1 v_0 T_0}{T_1 \cdot (\varkappa - 1)} = \frac{v_0 p_1 T_0}{T_1} - v_0 p_0$; $\frac{p_1 v_0 T_0}{T_1 \cdot (\varkappa - 1)} + \frac{v_0 p_1 T_0}{T_1} = \frac{p_1 v_0}{\varkappa - 1} + v_0 p_0$; $\frac{T_0}{T_1} \cdot \left(\frac{p_1 v_0}{\varkappa - 1} + v_0 p_1\right) = \frac{p_1 v_0}{\varkappa - 1} + v_0 p_0$; $\frac{T_0}{T_1} =$

$$= \frac{p_1 v_0 + v_0 p_0 \cdot (\varkappa - 1)}{p_1 v_0 + v_0 p_1 \cdot (\varkappa - 1)}\,;\; v_0 = \frac{R\,T_0}{p_0},\ \text{daher}\ \frac{T_0}{T_1} = \frac{p_1 + p_0 \cdot (\varkappa - 1)}{p_1 + p_1 \cdot (\varkappa - 1)} =$$
$$= \frac{p_1 + p_0 \cdot (\varkappa - 1)}{p_1 \cdot \varkappa}\,;\; T_1 = T_0 \cdot \frac{\varkappa}{1 + \frac{p_0}{p_1} \cdot (\varkappa - 1)}.$$ Für unser Beispiel ist $T_1 = 293 \cdot \dfrac{1{,}4}{1 + \frac{1}{150} \cdot 0{,}4} = 409{,}2$; $p_2 = \dfrac{T_2 \cdot p_1}{T_1}$; $T_2 = T_0$, also $p_2 = \dfrac{293 \cdot 150}{409{,}2} = 107{,}4$ at.

**309.** $H_u = 6511 - 585 \cdot 0{,}212 = 6388$ kcal/kg. Effektiver Heizwert der ursprüngl. Kohle: Die lufttrockene Kohle ($100 - 5{,}8 = 94{,}2\,\%$ der ursprüngl. Kohle) hat einen effektiven Heizwert von $6388 \cdot 0{,}942 = 6017$ kcal/kg. Von diesem Wert ist noch die Kondensationswärme der 5,8% Grubenfeuchtigkeit abzuziehen, das sind $585 \cdot 0{,}058 = 33$ kcal. Der effektive (untere) Heizwert der ursprüngl. Kohle beträgt demnach $6017 - 33 = 5984$ kcal/kg.

**310.** 7759 kcal.

**311.** 2618 kcal.

**312.** Alle Angaben beziehen sich auf m³, daher $t = \dfrac{0{,}5 \cdot 3034}{0{,}5 \cdot 0{,}58 + 0{,}5 \cdot 0{,}38} = 3160°$.

**313.** $$\frac{Q}{t} = \frac{33 \cdot 1}{\frac{1}{20} + \frac{0{,}5}{0{,}75} + \frac{0{,}08}{0{,}045} + \frac{0{,}05}{1{,}10} + \frac{1}{7}} = \frac{33}{2{,}68} = 12{,}3 \text{ kcal} \cdot \text{m}^{-2} \cdot \text{h}^{-1}.$$

**314. a)** $$\frac{Q}{1} = \frac{1}{0{,}102} \cdot \frac{150 - 20}{\frac{1}{10000 \cdot 0{,}094} + \frac{1}{20 \cdot 0{,}102} + \frac{1}{2 \cdot 45} \cdot \ln \frac{0{,}102}{0{,}094}} = 2590 \text{ kcal} \cdot \text{m}^{-2} \cdot \text{h}^{-1}.$$ (Der Wert $\dfrac{1}{0{,}102}$ ist folgendermaßen entstanden: Fläche $F = d \cdot \pi \cdot l = 1$ m²; daraus ist $l \cdot \pi = \dfrac{1}{d}$).

**b)** $\dfrac{Q}{F} = \varkappa \cdot \Delta\vartheta \cdot F$; $t = 1$, $F = 1$, also $Q = \varkappa \cdot \Delta\vartheta = \varkappa \cdot (t_1 - t_2)$;
$$\vartheta_1 = t_1 - \frac{\varkappa \cdot \Delta\vartheta}{a_i} = 150 - \frac{2590}{10000} = 149{,}74°;\quad \vartheta_2 = \frac{\varkappa \cdot \Delta\vartheta}{a_a} + t_2 = \frac{2590}{20} + 20 = 149{,}5°.$$

**315. a)** $$Q = \frac{1}{0{,}160} \cdot \frac{350 - 30}{\frac{1}{150 \cdot 0{,}150} + \frac{1}{7 \cdot 0{,}260} + \frac{1}{2 \cdot 72} \cdot \ln \frac{0{,}160}{0{,}150} + \frac{1}{2 \cdot 0{,}11} \cdot \ln \frac{0{,}260}{0{,}160}} =$$ $= 714$ kcal · m⁻² · h⁻¹; **b)** 859 kcal · m⁻² · h⁻¹.
(Beachte den Einfluß von $\lambda$ des Isoliermaterials!)

**316.** $a_1 = a_2 = 2 + 10 \cdot \sqrt{4} = 22$; $\vartheta_a = 450 - 20 = 430$; $\vartheta_i = 900 - 480 = 420$; $\vartheta_m = 424{,}8°$; $\varkappa = \dfrac{1}{\dfrac{1}{22} + \dfrac{0{,}020}{0{,}7} + \dfrac{1}{20}} = 8{,}5$;

$$F = \frac{100\,000}{8{,}5 \cdot 424{,}8} = 27{,}7 \text{ m}^2.$$

**317.** $a$ für Dampf $= 10\,000$, $a$ für die verd. Lösung $= 300 + 1800 \cdot \sqrt{1} = 2100$; **a)** $\varkappa = 1709$; **b)** 444, das sind 26 %.

**318. a)** $\varkappa = \dfrac{1}{\dfrac{1}{500} + \dfrac{0{,}007}{40} + \dfrac{1}{20}} = 19$; es ist $Q = \varkappa \cdot F \cdot \varDelta\,\vartheta \cdot t = 19 \cdot 113 \cdot 60 \cdot 24 = 309\ 1680$ kcal/24 h, diese entsprechen $3\,091\,680 : 539 = 5736$ kg Dampf; **b)** $\varkappa = 0{,}77$, das ergibt 232 kg Dampf.

**319.** $s_1 = s_2 = \varepsilon \cdot s = 0{,}94 \cdot 4{,}96 = 4{,}68$;

$$S_1 = \frac{1}{\dfrac{1}{4{,}68} + \dfrac{1}{4{,}68} - \dfrac{1}{4{,}96}} \cdot \left[\left(\frac{363}{100}\right)^4 - \left(\frac{303}{100}\right)^4\right] = 396 \text{ kcal} \cdot \text{m}^{-2} \cdot$$

$\cdot \text{h}^{-1}$; $S_2 = 4 \cdot (90 - 30) = 240$ kcal $\cdot$ m$^{-2} \cdot$ h$^{-1}$; $Q = S_1 + S_2 = 636$ kcal $\cdot$ m$^{-2} \cdot$ h$^{-1}$ und für die gesamte Fläche $636 \cdot 4 \cdot 3{,}5 = 8900$ kcal $\cdot$ h$^{-1}$.

**320.** Vom Kühlwasser aufgenommene Wärme $= x \cdot (40 - 10)$; der Dampf hat einen Gesamtwärmeinhalt von 640,4 kcal, davon verbleiben im Kondensat, welches mit 40° abfließt, 40 kcal. Es werden also $640{,}4 - 40 = 600{,}4$ kcal frei; $x \cdot (40 - 10) = 500 \cdot 600{,}4$ und $x = 10\,000$ kg Wasser.

**321. a)** 0,1564 m$^3$/kg; **b)** 5,5 kg Dampf und 994,5 kg Wasser; **c)** Dampf 3659 kcal, Wasser 191 740 kcal.

**322. a)** Kondensationswärme des Wassers 516,9, Verdampfungswärme bei 100° 538,9; 1 kg Dampf kann daher $516{,}9 : 538{,}9 = 0{,}959$ kg Wasser bei 100° verdampfen; **b)** $516{,}9 : 557{,}4 = 0{,}927$ kg Wasser bei 70°, wenn das Kondenswasser mit 132,8° abginge; bei Abkühlung des Kondensats von 132,8 auf 75° erhält man 57,8 kcal, aus 1 kg Dampf daher $516{,}9 + 57{,}8 = 574{,}7$ und 1 kg Dampf kann somit $574{,}7 : 557{,}4 = 1{,}031$ kg Wasser abdampfen.

**323.** Eine 10 %ige Lösung enthält pro kg gelöster Substanz 9 kg Wasser, eine 50 %ige 1 kg Wasser. Pro kg gelöster Substanz sind daher 8 kg Wasser abzudampfen. Verdampfungswärme bei $132{,}8° = 516{,}9$ kcal, bei $52° = 567$ kcal; 5000 kg beinhalten 500 kg gelöster Substanz. Pro Stunde sollen abgedampft werden $500 \cdot 8 = 4000$ kg Wasser. Für die Verdampfung von 4000 kg Wasser bei 52° braucht man $4000 \cdot 567 = 2\,268\,000$ kcal. Diese erfordern $D$ kg Frischdampf, welcher pro kg abgibt bei Kondensation 516,9, bei Kühlung des Kondensats 52,8, zusammen also 569,7 kcal; $D \cdot 569{,}7 = 2\,268\,000$ und $D = 3981$ kg. Berechnung der Wärmefläche $F$: (Temperturunterschied $= 132{,}8 - 52 = 80{,}8°$); $2\,268\,000 = 1500 \cdot F \cdot 80{,}8$; $F = 18{,}8$ m$^2$.

# 15. Tabellen und Tafeln

Tabelle 1. Wasserdampftafel

$\vartheta$ = Temperatur in °C
$p$ = Sättigungsdruck in at
$v'$ = Spezifisches Volumen der Flüssigkeit in l/kg
$v''$ = Spezifisches Volumen des gesättigten Dampfes in $m^3$/kg
$\varrho'$ = Dichte der Flüssigkeit in kg/l
$\varrho''$ = Dichte des gesättigten Dampfes in kg/$m^3$
$i'$ = Wärmeinhalt der Flüssigkeit in kcal/kg
$i''$ = Wärmeinhalt des gesättigten Dampfes in kcal/kg
$r$ = $i'' - i'$ = Verdampfungswärme in kcal/kg

| $\vartheta$ | $p$ | $v'$ | $v''$ | $\varrho'$ | $\varrho''$ | $i'$ | $i''$ | $r$ |
|---|---|---|---|---|---|---|---|---|
| 0 | 0,00623 | 1,0002 | 206,3 | 0,9998 | 0,004846 | 0 | 597,2 | 597,2 |
| 5 | 0,00889 | 1,0000 | 147,2 | 1,0000 | 0,006795 | 5,03 | 599,4 | 594,4 |
| 10 | 0,01251 | 1,0004 | 106,4 | 0,9996 | 0,009396 | 10,04 | 601,6 | 591,6 |
| 15 | 0,01738 | 1,0010 | 77,99 | 0,9990 | 0,01282 | 15,04 | 603,8 | 588,8 |
| 20 | 0,02383 | 1,0018 | 57,84 | 0,9982 | 0,01792 | 20,03 | 606,0 | 586,0 |
| 25 | 0,0323 | 1,0030 | 43,41 | 0,9970 | 0,02304 | 25,02 | 608,2 | 583,2 |
| 30 | 0,0433 | 1,0044 | 32,93 | 0,9956 | 0,03036 | 30,00 | 610,4 | 580,4 |
| 35 | 0,0573 | 1,0061 | 25,25 | 0,9939 | 0,03960 | 34,99 | 612,5 | 577,5 |
| 40 | 0,0752 | 1,0079 | 19,55 | 0,9922 | 0,05114 | 39,98 | 614,7 | 574,7 |
| 45 | 0,0977 | 1,0099 | 15,28 | 0,9902 | 0,06544 | 44,96 | 616,8 | 571,8 |
| 50 | 0,1258 | 1,0121 | 12,05 | 0,9881 | 0,08298 | 49,95 | 619,0 | 569,0 |
| 55 | 0,1605 | 1,0145 | 9,584 | 0,9857 | 0,1043 | 54,94 | 621,0 | 566,1 |
| 60 | 0,2031 | 1,0171 | 7,682 | 0,9832 | 0,1302 | 59,94 | 623,2 | 563,3 |
| 65 | 0,2550 | 1,0199 | 6,206 | 0,9806 | 0,1611 | 64,94 | 625,2 | 560,3 |
| 70 | 0,3177 | 1,0228 | 5,049 | 0,9779 | 0,1981 | 69,93 | 627,3 | 557,4 |
| 75 | 0,3931 | 1,0258 | 4,136 | 0,9749 | 0,2418 | 74,94 | 629,3 | 554,4 |
| 80 | 0,4829 | 1,0290 | 3,410 | 0,9718 | 0,2933 | 79,95 | 631,3 | 551,3 |
| 85 | 0,5894 | 1,0323 | 2,830 | 0,9687 | 0,3534 | 84,96 | 633,2 | 548,2 |
| 90 | 0,7149 | 1,0359 | 2,361 | 0,9654 | 0,4235 | 89,98 | 635,1 | 545,1 |
| 95 | 0,8619 | 1,0396 | 1,981 | 0,9619 | 0,5045 | 95,01 | 637,0 | 542,0 |
| 100 | 1,0332 | 1,0435 | 1,673 | 0,9583 | 0,5977 | 100,04 | 638,9 | 538,9 |
| 105 | 1,2318 | 1,0474 | 1,419 | 0,9548 | 0,7045 | 105,08 | 640,7 | 535,6 |
| 110 | 1,4609 | 1,0515 | 1,210 | 0,9510 | 0,8265 | 110,12 | 642,5 | 532,4 |
| 115 | 1,7239 | 1,0558 | 1,036 | 0,9472 | 0,9650 | 115,18 | 644,3 | 529,1 |
| 120 | 2,0245 | 1,0603 | 0,8914 | 0,9431 | 1,122 | 120,3 | 646,0 | 525,7 |

*Fortsetzung auf Seite 480.*

*Fortsetzung von Seite 479.*

| $\vartheta$ | $p$ | $v'$ | $v''$ | $\varrho'$ | $\varrho''$ | $i'$ | $i''$ | $r$ |
|---|---|---|---|---|---|---|---|---|
| 125 | 2,367 | 1,0650 | 0,7701 | 0,9390 | 1,299 | 125,3 | 647,7 | 522,4 |
| 130 | 2,754 | 1,0697 | 0,6680 | 0,9349 | 1,496 | 130,4 | 649,3 | 518,9 |
| 135 | 3,192 | 1,0746 | 0,5817 | 0,9307 | 1,719 | 135,5 | 650,8 | 515,3 |
| 140 | 3,685 | 1,0798 | 0,5084 | 0,9261 | 1,967 | 140,6 | 652,5 | 511,9 |
| 145 | 4,237 | 1,0850 | 0,4459 | 0,9217 | 2,243 | 145,8 | 654,0 | 508,2 |
| 150 | 4,854 | 1,0906 | 0,3924 | 0,9169 | 2,548 | 150,9 | 655,5 | 504,6 |
| 155 | 5,540 | 1,0963 | 0,3464 | 0,9122 | 2,887 | 156,1 | 656,9 | 500,8 |
| 160 | 6,302 | 1,1021 | 0,3068 | 0,9074 | 3,260 | 161,3 | 658,3 | 497,0 |
| 165 | 7,146 | 1,1082 | 0,2724 | 0,9024 | 3,671 | 166,5 | 659,6 | 493,1 |
| 170 | 8,076 | 1,1144 | 0,2426 | 0,8974 | 4,122 | 171,7 | 660,9 | 489,2 |
| 175 | 9,101 | 1,1210 | 0,2166 | 0,8921 | 4,617 | 176,9 | 662,1 | 485,2 |
| 180 | 10,225 | 1,1275 | 0,1939 | 0,8869 | 5,157 | 182,2 | 663,2 | 481,0 |
| 185 | 11,456 | 1,1345 | 0,1739 | 0,8815 | 5,749 | 187,5 | 664,3 | 476,8 |
| 190 | 12,800 | 1,1415 | 0,1564 | 0,8761 | 6,392 | 192,8 | 665,3 | 472,5 |
| 195 | 14,265 | 1,1490 | 0,1410 | 0,8703 | 7,094 | 198,1 | 666,2 | 468,1 |
| 200 | 15,857 | 1,1565 | 0,1273 | 0,8647 | 7,857 | 203,5 | 667,0 | 463,5 |
| 205 | 17,585 | 1,1645 | 0,1151 | 0,8587 | 8,687 | 208,9 | 667,7 | 458,8 |
| 210 | 19,456 | 1,1726 | 0,1043 | 0,8528 | 9,585 | 214,3 | 668,3 | 454,0 |
| 215 | 21,477 | 1,1812 | 0,09472 | 0,8466 | 10,56 | 219,8 | 668,8 | 449,0 |
| 220 | 23,659 | 1,1900 | 0,08614 | 0,8403 | 11,61 | 225,3 | 669,2 | 443,9 |
| 225 | 26,01 | 1,1991 | 0,07845 | 0,8340 | 12,75 | 230,8 | 669,5 | 438,7 |
| 230 | 28,53 | 1,2088 | 0,07153 | 0,8273 | 13,98 | 236,4 | 669,7 | 433,3 |
| 235 | 31,24 | 1,2186 | 0,06530 | 0,8206 | 15,31 | 242,1 | 669,7 | 427,6 |
| 240 | 34,14 | 1,2291 | 0,05970 | 0,8136 | 16,75 | 247,7 | 669,6 | 421,9 |
| 245 | 37,24 | 1,2400 | 0,05465 | 0,8065 | 18,30 | 253,5 | 669,4 | 415,9 |
| 250 | 40,56 | 1,2512 | 0,05006 | 0,7992 | 19,98 | 259,2 | 669,0 | 409,8 |

Tabelle 2. Molwärmen $C_p$ einiger Gase in cal·grad$^{-1}$·mol$^{-1}$. (Nach ULICH, Lehrbuch der physikalischen Chemie.)

| $T^0$K | $H_2$ | $O_2$ | $H_2O$ | $N_2$ | NO | $Cl_2$ | HCl | $SO_2$ | CO | $CO_2$ |
|---|---|---|---|---|---|---|---|---|---|---|
| 300 | 6,90 | 7,02 | 8,00 | 6,96 | 7,14 | 8,07 | 6,96 | 9,54 | 6,96 | 8,91 |
| 450 | 6,99 | 7,31 | 8,26 | 7,02 | 7,21 | 8,50 | 7,00 | 10,75 | 7,05 | 10,32 |
| 600 | 7,01 | 7,68 | 8,64 | 7,20 | 7,48 | 8,66 | 7,07 | 11,68 | 7,28 | 11,32 |
| 900 | 7,14 | 8,22 | 9,50 | 7,68 | 8,00 | 8,81 | 7,41 | 12,69 | 7,79 | 12,69 |
| 1200 | 7,41 | 8,53 | 10,38 | 8,07 | 8,34 | 8,87 | 7,78 | 13,17 | 8,17 | 13,50 |
| 1500 | 7,72 | 8,74 | 11,15 | 8,33 | 8,56 | 8,91 | 8,06 | 13,43 | 8,42 | 14,00 |
| 1800 | 8,01 | 8,92 | 11,76 | 8,52 | 8,71 | 8,92 | 8,28 | 13,56 | 8,59 | 14,3 |
| 2400 | 8,47 | 9,26 | 12,59 | 8,74 | 8,88 | | | | 8,79 | 14,7 |

Tabelle 3. Die wichtigsten Atomgewichte.

(Abgekürzt auf 2 Dezimalstellen, nebst Logarithmen).

| | | Atom-gewicht | lg. |
|---|---|---|---|
| Ag | Silber | 107,88 | 03294 |
| Al | Aluminium | 26,98 | 43104 |
| As | Arsen | 74,91 | 87454 |
| Au | Gold | 197,0 | 29447 |
| B | Bor | 10,82 | 03423 |
| Ba | Barium | 137,36 | 13786 |
| Bi | Wismut | 209,00 | 32015 |
| Br | Brom | 79,92 | 90266 |
| C | Kohlenstoff | 12,01 | 07954 |
| Ca | Calcium | 40,08 | 60293 |
| Cd | Cadmium | 112,41 | 05080 |
| Cl | Chlor | 35,46 | 54974 |
| Co | Kobalt | 58,94 | 77041 |
| Cr | Chrom | 52,01 | 71609 |
| Cu | Kupfer | 63,54 | 80305 |
| F | Fluor | 19,00 | 27875 |
| Fe | Eisen | 55,85 | 74702 |
| H | Wasserstoff | 1,01 | 00432 |
| Hg | Quecksilber | 200,61 | 30235 |
| J | Jod | 126,91 | 10349 |
| K | Kalium | 39,10 | 59218 |
| Mg | Magnesium | 24,32 | 38596 |
| Mn | Mangan | 54,94 | 73989 |
| N | Stickstoff | 14,01 | 14644 |
| Na | Natrium | 22,99 | 36154 |
| Ni | Nickel | 58,71 | 76871 |
| O | Sauerstoff | 16,00 | 20412 |
| P | Phosphor | 30,98 | 49108 |
| Pb | Blei | 207,21 | 31641 |
| Pt | Platin | 195,09 | 29024 |
| S | Schwefel | 32,06 | 50596 |
| Sb | Antimon | 121,76 | 08550 |
| Se | Selen | 78,96 | 89741 |
| Si | Silicium | 28,09 | 44855 |
| Sn | Zinn | 118,70 | 07445 |
| Sr | Strontium | 87,63 | 94265 |
| Te | Tellur | 127,61 | 10588 |
| Ti | Titan | 47,90 | 68034 |
| U | Uran | 238,07 | 37671 |
| Zn | Zink | 65,38 | 81544 |

## Einschlägige und benutzte Literatur.


### 1. *Tabellenwerke.*

D'Ans, J. und E. Lax: Taschenbuch für Chemiker und Physiker, 2. Aufl., Berlin-Göttingen-Heidelberg, Springer-Verlag, 1949.

Heczko, Th.: Chemisch-stöchiometrische Rechentafeln, Wien, Springer-Verlag, 1949.

Hodgman, Ch. D.: Handbook of Chemistry and Physics, 41. Aufl., Cleveland, Chemical Rubber Publishing Co., 1959.

Hütte: Taschenbuch für den praktischen Chemiker, 2. Aufl., Berlin, Ernst & Sohn, 1927.

Krzikalla, R.: Rechentafeln zur chemischen Elementar-Analyse, Weinheim/Bergstr., Verlag Chemie GmbH, 1956.

Küster, F. W., A. Thiel und K. Fischbeck: Logarithmische Rechentafeln für Chemiker, Pharmazeuten, Mediziner und Physiker, 74.—83. Aufl., Berlin, W. de Gruyter & Co., 1958.

Landolt-Börnstein (Herausgeber A. Eucken): Zahlenwerte und Funktionen aus Physik, Chemie, Astronomie, Geophysik und Technik, 6. Aufl., Berlin-Göttingen-Heidelberg, Springer-Verlag, 1950.

Perry, J. H.: Chemical Engineers Handbook, 3. Aufl., New York und London, McGraw-Hill Book Comp., 1950.

### 2. *Rechenbücher.*

Anderson, H. V.: Chemical Calculations, 6. Aufl., New York und London, McGraw-Hill Book Comp., 1955.

Asmus, E: Einführung in die höhere Mathematik und ihre Anwendungen. Ein Hilfsbuch für Chemiker, Physiker und andere Naturwissenschaftler, 3. Aufl., Berlin, W. de Gruyter & Co., 1959.

Batuner, L. M. und M. J. Posin: Mathematische Methoden in der chemischen Technik, Berlin, VEB Verlag Technik, 1958.

Besskow, S. D.: Technisch-chemische Berechnungen, 2. Aufl., Berlin, VEB Verlag Technik, 1953.

Biehringer, J.: Einführung in die Stöchiometrie, Braunschweig, Vieweg u. Sohn, 1900.

Burri, C.: Petrochemische Berechnungsmethoden auf äquivalenter Grundlage, Basel-Stuttgart, Birkhäuser Verlag, 1959.

Daeves, K. und A. Beckel: Großzahl-Forschung und Häufigkeitsanalyse, Weinheim-Berlin, Verlag Chemie GmbH, 1948.

Fischer, F.: Chemisch-technologisches Rechnen, 3. Aufl., Leipzig, O. Spamer, 1920.

FROMHERZ, H.: Physikalisch-chemisches Rechnen in Wissenschaft und Technik, Weinheim/Bergstr., Verlag Chemie GmbH, 1956.

FUETER, R.: Das mathematische Werkzeug des Chemikers, Biologen, Statistikers und Soziologen, 3. Aufl., Zürich, Orell Füssli Verlag, 1947.

GIBBS, R. H.: Chemical problems and calculations, London, E. Arnold & Co., 1944.

GRUMBT, A.: Gleichgewichtsgase der Verbrennung und Vergasung. Wärmetechnische Berechnungen, Berlin-Göttingen-Heidelberg, Springer-Verlag, 1958.

HAMILTON, L. F. und S. G. SIMPSON: Calculations of quantitative chemical analysis, 5. Aufl., New York-London, McGraw-Hill Book Comp., 1954.

HOLLECK, L.: Physikalische Chemie und ihre rechnerische Anwendung — Thermodynamik, Berlin-Göttingen-Heidelberg, Springer-Verlag, 1950.

KLEZL-NORBERG, F.: Allgemeine Methodenlehre der Statistik, 2. Aufl., Wien, Springer-Verlag, 1946.

KNOX, J.: Physico-chemical Calculations, 16. Aufl., London, Methuen & Co., 1949.

KOWALKE, O. L.: Fundamentals in Chemical Process Calculations, New York, The Macmillan Comp., 1947.

LUCKEY-TREUSCH: Nomographie, 7. Aufl., Stuttgart, B. G. Teubner Verlagsgesellschaft, 1954.

MATZ, W.: Aufgabensammlung zur Thermodynamik des Wärme- und Stoffaustausches, Darmstadt, D. Steinkopff, 1953.

MEYER ZUR CAPELLEN, W.: Leitfaden der Nomographie, Berlin-Göttingen-Heidelberg, Springer-Verlag, 1953.

MÜLLER, F. G.: Theoretische Kapitel aus der allgemeinen Chemie, 4. Aufl., Zürich, E. Wurzel, 1944.

MÜLLER, G. O.: Grundlagen der Stöchiometrie, 2. Aufl., Leipzig S. Hirzel, 1958.

NERNST, W. und A. SCHOENFLIES: Einführung in die mathematische Behandlung der Naturwissenschaften, 10. Aufl., München u. Berlin, R. Oldenbourg, 1923.

NYLÉN, P. und N. WIGREN: Einführung in die Stöchiometrie, 7. Aufl., Darmstadt, D. Steinkopff, 1958.

POETHKE, W. und H. REUTHER: Grundlagen des chemischen Rechnens, 3. Aufl., Dresden-Leipzig, Th. Steinkopff, 1958.

PUKALL, W.: Keramisches Rechnen auf chemischer Grundlage, 4. Aufl., Breslau, F. Hirt, 1927.

RICHARDS, J. W.: Metallurgische Berechnungen, Berlin, Springer, 1913.

SILLÉN, L. G., P. W. LANGE und C. O. GABRIELSON: Fysikalisk-kemiska Räkneuppgifter, Stockholm, H. Gebers Förlag, 1948.

SIRK, H.: Einführung in die Vektorrechnung für Naturwissenschaftler und Chemiker, Darmstadt, D. Steinkopff, 1958.

SIRK, H.: Mathematik für Naturwissenschaftler und Chemiker, 8. Aufl., Dresden-Leipzig, Th. Steinkopff, 1957.

STACKELBERG, M. v.: Kalorisch-chemische Rechenaufgaben, Berlin-Göttingen-Heidelberg, Springer-Verlag, 1952.

TUST, P. und M. SCHIMMELS: Einführung in die Chemie auf einfachster Grundlage, Band I, 7. Aufl., Wiesbaden, F. Steiner, 1957.

VONDRÁCEK, R.: Základy vypočtu v chemické vyrobě, Praha, 1935.
WIBERG, E.: Die chemische Affinität, Berlin, W. de Gruyter & Co., 1951.
ZÜHLKE, M.: Rechentafeln und Sonderrechenstäbe, 2. Aufl., Leipzig, B. G. Teubner, 1942.

Aus der Göschensammlung (W. de Gruyter & Co., Berlin):
ABEGG, R. und O. SACKUR: Physikalisch-chemische Rechenaufgaben, 1914.
ASMUS, E.: Physikalisch-chemische Rechenaufgaben, 3. Aufl., 1958.
BAHRDT, W. und R. SCHEER: Stöchiometrische Aufgabensammlung, 6. Aufl., 1957.
DEEGENER, H.: Chemisch-technische Rechnungen, 2. Aufl., 1912.
HÜttig, G. F.: Sammlung elektrochemischer Rechenaufgaben, 1924.
MAHLER, G. und K. MAHLER: Physikalische Aufgabensammlung, 9. Aufl., 1957.
PIRANI, M. und F. FISCHER: Graphische Darstellung in Wissenschaft und Technik, 4. Aufl., 1957.

### 3. *Chemie-Ingenieur-Technik.*

BADGER, W. L. und W. L. MCCABE und K. KUTZNER: Elemente der Chemie-Ingenieur-Technik, Berlin, Springer, 1932.
BERL, E.: Chemische Ingenieurtechnik, Berlin, Springer, 1935.
BOSNJAKOVIC, F.: Technische Thermodynamik, 3. Aufl., Dresden-Leipzig, Th. Steinkopff, 1948.
BRÖTZ, W.: Grundriß der chemischen Reaktionstechnik, Weinheim/Bergstr., Verlag Chemie GmbH, 1958.
EUCKEN, A. und M. JAKOB: Der Chemie-Ingenieur, Leipzig, Akadem. Verlagsgesellschaft, 1933.
FRANK-KAMENETZKI, D. A. (und J. PAWLOWSKI): Stoff- und Wärmeübertragung in der chemischen Kinetik, Berlin-Göttingen-Heidelberg, Springer-Verlag, 1959.
HANFFSTENGEL, G. v.: Die Förderung von Massengütern, 3. Aufl., Berlin, Springer, 1921.
HIRSCH, M.: Die Trockentechnik, 2. Aufl., Berlin, Springer, 1932.
JACOBS, J.: Destillier-Rektifizier-Anlagen und ihre wärmetechnische Berechnung, München, R. Oldenbourg, 1950.
KASSATKIN, A. G.: Chemische Verfahrenstechnik, 2. Aufl., Berlin, VEB Verlag Technik, 1958.
KIRSCHBAUM, E.: Destillier- und Rektifiziertechnik, 2. Aufl., Berlin-Göttingen-Heidelberg, Springer-Verlag, 1950.
KRISCHER, O.: Die wissenschaftlichen Grundlagen der Trocknungstechnik, Berlin-Göttingen-Heidelberg, Springer-Verlag, 1956.
MATZ, W.: Anwendung des Ähnlichkeitsgrundsatzes in der Verfahrenstechnik, Berlin-Göttingen-Heidelberg, Springer-Verlag, 1954.
RECHENBERG, C. v.: Einfache und fraktionierte Destillation, Militz, Schimmel & Co., 1923.
SCHMIDT, E.: Einführung in die Technische Thermodynamik und in die Grundlagen der chemischen Thermodynamik, 7. Aufl., Berlin Göttingen-Heidelberg, Springer-Verlag, 1958.
SCHUNCK, H.: Thermodynamische Grundlagen der physikalischen Chemie, Darmstadt, D. Steinkopff, 1953.

### 4. *Verschiedenes.*

Berl-Lunge: Chemisch-technische Untersuchungsmethoden, 8. Aufl., Berlin, Springer, 1931.
Dubbel, H.: Taschenbuch für den Maschinenbau, 11. Aufl., Berlin-Göttingen-Heidelberg, Springer-Verlag, 1956.
Eggert, J., L. Hock und G. M. Schwab: Lehrbuch der physikalischen Chemie in elementarer Darstellung, 8. Aufl., Stuttgart, Hirzel, 1960.
Eucken, A.: Grundriß der physikalischen Chemie, 7. Aufl., Leipzig, Akadem. Verlagsgesellschaft, 1951.
Findlay, A.: Die Phasenregel und ihre Anwendungen, Weinheim/Bergstr., Verlag Chemie GmbH, 1958.
Gessner, H.: Die Schlämmanalyse, Leipzig, Akadem. Verlagsgesellschaft, 1931.
Hägg, G.: Die theoretischen Grundlagen der analytischen Chemie, Basel, Birkhäuser, 1950.
Jörgensen, H.: Die Bestimmung der Wasserstoffionen-Konzentration, Dresden-Leipzig, Th. Steinkopff, 1935.
Kohlrausch, F. (Herausgeber: H. Ebert und E. Justi): Praktische Physik, 20. Aufl., Stuttgart, G. B. Teubner Verlagsgesellschaft, 1955.
Michaelis, L.: Oxydations-Reductionspotentiale, 2. Aufl., Berlin, Springer, 1933.
Müller, E.: Elektrometrische Maßanalyse, 7. Aufl., Dresden-Leipzig, Th. Steinkopff, 1944.
Ostwald, W. und R. Luther und C. Drucker: Hand- und Hilfsbuch zur Ausführung physiko-chemischer Messungen, 5. Aufl., Leipzig, Akadem. Verlagsgesellschaft, 1931.
Pauling, L.: Chemie, Eine Einführung, Weinheim/Bergstr., Verlag Chemie GmbH, 1956.
Seel, F.: Grundlagen der analytischen Chemie und der Chemie in wäßrigen Systemen, Weinheim/Bergstr., Verlag Chemie GmbH, 1955.
Strache, H. und H. Ulmann: Leitfaden der Technologie der Brennstoffe, Wien, Deuticke, 1927.
Ubbelohde, L.: Zur Viskosimetrie, 6. Aufl., Leipzig, S. Hirzel, 1944.
Ulich, H. und W. Jost: Kurzes Lehrbuch der physikalischen Chemie, 9. Aufl., Darmstadt, D. Steinkopff, 1956.
Winnacker-Küchler: Chemische Technologie, 2. Aufl., Band I, München, C. Hanser Verlag, 1958.

### 5. *Zeitschriften.*

Angewandte Chemie.
Chemie für Labor und Betrieb.
Chemie-Ingenieur-Technik.
Chemiker-Zeitung.
The Journal of the American Chemical Society.
Zeitschrift für analytische Chemie.
Zeitschrift für anorganische Chemie.
Zeitschrift für Elektrochemie und angewandte physikalische Chemie.

## Sachverzeichnis.

GPSR Compliance

*The European Union's (EU) General Product Safety Regulation (GPSR) is a set of rules that requires consumer products to be safe and our obligations to ensure this.*

*If you have any concerns about our products, you can contact us on ProductSafety@springernature.com*

In case Publisher is established outside the EU, the EU authorized representative is:

Springer Nature Customer Service Center GmbH
Europaplatz 3
69115 Heidelberg, Germany

**Batch number: 10682427**

Printed by Printforce, the Netherlands